NOUVELLE TECHNOLOGIE

DES

ARTS ET MÉTIERS

DES MANUFACTURES

DE L'AGRICULTURE, DES MINES, ETC.

2ᵉ ÉDITION

DES ÉTUDES SUR L'EXPOSITION DE 1867

IMPRIMERIE POLYTECHNIQUE DE E. LACROIX A SAINT-NICOLAS-VARANGÉVILLE (MEURTHE).

PUBLICATIONS SCIENTIFIQUES-INDUSTRIELLES DE E. LACROIX

NOUVELLE TECHNOLOGIE

DES

ARTS ET MÉTIERS

DES MANUFACTURES, DES MINES

DE L'AGRICULTURE, ETC.

ANNALES ET ARCHIVES DE L'INDUSTRIE AU XIXe SIÈCLE

DESCRIPTION

GÉNÉRALE, ENCYCLOPÉDIQUE, MÉTHODIQUE ET RAISONNÉE

de l'état actuel des Arts, des Sciences, de l'Industrie et de l'Agriculture chez toutes les nations

RECUEIL DE TRAVAUX HISTORIQUES, TECHNIQUES, THÉORIQUES ET PRATIQUES

PAR MM. LES RÉDACTEURS DES *Annales du Génie civil*

Avec la collaboration de Savants, d'Ingénieurs et de Professeurs français et étrangers

E. LACROIX ✳

Membre de la Société industrielle de Mulhouse, de l'Institut royal des Ingénieurs hollandais
de la Société des Ingénieurs de Hongrie, etc.

DIRECTEUR DE LA PUBLICATION

—✳—

TROISIÈME VOLUME

(TOME 6)

—✳—

PARIS

LIBRAIRIE SCIENTIFIQUE, INDUSTRIELLE ET AGRICOLE

Eugène LACROIX, Imprimeur-Éditeur

Libraire de la Société des Ingénieurs civils de France, de celle des anciens Élèves des Écoles nationales
d'Arts et Métiers, de la Société des Conducteurs des Ponts et Chaussées
de MM. les Mécaniciens de la Marine nationale, etc., etc.

54, rue des Saints-Pères, 54

LX

LES

INSTRUMENTS DE PRÉCISION

DE PHYSIQUE ET DE NAVIGATION

PAR E. GARNAULT

ANCIEN ÉLÈVE DE L'ÉCOLE NORMALE SUPÉRIEURE

PROFESSEUR D'HYDROGRAPHIE, CHARGÉ DU COURS DE PHYSIQUE A L'ÉCOLE NAVALE IMPÉRIALE

Pl. 171. 172. 173. 174. 175. 176. 177. 178, 179.

1. — PRÉLIMINAIRES

Aussitôt que l'homme jeta les yeux autour de lui et observa les modifications continuelles de cet univers si mobile et si varié, il se sentit attiré vers l'étude des grands phénomènes qui se déroulent sans cesse devant nous. L'imagination si vive des premiers peuples les portait vers la contemplation de la nature : aussi le cours des astres, la marche des saisons, les phénomènes célestes excitèrent-ils de bonne heure leur attention. On sait que l'astronomie était cultivée en Chaldée et que les Chaldéens avaient déjà acquis par l'examen du ciel des notions assez étendues sur les révolutions célestes.

Après avoir porté leurs regards vers le ciel et examiné les phénomènes naturels qui s'offrirent spontanément à leurs yeux, les hommes les abaissèrent vers la terre où ils devaient trouver une ample moisson de sujets nouveaux et inattendus. Ici nous nous bornons à considérer l'Occident, au sujet duquel les informations ont plus de certitude. Nous voyons qu'il faut remonter aux écoles philosophiques de la Grèce pour trouver le germe, non pas encore de la méthode scientifique, mais du moins du mouvement intellectuel réfléchi. Sans doute les premiers sages parcoururent l'Égypte, l'Inde, et y puisèrent des notions qui furent fécondées par eux, mais il est difficile de faire la part de ces emprunts et de fixer au juste le degré d'influence qu'exerça sur leurs esprits l'enseignement des prêtres de Memphis ou des brahmanes.

Il faut remonter jusqu'à *Thalès de Milet* (600 av. J.-C.) pour voir l'indication des premiers faits bien simples qui montrent l'homme aux prises avec la nature et qui sont le début de la physique moderne. Pour les esprits vulgaires tout est divin et l'imagination naïve des Grecs fait de l'arc-en-ciel l'écharpe d'Iris, la décharge des nuages orageux est produite par les carreaux de Vulcain. Tout s'idéalise ; mais, quand on abandonne les régions de l'atmosphère pour descendre sur la terre, de telles explications deviennent insuffisantes, et, malgré l'armée de naïades, de faunes, de sylvains, que l'imagination des anciens évoque à chaque instant, il faut arriver à un nouvel ordre d'idées pour se rendre compte des phénomènes moins importants mais bien plus nombreux qui se passent autour de nous et sollicitent notre étude. Un des besoins les plus impérieux de l'esprit est d'arriver à la connaissance de la vérité, et les efforts des philosophes grecs, ou du moins de la plupart, ont pour but d'exercer l'intelligence pour lui permettre d'y atteindre. Toutefois la soif de savoir les tourmente et, sans se douter que la nature ne livre ses secrets qu'après se les être fait arracher par des investigations multipliées et patientes, sans posséder une méthode scientifique précise, ils cherchent à suppléer par les efforts de leur imagination aux données positives qui leur manquent. Telle est pourtant la force de leur pénétration, que *Démocrite* (400 av. J.-C.) développe le système des atomes et du vide qui est resté debout si longtemps, et qui même encore est invoqué par bien des esprits. La connaissance des causes est le but le plus précis de leurs recherches. Se basant sur un très-petit nombre de faits souvent mal observés, ils se hâtent de résoudre ce problème sans doute insoluble, et, faute de pouvoir saisir sûrement le principe des choses, ils donnent carrière à leur imagination, s'abandonnent à la méthode spéculative et n'acquièrent que des notions fausses ou incomplètes sur un grand nombre de points.

Comment aurait-il pu en être autrement lorsqu'on voit les plus grands philosophes mépriser l'étude patiente de la nature, détourner leurs élèves de la partie pratique de la science pour les enlever dans la sphère des esprits? *Platon,* qui estime tant l'astronomie et qui honore tellement la géométrie qu'il répond à ceux qui l'interrogent sur les occupations de Dieu, « il géométrise, » *Platon,* lui-même, n'attache aucun prix aux progrès que l'étude de ces sciences peut faire faire au bien-être physique. Que les Chaldéens aient donné le calendrier, que la géométrie fournisse à l'homme les moyens de résoudre mille questions qui l'intéressent, il ne voit dans la géométrie et dans l'astronomie que des sciences pures, et ne les recommande que parce que leur étude élève l'intelligence. *Sénèque,* lui aussi, estime que ce ne peut être un sage qui ait découvert le fer ou le cuivre, car un sage ne peut s'occuper de tels sujets qui ramènent l'esprit vers les choses de la matière, au lieu de l'emporter vers les sphères de la pure intelligence. Est-il surprenant que, sous l'empire de pareilles maximes, les sciences physiques aient été si peu florissantes dans l'antiquité, et ne doit-on pas s'étonner plutôt que des philosophes comme *Démocrite* (400 av. J.-C.), *Aristote* (383 av. J.-C.), *Archimède* (287 av. J.-C.), aient entrevu une partie des vérités qui constituent le domaine des sciences physiques ?

A partir de cette époque, l'éclat dont avait brillé *Aristote*, et la vaste étendue de son enseignement, imposent sa doctrine qui règne partout et qui supplée à ses défaillances par l'autorité de la parole du maître. La spéculation pure n'est plus le guide unique de la physique des successeurs d'*Aristote*; le syllogisme, cette arme redoutable qui blesse si souvent ceux qui l'emploient, est le grand cheval de bataille des physiciens du moyen âge. Les causes absolues apparaissent de temps à autre pour les besoins de l'école, le témoignage des sens est récusé lorsqu'il devient gênant, les mystères religieux, les propriétés occultes de la matière sont invoquées quand on est à bout de raisons contre l'argumentateur qui ose ne pas se contenter de la formule finale : *magister ipse dixit.* En somme, la physique n'a fait que bien peu de chemin, si tant est qu'elle en ait fait. Elle est devenue absolue en se soumettant tout entière au joug de l'école.

C'est à *Roger Bacon* (1214) que commence la réforme scientifique. Ses découvertes en physique lui suscitent parmi les moines, que ne désarme pas son

habit de franciscain, des ennemis puissants qui le persécutent et le tiennent dix ans en prison. Il connaît les lois de la réfraction de la lumière, découvre le télescope qu'il ne paraît avoir indiqué que théoriquement, et, suivant quelques-uns, invente la poudre à canon. Comme lui, *Cardan*, *Giordano Bruno* (1550) et *Ramus* (1572), essayent de ramener les esprits à la raison et tentent de propager la réforme scientifique en ébranlant sur sa base la philosophie et la physique d'*Aristote*, mais, comme *Bacon* aussi, ils trouvent dans les persécutions et dans la mort la récompense de leurs efforts.

C'est vraiment *François Bacon* (1561), chancelier de la reine Élisabeth, que l'on doit regarder comme le père de la physique moderne, car c'est lui qui, dans son ouvrage si remarquable « *Novum Organum*, » jette décidément à bas l'édifice vermoulu de l'école d'*Aristote* et montre le vide de la dialectique et l'insuffisance du syllogisme. Dans son deuxième livre il fonde la méthode et, après avoir consacré le premier à détruire, il édifie, dans le second, un monument impérissable en donnant à la raison humaine les bases sur lesquelles s'appuiera plus tard la physique, c'est-à-dire la méthode d'observation et l'induction. Après lui vient *Descartes* (1596) qui, dans son *Discours de la Méthode*, étend les préceptes posés par *Bacon*, et donne les règles que doit suivre l'esprit humain pour arriver à la vérité.

Ce que *Bacon* et *Descartes* avaient si bien indiqué, *Galilée* (1564-1642) le met en pratique et introduit décidément la méthode expérimentale. Il recueille le fruit de cette hardiesse qui, sous l'impulsion de son génie, lui fait attacher son nom à une foule de découvertes qui l'immortalisent. On peut donc dire qu'à partir de *Galilée*, la physique moderne se constitue, non-seulement dans ses principes, mais encore dans ses applications, car *Galilée*, passant de la théorie à la pratique, expérimente et introduit cet élément de recherche qui doit assurer à la physique une marche si rapide. Avant lui le principe était posé, mais la réalisation n'en pouvait être immédiate.

Il est facile de remarquer en effet que les progrès de la physique comme des sciences d'observation sont intimement liés aux progrès des arts mécaniques. Les anciens, on le sait, abandonnaient aux esclaves la pratique des arts manuels, réservant les jouissances de l'esprit, la spéculation pour les hommes libres. Cette division dut être fatale aux progrès de l'esprit humain, et l'esclavage, qui a tant retardé la marche de la civilisation, a porté ici préjudice au développement des sciences physiques qui sont si impuissantes quand les arts mécaniques ne leur fournissent pas des instruments de recherches. Ce préjugé subsista encore au moyen âge, qui a gardé si fidèlement les erreurs de l'antiquité, et l'homme noble qui déclarait ne pas savoir signer ne pouvait évidemment songer à interroger la nature. Le moine le pouvait-il davantage, lui qu'enchaînait la doctrine de l'école, la lettre du Livre saint, la crainte de la persécution ? Il fallut aux hardis novateurs une foi bien vive dans leur mission pour oser faire quelques expériences, braver l'accusation de magie, qui conduisait infailliblement au bûcher, et montrer à des intelligences si peu ouvertes les résultats de leurs travaux. Lorsque l'expérience eut été reconnue comme une condition de succès, que l'on vit bien que la conquête de la vérité ne pouvait être tentée qu'à ce prix, l'alliance de la physique avec les arts mécaniques devint de plus en plus intime. De nos jours tout naturellement l'accord le plus parfait s'est établi, et plus d'une fois le constructeur est venu en aide à l'inventeur. La construction des instruments de physique a pris un développement considérable et acquis un degré de perfection qu'il semble difficile de dépasser. Si l'on jette un coup d'œil sur les merveilles que peut accomplir le souffleur de verre, si l'on examine ces tubes de *Geissler* aux formes si variées et si contournées, si l'on considère quelles difficultés il faut vaincre pour donner à ces lentilles des formes régulières, pour tailler ces cristaux si déliés et si fragiles, pour obtenir ces fils de cuivre d'un dixième de millimètre de diamètre employés dans la bobine de *Ruhmkorff*, on comprendra que les progrès des arts mécaniques ont seuls rendu possibles des travaux de physique et des appareils qu'eût en vain osé rêver le siècle dernier. On peut presque dire qu'il n'est pas d'appareil, si compliqué qu'il soit, si difficile à exécuter qu'on l'imagine, que les bons constructeurs modernes ne puissent réaliser. De ce côté-là, la marche et le développement des sciences physiques ne trouvent plus d'obstacles.

Les instruments de physique actuels se divisent en trois catégories bien tranchées : les uns sont des appareils de démonstration nés de quelque découverte scientifique et destinés à vérifier dans un cours les lois physiques ou à reproduire quelque phénomène important. Les autres servent à mettre en jeu ou à produire les forces dont la physique étudie les manifestations. Le troisième groupe comprend enfin les instruments de recherche proprement dits, les instruments de mesure, ceux qu'emploie le physicien lorsqu'il interroge la nature et qu'il s'efforce de saisir les lois des phénomènes qu'il étudie. Ce sont surtout ces derniers instruments qui servent aux progrès des sciences, ce sont ceux qu'il importe surtout de perfectionner. Quant aux premiers, ils peuvent être simplifiés ou modifiés ; mais leur transformation ne fait guère avancer la science. Depuis un assez grand nombre d'années ils se multiplient considérablement, car chaque principe, chaque fait nouveau a besoin d'être manifesté d'une manière simple, et c'est dans ce sens que doivent se diriger les efforts des constructeurs. Quant aux instruments de la deuxième catégorie, les appareils producteurs, pourrait-on dire, des forces ou des conditions physiques, plus spécialement les machines physiques, leur nombre croît avec les progrès de la science, et les efforts des constructeurs comme des physiciens doivent tendre à en augmenter surtout la puissance. Il résulte de ce mouvement toujours croissant des sciences physiques et des arts mécaniques un nombre d'appareils considérables surtout si l'on se reporte à la composition d'un cabinet de physique du siècle passé. Si l'on parcourt les descriptions laissées par *Sigaud*, par l'abbé *Nollet*, et qu'on compare leurs instruments si peu énergiques, si peu sensibles, à ceux qui composent de nos jours un cabinet de physique bien monté, on pourra juger des progrès qu'a faits la méthode expérimentale et aussi l'art de rendre sensibles aux yeux d'un auditoire nombreux, en les amplifiant, les résultats, les lois qui constituent la physique moderne.

Appareils de démonstration, machines pour produire et mettre en jeu les forces physiques, instruments de mesure, ces trois groupes, à des degrés divers, suivant le but qu'on se propose, sont nécessaires au physicien, et étaient rassemblés dans la classe 12 du palais de l'Exposition universelle de Paris. Pourtant, dans cette classe se trouvaient aussi des objets qu'on était bien surpris d'y voir figurer. Quoi de plus différent qu'une lunette équatoriale, une machine électrique, des étuis de mathématiques et les modèles anatomiques d'*Auzoux* ? D'un autre côté, quelques instruments, sinon de physique pure, du moins de précision, pouvaient à bon droit réclamer une place auprès des théodolites et des lunettes astronomiques, les sextants, par exemple, que leur destination spéciale avait, avec quelque raison, sans doute, fait entrer dans la classe 66, tandis que les boussoles marines se trouvaient pourtant dans la classe 12. Nous ne voulons pas faire la critique de la classification ; certainement il y avait plus d'une difficulté à vaincre, et d'ailleurs des exigences de mille sortes ont dû s'opposer à ce qu'une méthode plus précise et plus rationnellement distributive fût employée à l'Exposition, et puis, l'on peut dire qu'il ne s'agissait pas de fonder une classification théorique.

Avec le catalogue à la main on pouvait trouver à peu près ce qu'on cherchait.

L'espace réservé aux instruments de physique de la section française avait été fort bien disposé, et presque toujours on pouvait trouver là le représentant de la classe dont la complaisance et la politesse abrégeaient bien les recherches. Pourtant il ne dépendait pas de lui que certains instruments portés au catalogue n'eussent pas été exposés ; d'un autre côté, il ne pouvait naturellement donner sur les instruments des détails aussi précis que l'eût pu faire l'exposant lui-même. Qu'il nous soit permis de regretter que chaque exposant n'ait pas cru devoir faire préparer une petite notice indiquant les points saillants de son exposition, ce qu'elle renfermait de nouveau, en y joignant quelques croquis et l'indication des prix. Il était fort difficile de trouver les exposants près de leurs vitrines, et plusieurs même n'ont pu ou voulu nous fournir les renseignements qui nous eussent permis de faire connaître leurs instruments. Il en résultera naturellement des lacunes dans notre compte rendu. Dans une telle exposition, en effet, la vue seule ne suffit pas, et l'intervention obligeante de l'exposant est tout à fait nécessaire pour indiquer le principe ou la construction d'un instrument nouveau enfermé dans une vitrine. M. *Deleuil*, seul de tous les exposants, l'avait compris. Aussi les intéressés recevaient-ils une brochure explicative qui manquait à toutes les autres expositions.

Pour les sections étrangères, les instruments de la classe 12, peu nombreux en général, étaient assez difficiles à trouver. Là, encore moins de facilités pour l'étude, les exposants ne paraissaient jamais, et le représentant affecté au groupe entier était en général incompétent pour répondre à des questions spéciales. C'est surtout dans ces sections que des notices imprimées eussent aidé les recherches. Si nous nous étendons un peu sur ce sujet, c'est pour indiquer la cause de nombreuses lacunes que nous n'avons pu combler, à notre grand regret, et pour montrer que, s'il s'est glissé dans notre travail quelque erreur, il faut en rejeter principalement la faute sur les difficultés à vaincre.

En terminant ce préambule, nous exprimerons le regret de n'avoir pas vu figurer à l'Exposition des artistes de talent dont les produits sont généralement fort appréciés, comme M. *Salleron*, et d'avoir vu au contraire des marchands qui n'ont aucun droit au titre de fabricant. Tous les intéressés auraient pu nommer tel ou tel, dont les ouvriers se bornent à faire les réparations courantes ; tel autre même qui serait fort embarrassé de produire une liste d'ouvriers, des feuilles de journées ou de paiement. Un contrôle sévère de la commission eût prévenu l'admission de ces exposants qui empruntent, par exemple, les verres de leurs lunettes à *Maugé*, à *Jamin*, la monture à tel autre, et qui se bornent à faire mettre leur nom sur le tube.

Sous le bénéfice de ces remarques, nous dirons que l'exposition française, sans présenter beaucoup de nouveautés ou d'instruments importants, renfermait une collection d'instruments en général fort soignés, fort bien exécutés. La construction française se fait remarquer par le soin apporté à chaque pièce, par le fini du travail, l'élégance des modèles, on pourrait même dire leur luxe. La plupart du temps ce luxe est bien inutile, il élève le prix sans augmenter les qualités de l'instrument ; aussi depuis quelque temps y a-t-il tendance à mieux faire. Beaucoup d'instruments du siècle dernier sont dorés, ornés de peintures et de couleurs éclatantes. Cet abus a disparu, mais l'emploi du laiton ou du cuivre poli et verni avait pris trop d'extension. Depuis quelque temps on a compris que les pièces un peu lourdes, celles qui ne doivent pas se déplacer ou auxquelles il est nécessaire de donner beaucoup de solidité, de rigidité, doivent être faites en fonte de fer vernie qui résiste fort bien à l'humidité, tandis qu'il faut réserver le laiton pour les pièces mobiles légères ou délicates. Il y a même encore un pas à faire ; le bronze d'aluminium et dans quelques cas l'aluminium lui-même sont désignés tout naturellement pour la construction de certaines parties des instruments de physique. Déjà quelques constructeurs s'en servent et il est à désirer que le procédé se généralise. La France a bien certainement une supériorité marquée sur les autres nations, au point de vue de la construction des instruments de physique. Plusieurs causes peuvent être invoquées, le goût plus développé qui permet de donner aux appareils une certaine élégance, la division du travail qui depuis quelque temps se prononce davantage. Veut-on un appareil d'optique, on ira de préférence chez *Soleil*, *Duboscq*, *Hoffmann*. On n'ira guère chercher une bobine d'induction ailleurs que chez *Ruhmkorff* et un appareil d'acoustique se commandera chez *Kœnig*. Hâtons-nous d'ajouter, pour être vrai et ne pas nous montrer ingrats envers les nations voisines, que nous leur devons une partie de notre supériorité. L'Allemagne ne nous a-t-elle pas envoyé *Kœnig*, *Hoffmann*, *Hempel*, *Eichens*, le Danemark ne nous a-t-il pas donné *Ruhmkorff*, et cependant la réputation de ces artistes date de leur séjour en France ; aussi peut-on dire qu'ils se sont perfectionnés chez nous et qu'un bon fabricant a besoin d'avoir puisé en France une partie de son inspiration ou de ses connaissances. Plusieurs de nos constructeurs célèbres, *Deleuil*, *Soleil*, *Duboscq*, *Marloye*, *Secretan*, *Perreaux*, *Nachet* et tant d'autres, sont exclusivement français, mais il y aurait bien des noms étrangers à inscrire sur la liste des constructeurs d'instruments de physique.

Les sections étrangères de la classe 12 contenaient en général peu d'instruments. En Angleterre, la physique proprement dite était peu représentée. Les microscopes de *Ross*, de *Beck*, etc., attiraient l'attention aussi bien par leurs excellentes qualités que par leur construction soignée ; les lunettes de *Dallmeyer* présentent des dispositions fort ingénieuses. L'Allemagne avait d'assez nombreux représentants. La construction allemande est lourde, les pièces ont en général des dimensions exagérées, les modèles manquent de grâce, pourtant les constructeurs prussiens et autrichiens ont des appareils qui leur sont propres, bien qu'on en trouve quelquefois de semblables en France. En Prusse, *Geissler* a créé une fabrication importante en imaginant les tubes qui portent son nom et, chose remarquable, c'est en France que la construction de ces tubes s'est le plus développée si l'on en juge du moins par l'exposition française dans laquelle plusieurs constructeurs, *Alvergniat* surtout, exposent de forts beaux tubes. *Geissler*, qui se proposait de prendre part à l'exposition, est arrivé trop tard. La machine électrique de *Holtz* se présente en Prusse sous des modèles nombreux et variés, bien qu'en France l'exposition de *Ruhmkorff* en contienne aussi une. *Pistor* et *Martins* ont su donner aux instruments de géodésie ou de navigation des formes spéciales et ingénieuses, enfin *Rohrbeck*, *Schultz* exposent des machines de *Holtz* et J. *Reimann* une machine pneumatique qui lui est propre. En Bavière, il faut signaler avec éloges les verres d'optique de *Merz*, de *Steinheil* et les instruments de géodésie d'*Ertel*. L'Autriche compte peu d'exposants pour la physique ; on remarque une grande machine électrique de *Winter*, un électromoteur et une machine pneumatique à mercure de *Kravogl*, puis les objectifs photographiques bien connus de *Voigtländer*. La Belgique a d'assez belles balances de *Sacré* et les appareils chronographiques de *Navez* et de *Glösener*. En Suisse il s'est formé une société qui s'occupe de la construction des instruments de physique sous le patronage de M. le professeur *Thury* ; son exposition est importante et ne comprend pas moins de vingt-huit articles qui tous, il est vrai, n'appartiennent pas à la physique pure. C'est un Allemand, M. *Schwerd*, qui dirige cet atelier avec beaucoup d'habileté. En Suède, en Norwége, dans les Pays-Bas il y a fort peu de choses à signaler. L'exposition de la Russie contient des instruments importants et nouveaux. On peut mettre au premier rang la machine électrique de

Töpler, exposée par *Wesselhoft*, ainsi qu'un autre appareil du même auteur, destiné à l'examen des corps de petites dimensions et fondé sur le principe de la concentration de la lumière par les lentilles; puis viennent les appareils exposés par *Brauer*. Aux États-Unis, pas de physique pure, des instruments pratiques pour la marine ou l'astronomie. Quant à l'exposition de l'Italie, elle comprend un très-grand nombre de pièces, mais rien de saillant, la construction en est fort peu soignée, on reconnaît l'imitation des modèles français. L'exposition pontificale a sa place marquée à part : le météorographe du P. *Secchi*, bien qu'il ne présente rien d'absolument nouveau, fera époque par la bonne disposition de ses pièces et le grand nombre d'indications qu'il enregistre. A notre grand regret nous n'avons rien vu de M. *Porro*, l'habile directeur de la Filotecnica. Cette société comme celle de Genève s'occupe de la construction des instruments de physique et de géodésie. M. *Porro* a perfectionné le tachéomètre de son invention et sous sa nouvelle forme il le nomme Cleps. Cet instrument, destiné à rendre de grands services aux ingénieurs, aux officiers et aux marins, eût figuré avantageusement, nous n'en doutons pas, dans la section italienne et manifesté une fois de plus les idées si ingénieuses de M. *Porro*.

Cette étude devait comprendre les instruments de précision et de physique ainsi que leurs applications, mais deux branches importantes en ont été distraites, la télégraphie électrique et les instruments météorologiques, traités avec talent par MM. *du Moncel* et *Pouriau*. Le champ était encore bien vaste et l'examen approfondi des instruments délicats et nombreux de la classe 12 et d'une partie de la classe 66 aurait exigé des développements bien plus étendus que ceux que nous pourrons leur consacrer. Il a donc fallu se restreindre, les difficultés que nous avons rencontrées et le peu d'empressement d'un certain nombre d'exposants nous en ont fait une loi. Quelques branches de la science sont donc un peu effacées.

Nous commençons par étudier les instruments destinés à la navigation ; la seconde partie comprend, sous le nom de métrologie, l'étude des instruments de mesure des divers éléments qui constituent l'espace, la force et le temps, puis viennent deux autres chapitres dans lesquels les forces physiques ne sont nullement en jeu, la pneumatique et l'acoustique. La physique proprement dite fait l'objet des chapitres suivants consacrés à l'optique, à la chaleur, au magnétisme et à l'électricité. Nous avons tâché de ne pas oublier que cette étude ne s'adresse pas uniquement aux savants de profession, mais qu'elle a aussi pour but d'initier les personnes douées d'une instruction générale à l'état actuel de la science en leur présentant les diverses périodes qu'elle a traversées.

II. — INSTRUMENTS DE NAVIGATION (Pl. 171).

Aussi longtemps que l'imperfection des premiers navires empêcha les marins de tenter des traversées un peu étendues, la connaissance des côtes suffit pour les guider, mais lorsque par suite des progrès réalisés dans la construction navale ils surent se procurer des navires plus solides et osèrent se confier à ces demeures flottantes, ils sentirent la nécessité de chercher dans le ciel la direction de leurs pas. Longtemps encore la connaissance superficielle des mouvements apparents des astres leur permit de se hasarder loin du rivage ; pourtant, lorsqu'ils se virent isolés entre la mer et le ciel, ils finirent par comprendre que la contemplation seule des étoiles était insuffisante pour tracer d'une manière sûre leur route sur les eaux. La question continuellement posée au marin, celle à laquelle il lui faut sans cesse répondre, est celle-ci : en quel point du globe se trouve-t-il ? Aujourd'hui la représentation de la terre par les cartes est venue apporter une grande simplification à ce problème, la question s'est un peu modifiée, il s'agit non-seulement de savoir quel lieu du globe on occupe, mais encore de marquer ce point sur la carte, c'est-à-dire de faire son point. On comprendra facilement que, si le navigateur peut marquer à chaque instant sur la carte le point qu'il occupe et celui qu'il veut atteindre, il ne lui restera plus qu'à profiter de la force du vent ou de la vapeur pour se déplacer en se rapprochant du terme de son voyage.

Deux méthodes lui sont offertes pour faire son point : l'une, celle des anciens, perfectionnée, la méthode astronomique ou navigation hauturière; l'autre, plus récente, la navigation par l'estime. Chacune d'elles exige des instruments, des procédés différents. La navigation hauturière, c'est-à-dire qui emploie la hauteur des astres au-dessus de l'horizon, était naturellement celle des anciens, ces grands observateurs du ciel; toutefois, appliquée avec le secours de la vue seule, elle ne pouvait donner que des résultats bien peu satisfaisants. Pour marquer le point sur la carte, il faut connaître la distance à laquelle on se trouve de l'équateur, c'est-à-dire la latitude et la distance à laquelle on est d'un méridien de convention, pour nous le méridien de Paris, c'est-à-dire la longitude. Ce dernier élément s'obtient principalement à l'aide du chronomètre nommé aussi garde-temps, en ce qu'il permet de savoir dans le lieu où l'on est l'heure exacte qu'il est au moment même à Paris. La différence de l'heure du lieu et de celle de Paris constitue précisément la longitude; quant à la latitude, on la conclut surtout de la hauteur du soleil à midi. Chacun sait que le soleil paraît se lever à l'orient et se couche à l'occident après s'être élevé dans le ciel jusqu'à une certaine hauteur, on sait aussi que cette hauteur maximum varie chaque jour, enfin cette hauteur pour un même jour dépend de la distance à laquelle on est de l'équateur. Plus on s'en approche, plus le soleil paraît élevé au moment de sa plus grande hauteur, et par suite la connaissance de ce dernier élément permet d'obtenir la latitude.

Il serait difficile, en examinant un des instruments employés dans ce but aujourd'hui, de se représenter ce que furent à l'origine les instruments qui servaient à obtenir la hauteur des astres. L'un des premiers fut l'astrolabe; il se composait (*fig.* 1) d'un disque métallique sur lequel étaient gravés trois cercles concentriques. Le cercle extérieur, partagé en douze parties, répondait aux signes du zodiaque; le second, partagé également en douze, répondait aux douze mois de l'année; enfin le cercle intérieur portait 360 divisions. En soutenant ce disque par un anneau, l'un des diamètres occupait la portion horizontale, et l'une de ses extrémités était l'origine des divisions. Autour du centre de ce cercle et sur la face divisée se mouvait une alidade munie de deux pinnules, percées chacune d'un trou assez fin. On présentait l'instrument au soleil dont les rayons devaient traverser les deux trous; la division à laquelle s'était arrêtée l'alidade permettait d'obtenir la hauteur du soleil au-dessus de l'horizon et par suite la latitude. On voit combien cet instrument était grossier, et, à moins de lui donner des dimensions considérables, on n'en pouvait guère attendre d'exactitude.

L'anneau gradué ne tarda pas à lui succéder (*fig.* 2). C'était un anneau métallique soutenu encore par l'observateur qui dirigeait vers le soleil S l'ouverture A. Un petit cercle lumineux venait se peindre sur la partie opposée de la surface intérieure, et, par la division qu'il atteignait, on jugeait de l'élévation du soleil au-dessus de l'horizon, et par suite de la latitude. Ici l'exactitude était plus grande, car, en vertu des propriétés des angles à la circonférence, la moitié de la circonférence intérieure ne comprenait que 90°. Pourtant l'alidade mobile, cet élément si important des instruments modernes, était délaissée pour reprendre faveur plus tard.

Nous ne parlerons pas de l'arbalète, de l'arbalestrille etc., qui remplacèrent l'astrolabe et l'anneau. Nous nous bornerons à indiquer le bâton astronomique de *Gemma Frisius*, dans lequel on trouvera la trace de quelques dispositions modernes relatives à la mesure des distances. Ce bâton rectangulaire AB, d'une longueur d'un mètre environ (*fig.* 3), portait des divisions sur ses quatre faces. Dans le sens de sa longueur, on pouvait faire glisser une branche M N dont un des côtés portait aussi une division. Une coulisse pouvait s'arrêter devant ces divisions. L'œil se plaçait en A et le rayon visuel était dirigé tangentiellement au bord de la coulisse. On conçoit que la connaissance de la distance EA, ainsi que de la hauteur FE, permit de conclure la hauteur angulaire de l'astre. Toutefois cet instrument comme les précédents est fort grossier, si l'on considère la perfection des instruments actuels. Un pas énorme reste à franchir pour y arriver, et l'on ne peut trop s'émerveiller de voir avec quelle audace *Colon, Vasco de Gama, Magellan* effectuèrent des traversées si longues et si dangereuses alors. Les Espagnols, qui ont fait faire tant de progrès aux sciences nautiques, avaient perfectionné l'arbalestrille et publié des traités de navigation qui, traduits en anglais et en français, étaient alors les seuls employés.

En 1731, *Hadley* fit connaître le sextant dont quelques-uns revendiquent l'invention pour *Godfrey* de Philadelphie auquel *Hadley* l'aurait dérobé, alors qu'il était officier de marine. Le principe de l'emploi des miroirs pour mesurer les angles créait non pas seulement un seul instrument nouveau, mais un très-grand nombre, car c'est à la combinaison des miroirs que le problème de la mesure des distances a demandé plus tard une grande partie de ses instruments. On sait que la distance angulaire de deux points amenés en contact à l'aide de l'instrument est le double de l'angle dont il a fallu faire tourner l'un des deux miroirs à partir de la position de parallélisme. Pour connaître la hauteur de l'astre au-dessus de l'horizon ou bien l'arc qui sépare deux points, il suffira donc de lire l'angle dont il a fallu faire tourner le miroir mobile de l'instrument. De là la nécessité d'une graduation dont l'exactitude est l'un des éléments les plus importants pour obtenir la vraie valeur de la distance cherchée. Cette division, gravée sur le bord de l'instrument ou limbe, peut comprendre 90°, 120° ou 720°, tracés sur des limbes qui embrassent le huitième le sixième de la circonférence ou la circonférence elle-même. De là trois espèces d'instruments, l'octant, le sextant et le cercle. Le premier a peu d'intérêt, son usage tend à disparaître, car il ne peut servir que dans des cas assez restreints. Le sextant au contraire acquiert de jour en jour plus d'importance, malgré les efforts faits par quelques-uns pour lui substituer le cercle.

Le cercle est un instrument plus complet, et le principe de la répétition qu'il permet d'appliquer lui crée, à certains points de vue, une supériorité sur le sextant. En 1752 *Tobie Mayer* faisait connaître le principe de la répétition des angles qui, au moyen d'une seule lecture, donne un angle triple ou quadruple de celui qu'on veut mesurer et permet par suite de diviser par 3 ou par 4 l'erreur faite sur la lecture. Quelques années plus tard *Borda* appliquait ce principe au cercle et donnait alors aux observateurs un instrument bien précieux à une époque où les progrès des arts mécaniques n'avaient pas encore permis de diviser les instruments et de les centrer d'une manière certaine. Aujourd'hui le prix moins élevé du sextant, la perfection de sa construction, en ont généralisé l'emploi au point que le cercle est réservé pour des cas tout spéciaux. En France on continue à le construire sur le modèle de *Borda,* sauf quelques modifications de détail et l'on en voyait aux vitrines de la classe 12, comme de la classe 66 et 66 *bis*, consacrées plus spécialement aux instruments de marine. Les principaux constructeurs de cercles ont été, successivement, *Gambey*, *Jecker*, *Schwartz*; aujourd'hui M. *Lorieux*, dont la réputation est si bien assise, paraît être en France le représentant le plus accrédité de la construction des cercles. En Prusse, le principe de la construction de ces instruments est notablement différent : la plateforme est généralement pleine, le diamètre moins grand, le petit miroir est remplacé par un prisme à réflexion totale. C'est à *Pistor* et *Martins de Berlin* qu'on doit cet instrument (*fig.* 4), assez peu connu en France, bien que la première description en ait été donnée en 1843. Il n'est pas répétiteur, mais il présente sur le cercle de *Borda* quelques avantages qui peuvent sembler compenser ce défaut et qui lui donnent sur le sextant une supériorité assez marquée. Les images sont bien plus claires et mieux terminées, par suite de la réflexion prismatique qui est totale, tandis que la réflexion spéculaire est toujours comme on sait accompagnée de diffusion. Quand les angles dépassent cent et quelques degrés, le sextant ne peut servir commodément, le cercle de *Pistor* au contraire donne les angles jusqu'à 180°. Enfin la lecture des deux verniers qui terminent l'alidade du grand miroir évite les erreurs d'excentricité que l'on pourrait craindre dans le sextant. La marche des rayons est très-facile à suivre. Le rayon direct O'L (*fig.* 5), passe par-dessus le prisme dont la hauteur ne dépasse pas la moitié du miroir.

Malgré ses avantages, le cercle de *Pistor*, qu'on voyait dans la section prussienne, n'a pas remplacé le sextant, et en France, comme dans les sections d'Angleterre et des États-Unis, on en voyait un certain nombre. Chez nous le modèle adopté est presque partout le même, les différences ne portent que sur quelques points de détail. Entre autres fabricants, MM. *Lorieux*, *Balbreck* et *Molteni* se faisaient remarquer les premiers dans la classe 12, le dernier dans la classe 66 *bis*. Le corps du sextant (*fig.* 6) est en laiton verni chez la plupart des fabricants, M. *Balbreck* en avait un noirci pour éviter l'action de l'eau de mer, mais il oublie que dans les pays chauds le pouvoir absorbant du noir de fumée élève notablement la température de l'instrument, et que le jeu de la dilatation peut produire des irrégularités plus nuisibles qu'une légère oxydation. Les divisions des limbes sont faites sur argent et avec une perfection de régularité et de centrage qui laisse bien peu à désirer. Les sextants Lorieux jouissent d'une grande réputation, tant pour le fini de toutes leurs pièces que pour la bonne disposition des moyens de rectification et des accessoires. Le parallélisme des verres colorés et des miroirs, la bonté des lunettes, leur assurent une place spéciale parmi les instruments de cette espèce.

En Angleterre un modèle tout différent se rencontre et est assez répandu, c'est le sextant à double corps (*fig.* 7). On a cherché dans cette construction à avoir un instrument solide par suite des nombreuses traverses qui assemblent les deux corps. En somme, l'instrument est lourd, les différentes parties en sont en général peu soignées et les moyens de rectification imparfaits.

L'exactitude de l'observation avec le sextant exige, outre la bonne graduation du limbe, l'emploi de verres colorés et de miroirs à faces exactement parallèles. Un des exposants pour l'optique, M. *Radiguet*, en fabrique qui laissent bien peu de chose à désirer.

Les observations de la hauteur angulaire des astres pendant le jour se font sans trop de difficultés, mais, quand il s'agit d'opérer la nuit, il se présente mille causes d'erreurs. L'horizon est peu visible si la nuit est noire ; si au contraire le ciel est étoilé, il devient alors difficile de ramener à l'horizon l'image de l'étoile que l'on veut observer. En admettant même que cela soit fait, le contact est bien difficile à établir à cause de la scintillation de l'étoile et de son peu d'étendue. M. *Laurent*, ancien officier de la marine impériale et actuellement capitaine du paquebot de la Compagnie générale transatlantique, *Impératrice Eugénie*, a fait construire par M. *Dubas* opticien de Nantes, et exposait dans la classe 66 un instrument destiné à combattre une partie des inconvénients que présente l'observation des hauteurs d'étoiles. Cet instrument (*fig.* 8) est un octant en bois dont la division est tracée sur un limbe d'ivoire. Comme ici il ne s'agit pas d'obtenir la hauteur à une dizaine de secondes près, mais bien à la demi-minute, la précision des divisions sur argent devient inutile, d'ailleurs la lecture en est pénible et incertaine la nuit. Naturellement les verres de couleur sont supprimés aussi bien entre les deux miroirs que derrière le petit miroir. Celui-ci n'a qu'une seule rectification possible, celle qui permet de l'amener perpendiculaire au plan de l'instrument. L'autre rectification a été supprimée pour simplifier l'instrument et en diminuer le prix ; il est d'ailleurs très-facile de déterminer l'erreur instrumentale qui variera bien peu. La partie non étamée du petit miroir est fort inutile, elle affaiblit l'image de l'horizon, ce qui est un mal ; aussi, M. *Laurent* l'a-t-il supprimée, ce qu'on pourrait bien faire dans les sextants ordinaires et ce qu'ont fait *Pistor* et *Martins* dans leur cercle, car le prisme qui remplace le petit miroir n'a en hauteur que la moitié du grand. Une grande clarté est nécessaire, aussi la lunette est une lunette de *Galilée*, de plus son objectif est très-grand et son grossissement très-faible, 2 à 4. Toutes ces conditions réunies facilitent à coup sûr l'observation, mais le point capital qui assure une exactitude cinq fois plus grande consiste à déformer l'image de l'étoile et à lui donner l'apparence d'une ligne lumineuse, qu'il devient alors assez facile de mettre en contact avec la ligne d'horizon. Pour obtenir ce résultat, M. *Laurent* emploie une lentille cylindrique plan-convexe, dont l'axe est parallèle au plan de l'instrument et qui se met entre les deux miroirs, si l'on veut allonger l'image réfléchie, ce qui est le cas pour les observations de hauteurs d'étoiles. Il y a avantage à cause de cela à éloigner le petit miroir du grand, aussi la monture du petit miroir et celle de la lunette sont-elles notablement rapprochées du limbe. Les rectifications de perpendicularité des deux miroirs se font comme à l'ordinaire, en rejetant en arrière la lentille cylindrique, qui peut tourner légèrement dans sa monture afin de ramener son axe parallèle au plan de l'instrument. La distance focale de la lentille est choisie de manière à donner à l'étoile une longueur angulaire de 10°, dont 5 seulement paraissent dans la partie étamée du petit miroir. Cette modification de l'octant donne, d'après M. *Laurent*, cinq fois plus d'exactitude que l'on n'en peut avoir avec les instruments ordinaires, et les commandants des paquebots transatlantiques, qui ont adopté le nouvel instrument, en font le plus grand éloge. On peut de la sorte tracer la nuit, d'heure en heure, la marche du navire, à l'aide de l'observation de la polaire, ce qui permet soit d'atterrir, soit de traverser la nuit les passages les plus dangereux avec une extrême sécurité. M. *Laurent* pense que l'instrument pourrait servir pour les distances d'étoiles à la lune, mais plusieurs causes paraissent devoir s'y opposer : d'abord les distances inférieures à 90° pourraient seules être mesurées, d'un autre côté la précision donnée par l'octant est bien insuffisante, enfin les observations de distance sont trop difficiles la nuit pour pouvoir se généraliser beaucoup. Au contraire, pour les hauteurs d'étoiles la modification proposée par M. *Laurent* peut certainement rendre de grands services et permettre d'avoir à un moment donné de la nuit la latitude à une demi-minute près.

Très-souvent l'horizon est couvert de brume, bien que le reste du ciel soit pur et que la visibilité des astres soit parfaite ; quelquefois même, sans que la brume soit formée, la distribution irrégulière de la température dans l'atmosphère modifie la marche des rayons lumineux qui viennent de l'horizon au point de laisser une grande incertitude sur la valeur de la dépression apparente. D'autres fois, enfin, la partie de l'horizon qui répond à l'astre qu'on veut observer est occupée par une bande de terre, ce qui rend impossible l'observation directe de la hauteur angulaire. Il est indispensable dans ces cas-là d'opérer avec un horizon artificiel, mais on n'est pas toujours à terre pour pouvoir employer, par exemple, l'horizon à mercure ou à glace, aussi a-t-on cherché depuis longtemps à construire un sextant qui portât lui-même un horizon.

Nous ne rappellerons pas ici toutes les tentatives effectuées. Le mercure dans des vases communiquants a été proposé par M. *Richard* et n'a pas donné de bons résultats ; le capitaine *Beechey* a fait construire en Angleterre un sextant auquel s'adaptait un petit pendule, dont la partie inférieure plongeait dans l'huile pour amortir les oscillations. La partie supérieure alignée par un trait de repère donnait une ligne de visée horizontale à laquelle on ramenait l'image réfléchie. Une lampe placée sur le côté permettait les observations de nuit. Ce système était compliqué et devait donner des résultats peu précis. Nous-même, il y a une dizaine d'années, nous avons imaginé une disposition bien plus simple qui a été essayée avec un instrument grossièrement construit, et n'a donné naturellement que des résultats incomplets. Nous nous proposons d'y revenir en perfectionnant certains points de détail. Sur la monture du petit miroir est fixé un miroir mobile autour d'un axe perpendiculaire au plan de l'instrument. Il porte un long fil terminé par une balle de plomb. Le tout forme un pendule assez long, dont les oscillations sont par suite très-lentes et de fort peu d'amplitude. Le miroir doit être disposé de telle sorte que le plan de réflexion soit vertical. Une perpendiculaire au plan de l'instrument, tracée sur le petit miroir par exemple, et son image dans le miroir pendulaire, détermineront par suite une ligne horizontale qui servira à donner le contact.

Une solution différente du même problème est fournie par le sextant que M. *Davidson*, adjoint au bureau hydrographique des États-Unis, exposait dans la section américaine de la classe 12. L'inventeur a maintes fois reconnu l'avantage qu'il y a à posséder sur le même instrument l'horizon et le moyen de mesurer la hauteur angulaire. L'horizon artificiel se compose ici d'un niveau à bulle d'air, qui se fixe au-dessus de la lunette (*fig.* 9) du sextant. Ce niveau, dont la bulle est en S, est ouvert à la partie inférieure où il porte un fil W (*fig.* 10) perpendiculaire à son axe, à celui de la lunette et par suite au plan de l'instrument. Au-dessous de cette ouverture et dans le tube de la lunette, est placé un réflecteur R (*fig.* 10), incliné de 45° sur l'axe et qui n'occupe que la moitié gauche du tube, afin de permettre la vision de l'image réfléchie dans la moitié de droite. Quand l'instrument est bien réglé, et cette rectification peut se faire, soit à terre, soit à la mer à l'aide de l'horizon, la bulle doit paraître sur l'image du fil W dans le miroir R. C'est aussi sur l'image du fil W que se fait alors le contact. On ajustera la bulle en soulevant une des extrémités du niveau, ou bien on déterminera l'erreur de collimation. On peut enlever le niveau et se servir du sextant à la manière ordinaire, alors on fait glisser le tube C qui est destiné à couvrir l'orifice. La bulle peut avoir 5 millimètres de longueur, mais elle peut être aussi plus courte. Le rayon de courbure du niveau est de $1^m,5$ environ, mais, pour les instruments destinés aux observations à bord, il peut être plus petit. L'erreur probable paraît ne devoir pas dépasser une minute. Une demi-lentille L (*fig.* 11), mobile à l'aide du tube T), permet d'assurer la vision nette de la bulle et du fil en même temps que des objets éloignés. Le tube porté par le sextant est fermé à ses deux bouts par des glaces GG' et l'on peut adapter en G' une lunette qui agrandisse les images.

Au seizième siècle les instruments destinés à l'observation des astres donnaient des résultats si peu précis qu'on put regarder, comme un progrès, un instrument qui permettrait de mesurer le chemin parcouru par le navire dans un temps donné. Si à cet instrument on en joint un autre qui fasse connaître la direction de la route par rapport au méridien du lieu, on aura alors la possibilité de fixer la position du navire, car il se conçoit que si, par le point de départ, on trace une droite dans la direction suivie par le navire et donnée par la boussole, puis qu'on prenne sur cette droite une longueur mesurée par le loch on aura représenté une des routes courues. En un jour le navire fait quelquefois plusieurs de ces routes, car il peut être obligé de changer sa direction ; en portant ces différentes longueurs sur la carte, on aura le lendemain à midi la position occupée par le navire : c'est ce que l'on appelle encore faire son point ; mais cette seconde manière constitue la navigation par l'estime. Comme on le voit, il faut deux instruments : la boussole marine ou compas de route et le loch.

La propriété que possède l'aiguille aimantée de se diriger vers le nord était connue, d'après *Duhalde*, 2634 ans avant Jésus-Christ, en Chine où l'empereur *Hoang-ti* guidait son armée à l'aide d'une boussole. Peut-être a-t-elle été introduite en Europe par les Arabes. *Guyot*, de Provins, la signale sous le nom de marinette à la fin du douzième siècle. On attribue à *Flavio Gioja*, d'Amalfi (1302), l'addition de la rose et de la cuvette. Toutefois ce ne fut que dans la nuit du 14 septembre 1492 que *Cristoforo Colon* découvrit la variation, c'est-à-dire l'angle que l'aiguille aimantée fait avec le méridien astronomique du lieu. Nous ne parlerons pas des perfectionnements successifs qu'a reçus le compas. Plusieurs nations en offraient à leur exposition, la Hollande avait des compas à roses vertes, la Norwége, la France, les États-Unis, etc., exposaient aussi des compas.

Le modèle du genre est le compas adopté par l'amirauté anglaise, le *Standard Compass*. Sa cuvette est en cuivre rouge pour éviter l'introduction de parcelles ferrugineuses qui se trouvent dans le laiton et pour ramener plus vite l'aiguille par suite de l'action inductrice du cuivre, découverte par *Arago*. Le point d'intersection des axes d'oscillation de la suspension *Cardan* coïncide avec le point de suspension de la rose, condition la plus favorable pour en assurer la stabilité. Autour de la cuvette est un cercle azimutal divisé en degrés. Comme ce compas doit pouvoir servir de compas de relèvement, il porte un prisme à réflexion totale. La rose est l'objet d'un soin tout particulier dans sa construction, chacun de ses degrés est divisé en trois. Pour éviter la déformation du papier produite par le mouillage dans l'impression, elle est imprimée à sec à la presse hydraulique après avoir été collée sur le talc. Au-dessous de la rose est un léger châssis de cuivre de forme carrée dont l'une des diagonales répond à la ligne 0°,180°. Il sert à fixer les quatre barreaux aimantés qui remplacent l'aiguille unique employée dans un grand nombre de compas. Ces faisceaux sont placés de champ pour éviter le défaut de coïncidence des axes, ils sont naturellement parallèles à la ligne 0°,180° et placés l'un à la division 15, l'autre à la division 45. Leurs longueurs sont 182^{mm},5 et 132^{mm},5. Chacun de ces barreaux est formé de ressorts de pendule, préalablement aimantés. Malgré le nombre des barreaux la rose ne pèse que 98^{gr},8, sa force directrice est très-grande et de plus le moment d'inertie d'une moitié de la rose est sensiblement constant quel que soit le diamètre que l'on considère. Il en résulte une stabilité mécanique bien plus considérable que dans les roses à un seul barreau. La chape de la rose est en rubis, elle repose sur une pointe en osmiure d'iridium alliage inoxydable fort dur taillé en grain d'orge. En France, presque aucun de ces détails de construction n'est adopté, et pourtant les compas ont été, en Angleterre, l'objet de nombreuses études et les différentes dispositions du *Standard Compass* n'ont été admises qu'après que l'expérience les a sanctionnées.

Deux fabricants anglais bien connus, *Lilley* et *West*, exposaient dans la classe 66 des habitacles avec leurs compas. En France deux constructeurs avaient envoyé les produits de leur fabrication. La maison *Froment* exposait un compas de relèvement dans lequel nous n'avons remarqué que bien peu de différences avec ceux qu'a adoptés la marine Impériale française. Les pans de la boîte sont coupés, ce qui donne un peu plus de commodité pour l'observation, les parties en cuivre sont noircies, ce qui empêche les réflexions gênantes, en même temps que l'oxydation. M. *Santi* est un constructeur de Marseille fort entendu. Il présentait un compas à liquide de bonne construction à double cuvette. Au mélange d'eau et d'alcool, il a substitué la glycérine très-pure. Il a aussi modifié le compas de relèvement. Au lieu d'employer une alidade mobile se fixant sur un pivot qui traverse le couvercle de verre, il monte les deux pinnules sur le cercle à verre lui-même. Ainsi articulées, elles peuvent prendre toutes les positions voulues, ce qui facilite notablement l'observation de l'azimut des astres assez élevés au-dessus de l'horizon sans être aussi commode pourtant que la glace et le prisme à réflexion totale, que l'on trouve dans le compas anglais de *Kater*. La graduation est intérieure, ce qui permet de lire plus commodément. Le compas équatorial exposé par M. *Santi*, n'a vraiment pas d'utilité, et son prix élevé et une assez grande complication ne seront jamais compensés par les services qu'il pourrait rendre.

En Norwège, M. *Wedel Jarlsberg*, et en Suède, M. *Ahberg*, ont exposé des compas de contrôle. Nous n'avons pu nous procurer de renseignements suffisants sur ces deux instruments qui répondent à un besoin réel. Le commandant a un intérêt direct à savoir si l'on a bien exécuté ses ordres, et si la route donnée par lui a été suivie ponctuellement; à un autre point de vue, il peut désirer d'enregistrer les différents changements de route : aussi depuis longtemps a-t-on songé en France et à l'étranger à construire des instruments qui pussent tracer soit par points, soit d'une manière continue, les diverses routes suivies. Aucun des modèles proposés n'a encore pénétré dans la pratique par suite de leur complication.

Le loch, cet auxiliaire si utile du compas, a été signalé pour la première fois en 1577 par *William Bourne*, dans le *Regiment for the sea*, mais *Purchas* paraît être le premier qui s'en soit servi dans un voyage qu'il fit en 1607 aux Indes orientales. Cet instrument n'a subi presque aucune modification depuis plus de deux cents ans, et, en France, on a continué à l'employer malgré ses imperfections. En Angleterre, de nombreuses études ont été faites et l'emploi du loch *Massey* commence à se généraliser.

Pourtant depuis longtemps on a pensé qu'un instrument qui enregistrerait les distances parcourues rendrait un véritable service, et en 1845, en Angleterre, *Bain* imaginait un loch électrique dont l'usage ne s'est pas répandu. M. *du Moncel*, dans son ouvrage remarquable sur les applications de l'électricité, fait connaître un loch électrique enregistreur. A l'arrière du navire et à une distance suffisante est une caisse en bois traversée par un axe vertical en fer qui supporte assez profondément un moulinet de *Woltmann*. Une large palette formant gouvernail dispose l'axe du moulinet parallèlement à la route suivie, ce qui détermine le mouvement des ailettes. Un courant amené par des fils de cuivre recouverts de gutta-percha est interrompu ou rétabli périodiquement par la rotation de l'une des roues du rouage. Ce courant détermine dans la chambre du commandant le mouvement de l'armature d'un électro-aimant et par suite, sur un papier mobile, un point qui marque le nombre de mètres parcourus. Dans la classe 66, M. *Anfonso* exposait un loch électrique.

III. — MÉTROLOGIE (Pl. 172. 173. 174. 175).

La physique et la mécanique sont intimement liées l'une à l'autre. A moins de rester dans le domaine de la science pure, la mécanique traite des corps, et leurs propriétés qu'étudie la physique ne peuvent être passées sous silence quand on s'occupe de leurs mouvements. D'un autre côté, les notions de la géométrie et de la mécanique sont invoquées à chaque instant par le physicien ; n'étudie-t-il pas les forces physiques, et la science qui traite des forces en général ne trouve-t-elle pas dans l'étude des phénomènes de la chaleur, de l'électricité des applications continuelles ? — Les données géométriques ne sont pas moins importantes pour celui qui examine les modifications produites dans la forme des corps par ces agents si mystérieux, mais si puissants, tels que la chaleur, les actions moléculaires.

Les applications de ces deux sciences à la physique peuvent à la rigueur se mettre en dehors et au début de la physique proprement dite. La partie qui a trait à la mesure des grandeurs et aux instruments qu'elle comporte, c'est-à-dire la géométrie appliquée, peut être comprise sous le nom de métrologie. L'hydrostatique, la pneumatique, appartiennent à proprement parler à la mécanique des corps, c'est-à-dire aux applications de la mécanique à la physique, et peuvent à la rigueur être mises en dehors de la physique même.

Nous nous occuperons ici des instruments employés à la mesure des divers éléments dont la physique a sans cesse besoin et qui se rapportent principalement à l'espace, aux forces et au temps. Dans l'étude que nous avons à faire des instruments de la classe 12 et dans leur comparaison avec quelques instruments analogues, il nous sera commode de diviser ce chapitre et de traiter successivement des instruments destinés à la mesure : 1° des longueurs ; 2° des distances ; 3° des angles ; 4° de la pesanteur ; 5° du temps.

1. — Longueurs.

En physique, la détermination des longueurs a une importance capitale, aussi les instruments employés dans ce but ont-ils été l'objet de perfectionnements multipliés. Tous ces instruments ayant besoin d'être repérés, nous parlerons tout d'abord des mesures.

A. Mesures. — Plusieurs constructeurs avaient exposé de beaux exemplaires du mètre normal. En France, on remarquait à l'exposition de M. *Dumoulin-Froment* un mètre divisé sur argent, par demi-millimètres. M. *Deleuil* avait exposé un mètre normal en laiton argenté avec des bouts en agate qui peuvent supporter des touches répétées au comparateur sans éprouver d'usure. Dans la partie allemande on voyait un mètre normal en laiton argenté construit avec beaucoup de soin par M. *Breithaupt*, de Cassel, et divisé par $0^{mm},1$ à 15° Réaumur. Enfin le ministère de la guerre d'Autriche exposait dans la galerie des machines trois belles règles en acier fondu de *Mayer*, ayant pour longueur deux, quatre et cinq mètres. Elles ont 79 millimètres de large et 13 d'épaisseur, et servent à vérifier les dimensions des bouches à feu. Dans la section anglaise on remarquait les mesures courantes de MM. *Elliott* frères. La finesse de leurs divisions est très-remarquable, les Anglais excellent dans la construction de ces mesures.

En France, MM. *Richer, Gravet, Parent*, etc., soutiennent dignement leur réputation; M. *Richer* exposait en outre un mètre de précision avec vernier.

B. Comparateurs. — Ces mètres étalons servent à repérer des règles, des divisions qui font partie de divers instruments de physique. Cette opération exige l'emploi d'un appareil spécial, c'est le comparateur. De même que les mesures se distinguent en mesures à bouts et en mesures à traits, le comparateur doit pouvoir fonctionner de deux façons.

M. *Perreaux*, constructeur fort habile d'instruments de précision, exposait un comparateur universel. Quand on veut s'en servir pour les mesures à bout, on place la règle sur la table de fonte et l'on amène l'une de ses extrémités à buter contre un talon d'acier, tandis que l'autre extrémité vient au contact d'une touche à leviers articulés terminés par une aiguille qui s'arrête sur un cadran. Quand on a mis la seconde règle à la place de la première, la division à laquelle se tient l'aiguille n'étant pas la même, la différence de longueur se trouve ainsi accusée et même augmentée par la disposition des leviers. Pour obtenir plus de précision, on fait la lecture à l'aide de microscopes. Il pourrait arriver que les deux bouts de la règle ne fussent pas taillés perpendiculairement à sa longueur; on s'en assure au moyen d'une vis que fait glisser la règle parallèlement à elle-même. Si l'aiguille marche sur le cadran, c'est que l'un des bouts est mal construit. Quand on veut comparer des mesures à traits, on ne se sert plus des touches dont les extrémités sont en agate pour que leur contact répété n'en altère pas les dimensions, mais on emploie alors deux microscopes. Ces microscopes sont portés par deux chariots qui peuvent glisser sur un banc en fonte; parallèlement à ce banc est une table aussi en fonte sur laquelle on pose successivement les règles à comparer. Au moyen d'une vis à pas très-fin on fait mouvoir la règle sur la table de manière à la rendre parallèle au banc des microscopes et à amener le trait origine sous le fil de l'un d'eux. Au foyer de l'oculaire dans chaque microscope se trouve un réticule fixe et un autre mobile au moyen d'une vis dont le pas est d'un demi-millimètre. La tête de cette vis porte un tambour partagé en 500 parties : on peut de la sorte faire avancer le réticule mobile d'un millième de millimètre et par suite obtenir avec cette précision la différence de deux longueurs.

Dans l'exposition de M. *Dumoulin-Froment*, on voyait un comparateur qui a servi à M. *Tresca* à comparer avec le mètre différentes mesures étrangères. Les règles sont placées dans une auge en fonte qui permet de les porter à des températures variables : les microscopes sont fixes, et c'est au contraire l'auge qui peut se déplacer et amener le trait de la règle sous le fil du microscope.

C. Cathétomètres. — Avec une règle divisée placée verticalement et une lunette qui glisse sur cette règle en restant parallèle à elle-même, on aura évidemment le moyen de mesurer la différence de hauteur de deux points. C'est là le principe du cathétomètre, instrument imaginé par *Dulong* et *Petit*, et qui rend actuellement des services considérables en physique, par la précision qu'il permet de donner aux mesures. Le cathétomètre de *Dulong* avait environ cinquante centimètres de hauteur; il était originairement destiné à mesurer l'allongement de la colonne mercurielle dans l'étude de la dilatation absolue du mercure; *Gambey* en perfectionna la construction et en porta la longueur à un mètre : la division fut bien plus soignée et la rigidité plus grande.

Malgré ces améliorations, le cathétomètre avait un grand défaut, la règle était excentrique, la partie supérieure en général n'était pas soutenue et pouvait se fausser. M. *Perreaux*, dont le génie inventif s'est concentré sur la branche des sciences physiques qui s'occupe des instruments de précision, a donné au cathétomètre une forme qui semble définitive, et qui est adoptée maintenant partout. Au milieu d'un trépied à vis calantes, s'élève une colonne d'acier dont la face supérieure porte un petit godet. Sur cette colonne vient se placer un prisme triangulaire de bronze, dont la colonne forme l'axe et qui repose sur le godet au moyen d'une vis d'acier. A la partie inférieure, un collier parfaitement rodé assure un frottement doux, de sorte que le prisme peut tourner très-facilement autour de son axe; une vis placée à la partie inférieure permet d'ailleurs de l'arrêter dans une position déterminée. Le long du prisme, dont une des faces est divisée par demi-millimètres, glisse une boîte qui peut prendre soit un mouvement rapide, soit un mouvement très-lent, et qu'une vis de pression permet de maintenir à diverses hauteurs. Elle porte une lunette et un niveau à bulle d'air, qui sert à mettre horizontal l'axe optique de la lunette et à assurer la verticalité du prisme et de la colonne, un vernier assujetti à la boîte donne les cinquantièmes de division, c'est-à-dire les centièmes de millimètre.

Dans la section russe, parmi les instruments exposés par M. *Brauer*, se trouvait un cathétomètre construit avec soin, et qui reproduisait le modèle de M. *Perreaux*, dans ses éléments essentiels.

D. Sphéromètres. — A la suite du cathétomètre, vient se placer un instrument aussi sensible que lui, mais destiné à faire connaître les épaisseurs : c'est le sphéromètre, ainsi nommé parce qu'il permet aussi de conclure le rayon de la sphère à laquelle appartient une surface courbe, une surface réfringente par exemple. Le sphéromètre se compose d'un trépied à pointes d'acier bien trempé, dont le centre forme un écrou que traverse une vis à filet très-fin, un demi-millimètre par exemple. La tête de la vis porte un cadran divisé en 500 parties, ce qui permet d'estimer le millième de millimètre, et à l'un des pieds est fixée une règle verticale divisée en demi-millimètres, qui fait connaître combien de tours entiers on a fait faire à la vis. Le sphéromètre se pose sur une glace bien dressée qui sert de base à l'instrument et sur laquelle on place aussi l'objet dont on veut connaître l'épaisseur.

Avant de commencer l'opération qui doit donner l'épaisseur de la lame que l'on veut mesurer, il faut d'abord amener la pointe de la vis dans le plan qui contient les trois pieds du sphéromètre; c'est là qu'est la principale difficulté. Jadis on procédait de la manière suivante : on descendait la vis un peu plus qu'il ne fallait, alors l'un des trois pieds du sphéromètre quittait la glace, et l'appareil, en trébuchant, produisait un bruit de trépidation très-distinct. Il fallait donc remonter la vis peu à peu, jusqu'à ce que le bruit disparût, et saisir avec soin ce moment, car, si l'on tournait un peu trop la vis, il en résultait une erreur sur l'épaisseur cherchée.

M. *Perreaux* a imaginé une modification qui fait disparaître cette incertitude, et qui permet même d'obtenir une précision plus grande encore qu'avec l'ancien instrument. Son sphéromètre à double levier figurait à son exposition. La pointe qui termine la vis est indépendante de cette dernière, dont elle occupe l'axe; une portée ménagée à la partie supérieure lui permet de remonter quand on soulève la vis, mais elle peut aussi être relevée sans que la vis fasse aucun mouvement; au contraire, quand la vis descend, elle entraîne la pointe avec elle. La partie supérieure de la pointe butte contre un levier qui en soulève lui-même un second, dont l'extrémité marche sur un axe de cercle disposé verticalement. Quand le sphéromètre est placé sur sa glace et qu'on descend la vis, aussitôt que la pointe arrive à toucher la glace, elle relève le levier et indique le contact avec une précision extrême. La position du cadran de la vis par rapport à la lame divisée qui sert de repère détermine le point de départ des divisions. On met alors sous la pointe le corps dont on veut avoir l'épaisseur et on recommence l'opération. La lecture de la lame et celle du cadran font connaître l'épaisseur. On voit que le perfectionnement apporté par M. *Perreaux* est capital, puisqu'il substitue à une opération assez vague la détermination bien précise de l'instant du contact. L'instrument peut alors donner le quatre millième de millimètre, mais dans bien des cas il serait illusoire de compter sur une telle précision.

E. MACHINES À DIVISER — Si nous passons des mesures divisées aux machines qui servent à opérer cette division, nous trouvons encore en première ligne M. *Perreaux*, avec ses vis de 120 millimètres à filet si fin et si régulier. Les machines à diviser la ligne droite, exposées par M. *Perreaux*, étaient au nombre de trois, l'une très-grande, dont la vis avait 1^m,20, l'autre de 55 centimètres, enfin une troisième plus petite, de 35 centimètres seulement.

On voyait des machines à diviser le cercle, non-seulement à l'exposition de M. *Perreaux*, mais aussi chez MM. *Guillemot*, *Froment*. Le système le plus généralement adopté est celui de *Ramsden*. Une plate-forme de bronze porte des dents à sa circonférence, 720 par exemple; elle est conduite par une ou plusieurs vis tangentes. L'une d'elles porte un cadran divisé qui permet de faire tourner le cercle de quelques secondes, ou plus, si l'on veut des divisions moins rapprochées. La plus grande difficulté consiste à placer sur la plate-forme tournante le cercle que l'on veut diviser, de telle sorte que leurs centres coïncident parfaitement; entre autres moyens que l'on peut employer, on se sert d'une sorte de petit comparateur à touche qui s'appuie sur la tranche inférieure du cercle à diviser. Si, pendant qu'on fait décrire un tour entier à la plate-forme, l'aiguille du comparateur marque la même division, le centrage est bien fait et la division de l'instrument n'aura pas d'erreurs d'excentricité. *Gambey* avait construit sa plate-forme avec un très-grand soin et il avait trouvé le moyen d'avoir des divisions exemptes d'erreur de centrage. Les perfectionnements des arts mécaniques ont multiplié de nos jours les plates-formes construites avec soin, ainsi que les moyens de rectification et de correction.

2. — Distances.

La mesure des longueurs sur le terrain offre un intérêt considérable à beaucoup de points de vue; le militaire ne peut diriger ses coups avec quelque chance de succès s'il ne connaît la distance du but à battre; le marin non-seulement doit connaître la distance du navire ennemi pour l'atteindre de ses projectiles, mais encore il lui importe de savoir s'il s'éloigne ou s'il se rapproche de lui, et, dans certains cas même, il est nécessaire que le vaisseau navigue en restant à une distance invariable de celui qui le précède. Si nous examinons les arts de la paix, nous les voyons également intéressés à connaître les distances. La topographie, à quelque degré qu'on la considère, depuis l'arpentage jusqu'à la géodésie, ne peut rien sans la connaissance des distances.

Plusieurs procédés se présentent, bien différents dans leurs résultats. Tout d'abord nous indiquerons l'estimation de la distance à l'œil nu pour en faire ressortir les difficultés lorsque l'on veut un peu d'exactitude. Ce sera certainement le moyen le plus commode et le plus rapide en campagne, mais aussi le moins exact. Il est basé sur la diminution apparente de la grandeur des objets, à mesure que leur distance augmente, et sur la dégradation de la lumière qu'ils envoient. Pour obtenir des résultats passables, en opérant de la sorte, il faut une grande habitude, qui ne peut être acquise que par ceux qui ont constamment besoin de juger les distances et que la nature de leurs occupations et leur genre de vie à ciel ouvert conduisent à un exercice fréquent. Mille causes tendent à induire en erreur ceux même qui ont acquis une certaine habileté. La manière dont l'objet est éclairé, sa couleur, son état de repos ou de mouvement, la transparence plus ou moins grande de l'atmosphère, sont autant de considérations qui peuvent occasionner des erreurs. Qu'un même objet soit dans une position élevée ou non par rapport à l'observateur, et l'estimation de la distance ne sera pas la même. Il y aura encore de l'incertitude si les plans intermédiaires présentent un aspect uniforme, ou bien s'ils sont sillonnés de lignes fuyantes ou transversales. Tous ces éléments sont de la plus grande importance, et un bon observateur doit en tenir compte soigneusement et faire l'éducation de son œil en comparant à des mesures exactes les évaluations faites à l'œil nu. Ces quelques mots suffisent à coup sûr pour montrer l'incertitude d'un pareil moyen et la nécessité de procédés plus rigoureux.

Dans certains cas, la mesure directe peut être effectuée soit à l'aide de règles métalliques, quand on veut une très-grande précision, soit à l'aide de mesures métriques, chaîne ou ruban. Outre que, dans bien des cas, cette mesure est impossible, elle présente tant de longueurs, tant de difficultés, et souvent si peu de précision, qu'on a depuis longtemps cherché à la remplacer par des procédés plus commodes et plus expéditifs.

Au point de vue de la distance qui convient pour diriger les travaux d'attaque dans les siéges, *Vauban* et *Carnot* ont indiqué des méthodes; mais il serait avantageux d'avoir des instruments simples et précis qui permissent d'estimer la distance dans des conditions variées. Un seul instrument ne peut suffire; autrement il devrait être bien parfait, car les exigences sont très-diverses, suivant qu'il doit servir en campagne, sur les remparts d'une place forte, ou bien entre les mains d'un ingénieur. Aussi, bien des instruments ont été proposés; nous ne pouvons ici les passer en revue; nous renverrons ceux qui désireraient de plus grands détails à un Mémoire sur la mesure des distances, publié dans le *Journal des Sciences militaires*, avril 1867.

Les instruments proposés se distinguent les uns des autres par le principe théorique sur lequel repose leur construction. On peut les partager en cinq catégories. La première comprend les diverses lunettes à distance pour l'emploi desquelles il faut connaître par avance la hauteur de l'objet que l'on vise, ainsi que les stadia dont l'usage repose sur la diminution apparente d'un objet à diverses distances. Dans la seconde catégorie sont les lunettes, ou mieux les appareils d'optique qui leur ressemblent, et dans lesquels on mesure la distance d'un objet quelconque au moyen des théories de l'optique. C'est un instrument de cette espèce qui semble devoir rendre les meilleurs services et satisfaire aux exigences les plus variées. La troisième catégorie rassemble tous les instruments et toutes les méthodes qui ramènent la question à la résolution d'un triangle dont la base est connue, et emploient par suite deux stations. Dans les uns on mesure les angles aux extrémités de la base, ou l'un d'eux si l'autre est droit; dans d'autres, des éléments optiques transforment en distance lue immédiatement l'évaluation de cet angle. Deux sections peuvent être établies dans cette catégorie : la première comprendra les instruments pour lesquels une base de 20 à 40 mètres est habituellement employée; et la seconde, ceux qui exigent des stations préalablement déterminées, souvent assez éloignées l'une de l'autre, et reliées par une communication télégraphique, soit au moyen de l'électricité, soit au moyen de signaux optiques. On peut ranger dans une quatrième catégorie les appareils qui ramènent la mesure de la distance à celle d'une base dix, vingt ou quarante fois plus courte que la distance et que l'on est alors obligé de mesurer directement ou de conclure de l'emploi d'un instrument du premier genre. Enfin les appareils fixes employés dans les batteries élevées, et qui permettent de déduire la distance de l'observation de la dépression, peuvent former la cinquième catégorie.

Les instruments destinés à la topographie appartiennent presque tous à la première classe, car le but est facilement accessible, et l'on peut y porter un objet de grandeur connue ; en général, d'ailleurs, la distance est assez faible. Les besoins de l'art militaire obligent, au contraire, à employer des instruments d'une grande portée, et, autant que possible, à déterminer la distance au moyen d'une seule station.

L'Exposition comprenait un grand nombre d'instruments destinés à la mesure des distances et répartis dans les diverses catégories de notre classification ; nous passerons en revue les principaux d'entre eux en étudiant comparativement quelques instruments qui ne figuraient pas dans la classe 12, mais qui, pourtant, sont très-dignes d'intérêt.

A. Instruments qui servent a déterminer la distance a un objet de grandeur connue. — La plupart de ces instruments sont des lunettes astronomiques ou terrestres, dans lesquelles se trouve un micromètre entre les fils duquel doit être compris l'objet que l'on vise. Il est nécessaire que l'oculaire soit convexe, afin de voir les divisions du micromètre composé le plus souvent de fils d'araignée ou de platine, mais mieux encore d'une lame de verre très-mince finement graduée.

Bien que presque tous les instruments de ce genre soient munis d'oculaires convergents, on a aussi essayé d'en construire avec l'oculaire de *Galilée*.

M. *Lorieux* exposait, outre le micromètre Lugeol modifié par lui, deux autres instruments destinés à obtenir dans des cas déterminés la mesure des distances. Le premier est une jumelle à obscurateurs mobiles, qui a été surtout construite en vue de permettre au commandant d'un navire de se tenir à une distance déterminée d'un navire voisin. On sait que la jumelle qui, à beaucoup d'égards, possède une supériorité marquée sur la longue-vue, ne donne pas d'image réelle, et par suite ne peut recevoir de micromètre ; mais si l'on vient à placer en dehors de l'objectif une plaque métallique mobile perpendiculaire à l'axe de la lunette, et à la faire glisser de manière à masquer plus ou moins l'objectif, on peut diminuer le champ. Au lieu d'une plaque, M. *Lorieux* en dispose deux qui au moyen d'une vis peuvent être approchées l'une de l'autre à une distance donnée, qu'une échelle latérale permet de lire. Connaissant la hauteur de l'objet, on peut en conclure la distance par l'écartement des deux lames ou réciproquement. En somme, ce n'est autre chose qu'une lunette *Massin*, modifiée par l'adjonction des verres de la lunette de *Galilée*. Si l'on veut se placer à une distance déterminée d'un objet de hauteur connue, on réglera primitivement la distance des lames, et lorsque l'objet sera exactement encadré entre elles, on sera placé à bonne distance.

Le second instrument exposé par M. *Lorieux* est fait pour mesurer les angles verticaux. Il est fondé sur la vision binoculaire et se compose de deux tubes que l'on règle très-exactement suivant l'écartement des yeux, de manière à n'avoir qu'une seule image. Il faut, comme pour les micromètres ordinaires, viser un objet quelconque, soit une tête de cheminée ou une pomme de mât, de manière à ne voir bien nettement qu'un seul objet. On se servira pour cela d'un bouton de bronze placé près d'un cadran horizontal, et qui sert à faire mouvoir les corps verticalement, jusqu'à ce que l'image soit bien simple et bien nette. On amènera alors l'index sur le zéro au moyen d'une vis qui le fait avancer, et ensuite on commencera l'opération en faisant mouvoir les corps verticalement. La lecture se fait sur le cadran. Il sera bon de faire l'opération deux fois en amenant l'image supérieure vers le but, puis en faisant monter l'image inférieure. La moyenne des deux angles sera alors adoptée comme mesure exacte.

Ces deux instruments n'ont pas encore reçu tous les perfectionnements dont un long usage ne manquera pas d'indiquer la nécessité et que M. *Lorieux* se propose de leur faire subir.

Si les besoins du service militaire exigent impérieusement que l'on connaisse la distance à laquelle on se trouve de l'ennemi, dans un autre ordre de faits, la connaissance de la distance d'un objet est également nécessaire, lorsqu'il s'agit par exemple de représenter un terrain, d'en lever le plan. Ici les conditions à remplir ne sont plus les mêmes, la rapidité n'est pas une nécessité, tandis que la précision doit être poussée aussi loin que possible. L'instrument n'est plus destiné à mesurer des distances de 5 à 6000 mètres ; au contraire, sa sphère d'action est limitée ordinairement à quelques centaines de mètres qu'il s'agit d'obtenir avec une très-grande exactitude. La mesure directe de distances un peu longues est pleine de difficultés et d'erreurs; aussi la découverte de la *stadia* faite par *Green* en 1774 a-t-elle constitué un perfectionnement notable dans cette partie des sciences appliquées. De cette époque datent différents appareils diastimo-métriques, c'est-à-dire, destinés à mesurer les distances, et des méthodes spéciales qui ne se sont pas répandues en France autant qu'elles le méritent, bien que le commandant du génie *Goulier* et surtout le major *Porro* aient cherché à les introduire dans la pratique. En Allemagne on a construit plusieurs instruments à lunettes micrométriques et à stadia verticale, ceux de *Reichenbach*, d'*Ertel* etc., sont les mieux construits, mais ils sont volumineux et compliqués. M. *Porro* a fait faire un grand pas à la question en imaginant son tachéomètre qui s'emploie avec une stadia verticale, mais cet instrument est un peu compliqué, et bien peu d'opticiens possèdent les connaissances nécessaires pour le fabriquer ou le réparer. C'est là peut-être un motif du discrédit dans lequel sont tombés l'instrument et la méthode tachéométrique. M. *Porro* a perfectionné son tachéomètre et sous sa nouvelle forme qui évite les défauts de la précédente, il le nomme Cleps. Nous en parlerons avec quelques détails en traitant des instruments destinés à la mesure des angles.

La stadia verticale et la boussole à lunette anallatique du commandant *Goulier* constituent un appareil d'une grande simplicité susceptible d'être employé dans les levés à petite échelle et pouvant donner une approximation de 1/2000. On peut leur reprocher la fatigue que cause dans des opérations un peu longues l'observation d'une mire finement divisée, et la difficulté de la maintenir exactement verticale.

MM. *Peaucellier* et *Wagner*, capitaines du génie, attachés à la brigade topographique, ont imaginé un appareil fort ingénieux, qui figurait à l'exposition de M. *Brunner*. Il a l'avantage d'avoir peu de volume, de permettre d'opérer rapidement, ce qui le rend propre aux opérations de topographie pratique, quelle que soit la configuration accidentelle du terrain. L'approximation moyenne qu'il fournit est environ 1/3000, ce qui est supérieur à celle que l'on obtient avec la plupart des instruments analogues.

L'appareil se compose d'une mire de forme particulière, nommée stadimètre, et d'un instrument armé d'une lunette micrométrique a grossissement variable. Le stadimètre (Pl. 172, *fig.* 4) est une règle horizontale graduée xx', fixée transversalement à une tige a que l'aide place verticalement, et qu'il maintient dans cette position au moyen d'un piquet oblique auxiliaire. Un petit fil à plomb permet d'obtenir la verticalité de la tige, et par suite l'horizontalité du stadimètre que l'on peut fixer à différentes hauteurs sur la tige au moyen d'une vis de pression. A partir du centre on a tracé des lignes de foi bien visibles, peintes en blanc sur fond noir afin d'assurer un meilleur pointé, ainsi que l'a fait remarquer M. *Goulier*. Elles portent les numéros renversés 1, 2... sur chacune des deux branches xx' du stadimètre. Si les fils extrêmes du micromètre correspondent à 3-3, la distance de la station au stadimètre sera de 3 décamètres. Si les divisions visées ne portent pas le même numéro, on prend la moyenne pour avoir la distance. En général, les fils du micromètre ne recouvrent pas tous les deux des lignes de foi, mais l'un tombe entre deux divisions blanches. Dans ce cas, on obtient la distance en déplaçant latéralement et horizontalement le bras gauche x du stadimètre. Les divisions de ce bras qui indiquent des décamètres sont subdivisées en doubles mètres. Un index fixe h placé au-dessous de x indique de combien on l'a fait avancer et fournit de la sorte le nombre de mètres de la distance. Les décimètres et centimètres sont donnés par une aiguille qui parcourt un cadran divisé j. Cette aiguille k est conduite par la manivelle, qui fait déplacer le bras x du stadimètre, et qui peut faire 5 tours entiers. Le cadran est divisé en dix, ce qui mesure les décimètres, tandis que les centimètres s'évaluent à l'œil. L'observateur amène le fil de droite de la lunette sur un trait blanc du bras droit x' du stadimètre et l'aide déplace le bras gauche jusqu'à ce qu'un des traits arrive en coïncidence avec le fil de gauche du micromètre. On note alors : 1° les numéros des divisions de la règle comprises sous les fils, leur moyenne donne les décamètres ; 2° les divisions découvertes par l'index h donnent les mètres, et 3° les divisions du cadran, qui font connaître les décimètres et les centimètres. Chaque bras du stadimètre se compose de deux lames qui se replient l'une derrière l'autre $x'\,y'$. Quand la distance à mesurer dépasse 85 mètres, on développe le stadimètre qui peut alors servir jusqu'à 145 mètres. Pour les distances supérieures, on emploie non plus les fils extrêmes verticaux du micromètre, mais l'un d'eux avec le fil du milieu, et l'on double le résultat obtenu.

La lunette qui sert à observer le stadimètre est disposée de manière à éviter les calculs fastidieux de réduction à l'horizon pour les distances obliques observées. C'est M. *Porro* qui a eu le premier l'idée de faire effectuer cette réduction par la lunette elle-même. Il l'a nommée pour cette raison sténallatique, et il a nommé sténallatisme la réduction mécanique qui s'opère par un changement de l'angle micrométrique, ce qui permet alors d'obtenir la même lecture pour toutes les distances qui ont même projection. La disposition employée par M. *Porro* présente quelques inconvénients que MM. *Peaucellier* et *Wagner* ont voulu éviter. Non-seulement le sténallatisme procure une grande économie de temps en supprimant des calculs qui sont autant de sources d'erreurs, mais il dispense de mesurer sur le terrain les angles de pente, ce qui ne laisse pas souvent de présenter quelques difficultés. D'ailleurs, les lunettes sténallatiques peuvent à volonté fonctionner comme des lunettes ordinaires.

Supposons que deux lentilles LL' (Pl. 173, *fig.* 4) aient le même axe optique et que leurs foyers soient en $\varphi_1\ \varphi_2$, pour L' $\varphi'_1\ \varphi'_2$ pour L', soit d la distance des deux foyers et x celle d'un objet de grandeur O au foyer extérieur φ. En supposant que les incidences soient très-petites et que les deux lentilles soient l'une convergente, l'autre divergente, le rapport de la grandeur de l'objet à celle de l'image sera donné par la formule :

$$\frac{0}{1} = \frac{d-xf^2}{ff'}$$

On conclut de là que, si l'on fait varier d en raison inverse de x, le rapport restera constant et par suite l'image observée aura toujours la même grandeur. Si donc l'ensemble de ces deux lentilles constitue le système objectif d'une lunette, les fils du réticule intercepteront la même longueur sur une stadia normale au rayon visuel, quelle que soit l'inclinaison de la lunette. Pour une même distance horizontale mesurée à partir du foyer extérieur φ, la valeur de x varie en raison inverse du cosinus de l'angle de pente, il s'ensuit que les variations de d doivent s'effectuer aussi proportionnellement à ce cosinus. Un système articulé très-simple permet de remplir cette condition, soit A (Pl. 173, *fig.* 5) l'axe de rotation d'une lunette, CC' deux centres en ligne droite avec A et autour desquels puissent tourner les tiges mobiles CL,C'L' respectivement égales à CA, C'A. Si l'on assujettit les extrémités opposées LL' à parcourir la direction variable LAL' de la lunette, on voit facilement que LL' $= 2$ CC' cos α, en appelant α l'angle formé par les directions CC' et LL'. De là on conclut que si CC' est horizontale et égale à $\frac{d}{2}$ et que les points mobiles LL' conduisent les lentilles du système objectif, l'angle micrométrique de la lunette variera suivant la loi nécessaire pour obtenir automatiquement la réduction à l'horizon. Alors à une même lecture faite sur le stadimètre correspondra une même distance réduite, quelle que soit l'inclinaison, mais cette distance sera comptée à partir du foyer extérieur φ de l'objectif.

Comme il faut obtenir les distances au centre de l'instrument, il y a donc à faire une correction assez faible d'ailleurs, et qui s'appelle correction d'anallatisme. M. *Porro* a appelé lunettes anallatiques celles dont le centre d'anallatisme est reporté sur le centre de la lunette, et centre d'anallatisme un point tel que si l'on appelle X sa distance à l'objet, F une quantité constante, I et O les grandeurs de l'image et de l'objet, on ait $\frac{O}{I} = \frac{X}{F}$. Les lunettes anallatiques jouissent de cette propriété que les lectures qu'elles donnent sur une règle graduée en parties égales sont proportionnelles aux distances. La lunette de l'instrument n'étant pas anallatique, il faut faire une correction variable avec l'angle de pente et qui devient 9 centimètres avec l'inclinaison de 34°.

Nous arrivons enfin à la description de la boussole diastimométrique. L'instrument se compose d'une boussole G, d'un cercle graphomètre E placé au-dessous, d'un niveau à bulle d'air N, d'un cercle éclimètre E' et d'une lunette sténallatique D. Ces différentes parties sont représentées (Pl. 172, *fig.* 1, 2, 3 et Pl.173 , *fig.* 1, 2, 3), les mêmes lettres désignent les mêmes objets dans ces figures. L'instrument se pose sur un pied à trois branches K auquel il est fixé par une vis L et par trois vis calantes. Sur le support repose à frottement un axe F qui soutient le cercle graphomètre E. Un collier à vis Q empêche le mouvement de l'axe F dans sa douille. Sur ce cercle graphomètre repose la boîte de la boussole G qui porte le vernier destiné à marcher sur le cercle. En appuyant sur le bouton I, on presse la lame V et l'on soulève l'aiguille pour ne pas fatiguer le pivot. En A sur la paroi de la boîte de la boussole est le carré de l'axe d'un pignon à l'aide duquel on peut faire mouvoir circulairement la graduation pour corriger de la déclinaison. D'un côté de la boîte de la boussole est un niveau à bulle d'air N et un contre-poids R destiné à équilibrer l'appareil. Deux vis peuvent faire mouvoir l'un des bouts de la monture du niveau et permettent la rectification.

De l'autre coté de la boîte est le support f de l'éclimètre et de la lunette. Le cercle éclimètre E' est fixé à ce support. Son centre donne passage à un axe de rotation qui entraîne avec lui la lunette D. Sur ce même axe sont montés l'alidade à double vernier TT' avec sa pince et sa vis de rappel et une traverse $kk'k''$, qui peut ou non être fixée à l'alidade ou au cercle.

Si l'on veut que la lunette soit sténallatique, on fixe le bras vertical k'' de la traverse au cercle éclimètre au moyen de la vis e', et l'on arrête l'alidade en serrant la vis de pression. Les bras kk' de la traverse sont horizontaux, et la lunette fonctionne sténallatiquement.

Si l'on veut s'en servir comme de lunette nivelante, on introduit la goupille H dans les trous S du rayon de l'éclimètre ; les zéros des verniers sont alors en coïncidence avec ceux de l'éclimètre, et la lunette est horizontale.

Si l'on veut enfin employer la lunette comme éclimètre, il faut la fixer à l'alidade, ce que l'on fait en enfonçant la vis e ; la lunette se meut alors en entraînant la traverse $kk'k''$ sur le cercle.

La lunette est tenue dans un support à deux colliers a,b. Une vis de rectification c sert à régler l'axe optique quand les zéros coïncident. La partie centrale du tube de la lunette est seule tenue par les colliers. Un bout de tube s, qui glisse à frottement, porte la lentille convergente u de l'objectif qui a une distance focale de 270 millimètres. Ce tube est guidé par une pièce d qui glisse dans une rainure UU'. Son bouton g est commandé par la tringle gh, mobile autour du point h, de sorte que ce bouton décrit un cercle dont h est le centre et gh le rayon. Les deux tiges jj, qui composent la tringle, sont reliées par un manchon à vis l qui permet de raccourcir ou d'allonger la tringle pour les rectifications. L'autre lentille, v, qui constitue l'objectif, est divergente ; sa distance focale est de 250 millimètres; elle est portée par un tube E, dont le mouvement est réglé par les guides nn'. Son bouton g' est commandé par la tringle j', dont le centre h' peut se régler en hauteur au moyen des vis qq'. Les deux tringles doivent avoir une même longueur, égale à la moitié de hh', et les deux points hh' doivent être en ligne droite avec le centre de rotation. De la sorte la condition de sténallatisme se trouve remplie. L'image renversée donnée par l'ensemble des deux lentilles vient tomber sur le réticule y (Pl. 173, *fig.* 1, 2) ; une crémaillère m et un bouton à pignon servent à le mettre au foyer. Le réticule et l'image sont vus au moyen de l'oculaire z.

Il est facile de comprendre l'usage de la boussole diastimométrique et du stadimètre. Pour plus de commodité, on place un stadimètre en avant et un autre en arrière. D'après de nombreuses expériences faites à la brigade topographique, on a reconnu que l'instrument donnait une approximation de 1/2850 en moyenne. On a voulu voir ce que l'on pouvait attendre comme précision de l'emploi comparé de la chaîne, de la stadia et de la boussole diastimométrique. Trois gardes du génie, désireux chacun de faire prévaloir l'instrument qu'il employait, relevèrent un réseau trigonométrique. Les erreurs furent avec la chaîne 2ᵐ,66, avec la stadia 4ᵐ,09, avec le stadimètre 0ᵐ,85 ; mais, pour relever chaque point du réseau, il fallait 54 minutes avec la chaîne, 16 minutes avec la stadia, et 11 minutes 5 secondes avec le stadimètre.

Ces trois instruments présentent en réalité chacun certains avantages qu'il est bon de ne pas perdre de vue. La chaîne est susceptible de donner de bons résultats sur un terrain peu accidenté, à condition que les opérateurs soient habiles et consciencieux. La précision moyenne est 1/1200 ; mais, dans des conditions de terrain défavorables, elle peut descendre à 1/200. En somme c'est un médiocre instrument dans un pays montagneux ou sur un terrain couvert d'obstacles. Avec la stadia on mesure les distances sans les parcourir : un seul aide, le porte-stadia, suffit, et, quand la lunette a un grossissement de 12 à 13 fois, la stadia peut rivaliser avec la chaîne sur un terrain accidenté. Dans les pentes rapides ou au milieu des obstacles elle lui est bien préférable. Un des inconvénients de la stadia consiste dans la difficulté d'apprécier les fractions de mètre, ce qui est surtout pénible à cause des oscillations dont on ne peut guère la préserver, surtout quand il fait grand vent. L'observateur éprouve beaucoup de fatigue à cause de la finesse des fils du réticule et de la mobilité des divisions de la stadia dans le champ de la lunette. Dans des terrains ondulés, ou remplis de broussailles, on ne peut pas toujours voir le pied de la stadia, ce qui réduit souvent la portée de l'instrument. Pour les opérations un peu longues, la stadia ne convient pas. Parmi toutes les dispositions de la stadia, on doit préférer celle que lui a donnée le commandant *Goulier* qui l'emploie avec une lunette anallatique.

Le stadimètre avec la boussole à lunette sténallatique, quoique d'une construction moins simple, se prête avec la plus grande facilité à tous les besoins de la pratique. Les divisions sont larges, peu nombreuses, très-apparentes. L'image semble fixe, les fils du réticule, en raison de leur emploi, peuvent être assez gros, ils doivent laisser voir de chaque côté d'eux une bande blanche ayant même largeur qu'eux. La lecture se fait facilement et sans fatigue. Employé avec une lunette ordinaire, le stadimètre donne les distances réelles; avec la lunette sténallatique, il donne à volonté soit les distances réelles, soit les distances réduites à l'horizon. La précision du stadimètre, employé avec une lunette qui grossit 12 à 13 fois, est 1/3000, approximation bien supérieure à celle que l'on désire dans la plupart des cas. On peut employer le stadimètre à la mesure des bases, et alors il remplace la mesure directe, si pénible, effectuée à l'aide de règles. Pour savoir ce qu'on pouvait obtenir de l'instrument à ce sujet, on a mesuré au stadimètre une base de 1759^m,34 qui avait été déterminée avec des règles. On a employé dix stations. Une première fois l'erreur était — 0,223, une seconde fois +0,124, et une troisième fois + 0,185. L'erreur moyenne est 1/60000. Il a fallu trois jours pour obtenir ces trois mesures. De tout cela il résulte que l'instrument de MM. *Peaucellier* et *Wagner* présente de grandes qualités. MM. *Secretan* et *Eichens* les ont aidés de leurs conseils dans la disposition des détails de l'instrument.

On trouvait à la classe 12 un grand nombre d'instruments ordinaires de topographie ou de nivellement, mais ils ne nous ont paru présenter rien de saillant.

B. Instruments qui donnent la mesure en observant d'une seule station un objet de grandeur inconnue. — Ces instruments s'appuient sur les phénomènes que présentent les rayons lumineux réfléchis ou réfractés. S'ils pouvaient fournir des résultats précis, ils résoudraient la question de la manière la plus satisfaisante, car l'observation est rapide et un seul observateur suffit.

On peut donner, comme un modèle de ce genre d'instruments, le distanciomètre militaire de *Paschwitz* (Pl. 173, *fig.* 6). Cet instrument se compose d'un tube qui porte à ses deux extrémités des prismes rectangles à réflexion totale. Les rayons lumineux qui viennent de l'objet C (*fig.* 7) sont renvoyés par la face hypoténusale inclinée de 45° sur l'axe, vers des lentilles R, R'. Ils traversent ensuite des lames de verre à faces parallèles P$_1$, P$_2$, et arrivent avant de converger sur des prismes o, qui les renvoient vers un oculaire S. Les petits prismes placés en o sont en contact, et comme l'un reçoit la lumière de la droite et l'autre de la gauche, on aperçoit dans le champ de la vision deux images semi circulaires, qui s'appliquent exactement l'une contre l'autre quand les rayons incidents CA,CB sont parallèles, mais qui, au contraire, se séparent si les rayons incidents font un angle x, comme CB et LB ou DBo. Plus l'objet est rapproché, plus l'angle DBo est grand, il s'ensuit donc que l'écart des images d'un objet est en fonction de sa distance. Le but des deux lames de verre que traversent les rayons réfléchis est de leur donner une déviation latérale en les laissant parallèles à eux-mêmes. Ces lames sont montées sur des axes placés au centre de deux cadrans qui donnent l'angle de la lame avec l'axe optique du tube. Le cadran de droite est le principal, c'est lui qui donne l'inclinaison de la lame P$_1$ à un dixième de degré près au moyen d'un vernier. L'autre cadran n'est employé que comme cadran de rectification, il ne sert pas pour obtenir la distance, mais bien pour rectifier l'instrument dont les différentes pièces auraient pu jouer un peu dans le transport. On monte l'instrument sur un pied à trois branches (*fig.* 6). On vise l'objet et le champ de la vision présente alors la disposition de la figure 8. Si l'on agit sur l'une des vis du pied, on peut amener l'une des images au centre, comme l'indique la figure 9. Enfin, en agissant sur la lame de verre P_1, on obtient la disposition de la figure 10. Les deux images sont amenées l'une au-dessus de l'autre, et on lit alors l'angle sur le cadran principal. Un tableau qui accompagne l'appareil donne les distances depuis 300 jusqu'à 5,000 mètres. Une ou deux minutes suffisent pour faire l'opération.

Quant à la rectification, elle se fait facilement. Pour cela on met au zéro l'aiguille du cadran principal et l'on tourne l'aiguille du cadran de rectification en prenant pour objet une règle que l'on place horizontalement à une distance de 60 à 100 mètres, et sur laquelle on a tracé deux traits comprenant une longueur égale à celle de l'instrument. Des expériences de vérification ont été faites par l'auteur à Munich, et l'on a mesuré des distances comprises entre 899 et 3,845 mètres. L'erreur la plus forte a été de 7 p. 100, et la plus faible de 1 p. 1,000, mais l'erreur moyenne peut être estimée de 1 à 2 p. 100, en laissant de côté les observations qui paraissent entachées d'erreurs accidentelles.

Afin de répondre aux exigences du service militaire, M. *Lecyre* a imaginé un télémètre répétiteur à retournement qui permet la mesure rapide de la distance par un seul observateur, sans mesure de base, sans nul auxiliaire et sans aucune connaissance des dimensions de l'objet visé. M. *Balbreck* exposait l'instrument qu'il a construit sur les plans de M. *Lecyre*. Cet instrument est au télémètre simple ce que le cercle répétiteur est au sextant. Puisque l'angle à l'objet ou la parallaxe du but est en général assez petite, en la répétant, on peut arriver à lui donner une valeur plus considérable. M. *Lecyre* a imaginé plusieurs formes de télémètres répétiteurs, qui sont étudiées avec de grands détails dans une brochure qu'il a publiée à ce sujet. Toutefois, comme il donne la préférence au télémètre répétiteur à retournement et à simple réflexion, c'est de celui-là que nous parlerons ici.

L'instrument (Pl. 173, *fig.* 11, 12, 13) se compose d'une boîte rectangulaire de $1^m,30$ de longueur sur 15 centimètres de hauteur et 16 centimètres de largeur. Les parois sont en caoutchouc durci, afin de mieux résister aux influences atmosphériques ; des volets v, v' ferment les ouvertures par lesquelles doivent pénétrer les rayons lumineux. La figure 13 montre la disposition intérieure. MM' sont deux miroirs montés sur des plates-formes mobiles autour de leur centre au moyen d'une vis sans fin et d'un écrou fixé au bras de la plate-forme, un cadran mm' et un index permettent la lecture et indiquent les changements de position des miroirs. En L et L' sont deux lunettes munies d'un prisme rectangle à réflexion totale. On les a ainsi coudées pour faciliter l'observation. Leur grossissement est de 20 fois. Elles peuvent se rentrer de manière à ne pas gêner dans le transport comme on le voit figure 12. Un collier en bronze q entoure la boîte ; il est armé d'une charnière r qui permet de mettre l'instrument horizontal ou vertical, et qui est fixée à un axe a au moyen duquel on peut faire les retournements avec beaucoup de douceur. La pièce a est assujettie par trois vis calantes à ressort sur la douille d dans laquelle s'engage, à frottement libre, la tête du pied, lorsque l'instrument fonctionne. La boîte et le pied pèsent ensemble 6 à 7 kilogrammes. Bien que le pied à trois branches soit commode, il n'est pas indispensable, car, s'il s'agit d'explorer au loin la campagne, on peut emporter le télémètre dans le haut d'un arbre. Les glaces du télémètre sont construites d'une manière toute spéciale, elles sont représentées figure 14. Pour la personne qui regarde le dessin, les parties rr sont réfléchissantes, tandis que les parties bb représentent le côté étamé visible, c'est-à-dire non réfléchissant. Les parties aa sont transparentes. En regardant une face quelconque de l'une des glaces, on voit donc à la fois deux objets, l'un par transparence, l'autre par réflexion.

Pour obtenir la distance d'un point éloigné, on montera l'instrument sur son pied, on mettra les cadrans au zéro, puis on regardera dans la lunette L' (*fig.* 13). On verra alors deux images du but, l'une par réflexion dans le miroir M', l'autre réfléchie par M et vue au travers de la partie non étamée de M'. Ces deux images ne coïncideraient que si l'objet était à une distance telle que la distance cc' égale à un mètre pût être tout à fait négligée. Dans le cas contraire il y aura un écart d'autant plus grand que le but sera plus rapproché. On le fera disparaître en tournant le miroir M' et l'on obtiendra la coïncidence. Alors on fera pivoter l'instrument autour de son axe vertical, de telle sorte que les deux extrémités de la boîte changent mutuellement de place et on recommencera à établir la coïncidence en tournant maintenant le miroir M dont la rotation fera connaître au moyen des tables la valeur de la parallaxe, et par suite la distance. Ces opérations se font très-vite ; avec un télémètre de 1 mètre de longueur on fait en trente secondes la double visée et le retournement. La visée se fait au milieu du champ, dans un espace compris entre quatre fils croisés en carré. L'instrument est taré sur des objets de distance connue et des tables sont construites avec ces tares.

Des expériences faites à diverses distances ont montré que l'erreur croissait comme le carré de la distance et qu'à mille mètres l'écart moyen était de $\pm$ 10 mètres avec une observation double. L'écart maximum moyen qu'on n'obtient qu'une fois sur dix serait le double de l'écart moyen.

Voyons maintenant quelle est la marche des rayons lumineux. Nous remarquerons que, si les lunettes n'étaient pas coudées, le rayon lumineux se prolongerait suivant l'axe de la boîte. Soient CC' (*fig.* 15) les centres de rotation des deux miroirs, OL l'axe de la lunette dans laquelle on vise et θ l'angle de cet axe optique avec la droite qui joint les centres des deux miroirs. Le but B, placé à la distance D, envoie des rayons aux deux miroirs, et, pour que la coïncidence se produise, ces rayons suivront les deux routes BAO, BA'O. Mais comme le but n'est pas à l'infini, le miroir C', par exemple, a dû quitter la position de parallélisme C'A'' pour occuper la position C'A', il a tourné d'un angle φ et le rayon incident, au lieu d'être parallèle à BA, a dû prendre la direction BA' qui fait avec BA un angle α. On sait que l'angle dont tourne un miroir est seulement la moitié de celui dont tourne le rayon incident, le rayon réfléchi restant immobile ; il en résulte alors que $\varphi = \dfrac{\alpha}{2}$. Si l'on considère les triangles A'BC et A'OC' qui ont même base, on peut écrire entre les angles au sommet et les côtés la proportion en nommant a

$$\frac{\alpha - \beta}{\theta} = \frac{a + h}{D} ;$$

la distance OC et h la distance CC'. De là on tire

$$\alpha = \beta + \frac{a\theta}{D} + \frac{h\theta}{D} ; \qquad (1)$$

mais dans le triangle C'BC on peut écrire

$$\frac{h}{D} = \delta , \qquad (2)$$

et la comparaison des deux triangles ABC et ACO donne

$$\frac{\varepsilon}{\theta} = \frac{a}{D} \qquad (3)$$

portant les deux équations (2) et (3) ; dans l'équation (1) on a

$$\alpha = \beta + \varepsilon + \delta\theta ; \qquad (4)$$

or

$$\beta + \varepsilon = \delta ,$$

d'où

$$\alpha = \delta + \delta\theta,$$

et

$$\varphi = \frac{\delta}{2} + \frac{\delta\theta}{2}.$$

Si maintenant on retourne l'instrument dans le plan horizontal de manière que les extrémités changent mutuellement de place, il faudra tourner non plus M', mais M, alors qu'il sera venu en C' et d'un angle double de φ, car il faut d'abord ramener le parallélisme, puis tourner encore de φ. La rotation totale sera donc :

$$\Phi = \delta + \delta\theta.$$

Si l'on avait établi la première coïncidence au moyen du miroir M, il eût fallu tourner le second de cet angle Φ, mais en sens inverse.

Comme les axes des lunettes peuvent ne pas faire le même angle avec la ligne des centres, il faut à la rigueur prendre :

$$\Phi = \delta + \delta \left(\frac{\theta + \theta'}{2} \right).$$

On voit donc que la rotation fera connaître la parallaxe du but et par suite la distance, soit que l'on annule le second terme dans la construction, soit qu'on en tienne compte en tarant l'instrument.

M. *Lecyre* semble n'avoir pas donné une forme bien définitive à son instrument, mais, tel qu'il est, il paraît devoir remplir son but d'une manière assez heureuse.

C. Instruments qui font dépendre l'estimation de la distance de l'observation du but a deux stations. — Ces instruments, dont le nombre est assez considérable, présentent tous cet inconvénient, que la détermination de la distance exige presque toujours deux observateurs qui pointent en même temps aux extrémités d'une base de longueur connue. La question est ramenée à la mesure des angles à la base d'un triangle. Or, comme le point observé est éloigné, sa parallaxe est faible et les angles à la base sont presque supplémentaires. Le plus souvent on prend l'un d'eux droit, l'autre diffère alors de 90° d'une très-petite quantité qu'il s'agit d'obtenir. Lorsqu'on peut disposer d'une base très-longue et établir entre les deux observateurs des communications télégraphiques, la méthode donne assez de précision.

Les instruments que nous avons à étudier dans cette catégorie s'emploient ou bien avec deux observateurs plus ou moins éloignés, ou bien avec un seul observateur qui parcourt une base de longueur connue.

Le comité du génie de l'empire d'Autriche avait une exposition très-riche à beaucoup de points de vue. Elle comprenait cinq instruments destinés soit à donner la mesure des distances, soit à préciser la position d'un point.

Le premier est le toposcope, imaginé par l'archiduc *Léopold* d'Autriche, inspecteur général du génie. Cet instrument est destiné à déterminer le moment où un vaisseau arrive dans la sphère d'action d'une mine sous-marine, à condition pourtant que ces mines immergées soient disposées en ligne droite. D'une station placée sur l'alignement des mines, on vise le navire et, au moment où il passe par l'axe de la lunette, on décharge la machine électrique qui communique par un fil à chacune des mines, et l'on envoie la décharge à la seconde station. Dans celle ci se trouve placé le toposcope. Il se compose d'une planchette à laquelle viennent aboutir des fils attachés aux mines immergées. Chaque fil répond sur la planchette à un bouton que peut toucher dans son mouvement circulaire une alidade métallique qui supporte une lunette. La lunette du toposcope se meut en même temps que l'alidade et permet de suivre le vaisseau qui est sur le point de traverser la ligne des mines. En même temps, l'alidade glisse sur la planchette et rencontre successivement les traces des rayons visuels qui correspondent aux directions des mines. Si donc, au moment où l'on vise le navire de la seconde station, l'alidade étant sur un bouton, la décharge arrive de la première station, elle passera dans la torpille immergée, et en déterminera l'explosion. On peut donc dire que la seconde station dirige le coup que frappe la première.

Le stadiomètre électrique du capitaine du génie *Kocziczka* a pour but de déterminer les distances variables d'objets en mouvement. On y arrive au moyen de deux observateurs dont les stations sont mises en rapport par une espèce de télégraphe électrique. Les stations A et B forment les deux points extrêmes d'une ligne qui peut être fort longue et qui sert de base à l'opération. Cette base est dessinée à une échelle réduite sur une planchette orientée placée à la station A. Aux deux extrémités *ab* de la base réduite sont deux aiguilles dont l'une passe sur la planchette au-dessus de l'autre. L'aiguille *a* est mise en mouvement par un axe qui supporte une lunette et elle reste toujours parallèle à l'axe optique de cette lunette. Le mouvement de la seconde aiguille *b* dépend du mouvement d'une seconde lunette installée dans la station B. Par une disposition analogue à celle qui est appliquée dans les télégraphes à aiguille, l'aiguille *b* de la station A reste toujours parallèle à l'axe optique de la lunette de la station B. De la sorte, les changements de direction des rayons visuels aboutissant à l'objet en mouvement sont visibles sur la planchette par le mouvement des deux aiguilles *a* et *b* dont l'intersection marque continuellement la place de l'objet. On a dessiné sur la planchette autour des centres de rotation des deux aiguilles des cercles de distance qui permettent de lire à chaque instant l'éloignement du point mobile. Il est évident que les deux observateurs doivent viser le même point de l'objet, ils commencent donc par se prévenir au moyen d'une communication télégraphique, puis suivent constamment l'objet au moyen de leurs lunettes. A un moment donné, un observateur qui suit le mouvement des deux aiguilles note la positionet par suite la distance. Au moyen de la communication télégraphique l'observateur de la station B peut être informé de la distance à laquelle se trouve par rapport à lui l'objet mobile qu'il vise. On voit facilement que cet instrument peut aussi servir à déterminer l'instant où un vaisseau arrive au-dessus d'une mine immergée et qu'il n'est pas nécessaire ici de les disposer sur une même ligne droite, ce qu'exige le toposcope.

C'est encore en vue de la détermination de la distance des navires qu'est construit le stadiomètre de M. *Starke*. Il convient dans les forteresses ou batteries placées à une hauteur suffisante au-dessus du niveau de la mer. Pour se servir de l'instrument, il faut le mettre d'abord dans une position horizontale, puis, à l'aide d'une vis micrométrique, on l'incline jusqu'à ce que le rayon visuel touche la ligne de flottaison. Comme on connaît la hauteur de la batterie au-dessus du niveau de la mer et l'angle de dépression par le mouvement de la vis, on a les éléments nécessaires au calcul de la distance.

On trouve toujours dans les places de guerre des emplacements qui peuvent servir comme stations extrêmes, et dont la distance est connue. Cette distance sert de base pour l'évaluation des distances des objets extérieurs, il faut alors résoudre un triangle dont en mesure à chaque station un des angles à la base au moyen d'un instrument fixe et précis. Le colonel du génie, baron d'*Ebner*, exposait un instrument de ce genre. Comme il importe que la mesure soit faite au même instant, et que le point visé par les deux observateurs soit le même, il est nécessaire d'établir une communication télégraphique qui sert aussi à transmettre à la première station l'angle observé à la seconde. Au moyen d'une table de distances préalablement préparée pour la base connue, on a de suite la valeur de l'élément cherché.

Les quatre instruments précédents ont chacun une destination spéciale, et aucun d'eux ne peut être transporté par l'observateur. Le stadiomètre portatif du major *Klockner* est destiné à combler cette lacune. Cet instrument s'emploie avec une base très-courte, que l'on mesure le plus souvent au pas. Il est décrit assez longuement dans le mémoire sur la mesure des distances publié dans le *Journal des Sciences militaires*, 1er mai 1867. Il se compose de deux miroirs, formant un angle d'environ 45°, l'un d'eux est fixe, l'autre peut se mouvoir au moyen d'une vis à filet très-fin et parcourir un angle de $2° 1/2$. Un cadran permet d'apprécier le déplacement angulaire, qui est rendu 180 fois plus grand au moyen d'un pignon et d'une roue dentée. Au moyen d'une petite lunette de *Galilée*, que porte l'instrument, on vise directement le but dont on veut avoir la distance, et l'on amène à coïncider avec lui sur une ligne de foi tracée dans le champ, un objet éloigné situé à 90° environ du rayon visuel. La double réflexion sur ces deux miroirs inclinés de 45° le ramène à couvrir le but ; s'il y a un peu d'écart, on y remédie en déplaçant le miroir mobile. Cela fait, on marche vers le but en comptant 25 pas, par exemple, ou 20 mètres, et l'on cherche à rétablir en coïncidence le but et l'objet auxiliaire. Pour cela, il faut faire tourner le miroir mobile, ce qui amène devant l'index une division du cadran qui fait connaître, soit l'angle dont on a déplacé le miroir mobile, soit la distance en fonction du chemin parcouru. Des expériences nombreuses faites par l'artillerie avec cet instrument ont permis de constater que la limite d'erreur ne dépasse pas 4 p. 100 sur des distances de 6 000 pas avec des bases de 25 pas, mais comme ces résultats ne peuvent être obtenus que par des personnes très-habiles, on n'a pas encore introduit cet instrument dans le service militaire. Il possède naturellement tous les défauts inhérents aux instruments à miroirs, et en particulier celui qui consiste en ce que l'observateur doit viser des objets qui ne se trouvent pas devant lui. Il en résulte une certaine difficulté de manœuvre à laquelle le sextant lui-même n'échappe pas. Pour les observations à la mer, il est facile de trouver un objet placé à l'horizon, mais à terre les arbres et le peu de différence que présente l'objet cherché avec les objets voisins, en rendent la recherche lente et quelquefois difficile. On trouvera du reste, dans le mémoire cité plus haut, la description d'un grand nombre d'instruments à miroirs qui tous dérivent de l'équerre à miroirs de Luxembourg décrite par son inventeur, en 1823. Ce dernier instrument contient, en effet, deux miroirs, disposés d'une manière tout à fait semblable à ceux du stadiomètre *Klockner*, sauf la valeur de leur angle.

Le stadiomètre électrique de *Kocziczka* présente les plus grandes analogies avec le stadiomètre électrique de *Madsen*, au sujet duquel M. *Hojel*, capitaine d'artillerie des Pays-Bas, et un des rédacteurs en chef du journal militaire néerlandais, « De militaire Spectator », a publié un rapport très-complet et très-bien fait. Une planchette porte deux alidades métalliques tournant chacune autour d'un centre et passant l'une par-dessus l'autre. Les déplacements angulaires se lisent sur deux cercles gradués avec soin ; de plus, les alidades qui ont 75 centimètres de longueur sont graduées finement de manière que la distance de leur point d'intersection aux deux centres donne les distances du point visé aux deux stations. Les deux observateurs sont munis chacun d'un instrument à mesurer les distances angulaires. M. *Hojel*, dans les expériences qu'il a faites par ordre du ministre de la guerre des Pays-Bas, a reconnu que le sextant et le réflecteur de *Douglas* étaient les instruments les plus commodes ; il repousse à cause de leur instabilité le théodolite et les autres instruments du même genre, lorsque le vent est fort. Chacun des deux observateurs prend son angle à un signal partant de la première station et transmis à la seconde au moyen d'un appareil télégraphique. Les angles sont aussitôt échangés et les alidades mises en place sur la planchette, font connaître de suite les deux distances. Une expérience faite sur un objet fixe a donné, sur sa distance exacte 1,242 mètres, une erreur de 3 mètres seulement. L'opération avait duré en tout 20 secondes. Quant le but se déplace, comme un navire, par exemple, de minute en minute un signal est envoyé, et les deux angles de position sont mesurés, mais ici, bien que l'opération soit très-rapide, on ne peut plus espérer la même précision. On peut convenir de prendre les angles toutes les deux minutes, après avoir préalablement réglé l'une sur l'autre les pendules des deux stations. Les expériences faites par M. *Hojel* sont très-favorables à la méthode de *Madsen*. Sans doute, elle a des inconvénients, mais quelle méthode n'en a pas? Son caractère principal est d'être très-convenable pour la mesure des distances d'un objet mobile.

M. *Kromhout*, capitaine du génie à la Haye, a modifié la méthode *Madsen* et proposé un diastimètre électrique pour les batteries de côtes [1]. Son appareil se rapproche du télémétrographe du capitaine *Gautier* et du procédé *Madsen*, et surtout du système *Kocziczka*, mais il leur est inférieur comme exécution. L'instrument se compose d'une planchette sur laquelle se meut une lunette qui entraîne avec elle une alidade. Le bout de l'alidade marche devant un cercle gradué dont les divisions sont formées de 1968 petites lames d'ivoire et de bronze d'aluminium. Quand l'alidade répond à une lame d'ivoire, elle intercepte un courant qui passe, au contraire, quand elle appuie sur la lame métallique. Ce courant arrive à l'autre station conduire une aiguille, dont la marche sur le cercle gradué donne l'un des angles à la base. En somme l'instrument est compliqué, très-susceptible de se déranger. Outre les 1968 petites lames, il a 4 leviers, 12 électro-aimants et une roue dentée de 984 dents. Son prix est élevé et il ne paraît pas devoir répondre aux exigences d'un bon service.

M. *Goulier*, chef de bataillon du génie, a modifié lui aussi l'ancienne équerre à prismes, et l'a fait servir à la mesure des distances. Le télomètre à prismes (Pl. 174, *fig.* 1) comprend deux appareils distincts, l'un A, l'autre B. Les poignées PP des deux instruments sont reliées par un fil en maillechort de 40 mètres de longueur contenu dans la bobine B*b*. Une manivelle *m* sert à l'enrouler, un verrou V*r* permet de l'arrêter lorsqu'on en a laissé filer la moitié, à moins que l'on ne préfère le dérouler tout entier; il s'accroche par un bout de chaîne au moyen d'un porte-mousqueton *q* à la poignée P de l'instrument B que tient l'autre observateur. De la sorte les deux observateurs peuvent se placer à 20 ou à 40 mètres l'un de l'autre et opérer avec la petite base ou la grande. L'appareil A, outre la poignée et la boîte de fil, porte un voyant V percé d'une fenêtre F' à travers laquelle s'opère la vision, et qui peut tourner autour de la charnière C*n* pour se placer plus commodément dans sa boîte. Un tube V*s*, percé d'un trou O, sert de viseur. Enfin la partie optique de l'appareil A est un prisme de verre logé dans la partie inférieure du cube C*b* et qui reçoit par la fenêtre F' les rayons lumineux des objets situés à droite de l'observateur. Ce prisme représenté (Pl. 172, *fig.* 5) a deux faces étamées DC et BC. Le rayon lumineux qui tombe perpendiculairement à la face AD, après avoir subi deux réflexions sur les faces BC, CD, arrive à l'œil dans la direction 10, mais comme le prisme n'occupe que la moitié de la hauteur du cube C*b*, l'œil peut recevoir suivant l'axe du viseur un rayon direct qui pénètre par la fenêtre F'. De la sorte l'observateur aperçoit en coïncidence un objet Q et l'image P' d'un objet P, situé à droite et vu par double réflexion. L'appareil B comprend à peu près les mêmes éléments, P est la poignée que l'on tient de la main gauche et à laquelle s'accroche le porte-mousqueton, V le voyant qui a aussi une fenêtre et qui peut tourner autour de la charnière C*n*, de

---

[1] Les *Annales du Génie civil* ont publié le travail de M. Kromhout dans les livraisons de mars 1868.

manière à venir s'appliquer sur le reste de l'appareil, pour se loger commodément dans sa boîte. Le viseur V*s* porte aussi son orifice O, et dans le cube C*b* est installé un prisme en tout semblable à celui de l'appareil A, si ce n'est que le rayon qui doit se réfléchir deux fois, entre par la fenêtre F, située ici à la gauche de l'observateur. Outre ce prisme, l'appareil B comprend deux lentilles, l'une fixe I plan-concave, l'autre plan-convexe L, montée dans un châssis C*s*, qui peut glisser dans une coulisse C*l*. Sur le châssis sont des index, et sur l'un des bords de la coulisse, des divisions qui font connaître les distances. Le bouton molleté *m* sert à faire marcher le châssis que l'on peut retirer de la coulisse pour le nettoyer, en abaissant le ressort *r'*.

Il est facile de saisir le jeu des diverses parties de l'appareil. Il s'agit d'obtenir la distance AC = D (Pl. 174, *fig.* 3) au moyen de deux observations faites l'une en A, l'autre en B aux extrémités d'une base *b* de longueur connue, 20 ou 40 mètres. On a vu que le rayon incident et le rayon émergent du prisme font entre eux un angle droit. L'observateur placé en A (*fig.* 4) avec son appareil vise l'observateur B directement et voit après double réflexion dans la même direction AB, l'image du but C. Si le second observateur placé en B cherchait à apercevoir le but C, avec un instrument semblable, c'est-à-dire ne contenant que le prisme à faces étamées et non plus les deux lentilles, il pourrait, en se tournant convenablement, l'amener dans le champ de la vision, mais alors, à cause de l'angle des faces du prisme, il le verrait en coïncidence, non pas avec A, mais avec un objet A', situé de telle sorte que ABA' soit égal à l'angle C du triangle ACB. La question serait résolue si l'on pouvait mesurer ABA' qui est fort petit. M. *Goulier* la résout en déplaçant le rayon direct AB, et le ramenant sur A'B, puis mesurant l'angle dont le rayon a été déplacé, ce qui donne la distance. En effet, dans le triangle ABC (*fig.* 3), on a D = *b* cotang C. L'observateur placé en B devra donc amener le but dans le champ de la vision et disposer les éléments optiques de son appareil de manière que l'image du but, qui paraissait coïncider avec A', se rapproche de A jusqu'à venir se confondre avec lui. On parvient à donner cette déviation au rayon visuel BA' en se servant des deux lentilles dont il a déjà été parlé. L'une d'elles fixe l*t* (*fig.* 5) est plan-concave. La face plane est tournée du côté de l'œil ; l'autre plan-convexe L'T' est une longue bande large de 1 centimètre taillée dans une grande lentille. Sa face plane est parallèle à celle de la première, et elle peut se déplacer latéralement dans la coulisse C*l* (*fig.* 1). Ces deux lentilles ayant le même foyer, la petite détruit la convergence que la grande a donnée aux rayons lumineux, qui l'ont traversée lorsque les axes de ces deux lentilles coïncident, de sorte que l'œil placé en O voit le point A', à travers ces lentilles, comme il le verrait à travers un verre à faces parallèles. Si l'on déplace la lentille convergente, et qu'on l'amène en LT, le faisceau éprouve alors une déviation telle que l'œil voit dans la direction OA' un objet situé en A vers la gauche. Le système des deux lentilles agit donc comme un prisme à angle variable et à faces planes pour produire des déviations AIA'. Ces déviations sont très-sensiblement proportionnelles aux déplacements MM' de la lentille convergente, qui est véritablement la lentille déviatrice, car l'écart MM' est à très-peu près égal à la tangente de la déviation C, et cette déviation est toujours assez petite pour que l'arc puisse être confondu avec sa tangente. Ceci posé, voici comment on opère, s'il s'agit de mesurer la distance AC (*fig.* 3, 4, 6, 7). L'un des observateurs se porte en A avec l'instrument qui porte le prisme sans lentilles, et, se tournant de manière à avoir le but C à sa droite, il en amène l'image au milieu du champ de la vision, en même temps qu'il fait signe à l'observateur B de se porter en face de lui à la distance déterminée par la longueur du fil métallique développé. L'observateur B doit s'arrêter quand A voit en coïncidence l'image directe de B observée par-dessus le prisme réflecteur et l'image réfléchie du but C. Il en résulte que l'angle BAC (*fig.* 3, 4, 6, 7) est droit. L'observateur B cherche alors en tournant sur lui-même à amener l'image du but C, au milieu du champ de la vision, et pour cela il faut qu'il ait le but C à sa gauche. Si l'appareil B est au zéro et que le but paraisse au milieu du champ, l'observateur est alors tourné vers A' (*fig.* 3, 4). Il doit donc déplacer la lentille déviatrice de manière à ramener la ligne BA dans la direction BA', en la faisant tourner précisément de la parallaxe de C. Alors il verra lui aussi en coïncidence le but C et l'observateur A. Les rayons lumineux réfractés suivront sensiblement la marche indiquée dans la figure 6, et le paysage paraîtra se mouvoir pour lui de gauche à droite, de telle sorte que l'image du point A viendra de la gauche s'arrêter sur l'image immobile du but C. Comme on l'a vu, les déviations étant proportionnelles aux déplacements d de la lentille convexe, il suffira de lire celles-ci sur la coulisse, ou mieux les distances qu'on y aura gravées. On voit, d'après la figure 5, que $\tang C = \dfrac{d}{F}$ en nommant d le déplacement, et F la distance focale ; d'après la figure 3 on a $\tang C = \dfrac{b}{D}$. Il en résulte $D = \dfrac{bF}{d}$, b étant la longueur de la base.

L'appareil, comme on voit, a un faible volume, puisqu'il est contenu dans une boîte, dont les dimensions sont 24, 19, et 9 centimètres, il est simple et solide, sans réglages ni rectifications. Son entretien consiste à nettoyer les verres. M. *Goulier* préfère ne pas lui adapter une lunette de *Galilée* qui grossirait, il est vrai, mais en diminuant le champ et en donnant aux objets un déplacement apparent plus rapide, ce qui rendrait l'observation plus pénible.

Pour bien se servir de l'appareil, les seules conditions sont une bonne vue, l'habitude de pointer et un peu d'adresse manuelle. Au bout de fort peu de temps on acquiert très-vite une certaine habileté dans le maniement du télémètre. Entre l'instant où l'on ouvre la boîte et la lecture de la distance, il s'écoule 2 à 3 minutes pendant lesquelles on peut faire dix mesures indépendantes et en prendre la moyenne dont l'exactitude paraît être double de celle d'une simple observation. La discussion de 1140 observations sur des objets, dont la distance a varié de 573 à 4,273 mètres, a montré que les erreurs sont deux fois plus grandes avec le fil court qu'avec le fil de 40 mètres : qu'avec la grande base l'erreur qui ne sera dépassée qu'une fois sur 100 fois est de 25 mètres pour 1,000 mètres, de 100 mètres pour 2,000 mètres et de 400 mètres pour 4 kilomètres, l'erreur croissant comme le carré de la distance. Les $^4/_5$ des erreurs sont au-dessous des deux tiers de ces nombres ; ainsi à 4,000 mètres, les erreurs sont presque toujours inférieures à 270 mètres. En faisant dix observations, l'erreur est réduite de moitié, et de $^3/_5$ si les deux observateurs font deux décades d'observations en changeant de place.

Nous signalerons encore comme appartenant à la catégorie qui nous occupe le stadiomètre de M. *du Puy de Podio*, capitaine du 1er régiment des voltigeurs de la garde. Il était exposé par MM. *Gaggini* et *Moisette* qui l'ont construit. On en trouvera la description détaillée dans les *Annales du Génie civil*, 1865, page 669 et pl. XXXIV ; nous nous bornerons ici à en faire connaître le principe et l'emploi. Il est fondé sur l'appréciation de l'angle CBA (Pl. 174, *fig.* 3), dans un triangle dont l'angle en A est droit et dont la base a 25 ou 50 mètres de longueur. En réalité, l'angle mesuré est C, et comme il est en général fort petit, l'appareil le multiplie vingt fois au moyen d'un engrenage. L'instrument comprend un cercle, une alidade fixe placée au-dessous et une lunette mobile placée au-dessus. A une première station A (*fig.* 3), la lunette placée au zéro est pointée sur le but, l'alidade qui lui est perpendiculaire détermine une ligne AB sur laquelle on prend une longueur AB égale à 25 ou à 50 mètres. On porte l'appareil à la deuxième station B ; l'alidade visant A, on pointe C avec la lunette qu'il a fallu déplacer d'un angle égal à la parallaxe de C. Ce mouvement de la lunette amplifié vingt fois donne sur le cercle gradué la distance du but à la première station. Des expériences faites à Versailles soit pendant le jour, soit pendant la nuit, sur des objets situés à des distances comprises entre 400 et 7,100 mètres, ont donné des résultats assez satisfaisants. Jusqu'à 1,000 mètres, les résultats sont trop forts de 0,013 de leur valeur. De 1,000 à 2,000 mètres, l'approximation a été de 0,01. A 7,000 mètres, l'erreur a été de 4 p. 100.

D. — Instruments qui ramènent la mesure de la distance d'un objet a celle d'une base dont la longueur est une fraction connue de cette distance. — Ces instruments paraissent présenter sur les précédents de nombreux avantages, car la mesure des petits angles est fort difficile quand on veut de la précision, et les procédés employés pour les multiplier laissent toujours place à l'incertitude. Au contraire, une base courte peut se mesurer avec exactitude, et, si elle doit être le cinquantième par exemple de la distance, bien que l'erreur doive être rendue cinquante fois plus grande, on peut s'arranger pour qu'elle tombe au-dessous d'une valeur donnée.

M. *Bousson* a imaginé une modification de la lunette cornet de *Porro* qui lui permet d'obtenir avec une assez grande approximation la distance des objets éloignés. Le petit volume de l'instrument et son prix peu élevé, 100 fr., la destinent spécialement pour le service en campagne. M. *Hoffmann*, ancien contre-maître de M. *Porro*, a construit cette lunette avec beaucoup de soin et l'exposait dans la classe 12.

On sait que la lunette *Porro*, qui a produit tant de sensation lors de son apparition, se compose d'une lunette ordinaire repliée parallèlement en deux sur elle-même afin de n'avoir que la moitié de sa longueur. Un double prisme à réflexion totale, mobile au moyen d'un bouton, permet de mettre au point, car les deux pièces prismatiques qui figurent l'oculaire et l'objectif sont fixes. Dans l'oculaire se trouvent des fils qui servaient d'abord à faire de cette lunette un véritable télémètre, car le fantassin ou le cavalier placés à des distances déterminées devaient se trouver compris entre les différents fils. On n'avait de la sorte qu'un petit nombre de distances et l'instrument ne pouvait servir utilement que lorsque ces distances étaient assez faibles.

La modification du capitaine *Bousson* permet d'opérer dans des limites bien plus étendues. La lunette *Porro* modifiée porte un micromètre réduit à trois fils, un fil horizontal et deux verticaux, dont l'écart est le centième de leur distance au centre optique de l'objectif. De la sorte ils forment un micromètre au centième. En avant de l'objectif est un miroir qui n'en masque que la moitié et qui permet de recevoir dans la lunette les rayons directs émanés d'un objet placé en avant et les rayons réfléchis qui proviennent d'un objet situé latéralement. Au moyen d'une vis de rappel on redresse le miroir jusqu'à ce que son plan fasse un angle d'environ 45° avec le plan qui passe par le centre optique de l'objectif et par le fil de gauche du micromètre, un repère permet de reconnaître qu'il a pris cette position. Quand on ne veut pas l'employer, on le rabat sur le tube de l'instrument qui devient alors une longue-vue simple.

Pour se servir de la lunette, on commence par choisir dans la campagne un point éloigné tel, que la ligne qui le joint à la station soit sensiblement perpendiculaire au rayon visuel mené de la station au but dont on veut avoir la distance. On règle alors le miroir au moyen de la vis de rappel de manière à amener en coïncidence sur le fil de droite du micromètre le but vu directement et le point choisi vu par réflexion. Cela fait, on s'éloigne du point auxiliaire situé à droite de l'observateur tout en restant sur la ligne qui le joint à la station, jusqu'à ce que la coïncidence, qui tout à l'heure avait lieu sur le fil de droite, se produise maintenant sur le fil de gauche. Si S est la première station (Pl. 172, *fig.* 6), et P le point auxiliaire, SB le rayon visuel direct, PS le rayon qui doit se réfléchir sur M et donner la coïncidence sur le fil de droite d, ab l'axe optique de la lunette fait avec le miroir un angle un peu différent de 45°, toutes les fois que l'angle BSP n'est pas exactement droit. On s'éloigne de P et on arrive à une seconde station S′ telle que le rayon direct venant du but B′S′ et le rayon réfléchi provenant de PS′ viennent passer par le fil de gauche g' du micromètre. Il est facile de voir par la figure que le rayon réfléchi a tourné d'un angle égal à $d'S'g'$, le miroir et par suite l'axe de la lunette a donc tourné d'un angle deux fois plus petit, et de plus cet angle du micromètre $d'S'g'$ est précisément l'angle au but SBS′. Il est évident que, si la ligne SP est perpendiculaire sur BS, on aura rigoureusement la distance cherchée en multipliant la longueur SS′ par le rapport de la longueur focale de l'objectif à la demi-distance des deux fils, rapport que l'on pourra déterminer une fois pour toutes pour l'instrument et rendre égal à 50 ou à 100. On pourrait aussi dans la deuxième station amener le but vu directement sur le fil de droite et l'image réfléchie du point auxiliaire sur le fil de gauche, alors on multiplierait par le double du rapport précédent. Il est clair que la précision obtenue dans la mesure de la distance dépendra de la mesure de la base SS′ et de la valeur de l'angle BSP, qui rigoureusement devrait être droit.

M. *Gautier*, capitaine d'artillerie, inspecteur des études à l'École polytechnique, a imaginé plusieurs télémètres qui étaient exposés dans la vitrine de M. *Tavernier Gravet*, constructeur si renommé des appareils de mesure et des règles à calcul. Le plus important de ces quatre instruments est le télémètre de poche, destiné à donner sans calcul la mesure de la distance de la station à un objet fixe quelconque. Il n'exige qu'un observateur, se tient à la main, on peut même s'en servir à cheval. Deux visées aux extrémités d'une base très-courte qu'on peut choisir à volonté constituent toute l'opération.

L'instrument se compose d'un tube de 12 centimètres (Pl. 174, *fig.* 8), comprenant à sa partie antérieure une lunette de *Galilée* L, d'un faible grossissement, 2 à 3 fois, et munie d'une fente oculaire. Plus loin est un tube percé latéralement d'une ouverture O, et qui porte un bouton moletté V. La dernière partie est un anneau A qui peut prendre un mouvement circulaire et dont le contour est gradué. Le télémètre de poche est renfermé dans un étui qui sert de poignée à l'instrument. On le place perpendiculairement à cette poignée, contre laquelle il est assujetti par une ganse en caoutchouc, dont les extrémités sont fixées à l'étui.

On reçoit en O le rayon direct I″ qui arrive à la lunette après avoir traversé un prisme de verre P, d'un angle de 6° environ, monté sur l'anneau mobile A gradué. Outre ce rayon direct, réfracté par son passage dans le prisme, l'œil reçoit aussi un rayon doublement réfléchi, qui émane d'un objet auxiliaire I, placé environ à 90° du but. Ce rayon I entre dans la lunette par l'ouverture latérale O et vient tomber successivement sur deux miroirs de verre étamé M′ et M, puis est renvoyé à l'œil en suivant le même chemin que le rayon réfracté. Les miroirs n'occupent pas tout le diamètre de la lunette afin de laisser passer le rayon direct au-dessus d'eux. M est fixe, l'autre peut recevoir un petit mouvement autour du point F, au moyen d'une vis V, qui rappelle l'écrou E, fixé sur la monture du miroir M′. Leur angle est d'environ 45°, mais le bras mobile du miroir M′ porte inférieurement des divisions qui passent devant un index tracé sur le tube. Une ouverture pratiquée inférieurement permet de lire la valeur exacte de l'angle des miroirs. L'anneau mobile qui porte le prisme est gradué de zéro à l'infini, un trait servant d'index est tracé sur le tube en face des divisions. Quand le signe ∞ est en regard de l'index et qu'on tourne le prisme de manière à amener devant l'index la division 50 par exemple, on a déplacé l'image réfractée vers la gauche d'un angle dont le sinus est l'inverse de 50. On peut ainsi obtenir des déplacements dont les sinus soient $^1/_{20}$, $^1/_{50}$, $^1/_{100}$, etc.

On sait en effet que la déviation donnée par un prisme, dont l'angle est assez petit, lorsque l'angle d'incidence est petit lui-même, est environ la moitié de l'angle du prisme, et, de plus, que cette déviation a lieu dans un plan perpendiculaire à l'arête réfringente. Si donc on fait tourner le prisme au moyen de l'anneau, la déviation reste constante, mais l'image se déplace sur la base d'un cône qui a pour axe l'axe optique de la lunette et dont le demi-angle au sommet est égal à la déviation. L'instrument suffirait avec un double décamètre pour la mesure rapide des distances, mais il est plus commode de remplacer la chaîne métrique par une canne divisée en parties égales et munie de deux voyants. Elle porte intérieurement un pied à trois branches qui peut sortir pour la dresser.

Pour déterminer la distance du but à la station, on procède de la manière suivante. On fixe la canne sur son pied A et l'on se place sur la ligne AA' (*fig.* 2), de manière à avoir la canne tout devant soi, et le but C à droite. Après avoir assujetti le télémètre sur son étui au moyen de la ganse, on règle le tirage de la lunette suivant la vue, et l'on place horizontalement la fente oculaire. On tourne l'anneau mobile comme pour le dévisser jusqu'à ce qu'on sente de la résistance. Dans cette position, l'arête réfringente est verticale, le signe ∞ est devant l'index, et le prisme dévie vers la droite l'image des objets. C'est la position initiale. On tourne alors le bouton molletté, et l'on amène le trait zéro du grand bras du miroir devant l'index fixe qui lui correspond. Les miroirs et le prisme sont alors disposés de telle façon que deux points vus en coïncidence, l'un par double réflexion, l'autre par réfraction, sont sur les deux côtés d'un angle droit dont la station est le sommet.

Cela fait, l'observateur cherche à amener dans le champ de la vision l'image réfléchie du but C. En inclinant le tube d'avant en arrière, sans perdre de vue l'image du but, il voit les objets situés au-devant de lui passer successivement à la hauteur de la branche du petit miroir. Il en choisit un, M, bien visible, très-éloigné, et un peu à gauche de l'image du but. Cet objet est le signal naturel. Il s'agit maintenant de tourner le bouton molletté jusqu'a ce que le signal et le but paraissent en coïncidence sur la tranche supérieure du petit miroir. La première moitié de l'opération est terminée. On peut l'achever de deux manières, ou bien en prenant de A en A' une base de longueur connue, ou bien en se proposant de s'éloigner de M jusqu'à ce qu'on ait parcouru une fraction déterminée, le cinquantième, par exemple, de la distance. Cette dernière méthode est préférable, car elle ramène à mesurer une base au lieu de mesurer un angle toujours très-petit. Dans le cas où l'on veut le 50ᵉ de la distance, on tourne l'anneau mobile de manière à amener la division 50 devant l'index fixe. Si l'on regardait alors dans la lunette, on verrait l'image du signal naturel déviée vers la gauche ; mais, au lieu de pointer de nouveau, on se déplace sur la ligne MA jusqu'à ce qu'on arrive en un point A', tel, que le but et le signal soient encore en coïncidence parfaite. Comme on a choisi dans la première opération un point un peu trop à gauche, l'angle MAC était un peu supérieur à 90°, ce qui fait que MA'C peut être droit. La distance cherchée s'obtiendra alors en multipliant la base par le facteur 50 lu sur l'anneau mobile. Pendant qu'on se déplace pour a seconde opération, il peut se faire que, par suite du facteur choisi, on arrive à un point d'où l'observation soit impossible, alors rien de plus facile que de changer le facteur sans recommencer la première opération.

On pourrait mesurer AA′ avec le décamètre, mais on peut en obtenir la longueur au moyen de l'instrument lui-même. Le prisme a été coupé perpendiculairement à son arête, de manière qu'en le mettant à sa position initiale, on puisse voir les objets directement en même temps qu'on les voit par réfraction. De la sorte, les deux images d'un même objet font entre elles un angle égal à la déviation du prisme. De la seconde station A′, on vise la canne laissée à la première station, en mettant le prisme à sa position initiale, plaçant la fente oculaire, parallèlement à la face du bouton molletté et tournant l'instrument de manière que le bouton soit en haut. L'arête réfringente du prisme est alors horizontale, ou du moins, en tournant l'instrument sur son axe, on le dispose de telle sorte que la canne vue directement et son image réfractée paraissent sur le prolongement l'une de l'autre. L'un des voyants est placé tout au haut de la canne, et l'on fait descendre l'autre jusqu'à ce que son image, relevée par la réfraction, vienne coïncider avec l'image directe du voyant supérieur. On lit la distance des deux stations AA′ sur la canne qui a été graduée pour l'angle réfringent du prisme.

La précision des mesures fournies par l'instrument est très-grande. La distance du clocher de Joinville à une borne du polygone de Vincennes, distance de 3,180 mètres, a été mesurée avec des bases qui étaient le 50e, le 25e, et le 20e de la distance ; les trois erreurs ont été — 2^m,2, — 1^m,4, — 0^m,7. Quand la base est trop petite, on peut opérer par répétition en se servant de la graduation de l'anneau mobile et de celle du bras du miroir M′. La distance du donjon de Vincennes à la flèche de Notre-Dame a été ainsi mesurée avec des bases inférieures à 20 mètres et a été trouvée par six opérations égale en moyenne à 6,285 mètres, plus forte de 15 mètres seulement que la distance exacte. Un opérateur ordinaire peut mesurer une distance en moins de deux minutes. Une commission d'expériences, opérant à Toulouse, a trouvé qu'au-dessous d'un kilomètre, l'erreur moyenne était de 0^m,022, de 0^m,028 entre 1 et 2 kilomètres, de 0^m,027 entre 2 et 4, de 0,033 entre 4 et 5. Un officier à cheval, mesurant les bases au pas de son cheval, a pu, avec des bases de 35, 28 et 20 mètres, mesurer des distances de 2,200, 2,016 et 840 mètres en commettant des erreurs de 100, 16 et 20 mètres.

Des instruments tout à fait analogues à celui-ci ont été imaginés par F. H. *Snoeck*, major d'artillerie dans l'armée néerlandaise. Il a proposé quatre distanciomètres. Les trois premiers reproduisent en grande partie les dispositions du télémètre de poche ; ils sont même plus simples en ce qu'il n'y a pas de prisme ; le miroir mobile prend différentes positions répondant à des bases qui sont des fractions déterminées de la distance à mesurer. Le premier distanciomètre est d'un usage général, le second est plus spécialement destiné à l'artillerie, et le troisième à l'infanterie. Quant au dernier, fondé sur un principe très-différent, il est construit pour servir dans les batteries.

M. *Gautier* exposait encore dans la vitrine de M. *Gravet* un nautomètre de poche, une stadia à double image et un télémètre de combat. Ce dernier instrument n'exige qu'un observateur et qu'une seule visée. Il est surtout destiné à la défense des places et des côtes. Le modèle exposé avait une base de 0,^{m}80 et donne les distances de 1000 mètres à 40 mètres près, il peut servir jusqu'à 6,000 mètres. Pour le service des batteries de côtes, on pourrait lui donner 3 mètres de base, alors il mesurerait les distances de 1000 mètres à 10 mètres près. Il contient deux prismes à réflexion totale portés aux deux extrémités d'un tube horizontal. Les rayons émanés du but sont renvoyés par ces deux prismes à un prisme central, et, par celui-ci, vers une lunette dans laquelle on établit la coïncidence au moyen d'une lame de verre qu'on incline plus ou moins. La lame de verre est reliée à une aiguille qui marque la distance sur un cadran. On voit que cet instrument se rattache à la catégorie des instruments étudiés plus haut et dans lesquels une seule observation à une station suffit pour obtenir la distance. Il semble presque identique au distanciomètre *Paschwitz*, que nous avons décrit plus haut (voir page 25, et planche 173, *fig.* 6) et qui présentait lui aussi de grandes analogies avec les instruments proposés par *Clerk*, *Adie*, etc. C'est l'astronome russe *Otto Struve* qui, dans les forts de Cronstadt, paraît avoir le premier fait entrer dans la pratique l'emploi des instruments à miroir pour la mesure des distances.

E. Instruments qui donnent la distance d'un objet par l'observation de la dépression. — Ces instruments ne peuvent se disposer que dans les batteries un peu élevées au-dessus du niveau de la mer : leur usage est assez limité, l'Exposition n'en offrait pas qui eussent tout directement cette destination, si ce n'est le stadiomètre *Starke*, compris dans l'exposition collective du ministère de la guerre d Autriche. Pourtant, si l'on réfléchit que la mesure revient à déterminer un angle compris dans un plan vertical, on reconnaîtra que tous les instruments à niveau et à cercle vertical, les théodolites par exemple, peuvent servir à effectuer cette mesure.

3. — Angles.

Au début, les instruments destinés à mesurer les angles étaient des plus simples, l'alidade et les pinnules parurent un moyen commode, et leur emploi ne tarda pas à se répandre, mais le pointé présentait une grande incertitude. Aux trous pratiqués dans la pinnule succédèrent les fils qui permettaient de donner à l'alidade une meilleure direction sans faire voir pourtant avec plus de netteté l'objet ou le point observé. Peu de temps après la découverte des lunettes, en 1634, *Morin* proposa d'appliquer la lunette de *Galilée* aux instruments divisés ; c'était à coup sûr un perfectionnement, mais l'addition d'une lunette ne devint réellement avantageuse que lorsque *Auzout* et *Picard*, en 1666, remplacèrent l'oculaire divergent de *Galilée* par l'oculaire convergent muni du réticule. En 1631, *Vernier* avait fait connaître l'appareil qui a conservé son nom et qui a permis d'augmenter ainsi notablement la précision des observations. Enfin, en 1752, *Mayer*, en imaginant le principe de la répétition, fournissait le moyen de porter cette précision presque à ses dernières limites.

Tous ces perfectionnements étaient réunis dans le cercle répétiteur que *Borda* fit connaître en 1756, et qui pendant longtemps fut à peu près exclusivement employé. Ce cercle présente un grand inconvénient : il faut mettre le plan du limbe dans une position telle qu'il contienne les deux points dont on veut obtenir la distance angulaire; de là, une manœuvre longue et pénible, aussi lui a-t-on substitué un instrument plus complet, le théodolite.

Comme tous les instruments à niveau, le théodolite est sujet à certains inconvénients. L'observation du niveau exige le retournement, l'inégale répartition de la chaleur détermine des mouvements de la bulle dont on ne peut guère tenir compte. De plus, la mesure de la distance angulaire ne s'obtient pas ici sans calculs. L'inventeur du théodolite est inconnu. Il y a deux siècles au moins que l'on en construit. Depuis fort longtemps, c'est en Angleterre le véritable et l'unique instrument qui sert dans tous les levés ; le *land surveyor* n'opère pas sans lui. En supprimant la boussole, et construit dans de plus grandes dimensions, le théodolite est devenu l'instrument des grandes triangulations, pour lesquelles il a remplacé le cercle répétiteur de *Borda*. On n'est pas très-bien fixé sur l'étymologie du mot *théodolite*; pourtant θεάομαι veut dire *voir*, et δολιχός loin. Lorsque *Borda* eut appliqué le principe de la répétition à son cercle, on songea aussi à s'en servir pour le théodolite. Avant 1823, *Gambey* avait fait un théodolite répétiteur dans un sens seulement. C'est en 1823 que *Gambey*, dont le nom est resté si célèbre, et toujours rappelé quand il s'agit d'instruments divisés, construisit le premier théodolite doublement répétiteur, sur les plans de *Porro*, soumis à l'approbation d'*Arago* qui conseilla l'emploi d'un niveau mobile destiné à rendre horizontal l'axe du cercle vertical. Dans le plan proposé par *Porro*, le cercle répétiteur vertical et sa lunette étaient de côtés différents de la colonne et s'équilibraient. *Gambey* préféra les rapporter du même côté en leur faisant équilibre de l'autre côté avec un contre-poids qui charge l'instrument et occasionne quelquefois une flexion de l'axe horizontal. Ces flexions constituent une des plus grandes objections à l'emploi du théodolite. Le moyen de les éviter consiste à placer la lunette sur deux supports comme dans la lunette méridienne, on obtient alors l'altazimut ou l'instrument universel des Allemands.

Dans la section française on remarquait les théodolites de *Secretan*, de *Balbreck*. Dans ces derniers, l'oculaire est modifié de manière que, sans le changer, on peut obtenir le nadir dans un bain de mercure. Une lame de verre à faces parallèles est placée entre les deux verres de l'oculaire et peut prendre diverses positions par rapport à l'axe du tube; une clef permet de l'amener à 45° de l'axe. Elle reçoit alors, d'une lentille placée latéralement, un faisceau de lumière qui donne au disque des fils une parfaite netteté. La lame peut se ramener le long du tube et ne gêne en aucune façon les observations. Les vis de rappel fonctionnent à l'aide d'une lame de ressort, ce qui évite les temps perdus et leur donne une grande douceur.

Quant aux instruments universels ou cercles méridiens, on trouvait en France un bel instrument de *Rigaud*, acheté par le Bureau des Longitudes; un beau cercle méridien de *Secretan* qui exposait aussi deux théodolites. En Allemagne, les instruments universels se faisaient remarquer à l'exposition d'*Ertel*, de Munich, successeur de *Reichenbach*, et à celle de *Pistor* et *Martins*, de Berlin. Ceux de *Pistor* et *Martins* sont bronzés pour éviter l'oxydation, la lecture se fait soit par des loupes, soit par des microscopes qui donnent la seconde. *Breithaupt*, de Cassel, avait aussi exposé un bel instrument universel destiné à l'École polytechnique de Cassel.

Les inconvénients du théodolite, les difficultés du maniement de l'altazimut, ont donné naissance, pour la géodésie expéditive, à d'autres instruments parmi lesquels on remarquait, à l'Exposition, l'instrument pour la géodésie expéditive imaginé par M. *Dabbadie*, l'explorateur de l'Éthiopie. MM. *Secretan* et *Eichens* en avaient chacun un modèle. Les théodolites comme les altazimuts ont un grand nombre de pièces et demandent des rectifications longues et pénibles, qui ont en outre le grave inconvénient d'user rapidement les vis, chose importante pour un instrument de voyage. Le niveau a constamment besoin d'être réglé; enfin, il faut lire aux deux verniers, et pour cela tourner autour de l'instrument, ce qui trop souvent en compromet la stabilité. Dans l'instrument de M. *Dabbadie* ces défauts sont évités.

La lunette L (Pl. 175, *fig.* 1) a 25 millimètres d'ouverture à l'objectif, et 185 millimètres de distance focale; sa longueur totale est de 20 centimètres. Le champ est assez grand, et pour cela le grossissement a été réduit à huit fois. La clarté est grande aussi, chose fort importante. Devant l'objectif se trouve un prisme rectangle P, qui fait corps avec la lunette et tourne avec elle. Cette rotation de la lunette autour de son axe optique est destinée à faire connaître l'angle de hauteur du point considéré. La lunette reste donc toujours horizontale; deux niveaux en croix NN' assurent sa position ; quant à sa rotation, elle se lit sur un cercle vertical C de 10 centimètres, sur lequel marche une alidade à deux verniers. Ce cercle est divisé en 400 grades, et le vernier donne le 0,01 de grade au moyen de loupes. Au lieu de pinces et de vis tangentes, on emploie une denture circulaire et un pignon p. La lunette parcourt un cercle horizontal C qui donne les azimuts. Il n'y a pas ici de lunette de repère comme dans le théodolite, et, au lieu de faire ces rectifications nombreuses, on détermine une fois pour toutes les constantes de l'instrument qui ne subissent que de loin en loin de légères modifications.

Pour déterminer le zénit, on vise avec le prisme dans un vase plein d'eau et dont le fond est formé par une lame de verre à faces parallèles ; la surface de l'eau fait l'office de miroir par rapport aux fils du réticule. Quant au nadir, on l'obtient au moyen d'un bain de mercure placé inférieurement. Une vérification bien simple s'obtient en ajoutant les distances zénitales ou apozénits d'un point et de son image vue par réflexion. La somme doit faire 180°. L'instrument, comme on voit, donne les azimuts et les apozénits par ses deux cercles. Il peut se placer sur un trépied muni d'une vis centrale qui s'engage dans le fond de la boîte et la fixe rapidement, tandis que les vis calantes servent à le mettre promptement de niveau. Une petite boussole très-sensible, de 70 millimètres de diamètre, se pose quand on veut au-dessus de l'appareil et permet de rapporter les azimuts à la direction de l'aiguille aimantée. On voit que cet instrument est construit dans des conditions favorables aux expéditions lointaines ou aux déterminations rapides.

L'exposition suisse avait un instrument analogue à celui de M. *Dabbadie* et du prix de 350 fr. La crémaillère et le pignon y remplacent aussi les vis de rappel, le cercle vertical porte une division suivant les tangentes, ce qui donne les pentes. Les divisions sont fortement marquées pour permettre une lecture rapide, et les chiffres employés sont les chiffres inégaux du système anglais.

L'un des perfectionnements les plus considérables qu'aient reçus depuis ces vingt dernières années les instruments destinés à la mesure des angles consiste dans la réduction du diamètre des cercles, avec une division extrêmement soignée néanmoins, et dans l'accroissement de la longueur et de la puissance des lunettes. Ce sont là les principes qui ont guidé M. *Porro* dans la construction du cleps, qui n'est à proprement parler qu'un perfectionnement du tachéomètre du même auteur. Le cleps date de 1854. Le cleps n° 2 a une lunette anallatique et diastimométrique dont la longueur est d'un demi-mètre et l'ouverture de 65 millimètres; le grossissement est de cent fois. Les cercles ont 63 millimètres de diamètre ; ils donnent sans vernier le millième de grade, car la division est centésimale. Extérieurement, le cleps ne présente aucune pièce délicate, ce qui en assure la solidité ; ses cercles et son niveau sont renfermés dans un cube de bronze, comme les roues d'une horloge dans sa boîte. Une aiguille magnétique à réflexion, placée dans la base de la colonne de bronze qui supporte la lunette, permet d'orienter le diamètre zéro du cercle horizontal à moins d'un centième de grade près. Il semble que le cleps, dont les constantes auront été déterminées au préalable, et qui se monte sur un pied à trois branches, présente la disposition la plus simple et la plus compacte pour obtenir avec une précision suffisante les distances angulaires soit en hauteur, soit surtout en azimut. A un autre point de vue, le cleps est plus complet, car, sa lunette étant diastimométrique, l'emploi d'une stadia permet d'obtenir une troisième coordonnée, la distance, et, par suite, de fixer la position du point dans l'espace. Il suffit d'une minute pour obtenir les trois coordonnées polaires d'un point qui se transforment facilement en coordonnées rapportées à trois axes rectangulaires.

On construit le cleps de quatre grandeurs différentes. Les numéros 2 et 3 servent pour les officiers d'état-major, les ingénieurs militaires et civils qui ont besoin de précision. Le numéro 4, très-portatif, convient à l'arpentage ordinaire, au lever rapide des plans et aux reconnaissances militaires.

La tachéométrie s'appuie sur la lunette diastimométrique de *Green*, l'échelle de *Gunter*, et finalement sur les procédés de la photographie sphérique. La mesure directe, lente et pénible, est supprimée. Au moyen du cercle logarithmique, on transforme les coordonnées polaires en coordonnées rectangulaires qui se portent de suite sur un papier quadrillé et donnent la forme du terrain par coupes horizontales.

Depuis que M. *Porro* a imaginé la lunette anallatique et le sténallatisme, les procédés géodésiques ont fait de grands pas. On sait que le sténallatisme est la disposition à l'aide de laquelle les distances se trouvent réduites à l'horizon, sans qu'il soit nécessaire de les multiplier par le cosinus de l'angle de pente. La rapidité qu'on obtient à l'aide des nouvelles méthodes et des nouveaux appareils est telle que, dans les travaux du chemin de fer Lyon-Méditerranée, les employés, après trois jours d'exercice, pouvaient déterminer 400 coordonnées à l'heure. Par sa solidité, la rapidité avec laquelle on peut opérer, le cleps est l'instrument militaire par excellence.

4. — Pesanteur.

Parmi les instruments qui se rattachent à la pesanteur nous pouvons établir deux classes, dans la première se rangent ceux qui servent à trouver le poids des corps, dans la seconde ceux qui permettent d'observer ou de démontrer les lois de la pesanteur.

A. Balances. — Le nombre des balances qui figuraient à l'Exposition était assez considérable : on n'en sera pas étonné si l'on réfléchit que les balances de précision sont employées dans une foule d'industries et que les besoins de la science, soit en physique, soit en chimie, exigent de ces instruments une exactitude que les constructeurs s'efforcent de pousser à ses dernières limites. A côté des balances simples, c'est-à-dire dans lesquelles les poids se placent simplement sur le plateau, il faut mentionner les balances à cavalier et les balances à aiguille de *Gallois*. Ces dernières paraissent l'emporter sur les balances à cavalier qui exigent un opérateur très-exercé pour rendre de bons services. On sait qu'une aiguille fixée au milieu du fléau s'ajoute de tout son poids à l'un des deux bras ou seulement d'une partie, suivant qu'on la place parallèlement ou obliquement par rapport au fléau. L'angle qu'elle fait avec lui permettra donc d'estimer l'augmentation de poids qu'elle produit et de graduer cette augmentation de la manière la plus commode. Dans la balance à cavalier un petit curseur à cheval sur le fléau peut être poussé plus ou moins loin du couteau et exercer une influence dont la valeur se lit par la place qu'il occupe.

Dans la section française les balances étaient nombreuses et bien construites. M. *Deleuil* exposait une grande balance simple dans laquelle il a réuni les dispositions les plus avantageuses pour obtenir à la fois la solidité et la précision. Cette balance, qui n'est pas de création nouvelle, peut porter 5 kilog. dans chaque plateau et trébucher au demi-milligramme. A côté était une balance plus petite, à cavalier, sensible encore au demi-milligramme, mais sous une charge de 1 kilog. seulement dans chaque plateau. La disposition nouvelle que M. *Deleuil* présentait a pour but de faciliter la recherche des densités des gaz. La balance construite dans ce but a des crochets sous les plateaux ; tout ce qui constitue la balance occupe la partie supérieure de la cage, la partie inférieure est destinée à contenir les ballons ou autres appareils. La sensibilité s'arrête au centigramme, chaque plateau pesant un poids de 3 kilog. Nous ne parlerons pas des balances d'essai ou de vérification, nous signalerons seulement la balance à marteau automatique. M. *Deleuil* la construit de deux façons, ou bien quand l'équilibre est rompu un timbre l'indique, ou bien l'aiguille vient tomber sur un marteau qui coupe ou rétablit une communication électrique. Ce modèle convient bien aux opérations de dorure ou d'argenture dans lesquelles on ne veut déposer sur une pièce qu'un poids déterminé de métal précieux. A côté de M. *Deleuil* on remarquait les belles balances de MM. *Collot*, *Besson* et *Bailly*. L'exposition de M. *Collot* comprenait un assortiment de balances, depuis la balance capable de porter 35 kilog. dans chaque plateau en trébuchant à 5 milligrammes jusqu'à celle qu'on ne charge que de 250 grammes et qui trébuche au demi-milligramme. M. *Hempel* exposait aussi une belle balance à cavalier.

En Belgique M. *Sacré*, de Bruxelles, exposait de belles balances de précision à aiguille. Dans les diverses sections de l'Allemagne on voyait aussi des balances bien construites aux expositions de MM. *J. Reimann*, *L. Reimann*, *Rohrbeck* de Berlin. En Autriche M. *Kravogl* avait une balance très-soignée qui trébuche à 0,1 milligramme, sous une charge de 100 grammes dans chaque plateau. L'un des meilleurs constructeurs de Vienne, à ce qu'il paraît, M. *Rueprecht* n'avait pas exposé. M. *Pisko*, professeur de physique à Vienne, pense qu'aucun des exposants n'aurait pu lutter avec lui pour l'élégance et la bonté de ses instruments.

En venant parler de balance bascule après les balances de précision, nous semblons changer totalement de sujet, et pourtant il n'en est rien, tant M. *Taurines* a su modifier la bascule ordinaire de *Quintenz*. Qu'on imagine une bascule dont on aurait enlevé le plateau, le levier, le couteau, et sur le montant de laquelle serait fixé un cadran sur lequel l'aiguille indique la charge de la bascule. Si l'on soulève le tablier, au lieu des leviers ordinaires que trouve-t-on ? Des ressorts. C'est là qu'est tout le mérite. M. *Taurines*, déjà connu par l'hélicomètre de son invention, a déterminé à la suite de longs travaux théoriques et pratiques la forme qu'il convient de donner aux ressorts pour que leur flexion soit rigoureusement proportionnelle à la charge. Une des applications les plus naturelles consistait à faire servir cette propriété des ressorts, à la mesure des actions de la pesanteur, et la bascule exposée par M. *Taurines* n'est que le prélude des nombreuses applications dont les dynamomètres de poussée et de rotation ont fait ressortir l'importance. La balance à tablier exposée par M. *Taurines* pèse jusqu'à 200 kilogrammes.

B. Lois de la pesanteur. — Que n'a-t-on pas demandé à l'électricité ? On l'a fait servir comme force partout où la main de l'homme a trouvé quelques difficultés, là où il fallait de la rapidité, de la régularité ou de l'adresse. Elle enregistre les phénomènes, quelque courte que soit leur durée, et c'est à ce dernier point de vue que M. *Bourbouze* l'a appelée à son secours.

Depuis longtemps la démonstration des lois de la pesanteur se faisait à l'aide de la machine d'*Atwood* ; mais, bien qu'on lui ait donné d'assez grandes dimensions et qu'on ait retardé la chute du corps moteur en augmentant les masses qu'il entraîne, la durée de l'expérience est si faible, l'estimation du moment où le poids moteur s'arrête et où les masses achèvent leur mouvement exige tant de précision qu'on a dû chercher un moyen d'observation plus précis. M. *Morin* a proposé un appareil où le corps en tombant inscrit sur un cylindre tournant les circonstances de son mouvement; mais la démonstration expérimentale perd de sa simplicité, l'œil n'aperçoit plus de suite la loi, la vérification est moins saisissante. Dès 1840, M. *Wheatstone* indiquait une disposition qui permettait d'employer l'électricité à la détermination du temps employé par un corps pour franchir un espace vertical donné. Le corps, en quittant la tablette portée par la colonne le long de laquelle il tombe, coupe un courant qu'il rétablit aussitôt qu'il a touché le sol formé par un conjoncteur. Une palette d'arrêt commandée par un électro-aimant a été au commencement de la chute du corps abandonnée à l'action d'un ressort antagoniste, et a laissé marcher un rouage qui s'arrête au moment où le poids a effectué son parcours. On connaît l'espace parcouru et la durée de la chute ; par suite, en plaçant la tablette à diverses hauteurs, on vérifie la loi.

Depuis cette époque, divers modèles ont été proposés, un entre autres, par MM. *Breton* frères qui suppriment tous les rouages de la machine.

M. *Bourbouze*, déjà connu par plusieurs inventions ingénieuses, a cherché à modifier quelques-unes des dispositions de la machine d'*Atwood*, tout en conservant son principe. On trouvait à son exposition une machine destinée à vérifier les lois de la chute des corps. Cette machine n'a guère que un mètre et demi de hauteur. Elle se compose d'une colonne qui porte un plateau sur lequel se trouve une poulie. L'axe de cette poulie doit être bien travaillé et monté sur d'autres poulies pour diminuer le frottement, ou sinon, sur des coussinets fabriqués avec soin. Il entraîne dans son mouvement un cylindre creux très-léger, que l'on recouvre d'une feuille de papier noircie à la fumée que produit en brûlant l'essence de térébenthine. Sur ce papier une lame vibrante, terminée par un petit ressort, doit tracer un cercle denté. Aussitôt qu'on rompt le courant de la pile, l'électro-aimant qui retenait la lame vibrante l'abandonne, et celle-ci commence à décrire sur le cylindre sa courbe dentelée. On sait combien la lame fait de battements par seconde ; par suite, on sait à quelle durée répond chaque dent. Au moment où la lame vibrante ou bien le diapason commence son mouvement, les poids sont abandonnés à l'action de la pesanteur, le fil de soie est entraîné, la poulie et le cylindre tournent, et le petit ressort enregistre les temps sur le noir de fumée. Si le mouvement des poids était uniforme, le cylindre tournerait uniformément et l'écart des dents serait constant; vers la fin de la chute le mouvement étant très-rapide les dents sont très-espacées. L'examen du nombre de dents sur une longueur donnée, ou de l'espace occupé par un même nombre de dents, permet de vérifier les lois de la pesanteur. La colonne porte un curseur annulaire qui arrête le poids additionnel, et comme les temps sont enregistrés avec une grande précision, on peut employer un poids additionnel assez lourd pour vaincre les irrégularités du frottement et la résistance de l'air. Ce cylindre est un peu long et la lame vibrante peut se déplacer au moyen d'une coulisse, on peut donc faire trois expériences avec la même feuille de papier.

5. — Chronographes.

La détermination de la durée d'un phénomène est une question fort importante dans la plupart des sciences d'observation. Il est assez inutile, en général, de rapporter le commencement ou la fin du phénomène, sauf en astronomie toutefois, à un instant déterminé, mais la connaissance exacte du temps écoulé est un élément de première nécessité. Quand ce temps a une faible durée ou que l'instant initial et l'instant final ont besoin d'être saisis avec une grande précision, l'un des procédés les plus commodes consiste à les faire enregistrer par l'appareil lui-même, qui reçoit alors le nom de chronographe.

Ces instruments sont de deux sortes : ou bien l'observateur témoin du phénomène détermine par un mouvement de la main l'enregistrement des instants, ou bien le phénomène lui-même produit dans l'appareil des modifications qui se transforment en durée par une lecture convenablement faite. La première catégorie comprend les chronographes astronomiques et ceux qui servent dans la plupart des expériences de physique, la seconde catégorie renferme une série d'instruments précieux par le degré de précision avec lequel ils fournissent la mesure de durées extrêmement courtes, et en apparence si difficiles à déterminer, ce sont les chronographes balistiques.

A. Chronographes astronomiques ou a pointage. — Les chronographes à pointage sont assez nombreux ; les uns emploient l'électricité, cet agent si docile et si rapide ; d'autres, moins précis, mais possédant des avantages particuliers, n'ont pas recours aux courants. De ce nombre, et comme type du genre, nous citerons le compteur à pointage de *Bréguet*. Un mouvement d'horlogerie renfermé dans une boîte conduit une aiguille qui fait en une minute le tour d'un cadran d'émail. Son extrémité porte un petit godet qui contient de l'encre de chine un peu épaisse et dont le fond est percé d'un trou très-fin. Au-dessus de l'aiguille et marchant avec elle s'en trouve une seconde qui est vissée par l'une de ses extrémités à la première. L'autre extrémité se termine en pointe recourbée et vient entrer dans le godet. Près de la queue du compteur est un bouton que l'on presse avec le doigt ; il fait alors mouvoir une pièce qui appuie brusquement sur l'aiguille supérieure et en fait entrer la pointe dans le godet. Une goutte d'encre tombe sur le cadran, et marque soit le commencement, soit la fin du phénomène. Le cadran a de grandes dimensions, et chaque seconde est divisée en cinq divisions ; on peut donc apprécier assez facilement le dixième et même le vingtième de seconde. Il s'écoule un certain temps entre le moment où l'on appuie le doigt et celui où la goutte d'encre tombe sur le cadran ; mais, comme on ne veut qu'un intervalle, on peut admettre que ce temps perdu soit constant. Quand l'observation est finie, on ouvre le couvercle et l'on efface les points. Si l'on compte le nombre de tours de l'aiguille, on peut estimer la durée d'un phénomène lors même qu'elle comprend plusieurs minutes. Il est évident qu'on aura préalablement comparé la marche du compteur et celle d'une pendule à secondes bien réglée.

On voit que les usages de ce compteur seront naturellement bornés et que sa précision serait insuffisante dans certains cas. Pour les observations astronomiques, on préférera employer les chronographes électriques. On remarquait à l'Exposition ceux de MM. *Bond*, de Boston, et *Hipp*, de Neufchatel, qui offrent à peu près les mêmes dispositions.

Le chronographe de M. *Bond* se compose d'un cylindre horizontal de deux décimètres de diamètre sur lequel est placée une feuille de papier blanc. Ce cylindre est conduit par un mouvement d'horlogerie qu'entraîne un poids, et il fait un tour par minute. Parallèlement à son axe se meut un chariot qui avance d'un centimètre environ toutes les fois que le cylindre a accompli un tour sur lui-même ; sur ce chariot est un électro-aimant et son contact. Le courant de la pile n'arrive dans l'électro-aimant que sous l'impulsion d'une horloge à pendule conique qui l'envoie toutes les secondes, et détermine par suite l'attraction du contact. Ce contact, disposé perpendiculairement à l'axe du cylindre, se termine en pointe et porte un petit entonnoir de verre qui contient de l'encre et qui s'appuie sur le papier. Quand le courant ne passe pas, l'entonnoir trace un cercle noir; mais, aussitôt que le pendule conique commence la seconde, le courant de la pile est lancé, le contact attiré, et l'encrier, brusquement rappelé avec le contact vers la base du cylindre, fait une dent et vient reprendre aussitôt sa place en continuant à décrire son cercle parallèle à la circonférence de la base. A chaque minute entière répond donc un cercle interrompu soixante fois et portant alors soixante dents. Quand le tour est fait, le chariot avance par l'action du mécanisme d'horlogerie, et vient tracer un nouveau cercle. Le courant qui passe dans l'électro-aimant peut lui être envoyé, ou bien par l'horloge qui le ferme au commencement de chaque seconde, ou bien par une touche d'ivoire que presse l'observateur; il s'ensuit qu'outre les dents produites à chaque seconde, l'observateur, en appuyant sur la touche, en aura déterminé une qui tombera entre deux de celles que fait l'horloge. L'heure et la minute étant lues sur le cadran, la seconde sera relevée sur le papier, car les secondes qui se correspondent dans les minutes consécutives sont sur une même génératrice du cylindre. Quant à la fraction de seconde, on l'obtiendra, en mesurant avec une règle graduée, la distance de la dent à celle de la seconde voisine, et en comparant cette distance à celle qui, sur le cylindre, sépare deux secondes consécutives. On obtiendra facilement de la sorte un intervalle à 0,01 de seconde.

Le chronographe de M. *Hipp*, de Neufchatel, présente beaucoup d'analogie avec celui de M. *Bond*. Le papier est aussi placé sur un cylindre tournant. Son mouvement est régularisé par un diapason dont on maintient le son à une hauteur constante. Une plume capillaire marque aussi des traits sur le papier blanc et forme des crochets. Les chronographes de *Hipp* ont été employés en Suisse et en Italie pour la détermination des longitudes et ont donné de fort bons résultats.

B. Chronographes automatiques ou balistiques. — Les questions relatives au mouvement des corps pesants dans l'air ne peuvent s'élucider un peu que lorsque l'on connaît le temps employé à parcourir les différentes parties de la trajectoire, aussi a-t-on depuis longtemps cherché à obtenir quelques résultats de ce genre, qui permissent d'arriver à connaître la loi de la résistance de l'air au mouvement des projectiles. Jusqu'au moment où l'électricité a pu être appelée au secours de l'art militaire, le pendule balistique était à peu près le seul appareil que l'on pût employer.

En 1840, M. *Wheatstone*, l'inventeur du télégraphe anglais, proposa de se servir d'un électro-aimant pour marquer le temps qu'un boulet employait pour atteindre la cible. Son premier appareil était assez imparfait, et, de plus, il présentait cet inconvénient de ne faire connaître que l'instant de l'arrivée du projectile, et non pas de son passage aux divers points de sa trajectoire. Il se composait d'un rouage dont les aiguilles marchaient tout juste pendant le temps que mettait le projectile à parcourir sa trajectoire; deux circuits, l'un rompu au départ, l'autre fermé ou rompu à l'arrivée, déterminaient le départ et l'arrêt du rouage. Bien que M. Wheatstone ait imaginé depuis d'autres appareils, c'est à MM. de *Konstantinoff* et *Bréguet* que revient l'idée d'avoir, de 1843 à 1844, construit un chronographe qui mesure les temps correspondant aux portions successives de la trajectoire. Un cylindre tournant était mené par un mouvement d'horlogerie ainsi qu'un chariot qui se déplaçait parallèlement à l'axe et qui portait deux styles. Chaque style traçait donc une courbe sur le cylindre duquel il pouvait être éloigné par un électro-aimant, dont le fil était en connexion avec une cible. La position relative de ces lignes montrait l'intervalle de temps écoulé entre la rupture des cibles. Des dispositions ingénieuses permettaient de n'employer qu'un seul courant pour les différentes cibles. C'est là le point de départ de toute une série de chronographes, dans lesquels une pointe trace une courbe dont on déduit l'élément cherché.

En 1845, M. *Pouillet* donnait une méthode fondée sur la déviation de l'aiguille du galvanomètre. Si l'on fait agir un courant pendant un temps très-court, 0,001 de seconde par exemple, sur le galvanomètre, l'aiguille éprouvera une certaine déviation et elle mettra un temps appréciable à parcourir cet arc ; si donc on fait une graduation spéciale du galvanomètre, on pourra déduire de la déviation observée, la durée de l'action du courant ; enfin, si le projectile ferme un courant au départ et l'ouvre à l'arrivée, on connaîtra le temps qu'il a mis à parcourir sa trajectoire. M. *Pouillet* indiqua alors la disposition de cibles conjonctrices et de cibles disjonctrices, mais la graduation du galvanomètre est difficile et varie avec chaque appareil, aussi la méthode n'a-t-eile pas passé dans la pratique.

M. *Martin de Brettes*, alors capitaine d'artillerie, proposa en 1847, le premier, des nombreux appareils chronographiques qu'il a imaginés depuis, et dont il a donné la description dans plusieurs ouvrages publiés chez M. Corréard. Cet appareil offre beaucoup de points communs avec le chronographe franco-russe ; un cylindre tournant sert encore à recevoir les indications chronographiques qui sont tracées par autant de styles qu'il y a de cibles. A l'aide de dispositions ingénieuses, chaque style en tombant en contact avec le cylindre relève celui qui a marqué sa trace avant lui. Malgré les avantages que présentait alors cet appareil, sa complication est très-grande et son prix fort élevé, aussi est-il remplacé actuellement par des instruments bien plus simples. Nous n'entrerons pas dans plus de détails relativement à toutes les modifications qu'a proposées M. *Martin de Brettes*, dans son ouvrage publié en 1854, *Étude sur les appareils électro-magnétiques* ; aucun de ces appareils n'a conquis sa place dans la pratique, et, comme nous le dirons tout à l'heure, c'est à un autre ordre de phénomènes électriques que cet inventeur infatigable a demandé la solution du problème si intéressant qu'il étudie avec ardeur depuis 1847.

M. *Siemens* a eu l'idée d'employer l'électricité de tension dans les appareils chronographiques et de lui faire produire des taches de *Priestley*, sur une surface métallique polie, une plaque d'acier par exemple. La décharge électrique forme une petite tache dont la couleur tranche sur celle du métal. L'appareil *Siemens* se compose d'un cylindre d'acier poli qui tourne autour de son axe avec une vitesse connue et rendue uniforme à l'aide d'un pendule conique, d'une pointe métallique placée tout auprès, et de batteries de *Leyde,* dont les armatures communiquent l'une avec la pointe, l'autre, avec le cylindre. Tandis que la garniture extérieure de la batterie est en communication constante avec la pointe, la garniture intérieure n'est mise en communication avec le cylindre qu'au moment où le boulet perce la cible. Pour cela, cette cible est formée d'une série de morceaux de fils métalliques parallèles et assez rapprochés pour que le boulet, en la perçant, en coupe au moins deux. Les fils pairs communiquent tous entre eux et avec la garniture extérieure de la batterie, tandis que les fils impairs, qui sont tous reliés ensemble, communiquent avec le cylindre. Quand le boulet, vient établir entre les fils d'ordre différent une communication métallique, l'étincelle de la batterie se produit et détermine la tache sur le cylindre. Si l'on emploie plusieurs cibles, il faut plusieurs batteries dont toutes les garnitures intérieures communiquent avec la pointe, tandis que les garnitures extérieures vont aux fils pairs des différentes cibles dont les fils impairs sont tous reliés au cylindre. Comme le cylindre est divisé et qu'on connaît la durée de sa rotation, on sait à quelle fraction de seconde répond l'écart de deux génératrices, et par suite des taches. Ce procédé est excellent, car la vitesse de l'électricité étant énorme, il y a simultanéité entre la production de l'étincelle et la rupture de la cible. Les seules objections consistent en ce que la surface oxydée du projectile pourrait bien ne pas établir un contact suffisant, et que la tension de l'électricité ne s'obtient pas toujours assez intense dans les conditions telles que celles dans lesquelles l'on opère le plus généralement. On verra un peu plus loin comment M. *Martin de Brettes* a modifié cet appareil.

En 1848, le capitaine belge *Navez*, après de nombreux essais, arrivait à perfectionner les appareils à pendule, proposés avant lui par le colonel *Parizot*, et à leur donner une forme tellement pratique que le chronoscope *Navez* a été appliqué dans un grand nombre d'expériences balistiques en Belgique, en Hollande et en France. Des opinions bien différentes ont été produites au sujet de cet instrument ; en Amérique on l'a abandonné à cause de l'irrégularité de ses indications, au contraire en France, en Belgique, en Hollande, on en a obtenu de bons résultats. Il constituait évidemment un grand progrès sur les appareils qui l'ont précédé. On peut lui reprocher pourtant la disposition des courants qui est un peu compliquée, l'instrument ne permet pas de vérifier la précision de ses indications, et, pour relever plusieurs points de la trajectoire, il faut employer plusieurs appareils.

Lorsque parut, en 1858, la bobine *Ruhmkorff*, M. *Martin de Brettes* appela à son aide ce nouvel auxiliaire pour résoudre le problème qui l'occupait toujours, et proposa un appareil à pendule, comme celui du capitaine *Navez*, mais, au lieu d'une aiguille dont l'arrêt indiquait l'instant de la rupture de la cible, il obligeait le pendule à enregistrer lui-même, sur l'arc divisé, la position qu'il occupait lors de l'arrivée du boulet aux différentes cibles. Pour cela, il armait le pendule d'une pointe destinée à donner naissance à l'étincelle d'induction. Les positions des divers trous produits dans le papier par les étincelles indiquaient leurs distances en temps. Dans un autre appareil décrit dans le même ouvrage, *Appareils chronoélectriques à induction*, publié chez M. *Corréard*, M. *Martin de Brettes* substitue au pendule un corps qui tombe et qui produit les étincelles en divers points de sa trajectoire verticale, mais tous ces appareils présentaient encore bien des inconvénients ; aussi un peu plus tard, M. *Martin* songea-t-il a revenir à l'appareil de *Siemens*, en substituant toutefois la bobine de *Ruhmkorff* aux batteries de *Leyde*.

En 1861, il faisait connaître un appareil chronographique à indications continues, fondé sur la propriété que possède l'étincelle d'induction de percer une feuille de papier. De nombreux essais furent faits dans cette voie, et le constructeur habile, M. *Hardy*, qui exposait le chronographe à pendule conique et à étincelle, a eu à vaincre plus d'une difficulté. Le modèle exposé en 1867 présente quelques différences avec le premier modèle ; au lieu de conserver la feuille de papier que l'étincelle doit percer, et dont il est souvent difficile de trouver les trous, on emploie un cylindre argenté, et l'on observe alors la trace laissée à la surface de l'argent par le passage de l'étincelle d'induction. Les chronographes à pendule présentaient de grands inconvénients ; ils ne fournissaient à chaque expérience qu'un point de la trajectoire, et encore fallait-il que l'expérience ne durât guère plus d'un tiers de seconde ; de plus la détermination des constantes de l'instrument ne se faisait pas sans difficulté. Enfin le principe même de l'emploi des appareils à pendule n'est pas à l'abri de toute objection, car il n'est pas bien prouvé que les frottements des pivots, si faibles qu'on les suppose, n'altèrent pas l'isochronisme des oscillations. L'appareil chronographique (Pl. 174, *fig.* 9) se compose d'un gros cylindre vertical D de bronze argenté extérieurement, de un mètre de circonférence, auquel un fort mécanisme d'horlogerie A, mû par un poids et régularisé par un volant à ailettes, donne un mouvement vertical de descente très-lent qui dure trente secondes. En pressant sur un bouton, on peut, à volonté, ou bien faire tourner le cylindre sur son axe pour amener devant l'observateur les traces de l'étincelle d'induction, ou bien lui donner un mouvement vertical lent ou rapide. La circonférence du cylindre est divisée en mille parties. Le mouvement d'horlogerie se termine par un dernier mobile dont l'axe se trouve dans l'axe du cylindre et porte une coulisse horizontale dans laquelle s'engage la pointe d'un pendule conique G. Une potence le soutient; elle est terminée à la partie supérieure par une suspension Cardan et par deux vis rectangulaires qui permettent d'amener le centre de suspension dans l'axe du cylindre que l'on a mis tout d'abord vertical au moyen de deux niveaux et du pied à vis calantes P. Ce pendule régularise le mouvement d'horlogerie qui n'a pas d'échappement et qui est à engrenages héliçoïdaux. La coulisse fait exactement un tour par seconde; mais, au moyen d'un engrenage différentiel H, il fait exécuter trois tours par seconde à une traverse E, soutenue sur l'axe par une embase en caoutchouc durci. Cette traverse se recourbe rectangulairement, descend devant le cylindre, et se termine par une pointe de platine F que l'on peut approcher autant qu'on veut de la surface argentée. C'est entre le cylindre et la pointe que doit éclater l'étincelle. Comme la pointe fait trois tours par seconde, et qu'il y a mille divisions sur le cylindre, chaque division répond à un trois millième de seconde. Les deux fils fins d'une bobine de *Ruhmkorff* dont on a enlevé le trembleur de *Neef* sont mis en communication: l'un, le fil positif ou interne, avec le cylindre au moyen d'une languette de cuivre; l'autre, le fil extérieur ou négatif, avec la potence, par suite avec le pendule, la coulisse, la traverse et la pointe de platine. Deux piles animent l'appareil: l'une, composée d'éléments *Bunsen*, donne le circuit inducteur qui circule seulement dans le gros fil de la bobine; l'autre, formée d'éléments *Daniell*, envoie son courant dans un conjoncteur, de là dans des relais rhéotomiques, puis dans les cibles disjonctrices. Ce courant est successivement reporté de cible en cible à mesure que le boulet les atteint.

De la sorte on évite l'emploi de cibles conjonctrices dont M. *Schultz* fait usage. Avant de passer dans le premier relais, le courant de la pile de *Daniell* circule dans un électro-aimant conjoncteur qui ferme par son armature le circuit de la pile *Bunsen*, de sorte que, lorsque la cible est coupée, l'armature, repoussée par le ressort antagoniste, rompt le courant inducteur, et détermine la production de l'étincelle; mais, en même temps que la cible est rompue, le premier relais est devenu inactif, son armature est retombée sur sa vis d'arrêt, ce qui fait passer le courant de la pile *Daniell* dans le second relais et la seconde cible. Le même phénomène se produit quand le boulet coupe la seconde, puis la troisième cible. Chaque fois, l'étincelle de rupture marque sa trace sur le cylindre, et, comme la pointe parcourt, non pas un cercle, mais une hélice, puisque le cylindre descend quand la pointe tourne, les étincelles ne peuvent pas se confondre. Quand l'expérience est terminée, il reste à relever leur position relative, ce qu'on fait au moyen de deux microscopes KK', munis de micromètres et mobiles sur une tige verticale placée devant le cylindre. On amène à la main l'une des étincelles sous le fil de l'un des réticules, et l'on fait marcher l'autre microscope jusqu'à ce que son réticule couvre une division du cylindre. On le fait alors tourner de manière à amener une autre étincelle sous le fil du premier microscope, et, en regardant dans le second, on note la division correspondante. Si cela est nécessaire, on fait avancer le microscope au moyen d'une vis micrométrique qui permet d'estimer le tiers de millimètre, et, comme en une seconde la pointe parcourt 300 millimètres, on a donc la valeur de l'intervalle à 1/9000 de seconde près. Pour connaître le nombre de révolutions accomplies dans chaque expérience, on a un compteur N dont l'aiguille indique le nombre de tours ou les tiers de seconde, les fractions sont données par les micromètres. L'une des objections que l'on pourrait faire à l'appareil consiste en ce que l'étincelle laisse une trace un peu large et qu'il est nécessaire de viser le centre. Comme la bobine a un fil assez gros et que la pointe de platine est garnie à son extrémité d'une petite armature cylindrique en ivoire, percée d'un trou très-fin, l'étincelle ne peut jaillir par le flanc, ni s'étendre trop. Une comparaison de cet appareil avec une pendule bien réglée et dont le balancier produisait une étincelle de rupture toutes les secondes a montré que la pointe de platine parcourait bien exactement la circonférence du cylindre en un tiers de seconde.

La nécessité d'employer un mouvement d'horlogerie, à la régularité duquel est subordonnée l'exactitude de l'observation, peut paraître une objection considérable ; aussi a-t-on cherché à s'en affranchir. C'est dans cette voie que s'est engagé M. *Schultz*, lieutenant d'artillerie.

Il exposait un chronographe électrique fondé sur l'emploi du diapason. Cet appareil est fort ingénieux, fort simple et très-précis. Il se compose d'un diapason qui fait 1000 vibrations par seconde ; ces vibrations, comme on sait, sont exactement isochrones, mais leur amplitude diminue assez vite dans l'air et le son s'éteindrait bientôt si on ne le prolongeait au moyen de l'électricité. Pour cela les deux branches du diapason, qui est placé verticalement, portent deux traverses légères en fer qui se trouvent devant deux électro-aimants qu'active alternativement le courant d'une pile. Un interrupteur *Foucault* à mercure détermine cette distribution. De la sorte le diapason vibre pendant plusieurs heures sans que la hauteur et l'intensité du son changent. A l'une de ses branches est fixée une petite lame d'or qui se trouve en face d'un cylindre horizontal de laiton de 1 mètre de circonférence recouvert d'une feuille de papier blanc noirci au moyen d'une lampe fumeuse. Ce cylindre est mis en mouvement par un mécanisme d'horlogerie à ailettes. Au bout de quelque temps la régularité du mouvement de rotation est obtenue, mais, d'ailleurs, elle n'est pas nécessaire. L'arbre du cylindre communique le mouvement à une vis sans fin qui traverse le support du diapason, et lui fait parcourir lentement une génératrice du cylindre, il en résulte que, si le diapason ne vibrait pas et que le manchon d'embrayage communiquât le mouvement du mécanisme d'horlogerie au cylindre, la lame d'or tracerait sur le noir de fumée une courbe hélicoïdale blanche, mais si le diapason vibre, cette courbe sera dentelée et, comme le cylindre fait 3 tours par seconde, chaque spire portera 333 dents à $0^m,003$ de distance l'une de l'autre. Quand la pointe d'or a été approchée de la couche de noir de fumée, on dispose deux circuits formés l'un par un élément *Daniell* qui envoie son courant dans l'interrupteur à mercure et dans les électro-aimants, l'autre par une pile de *Bunsen* qui active une bobine de *Ruhmkorff*. Les fils fins de la bobine communiquent l'un avec le diapason, l'autre avec le cylindre, tandis que l'on a mis des cibles métalliques dans le circuit des gros fils. Le diapason est mis en mouvement avec un archet, les électro-aimants entretiennent ce mouvement vibratoire. On embraye alors le cylindre qui est entraîné par le mécanisme d'horlogerie et, pendant qu'il tourne en déplaçant le diapason, le long de sa vis parallèle à l'axe, la pointe d'or trace son hélice dentelée. Si alors on vient rompre le courant inducteur de la bobine *Ruhmkorff*, une étincelle de rupture se produit entre la pointe d'or et le cylindre de laiton. Le noir de fumée est projeté, le papier est mis à découvert si l'on n'a déposé qu'une couche de noir assez légère pour avoir la teinte brun foncé, et au centre du cercle blanc est un trou produit par l'étincelle. Pour relever les indications chronographiques, on enlève le diapason et on lui substitue un micromètre, sorte de petit microscope à réticule avec deux vis micrométriques qui donnent les mouvements parallèles et perpendiculaires à l'axe du cylindre. Avant de faire marcher le diapason et de commencer l'expérience, on a tourné à la main le cylindre et l'on a fait tracer à la pointe d'or immobile une hélice, qu'on appelle hélice moyenne et autour de laquelle la pointe en mouvement a marqué ses dentelures sinusoïdes. On a ensuite ramené le cylindre à sa position initiale avant de commencer les expériences. L'intersection de cette hélice moyenne avec la courbe sinusoïde détermine l'origine de chaque vibration, la durée de la vibration simple sera donc le temps qui s'écoule entre deux passages consécutifs de la pointe à la position moyenne. C'est pour cela qu'il était nécessaire de tracer préalablement l'hélice moyenne, car la position d'écart maximum se détermine mal. On numérotera ces points de 10 en 10 à partir de celui qui précédera la trace laissée par la première étincelle, et qu'on marquera zéro. A l'œil nu, on verra de suite le temps écoulé à partir de cette origine à moins de 1/4000 de seconde, car les points numérotés se suivent par millièmes de seconde, et l'on peut bien apprécier le quart de l'intervalle sur la courbe sinusoïde. Avec le micromètre on peut même aller plus loin et obtenir facilement le trente millième de seconde, car, les dents étant à 3 millimètres de distance, il suffit d'apprécier le dixième de millimètre, ce qui est assez facile. Ce degré d'exactitude ne dépend pas de la régularité de mouvement du cylindre, car, en le supposant plus irrégulier encore qu'il ne peut être, on n'aurait pas d'erreur appréciable. Sans doute la perforation du papier et la rupture du courant inducteur ne sont pas produites au même instant, mais comme on mesure des intervalles de temps, on peut admettre que l'erreur soit constante et par suite elle s'élimine.

L'appareil se prête de la manière la plus simple aux expériences de balistique. Devant la bouche à feu on place une série de cibles disjonctrices formées chacune d'un châssis en bois sur lequel est tendu en zigzag un fil de cuivre que doit couper le boulet, ce qui déterminera l'étincelle de rupture induite et le trou de la feuille de papier. Derrière chacune des cibles disjonctrices on place à petite distance une cible conjonctrice qui a pour but de lancer dans la cible disjonctrice suivante le courant qui circulait dans la cible disjonctrice qui précède. Tandis que les cibles disjonctrices sont formées de fils de cuivre, les cibles conjonctrices sont faites d'un fil de soie qui passe sur des poulies et qui est tendu par un poids à l'une de ses extrémités, l'autre tient séparées deux lames métalliques qui communiquent avec les deux rhéophores. Aussitôt que le boulet a coupé le fil de soie, un ressort ramène les lames au contact, et le courant s'élance alors dans la cible disjonctrice suivante où il arrive avant que le boulet la coupe. Il peut être alors interrompu par le projectile et déterminer une étincelle induite. Au moment où la cible conjonctrice est coupée, il y a encore un courant induit, mais il ne produit pas d'étincelle.

Le grand avantage de ce chronographe consiste en ce qu'il permet d'obtenir autant de points que l'on veut de la trajectoire du projectile en une seule expérience, qu'il n'exige pas un mouvement d'horlogerie de précision, et que la détermination du temps ne dépend pas de constantes particulières à l'appareil et plus ou moins faciles à déterminer. La précision théorique de ses indications dépassant de beaucoup ce dont on a besoin dans la pratique, il fournira des résultats très-satisfaisants, même en admettant que toutes les conditions n'aient pas été bien exactement remplies.

M. *Martin de Brettes* avait bien déjà proposé l'emploi d'un diapason comme élément chronographique, mais le rôle qu'il lui attribuait était tout différent, puisque à chaque vibration il interrompait le courant et fournissait une étincelle de rupture. Les étincelles données par le phénomène à observer se plaçaient entre deux des étincelles du diapason et par suite faisaient connaître l'instant du phénomène, mais le chronographe *Schultz* l'emporte en simplicité et en précision sur le chronographe électro-phonique de M. *Martin de Brettes*.

M. *Francis Bashforth*, professeur à Woolwich, trouve que le chronographe *Navez* ainsi que les appareils proposés depuis par MM. *Vignotti, Leurs* et *Leboullengé* ne fournissent pas d'indications suffisantes et assez sûres pour qu'on puisse les employer avec confiance à la détermination de la loi de la résistance de l'air. Aucun d'eux ne lui paraît satisfaire aux conditions que l'on doit exiger d'un bon appareil chronographique, et qui sont les suivantes : 1° la mesure du temps est faite par une horloge bien réglée ; 2° l'appareil doit être capable de mesurer le temps employé par un projectile pour franchir au moins neuf espaces égaux consécutifs ; 3° l'appareil doit pouvoir mesurer le temps nécessaire pour parcourir la trajectoire entière ; 4° chaque battement de la pendule doit rompre un courant et dans des conditions toujours identiques ; 5° le temps nécessaire pour que le projectile passe d'une cible à l'autre doit être inscrit par la rupture d'un second courant et précisément dans les mêmes conditions ; 6° les fils des cibles doivent être dans le même état de tension, quelle que soit la force du vent. Ce sont ces conditions que M. *Bashforth* s'est proposé de réaliser dans la construction d'un chronographe qu'il vient de faire connaître.

L'instrument est représenté dans la planche 174, *fig.* 10. Un trépied à vis calantes supporte une coulisse verticale dans la rainure F de laquelle se meuvent deux colliers qui soutiennent l'axe AB d'un cylindre métallique. Ce cylindre K qui a 30 à 35 centimètres de hauteur et 10 centimètres de diamètre, reçoit un papier sur lequel doivent être enregistrées les conditions de l'expérience. A la partie inférieure, l'axe se termine par un volant A que l'on manœuvre à la main et qui permet de donner au cylindre un mouvement de rotation. Une roue dentée B, montée sur l'axe, engrène avec un tambour denté M qui fait enrouler un cordon C. Le plateau S est rappelé vers le bas par le cordon C et vers le haut par un contre-poids dont le cordon passe sur la poulie D. Il est guidé dans une coulisse L dont les traverses G et H sont reliées à la rainure F par des boulons à vis de sorte qu'on peut l'écarter plus ou moins de cette rainure, la disposer exactement parallèle et la mettre à la hauteur voulue. Sur le plateau sont fixés deux électro-aimants EE' dont on peut régler la position ; l'un d'eux E' doit recevoir le courant réglé par l'horloge, l'autre E doit être mis sous la dépendance des cibles. Les armatures *d* et *d'* oscillent sous l'action des courants et des ressorts antagonistes *ff'* et portent des bras *aa'* (*fig.* 10 et 11) qui viennent appuyer sur les leviers *bb'* en leur donnant un léger choc. Les pointes *m* et *m'* qui traçaient des hélices sur le cylindre en vertu de son mouvement de rotation combiné avec le mouvement vertical de la plate-forme, font alors des crochets tout à fait analogues à ceux du chronographe de *Bond* qui ne diffère essentiellement de celui-ci qu'en ce que l'appareil *Bashforth* est vertical, et que le mouvement du cylindre est donné à la main au moyen du volant A, tandis qu'un mouvement d'horlogerie bien réglé conduit le cylindre de *Bond*. De la sorte la pointe *m'* fait des crochets sur sa spirale toutes les secondes, car l'horloge auxiliaire et parfaitement réglée doit au commencement de chaque seconde envoyer à E' un courant qui attirera le contact *d'*, par suite le bras *a'* qui commande la pointe *m*. La pointe *m* ne fera de crochets que lorsque les cibles seront rompues et la comparaison de ces crochets permettra de conclure le temps employé par le projectile à passer d'une cible à l'autre. V est une vis qui permet de remonter le tambour M, et J un arrêt pour régler la distance des roues M et B. On voit dans la figure 11 la disposition des bras qui commandent les styles. En abaissant le levier *h* de la figure 10, on élève *p*, et alors le levier *s*, qui est formé d'un ressort de montre, amène *m'* au contact du papier en le faisant mouvoir sur le cercle K autour de l'axe CD. *a'* est un bras relié à l'électro-aimant. Quand le courant ne circule plus dans E', *a'* se relève, frappe *b'* qui s'élève autant que le permet la mortaise c'. Le levier b' est lié au cercle k qui peut tourner autour d'un axe AB. Ce mouvement se communique à m' qui décrit un petit arc dont le centre est sur AB.

Les figures 2 à 7, Pl. 175, donnent la disposition des cibles. La figure 2 représente une pièce de bois dans laquelle on a fait des entailles à section triangulaire et dont l'écartement est moindre que le diamètre du projectile ; des fils de cuivre d'abord fixés comme l'indique la figure 2 sont ensuite repliés de manière à se loger dans les entailles et à se recourber en crochet. A chacune de leurs extrémités doit être attaché un corps lourd tenu par une corde. Ces fils en laiton écroui forment ressorts et se relèvent quand la balle qui les tend vers le bas vient à tomber par suite de la rupture de la corde. Comme toutes les balles sont d'égal poids, environ 1 kilog., les fils sont tous également tendus ; elles sont arrêtées en bas par une traverse F (*fig.* 3) qui les empêche d'osciller sous l'action du vent. Sur le devant de la pièce de bois AB qui doit former le haut de la cible on fixe des plaques de cuivre P (*fig.* 4), percées de deux trous ovales dans lesquels doivent passer les deux bouts des fils de laiton voisins, comme le montre la figure 3. Quand les cordes sont tendues et que le courant passe dans la cible, il suit le chemin a, b, c, d, e, f, g, car les fils de laiton appuient sur la partie inférieure des trous ovalaires et établissent les contacts ; mais, aussitôt qu'une corde est coupée, le fil de laiton se relève vers le milieu du trou, et comme il ne touche plus la plaque c, par exemple, le courant ne passe plus.

La figure 7, Pl. 172 montre la disposition des cibles, le courant suit le chemin $a\,b\,c\,d\,e\,f\,g\,h\,i\,j\,k\,l\,m\,n\,o\,p\,q\,r\,s\,t$. Les extrémités a et t sont réunies à l'instrument et à la pile. Quand le boulet coupe les cibles, il coupe un ou plusieurs fils ; au même instant, le courant est rompu, et un crochet se forme sur le papier.

Lorsque l'opération est terminée, on enlève le cylindre avec ses hélices et ses crochets, et on le porte sur l'appareil représenté Pl. 174, *fig.* 12. En a est un cercle divisé en 300 parties égales ; au moyen d'un vernier, on peut estimer le dixième de chaque division, c'est-à-dire avoir le trois millième de la circonférence. Un té A se meut sur le banc C parallèlement à l'axe du cylindre, et l'on arrête son bord b devant les crochets dont on veut relever la position. Une vis et un vernier permettent de produire et de mesurer de petits déplacements de ce té. On peut donc de la sorte relever les crochets qui répondent à la rupture des cibles par rapport à ceux que produit l'horloge.

On voit que la régularité du mouvement du volant n'est nullement nécessaire, il en résultera que les crochets produits par la pendule en ABC (Pl. 175, *fig.* 5, 6, 7) ne seront pas également espacés, mais chacun de ces intervalles répondra à une seconde, et les distances des traces en a, b, c, seront rapportées, soit à la longueur qui correspond à la seconde dans laquelle elles ont été faites, soit à la moyenne de deux ou de trois longueurs consécutives. Du reste, le mouvement du cylindre est très-sensiblement régulier, car le volant est lourd, l'axe est vertical pour diminuer les frottements, et éviter l'inégalité de poids des diverses parties du volant. La régularité de rotation d'un cylindre est à peu près impossible à obtenir quand il s'agit de mesurer des intervalles d'un centième ou d'un millième de seconde ; aussi dans aucun appareil ne l'a-t-on réalisée d'une manière suffisante. Dans l'appareil franco-russe on a trouvé pour durée de 5 tours des nombres variant de $1^s,5$ à $2^s,0$ c'est-à-dire variant dans le rapport de 3 à 4. La moyenne qu'on en déduit ne peut pas être supposée donner, avec une approximation suffisante, la durée d'une révolution. Les instruments dans lesquels on ne basera pas l'exactitude des résultats sur l'uniformité rigoureuse d'un mouvement de rotation présenteront donc de grands avantages. Le chronographe *Schultz* décrit plus haut est de ce nombre. Quant aux erreurs qui peuvent résulter de ce que, les écrans n'étant pas à la même distance, le courant doit parcourir des circuits inégaux, elles sont tout à fait négligeables comme on s'en est assuré en rompant à la fois tous les courants de cibles.

Pour faire l'opération, on place plusieurs cibles à des intervalles égaux, ce qui facilite le calcul, et l'on s'assure que les courants passent bien, que le plateau glisse bien parallèlement au cylindre et que les styles fonctionnent bien. On tourne alors le volant et après quelques tours on appuie les deux styles, la spirale à crochets de la pendule se produit régulièrement, bien que la distance des crochets qui répond à une seconde ne reste pas constante. On commande alors le feu, et, au moment où le boulet arrive aux cibles successives, les crochets de l'autre spirale parallèle se produisent à leur tour avec un retard que l'on peut considérer comme constant. L'intervalle de temps n'en est par conséquent pas affecté. On porte alors le cylindre sur l'appareil de la figure 12 et on relève les crochets des cibles par rapport aux crochets voisins de la pendule. Pour la vitesse du mouvement, supposé uniforme, avec laquelle le projectile passe d'une cible à l'autre, on a $V = \dfrac{e}{t}$, e est l'espace des cibles, t le temps mis à parcourir leur distance. Dans le cas de la *fig.*5, Pl.175, on a $\dfrac{t}{1 \text{ sec}} = \dfrac{a_1 a_3}{A \cdot B}$ en nommant $a1$ et $a3$ les indications relatives à la première et à la troisième cible.

Les nombres ainsi obtenus sont entachés d'erreurs non systématiques qu'il s'agit d'éviter pour dégager la loi de la vitesse, par exemple. Cette dernière partie du problème est présentée d'une manière fort ingénieuse par M. *Bashforth*. Les cibles étant placées à des distances égales, les nombres qui donnent les vitesses ou les temps employés à parcourir ces intervalles suivent une certaine loi, et, comme ils vont en croissant ou en décroissant, des procédés d'interpolation peuvent s'appliquer. En les rangeant en colonne et formant les différences premières et secondes, on arrive à reconnaître que certains nombres n'obéissent pas à la loi de continuité et doivent être par conséquent corrigés. Dans ce cas, comme on le voit, il faut un certain nombre de cibles, dix par exemple, et, pour que les différences secondes soient amenées à suivre la loi de continuité, il en résulte des corrections pour les différences premières et, par suite, pour les nombres observés. Nous ne suivrons pas M. *Bashforth* dans les calculs à l'aide desquels il déduit des expériences faites avec son chronographe, la formule qui donne la vitesse du projectile essayé aux différents points de sa trajectoire. Les résultats calculés et les résultats observés présentent un accord extrêmement satisfaisant et témoignent à la fois de la valeur de l'instrument et de l'exactitude de l'application de la méthode d'interpolation au cas considéré. Ajoutons pourtant que le chronographe *Bashforth* ne donne pas le dernier mot de la question, car il a le grand défaut d'exiger une horloge astronomique à rhéotome bien réglée ; de plus, il n'est pas portatif. Sans doute, dans des conditions spéciales il rendra de grands services, mais il ne satisfait pas complétement aux exigences du problème.

Ajoutons, pour terminer cette étude rapide des chronographes, qu'on voyait à l'exposition de M. *Ruhmkorff* un chronographe à pendule de M. *Martin de Brettes* ; que M. *Hardy* exposait un appareil de M. *Foucault*, destiné à apprécier des durées extrêmement petites, et que M. *Glösener* avait aussi un chronographe à cylindre tournant.

IV. — PNEUMATIQUE (Pl. 175, 176, 177).

Bien qu'ils n'eussent à leur disposition aucun instrument de recherche et que la diversité de la nature des gaz leur fût inconnue, les anciens avaient compris que notre globe est environné d'un milieu subtil qui échappe à nos sens. Leurs discussions sur la matière avaient développé chez eux l'opinion du plein universel, et leur analyse avait doué la nature de mille propriétés, parmi lesquelles figurait cette horreur du vide, qui devait plus tard soulever des tempêtes scientifiques. Quelques circonstances du mélange de l'air avec les liquides les avaient rendus témoins de cette tendance par laquelle l'air se dégage, et une étude naturellement bien incomplète à ce sujet avait dû propager l'idée que cet air, loin de tomber vers la terre à la manière des solides et des liquides, échappait à l'action de la pesanteur. Pourtant *Aristote* enseignait que l'air est pesant, mais l'absence de preuves et les idées alors en circulation devaient empêcher cette proposition de trouver grande faveur. Le plein universel, l'horreur du vide, étaient admis comme axiomes et invoqués pour l'explication d'un certain nombre de phénomènes physiques, que la pression de l'atmosphère devait plus tard ramener à des termes plus simples. L'expérience de *Torricelli* vint révéler aux physiciens étonnés l'existence de ce vide impossible. L'esprit ne rompt pas facilement avec ses habitudes, et, quelque ami que l'on soit de la vérité, le neuf trouve presque toujours peu de crédit, surtout lorsqu'il choque une idée reçue, une opinion enracinée. Ce n'est donc pas sans peine que l'opinion de *Torricelli*, sur la cause de l'élévation de l'eau dans les pompes, fut admise, et il fallut des preuves bien accablantes pour obliger la plupart des physiciens de cette époque à admettre ce vide qui répugnait tant à la nature comme à leur esprit. Et pourtant, chose remarquable et dont on trouverait plus d'un exemple dans l'histoire des sciences, cette opposition si forte aux idées nouvelles, cet attachement au plein universel répondait bien à un besoin invincible de l'esprit, et, sans pouvoir soutenir leur opinion d'une façon triomphante, les adversaires de *Torricelli* et de *Pascal* sentaient bien qu'eux, aussi, ils soutenaient une idée vraie. Toute l'équivoque reposait sur un mot, et comme il arrive plus d'une fois, les partisans des deux camps avaient tous raison. La nature a bien horreur du vide, et cela est si vrai, que nous ne le voyons nulle part et que notre esprit ne peut réellement pas le concevoir. Les espaces, qui nous paraissent vides tout d'abord se révèlent à nous comme remplis d'une matière extrêmement peu dense, mais sensible et susceptible de servir d'élément à la manifestation des phénomènes physiques. Toutefois la chambre du baromètre fut regardée comme vide, tandis que nous savons aujourd'hui qu'elle renferme des vapeurs de mercure, et l'on ne tarda pas à chercher à produire ce vide dans des espaces plus commodes et mieux disposés pour les expériences de physique, que l'extrémité d'un tube étroit.

Otto de Guericke, conseiller de l'électeur *Frédéric Guillaume*, et bourguemestre de Magdebourg (1650), fut le premier à construire une machine qui permît d'extraire l'air d'un vase pour y plonger les corps sur lesquels on voulait expérimenter. C'est à lui que l'on doit la machine pneumatique. Convaincu que le vide pouvait exister, puisque *Torricelli* l'avait obtenu au sommet de son tube, il entreprit de le réaliser en enlevant l'eau d'un tonneau renforcé par des cercles de fer. Une pompe à incendie employée dans ce but enleva l'eau, mais la pression atmosphérique brisa le tonneau dont les parois vinrent s'aplatir l'une contre l'autre. Un tonneau plus solide ne donna pas de résultats plus satisfaisants, l'eau fut bien enlevée, il est vrai, mais l'air s'introduisit en sifflant par les joints des douvelles. En plaçant le tonneau dans un autre contenant également de l'eau, *Otto de Guericke* espérait que le vide se maintiendrait, puisque l'air ne pouvait plus avoir accès, mais à la fin de la journée on entendit un gargouillement, l'eau pénétrait dans l'espace intérieur, et au bout de trois jours que dura ce bruit, on reconnut que le tonneau était à moitié plein d'eau. Si le bois livrait passage au liquide, un métal ne devait pas présenter cet inconvénient, aussi *Otto* fit-il construire un récipient métallique qu'il remplit d'eau et auquel il adapta le tuyau de la pompe à incendie. L'opération était presque terminée, quand le vase éclata avec un grand bruit; l'ouvrier ne lui avait pas donné la forme sphérique, qui seule eût pu le préserver de l'effet énorme de la pression atmosphérique. Un nouveau récipient plus fort et mieux fait fut adapté à la pompe, et l'expérience réussit alors complétement, mais les parois épaisses du métal ne permettaient pas d'apercevoir les modifications qu'éprouvaient les corps introduits, aussi *Otto* songea-t-il bientôt à remplacer ce récipient par un ballon de verre.

La machine pneumatique était alors véritablement créée. Elle se composait de trois pieds en fer soutenant une plate-forme au milieu de laquelle venait s'ouvrir la pompe, dont la tige dirigée vers le bas était manœuvrée par un levier fixé à l'un des montants. A l'extrémité supérieure de la pompe on vissait le ballon dans lequel devait être fait le vide. Cette machine était loin d'être parfaite; pourtant, par son aide, *Otto de Guericke* arriva à des conclusions importantes sur le rôle de l'air dans certains phénomènes physiques ou chimiques. On la nommait alors pompe germanique. *Boyle*, aide de *Hook* et de *Papin*, lui apporta quelques perfectionnements et lui donna son nom, mais elle avait encore bien des défauts. Presque à la même époque, *Hauksbée*, *Sgravesande* et *Papin* proposèrent d'employer deux corps de pompe au lieu d'un ; puis, *Papin* et *Hauksbée*, frappés de l'inconvénient de ne pouvoir employer que des vases à ouverture étroite, imaginèrent la platine (Pl. 177, *fig.* 1), sur laquelle on mit longtemps un cuir mouillé pour obtenir une fermeture complète. C'était là un grand pas, car, à partir de ce moment, on put faire le vide sous des cloches et varier les expériences. La pompe était encore placée inférieurement, et souvent un étrier E où l'on engageait le pied permettait de la manœuvrer plus commodément. Plus tard, *Mairan* imagina l'éprouvette destinée à mesurer la pression de l'air intérieur.

Nous n'indiquerons pas l'une après l'autre les modifications apportées successivement à la machine pneumatique. La plupart des machines employées peuvent se ranger dans quatre catégories : les machines à mercure sans pistons, les machines à mercure à pistons, les machines à piston frottant, les machines à piston libre.

A. MACHINES A MERCURE SANS PISTON. — Les machines de la première catégorie sont fondées, en général, sur le mouvement d'une colonne mercurielle barométrique. Elles ont été perfectionnées par *Baader* et *Hindenbourg*.

Geissler, depuis un certain nombre d'années, avait remis en honneur ce genre de machine, et il s'en servait pour la fabrication de ses tubes dans lesquels, comme on sait, le vide doit être fait avec grand soin. L'idée d'employer la colonne barométrique pour faire le vide est une vieille idée, et les membres de l'Académie del Cimento la mirent en pratique lorsqu'ils se servirent du tube barométrique pour étudier les propriétés que prennent les corps dans les espaces vides d'air. Il a fallu pourtant réunir bien des conditions pour arriver à pouvoir transformer le tube barométrique en une bonne machine pneumatique. Celle de *Geissler* est ainsi disposée. Le tube barométrique est renflé à sa partie supérieure, et au-dessus de ce renflement assez volumineux est un tube vertical qui se bifurque un peu plus haut. Au point de bifurcation est un robinet à 3 voies, en verre. L'un des deux prolongements débouche dans l'air, l'autre dans le récipient où l'on veut faire le vide. Au moyen d'une pression dans la cuvette on fait monter le mercure dans le tube jusqu'au robinet en chassant tout l'air par le robinet à 3 voies. Cela fait, on laisse redescendre le mercure, et le vide se forme dans le renflement. En tournant convenablement le robinet de verre, on y fait arriver l'air du récipient qui peut être évacué par le tube ouvert si l'on tourne le robinet et qu'on presse sur le mercure de la cuvette. Cette opération répétée un certain nombre de fois permet de faire le vide dans le récipient. D'autres modèles ont été proposés. MM. *Alvergniat* frères, les habiles souffleurs de verre dont on pouvait admirer à la classe 12 les tubes de *Geissler*, ont imaginé une machine pneumatique à mercure qui n'est qu'une modification de celle de *Geissler*. Le robinet est aussi en verre, mais les tubes sont fixés sur une planche, et des tuyaux de caoutchouc réunissent les réservoirs. M. *Morren* a aussi proposé une machine du même genre qui donne de bons résultats, le robinet est en acier.

B. Machines a mercure a pistons. — M. *Thénard* exposait une grande machine pneumatique à mercure, en fer, nous n'avons pu nous procurer de détails sur sa construction et sur son usage.

Dans la section autrichienne on voyait une machine pneumatique à mercure de M. *Kravogl* d'Innsbruck. Cette machine est fort ingénieuse, elle appartient à la seconde catégorie, celle des machines pneumatiques à piston et à mercure. Le piston est en acier et reçoit son mouvement d'un mécanisme fort bien disposé. Son diamètre est un peu plus faible que celui du cylindre ; au-dessus de lui est du mercure qui produit une fermeture étanche et qui se meut avec lui. A la partie supérieure du cylindre est ménagé un petit réservoir qui a la forme d'un goulot de bouteille et qui est séparé du cylindre par une soupape d'acier qui s'ouvre de bas en haut. Le mercure soulevé par le piston peut s'y introduire après avoir chassé tout l'air qui se trouvait à la partie supérieure du corps de pompe. Quand le piston descend, la soupape se ferme et le mercure reste dans le réservoir. Il se forme alors dans la partie supérieure du corps de pompe un espace où l'air se raréfie, jusqu'à ce que le dessus du piston en s'abaissant ait dépassé l'orifice d'un tube. L'air du récipient s'introduit alors dans le corps de pompe, et, en remontant le piston, on l'évacue, tandis que le mercure resté dans le réservoir retombe au-dessus du piston. D'après le professeur *von Waltenhofen*, avec cette machine on peut faire le vide à un millimètre. Si l'on met le réservoir en communication avec un ballon presque vide, on peut pousser l'épuisement de l'air du récipient à un tel point, que l'étincelle électrique ne se produit plus et fait place au flot lumineux des tubes de *Geissler*.

Ce n'est pas la première fois qu'on essaie de placer du mercure au-dessus du piston d'une machine pneumatique, mais jusqu'ici on n'avait pas obtenu de résultats aussi satisfaisants.

C. Machines a pistons frottants. — La catégorie des machines à pistons frottants est celle qui comprend le plus grand nombre de modèles. On peut les diviser en deux groupes au point de vue du mode de transmission de la force, les machines à mouvement alternatif ou les machines à mouvement de rotation. Les premières présentent un grand inconvénient ; il faut, pour les manœuvrer, développer beaucoup de force, surtout si les corps de pompe sont un peu gros, et si la course du piston est longue. Plus la garniture des pistons est serrée, et plus le mouvement devient difficile, pourtant elles offrent un grand avantage quand les robinets laissent passer un peu l'air. La manœuvre est bien plus rapide, et l'extraction peut se faire assez vite pour que la rentrée de l'air ne s'oppose pas à l'abaissement rapide de la pression. Avec les machines à mouvement circulaire continu, le mouvement des pistons est bien plus lent, ce qui permet mieux aux masses d'air raréfié de se mettre en équilibre et de se déplacer, mais ce qui permet aussi à l'air extérieur de rentrer de manière à empêcher le décroissement de la pression. La manœuvre de la machine est beaucoup plus douce, surtout avec des récipients un peu volumineux, aussi pour un service un peu prolongé cette disposition est-elle préférable. Au point de vue du nombre de corps de pompe, on peut distinguer les machines à un seul corps, et dans lesquelles le piston agit en général à double effet. De ce genre est la machine oscillante de M. *Bianchi*.

L'exposition prussienne comprenait une machine pneumatique à un seul corps de pompe, présentée par M. *J. Reimann* (Pl. 175, *fig.* 8 et Pl. 176), et qui offre de l'analogie avec la machine *Bianchi*. Comme elle, elle n'a qu'un cylindre A, mais il est fixe. La tige du piston T porte une traverse T', qui est maintenue par des guides, elle est creuse, sert à l'évacuation de l'air, et par conséquent traverse à frottement doux un presse-étoupe, *p*. Le piston fonctionne en montant et en descendant, il porte une soupape *o* qui s'ouvre de bas en haut, et s'applique assez bien sur les deux fonds du cylindre, pour éviter à la fois et les chocs et les espaces nuisibles, grâce à des bourrelets de caoutchouc *ii*. Le mouvement est transmis par un engrenage à une manivelle K, dont le bouton parcourt une rainure B horizontale. Cette rainure prend alors un mouvement vertical et le communique à la traverse du piston, par l'intermédiaire de deux bielles pendantes, P P'. Le cylindre est en verre et porte trois orifices fermés par des soupapes. Deux d'entre elles *s s'*, sont manœuvrées par le piston, elles sont portées par une tige *e* qui le traverse. L'autre *s''* donne issue à l'air que l'on aspire. Pendant que le piston descend, sa soupape évacue l'air dans l'intérieur de sa tige, et par suite au dehors, tandis que la soupape de pied *s'* se ferme. Pendant ce temps la soupape de tête *s*, est ouverte, et l'air du récipient arrive au-dessus du piston. A la montée, la soupape de tête *s* est fermée, et la soupape d'évacuation *s''* s'ouvre pour laisser sortir l'air comprimé, tandis que le bas du corps de pompe se remplit. Lorsque le vide est obtenu à 3 ou 4 millimètres, on fait faire une demi-révolution au robinet *h*, et alors le système d'épuisement de *Babinet* fonctionne, ce qui amène la pression à 1/2 millimètre. Le bas du corps de pompe puise l'air dans le récipient, et le haut du corps de pompe puise dans la partie inférieure pour rejeter l'air au dehors par la soupape d'évacuation *s''*.

En France, la plupart des machines sont à deux corps de pompe, et, jusque dans ces derniers temps, M. *Deleuil*, qui en fabriquait un grand nombre, leur donnait deux corps, le mouvement alternatif et le perfectionnement de *Babinet*, au moyen d'un robinet supplémentaire. Tous ceux qui ont manœuvré des machines pneumatiques dans les cabinets de physique, savent à quelles tribulations on est exposé. La détérioration des huiles, l'engorgement des canaux, la mauvaise fermeture des robinets, le serrage des cuirs, sont autant de difficultés, et, plus d'une fois, une expérience a manqué parce que la machine pneumatique ne fonctionnait pas. Le double corps qui semble équilibrer les pressions produites par l'atmosphère sur les pistons ne satisfait nullement à cette condition, puisque le piston descendant a ses deux faces à la pression atmosphérique, tandis que, la soupape du piston montant étant fermée, il a à supporter extérieurement la pression atmosphérique presque tout entière, quand on est près de la fin de l'opération. Néanmoins, dans les machines à levier, l'emploi des deux corps donne une très-grande facilité pour la manœuvre.

Depuis assez longtemps on a adopté les pistons en rondelles de cuir tournées, cependant elles présentent quelques inconvénients, leur frottement est très-grand, malgré la quantité d'huile dont on les baigne ordinairement. La Société genevoise, pour la construction des instruments de physique, exposait une machine pneumatique dont les pistons étaient composés de deux parties superposées. La partie supérieure libre dans le cylindre est formée de rondelles de cuir superposées, elle est destinée à servir de guide. La partie inférieure se compose d'un cuir embouti, soutenu à l'intérieur par un double ressort annulaire d'acier. Le vieux système des cuirs emboutis est préférable, son frottement est moins considérable, plus régulier ; de plus, on peut remplir de graisse demi-solide tout l'espace compris entre les deux parties du piston. Dans la machine de Genève, les soupapes sont extérieures, et, par suite, peuvent être visitées plus commodément ; cela augmente, il est vrai, les espaces nuisibles et oblige à recourir plus tôt au perfectionnement de *Babinet*, mais la limite du vide que l'on peut obtenir ne dépend pas ici de la grandeur des espaces nuisibles. Dans l'appareil exposé par la Société génevoise, le vide se produit à $1/_2$ millimètre. On peut obtenir mieux au moyen du cylindre pneumatique. C'est un cylindre de grande capacité dans lequel un piston peut monter et descendre au moyen d'une vis. Deux robinets permettent de faire communiquer le cylindre soit avec l'atmosphère, soit avec le récipient d'une machine pneumatique. Au moyen de celle-ci on raréfie l'air contenu dans l'espace nuisible, au-dessous du grand piston ; on le soulève alors, et l'air du cylindre se raréfie dans le rapport du volume de l'espace nuisible au volume engendré par le piston dans sa course totale. Si donc la machine pneumatique fait le vide à 3 millimètres dans cet espace, et que celui-ci soit les 5/760 du volume du cylindre total, en levant le piston on aura donné à l'air une pression de 5/760 $\times$ 3, ou 0,02 de millimètre. La machine exposée par la Société génevoise coûte 800 francs.

L'idée de reculer la limite du vide des pompes en raréfiant l'air contenu dans l'espace nuisible appartient à *J.-B. Hass*, et fut réalisée par *J. Hurter*, constructeur de Londres, vers la fin du siècle dernier, mais sa pompe ne se répandit pas. Plus tard, M. *Babinet* fit connaître le robinet à double épuisement, qui permet de raréfier plus complétement l'air qu'avec la machine ordinaire, en épuisant l'espace nuisible avec un des deux corps de pompe, tandis que l'air du récipient s'accumule dans ce même espace nuisible.

On sait que dans les machines ordinaires le rapport de la pression finale du récipient à la pression atmosphérique est sensiblement représenté par $\frac{v}{V}$ en appelant v le volume de l'espace nuisible, et V celui du corps de pompe. Avec le perfectionnement *Babinet*, la raréfaction est plus complète puisqu'elle s'exprime par $\left(\frac{v}{V}\right)^2$. L'auteur de ces lignes a imaginé une modification qui permet d'aller plus loin encore, puisque la limite du vide s'exprime par la fraction $\left(\frac{v}{V}\right)^3$. Cette modification, du reste, peut s'appliquer à la plupart des pompes. Elle est représentée Pl. 177, *fig.* 2. Quand on veut enlever l'air du récipient avec le perfectionnement *Babinet*, on sait que l'on rompt la communication entre les deux corps de pompe. L'un d'eux puise l'air dans le récipient et le second enlève cet air au premier pour le rejeter dans l'atmosphère. La machine cesse de fonctionner quand l'air accumulé sous ce second piston, lorsqu'il est au bas de sa course, ne peut acquérir une pression suffisante pour faire lever la soupape. La pression atmosphérique extérieure presse sur cette soupape, et il est clair que sans cette pression elle se lèverait, et la machine continuerait à fonctionner. Un moyen bien simple se présente à l'esprit pour enlever cet air qui gêne à la partie supérieure du cylindre, le rejeter au dehors quand le piston s'élève et ne plus l'introduire quand il s'abaisse. Pour cela, il suffit de faire passer la tige du piston dans un presse-étoupe p, et d'adapter à la couverture du cylindre une soupape s s'ouvrant de bas en haut et conduite par le piston. Désignons par v et v' les espaces nuisibles au-dessous et au-dessus du piston B, par V et V' les espaces occupés par l'air au-dessous et au-dessus du piston quand il est à bout de course, par v'' le volume du canal de *Babinet*, et par R le volume du récipient. Soit X la pression de l'air dans le récipient, et admettons que la machine ne fonctionne plus, cela exprime qu'aucune masse d'air ne change de place. L'air qui occupe le canal v'' va se répandre dans le volume $V + v''$, quand le piston sera en haut et aura la pression X, car, sinon, il y aurait échange avec le récipient. Quand le piston A descend, cette masse d'air $V + v''$ à la pression X va être réduite à occuper l'espace nuisible de droite, plus v'' ou $v + v''$ et aura une pression y. On aura donc d'après la loi de Mariotte :

$$X = y \, \frac{v + v''}{V + v''}.$$

Cette pression y doit être égale à celle de l'air qui est en B, puisqu'il y a équilibre. Or, cet air occupe en B un espace V, à la pression y, et, quand le piston B redescendra, il sera ramené à un volume v avec une pression x. La loi de Mariotte donne aussi

$$y = x \, \frac{v}{V}.$$

Cet air, ainsi comprimé, ne doit pas pouvoir passer au-dessus du piston où se trouve une masse d'air V′ dont la pression est par suite égale à x. Si maintenant le piston B se relève, l'air ne doit pas pouvoir sortir du cylindre, et, par suite, sous le volume réduit v' qu'il va occuper, il doit avoir une pression égale à la pression atmosphérique H. Il en résulte donc que

$$x = H \, \frac{v'}{V'}.$$

Si l'on multiplie ces trois équations, en supprimant les facteurs communs, on a

$$X = H \, \frac{v}{V} \cdot \frac{v'}{V'} \cdot \frac{v + v''}{V + v''}.$$

Or v'' peut être négligé dans le dernier facteur, et il y a bien peu de raisons pour que v' et V′ diffèrent de v et de V; il vient donc sensiblement

$$X = H \left(\frac{v}{V} \right)^3.$$

On voit que la réalisation de cette disposition est bien facile et qu'elle amène à un vide bien plus parfait encore que l'épuisement *Babinet*. On voit aussi qu'il y a tout avantage à diminuer le volume de l'espace nuisible par rapport au volume du cylindre. On y réussira en prenant des cylindres étroits, mais longs, ce qui ne peut se faire qu'avec des machines à rotation. Avec les machines à levier, on compenserait ce désavantage en employant la disposition qui vient d'être indiquée.

Le principe de l'épuisement successif peut se mettre en pratique non-seulement avec deux cylindres, mais même avec un plus grand nombre. En 1851, M. *Schwerd*, habile directeur de la Société génevoise pour la construction des instruments de physique, a proposé d'employer plusieurs cylindres. M. *Félix Richard* met cette idée en pratique dans son usine si importante. M. *Richard* est connu dans les sciences d'application par le manomètre fort ingénieux qu'il a proposé, et qui allait être adopté, sans doute, sur les locomotives, quand parut le manomètre *Bourdon*. M. *Richard* fabrique des manomètres et surtout des baromètres à tube de laiton à section elliptique. Il a donné un grand développement à cette fabrication, et, par suite, il se sert continuellement d'une machine pneumatique. Dans l'industrie on ne peut pas, comme dans les cabinets de physique, se laisser arrêter par les défauts ou les caprices d'une machine ; il faut que le fonctionnement n'éprouve aucune gêne, aucune interruption, et que de plus le vide soit poussé fort loin. Dans ce but, M. *Richard* emploie une machine pneumatique qui, bien qu'annoncée sur le catalogue de l'Exposition, n'a pu y être transportée. La machine de M. *Richard* contient huit cylindres placés sur deux rangs (Pl. 177, *fig.* 3 et 4), et qui se commandent successivement. L'air puisé dans le récipient par le cylindre 1 se rend dans l'atmosphère, après avoir traversé tous les cylindres jusqu'au huitième. Ces cylindres sont en cristal et leurs tiges sont fixées à un sommier dont les deux extrémités, formant douilles a' glissent sur des guides b. Un engrenage que l'on voit dans la figure 3 communique le mouvement à ces huit tiges de pistons, au moyen de bielles pendantes EE. Les pistons se meuvent avec une certaine lenteur ; on comprend qu'il faut donner le temps à l'air de parcourir les conduits étroits qui relient les cylindres, surtout lorsque la pression est très-faible. Quand les pistons pairs descendent, les pistons impairs montent et réciproquement. Au lieu de faire porter les soupapes par les pistons, ou de les placer sous leur dépendance, M. *Richard* emploie des pistons pleins, et opère ou ferme les communications mécaniquement. Ces communications sont établies, comme le montre la figure 4, au moyen de tubes de caoutchouc M' qui sont écrasés en un point donné et à un moment voulu par huit pinces portées par un arbre e placé à la partie supérieure du bâti. On voit que la fermeture des tubes de caoutchouc est déterminée par le mouvement de la machine, et non pas par le jeu de la circulation de l'air. Quand les pinces se soulèvent, les tubes de caoutchouc reprennent leur forme en vertu de leur élasticité ; quand elles s'abaissent, les communications sont interceptées. Le cylindre 8 est ouvert par en haut et laisse échapper l'air qui a traversé la machine. Les cylindres sont en cristal, parfaitement alésés et bien serrés entre les garnitures supérieure et inférieure. Les pistons sont en cuir embouti. M. *Richard* les préfère ainsi à cause de leur élasticité, supérieure aux rondelles de cuir tourné ; de plus ils conservent bien mieux le graissage et produisent moins de frottement. Une disposition ingénieuse de cette machine, et qui n'est pas sans importance, consiste en ce que les pistons éprouvent à bout de course un temps d'arrêt notable, qui permet aux pinces de bien opérer les fermetures, et qui donne aux masses d'air raréfié le temps nécessaire pour se mouvoir et compléter leur écoulement. Chaque piston déplace 6 litres 1/2 environ à chaque coup. On remarquera facilement que pendant le fonctionnement les pressions sont croissantes du premier au dernier cylindre, ce qui est très-favorable au mouvement de l'air, chaque cylindre puisant dans celui qui le précède. En moins de six minutes, avec cette machine, on fait le vide à moins d'un dixième de millimètre dans un récipient de la contenance de 10 litres. Il ne faudrait pas croire que huit cylindres fussent indispensables. M. *Richard* emploie une machine à quatre cylindres qui fait le vide à moins d'un cinquième de millimètre.

D. Machines a piston libre. — Toutes les machines à piston qui viennent d'être décrites présentent cet inconvénient que le frottement des pistons absorbe une grande partie de la force employée et rend leur manœuvre fort pénible ; on peut donc regarder comme un progrès considérable une machine dans laquelle le frottement est réduit au minimum : c'est ce progrès que réalise la machine à piston de M. *Deleuil*.

Cette machine est appelée à marquer une ère nouvelle dans cette branche d'appareils. Son principe repose sur la difficulté que les gaz ont à se mouvoir dans les espaces très-étroits, de sorte que le frottement de deux pièces séparées par une couche d'air très-mince est annulé sans que la couche adhérente se renouvelle. On savait bien que dans les locomotives, au lieu de serrer les garnitures du piston-vapeur, il valait mieux laisser un peu de jeu et que la vapeur ne passait pas d'un côté à l'autre, comme on était en droit de le craindre. Cette remarque faite sur les vapeurs devait évidemment s'appliquer aux gaz. Elle permettait alors tout naturellement de supprimer dans les machines pneumatiques le frottement qui en rend la manœuvre si pénible. Pourtant, à cause de la différence considérable de pression des deux côtés du piston, on pouvait craindre que le coussin de gaz qui accompagne le piston dût glisser et être renouvelé. Les essais faits par M. *Deleuil* prouvent qu'il n'en est rien.

La machine construite et exposée par cet habile constructeur est à un seul corps de pompe (Pl. 177, *fig.* 5, 6). Ce corps de pompe C en cristal a 12 centimètres de diamètre et environ 80 centimètres de hauteur. Il est parcouru par un piston en cuivre P dont la hauteur est à peu près triple de son diamètre et qui laisse entre sa surface et celle du cylindre un espace d'un cinquantième de millimètre d'épaisseur. La surface cylindrique du piston est cannelée horizontalement et présente des rainures parallèles à la base de manière à retenir ainsi une garniture aérienne. Les deux fonds métalliques du cylindre sont serrés fortement contre les deux bases, au moyen de trois tiges terminées par des boulons ; des rondelles en caoutchouc permettent un serrage efficace. Le fond supérieur livre passage à la tige *t* du piston. Les deux fonds portent, en outre, chacun deux orifices munis de soupapes opposées deux à deux et portées aussi deux à deux par des tiges qui traversent le piston à frottement dur (Pl. G, *fig.* 177). De la sorte, que celui-ci monte ou descende, il y a toujours en bas comme en haut une soupape ouverte et une soupape fermée. Deux tubes latéraux se terminant à des tubulures TT' auxquelles on peut adapter des tubes de caoutchouc servent à faire passer l'air d'un côté à l'autre. Le mouvement du piston est produit par une manivelle M et un volant V qui transmettent leur action à la tige *t* du piston par l'intermédiaire d'un engrenage épicycloïdal Y. On voit que la machine peut servir à la fois de machine d'épuisement ou de machine de compression, car le piston est à double effet, et opère de manière à faire passer une certaine masse d'air de T vers T' (*fig.* 6). Si T communique avec un récipient, la machine sera pneumatique ; si, au contraire, le récipient est du côté T', la machine agira par compression.

C'est comme machine pneumatique que cet appareil se recommande surtout, car on a rarement besoin d'une machine de compression, tandis que les usages de la machine pneumatique sont considérables. Le bâti qui supporte le corps de pompe est complétement distinct du reste de la machine. Un second bâti qui est relié au premier par un tube de caoutchouc porte la platine mobile et l'éprouvette manométrique. Quelquefois même ce second bâti ou cette table en bois supporte une grande éprouvette pleine de chaux vive destinée à dessécher l'air qui circule dans l'appareil.

Il est facile de saisir les avantages de cette machine; le frottement y est nul, ou du moins il se réduit à celui de l'engrenage. Plus d'huile dans la machine, plus d'obstruction de conduits ou d'engorgement des soupapes, pas d'échauffement à l'intérieur, et pas d'usure. Le mouvement est un peu plus lent peut-être à cause des engrenages, mais il y a bien à cela quelques avantages surtout pour la compression, car la chaleur développée peut se dissiper plus facilement. Sans doute, il convient d'aller un peu vite pour compenser la rentrée de l'air par les robinets usés, mais, d'un autre côté, l'air raréfié se meut lentement, et il y a quelque bénéfice à attendre qu'il se soit mis en équilibre dans le récipient et les conduits. Avec une machine dont le diamètre du cylindre était de 12 centimètres, il a fallu 15 minutes pour amener la pression à 10 millimètres dans un récipient de 250 litres. Dans des conditions moins défavorables, le vide peut se faire à 3 millimètres très-facilement, et, bien que la machine soit arrêtée, on n'a pas à craindre que l'air atmosphérique glisse entre le piston et le cylindre. M. *Deleuil* a établi par une expérience spéciale l'adhérence toute particulière de la couche d'air interposée qui fonctionne comme une véritable garniture.

ENSEIGNEMENT PRIMAIRE

ET

ENSEIGNEMENT PROFESSIONNEL

PAR M. LÉON CHATEAU

CLASSES 89 ET 90.

La création du groupe X, dans le programme de l'Exposition universelle de 1867, est une idée nouvelle et féconde dont personne ne contestera le succès. Tout le monde sait aujourd'hui que ce groupe comprend les objets de toutes sortes tendant à fournir à la population ouvrière des campagnes et des villes les moyens d'améliorer sa condition physique et morale. Voilà un vaste champ qui se couvre de produits empruntés aux neuf autres groupes, et l'on comprend qu'au lieu de lui donner la forme d'une galerie circulaire, les organisateurs de l'Exposition en aient formé un secteur du palais. Rien à dire à cela. C'est logique, puisque ce dixième groupe constitue un ensemble dont toutes les parties sont parfaitement liées ; ensemble complet qui résume, comme on l'a dit, les lois économiques de cette grande Exposition.

Le groupe X est composé de sept classes, les sept dernières, depuis la quatre-vingt-neuvième inclusivement, jusques et y compris la quatre-vingt-quinzième. En tête du groupe, et formant deux classes, 89e et 90e, sont placés tous les objets se rattachant de près ou de loin à l'instruction du peuple. Dans la classe 89e, on trouve le *Matériel et les méthodes de l'enseignement des enfants* ; la classe 90e comprend les *bibliothèques et matériel de l'enseignement donné aux adultes dans la famille, l'atelier, la commune ou la corporation.*

On voit par ces titres, attachés au frontispice du groupe X, que la grande et importante question de l'instruction populaire est enfin arrivée à occuper sa véritable place dans les idées économiques et sociales de notre époque. Ce sera, en effet, l'éternel honneur de notre siècle d'avoir mis au premier rang des grands intérêts des peuples civilisés l'éducation des masses. Quelle est aujourd'hui l'assemblée politique qui n'ait eu à poser et à discuter ce problème social? Quel est le livre, quel est le journal, qui n'aient étudié ce vaste sujet? Quel est le gouvernement qui n'ait provoqué des enquêtes et fait des lois pour organiser et développer l'enseignement primaire? C'est que le progrès pousse les sociétés, bien lentement sans doute, vers un avenir meilleur ; c'est que la vérité s'arme pour combattre cette borne vivante qu'on appelle l'ignorance, et que l'humanité comprend que, si la lutte qu'elle engage contre cette formidable muraille, qui menace son émancipation, n'est pas une victoire, il n'y a plus de progrès à espérer. Cette lutte, ou plutôt cette révolution, est lente à s'accomplir. La grande secousse sociale de 1789 l'a commencée. Elle a nivelé le terrain sur lequel est né et doit grandir le progrès général de l'humanité. Dieu veuille que son développement se fasse sans trop ébranler le monde !

Mais, pour que cette œuvre se réalise, les lois et les décrets ne suffisent pas ; ils ne sont pas un but, ils sont des moyens ; ils ne remplaceront jamais la marche lente mais sûre du travail quotidien des idées sur les intelligences : travail qui agrandit peu à peu le vaste cercle des rapports sociaux en généralisant les vérités qui ne sont encore le partage que du plus petit nombre. — Ce qu'il faut donc, c'est faire pénétrer la vérité dans chaque conscience, dans chaque tête, et sous toutes les formes, mais surtout sous les formes simples, lucides, de la saine morale et de la vraie science.

Les hommes qui ont fait la révolution française ne l'ont pas oublié ; et, en fondant l'instruction populaire, ils devaient croire que l'époque qui les suivrait, verrait le renversement complet de la lourde barrière de l'ignorance, et l'émancipation intellectuelle de l'humanité couronner leur œuvre de régénération. Notre siècle est aux deux tiers de sa course, et c'est à peine si les sociétés sont rétablies de l'immense secousse où les a jetées la grande rénovation sociale de la fin du siècle dernier. Mais ne désespérons pas ; le monde marche et ses progrès se marquent par les progrès de l'instruction populaire. Leibnitz écrivait, bien avant la Révolution : « Donnez-moi la jeunesse à instruire et je réformerai le monde. » Aujourd'hui nous disons : l'éducation vaut ce que vaut la Société qui la donne, et nous pouvons ajouter : la Société vaut ce que l'esprit la fait. Nous marchons donc quand même, et aux incrédules nous montrerons la création du groupe X à l'Exposition de 1867, et l'établissement des classes 89e et 90e en tête de ce groupe. Sommes-nous, par cela même, arrivés à des résultats satisfaisants, et notre pays, animé, comme les autres nations, d'une dévorante activité scientifique et créatrice, doit-il être fier de l'état intellectuel des masses populaires auxquelles on a donné le suffrage universel ? De nombreuses statistiques ont, depuis longtemps déjà, répondu et elles ont mis à nu notre misère ; un ministre, courageux et convaincu, lutta corps à corps avec elle (1833), afin de faire faire à la France le pas énorme que les étrangers ont fait avant nous ; car si le mouvement initial est sorti de 1789, nous devons avouer que nous n'avons pas précédé les peuples civilisés dans l'application des principes sortis de la Révolution, au point de vue de l'œuvre importante de l'éducation populaire.

Voici de nouvelles statistiques qui constatent qu'après trente années de combats, la France, avec ses savants, ses littérateurs et ses artistes, son grand mouvement économique, né de l'alliance de l'industrie avec les sciences et les arts, a encore la moitié de ses enfants vivant dans l'ignorance la plus complète. Situation grave s'il en fût. Un nouveau signal est donné. On comprend que « dans le pays du suffrage universel, tout citoyen doit savoir lire et écrire, » ce qui signifie que le progrès attendu consiste à rendre le peuple capable de se servir du suffrage universel. Est-ce tout ? Qui le croira ? Ce sera certes un grand pas de fait, mais qui ne doit pas laisser perdre de vue la mission véritable de l'enseignement populaire : faire monter le niveau intellectuel des populations, améliorer l'homme.

Tel doit être le but à atteindre dans toute organisation de l'enseignement du peuple. En effet, si l'enseignement primaire ne consiste qu'à apprendre à lire et à écrire, il est incomplet, et j'ajoute dangereux, car, ainsi constitué, il ne prépare pas plus l'amélioration de l'esprit que celle du cœur ; il ne fait pas des facultés de l'enfant, des instruments plus parfaits qui doivent aider à son perfectionnement moral. Faire des hommes de tous ces enfants du peuple, qui jusqu'à présent n'ont eu qu'une nourriture intellectuelle insuffisante ; leur créer une atmosphère d'intelligence qu'ils ne trouvent pas dans leurs familles vouées aux travaux des champs ou de l'atelier ; les initier à la vie sociale qui leur manque ; développer chez eux le sentiment du devoir et de la moralité qui en découle, c'est-là la tâche qui incombe aux classes éclairées de la société, c'est le progrès à apporter, par tous les moyens possibles, dans cette sainte mission qui est l'éducation tout entière des masses populaires.

L'instruction primaire n'est donc pas renfermée seulement dans la lecture, l'écriture et le calcul ; certes, ce fut un excellent moyen d'entamer la bataille contre l'ignorance ; mais les armes n'étaient plus égales, parce que l'enfant, une fois sorti de l'école primaire, les laissait se rouiller, faute de pouvoir en user. Celui-là qui a dit que l'enseignement primaire réduit à la lecture ressemble à un tonneau défoncé dans lequel on jette des millions qui ne le rempliront jamais, celui-là avait cent fois raison. L'enseignement populaire doit être une lumière vivifiante qui doit envelopper l'enfant tout entier, ouvrir ses yeux, éveiller sa curiosité native sur tout ce qui l'entoure, lui faire enfin cette atmosphère rayonnante, qui doit rendre son esprit plus lucide, et son cœur plus accessible à la vérité et à la beauté, car « plus d'instruction, c'est plus de goût ; plus de goût, c'est plus d'hygiène et plus de vie. »

C'est ainsi que notre époque a compris l'enseignement populaire ; l'esprit public s'en préoccupe vivement ; on comprend partout que c'est aujourd'hui la grande question, la question supérieure à toute autre, parce qu'elle est sociale, économique et politique. Mais que de chemin reste à faire, et que la vérité est lente à triompher de l'ignorance, des préjugés et de la mauvaise foi !

Qu'on jette les yeux sur les cartes comparatives des progrès de l'enseignement primaire dans notre pays (cartes exposées dans la vitrine du Ministère de l'instruction publique), et l'on jugera la route qui reste à faire. Je voudrais que toutes les écoles, sans exception, et j'ajoute toutes les mairies, possédassent ces cartes ou celles que vient de publier M. Manier. Je voudrais aussi, comme complément, des cartes des pays allemands faites dans le même esprit. J'aime à penser qu'une comparaison, facile à faire, exciterait les communes à voter la gratuité et l'obligation en matière d'enseignement primaire, et que le père de famille, la mère de famille surtout comprendraient que leur devoir les oblige, sinon leurs vrais intérêts, à envoyer leurs enfants se développer intellectuellement dans ce milieu, qui n'est pas encore, hélas ! aussi pur et aussi sain qu'il devrait l'être, mais, enfin, dans lequel l'enfant puiserait les moyens de faire grandir les facultés qui doivent le rendre propre au travail, à la conscience, à la liberté. La gratuité, l'obligation : voilà les deux armes avec lesquelles on fera disparaître, dans notre pays, cette sombre ignorance que les teintes noires des cartes de M. Manier nous montrent si étendue encore. — La gratuité existe presque partout. Les communes rurales, poussées par le grand mouvement en avant que continue si courageusement le ministre de l'instruction publique, M. Duruy, ont, malgré leur peu de ressources, ouvert des écoles gratuites de garçons et de filles, et l'on sait dans quelles proportions les progrès ont été faits de ce côté-là. Les relevés statistiques, publiés par le ministère, ont constaté qu'en deux années 938 écoles primaires se sont ouvertes dans les campagnes, et que la population scolaire s'est augmentée de 100102 enfants. Quoique ces chiffres parlent haut, ils ne peuvent nous illusionner sur ce qui reste à faire.

Les écoles rurales sont évidemment celles qui doivent attirer notre attention, parce qu'elles s'adressent à la plus grande partie de la population, parce qu'elles sont le seul et unique foyer d'instruction, et parce qu'il est urgent d'élever le niveau intellectuel des campagnes à la même hauteur que celui des villes. Quant aux écoles des villes, on sait l'immense différence qui les sépare des écoles rurales, et combien les municipalités déploient, presque partout, de bonne volonté et de sollicitude, pour donner l'instruction primaire à leurs enfants. Il faut donc que les communes rurales, comme les cités, obéissent à la loi; leur autorité n'est pas contestée, pas plus que celle de l'État, dont l'action leur vient en aide; elles ne peuvent donc pas rester sans écoles; elles sont obligées, absolument comme le département l'est, de suppléer à son insuffisance, comme l'État l'est aussi de venir en aide au département et à la commune.

Les municipalités sont donc libres de développer, par tous les moyens possibles, l'enseignement populaire, et de le donner gratuitement à tous ceux qui ne peuvent pas ou ne veulent pas le payer. La seule liberté qu'elles ne possèdent pas, c'est celle de ne rien faire pour lutter contre l'ignorance barbare et dangereuse.

L'obligation devrait être inscrite dans la loi, car, au point de vue moral, personne ne nie qu'elle est un devoir pour le père de famille. On invoque la liberté, et on dit : Laissez le père libre de faire ce qu'il veut de son enfant. Est-ce possible cela ? La loi qui lui prescrit de nourrir, d'entretenir et d'élever ses enfants, n'a-t-elle voulu parler que des soins physiques, dont les animaux s'acquittent sans l'article 203 du Code civil ? Élever ses enfants, c'est donc autre chose; et, si les clients de l'ignorance ne veulent pas le comprendre, il faut que la loi explique nettement ce qu'elle entend par élever des enfants. Mais non ! il n'y a que ceux qui spéculent d'une manière ou d'une autre sur l'ignorance qui équivoquent sur l'esprit de la loi. Il n'y a pas un homme raisonnable qui ne pense et ne dise que le père de famille doit à ses enfants toute l'instruction *possible*, puisque la gratuité doit être *possible* pour tous.

On fait deux objections, dit P. Tempels : 1° l'école n'est pas toujours possible, parce qu'il y a des pères qui ont besoin du salaire immédiat de leurs enfants; 2° elle n'est pas toujours possible, parce qu'il y a des localités où il n'y en a pas. La première est un mensonge; la seconde est vraie : ensemble deux crimes.

C'est dur, et c'est la vérité. « Comment ! ajoute le même écrivain, parce que le père est un misérable ou malheureux ignorant, comme son enfant, on laisse flétrir celui-ci moralement et physiquement, et personne ne s'en soucie ! — S'il avait seulement une part de trente francs dans un immeuble, dix fonctionnaires publics seraient chargés de les lui conserver; mais son cœur, mais sa raison, mais sa santé, mais toutes les forces qui pourraient en faire un ouvrier intelligent, qui lui donneraient le bien-être matériel, la jouissance de l'esprit et la vitalité morale, tout cela qu'on le sacrifie, qu'on le dissipe, qu'on le jette au vent, c'est le droit du père ! Le père ne pourrait toucher aux trente francs de l'enfant, il ne pourrait lui donner un coup, il ne pourrait l'enfermer pendant deux jours sans s'exposer à des peines criminelles. Mais il peut détruire en lui toutes les facultés qui devaient le rendre propre au travail. — Le créancier ordinaire a sur son débiteur des droits très-limités; au père il suffit de dire que son enfant lui doit quinze centimes par jour : il a la contrainte par corps. — Mais il ment ! Cet enfant ne lui doit rien ! C'est lui qui doit à l'enfant ! Si, pour ne pas l'élever, il l'abandonnait sur la voie publique, la cour d'assises l'atteindrait. Il fait pis. Il le garde pour l'exploiter. Il estropie ses membres et sa raison. Pour quinze centimes de salaire pendant cinq ans, il voue sa vie entière à l'indigence, et ceci ne serait pas un crime !..... »

Quant aux locaux, qu'on lise les « Plaintes et vœux présentés par les instituteurs, publiés en 1861, sur la situation des maisons d'école, du mobilier et du matériel classiques », qu'a rassemblés M. Charles Robert, secrétaire général du ministère de l'instruction publique, et on se convaincra qu'à côté de l'obligation du père de famille, la commune est obligée de fournir le local de son école.

Si l'on est généralement d'accord sur le principe de l'obligation, on l'est moins sur la sanction, dans notre pays bien entendu. Je renvoie au mémoire plein de faits que M. Charles Robert publiait en 1861 *sur la nécessité de rendre l'instruction primaire obligatoire en France et les moyens pratiques à employer dans ce but.* Sans vouloir entrer dans cette grave discussion, je rappellerai ici que dans les pays allemands, la Suisse, plusieurs contrées d'Amérique, la Suède et la Norwége, le Portugal, où l'instruction primaire est obligatoire, la répression est établie par les réprimandes, les amendes, la prison.

En France, deux projets de loi sur l'instruction publique préconisaient l'obligation et la sanction. Celui du 5 *nivôse an II* envoyait le père coupable en police correctionnelle, et prononçait pour la première fois une amende égale au quart des contributions, et pour la récidive l'amende était doublée et le délinquant était privé pour dix ans de l'exercice des droits civiques. Le projet de loi de 1848 faisait avertir le père par le juge de paix. Au cas de récidive, le tribunal civil d'arrondissement prononçait trois peines : privation des avantages communaux et des secours du bureau de bienfaisance; amende de 10 à 100 francs; interdiction des droits civiques de un à cinq ans.

Aujourd'hui, si nous reconnaissons au père de famille le devoir de donner à son fils l'instruction primaire, nous demandons que les lois placent ce devoir au nombre des obligations de famille et de société, telles que l'assistance et le secours, élever et nourrir ses enfants, respecter les enfants, les devoirs des tuteurs, etc., etc. ; ces obligations, on le sait, sont nombreuses, très-réelles et très-rigoureuses ; elles sont suffisamment entrées dans nos habitudes et dans nos mœurs, elles font suffisamment partie de la conscience publique, pour qu'on ne craigne pas d'y ajouter celle dont nous parlons. On amènerait ainsi les populations rurales, — les plus déshéritées, — à considérer l'obligation d'envoyer leurs enfants à l'école comme aussi importante et aussi nécessaire que celle de les vêtir, de les nourrir et de les protéger. Lorsque le peuple sera arrivé chez nous à comprendre cette grande vérité, — lui qui connaît bien cet axiome universel: « nul n'est censé ignorer la loi, » — le peuple posera lui-même cet autre principe que « l'ignorant ne peut être majeur ni légalement ni moralement. » Alors ce ne sera pas seulement le père de famille qui deviendra responsable, les enfants comprendront que l'instruction obligatoire signifie aussi : obligation de s'instruire soi-même.

C'est en reconnaissant cette vérité, que les populations de langues germaniques ont pu arriver à cette universalité de l'instruction primaire qu'on oppose à l'ignorance complète du tiers de notre population. Ces pays de langues germaniques sont, il est vrai, depuis de longues années, sous le régime d'une loi spéciale, qui a, certes, contribué à répandre des idées justes et vraies sur la nécessité de l'instruction; mais il me semble que ce n'est pas la répression qui, en Allemagne, a le plus fait pour arriver à cette grande expansion de l'instruction primaire; c'est plutôt un ensemble de dispositions bien prises, et aussi des idées plus saines, répandues dans la population rurale, sur les avantages réels que donne l'instruction à ceux qui la possèdent. C'est à ce sentiment très-vif des peuples germaniques qu'on doit, en Allemagne, la minime quantité des récalcitrants à l'enseignement primaire. Les statistiques les plus récentes donnent seulement 2 ou 3 pour 100 d'ignorants, tandis qu'en France ils s'élèvent à 36 pour 100, ainsi que le déclarait M. le ministre de l'instruction publique dans son rapport du 6 mars 1865.

Aujourd'hui, grâce à l'élan prodigieux donné dans notre pays par un vaillant et courageux ministre, on peut dire que l'émancipation intellectuelle des classes laborieuses, déshéritées jusqu'alors, n'est plus qu'une question de temps. C'est, au reste, la tendance générale, aussi bien en France qu'à l'étranger, de délivrer les peuples de la lourde chaîne que l'ignorance fait peser sur eux ; c'est un procès gagné devant l'opinion publique ; la marche des progrès sera lente, sans doute, mais elle sera sûre : elle sera beaucoup plus rapide si l'élite de la population des villes et des campagnes prend la tête du mouvement et contribue, par tous les moyens possibles, à faire la lumière dans les âmes, et à faire pénétrer la vérité dans les esprits.

Dans les pays allemands et scandinaves, l'école primaire est érigée en institution obligatoire. C'est là un caractère distinctif de ces contrées, dont les populations acceptent le devoir scolaire comme une loi que personne ne songe à mettre en discussion. Il faut remonter trois siècles en arrière, à l'époque de la Réformation, pour trouver les origines de l'obligation de l'instruction primaire, « énergiquement proclamée comme un devoir, et prêchée par l'Église nouvelle ». Ainsi on voit, dès le seizième siècle, l'Allemagne luthérienne remplacer les vaines objections sur le danger, sur l'inutilité de l'instruction pour le peuple, pour la femme, par « un sentiment universel d'obligation morale, qui, sans objection et sans résistance, en des circonstances et à des moments divers, et sans qu'il soit toujours possible d'en fixer la date, se traduit en obligation légale. C'est la croyance qui se fait loi. » Ce grand mouvement d'émancipation intellectuelle est donc dû tout entier à Luther, qui relève noblement la mission de l'instituteur quand il dit : « Si je n'étais ministre de l'Évangile, je voudrais être maître d'école ; car, après le saint ministère, il n'est pas de tâche plus utile, plus grande, meilleure. Encore des deux ne sais-je vraiment laquelle vaut le mieux. »

Il faudrait exposer la doctrine de Luther sur l'instruction populaire, citer bien des lignes écrites par le grand réformateur, et rappeler qu'il ne dédaigna pas de composer lui-même le premier des abécédaires allemands, pour comprendre combien fut grande son influence, et comment ses idées pédagogiques prirent une place si profonde dans les croyances des peuples protestants. Ce qu'il faut dire, c'est qu'elles sont passées dans les mœurs protestantes : à peine la Réformation les avait-elle adoptées, que les princes les traduisaient en ordonnance, témoin celle que l'électeur *Jean-Georges* de Saxe donnait à son peuple en 1573 : « Nous voulons et ordonnons que les autorités de chaque commune élèvent régulièrement des écoles ; que chacun, d'après les injonctions des pasteurs, y envoie ses enfants, aussitôt que l'âge le permet, pour les faire élever dans la crainte de Dieu, et dans les habitudes de la discipline. »

Mais le bras qui organisa l'enseignement populaire, tel que Luther l'avait compris, fut celui de *Jean Bugenhagen*, surnommé *Poméranus*, pasteur de Wittemberg (né en 1485, mort en 1558), et compagnon du réformateur. *Bugenhagen* dota une grande partie des pays allemands et scandinaves de constitutions ecclésiastiques restées célèbres, dans lesquelles est nettement posé le principe de l'obligation, et sont créées les écoles du dimanche. Les fondations de *Poméranus*, toutes établies dans un sens religieux, ont subi peu de modifications dans plusieurs contrées de l'Allemagne septentrionale. Ainsi dans le Hanovre, par exemple, les instituteurs des communes rurales sont en même temps sacristains, coutume conservée en vertu de l'article de la constitution de

Bugenhagen qui porte que : « dans les villages le sacristain devra toujours être en état de tenir école. » A côté de ces écoles élémentaires, voisines de l'église, *Bugenhagen* fonda les écoles dites allemandes, et les écoles de filles qui se multiplièrent sous la protection et l'administration des consistoires et des municipalités. Et, fait remarquable, l'existence des écoles de filles, dès le seizième siècle, était de règle dans les communes rurales.

La guerre de Trente ans vint pour un instant interrompre les progrès de l'éducation populaire, en Allemagne, et particulièrement en Saxe. Les populations décimées par les misères et les souffrances, pour la première fois, depuis la Réformation, résistèrent à la fréquentation scolaire. Ce fut le duc *Ernest-le-Pieux* de Saxe-Gotha qui les ramena vers les écoles, en donnant à l'instruction publique un nouveau règlement resté célèbre, par lequel il réorganisait le système primitif de *Bugenhagen* (1641), sur un plan tellement bien conçu qu'il a donné les bases sur lesquelles l'enseignement populaire s'est développé jusqu'à nos jours, surtout dans l'Allemagne centrale.

A partir de cette époque, certainement mémorable pour l'Allemagne, on peut dire que l'école primaire et l'obligation morale du père de famille d'y envoyer ses enfants sont passées dans les mœurs. Dans la suite, des modifications se produisirent, des règlements nouveaux se modelèrent, avec des divergences accessoires, sur les principales dispositions de la loi d'*Ernest* de Saxe, mais le fond ne fut pas altéré.

Passons rapidement en revue les États allemands qui ont fourni des représentants aux classes 89 et 90, et commençons par la Prusse.

« Tandis que Luther, dit M. *Monnier*, en donnant l'instruction à l'école, laissait l'éducation à la famille, le piétisme mit l'éducation dans l'école ; les internats se multiplièrent sous son influence, institutions privées ou fondations charitables destinées à soustraire l'enfance, par une surveillance incessante, aux écarts de la vie mondaine. » Ce fut, en effet, l'influence du piétisme qui modifia, en Prusse surtout, la pédagogie luthérienne. L'homme qui contribua le plus à ce changement fut le fameux philanthrope allemand *Francke* (né en 1663, mort en 1727). Les deux fondations célèbres que la ville de Halle lui doit, le *Pædagogium* et la *Maison des Orphelins* (1727), exercèrent sur l'Allemagne du nord et du centre une influence qui dure encore. Frédéric Ier patronna les institutions nouvelles, et consacra à la création de beaucoup d'établissements du même genre des sommes importantes. C'est aussi au même temps (1735) que fut créé le premier séminaire pédagogique en Prusse, véritable école normale qui devait transformer l'instituteur-sacristain en un instituteur capable et instruit, soustrait à une domesticité gênante et sans dignité, et protégé par les lois.

Le piétisme modifia donc profondément l'enseignement populaire dans les pays allemands où les progrès furent considérables, la Prusse et le Wurtemberg, par exemple, « car l'école ne fut plus une simple auxiliaire des familles destinée à suppléer à leur ignorance et à aider le père à remplir le devoir d'instruction auquel, dans le baptême, il s'était obligé vis-à-vis de son enfant. Elle devient avant tout un instrument destiné à former les mœurs, la piété et l'esprit de l'enfance. »

Un nouveau changement devait avoir lieu sous Frédéric le Grand. Ce prince enleva l'école populaire à l'église et la mit sous l'autorité de l'État. Par une ordonnance de 1763, ordonnance restée fameuse, il formula des règles obligatoires pour toutes les parties de ses possessions, et, malgré des résistances nombreuses, le principe de l'administration de l'enseignement populaire par l'État fut admis dans toute la Prusse. Mais, malgré la volonté royale, l'ordonnance de 1763 ne donna pas les résultats pratiques que Frédéric en attendait.

Pendant que cette transformation s'effectuait en Prusse, surtout au point de vue des principes, un changement était provoqué d'un autre côté de l'Allemagne par Marie-Thérèse d'Autriche, et produisait des effets rapides et puissants dans les pays catholiques de l'Allemagne. Là les jésuites avaient concentré dans leurs mains toute l'instruction publique; les résultats obtenus par eux étaient tellement insignifiants, la manière avec laquelle ils avaient tenu la promesse d'organiser l'instruction du peuple, était tellement étrange, que, lorsque Marie-Thérèse arriva au trône, elle fut affectée profondément de l'état misérable de l'éducation populaire dans son empire. Elle en fit le sujet de ses constantes préoccupations : en 1770 un décret plaçait l'école sous l'autorité de l'État, et créait à Vienne une grande école normale, sur le modèle de celle de Berlin, qui fut ouverte en 1772. Un système d'enseignement, qui faisait alors grand bruit en Allemagne, y fut mis en pratique; c'était le système du savant abbé de Sagan, *Felbiger,* qui l'avait répandu parmi les populations catholiques de la Silésie. Les méthodes de *Felbiger* destinées à agir sur la mémoire, sur l'intelligence et sur la volonté des enfants, reçurent une éclatante consécration quand leur auteur fut mis à la tête de la grande école normale de Vienne. *Felbiger,* en effet, avait été appelé par Marie-Thérèse pour prendre en main la réforme scolaire que cette souveraine avait conçue et que des obstacles empêchaient de réaliser complétement. Dans cette réorganisation, qui eut pour chef l'infatigable abbé de Sagan, chaque paroisse avait une école dont la fréquentation était rendue obligatoire pour tous ceux qui ne recevaient pas l'instruction domestique. Les résultats de cet élan donné par Marie-Thérèse ne se firent pas longtemps attendre : dès 1780, dans les seuls pays de la couronne, on comptait 15 écoles normales, 83 écoles modèles et 3,848 écoles élémentaires. « Le mouvement imprimé à l'Autriche par Marie-Thérèse, dit M. Monnier, et continué sous Joseph II, puissamment développé en Bohême, de 1770 à 1794, par *Kindermann,* s'étendit dans le Salzbourg, gagna la Bavière, où les règlements scolaires et les plans d'organisation générale se succédèrent jusqu'en 1806. Si, depuis cette époque, la question de l'instruction populaire a été mise en honneur parmi les princes des États de l'Allemagne, si aujourd'hui encore, par exemple, les écoles de filles de Carlsruhe voient, chaque samedi, la grande duchesse venir, au milieu d'elles, inspecter les leçons, exhorter les élèves, les maîtresses, peut-être l'exemple et le souvenir de la grande impératrice n'y est-il pas étranger. »

A la fin du siècle dernier, l'Allemagne entière, on peut le dire, avait donc une organisation scolaire complète, qui pouvait varier d'un pays à l'autre, par des différences dans les moyens d'application, mais qui avait pour base l'école primaire et l'obligation, et l'école normale pour former les instituteurs. Un grand changement non pas administratif, mais tout pédagogique, allait bouleverser cependant la tendance de l'enseignement dans les pays allemands : ce fut la réaction contre le formalisme des méthodes de *Felbiger,* réaction qui s'appuyait sur les idées du plus illustre pédagogue des temps modernes, *Pestalozzi* (né en 1746, mort en 1827).

Il n'est pas inutile de citer quelques lignes écrites, dès 1786, par Resewitz (mort en 1806), et citées par M. F. Monnier (1). « En théorie, rien de meilleur (les méthodes de Felbiger), mais que l'exécution répond mal au but ! Au lieu d'éveiller l'esprit des écoliers, on le déprime ; au lieu de le vivifier, on l'affaisse ; au lieu de l'ouvrir au sens pratique, on ne sait y mettre que superstitions et for-

---

(1) *L'instruction populaire en Allemagne, en Suisse et dans les pays scandinaves,* tome Iᵉʳ. — Cet ouvrage est un mémoire très-bien fait et extrêmement intéressant que tous les hommes d'enseignement devraient posséder.

mules. A chacun est prescrite d'avance sa manière de penser. Les maîtres, enflés de leurs vaines méthodes, n'ont aucune intelligence des choses de la vie ; la règle, la forme a tout absorbé. »

Dès cette époque on cherchait donc à réagir contre la tendance prononcée des idées de l'abbé de Sagan ; les idées pestalozziennes, qui commençaient à se répandre en dehors de la Suisse, devaient trouver un terrain tout prêt à produire.

Les principes de Pestalozzi étaient, en effet, l'opposé de ceux qui avaient servi à établir en Allemagne cette pédagogie formaliste, sévère : le grand pédagogue suisse ramenait toute la science du maître « à bien discerner les besoins d'un âge dont les facultés naissantes ne se déploient qu'à la condition d'être toujours ménagées et comprises » ; toute sa vie fut un long sentiment de tendresse et de respect pour l'enfance dont l'éducation, œuvre grande et sacrée, était le sujet de toutes ses pensées. Il serait à désirer que tous nos instituteurs français possédassent la vie de Pestalozzi, et connussent ses deux principaux ouvrages, *Gertrude* et le *Livre des Mères*; ils y trouveraient les principes féconds qui ont révolutionné l'instruction populaire de l'Allemagne, principes que nous commençons seulement à connaître et à pratiquer. Ils y découvriraient l'esprit nouveau qui a enfanté les crèches, les écoles gardiennes, les salles d'asile, qui a inspiré la méthode de l'illustre Frœbel, et ils comprendraient l'influence morale que ne tarda pas à exercer le système de Pestalozzi. En Prusse, comme en Autriche, comme partout dans les pays allemands, la doctrine du grand pédagogue est la base de tout l'enseignement populaire qui lui doit ses admirables conditions de développement et de prospérité.

Pour terminer cette rapide et générale esquisse de l'histoire de l'instruction populaire des pays allemands, il nous faut signaler les modifications profondes qui se sont produites dans le grand-duché de Bade, il y a quelques années, dans la constitution de l'enseignement public. Laissons encore la parole à M. Monnier.

« Pour comprendre la portée de la loi de 1864, il convient de se souvenir de la nature des rapports généralement établis en Allemagne entre l'État, l'Église et l'École. En fait et généralement en doctrine, l'École est l'instrument de l'Église, et l'Église est l'instrument de l'État. Telle est la conception inaugurée en Prusse par Frédéric le Grand, celle adoptée en Autriche depuis Joseph II. Mais, sauf certaines réserves d'indépendance avec laquelle l'Église catholique s'y est prêtée dans les États du sud, malgré celles des théologiens protestants dans les États du nord, en réalité l'école a été presque partout placée, par les règlements modernes, sous l'inspection de l'Église, et l'État a pris à son tour plus ou moins l'Église dans son administration. Dans le nord elle s'y est à peu près soumise ; dans le sud elle a plus souvent échappé, mais en prétendant toujours garder le gouvernement des écoles. — La réforme libérale du grand-duché de Bade n'est autre chose que la rupture de ces liens. Le premier a été brisé en 1860, le second vient de l'être en 1864. »

Dans cette révolution importante, les deux Églises sont regardées comme deux « corporations libres » donnant au pouvoir civil des garanties limitant quelques priviléges qui leur ont été laissés ; elles vivent de leurs propres ressources dont l'État surveille l'administration au moyen de conseils ecclésiastiques. L'école est alors déclarée d'utilité publique ; sa fortune et son administration sont gérées directement par les familles ; l'État lui doit son concours et sa surveillance. C'est pourquoi les conseils et les examinateurs émanent du pouvoir civil ; quant à la question religieuse, les écoles sont, ou catholiques ou protestantes, quelquefois mixtes ; elles reçoivent l'enseignement religieux des ministres de leur culte ; l'instituteur n'y a aucune part.

Dans les duchés d'Anhalt, dès 1663, l'enseignement public est indiqué dans la constitution civile; l'obligation et la gratuité sont établies; l'État a pris l'entretien des écoles à sa charge. Il a fondé à Bernburg et à Kœlhen des écoles supérieures de garçons et de filles, où le dessin à une très-large part dans l'enseignement, et, dans la dernière de ces deux villes est élevé un séminaire pédagogique où les élèves sont reçus gratuitement.

Entrons maintenant un peu plus avant dans l'organisation scolaire des nations qui ont exposé dans les deux classes que nous étudions.

L'organisation de l'enseignement populaire, en Autriche, ne remonte qu'à Marie-Thérèse. Avant elle, les Jésuites qui avaient pris la tâche d'instruire le peuple, avaient chargé diverses congrégations d'établir un ensemble complet d'instruction populaire; mais elles n'avaient pu installer que quelques écoles annexées aux paroisses, de telle sorte qu'en 1770, l'ignorance la plus profonde régnait partout dans l'Empire. Même à Vienne, on ne trouvait que 24 enfants sur 100, fréquentant l'école, en Silésie 4 sur 100 seulement. La constitution scolaire, qui changea cet état de choses, fut promulguée en 1774, et fonctionna trente années sans grandes modifications. En 1805, elle fut révisée et, sauf quelques changements accessoires, elle règle aujourd'hui l'enseignement populaire de l'Autriche. Ce code très-étendu, très-complet comme règlementation, a créé trois sortes d'écoles : l'école populaire (*Trivialschule*), l'école principale (*Hauptschule*) et l'école réelle (*Realschule*), sans parler des salles d'asile, et des écoles gardiennes.

Dans les écoles élémentaires, qui doivent être en nombre égal à celui des paroisses, rien ne doit être appris aux écoliers qui ne soit pratique, usuel. L'enseignement par l'aspect, d'après la méthode de Pestalozzi, est partout préconisé, quoique celle de Felbiger, perfectionnée il est vrai par Gall, soit restée en usage dans beaucoup de contrées de l'empire. Dans l'organisation des écoles populaires le code scolaire n'a pas oublié l'enseignement des filles, qui existe parallèlement à celui des garçons, et dans lequel les travaux d'aiguille font partie intégrante de l'instruction primaire.

A côté des écoles primaires établies dans chaque paroisse, il existe des écoles primaires de perfectionnement dont les cours ont lieu les dimanches et les jours de fête. Cet enseignement complémentaire, suite de celui qui est donné les jours ouvrables, est obligatoire au sortir de l'école primaire, jusqu'à l'âge de quinze ans; il est donné aussi bien aux garçons qu'aux filles.

Quant aux instituteurs, ils sont formés dans des « écoles d'instituteurs » qui existent dans tout l'empire, pour les différentes confessions et les différentes langues parlées en Autriche. Les mêmes écoles existent pour les jeunes filles qui veulent se consacrer à l'enseignement. A la suite de l'instruction primaire il a été créé, en Autriche, des « écoles industrielles (*Gewerbeschule*) ou écoles de perfectionnement pour les apprentis et les autres ouvriers. » Ces créations, provoquées par la société industrielle de Vienne, fondée en 1857, et dont le titre indique bien la tendance, sont attachées aux écoles réelles, dont je vais bientôt parler. Elles profitent sans frais des locaux, des collections, des modèles, etc., que leur prêtent ces écoles. Le succès qui les attendait fut considérable, puisque en 1861, il existait déjà, à Vienne, cinq écoles industrielles annexées aux écoles réelles de cette capitale. L'enseignement y porte surtout sur le dessin, en l'appliquant toutefois à la carrière future de l'élève, et chaque école a des spécialités. Ainsi à l'école de Gumpendorf (Vienne), les spécialités sont celles des tisserands, des ouvriers en étoffes de soie, en rubans, en passementerie, etc. ; à l'école de Wieden (Vienne), ce sont les tourneurs, les menuisiers, les fondeurs, etc. ; à l'école Jaegerzeïle (Vienne), ce sont les industries du bâtiment, etc., etc. : ces écoles industrielles ont envoyé à l'Exposition des travaux d'élèves en dessin et en représentation plastique d'une foule d'objets, qui indiquent une tendance pratique très-développée.

Parmi les autres établissements de ce genre il faut citer « l'École de l'industrie et de métiers à Prague » qui eut pour point de départ, il y a plus de trente années, une école de dessin fondée par la société industrielle de Bohême, et qui constitue aujourd'hui une des premières écoles industrielles de l'Allemagne. Elle a été reconstituée en 1863, et donne un enseignement tout à fait technique et pratique, auquel ne peuvent participer que ceux ayant le certificat d'études primaires. Les cours ont lieu le soir dans les salles d'une des écoles réelles de la ville. Nul ne peut y assister s'il n'a versé une rétribution scolaire d'un demi-florin (1 fr., 05), par an pour chaque heure de cours qu'il suit. Dans l'année 1863-64, l'école de perfectionnement des apprentis et des ouvriers de Prague avait 762 élèves suivant les cours d'une des cinq divisions principales de l'enseignement, savoir : 1º école de l'industrie du bâtiment, pour les maçons, charpentiers, menuisiers, tailleurs de pierre, etc. ; 2º école de l'industrie des machines pour les mécaniciens, serruriers, ajusteurs, etc. ; 3º école des chimistes pour les teinturiers, les tanneurs, les savonniers, etc. ; 4º école de tissage et de filature ; 5º école de l'art industriel, pour les ciseleurs, peintres sur porcelaines, les orfévres, etc.

L'école industrielle de Prague est considérée en Allemagne comme un type complet ; et si on ajoute cette création remarquable à celles moins importantes que possèdent d'autres villes de l'empire, on jugera de ce qui a été fait pour assurer aux classes ouvrières, après l'école primaire, les moyens de continuer à acquérir des connaissances utiles dans les professions qu'elles ont embrassées.

Au sortir de l'école primaire l'enfant, fille ou garçon, peut entrer dans une école principale (*Hauptschule*), dont l'enseignement paraît surtout destiné à préparer aux *gymnases* ou aux *écoles réelles*.

Les gymnases ont pour but général et spécial l'enseignement des langues anciennes, et préparent aux études des universités. Nous n'en parlerons pas puisqu'ils ne rentrent pas dans une des deux classes 89 et 90.

Les écoles réelles (*Realschulen*) établies dans l'empire diffèrent essentiellement, comme on le verra, de celles établies en Prusse. En Autriche les écoles réelles sont destinées à donner aux enfants, outre une éducation générale, sans embrasser l'étude des langues anciennes, remplacées par les langues vivantes, un degré moyen d'instruction pour les professions industrielles et qui puisse également leur servir de préparation pour les écoles techniques. Le dessin est une des bases de l'enseignement des écoles réelles inférieures et supérieures ; et cela se comprend. Il serait à désirer que dans notre enseignement nouveau, que la loi appelle secondaire spécial, le dessin tînt sa véritable place. Les écoles réelles de l'Autriche sont là pour nous montrer quel immense profit on doit en attendre pour le résultat final qu'on veut obtenir.

Dès l'année 1850, la capitale de l'Autriche possédait cinq écoles réelles auxquelles furent annexées les écoles industrielles dont j'ai parlé. Ces écoles ont envoyé au Champ-de-Mars des travaux d'élèves en dessin géométrique et en dessin d'imitation. J'ai remarqué dans ces cartons beaucoup de copies de nos modèles et constaté l'emploi de la méthode française de Dupuis, abandonnée chez nous, à tort, il semble, puisque nos voisins d'outre-Rhin en tirent de bons résultats.

La ville de Prague possède une école réelle supérieure de premier ordre à laquelle est annexée l'école industrielle pour les apprentis et les ouvriers, que j'ai signalée plus haut.

Au-dessus des écoles réelles, il existe les *Instituts techniques* (1), qui ont pour but de former les jeunes gens à la grande industrie et au grand commerce, aux grandes exploitations rurales, et aux différentes branches des services publics et privés, qui exigent des connaissances techniques supérieures. L'Autriche possède sept instituts techniques à Vienne, à Prague, à Brünn, à Lemberg, à Cracovie, à Ofen et à Grœtz. L'enseignement y est complété dans quelques-uns par une école de dessin industriel, des cours de langues orientales, comme à Vienne ; une école des beaux-arts et une école de musique, comme à Cracovie, etc., etc. Ces Instituts délivrent des certificats qui ont une valeur officielle.

Cette organisation très-serrée, qui ouvre une large voie au développement de l'instruction du peuple, date, comme nous l'avons dit, de Marie-Thérèse. Le code scolaire, que cette souveraine promulgua, fut remanié en 1805, et complété jusqu'en 1848 par des dispositions additionnelles « qui donnent au système autrichien une physionomie nettement accentuée, et le distinguent absolument du régime en vigueur dans l'Allemagne du centre et du nord. » C'est au chevalier d'Helfert que l'Autriche est redevable de l'impulsion vigoureuse que l'enseignement public a reçue depuis 1847, et qui a été continuée par M. de Schmerling.

Dans la rapide esquisse que nous avons faite précédemment des origines et des développements de l'enseignement populaire en Allemagne, nous avons vu que c'est à Luther qu'il faut remonter pour trouver la création des écoles populaires et assister aux premières luttes engagées contre le pédantisme scolastique qui pesait lourdement sur toute l'Europe catholique. C'est en 1525, que le réformateur publia, pour la Saxe, le *Règlement ecclésiastique et scolaire*, et que furent posés les principes pédagogiques dont l'école allemande ne s'est plus départie. Avant que la Réforme soit introduite en Prusse (1539) par Albert de Brandebourg, on ne voit aucune organisation scolaire ; mais dans les règlements et ordonnances qui paraissent pour renouveler l'esprit public, on établit des écoles dans toutes les « villes et marchés ». Les progrès sont assez rapides pour que, vers 1573, les écoles étant en grand nombre, on puisse organiser des inspections confiées à plusieurs membres du consistoire. L'école populaire est dès lors établie, et les idées pédagogiques sont modifiées considérablement, grâce aux prédications et aux enseignements de Luther, qui répétait souvent : « Dieu, pour élever l'homme à lui, s'est fait homme. Pour élever à nous les enfants, il faut aussi nous faire enfants avec eux. »

C'est à cette époque mémorable que les populations sont amenées à comprendre, parmi leurs devoirs moraux et sociaux, celui de donner aux enfants l'instruction élémentaire qu'institua le réformateur. Aussi les villes fondent des écoles de garçons et de filles, qui sont inspectées et surveillées par deux magistrats et deux membres de la paroisse. Dans les cantons ruraux, l'école est ouverte deux fois par semaine ; les instituteurs sont obligés de se transporter alternativement dans chacune des paroisses. Ils enseignent, dans le Brandebourg, et, d'après le règlement de 1573, le catéchisme de Luther qui doit être soigneusement expliqué, le chant et la récitation des psaumes. Quelques années plus tard, dans les Saxes, l'école est ouverte tous les jours pendant quatre heures et le programme s'augmente de la lecture et de l'écriture. Le même progrès a lieu dans le Wurtemberg, la Poméranie, la Prusse orientale. Il est bien certain que l'enseignement, ainsi distribué, devait être fort inégal et sur-

---

(1) Les *Annales du génie civil* (5ᵉ année, page 201) ont publié un travail très-remarquable de M. Van Den Corput intitulé *de l'Organisation des écoles pratiques professionnelles en Allemagne, en Suède et en Russie, et en particulier des écoles des arts et métiers de Vienne et de Saint-Pétersbourg.*

tout fort incomplet ; mais c'était un pas immense vers l'émancipation intellectuelle des populations, et tout l'honneur en revient à Luther. Jusqu'alors l'enseignement populaire est tout entier dans les mains des paroisses, l'État leur laisse toute initiative, et ce sont elles qui donnent toutes les instructions nécessaires. Les princes favorisent le mouvement, prennent sous leur protection les écoles et les instituteurs, et ils arrivent bientôt à garder dans leurs mains les intérêts de l'enseignement du peuple.

En 1662, l'électeur de Brandebourg recommande « *aux Églises et aux communes*, de mettre tout le soin possible à la bonne organisation d'écoles, aussi bien dans les villages que dans les bourgs et les villes. » En 1687 paraît un règlement plus explicite, spécial aux possessions rhénanes. « Si l'école paroissiale est trop distante pour que les enfants de quelques fermes ou hameaux puissent y être régulièrement envoyés, une école annexe doit être instituée pour ces localités *par les soins des pasteurs et des conseillers de la paroisse*, auxquels, *s'il est nécessaire*, les autorités civiles apporteront leur concours. »

Jusqu'à Frédéric le Grand, les modifications qui furent apportées à l'enseignement populaire n'attaquèrent en rien les bases établies par Luther, quoique les princes l'aient placé de plus en plus dans les mains de l'État. Ce fut, nous l'avons vu, Frédéric II qui en fit une institution gouvernementale, tout en excitant l'initiative communale. Le régime des inspections, faites par des inspecteurs, des pasteurs et des délégués choisis dans la paroisse, les convocations paroissiales, où sont appelés tous les habitants, — hommes et femmes, — afin de faire connaître les abus qui se produisent et signaler les mesures favorables aux intérêts de l'école : tels furent les moyens employés pour assurer l'exécution des ordonnances. Parmi ces dernières, il faut mentionner celle du 28 septembre 1717, disant formellement que « les parents doivent envoyer régulièrement leurs enfants à l'école », et celle du 29 septembre 1736, qui stipule que c'est de 5 à 12 ans qu'ils doivent la fréquenter. Le pasteur, le conseil paroissial, sont chargés de rappeler aux familles leur devoir à cet égard, et « la fréquentation scolaire doit être continuée jusqu'à ce que le pasteur du lieu délivre un certificat attestant que l'enfant sait lire couramment et connaît les points essentiels du christianisme. » Les ordonnances princières n'omettent aucun détail : les devoirs des inspecteurs, ceux des pasteurs et de l'instituteur, les matières qui doivent être enseignées aux enfants, les livres dont le maître doit se servir et ceux que doivent posséder les élèves, rien n'est oublié pour arriver au but final : instruire. Il ne manquait à cette organisation que de devenir réellement pédagogique ; ce fut de ce côté que Frédéric-Guillaume Ier dirigea tous ses efforts ; protecteur et ami de Francke, l'illustre chef de l'école des Piétistes, imbu des idées du philosophe, qu'il soutint dans toutes ses créations, il fit organiser le premier séminaire pédagogique pour former des instituteurs, et donna à ceux-ci leur véritable rang dans l'État, en améliorant leur sort, en les exemptant des impôts personnel et mobilier, etc., etc. Nous avons vu précédemment quel élan fut donné à l'enseignement du peuple par Francke et ses adeptes : outre cette grande université de Halle et le séminaire pédagogique, véritable école normale, on les vit organiser des écoles appropriées aux besoins des classes pauvres (*armen Schulen*), premières *écoles réelles* où l'enseignement était disposé en vue des applications pratiques. « Il faut, disait Francke, pour que l'élève garde un vrai profit de l'école, lui donner avant tout des notions claires et précises. » « De là, ajoute M. F. Monnier, un système consistant à simplifier les leçons, à faire des répétitions fréquentes, à exiger une grande clarté dans les réponses, à choisir pour exercices des exemples tirés des habitudes professionnelles, à développer, à côté de l'enseignement de la langue, celui des connaissances usuelles, à introduire dans l'école des collections d'histoire naturelle, à conduire les élèves dans des ateliers, etc. Les maîtres, au lieu du ton doctoral, devaient prendre toujours celui d'entretiens familiers, éviter la sévérité qui inspire la crainte, devenir les amis, les compagnons, presque les confidents de leurs élèves. L'école devait être divisée en un grand nombre de classes spéciales à chaque âge et à chaque degré d'instruction ; un grand soin était apporté au choix de locaux clairs et aérés, etc. »

On peut dire que, à cette époque, l'école est une institution d'État, qui a sa vie propre et son existence assurée. Avec le grand Frédéric, l'enseignement public est tout entier dans les mains des piétistes luttant avec les humanistes. Le ministre des volontés du roi fut le conseiller Hecker, disciple de Francke, qui dirigea l'école réelle de Berlin, et, en 1748, y annexa un séminaire pédagogique subventionné par l'État. Nous avons dit plus haut de quel poids avait pesé, au point de vue législatif, le fameux règlement général de 1763, que Frédéric II avait rendu obligatoire dans toute l'étendue de ses provinces. Ajoutons que ce règlement fut appuyé, sept années plus tard, par une *Lettre sur l'éducation*, œuvre du roi, qui fut envoyée dans toutes les communes de Prusse. L'ordonnance de 1763 fut, au reste, plus administrative que pédagogique dans ses résultats. Les luttes entre les piétistes et les humanistes, et un peu plus tard entre ceux-ci et les philosophes, jetèrent des lumières vivifiantes sur les questions d'enseignement, on ne peut le nier. Aussi est-ce à partir de Frédéric II que l'école populaire, réglementée, — trop peut-être, — est étudiée sérieusement au point de vue social et philosophique, aussi bien qu'au point de vue purement pédagogique.

Le Code prussien, proclamé en 1794, maintient l'enseignement public institution gouvernementale. Sous Frédéric-Guillaume III, qui montra une vive sollicitude pour l'éducation des enfants du peuple, se fit sentir une influence nouvelle ; ce fut celle de l'illustre Pestalozzi, dont nous parlons plus loin, et qui fut le point de départ d'un changement dans la pédagogie due à Francke et à ses disciples. Ce que nous voulons constater ici, c'est la marche rapide et continue des progrès de l'école populaire, en Prusse et dans plusieurs autres petits États allemands qui, plus tard, devaient entrer dans la monarchie que le grand Frédéric avait formée. Les idées de Francke, on le voit, exercèrent une action durable dans plusieurs contrées de l'Allemagne, particulièrement en Prusse, où deux de ses disciples, J. Lange et Hecker, continuèrent, avec l'énergie du maître, à réagir contre l'inutilité des théories pures, et à lutter avec les *humanistes*. Ceux-ci affectaient de faire rentrer toute l'éducation de la jeunesse dans l'étude des langues mortes ; ils n'eurent pas sur l'enseignement populaire toute l'influence qu'ils attendaient, et cependant l'essor brillant qu'ont pris les études philosophiques en Allemagne vient d'eux ; ils s'honorent, à juste titre, d'avoir produit Lessing, Wieland, Herder, et d'autres écrivains célèbres. — Les luttes entre les piétistes et les humanistes, entre les partisans des écoles réelles, et ceux des écoles de langues mortes, s'amoindrirent beaucoup en présence d'une doctrine nouvelle dont le chef était J.-B. Basedow (1723-1790), fondateur, à Dessau, de la célèbre école modèle qu'il appela le *Philanthropinum* (1774). Basedow, dont l'influence fut considérable, s'était enthousiasmé pour l'*Émile* de Rousseau, et avait établi tout son système pédagogique sur les idées répandues dans ce livre célèbre. Il voulait régénérer l'éducation, en la ramenant aux vraies données de la nature humaine, en enseignant dans l'école les seuls principes de la religion naturelle dégagée de toute attache confessionnelle. Ardent à propager et à défendre les idées qu'il avait puisées dans les écrits de Jean-Jacques, Basedow reprochait aux humanistes de faire de l'étude des langues anciennes l'objet de l'éducation, au lieu d'en faire un instrument de développement, les accusait de ne pas comprendre les besoins intellectuels et moraux des enfants, et de les placer dans de mauvaises conditions physiques. Aussi, sous l'influence des idées philanthropiques, on le voit introduire la gymnastique et les exercices corporels dans l'école populaire, modifier jusqu'au costume des enfants, apporter partout des améliorations matérielles. Basedow, dans sa réforme, avait donc suivi les idées de Rousseau ; et, pour exercer davantage son influence, il inonda l'Allemagne de petits livres méthodiques appropriés aux exigences du jeune âge. Il était convaincu de l'importance de ses principes pédagogiques et du changement qu'ils devaient opérer sur la société allemande. Il voulut commencer sa réforme par les classes riches, pour arriver aux classes déshéritées, et, par là, il se trouva en opposition avec Pestalozzi.

Le grand mouvement pédagogique allemand, qui occupa presque tout le siècle dernier, produisit des hommes éminents, instituteurs pratiquant et écrivant, créateurs et propagateurs de méthodes et de procédés nouveaux dont les noms n'ont pas traversé le Rhin, mais qui, en Allemagne, jouissent d'une véritable célébrité. Je citerai J.-G. Büsch (mort en 1800), fondateur, à Strasbourg, de la première école de commerce ; Resewitz (mort en 1806), écrivain pédagogue qui introduisit dans l'école les notions de droit civil ; Stephani (mort en 1850), qui remplaça la méthode d'épellation par la méthode phonétique ; Gedike (mort en 1803), propagateur des bibliothèques scolaires, etc., etc. Ce mouvement occupa tellement les esprits que des philosophes tels que Kant, Fichte, Herbart, ne dédaignèrent pas d'y prendre part.

C'est au milieu de cette lutte de plusieurs doctrines que parut celle de Pestalozzi, dont l'impulsion profonde vint rétablir l'unité dans ce chaos de la pédagogie allemande. Pestalozzi, si grand chez les Allemands, devrait être étudié dans sa vie et dans ses œuvres, par tous nos hommes d'enseignement, par les instituteurs surtout, dont il est le modèle le plus complet. — Aussi nous louons fort la pensée qui a fait placer sa statue en regard de celle du père Lasalle, à l'entrée de la classe 90.

Aucun des maîtres allemands ne ressemble à Pestalozzi, parce que aucun d'eux n'a poussé aussi loin que lui l'amour de l'enfance. A l'opposé de Basedow, il provoque l'initiative, cherche à faire sortir la personnalité et à fortifier l'esprit ; il traite avec délicatesse et respect la naïveté, la curiosité et la candeur de l'enfant, et commence sa réforme par les pauvres, les orphelins et les mendiants. Une seule idée lui est commune avec Basedow ; il écarte comme lui les enseignements confessionnels de l'école, et il emploie les idées religieuses pour développer le cœur et la conscience des enfants. Le système de Pestalozzi eut en Prusse de nombreux et chauds partisans ; dès l'année 1808, les écoles populaires qui devaient profiter davantage des principes pestalozziens furent dans ce pays réorganisées sous leur influence. Plus tard la question de l'enseignement confessionnel amena une division fâcheuse qui occupa longtemps les esprits : dans un camp tous ceux qui proclamaient l'utilité et voulaient le maintien de cet enseignement : Blochmann, Stern, Henning, Harnisch, disciples éminents de Pestalozzi, en étaient les principaux défenseurs ; dans l'autre camp, ceux qui en réclamaient la suppression, les pédagogues indépendants ayant à leur tête l'ardent Diesterweg, aussi élève de Pestalozzi, et qui dirigea jusqu'en 1847 le séminaire pédagogique de Berlin.

« Au milieu de ces conflits, l'intervention de l'État devint plus fréquente et plus décisive ; l'administration supérieure prit plus directement en main la conduite des affaires scolaires ; elle érigea en principe que, si la science doit rester libre comme la religion, du moment où celle-ci quitte les régions de l'idée pour s'organiser dans l'école en corporation, elle tombe dans le domaine politique et, comme institution sociale, relève de la souveraineté de l'État. »

Le parti des pédagogues indépendants fut le promoteur en Prusse des fondations dites de Pestalozzi, en faveur des veuves et des orphelins d'instituteurs ; ces institutions se répandirent dans différentes villes de l'Allemagne, à Hanovre, à Hambourg, à Francfort-sur-le-Mein, etc. Ce mouvement très-radical, et qui affirmait avec force les tendances du parti de Diesterweg, commença en 1846 sous l'influence de ce dernier qui l'inaugura par la célébration de la fête de Pestalozzi, à l'occasion de l'anniversaire séculaire de sa naissance. Cette manifestation eut un grand retentissement en Allemagne ; la pédagogie indépendante s'en servit pour développer hardiment ses principes ; le gouvernement, préoccupé des progrès qu'ils faisaient partout, frappa un coup violent en destituant Diesterweg de ses fonctions de directeur du séminaire pédagogique de Berlin (1847). Un an après, la révolution de 1848 interrompait la réaction conservatrice qui menaçait de faire disparaître les tendances libérales des pédagogues indépendants.

A cette époque, si près de nous et si éloignée, les instituteurs s'assemblèrent souvent pour discuter ces grandes questions d'enseignement, et ils exprimèrent des vœux qui, dans le parlement de Francfort, trouvèrent un favorable accueil et qui prirent place dans la constitution que l'archiduc Jean d'Autriche proclama le 21 décembre 1848, au nom des députés de la Confédération. L'article 6 de cette constitution proclamait l'affranchissement des liens confessionnels, supprimait le contrôle des ecclésiastiques, sauf ce qui concerne l'élément religieux, les instituteurs publics fonctionnaires de l'État ; l'enseignement des écoles populaires et les écoles industrielles du degré inférieur donné gratuitement ; la liberté de fonder et de diriger des établissements d'instruction et d'éducation, et d'y professer, etc., — toutes dispositions libérales qui devaient quelques années après supporter des mesures réactionnaires, et finalement être modifiées pour constituer la législation actuelle.

C'est en 1850 que la constitution de 1848 fut remaniée pour en former une nouvelle dans laquelle les principes libéraux de la précédente furent plus ou moins défigurés. Cette loi « attribuait le soin des intérêts matériels aux communes ; la direction de l'enseignement était remise à l'État, qui était investi du droit de nommer les instituteurs avec une certaine participation des communes ; l'enseignement religieux était explicitement placé sous l'autorité des Églises, et le caractère confessionnel maintenu à l'école. Les dispositions relatives au caractère de fonctionnaires publics et à la gratuité étaient d'ailleurs reproduites, ainsi qu'un article annonçant qu'une loi spéciale réglerait tout ce qui concerne l'enseignement populaire. — Mais un article additionnel établissait que, jusqu'à la publication de cette loi, aucune modification ne serait apportée à l'ordre de chose établi. »

« Or, cette loi promise dans tous les projets, dit encore M. Monnier, et qui devait réorganiser sur de nouvelles bases l'instruction populaire, n'a jamais été faite. Préparée par le ministère Ladenberg, elle a été écartée en principe par le ministère de M. de Raumer. Les chambres, en repoussant à une majorité sensible, le 26 février 1852, la proposition de la réclamer au gouvernement, ont d'ailleurs approuvé elles-mêmes cet ajournement indéfini. »

En fait, le gouvernement prussien achevait d'anéantir le parti des pédagogues indépendants, et, laissant de côté ces questions qui avaient tant passionné les pays allemands, il retournait « aux anciennes constitutions luthériennes, modifiées par le grand roi au profit de l'État. »

L'enseignement public en Prusse comprend actuellement les établissements suivants : écoles primaires et écoles des dimanches pour les enfants au-dessous de quinze ans, les écoles bourgeoises ; ces deux sortes d'écoles dépendent du ministère de l'instruction publique. Les écoles pour les enfants qui travaillent dans les fabriques; les écoles d'apprentissage; les écoles d'apprentis et d'ouvriers; les conférences et les associations d'ouvriers; les écoles industrielles générales et spéciales, qui dépendent du ministère du commerce. Les écoles éelles, les gymnases, dispensant l'instruction secondaire, sont dans les mains du ministère de l'instruction publique, et enfin au-dessus de ces établissements planent l'Institut polytechnique et les universités. Cet ensemble, dont la coordination offre tous les degrés d'instruction à toutes les classes des citoyens, et qu'on retrouve d'ailleurs établi d'une manière analogue dans tous les États allemands, est vraiment remarquable. Il constitue une force dont les nations germaniques sont fières, et la Prusse plus que toute autre, lorsqu'elle nous montre glorieusement ses statistiques de l'instruction primaire qui constatent que sur 1000 jeunes gens de 20 ans appelés au service, il n'y en a que 30 environ qui ne sachent ni lire ni écrire.

L'enseignement public est, en Prusse, sous la haute direction de l'État; mais l'intervention gouvernementale s'arrête, quant à ce qui concerne l'instruction populaire, aux questions d'intérêt général, et elle cède devant ce principe, toujours mieux compris en Allemagne, que la véritable base de l'éducation et de l'école est dans la famille.

« L'école, dit M. Monnier, est une institution auxiliaire essentiellement destinée à venir en aide aux familles qui, « soit par insuffisance de dons ou d'énergie morale, soit par défaut de temps, ne peuvent ou ne veulent pas donner par elles-mêmes à leurs enfants l'instruction nécessaire. » Ce point de vue, exposé avec une grande précision par les auteurs les plus accrédités, est consacré par le Code général prussien qui, après avoir fait au père de famille une obligation « d'instruire son enfant dans la religion et les connaissances utiles suivant sa fortune et sa position sociale », établit « qu'il appartient au père de décider comment cette éducation sera donnée, » et ajoute : « Les parents sont libres de donner chez eux, s'il leur convient, l'éducation qu'ils doivent à leurs enfants, » disposition rappelée à l'article relatif à l'obligation scolaire : « Tout habitant, *en tant qu'il ne peut ou ne veut pas donner chez lui l'instruction nécessaire à ses enfants,* est tenu de les envoyer à l'école dès l'âge de cinq ans révolus. Tel est le principe. Quoi qu'on puisse en penser, il serait désirable qu'il fût accepté chez nous, et qu'il fût inscrit dans la loi. Il faut reconnaître toutefois, ajoute le même auteur, que les règlements administratifs qui se sont succédé tendent plus, en matière d'enseignement privé, à protéger l'institution publique qu'à provoquer l'initiative des familles, et à favoriser l'exercice du droit qui leur est reconnu.

L'école primaire est surtout protégée en Prusse; elle forme, dans chaque localité, une des trois parties constituant toute la commune, savoir : la paroisse, la commune proprement dite, et la commune scolaire. Ces trois sociétés ont non-seulement des attributions, mais des revenus et une administration distincte. Au reste, dans les États prussiens, aujourd'hui plus encore, l'école offre des constitutions très-diverses, suivant les us et coutumes des provinces et des convenances locales. On trouve même encore, dans quelques contrées des bords de la Baltique (régences de Dantzig, de Marienwerder, etc.), des instituteurs ambulants d'une localité à l'autre, s'arrêtant dans chacune de un à trois jours, et laissant aux enfants une série de devoirs à faire jusqu'à la visite suivante. Il paraît que les résultats de ces écoles sont tellement bons, qu'on s'occupe d'en multiplier le nombre. Cette idée-là pourrait-elle s'exécuter dans certaines parties de la France, où beaucoup de communes sont, non-seulement pauvres, mais encore dont les habitations sont très-éloignées les unes des autres? C'est une question posée, qui ne pourrait avoir de véritable solution que si la loi rendait obligatoire l'enseignement primaire.

On comprendra que nous ne voulions pas entrer ici dans l'étude des lois et des règlements prussiens, concernant l'enseignement primaire. Disons, cependant, qu'aux écoles élémentaires sont ajoutées des écoles de pâtres, des écoles de fabrique, instituées en faveur des enfants des classes pauvres. Jusqu'à l'âge de quatorze ans révolus, les enfants ne doivent pas travailler plus de six heures par jour ; trois heures sont consacrées à l'instruction. L'ordonnance de 1853 qui a réglementé, en Prusse, le travail des enfants dans les fabriques, montre assez combien le gouvernement de ce pays s'est sagement et paternellement préoccupé de tout ce qui concerne l'enfance et la jeunesse.

Outre ces établissements, dont nous voudrions pouvoir présenter ici l'organisation, il existe, sous le titre d'*Écoles de perfectionnement pour les jeunes ouvriers*, des écoles destinées à donner aux jeunes gens, qui prennent et suivent une profession, le complément d'instruction qui leur est nécessaire. L'enseignement a pour objet de perfectionner le jeune apprenti ou l'ouvrier dans l'écriture, dans la langue allemande ; un peu de littérature, les langues française et anglaise, le dessin appliqué aux diverses professions, le calcul, la géométrie, la tenue des livres ; des notions de physique et de chimie, de mécanique, la géographie ; des notions sur le commerce, sur la technologie, sur l'industrie et sur l'histoire. — A Berlin, où sont établies trois écoles de ce genre, les leçons ont lieu le dimanche matin, et dans cette ville, comme dans beaucoup d'autres, des bibliothèques sont ouvertes aux élèves qui suivent les cours.

Outre les écoles du dimanche et d'apprentissage, il existe des *Sociétés évangéliques d'apprentis*, qui ont pour but de maintenir dans la bonne voie les jeunes ouvriers, et de leur offrir en même temps des facilités de logement et de nourriture. Si ces sociétés évangéliques ne sont pas des écoles de propagande religieuse, il faut applaudir à leur fondation.

L'instruction primaire, en Prusse, est représentée au Champ-de-Mars (dans le parc) par un spécimen d'une école primaire de village, à une classe, avec arrangement complet et appareils d'enseignement. Ce spécimen intéressant, exposé par le ministère des cultes, n'apprend rien de bien nouveau à quiconque sait ce que c'est qu'une école. Nous nous attendions à voir les Allemands présenter à l'Exposition universelle une de leurs grandes écoles primaires, telles que celles dont la ville de Berlin est si fière. Nous aurions voulu qu'ils nous montrassent, à nous Français, comment ils entendent l'instruction des enfants du peuple. Nous avons été déçus dans notre attente ; quelque intéressant que nous trouvions le *Spécimen d'école de village*, nous aurions désiré voir davantage.

Au-dessus de l'école primaire, on trouve, dans l'organisation prussienne, les *écoles industrielles*. Ce genre d'établissements existe dans d'autres pays de l'Allemagne, mais avec des différences assez notables. En Prusse, les écoles industrielles sont des écoles où les enfants, sortant des écoles primaires, trouvent un enseignement scientifique, destiné à les former pour le commerce, à en faire des maîtres et des contre-maîtres pour l'industrie, et aussi à les préparer pour les instituts polytechniques. Les études durent deux années ; la rétribution scolaire, modérée partout, est nulle pour beaucoup d'élèves qui y sont reçus boursiers : aussi ces écoles sont-elles, pour certaines villes et pour l'État, une charge assez considérable.

Ces écoles industrielles ne datent, en Prusse, que de 1820 ; elles ont reçu, par suite de l'expérience acquise, des perfectionnements importants. Aujourd'hui, on en compte vingt-cinq qui sont établies dans les principales villes du royaume, telles que Cologne, Coblentz, Aix-la-Chapelle, Elberfeld, Potsdam, Halle, Stralsund, Trèves, Dantzig, Kœnigsberg, etc., etc. On y entre à quatorze ans, après avoir rempli certaines conditions, parmi lesquelles on exige le certificat d'études primaires. L'enseignement, divisé en deux années, comprend : Mathématiques pures, géométrie, stéréométrie, éléments de géométrie descriptive, sections coniques, trigonométrie plane et arpentage. — Arithmétique, algèbre jusqu'aux équations du deuxième degré, progressions, logarithmes, applications de l'algèbre et de la trigonométrie à la solution des problèmes planimétriques et stéréométriques. — Physique et chimie pratiques et technologiques. — Minéralogie. — Mécanique et machines. — Cours de construction. — Dessin et modelage. — Chaque école doit posséder un laboratoire et une collection de modèles de machines plus ou moins importante.

Chaque école donne, quand elle y est autorisée, un certificat de capacité délivré après examen, par une commission composée d'un commissaire du gouvernement, d'un membre des autorités locales, du directeur et des professeurs de l'école. On voit, par ce seul fait, quel intérêt l'administration prussienne porte à ces écoles, pour lesquelles les dépenses ont été et sont considérables. Dans son désir de répandre l'instruction dans les classes ouvrières, elle a certainement dépassé les besoins présents ; mais elle en recueillera les fruits plus tard. Il y a entre ces écoles industrielles une analogie non contestable avec les écoles créées dernièrement en France sous le nom d'écoles d'enseignement secondaire spécial, et leur but est à peu près le même. Mais l'analogie n'existe que dans l'enseignement scientifique, car, on l'a vu plus haut, les écoles industrielles de la Prusse n'ont pas de cours de langue et de littérature allemande, pas de cours d'histoire, de géographie, de langues étrangères, d'histoire naturelle, etc., qui entrent dans les programmes de notre nouvel enseignement.

Ces *écoles industrielles générales* (*Gewerbeschulen*) conduisent à des écoles industrielles *spéciales* au nombre de quatre : l'*Académie d'architecture*, où l'on forme des conducteurs de travaux pour le service de l'État ou des villes, des architectes ou ingénieurs civils admis au service du gouvernement ou des communes, et des architectes pour les constructions privées ;

L'*Académie des mines*, fondée en 1861, a pour but de donner aux jeunes gens qui se destinent au service public des mines, ou à l'industrie métallurgique, les connaissances de sciences appliquées ou techniques qui leur sont nécessaires ;

L'*École de dessin industriel*, considérée comme une annexe de l'institut polytechnique, est destinée à former des dessinateurs et des compositeurs pour les industries du tissage en soie, en laine ou en coton, pour les impressions des toiles peintes et pour les papiers peints. Outre le dessin, on y enseigne encore la théorie et la pratique du tissage dans tous leurs détails.

Les *écoles de navigation*, au nombre de six, forment des pilotes et des capitaines au long cours ; elles sont sous la direction d'un seul directeur résidant à Dantzig.

On a vu ce qu'étaient les *écoles réelles* en Autriche, établissements d'enseignement élémentaire des sciences et de dessin appliqué à l'industrie et au commerce, et destinés à former des maîtres et contre-maîtres, des employés pour ces deux grandes branches de l'activité humaine, et aussi formant des jeunes gens destinés à continuer leurs études dans les instituts polytechniques.

En Prusse, l'*école réelle* offre un autre type : c'est un établissement d'enseignement littéraire et scientifique secondaire se rapprochant beaucoup de notre nouvel enseignement secondaire spécial, sauf l'étude du latin qui fait partie des programmes prussiens et qui n'existe pas dans les nôtres.

La création de ces écoles remonte à 1829, époque où le conseil municipal d'Elberfeld fonda, avec l'autorisation du gouvernement, le premier établissement d'enseignement technique. Il paraît que, à l'origine, les résultats ne furent pas favorables, car on en vint à modifier complétement les programmes primitifs, et à donner à ces écoles un enseignement plus littéraire que scientifique. Cependant, en 1859, le ministère de l'instruction publique, qui a sous sa direction les écoles réelles, a donné un programme général mieux équilibré, dans lequel l'enseignement scientifique tient une place presque égale à l'enseignement littéraire; le latin y est maintenu pourtant et occupe la première place, si on considère le nombre de leçons qu'on y consacre. Ce programme peut, au reste, recevoir quelques modifications partielles; ainsi l'instruction ministérielle laisse aux commissions locales toute la liberté nécessaire pour que l'enseignement — dont les dépenses sont presque entièrement payées par les villes — soit autant que possible approprié aux besoins locaux. Mais l'esprit et le but de l'enseignement ne doivent pas changer : l'école ne doit pas devenir école technique. En général, dans les écoles réelles de la Prusse, le programme des études comprend les langues allemande, française et anglaise, quelquefois l'italien, point de grec, et assez de latin pour entrer dans les classes supérieures des gymnases où se font les études d'humanités, et dans les instituts polytechniques. A cet enseignement tout littéraire viennent s'adjoindre les leçons de religion, d'histoire, de géographie, qui lui servent de complément. Des notions d'histoire naturelle, de physique et de chimie, d'arithmétique commerciale et de géométrie élémentaire, le chant et la gymnastique, constituent la partie scientifique du programme. Cette partie est regardée comme suffisante pour préparer aux écoles industrielles du pays, et même aux instituts polytechniques pour les jeunes gens qui font leurs classes supérieures. Car il y a deux degrés dans les écoles réelles de la Prusse : les écoles réelles inférieures et les écoles réelles supérieures; les premières n'ont que trois à quatre classes, les secondes six à huit, parmi lesquelles sont comprises celles des précédentes. On voit, par ce simple exposé, que les écoles réelles de la Prusse diffèrent essentiellement de celles de l'Autriche. A proprement parler, l'enseignement qu'on y donne n'a rien de technique, de *réaliste*, si l'on peut employer ici ce mot, et l'on ne saurait l'accuser de faire naître, dans la masse de la population éclairée, des idées matérialistes exagérées. Ce qu'il y a de certain, c'est le succès qu'ont les écoles réelles partout en Allemagne, et surtout en Prusse, où des avantages sont accordés aux élèves qui sont déclarés admissibles dans les premières classes. Ainsi les règlements réduisent, pour les jeunes gens qui sont dans ce cas, à une seule année la durée du service militaire qui est de trois ans; ils leur donnent la faculté de se présenter aux examens pour les grades d'officiers dans l'armée. Ceux des élèves des écoles réelles supérieures, qui obtiennent le certificat, dit de maturité, peuvent être admis aux instituts polytechniques pour les études relatives aux bâtiments civils, à l'école des mines, et, dans l'armée, ils sont dispensés de l'examen exigé pour le grade de porte-enseigne.

Il existe en Prusse environ quatre-vingt-dix écoles réelles établies et entretenues, partie aux frais de l'État, partie aux frais des administrations municipales. Toutes possèdent une bibliothèque, une galerie d'instruments de physique, un laboratoire de chimie, et généralement des salles de dessin pourvues de modèles. Comme les élèves boursiers sont très-nombreux dans ces écoles, les recettes sont loin de couvrir les dépenses des établissements, dont le surplus, compris entre le tiers et la moitié de la dépense totale, reste ordinairement à la charge des villes.

A côté des écoles réelles, il existe d'autres établissements qu'on désigne sous le nom d'écoles bourgeoises supérieures (*Hohere Burgerschule*), dans lesquelles l'enseignement, presque semblable à celui des écoles réelles, est cependant moins élevé. Ces écoles sont sous la dépendance du ministère de l'instruction publique, qui leur conserve un caractère littéraire et scientifique sans applications techniques.

Au-dessus des écoles réelles, la Prusse montre, avec un certain orgueil, ses *gymnases*, établissements analogues à nos institutions d'enseignement secondaire, et qui préparent des élèves pour les universités. L'enseignement porte sur la religion, la langue allemande, le français, le latin, l'hébreu, l'histoire, la géographie, les mathématiques élémentaires, la physique, la chimie, le chant et la gymnastique. Le dessin manque évidemment à cet ensemble.

Le couronnement des études réelles est, en Prusse, l'institut polytechnique, plus connu sous le nom d'Institut royal industriel, établi à Berlin. Cette grande création a pour but de former des mécaniciens, des chimistes, des métallurgistes, et des ingénieurs de constructions navales. Le gouvernement prussien n'a rien négligé pour faire de l'Institut royal industriel un établissement modèle : ateliers, laboratoires, salles de dessin et de modelage, collections nombreuses, bibliothèque, rien ne manque aux jeunes gens pour faciliter leurs études et les rendre plus fructueuses.

J'ai beaucoup insisté, et j'ai peut-être donné une trop grande place à la Prusse, dans cette *Étude* sur l'enseignement représenté par les classes 89e et 90e. On voudra bien me pardonner, en songeant à l'importance des développements et des progrès que l'instruction primaire, aussi bien que l'enseignement intermédiaire, ont fait depuis quarante années en Prusse, et aussi en pensant au rang élevé que tient ce pays au milieu des contrées de langue allemande.

L'exposition scolaire de la Prusse, qui comprend celle des nouveaux pays annexés, est loin de présenter l'ensemble qu'on nous promettait, et nous aurions voulu pouvoir examiner non-seulement une école primaire, mais aussi une de ces écoles réelles, si nombreuses en Prusse et si appréciées. Cependant, on peut voir à l'Exposition, dans la salle IIIe et dans la salle Ve, des livres, des cartes et des globes, des collections, des dessins, etc., etc. Sans parler du plan-relief de l'Etna, d'après Sartorius de Walterhausen, exécuté par M. *Dickert*, ni de la grande carte topographique de l'Europe centrale, du savant Reymann, publiée par le libraire *Flemming*, de Glogau, nous signalerons les atlas, les cartes, les globes et les reliefs géographiques, faits pour l'enseignement de la géographie. Les Allemands montrent avec fierté les résultats de cette étude, obtenus dans la plus petite école de village, et il faut dire qu'ils nous ont devancés dans cet enseignement.

Je ne veux pas entrer dans le domaine de notre collaborateur M. Pieraggi (1). Mais, au point de vue pédagogique, je dois attirer l'attention des instituteurs sur les globes terrestres en relief, de la maison E. *Schotte et C*ie de Berlin; sur les reliefs de l'Europe, de l'Asie, de la Palestine, de la France, de l'Europe centrale, exposés par la même maison ; nous savons que ces reliefs coûtent cher, et par cela même qu'ils ne peuvent pénétrer dans les écoles primaires; mais l'éditeur a songé à les reproduire par la photographie et à traduire celle-ci par la lithographie et par la gravure; cette heureuse idée, qui n'est pas nouvelle cependant, a donné d'excellents résultats, si l'on en juge par les spécimens exposés ; idée heureuse surtout, parce qu'elle permettra de multiplier de bonnes cartes à bon marché, pour les écoles primaires.

Le célèbre géographe de Gotha, M. *Justus Perthes*, qui a exposé une grande et belle carte des services maritimes et télégraphiques du monde entier, nous montre des atlas pour les écoles dont nous n'avons qu'à louer la simplicité et le sens pédagogique dans lequel ils ont été conçus. Dans ces cartes, l'auteur procède logiquement par les grandes masses, il exclut tous les détails inutiles, laissant à chaque carte ce qu'elle doit contenir. Nous avons trouvé un système

____

(1) Nous avons eu la douleur de perdre ce savant collaborateur. La mort vient de l'enlever à un âge peu avancé. E. L.

analogue chez les Anglais, et, disons-le, nous l'avons, depuis quelque temps déjà, adopté pour l'enseignement géographique dans nos écoles primaires. Citons encore l'atlas historique de M. *Rhode*, les cartes photo-lithographiées de MM. *Kelnert* et *Giesemann*, les globes terrestres et les grandes cartes murales pour les écoles du savant géographe *Kiépert*, et le globe terrestre en relief de M. D. *Reimer*, exécuté avec beaucoup de soin, et dont le prix est accessible aux écoles urbaines, sinon aux écoles rurales.

Ce qui frappe dans toutes ces cartes, c'est qu'elles présentent l'étude de la géographie dans son sens le plus large : ce ne sont pas seulement les cartes de telle ou telle contrée, ce sont celles des grands courants maritimes, des isothermes, des courants atmosphériques ; ce sont des cartes agricoles, minérales, géologiques, etc., qui permettent d'étudier le globe dans toutes ses parties, et personne aujourd'hui ne peut nier l'importance que prennent ces connaissances, soit pour la navigation, soit pour l'agriculture, soit pour les commerces lointains.

Dans la salle Vᵉ de la Prusse, la partie des collections scolaires est représentée par l'exposition de la maison L. *Hestermann*, d'Altona. Il y a là tout un matériel de petits modèles d'instruments usuels, tels que pompes, poulies, cabestan, télégraphe électrique, etc., etc. ; tout un petit cabinet zoologique, tout un museum botanique, des collections géologiques et minéralogiques, tout cela bien fait, sans superfluités, sans inutilités. Combien nos instituteurs de France, en voyant ce matériel simple et facile à faire, n'en ont-ils pas envié la possession et que n'auraient-ils pas donné pour le posséder, au moins en partie ? Il est évident que le tâche est simplifiée, attrayante pour le maître et pour l'élève ; et que d'idées justes et pratiques on peut faire pénétrer dans l'esprit des enfants par ces procédés d'intuition, de vision, de toucher ; que de curiosités on éveille, que d'observations on fait naître en eux !...

Quant à l'enseignement du dessin, je n'ai rien vu qui attire l'attention, ni travaux d'élèves ni méthodes. Cependant ces grands modèles, qui tapissent une des parois de la salle Vᵉ, constituent peut-être une méthode : un nez, une bouche, une oreille, un œil, dans des proportions gigantesques, sans doute, pour être vus d'un grand nombre d'élèves, peuvent-ils s'appeler ainsi ? en tout cas, nous avouons ne pas comprendre.

Passons dans le parc où, dans la section prussienne, s'élève le spécimen d'une école primaire de village, à une classe, avec arrangement complet et appareils d'enseignement. Tous ceux qui s'intéressent aux développements de la science pédagogique ont applaudi à cette intéressante partie de l'exposition scolaire de la Prusse ; au moins, si nous n'avons pas tout ce que nous espérions, nous pouvons avoir une idée assez exacte des maisons d'école de la Silésie. Le bâtiment, qui offre une longueur d'environ seize mètres, se compose de deux parties bien distinctes : la classe, et le logement de l'instituteur, qui, dans leur plan, affectent la forme d'un T. La classe est à gauche (dans le sens de la barre horizontale du T), présentant deux pignons dont le principal, en façade, est orné de trois fenêtres ogivales et d'un petit clocheton ; le logement du maître s'appuie sur toute la longueur de la classe (dans le sens de la barre verticale du T) ; il se compose de deux chambres, d'un cabinet, d'une cuisine, et de mansardes qui sont au-dessus de la classe. Un perron de quelques marches, placé à la rencontre des deux parties du bâtiment, fait entrer dans un vestibule où les enfants accrochent casquettes et manteaux ; à gauche, l'entrée de la classe, à droite, celle du logement de l'instituteur. Sur la façade postérieure, celui-ci a une sortie qui lui est particulière. La classe a environ 10 mètres de longueur sur 6 mètres à peu près de largeur, la hauteur paraît être de 4 mètres. Cinquante enfants peuvent être placés dans cette salle, filles et garçons, ainsi que l'usage l'a consacré en

Prusse et dans plusieurs autres contrées de l'Allemagne. Ce mélange des deux sexes, constituant l'école *mixte*, est vivement combattu en France. En Allemagne, on répond à la critique en disant, que toutes les précautions qu'on prend ont trop d'importance et font naître les désordres qu'on veut éviter ; qu'il est plus simple et plus sage de ne rien exagérer et qu'on ne s'en trouve pas plus mal. Peut-être les Allemands ont-ils raison.

Quoi qu'il en soit, l'école prussienne a un aspect riant, qu'on voudrait voir à nos écoles rurales ; les arbres quil 'entourent, les plantes grimpantes qui en tapissent les murs, se mêlent agréablement à une architecture sans recherche, simple, sans roideur. Devant cette maison gaie, attrayante, on songe malgré soi aux tristes et misérables écoles des villages de notre pays, dont l'*enquête* de M. Charles Robert nous donne le navrant tableau (1861). Mais ne désespérons pas..... Si nous pénétrons dans l'école, les yeux sont attirés par des objets nombreux qui constituent le matériel enseignant. Des tableaux noirs entourent la salle, des cartes murales de Kiépert, je crois, sont suspendues aux murailles, un globe terrestre est placé sur une armoire renfermant les cahiers et les livres de classe ; des gravures, des images d'école de Strubing, employées dans l'enseignement par l'aspect et dans les *leçons de choses*, donnent à l'instituteur des moyens faciles et charmants de faire pénétrer, dans l'esprit des enfants, les connaissances usuelles, d'histoire naturelle, de sciences appliquées, de leur faire toucher du doigt, pour ainsi dire, les merveilleuses transformations que l'homme fait subir à la matière, les moyens qu'il emploie pour les répandre dans le monde. Les sujets sont inépuisables, on le comprend, et peuvent être présentés de mille manières, suivant le degré de développement intellectuel des enfants. Ces moyens pédagogiques, très-connus et très-employés en Allemagne, ne le sont pas assez chez nous, et cependant ils commencent à s'introduire dans nos écoles primaires urbaines ; espérons qu'ils prospéreront et donneront les résultats constatés de l'autre côté du Rhin. Dans l'école prussienne, nous avons remarqué des cahiers d'élèves qui ne nous ont rien présenté d'extraordinaire, et des livres classiques parmi lesquels celui qui est intitulé *handfibel* renferme à la fois une méthode élémentaire de dessin, d'écriture et de lecture. L'idée nous sourit ; elle est juste et, mise en pratique avec intelligence, elle doit donner des résultats sérieux. Il y a si longtemps que nous pensons que l'enseignement du dessin devrait commencer en même temps que celui de l'écriture et de la lecture, que nous n'avons pas été étonné de la hardiesse du système présenté dans le *handfibel*. Pourquoi, rejetant bien loin la routine, n'essaierait-on pas en France de cette méthode pédagogique qui a trouvé de fervents adeptes en Amérique ? Un autre petit livre, que nous avons à signaler, c'est un guide pour l'enseignement de la gymnastique. On sait que la gymnastique est, en Allemagne, obligatoire dans l'école primaire et avec quel soin et quel esprit méthodique elle est enseignée.

Parmi plusieurs appareils d'enseignement, nous signalerons un boulier-compteur, un appareil pour apprendre à lire, tous les deux imaginés par un instituteur de Berlin, M. *Born*. C'est ingénieux, trop ingénieux peut-être, car il ne me paraît pas que l'enfant se serve lui-même de ces instruments. Je souhaite, pour terminer notre visite à l'école prussienne, que nos écoles primaires, ou plutôt nos instituteurs primaires, possèdent une petite bibliothèque comme celle qui se trouve dans une des chambres du maître. C'est un choix excellent de bons livres pédagogiques, à l'usage spécial de l'instituteur, et de livres intéressants sur les sciences, l'agriculture, etc., etc., plus spécialement destinés aux élèves.

Quoique je ne puisse pas signaler ici tout ce qui devrait l'être, de ce que contient l'école prussienne, on voit qu'une visite consciencieuse, qu'y fera un homme d'enseignement, ne pourra que le faire réfléchir et l'initier à des moyens pédagogiques que les Allemands ont si souvent et si heureusement développés.

La Saxe royale est peut-être la contrée de l'Allemagne qui, la première, a donné l'élan à l'enseignement populaire. Quoique rien, dans l'Exposition, ne rappelle, de près ou de loin, le rôle qu'a joué cette contrée dans les développements de l'école populaire, il ne me paraît pas possible d'oublier, dans cette Étude, que c'est de là qu'est sortie l'impulsion créatrice de la pédagogie allemande.

C'est en 1524 que Luther envoyait de Wittemberg « aux bourgmestres et conseillers de toutes les villes allemandes » son appel pour la fondation des écoles populaires, et c'est en 1528, que Mélanchton (mort en 1560) donnait à la Saxe son plan d'écoles, qui repose sur les idées du réformateur. Dès l'année 1533, les écoles de filles, créées en grand nombre par son initiative puissante, recevaient un règlement dans lequel paraît l'activité dévorante de Bugenhagen (*Pomeranus*). — L'enseignement populaire eut un protecteur convaincu dans le duc Maurice qui, comme Philippe de Hesse, affecta les biens des couvents à la fondation d'écoles. C'est à lui que la Saxe doit les écoles princières de Meissen, de Grimma et de Pforta, fondées en 1543 au moyen de ces ressources.

L'électeur Auguste 1er, « l'œil, le cœur et la tête de l'Empire » ; continua l'œuvre du duc Maurice. Au milieu de ses luttes pour empêcher les scissions dans l'Église luthérienne, il n'oubliait pas l'instruction publique. En 1555 et 1556, il fit faire des inspections dans les écoles de la Saxe, et, l'année suivante, il publia, dans ses règlements généraux, un livre spécial pour les écoles. « On y remarque, dit M. F. Monnier, l'institution d'examens annuels présidés par le pasteur, le bourgmestre et quelques membres du conseil municipal, à la suite desquels quelques encouragements « en menue monnaie » sont distribués aux élèves qui ont le mieux répondu. Ces règles, reprises avec détail dans le long règlement de 1580, y sont accompagnées de nombreux préceptes pédagogiques et d'instructions disciplinaires, destinées aux écoles urbaines, où prédomine encore l'enseignement du latin, mais qui sont terminées par différents titres spécialement applicables *aux écoles allemandes qui se tiennent dans les villages et autres lieux.* » Ce règlement fut pratiqué pendant un siècle et demi en Saxe, sauf quelques nouveaux articles en faveur du traitement « des maîtres d'école et sacristains. » — En 1596, cependant, le duc Frédéric-Guillaume, et, en 1617, l'électeur Georges 1er, comblèrent les lacunes signalées par l'expérience ; une commission fut nommée, qui prépara un décret synodal que les états refusèrent en 1624, mais que l'électeur Jean-Georges II fit revivre en 1673, en le faisant accepter par cette assemblée. Dans ce décret, les instituteurs des villes et des campagnes sont confirmés dans leurs droits et privilèges, dans leurs devoirs vis-à-vis des enfants et de leurs pasteurs ; les parents sont obligés d'envoyer régulièrement leurs enfants à l'école ; les pasteurs sont invités à visiter les classes chaque semaine, et les autorités à la vigilance la plus grande, etc., etc. L'électeur Frédéric-Auguste renouvela, en 1713, toutes ces prescriptions, et, en 1724, un second règlement général fut publié « sur les bases et dans l'esprit de celui de 1580... » En 1773, parut une ordonnance, que la loi plus récente, de 1835, n'a pas beaucoup modifiée, et dans laquelle l'obligation scolaire est étendue de l'âge de cinq ou de six ans, jusqu'à quatorze ans, tant dans les campagnes que dans les villes, en hiver, aussi bien qu'en été, excepté pendant la durée des moissons, époque des vacances. Mais, en Saxe, le devoir scolaire a un caractère moins administratif qu'en Prusse ; il est du reste une obligation religieuse aussi bien que civile, et les documents les plus récents nous montrent que le nombre des enfants astreints à aller aux écoles est égal à celui des enfants qui les fréquentent réellement. C'est un résultat magnifique que nous voudrions pouvoir constater en France. Outre les écoles primaires, les communes de la Saxe ont toutes des écoles du dimanche, et dans les villes, des

écoles de perfectionnement qui se tiennent le soir. On y enseigne la langue allemande, le dessin, les éléments des mathématiques et de la géométrie, et, suivant les localités, des notions de physique et de chimie. Les filles qui, comme
on sait, sont aussi tenues de remplir leur devoir scolaire, ont des écoles d'apprentissage où on leur enseigne la fabrication des dentelles, de la bonnete-
rie, etc., etc. Ces écoles, disons-le, sont principalement établies dans les communes des parties montagneuses et pauvres.

Au-dessus des écoles primaires et des écoles du dimanche, on trouve, en Saxe,
dans plusieurs centres d'industrie, comme Chemnitz, par exemple, des écoles
dites *professionnelles*, qui possèdent différents degrés d'instruction. Ces écoles
sont destinées à former des chefs d'ateliers, des contre-maîtres, etc. C'est de ces
écoles primaires et professionnelles que sortent les élèves des écoles *techniques*
ou spéciales, dont la création est nouvelle, et qui sont à la charge de l'État ; ce
sont les écoles des arts et métiers, des beaux-arts, des forêts, des mines, des
constructeurs, etc. Quant aux *écoles réelles* du royaume de Saxe, elles offrent un
type littéraire qui se rapproche beaucoup de celui adopté par la Prusse. On y
enseigne le latin, les langues allemande, française, anglaise, les sciences mathématiques et physiques, le dessin. On ne s'y occupe ni du grec, ni de la logique,
ni de la philosophie, réservés pour les gymnases. On peut donc rapprocher aussi
les écoles réelles de la Saxe des écoles d'enseignement secondaire spécial qui viennent d'être légalement reconnues en France et qui doivent s'y multiplier.

Il est à regretter que la Saxe, comme beaucoup d'États allemands, n'ait
point envoyé à l'Exposition, même un tableau de la coordination des établissements de son enseignement public. Nous y aurions vu un ensemble complet
d'études où chaque catégorie d'enfants peut trouver le degré d'instruction qui
lui est nécessaire. Ainsi nous aurions appris que, en Saxe, pour une population
d'environ deux millions et demi d'habitants, il y a 2,016 écoles primaires ou une
école pour 1,053 habitants, et autant d'écoles du dimanche, sans parler des
écoles industrielles, des écoles réelles, des gymnases et des écoles spéciales. On
comprend qu'un pays, où l'instruction est organisée de manière à répondre à
tous les besoins de l'activité intellectuelle, puisse posséder tous les éléments
d'une véritable prospérité.

Nous avons vu que la Saxe est un des pays allemands où l'instruction est le plus
répandue et où l'instituteur est le plus honoré. Fière du rang qu'elle occupe à
ce point de vue, la Saxe a élevé (dans l'allée de Saxe) une sorte de petit temple
grec au frontispice duquel on lit : *Saxe, instruction publique*, et elle a rédigé un
Exposé de l'état de l'instruction publique en Saxe, remarquable travail, qui montre
les progrès considérables de ce pays. La Saxe aurait pu se contenter de ce document. Elle a envoyé, en outre, ses livres classiques, un matériel d'enseignement, des cartes murales fort belles de MM. Vogel et Delitsch, de Leipzig, un
modèle en relief de l'école normale de gymnastique de Dresde, et beaucoup
d'engins nécessaires à cette étude, tout cela un peu placé çà et là. Pourquoi n'a-
voir pas, comme la Prusse, construit une école complète ? Nous y aurions appris
davantage, et mieux jugé de la distance qui nous sépare encore de la Saxe royale
au point de vue de l'école populaire.

J'ai peu de chose à ajouter au sujet des duchés de Saxe, qui sont représentés
au Champ-de-Mars par M. *Justus Perthes*, de Gotha et M. *Pierer*, d'Altenbourg.

Le duché de Saxe-Altenbourg offre, au point de vue de l'école populaire, les
mêmes caractères que dans la Saxe Royale ; il renferme, pour une population
de 130,000 habitants, 180 écoles primaires et un séminaire pédagogique ou
école normale établie à Altenbourg. Le duché de Saxe-Cobourg-Gotha, dont la
population s'élève à 175,000 habitants, est divisé en trois territoires : celui de

Gotha, qui a 101,000 habitants, possède 242 écoles primaires, et un séminaire pédagogique, une école réelle, une école industrielle et une haute école de filles. En outre, Gotha est fière de montrer son *Gymnasium Ernestinum*, aussi bien que Cobourg l'est de citer son *Gymnasium Casimirianum*, son école réelle, son institut des mines et son école Alexandrine, fondée sous le patronage de la duchesse régnante. Je terminerais, par ces quelques lignes, ce qui concerne le duché de Saxe-Cobourg-Gotha, si je n'avais à rappeler rapidement la marche du mouvement pédagogique dans ce petit État dont les développements et les progrès l'ont placé « à la tête du progrès en Allemagne. »

L'école commença, dans le duché de Saxe-Cobourg-Gotha, de la même manière que dans les autres contrées de l'Allemagne protestante, et rien ne fut modifié sérieusement jusqu'à la réforme du duc Ernest le Pieux (mort en 1675). Ce prince donna une série de règlements mémorables qui furent le point de départ d'une nouvelle période dans l'histoire scolaire de l'Allemagne. Tous les règlements du duc Ernest le Pieux ont été réunis après lui (1685) sous le nom de *Methodus*, et ont formé, pendant plus de deux siècles, le manuel complet de l'instituteur. On peut dire que tout est contenu dans ces instructions remarquables, excepté les séminaires pédagogiques ; on y trouve la fréquentation obligatoire, la division régulière des classes, les méthodes perfectionnées, les examens annuels, l'introduction des connaissances usuelles, etc. A la fin du dix-septième siècle, sous le duc Frédéric II, on constata un relâchement et ce prince renouvela les instructions du *Methodus*; il organisa, en outre, une réglementation sévère et fit cesser l'enseignement des doctrines divergentes entre protestants et catholiques. Jusqu'à la fin du siècle dernier, l'influence des règlements d'Ernest le Pieux se fit sentir ; et ce fut sous le duc Ernest II, ardent propagateur de l'instruction du peuple, que le *Methodus* reçut des modifications considérables. C'est à cette époque qu'apparaît un pédagogue célèbre en Allemagne, le philanthrope Christian Hann, à qui le duc Ernest II confia l'inspection des écoles du duché. La première œuvre de Hann fut la création, en 1786, d'un séminaire pédagogique à Gotha, auquel était annexée une école d'application. En 1801, il fit publier une nouvelle instruction dans laquelle, voulant propager l'étude des connaissances usuelles, il recommandait l'enseignement du jardinage, de l'agriculture, de la culture des vers à soie et des abeilles, etc. ; et il ajoutait à son programme l'enseignement de l'histoire, de la géographie, de l'encyclopédie, du style, etc. « Là où l'analyse du sermon n'est pas un travail goûté, continuait le pédagogue, on pourra le remplacer par la lecture de quelques fragments des journaux de la semaine, tels que la *Gazette Nationale* ou le *Messager de la Thuringe*. Un enfant, placé au milieu de la classe, en donnera lecture lentement et à voix claire ; le maître y ajoutera quelques observations (F. Monnier). » Ce n'est pas tout ; Christian Hann, poussant plus loin le radicalisme, voulut émanciper l'instituteur et l'affranchir des emplois ecclésiastiques. En cela il s'éloignait autant que possible du *Methodus* d'Ernest le Pieux, qui faisait de chaque instituteur un auxiliaire des pasteurs. Qui pourrait le blâmer aujourd'hui ?

Jusqu'en 1855, la lutte engagée par Hann se continua au milieu de la confusion née des différents systèmes essayés et rejetés. En cette année, le docteur Karl Schmidt, pédagogue indépendant qui dirigeait déjà le séminaire de Gotha, fut chargé de rédiger un nouveau plan d'études qui souleva l'Église contre lui. Ce ne fut qu'en 1863 que la loi scolaire, préparée par ses soins, fut votée, et Karl Schmidt déclara que « pour la troisième fois, le duché de Gotha était à la tête du progrès en Allemagne. » Cette loi est faite pour affranchir l'école de la tutelle de l'Église, pour relever la position des instituteurs et en faire des fonctionnaires de l'État, et elle donne aux inspecteurs une mission capitale qui en fait le point d'appui du système. Karl Schmidt est mort en 1864, sans avoir pu assister au triomphe de ses idées.

Dans les principautés de Saxe, Meiningen et Hildburghausen, l'école est régie par les anciens règlements saxons ; elle dépend de l'Église, et l'État n'est intervenu que pour régulariser et élever progressivement le traitement des instituteurs. Sur une population de 165,000 habitants, on compte 408 écoles et un séminaire pédagogique établi à Hildburghausen.

Le grand duché de Saxe-Weimar-Eisenach, qui a été pendant un demi-siècle le grand centre littéraire de l'Allemagne, possède un enseignement populaire organisé sur les bases de celui de la Saxe Royale; il est placé sous le contrôle de l'Église et les pasteurs ont les instituteurs sous leur direction immédiate. Un fait à signaler : la commune a une caisse scolaire qui pourvoit seule à toutes les dépenses concernant l'école ; elle est alimentée par le revenu des biens-fonds et capitaux scolaires, par les rétributions des élèves ou par le montant de la taxe spéciale. Cependant, en cas d'insuffisance absolue, un fonds spécial d'État lui vient en aide. Il existe, en outre, une caisse générale d'assurances en faveur des veuves et des orphelins d'instituteurs. Tous les instituteurs sont tenus d'y souscrire. Cette institution est secondée, à Weimar, par la Société dite de Pestalozzi, dont le but est le même. Noble idée d'avoir placé une telle œuvre sous l'égide du plus grand pédagogue des pays allemands.

Le royaume de Bavière, représenté au Champ-de-Mars par l'École des Arts et Métiers de Nuremberg, l'École industrielle de Berchtesgaden, ses jouets de Nuremberg, et surtout par sa magnifique exposition de peinture et de sculpture, a suivi, jusqu'au commencement de ce siècle, l'impulsion donnée à l'enseignement public dans les autres parties de l'Allemagne. Il ne paraît pas, cependant, que ce pays ait fait, chez lui, des tentatives pour améliorer l'école populaire; celle-ci est née et a vécu par l'influence de la forte organisation qu'elle reçut à différentes époques en Autriche, en Prusse, et dans les autres contrées de langue allemande. Il faut arriver à l'année 1802 pour assister à la réorganisation des écoles publiques en Bavière. L'ordonnance grand-ducale déclarait l'enseignement obligatoire pour tous les enfants de six à douze ans, organisait les inspections locales, et une instruction détaillée, contenant vingt-quatre principes restés célèbres, était adressée aux pasteurs. En 1804 et 1806 « des règlements pour les écoles rurales et urbaines furent rédigés sur ces principes avec des développements excessifs. L'enseignement était distribué en six articles : Dieu, l'homme, la nature, la langue, le calcul et l'arpentage. On encombrait les études de notions usuelles dites *réalités* (realien), auxquelles se mélangeaient des prescriptions hygiéniques contre les maladies de l'enfance, des règles de bienséance, des directions sur la gymnastique. Chaque branche devait être à la fois commencée, (M. F. Monnier.) » Cet esprit nouveau, qui s'ancra dans la population, subsiste encore en Bavière, malgré les règles de la saine pédagogie. L'organisation scolaire fut complétée, en 1818, par la création des séminaires, et, plus tard, le roi Louis développa considérablement l'enseignement primaire, par l'établissement des écoles dites *allemandes*, par opposition aux écoles latines. En 1839, « l'école fut incorporée à l'Église et placée sous son action immédiate, réserve faite des droits supérieurs de l'État. » Mais, en 1845, l'école ne pouvant plus rester sous la pression ecclésiastique, il y eut une réaction en faveur de son indépendance. Ce mouvement, qu'on a vu se dessiner dans d'autres contrées de l'Allemagne, rappela l'Église à son véritable devoir, et l'État à ses vrais intérêts. On fit un compromis : les instituteurs furent déclarés fonctionnaires des communes, leur situation pécuniaire fut beaucoup améliorée, on leur construisit des écoles et des habitations convenables, etc. Mais toutes ces satisfactions matérielles, qui sont encore le but où tend le régime actuel, n'empêchent pas que la réforme scolaire n'agite encore la Bavière et ne donne lieu à des controverses vives et répétées.

Aujourd'hui, la Bavière possède environ 8,260 écoles primaires pour une population de 4 millions et demi d'habitants, ou, à peu près, une école par 570 habitants. La capitale du royaume, Munich, montre mieux encore les progrès qui ont été faits depuis un quart de siècle. Pour une population de 100,000 âmes, cette ville a 21 écoles primaires de six classes, ce qui correspond à environ cinq écoles pour mille habitants. Dans ces écoles primaires, il y en a onze pour les filles.

L'obligation de l'enseignement primaire, devenue article de loi en 1856, est observée sans aucune exception, et la différence, entre le nombre des enfants astreints à la fréquentation et le nombre de ceux qui suivent l'école, est nulle. Mais, aussi, il faut dire que la loi fait une charge à la commune scolaire d'établir une école primaire, de pourvoir l'instituteur d'un traitement suffisant, de lui donner un local convenable, etc. En 1834, le gouvernement bavarois avait organisé des écoles industrielles se recrutant dans les écoles primaires, et, à leur suite, des instituts polytechniques; mais, en 1864, une ordonnance de Louis II vint réorganiser cet enseignement dit technique et établir des écoles industrielles, auxquelles, suivant les besoins locaux, on peut annexer des divisions spéciales pour le commerce, l'agriculture, etc.; des gymnases réels et une école polytechnique comprenant quatre divisions complètent l'ensemble de l'enseignement public. Les écoles industrielles, qui font suite à l'école primaire, sont destinées à former des jeunes gens propres aux emplois inférieurs de l'industrie; elles comportent trois années d'études que les municipalités peuvent augmenter d'une quatrième année pour l'étude spéciale du commerce, de l'agriculture, etc. Le programme de ces écoles comprend l'étude de la religion, de la langue allemande, de la géographie, de l'histoire, de l'arithmétique, de l'algèbre, de la géométrie, de la descriptive, des notions d'histoire naturelle, de physique, de chimie, de mécanique, du dessin et du modelage.

Ces écoles industrielles sont au nombre de trente dans le royaume. Elles ont pour annexes les écoles spéciales de commerce et d'agriculture; une école supérieure d'agriculture est établie à Weihenstephan.

Les études littéraires sont données dans 66 écoles dites *latines* et dans 28 gymnases réels. Dans ces deux genres d'établissements, le latin, l'allemand, le français, l'anglais, l'histoire et la géographie, occupent plus de la moitié du temps consacré aux études. Les meilleurs élèves des gymnases réels sont admis aux instituts polytechniques. Parmi ces derniers, il faut citer celui de Munich, remarquable par ses dispositions grandioses et ses importantes collections; celui de Nuremberg, auquel il faut ajouter l'école supérieure de dessin industriel, dirigée par M. Kroling et regardée, en Allemagne, comme celle qui a rendu le plus de services à l'industrie. Ces progrès se font voir surtout dans l'amélioration réelle des produits de la principale industrie de Nuremberg, je veux dire la fabrication des jouets d'enfants. L'enseignement du dessin, dans cette vieille et artistique cité, est regardé comme étant de premier ordre. Aussi existe-t-il, outre l'école supérieure de dessin, une école préparatoire à celle-ci qui comprend deux années de cours, et des écoles du dimanche, dans lesquelles on a réuni l'enseignement du dessin, du modelage, de la sculpture et de la gravure, à celui des notions de géométrie, d'arithmétique, de physique et de chimie. Les cours de ces écoles du dimanche, dont les plus importants sont ceux qui se rattachent aux arts du dessin, sont suivis par une grande quantité d'auditeurs, près de 1,500, selon le rapport de M. le général Morin.

Parallèlement à l'enseignement technique, il existe les écoles latines dont les cours durent quatre ans et qui se recrutent dans les écoles primaires. Après ces quatre années, il y a bifurcation : d'un côté les gymnases réels qui mènent à l'école polytechnique, et de là aux spécialités des mines, des forêts, des machines, etc.; de l'autre, les humanités qui conduisent aux spécialités du droit, de l'administration, de la médecine, etc.

On voit, par ce court exposé, que la Bavière, qui est entrée tard dans la voie pédagogique, est cependant fortement constituée sous le rapport scolaire. L'ensemble du plan d'études adopté répond à la fois aux besoins des lettres, des sciences et des arts, comme à ceux de l'industrie, du commerce et de l'agriculture. Il se prête d'ailleurs, dit le rapport cité plus haut, à toutes les additions que peuvent exiger certaines industries ou certains services locaux, tels que les cours du dimanche et du soir pour les ouvriers, les écoles spéciales supérieures pour les filles, les écoles d'apprentissage, les écoles normales pour les instituteurs et institutrices, etc.

Ces dernières écoles, ou séminaires, sont au nombre de dix pour tout le royaume; ce sont des institutions d'État; toutes possèdent, comme annexe, une école expérimentale dont le rôle sera compris par tous ceux qui s'occupent d'enseignement.

L'exposition scolaire de la Bavière est presque entièrement restreinte dans la grande école de dessin de Nuremberg et l'école industrielle de Berchtesgaden. Les productions de ces deux établissements forment une modeste annexe à la magnifique exposition des Beaux-Arts (établie, comme on sait, dans le parc, le long de l'avenue d'Europe). Mais elles n'en sont pas moins remarquables ; elles dénotent une direction intelligente, un sens vrai des arts appliqués, quoique, peut-être, visant trop au grand art, ce qui, après tout, n'est pas un défaut. L'école de Berchtesgaden se souvient des vieux maîtres ; des médaillons, représentant des scènes à personnages, sculptés en haut relief dans du bois, finement exécutés, sont tout à fait archaïques : j'aurais voulu voir, au milieu de ses petits chefs-d'œuvre, des morceaux d'ornementation architecturale largement conçus et délicatement taillés, comme en faisaient Pierre Vischer et ses contemporains. Néanmoins nous applaudissons à la médaille d'or qui a été décernée à l'exposition scolaire de la Bavière en ce qui concerne l'école de Nuremberg et celle de Berchtesgaden.

Le royaume de Wurtemberg, dont l'exposition scolaire occupe deux salles, à droite et à gauche de la galerie des Arts libéraux, se fait remarquer par une organisation scolaire ancienne et complète. Il faut, en effet, remonter aux constitutions données par Bugenhagen, pour trouver la première ordonnance scolaire, véritable code pédagogique, organisant les écoles populaires dans les villes et les campagnes, arrêtant les programmes, installant les inspections, etc., etc. Ce règlement, confirmé en 1559, donnait la direction exclusive de l'enseignement aux autorités ecclésiastiques ; les communes nommaient leurs instituteurs, et leurs choix étaient confirmés par des délégués ecclésiastiques du prince

La guerre de Trente ans jeta le trouble dans l'organisation scolaire de la plus grande partie de l'Allemagne et en arrêta les développements pendant plus d'un demi-siècle. Cependant, dans le Wurtemberg, comme dans tous les pays allemands, l'intérêt qui s'attachait à l'instruction populaire ne se démentit pas un instant, et c'est au milieu des péripéties de cette longue guerre, que des décisions furent prises pour rendre l'enseignement primaire complétement obligatoire, pour instituer des écoles d'été, pour améliorer le sort des instituteurs, etc.

En 1729, parut une grande ordonnance du duc Eberhard Louis, qui cherchait à perfectionner les règlements précédents, et donnait à l'enseignement populaire un esprit essentiellement religieux. Cette constitution, reproduite en 1782, entra profondément dans les mœurs des populations du Wurtemberg et se perpétua jusqu'à nos jours. La loi de 1836, modifiée par celles de 1858 et de 1865, assigne à l'école un double but : « donner à l'enfant une éducation religieuse et morale, lui fournir les connaissances nécessaires à la vie civile. »

Le premier but est atteint par l'autorité donnée aux pasteurs ; l'administration de l'école est remise à un comité local. L'enseignement est composé des connaissances essentielles : religion, lecture, écriture, allemand, calcul et chant. Mais le Comité local, en vertu de sa libre initiative, peut ajouter des cours facultatifs, et nous verrons de quelle manière heureuse cette initiative a créé, dans la plupart des écoles primaires, un enseignement du dessin qui, en peu d'années, a pris un développement remarquable.

Au-dessus des écoles primaires, la loi a établi des écoles moyennes qui donnent l'instruction intermédiaire et comprennent les écoles réelles inférieures et supérieures, les gymnases, les écoles latines, les lycées. En outre, trois séminaires préparent des instituteurs, et à chacun d'eux est annexé, comme école pratique, un institut de sourds-muets et d'aveugles.

Les gymnases — au nombre de sept — donnent un enseignement supérieur qui prépare aux universités ; les lycées sont des établissements intermédiaires entre les gymnases et les écoles latines, inferieures, et dans ces dernières, on enseigne aux enfants jusqu'à quatorze ans accomplis, les langues mortes à la suite de l'enseignement primaire.

Les écoles réelles inférieures sont des établissements parallèles aux écoles latines. Un fait qui caractérise l'état intellectuel des populations du Wurtemberg, c'est la quantité considérable des élèves des écoles primaires qui continuent leurs études dans les écoles réelles et aussi dans les écoles latines. Les statistiques constatent que, sur 9,600 garçons de huit à quatorze ans, il y en a 8,400 qui suivent les écoles moyennes. Toutes les villes, ou presque toutes, ont une école réelle inférieure. Quant aux écoles réelles supérieures, il n'y en a qu'à Stuttgard, à Ulm, à Heilbronn, à Ludwigsbourg, à Esslingen, à Reutlingen, à Tubingen, à Rottweil et à Hall. Ces établissements préparent à l'école polytechnique (à Stuttgard), ou donnent une instruction plus complète aux jeunes gens qui veulent suivre les carrières industrielles.

Une création qu'il ne faut pas passer sous silence est celle des écoles d'hiver du bâtiment qui datent de 1845. Elles sont instituées pour les apprentis et les compagnons des métiers se rapportant aux constructions des bâtiments, et elles leur donnent une instruction spéciale. Ces utiles établissements complètent, pour ainsi dire, les écoles industrielles, qui ont lieu le dimanche et le soir, et où l'on enseigne principalement le dessin. Il y a cent et une écoles industrielles fréquentées par environ 8,000 jeunes gens. Si à ces nombreux établissements on ajoute les écoles de perfectionnement, on n'est pas étonné de constater qu'il n'y a pas un illettré dans tout le royaume ; la statistique des prisons même, pour 1858-1859, donne 1,1 illettré pour 100.

Je ne veux pas quitter le Wurtemberg sans parler de l'organisation de l'enseignement du dessin dans les écoles primaires. Le rapport de M. le général Morin me fournit d'exacts renseignements sur ce développement remarquable.

« C'est après l'exposition de Londres de 1851 que fut créée une association relevant du ministère de l'instruction publique et des cultes et ayant pour but d'organiser dans les écoles primaires des classes de dessin industriel, afin de mettre l'industrie du pays en état de soutenir la concurrence française. Cette commission, plutôt officieuse qu'officielle, a acquis depuis une dizaine d'années une grande influence; elle a doté le royaume de plus de 400 écoles de dessin qui ont déjà amené, pour l'industrie du pays, des progrès notables.

Ces écoles d'abord gratuites, aujourd'hui payantes (depuis 1 fr. 05 jusqu'à 25 francs par an), présentent ce fait important, « que les professeurs sont, autant que possible, choisis parmi des ouvriers ou des maîtres ouvriers des industries principales de la localité, qui, formés par les mêmes écoles, y ont acquis quelque talent. Mais ces ouvriers, devenus professeurs, ne quittent pas leur métier et reçoivent seulement une indemnité d'environ 2 fr. 25 par heure de leçon. Ils en donnent ordinairement trois de deux heures chacune par semaine, de 7 heures à 9 heures du soir, ce qui élève l'indemnité qu'ils reçoivent à 50 ou 54 francs par mois.

C'est ainsi qu'à Geisslingen, il y a une école où cent quatre-vingts élèves sont dirigés par un maître maçon ; dans plus d'une commune les chefs d'atelier ont si bien compris l'utilité de cet enseignement, qu'ils y conduisent eux-mêmes leurs jeunes ouvriers et les apprentis.

Il a même été remarqué que des artistes de quelque talent n'ont pas aussi bien réussi que de simples ouvriers, ce qui prouve *qu'il ne serait pas si difficile qu'on pourrait le croire de former promptement des professeurs pour ce genre d'enseignement élémentaire.*

La direction du commerce a adopté, pour les répandre dans toutes les écoles, des modèles, dont la première série, destinée aux commençants, consiste en lithographies simples et peu nombreuses, qui n'ont pour objet que de délier et d'exercer la main, en même temps que d'habituer l'élève à la guider d'accord avec l'œil. Immédiatement après, les élèves dessinent d'après les modèles en plâtre, gradués depuis les plus simples moulures jusqu'aux plus beaux modèles de l'antiquité, que l'on réserve aux écoles principales.

Ces modèles sont faits, à Stuttgard, par un modeleur qui a un tarif adopté par la direction. Ils sont livrés par lui aux écoles communales qui les payent; mais à la fin de chaque année, la direction restitue aux écoles la moitié du prix qu'elles ont payé. Outre ces modèles en relief, la direction du commerce a formé une collection des meilleurs ouvrages publiés sur l'art industriel, depuis les plus précieux jusqu'aux plus modestes albums de meubles, d'ébénisterie, de bronzes, etc. Elle répand ces ouvrages dans tout le pays, en les prêtant aux professeurs des écoles pour un temps déterminé, ordinairement fixé à un mois. Ils doivent être rendus en bon état, et les dégradations éprouvées sont payées. Tous les deux ans, les écoles de dessin envoient à Stuttgard une collection de leurs dessins de tous genres pour une exposition, à la suite de laquelle on donne des prix à celles qui ont envoyé les plus beaux produits. Les maîtres eux-mêmes sont appelés à visiter cette exposition et à contrôler les jugements qui ont été portés.

Parmi les maîtres les plus habiles, on en choisit quelques-uns qui, pendant les vacances ou à d'autres époques, vont, en qualité d'inspecteurs temporaires, visiter les autres écoles et y donner des conseils, parfois même des leçons particulières aux maîtres.

Le dessin fait, en outre, partie de l'enseignement donné dans les écoles normales d'instituteurs primaires, afin qu'ils puissent, plus tard, en enseigner les premiers éléments aux enfants. Enfin, parmi les élèves les plus habiles et qui ont fait preuve de plus de goût, on en choisit quelques-uns que l'on envoie à l'école de dessin de Nuremberg, dont nous avons signalé la bonne direction. »

J'ai voulu citer ce document presque en entier afin de montrer ce que peut faire l'initiative privée encouragée sérieusement par l'État. On comprend quels progrès on peut attendre d'une pareille organisation, et combien l'émulation grandit en s'ennoblissant au contact des idées artistiques qui développent le sentiment du beau partout où on les cultive.

L'exposition scolaire du Wurtemberg nous offre une nombreuse collection des travaux produits par 46 écoles de dessin établies dans les écoles ouvrières communales de 46 communes dont les noms sont inscrits au catalogue officiel. Nous avons trouvé des études suivies et exécutées avec habileté, de géométrie pratique, d'architecture au trait et lavées ; des dessins d'ornements d'après le modèle, d'après la bosse, des études de papiers peints, des moulages d'après modèle et d'après nature ; des applications diverses d'un goût un peu lourd, mais qui attestent une direction vraie et sans prétention. On apprendra, sans doute, sans étonnement, que le jury ait accordé une médaille d'or à cette institution des écoles de dessin industriel créées par l'initiative privée et qui ouvre au royaume du Wurtemberg une voie féconde en progrès.

Le grand-duché de Hesse-Darmstadt n'est pas représenté, à l'Exposition universelle, d'une manière suffisante au point de vue de l'instruction populaire. Cependant la Hesse a vu, dès la Réformation, se constituer son enseignement public, et, dès 1526, des écoles étaient ouvertes dans les bourgs et les villages, écoles de filles aussi bien qu'écoles de garçons. Les développements ne se firent pas longtemps attendre ; le landgrave Georges Ier (1596), qui créa un grand nombre d'écoles, donna la gratuité pour les pauvres, dans celles de la ville de Darmstadt ; en 1733, paraît un règlement très-détaillé et très-énergique sur l'obligation et la fréquentation des classes, sur les devoirs des instituteurs, etc., etc.

Jusqu'en 1832, rien ne fut modifié dans ce règlement ; à cette époque un édit sépare l'école de l'Église et en fait une institution d'État. L'école est à la charge de la commune civile, à moins de conventions spéciales ; et quand la commune n'a pas de ressources suffisantes, elle reçoit un subside de l'État. La gratuité a été abolie presque partout ; les familles acquittent une rétribution pour l'enseignement et le chauffage de l'école. Cette rétribution varie entre 1 à 2 florins par an dans les villages (2^{fr},10 à 4^{fr},20 par an) et elle peut s'élever dans les villes jusqu'à 4 florins (8^{fr},40). Cependant il y a des communes qui n'imposent aucune contribution, les familles donnent seulement l'offrande du nouvel an, partout en usage. Avec ce système la Hesse-Darmstadt possède une école pour quatre cent quatre-vingt-dix habitants environ, beau résultat, qu'on n'a pu apprécier que plusieurs années après l'édit de 1832.

Il est à regretter que la Hesse ne nous montre presque rien de son école primaire ; l'école supérieure expose des cartes géologiques et minéralogiques du grand-duché, accompagnées d'une collection des terrains et minerais qu'on y trouve. Les écoles d'ouvriers, placées sous le patronage de l'association de l'Industrie, ont envoyé de nombreux portefeuilles de dessins d'ornements, de figures, d'architecture ; des épures de descriptive, de perspective linéaire ; tous ces travaux sont exécutés dans un bon sentiment méthodique et pratique que nous ne pouvons que louer.

Mais ce qui attire l'attention dans l'exposition scolaire de la Hesse, c'est la très-belle collection de modèles de machines, de combinaisons mécaniques, d'appareils pour l'étude de la géométrie linéaire et descriptive, exposée par l'*Institut polytechnique du travail* (Das polytechnische Arbeits-Institut) établi à Darmstadt. Quoique cet établissement ne soit pas un établissement scolaire proprement dit, il s'en rapproche tellement qu'il est impossible de ne pas le citer. A proprement parler, c'est une grande fabrique de modèles pour les universités, les instituts polytechniques et les écoles industrielles. Son directeur M. *Schröder* a parfaitement compris, comment devaient être construits ces modèles destinés à l'enseignement, aussi sa collection est-elle unique dans son genre ; il faudrait un volume pour décrire tous ces ingénieux appareils de démonstration et montrer avec quelle simplicité de moyens leur auteur est arrivé à faire comprendre les mécanismes les plus compliqués. Je n'ai qu'une critique à faire ; tout cela coûte cher et c'est inévitable. Mais alors qu'on augmente les budgets scolaires au lieu..... Ne parlons pas politique.

On peut bien dire que, dans les classes 89 et 90, le grand-duché de Bade brille. parson absence ; l'ouvrage de M. *E. Wagner* de Carlsruhe, sur l'instruction publique en Angleterre, ne pouvant pas passer pour représenter la situation de l'enseignement public dans son pays. Et pourtant, de toutes les contrées de l'Allemagne, c'est le duché de Bade qui a la constitution scolaire la plus avancée.

Jusqu'en 1806, première époque de réorganisation, l'École avait suivi les trâditions des autres pays allemands, et ce ne fut pas sans peine, que ces différents territoires qui ont composé le grand-duché ont pu posséder une certaine unité dans les lois scolaires. Depuis 1834, les progrès ont été en grandissant, mais, comme dans presque toute l'Allemagne, l'école était placée dans la main de l'Église. En 1860 et 1864, à la suite d'événements politiques, le grand-duc de Bade provoqua une réforme libérale qui amena, comme conséquence, une réorganisation scolaire par laquelle l'école « devient une institution d'utilité publique, ayant sa fortune et son administration propre, en rapport avec l'Église, directement gérée par les familles sous la surveillance et avec le concours de l'État. » On voit que l'école n'est ni entièrement détachée de l'Église, ni rattachée d'une manière immédiate à l'État. La loi est simple par conséquent, et doit se réduire à organiser les conseils scolaires locaux. En effet, sur huit articles qui la composent, six sont consacrés à réglementer ces conseils, qui sont le pivot de la nouvelle loi. Les conseils scolaires forment un véritable corps administratif gérant les biens de l'école, nommant l'instituteur et le surveillant seul. Chaque conseil « est composé de représentants des familles nommés par une élection spéciale à laquelle ne prennent part que les membres de la commune (*Schulgemeinde*), c'est-à-dire seulement les habitants *mariés* ou *veufs* de la circonscription à laquelle l'école est affectée. A ces membres au nombre de trois, de quatre ou de cinq, suivant que l'école est de troisième, de deuxième ou de première classe, et soumis à une élection nouvelle tous les six ans, viennent s'ajouter : 1° l'instituteur avec voix délibérative, sauf dans les questions qui lui sont personnelles ; 2° le bourgmestre ou un membre du conseil municipal spécialement désigné à cet effet ; 3° enfin le curé ou le pasteur. Toutefois, la loi n'ayant plus d'injonctions impératives à donner aux fonctionnaires de l'Église, se borne à stipuler pour ces derniers le droit de prendre place dans les conseils scolaires avec voix délibérative, laissant aux autorités ecclésiastiques le soin de leur en faire une obligation, si elles le jugent convenable. Quant aux présidents des conseils, ils sont nommés par le pouvoir civil. Ces corps sont d'ailleurs invités à préposer l'un ou l'autre de leurs membres à la surveillance successive ou partielle des intérêts scolaires, et à le charger ainsi des fonctions d'inspecteur local. Des examinateurs laïques de district sont institués à la place des ecclésiastiques chargés jusqu'alors de ce soin. Leur tâche consiste à visiter les écoles de leur ressort, au moins une fois tous les deux ans. Des inspections extraordinaires sont en outre confiées soit à des hommes spéciaux, soit à des membres du conseil supérieur.

Enfin, la surveillance centrale des écoles et l'action disciplinaire exercées jusque-là par la section catholique ou la section évangélique du département de l'instruction publique, ressortissant au ministère de l'intérieur, et partagées au point de vue de l'enseignement religieux avec l'archevêque de Fribourg, sont réunis désormais à un conseil unique dont les membres sont nommés par le Ministre (F. Monnier).

Telle est cette organisation scolaire remarquable, dont nous n'avons pas idée de ce côté-ci du Rhin, et qui, sur l'autre rive, a été établie sur la base inébranlable de la famille. Nous aurions désiré voir à l'Exposition les résultats pratiques de cette loi ; quoique ne datant que de trois années, elle a dû donner lieu à une étude systématique que les hommes d'enseignement attendent avec une certaine impatience.

Les regrets que nous avons exprimés au sujet de l'abstention presque complète du grand-duché de Bade, à l'exposition scolaire provoquée par le dixième groupe, nous devons les redire au sujet de l'Helvétie. Sans doute le pays de Jean-Jacques Rousseau et de Pestalozzi a récolté sa moisson de lauriers pédagogiques ; elle en est fière à juste titre, et plus d'une nation peut les lui envier ; mais c'est justement sa gloire de montrer à la face du monde par quelle série d'épreuves elle a passé, comment les idées des deux hommes de génie, créateurs de la pédagogie moderne, se sont développées et ont servi à créer une organisation scolaire remarquable en pénétrant dans la masse de la population du pays.

La Suisse n'a donc au Champ-de-Mars qu'une exposition excessivement restreinte, pour seulement rappeler, on peut le dire, qu'elle aurait pu faire ce qu'ont fait la France, la Prusse et l'Autriche. C'est dans un couloir sombre, près de la rue de Russie, que se trouvent les rares représentants de la pédagogie de l'Helvétie : M. *Barbezat* de Genève, avec sa *Méthode de calligraphie*, M. *Ziegler* et MM. *Wutster*, de Winterthur, pour leurs atlas et leurs cartes géographiques, M. *Gillet* de Genève et sa *Méthode pour l'enseignement du dessin*, puis la *Direction de l'instruction publique de Berne*, et le canton de Vaud qui ont envoyé des livres d'enseignement. Nous n'avons rien à signaler dans ce maigre tribut ; cependant la vitrine de madame *de Portugall*, directrice d'un jardin d'enfants à Genève, est intéressante ; elle renferme des travaux en papiers de couleurs, exécutés par des petits enfants, dont certes le plus âgé n'a peut-être pas six ans. Ce sont des combinaisons simples de bandes étroites de papiers colorés, des pliages de toutes sortes, formant des petits ouvrages charmants qui doivent bien développer l'adresse et le coup d'œil. C'est tout à fait du Frœbel.

Mais est-ce bien là ce qu'on était en droit d'attendre de la Suisse, et cette abstention n'est-elle pas regrettable ? Les capitales de la république helvétique, Genève, Berne, Zurich, qui ont des lois scolaires largement conçues, n'auraient-elles pas dû nous montrer cet enseignement primaire si bien compris, si bien dirigé, et qui est destiné, suivant les lois, « à élever les enfants de toutes les classes du peuple, d'après des principes uniformes, de manière à former des hommes d'un esprit énergique ayant des sentiments religieux et utiles comme citoyens. »

Le canton de Zurich, patrie de Pestalozzi, dont la France pédagogique a voulu honorer le grand nom en plaçant sa statue à l'entrée de son exposition scolaire, nous fait particulièrement regretter son absence. Zurich est, en Suisse, la ville des écoles et des fortes études ; elle aurait pu, comme la Suède, installer dans le parc une de ses écoles communales, où l'enseignement primaire, obligatoire pour tous, est dispensé d'une manière si logique et si simple, et nous montrer son matériel, ses livres, ses méthodes et aussi les résultats obtenus. Répétons-le donc, la Suisse scolaire manque à la grande Exposition de 1867.

Pour trouver l'origine de l'école populaire dans les États scandinaves, il faut remonter, comme en Allemagne, aux commencements de la Réforme qui fut adoptée par Christian III en 1642. Nous avons vu, en esquissant la marche rapide de l'organisation de l'éducation du peuple par Luther, que Bugenhagen, l'ardent disciple du Réformateur, alla donner les fameuses constitutions ecclésiastiques jusque dans le Danemark et la Scandinavie. A partir de ce moment, l'école, comme dans les pays allemands, fait partie de l'Église, l'instruction des enfants se généralise et entre définitivement dans les mœurs. Chaque ville, chaque bourg possède une école du premier degré et une école du second degré; chaque paroisse rurale est parcourue par un instituteur-sacristain, qui réunit les enfants en plusieurs groupes et leur apprend à lire, à écrire, à calculer, à comprendre la Bible. Ce système des écoles ambulantes ne s'est pas tout à fait perdu dans plusieurs districts du Danemark et de la Norwége.

Jusqu'à la guerre de Trente ans, cet état de choses se perpétua, mais les longues années qu'elle dura virent disparaître toute organisation scolaire : « L'instruction s'éteint dans les campagnes et le servage fait, ainsi que la misère, de rapides et redoutables progrès. Les domaines de paysans disparaissent dans les biens nobles, et les seigneurs, devenus les possesseurs du sol, témoignent, lorsque reparaît la prospérité, un certain mauvais vouloir à l'égard des écoles, qui retarde leur développement. »

Au commencement du dix-huitième siècle, le pouvoir civil fait acte d'autorité; les écoles paroissiales reparaissent, et les inspections régulières des pasteurs sont organisées. Une ordonnance de 1726 prescrit formellement l'obligation, pour tous les enfants de sept à douze ans, de suivre l'école d'été et, pour ceux de douze à quatorze ans, l'école d'hiver. Vingt ans plus tard, à peu près, les séminaires pédagogiques sont créés, et dans l'un d'eux on installe, vers 1787, une imprimerie pour la publication des bons livres scolaires. En même temps, surtout en Danemark, les liens du servage étaient définitivement brisés et l'indépendance locale devenait complète en fait d'organisation d'écoles; on peut dire alors que chaque cité a ses règlements scolaires. Cependant on sentit bientôt la nécessité de faire intervenir un règlement général, et, en 1814, le roi de Danemark, Frédéric VI, en publia un qui divise les écoles en écoles rurales, écoles urbaines ou bourgeoises, et écoles savantes, établit l'obligation complète pour les enfants de sept à quatorze ans, et donne l'inspection au pasteur. Ce règlement, qui a été peu modifié dans la suite, place donc l'école dans le département du ministère des cultes.

Le Danemarck n'a presque rien envoyé à l'Exposition scolaire du Champ-de-Mars. Nous n'avons à signaler dans les travaux d'élèves que quelques dessins envoyés par l'Institution technique pour les jeunes artisans, et ceux exposés par l'Institution royale des aveugles de Copenhague. Les livres et objets d'enseignement sont peu nombreux et appartiennent presque tous à la direction des écoles communales de Copenhague. N'oublions pas de mentionner des tableaux d'histoire naturelle, surtout ceux de botanique, montrant avec de forts grossissements les organes des plantes; ces tableaux sont de M. *Tornam*, de Copenhague.

L'exposition scolaire de la Norwége se compose surtout de cartes géographiques, parmi lesquelles celles du professeur *Schubeller* et la carte géologique de la Norwége, exposée par le ministère de l'intérieur, sont à remarquer.

La Suède a fait plus que les deux autres nations scandinaves. Non-seulement elle nous montre des cartes géographiques et des tableaux d'histoire naturelle, comme ceux de la Société lithographique de Norkœping, et des travaux d'élèves qui dénotent un grand sens pratique, mais elle nous fait voir une école primaire, avec son installation complète.

Toutes les fois que j'entre dans l'école suédoise, dans l'école prussienne ou dans l'école américaine, je suis pris d'un véritable regret, en pensant que nous n'avons pas construit une école primaire modèle dans le parc, école qui n'aurait certes pas été la partie la moins intéressante de notre exposition scolaire et aurait empêché l'entassement des objets dans les salles exiguës du palais. On s'est demandé, devant cette abstention, si nous avions des idées bien nettes sur la construction et l'organisation d'une école primaire, et j'ai entendu des hommes d'enseignement étrangers dire que la Prusse, l'Amérique et la Suède donnaient à la France une leçon dont elle aurait dû profiter, en suivant l'exemple de ces nations, puisqu'elle n'avait pas su les devancer.

L'école primaire suédoise, installée par la Commission royale de Suède, occupe, comme on sait, le rez-de-chaussée de cette pittoresque construction en bois bien connue maintenant sous le nom de maison de *Gustave Wasa*. La salle n'est pas vaste, mais ce qui frappe tout d'abord, ce sont les tables toutes à un seul élève, pouvant par conséquent se rapprocher ou s'éloigner. Ces tables sont faites en bois de sapin choisi, poli et verni ; le banc est à dossier ; il fait corps avec la table à pupitre, dans laquelle est enfoncé un encrier de verre à couvercle en cuivre. Je remarque, sur le dessus du pupitre, un petit triangle en métal, pouvant s'élever et s'abaisser à volonté, et qui sert à appuyer les livres ou les modèles. Ce système de tables isolées, que nous retrouverons dans l'école américaine, ne peut être réellement apprécié que par ceux qui enseignent ou qui s'occupent des questions d'école. Chez nous, où l'on comprend difficilement qu'il se fasse de grandes dépenses pour organiser une école, on l'a tout d'abord condamné à cause du prix élevé qu'il faudrait mettre pour faire construire un mobilier semblable. Mêmes éloges à donner au bureau du maître et à la table du moniteur ; c'est le même soin et la même simplicité.

Parmi les autres pièces de ce mobilier scolaire véritablement charmant, n'oublions pas un boulier-compteur présentant des tringles verticales qui permettent au maître ou au moniteur de faire reproduire à l'élève les nombres formés sur les tringles horizontales, et surtout, le tableau noir, supporté dans un châssis et pouvant basculer sur un axe. On peut ainsi présenter les deux faces du tableau ; l'une est toute noire, sur l'autre sont tracées des portées musicales. C'est ingénieux et commode.

J'ai remarqué d'autres objets qui font partie plus essentielle des objets d'enseignement, entre autres des tableaux noircis sur lesquels peuvent glisser des planchettes mobiles portant des chiffres blancs, appareils d'arithmétique élémentaire ; une collection de mesures en bois de forme quadrangulaire, une autre de solides géométriques ; des cartes géographiques, accrochées au mur, cartes bien simples, bien compréhensibles ; des tableaux gravés largement sur bois et représentant des sujets tirés de la Bible ; d'autres tableaux coloriés pour l'étude élémentaire de la zoologie, de la botanique, de l'agriculture, des instruments aratoires, tout cela simplement exécuté, naïvement dirais-je, et je n'y vois pas grand mal.

On voit qu'en Suède, comme dans les autres nations scandinaves, comme en Allemagne, on fait de l'enseignement *par l'aspect* dans les écoles primaires, et l'on a bien raison. J'allais oublier de petites collections de minéralogie, des herbiers qui m'ont paru être des travaux d'élèves, et enfin toute une école de gymnastique en miniature.

Tout ce modeste ensemble de l'école suédoise plaît aux visiteurs, même à ceux à qui les questions pédagogiques sont indifférentes, et, en France, ils sont nombreux. C'est une preuve de l'intérêt qu'aurait pu offrir une école primaire française, bien établie, bien complète, où l'on aurait montré l'application des méthodes nombreuses et diverses employées partout pour instruire les enfants.

C'est aussi à la Réformation qu'il faut remonter pour trouver, en Angleterre, la réorganisation de l'enseignement populaire. Mais le changement n'a pas, comme en Allemagne, un caractère net et décisif ; les anciennes universités subsistèrent et les écoles élémentaires et secondaires établies ne vécurent pas long-temps. Alors furent créées les *Écoles de grammaire* (Grammar Schools) destinées, sous une direction ecclésiastique, à préparer les jeunes gens aux études des universités. Ce qu'il faut faire remarquer, c'est que, à cette époque déjà, les *Grammar Schools* n'appartenaient pas à l'État ; elles étaient des fondations libres, placées sous le contrôle de comités de citoyens se renouvelant par élection. Cette organisation est arrivée jusqu'à nos jours sans subir de grandes modifications, gardant un esprit traditionnel, très-fortement enraciné dans les universités, mais qui, dans les écoles de grammaire, se modifia devant les exigences des sociétés modernes.

L'Angleterre compte trois universités anciennes : Oxford, « le cœur de l'église anglicane, » donne surtout des études littéraires ; Cambridge s'attache davantage aux sciences ; Durham qui n'est jamais parvenue à une grande prospérité. Une quatrième université, celle de Londres, de fondation récente, se distingue, par un esprit nouveau, de ses trois aînées. Chacune des trois premières universités est entourée de *colléges* qui sont soumis à son autorité, et qui doivent leur existence à des princes, des prélats, des seigneurs, ou des riches particuliers ; ces *colléges*, constituant une véritable ville autour de l'Université, présentent encore la division traditionnelle des élèves en castes, ce qui fait qu'ils ne vivent pas sur le pied d'égalité qu'on rencontre en Allemagne et en France.

Les Écoles de grammaire ont prospéré jusqu'à nos jours avec des fortunes diverses, et sont restées les seuls établissements scolaires de l'aristocratie anglaise. Quelques-unes ont même acquis une véritable célébrité, au moins chez nos voisins. Quelques-unes, par exemple, dit le *Rapport officiel au Préfet de la Seine* (1), celles d'Eton, de Harrow, de Rugley, de Winchester, sont devenues les écoles de l'aristocratie nobiliaire et financière ; d'autres, en plus grand nombre, répandues dans toute l'Angleterre, ont des élèves de tout rang, qui les quittent pour l'Université ou pour l'apprentissage d'une carrière... Les actes de fondation les obligent à enseigner les humanités. Jusqu'à ces derniers temps, elles sont restées scrupuleusement attachées à leurs programmes et au rudiment d'Édouard VI. Il n'y a pas bien des années que l'enseignement des sciences ainsi que celui de l'histoire moderne et des langues vivantes y ont pénétré avec les *divisions modernes*, que toutes, du reste, n'ont pas acceptées. Eton, la plus aristocratique des écoles anglaises, est aussi la plus immobile : elle choisit ses maîtres parmi ses anciens élèves pour mieux se préserver contre le renouvellement des méthodes. Les nobles ou riches adolescents qui y étudient, aiment à se persuader qu'ils apprennent les mêmes choses et de la même manière que leurs aïeux contemporains de la Renaissance. Les Écoles de grammaire sont peu à peu devenues cependant les écoles de classe moyenne, qui s'est aussi portée du côté des *Écoles des corporations* comme *Merchant Tailors'School*, *Linen drapers School*, etc. Ces écoles, qui remontent à deux siècles, ont, comme les *Grammar Schools*, conservé presque toutes les traditions premières au point de vue de l'enseignement, et changé plus ou moins leur destination. Ainsi aujourd'hui les écoles de corporations reçoivent des enfants de toutes les professions, appartenant à toutes les classes de la société. Quelques-unes de ces écoles ont tellement modifié l'idée

(1) Rapport au Préfet de la Seine, sur l'enseignement des classes moyennes et des classes ouvrières en Angleterre, par MM. Marguerin et Motheré.

qui a présidé à leur fondation, je veux dire la gratuité surtout, qu'elles reçoivent des enfants riches qui occupent la place destinée à d'autres.

Ces deux genres d'écoles ne sont pas les seules que fréquentent les enfants des classes moyennes. Il existe encore en Angleterre une quantité d'écoles privées, qui s'établissent sous le bénéfice d'une liberté complète. Ces établissements, dont quelques-uns ont acquis une certaine renommée, n'offrent en général aucune garantie aux familles et ne s'élèvent pas au-dessus de la médiocrité. Aussi le mépris public leur a-t-il donné le nom d'*Écoles d'aventure* (Adventure Schools), et, cependant, c'est dans ces écoles que les enfants de la petite bourgeoisie vont recevoir un enseignement aride et incomplet. C'est en présence de ce partage inégal de l'enseignement public entre les diverses classes de la société anglaise, qu'à la findu siècle dernier, le parti libéral prit en mains l'instruction primaire, et chercha à lui donner les plus grands développements. Le parti des *whigs*, uni à celui des *dissidents*, trouva dans Lancaster (1778-1838) l'instrument qui leur convenait. Lancaster venait de fonder l'enseignement mutuel et son système avait été accueilli avec un enthousiasme extraordinaire, non-seulement én Angleterre, mais encore en France. Pendant près de dix ans il donna à ses écoles une extension telle, que le clergé anglican, lui opposant André Bell, le vrai créateur de l'enseignement mutuel, finit par le discréditer dans l'opinion publique. Ses écoles étaient fort compromises quand, en 1808, se forma la société des *Écoles lancastériennes* qui voulait relever les écoles de Lancaster au moyen de souscriptions volontaires. Trois années plus tard cette société prit le nom de *société britannique et étrangère pour*, etc., (British and foreign society for promoting the education, etc.,)et créa des écoles normales (*Training Schools*) afin d'avoir des maîtres et des maîtresses connaissant à fond le système mutuel; c'était prendre le chemin le plus direct pour arriver à répandre un enseignement qui devait avoir une influence réelle sur la marche de l'éducation populaire. Les écoles de la Société Britannique, sous l'impulsion qui leur fut donnée, se relevèrent rapidement; on fit appel à tous les hommes amis de l'instruction, sans distinction d'opinions politiques ou religieuses, et la Société déclara que, dans ses écoles, les maîtres devaient s'interdire toute espèce de commentaire ou d'interprétation de la Bible. Elle voulait ainsi conserver l'entière liberté des consciences et laisser à la famille la direction religieuse de l'enfant.

Mais toute Église est intolérante; l'Église anglicane cria à l'hérésie, et, pour combattre les principes émis par la Société Britannique, le clergé anglican, dès 1814, fonda, à l'aide de tous les orthodoxes, la *Société nationale pour*, etc. (Natural society for promoting the education of the poor in the principles of the established Church). Cette nouvelle société établit des *Écoles nationales* en opposition avec les *Écoles britanniques*. D'autres sectes religieuses voulurent alors avoir leurs écoles et formèrent des sociétés dont le but était la propagation de l'instruction populaire en même temps que la prédication de leurs idées religieuses. Ainsi fut fondée la *Société Wesleyenne* (Wesleyan society), le *comité catholique des écoles pauvres* (Catholic poor school committee). « La *Home and colonial Society*, dit le rapport cité plus haut, se préoccupa plus spécialement des enfants trop jeunes pour l'école primaire et auxquels conviennent mieux les salles d'asile (*infant schools*) ; la *Ragged School Union* se proposa pour but d'atteindre les dernières couches de la société plongées dans la dégradation. Les *Ragged Schools* (écoles déguenillées) reçurent les enfants vagabonds vivant au hasard du produit de tous les vices, qu'on ne pouvait appeler sans danger dans les autres écoles, et qui veulent d'ailleurs des maîtres et des procédés d'enseignement spéciaux. Au-dessous des écoles déguenillées, les *Reformatories*, sorte de maisons de correction, s'ouvrirent pour les jeunes gens déjà frappés par quelque condamnation, et travaillèrent à leur moralisation. Dans les maisons de ces deux catégories, à l'instruction la plus élémentaire se joint souvent le travail des mains. 1 ne s'agit pas là, comme on a pu le croire, d'enseignement professionnel destiné à venir en aide à l'industrie et à en faciliter les progrès en lui préparant un personnel-instruit : ces travaux manuels sont, la plupart du temps, des plus simples, des plus grossiers même. On cherche surtout, comme le bon sens l'indique, à donner à ces jeunes gens un état qui leur soit un moyen de vivre et qui les préserve contre les tentations de l'oisiveté et du dénûment. »

La création des écoles de ces sociétés eut des résultats qu'on devait attendre : ce fut la fermeture d'une foule de ces écoles d'aventure, qui, en faveur de la liberté complète de l'enseignement, étaient dirigées par des déclassés de toutes sortes; ce fut aussi la transformation des *Écoles du Dimanche* (Sunday Schools) où l'instruction élémentaire se changea en conférences et en lectures de la Bible commentée en commun ; ce fut enfin l'établissement d'un enseignement élémentaire sérieux qui attira les enfants de la petite bourgeoisie, enseignement qui tendit presque tout de suite à devenir supérieur, au grand contentement de cette bourgeoisie.

Mais la prospérité des sociétés devait aller s'affaiblissant en présence d'une multitude de nouvelles créations du même genre ; la générosité publique se partagea entre toutes, et les ressources, se divisant entre un plus grand nombre de sociétés, devinrent insuffisantes. Les anciennes sociétés arrivèrent donc à un moment de crise dont le public s'émut, et, chose rare en Angleterre, la voix de l'opinion fit appel au gouvernement, et « réclama l'application d'une part des revenus publics à un des plus grands intérêts de la nation (1840). »

Mais le gouvernement anglais, tout en cédant, intervint le moins directement qu'il put. « Par lui-même il ne créa pas une école et ne nomma pas un instituteur. » Il forma un comité pris au sein du conseil privé (*Committee of privy Council on Education*) qui fut chargé de répartir des fonds, et d'en surveiller l'emploi. Il établit donc le régime des subventions pour toutes les écoles qui lui en feraient la demande, en imposant bien entendu certaines conditions dont la principale fut l'inspection. L'inspecteur « était chargé de vérifier l'état de l'enseignement, le nombre des élèves présents et les autres faits servant de bases à la répartition des subventions. » Cette inspection ne donnait aucun droit au gouvernement, il ne pouvait exercer une action quelconque sur les écoles: « ce droit d'inspection n'est que le prix du secours accepté. » Cependant le gouvernement traça un programme pour les écoles primaires qu'il subventionnait. L'enseignement y devait comprendre « non-seulement la lecture, l'écriture, l'orthographe et le calcul, avec des éléments des connaissances religieuses, matières ordinaires de l'enseignement primaire, mais aussi la géographie, le chant, le dessin, des notions d'histoire, de mécanique et d'économie politique. »

Cette organisation de l'instruction populaire fonctionna de 1840 à 1860, et, pendant ces vingt années, le gouvernement anglais accorda plus de vingt millions de francs, et cette dépense considérable n'était pas arrivée à son terme. Elle effraya quelque peu le Parlement qui fit faire des enquêtes, afin de s'assurer si au moins « les résultats étaient proportionnés aux sacrifices. » Ces enquêtes apprirent que les écoles subventionnées ne recevaient que peu d'enfants des familles pauvres, et que les 70 centièmes de ceux qui étaient inscrits, quittaient l'école avant l'âge de dix ans; elles apprirent surtout que les écoles subventionnées pour pouvoir donner aux enfants des classes ouvrières une instruction élémentaire solide, et même un enseignement supérieur, que ces écoles, disonsnous, profitaient à la petite bourgeoisie. Le but n'étant pas atteint, une réforme eut lieu vers 1863, par laquelle l'État « se refusa désormais à subvenir à l'enseignement des enfants de la petite bourgeoisie. S'il plaît aux familles de cette classe d'envoyer leurs enfants aux écoles subventionnées, ce sera au prix d'une rétribution proportionnelle à l'enseignement reçu. La subvention accordée à une école sera proportionnelle au nombre des *enfants pauvres* qu'elle renferme. Les classes laborieuses ayant repoussé un enseignement primaire supérieur, il devient inutile de récompenser les maîtres capables d'enseigner des matières plus relevées. Il n'y a donc plus qu'un seul examen d'aptitude pour les instituteurs ; les anciens *degrés* sont supprimés, et avec eux les rémunérations croissantes selon l'élévation du degré. » (Rapport cité.)

On pourrait supposer, d'après ces modifications, que le gouvernement anglais a, en quelque sorte, renoncé à donner l'instruction primaire supérieure aux classes laborieuses ; il n'en est rien cependant, car il a organisé sur de larges bases un enseignement supérieur pour les apprentis et pour les adultes ; nous voulons parler du *Science and art department* que nous allons étudier rapidement, car il est un des principaux exposants de la classe 89, dans la section anglaise.

Mais avant, nous rappellerons que le parti whig, voulant continuer son œuvre de régénération des classes ouvrières, avait poussé celles-ci vers l'étude des sciences, provoqué la publication de livres utiles à bon marché, et constitué la *Société pour la propagation des connaissances utiles*, à la tête de laquelle s'étaient placés les hommes les plus éminents du parti. En même temps que les whigs donnaient un élan si considérable à l'instruction scientifique des ouvriers, l'Angleterre voyait se créer les *Mechanics' institutes* ou *Facultés ouvrières*, que leur fondateur, le docteur Birkbeck, professeur à l'Université de Glasgow, avait commencées d'abord dans cette dernière ville, et qu'il avait répandues dans tout le pays. Mais, si en Écosse, où l'enseignement primaire remonte à 1697, les ouvriers purent profiter des leçons qui leur furent données, il n'en fut pas de même en Angleterre. Les ouvriers anglais manquaient par la base ; l'instruction élémentaire leur faisait généralement défaut. Les *Mechanics' institutes* se modifièrent ; elles devinrent des réunions plus ou moins agréables dans lesquelles l'enseignement fut ce dont on s'occupa le moins. C'était un moyen d'attendre des jours meilleurs ; car l'instruction primaire, se propageant de plus en plus, créait les sociétaires des *Mechanics' institutes*, les rendant ainsi à leur première destination. C'est ce qui arrive aujourd'hui. Ajoutons à ce mouvement important le zèle déployé par les manufacturiers et les négociants anglais, pour hâter l'éducation de leurs ouvriers : « Classes annexées aux fabriques et aux usines, cours réguliers, encouragés dans les *Mechanics' institutes*, *lectures* ou discours d'un genre simple sur les principes des sciences et de l'économie politique, bibliothèques ouvrières, bibliothèques circulantes (*circulating libraries*), publications à bon marché et répandues à profusion dans les centres manufacturiers et agricoles ; tous ces moyens de répandre des connaissances précises et pratiques parmi les masses populaires se rattachent au mouvement dont nous parlons... »

Ce mouvement ne devait pas s'arrêter en si beau chemin, et le parti libéral avancé ne voyait sa tâche accomplie que lorsque les écoles populaires donneraient un enseignement s'adressant davantage à l'intelligence, au raisonnement, à la réflexion, et surtout lorsqu'elles deviendraient un terrain neutre pour toutes les croyances religieuses.

Aussi n'est-on pas étonné de voir les libéraux, adversaires déclarés de l'esprit de secte, fonder des *Écoles séculières* où, en effet, l'enseignement fut sécularisé complétement. Ce ne fut que par luttes que ces écoles purent se maintenir et donner à la classe ouvrière un moyen d'instruction que, plus tard, les enfants des petites classes bourgeoises allèrent y puiser ; car les écoles séculières furent obligées

d'étendre leurs programmes afin de satisfaire aux réclamations de cette intéressante partie de la population anglaise.

Les principes radicaux, il faut bien le dire, qui furent suivis dans la fondation des Écoles séculières (qu'on appelle aussi *Birkbeck Schools*, du nom du fondateur des *Mechanics'institutes*), aussi bien que dans les *Mechanics'institutes*, con-
duisirent à la fondation de l'*Université de Londres*. « Ce corps confère des grades
sans exiger d'autre condition qu'un savoir suffisant pour les mériter : c'est là
une grande innovation, puisque les titres universitaires sont mis à la portée
des étudiants de la classe moyenne, dispensés de la résidence. » A cette instruction remarquable, et « qui répond à un besoin trop réel pour n'être pas appelée
à la prospérité, » se trouve annexé un collége d'enseignement supérieur établi
à Londres sous le nom d'*University college*. C'est devant cette fondation « qui
fait beaucoup de bien à petit bruit », que le clergé anglican, menacé de voir
diminuer son influence, et tout en défendant résolûment son principe de l'éducation religieuse, céda aux tendances modernes et modifia ses programmes. Il
créa, en 1828, une école supérieure appelée *King's college*, qui se compléta par
une école secondaire préparatoire (*King's college school*), « où une organisation
singulière permet aux élèves de former selon leurs convenances, et de manières
très-diverses, le plan de leurs études. » Les *Grammar Schools* ne voulurent pas
rester en arrière, et elles aussi transformèrent leurs études classiques, en études
modernes; elles virent alors les enfants des classes moyennes affluer chez elles,
et quelques-unes ont acquis une juste réputation.

Les mêmes idées de réformes ont fait tenter des efforts nombreux, mais locaux; la plus réussie de ces tentatives est l'*École municipale de la cité de Londres*
(*City of London School*), fondée en 1834, au moyen d'un legs remontant à plusieurs
siècles et dont les revenus ont atteint, de nos jours, une somme importante.
Cette école reçoit de préférence les enfants de la Cité, « sans distinction de religion, et la liberté des croyances y est sincèrement respectée. »

Les *Écoles commerciales* (*Trade Schools*), et en particulier celle de Wandsworth, furent un essai radical, né aussi des nouvelles idées d'enseignement; mais leur existence est aujourd'hui assez précaire, et restera telle « jusqu'à ce que l'opinion se
soit complétement décidée entre les études classiques et les études modernes.

Enfin, les *Écoles fondées par des Sociétés d'actionnaires* (*Proprietary Schools*) sont,
comme leur nom l'indique, possédées par des associations d'industriels et de
commerçants qui les placent chacune sous un comité de surveillance. Le succès
de ces écoles a été très-vif, dans les villes de manufactures et de négoce, et
cela se comprend, car elles ne peuvent exister que dans une classe sociale où
règne, sinon la richesse, au moins une grande aisance.

Nous ne pouvons, dans ce court aperçu de l'état actuel de l'enseignement populaire en Angleterre, entrer dans de plus grands détails; mais on a pu voir que
des efforts considérables ont été faits et se font encore, qui sont dus à l'initiative
individuelle et continués par l'association. Le gouvernement sollicité vient en
aide, surveille les écoles qu'il subventionne, mais laisse ce que le peuple anglais
est si jaloux de garder : une action libre et indépendante.

Nous allons voir, dans l'organisation du *Science and art department*, combien
est puissante cette association de l'initiative privée et de l'aide donné par le
gouvernement anglais.

C'est à la suite de la première Exposition universelle de Londres, que l'industrie anglaise, reconnaissant enfin son infériorité artistique, résolut de combler
la distance qui la séparait de celle de la France principalement. La nation tout
entière, profondément remuée, n'hésita pas à subir tous les sacrifices qui lui
seraient demandés. Elle sentait qu'il fallait, non pas seulement former des ar-

tistes, mais réformer le goût public convaincu d'ignorance et de préjugés. L'impulsion paraît avoir été donnée par un petit groupe d'hommes clairvoyants et instruits dans les choses d'art, à la tête duquel se plaça le prince Albert. Le conseil privé de l'instruction publique fut saisi de l'affaire et une section fut formée dans son sein, sous le nom d'*Art department*. Cette section, qui devait s'occuper d'une manière toute spéciale de répandre l'enseignement du dessin dans toute l'Angleterre, eut pour secrétaire M. Henry Cole, qui sera désormais l'organisateur actif, intelligent et dévoué de l'*Art department*. Ce fut lui que le comité chargea d'étudier le vaste plan d'ensemble d'où devait sortir la régénération artistique de l'industrie anglaise.

M. Henry Cole s'adresse au public tout entier, car il est persuadé que, « si le public s'habitue à rechercher dans les produits des manufactures, l'élégance, la correction du dessin, l'arrangement harmonieux des couleurs, le progrès que l'on désire sera bien près d'être accompli, la loi économique qui règle l'offre sur la demande entraînera l'industrie dans la bonne voie. M. Cole a donc cherché à atteindre la génération contemporaine par des expositions, les unes permanentes, les autres fréquemment renouvelées, de chefs-d'œuvre ou tout au moins de modèles choisis. Ces mêmes expositions et l'enseignement sérieux du dessin dans les écoles primaires publiques et dans des écoles spéciales formeront plus sûrement encore les générations qui suivent. Quant à fournir aux arts industriels des dessinateurs habiles, les sujets distingués seront faciles à discerner parmi les meilleurs élèves des écoles publiques : aucun encouragement ne leur manquera; tous les secours leur seront prodigués pour les mettre à même de cultiver leurs dispositions naturelles. L'*Art department* s'attacha donc à répandre partout l'enseignement du dessin, en lui imprimant une direction déterminée. On invita les villes à fonder des écoles d'art, à faire enseigner le dessin dans leurs écoles des pauvres. L'*Art department* se chargea d'aider pécuniairement leurs efforts, de trouver des maîtres qui manquaient partout, et de fonder à Londres un musée central. »

On voit par ce passage du « Rapport au Préfet de la Seine, » cité plus haut, quels sont le but et les tendances de l'*Art department*, et on ne peut nier qu'il y a dans l'idée qui a présidé à sa formation quelque chose de bien défini et de bien vivant. L'organisation donnée par l'*Art department* comprend donc l'*enseignement public* et l'*enseignement des maîtres*. Voici, d'après le même document officiel, ce qui compose ces deux groupes bien tranchés :

1° *Enseignement public* : Écoles locales d'art et associations locales des écoles primaires pour l'enseignement du dessin. — Inspection annuelle des écoles locales et des écoles primaires réunies en associations ; concours locaux annuels. — Concours national annuel entre les lauréats des concours locaux. — Musée central de South-Kensington (siége central de l'administration de l'*Art department*). — Prêt, par le Musée, aux écoles locales, de modèles, d'écrits sur les arts, etc., avec exposition, dans les localités, des objets ainsi prêtés. — Fonds de subvention (subventions allouées aux écoles locales pour acquérir des modèles, et, dans certains cas, pour alléger les frais d'installation).

2° *Enseignement des maîtres d'art*. — Examens d'aptitude et brevets gradués. — Places de *boursiers-lauréats* dans les écoles d'art et d'élèves-maîtres destinés à devenir maîtres d'art; école normale d'art. Certificats d'aptitude à l'enseignement des éléments du dessin, délivrés, après examen, aux instituteurs et aux institutrices primaires.

Toutes ces institutions reçoivent l'impulsion de l'administration de l'*Art department*, établie à South-Kensington, à côté de son école normale et de son musée central ; c'est elle qui envoie dans toutes les provinces les maîtres formés selon ses vues; c'est elle qui donne, sur tous les points, à l'enseignement une direction uniforme.

Cette organisation pourrait donner à supposer que le gouvernement anglais, sortant de ses habitudes, voulait arriver à centraliser entre ses mains l'éducation artistique du pays. Il n'en est rien. «Qu'il y ait là une administration dont l'action soit prête à s'étendre sur tous les points du pays, on ne peut le nier; mais, sauf l'École normale centrale et le Musée central, l'*Art department* n'a pas fondé par lui-même un seul établissement..... Il invite les citoyens à s'associer pour fonder des écoles; il contribue pour sa part aux charges, à condition que l'enseignement sera dirigé selon ses vues; et ses subventions, en réduisant notablement la rétribution scolaire, rendent l'enseignement accessible aux classes pauvres. Ce n'est pas même avec les municipalités que l'*Art department* se met en rapport, mais avec les comités locaux formés d'une manière quelconque, et qui n'ont aucun caractère officiel jusqu'au moment où ils s'adressent à lui pour avoir part à ses secours. Enfin le comité local conserve le droit d'administrer l'école qu'il lui a plu de fonder, de nommer et de révoquer le maître. Ainsi, loin de remplacer ici l'initiative individuelle, le gouvernement anglais s'efforce de la stimuler, d'en seconder et d'en diriger les efforts.»

On voit qu'avec cette organisation l'influence que peut et que doit exercer l'*Art department* est immense, et les industries artistiques de l'Angleterre ont su déjà modifier une grande partie des vieux errements qui arrêtaient leurs progrès. Nous ne pouvons pas ici, on le comprend, entrer dans le détail des moyens d'action dont dispose l'*Art department*, ni examiner les programmes d'un enseignement tout spécial qui ne rentre pas dans le cadre de cette étude; terminons ce que nous voulons dire de l'organisation du South-Kensington Museum, en donnant une courte statistique qui fera apprécier l'importance que prend chaque année l'*Art department*. Nous l'empruntons au même rapport officiel de MM. Marguerin et Motheré. «Le nombre des écoles d'art et des associations locales s'est accru d'une manière continue depuis l'origine. En 1859 on en comptait 78; en 1860, 85; et en 1861, 87. Le nombre des élèves instruits dans ces écoles a suivi une progression moins régulière. Après avoir constaté jusqu'en 1859 une marche ascendante, on eut à enregistrer en 1860 une notable diminution; elle coïncidait précisément avec la naissance du mouvement des volontaires. Mais, dès l'année suivante (1861), le premier engouement pour cette manifestation s'étant calmé, le nombre des élèves remonta à 15,483, chiffre peu inférieur à celui qui correspond à l'année 1859. Dans les écoles primaires paroissiales, le nombre des élèves apprenant le dessin était, en 1859, de 67,490; en 1860, de 74,267; il s'éleva, en 1861, à 76,303, bien qu'on eut déjà à craindre, par une anticipation inévitable, l'effet du *Revised code*. En ajoutant à ces chiffres celui des élèves de l'École normale, des élèves-maîtres d'art et des élèves libres des écoles d'art, on a le nombre des personnes qui ont, pendant l'année, reçu l'enseignement artistique subventionné par l'État: il s'élève à 91,836, et les droits perçus à titre de rétribution scolaire se sont montés à 17,903 livres 1 schelling 3 pence (environ 447,576 fr.). Dans la même année 1861 ont été décernés à la suite des examens dans les écoles primaires et les écoles d'art, 6,134 prix, 918 médailles locales et 85 médaillons nationaux. Les primes payées aux écoles à l'occasion des prix et certificats obtenus se sont élevées ensemble à une somme de 1,043 livres 6 schellings (26,082 fr. 50). »

Nous avons vu que l'*Art department* voulait surtout faire l'éducation artistique du public, non-seulement en créant un enseignement spécial, mais en organisant des musées, des bibliothèques, des lectures, destinés à faire pénétrer dans les populations les idées dont il est le centre commun. C'est ainsi que le magnifique établissement de South-Kensington renferme un splendide musée industriel où l'on admire une exposition unique, où toutes les phases traversées par l'art appliqué à l'industrie, depuis le douzième siècle jusqu'aujourd'hui, sont représentées par des poteries, des faïences, des porcelaines, des meubles, etc. La bibliothèque de South-Kensington Museum, bibliothèque spéciale d'art, n'est pas moins riche que le musée. Ces deux parties essentielles de l'établissement central de l'*Art department* sont mises à la disposition complète du public, qui paie certains jours de la semaine un droit plus élevé ; pour les élèves des cours, l'entrée en est toujours gratuite. Quant aux *lectures*, elles viennent compléter l'enseignement artistique pour ceux qui veulent faire des études plus approfondies. Si on veut avoir une idée du degré de faveur où s'est placé le South-Kensington Museum, donnons quelques chiffres. En 1858, le nombre des visiteurs du musée de Kensington a été de 456,288, et en 1861 il s'est élevé à 604,650. Il y a donc eu en quatre années une augmentation de 148,262 visiteurs.

N'oublions pas de mentionner, pour finir cette trop courte notice sur l'*Art department*, que les provinces ont leur part dans la création du musée. Au moyen d'un matériel spécial, l'administration de Kensington expédie aux villes, même les plus éloignées, des objets pris dans les collections du musée central et en forme un *musée voyageur* (travelling museum). Un gardien accompagne ce musée voyageur qui, après avoir séjourné dans une localité pendant un certain temps, revient à Kensington pour être envoyé à d'autres endroits. « Les mesures sont si bien prises et les agents si bien exercés qu'en 1860, après 56 emballages ou déballages successifs, la collection destinée au déplacement n'avait pas éprouvé le plus léger accident. Elle ne renfermait cependant pas moins de 820 pièces, dont un grand nombre de très-fragiles, telles que des porcelaines de Sèvres confiées par la reine. Ce succès encouragea beaucoup de personnes à faire des prêts semblables et, en 1861, le nombre des pièces ainsi prêtées s'élevait à 2,970. Dans cette même année le musée voyageur reçut 221,281 visites. »

L'exposition pédagogique anglaise ne présente pas les développements qu'on attendait, et plus d'un a été déçu. Elle nous montre les envois d'un certain nombre de sociétés ou d'associations d'enseignement qui prouvent les forces vives de l'esprit d'association du peuple anglais, agissant en toute liberté pour tout ce qui concerne les progrès moraux aussi bien que les progrès matériels. Nous plaçons en tête de ces administrations celle du *Science and Art department*, dont nous venons de parler assez longuement. Il est certain que l'école de South-Kensington n'est pas représentée d'une manière digne d'elle ; nous aurions voulu pouvoir examiner les résultats d'un de ces concours qu'elle multiplie, avec raison, entre les écoles primaires associées ou entre les élèves d'une école centrale d'art, ou mieux encore ceux d'un concours annuel entre les écoles centrales, pour l'obtention du *grand médaillon national*. Son exposition, qu'on attendait avec une vive impatience, nous fait voir des tendances excellentes dans les œuvres qu'elle offre aux intéressés : je citerai surtout ces croquis sur nature largement compris, et exécutés en un temps limité d'avance ; d'autres études d'ornements, faites avec tous les moyens possibles, le crayon, l'aquarelle, la gouache, l'huile, révèlent un goût, qui cherche encore, mais qui s'affermit tous les jours. Quelques-uns de ces travaux, notamment les dessins au crayon, sont de vraies œuvres de lithographes, prétentieuses, et qui n'auraient pas dû figurer au milieu des autres spécimens. Quelques écoles, entre autres celles de Manchester, de Leeds, de Wolverhampton, de Sheffield, etc., ont répondu à l'invitation du South-Kensington Museum, mais d'une façon peu empressée. J'ai aussi examiné sur le mur, devant le curieux meuble à cadres pivotants qui contient les dessins exposés, des modelages exécutés par des élèves de Kensington, qui nous apprennent peu de chose sur les tendances de la sculpture décorative ; il y a là néanmoins, dans cette maigre exposition de l'*Art department*, le signe évident d'une vaste organisation.

Les autres sociétés d'enseignement ont un caractère plus ou moins religieux ; elles exposent presque toutes des Bibles ; on a pu remarquer que la *Société bibli-que britannique et étrangère* (British and Foreign Bible Society) a une exposition composée exclusivement de la Bible, traduite en 173 langues et d'après 213 versions. Les autres associations d'éducation, comme la *Société de l'éducation domestique et des écoles coloniales* (Home and colonial school Society), la *Société des traités de religion* (Religious tract Society), l'*Union des écoles du dimanche* (Sunday school Union), *Société de la saine littérature* (Pure litterature Society), etc., etc., ont exposé des livres et des méthodes d'enseignement, des cartes géographiques et des mémoires que chacune d'elles publie tous les ans. Dans tous ces ouvrages, le sens pratique, si cher au peuple anglais, et la recherche de l'éducation par les yeux, frappent le visiteur le moins pédagogue. Nous avons remarqué parmi les envois de la *Société de la saine littérature*, une petite armoire pouvant contenir une cinquantaine de volumes et composant une de ces *bibliothèques circulantes* et qui ont tant de succès de l'autre côté du détroit et si peu chez nous ; et au milieu de l'exposition de la *Société pour le développement des connaissances chrétiennes* (Society for promoting christian knowledge) un tableau que nous recommandons à tous les instituteurs ; il présente les grandeurs comparatives de 100 animaux pris dans toutes les classes du règne animal, depuis l'éléphant et la baleine, jusqu'à la souris et l'oiseau-mouche.

Les particuliers exposants sont peu nombreux, et presque tous nous montrent des livres et objets d'enseignement appartenant aux classes élémentaires. C'est ainsi que nous citerons les tableaux exposés par MM. Oliver et Boyd, d'Édimbourg, qui présentent un caractère technologique très-accentué ; sur l'un de ces tableaux nous avons vu des plantes desséchées entourées de leurs parties essentielles, la tige, les feuilles, les fleurs, les fruits, et au-dessous les produits que l'industrie en tire pour les besoins de l'homme ; plusieurs légendes, imprimées en gros texte, expliquent ces transformations. Ces tableaux, comme d'autres exposés par différents exposants dans le même ordre d'idées, sont excellents. Nous en dirons autant des petites collections à bon marché de physique, de chimie, de géologie, d'optique, etc., envoyées par M. Statham, de Londres. N'oublions pas (ce serait une faute de les oublier) les cartes murales spécialement construites pour les écoles, qu'ont exposées M. Stanford et MM. Philip, de Londres. Voici ce qu'en dit notre collaborateur, M. Pieraggi, dans le deuxième fascicule des *Études sur l'Exposition*. « Ces cartes sont installées les unes au-dessus des autres, comme des stores roulés, qu'on ne déroule qu'au moment de les employer. La démonstration terminée, on touche un ressort, et la carte se roule de nouveau. Ce système conserve indéfiniment la propreté de la carte, et surtout la garantit des plis et des froissements qui la détériorent en si peu de temps. De plus, on peut échelonner ces cartes-stores les unes au-dessus des autres, et tapisser les murs d'une école d'une manière illimitée, attendu le peu de place qu'elles occupent lorsqu'on ne les emploie pas. »

Quant au mobilier scolaire qu'on trouve dans la section anglaise, nous avons remarqué, au milieu de divers appareils connus, le pupitre d'écolier dit de *Windsor*, envoyé par M. *Williams*, de Windsor. C'est un banc à quatre places porté sur un pied en fonte ; sur ce pied pivote une table qui peut, en se rabattant, servir de dossier au banc. C'est ingénieux et commode, mais le prix en est élevé, et puis, il me semble que cette invention serait peu prisée dans nos écoles où les élèves seraient trop disposés à traiter le pupitre Windsor comme un jou-

jou ; et puis encore, il faut retirer les encriers pour que la table devienne le dossier. Pour tout dire, je crois le meuble bien fait pour les établissements anglais, où les leçons orales sont fréquentes et où les réunions religieuses ont souvent lieu.

Nous joignons, à ce que nous avons dit de l'Angleterre, quelques lignes sur la colonie anglaise du Canada, dont le nom nous rappelle ceux de Champlain et de Montcalm, en même temps qu'il nous fait songer à cette petite France qui conserve précieusement, sous une domination étrangère, la langue et les mœurs de la patrie primitive. Dans l'exposition scolaire du Canada nous retrouvons des noms français, comme ceux de MM. *Channeau*, directeur de l'instruction publique dans le bas Canada ; l'abbé *Langevin*, auteur d'une *pédagogie* ; *Chauveau*, *Ardouin*, dont les livres d'école sont mêlés avec des ouvrages dont les auteurs sont nos contemporains. Au reste, l'organisation de l'enseignement public est complète au Canada, et on y trouve beaucoup des éléments qui constituent celle du nôtre. Toutes nos sympathies sont envoyées aux instituteurs canadiens, qui restent canadiens en se souvenant qu'ils ont été français.

Nous n'avons rien à dire des quelques exposants de la République argentine et de celle de l'Uruguay, et nous arrivons à l'exposition scolaire des États-Unis. — Dans le palais, tout le monde a vu avec intérêt les deux énormes planétaires de Barlow, exécutés par M. *Froment-Dumoulin* ; on a moins remarqué les globes de M. *Schefder*, donnant, en détail, les courbes magnétiques, les courants maritimes, les lignes de navigation, etc., etc. On s'est peu arrêté aux cartes minéralogiques et aux photographies, exposées dans la galerie des matières premières, section de la Californie. Si j'en parle ici, c'est qu'elles me paraissent être d'un intérêt véritable, pour les écoles professionnelles et industrielles. « L'inspection de ces cartes, dit M. Pieraggi, donne à l'industriel des notions précieuses sur les situations et les richesses métalliques des différents gisements, et au géologue qui étudie les grandes perturbations de la croûte terrestre, elle indique la succession de ces révolutions qui ont travaillé notre planète depuis la période nébuleuse, ainsi que leur intensité et, approximativement, la durée de leur action. »

Mais la véritable exposition scolaire des États-Unis est dans le parc ; c'est la reproduction exacte d'une *École primaire gratuite* de campagnes dans l'État de l'Illinois. Quand on entre dans cette salle d'école, on est frappé d'un ensemble tout particulier de comfort si cher aux Américains et de la disposition générale du mobilier scolaire. Les lois hygiéniques y sont largement observées : plafond élevé, ventilation bien étudiée au moyen de fenêtres à guillotine, qui, malgré leur nom sinistre, me paraissent avoir des avantages marqués sur nos fenêtres ordinaires. Nous avons vu ces sortes de fenêtres à coulisses appliquées avantageusement dans des locaux destinés à de grandes réunions d'individus, et nous avons pu constater leur supériorité sur les autres systèmes de fermetures. Nous les recommandons pour les classes, en dépit du nom qu'elles portent, nom que d'ailleurs on peut changer facilement. Les tables de l'école américaine sont d'une construction originale ; elles sont à deux places, ce qui ne peut manquer de les faire apprécier par tous les hommes d'enseignement, et elles peuvent se hausser au moyen de crémaillères adaptées aux pieds en fonte qui les supportent. Les encriers ont un orifice assez petit, suffisant pour y introduire seulement la plume ; et, par un système, qui ne sera peut-être pas du goût de tous les instituteurs, le dossier de chaque banc porte les pupitres destinés aux élèves qui sont assis sur le banc suivant. Cette combinaison se complète par la mobilité du banc qui peut se relever, afin de faciliter l'entrée et la sortie des élèves. Somme toute, le système est ingénieux.

Parmi les autres pièces du matériel, nous devons mentionner des bouliers-compteurs, des solides géométriques, et un cahier-ardoise, sur lequel on peut attacher des modèles d'écriture; c'est une idée pratique excellente et de plus économique.

Mais ce qui frappe surtout le visiteur, c'est la quantité de tableaux, de cartes murales qui cachent presque partout le nu des murs; on veut que l'œil de l'enfant ne tombe pas sur le vide pour que son esprit soit toujours éveillé. Au milieu de ces tableaux on remarque les plus petits sur lesquels sont imprimés des articles de lois, des maximes morales et de piété, les devoirs du citoyen, et même des portraits de grands hommes. Voilà qui distingue tout de suite cette école de l'Illinois; on y reconnaît que l'école n'est pas seulement faite pour apprendre à lire, à écrire et à compter, qu'elle est, de plus, l'endroit où doivent se former les premières impressions morales de l'enfant et où il doit, par anticipation, vivre de la vie du citoyen. Pourquoi nos écoles primaires n'emprunteraient-elles pas aux écoles américaines ce qu'elles ont de véritablement saillant, je veux dire, ce caractère d'un temple où tout concourt à former des citoyens?... Si on m'objecte qu'aucun objet extérieur d'un culte quelconque ne se voit dans la classe, je répondrai que la loi américaine défend expressément d'enseigner dans l'école une doctrine religieuse quelconque, et j'ajouterai ce que me répondait un citoyen de Boston : que l'absence d'enseignement dogmatique n'exclut en aucune manière l'heureuse action des tendances morales et pieuses, que l'instruction religieuse peut facilement être donnée hors de l'école aux enfants de chaque communion, et qu'un système d'écoles publiques où dominerait l'esprit de secte et d'intolérance, pourrait un jour compromettre à la fois la liberté civile, la liberté de conscience et la véritable piété chrétienne.

Quant aux livres scolaires de l'école américaine, je n'y vois rien de supérieur aux nôtres; beaucoup sont simplement faits, mais l'esprit pratique y devient absorbant. On sent bien dans tous ces livres un grand désir de faire pénétrer, par le plus court chemin, dans l'esprit des élèves, la plus grande masse possible de connaissances; et on voit bien aussi que les instituteurs, auteurs de ces livres, s'inspirent de la sollicitude des fondateurs des États-Unis pour l'éducation publique : « Instruisez le peuple, » disait William Penn au nouvel État qu'il organisait ; « instruisez le peuple; » recommandait Washington à la jeune République; « instruisez le peuple, » répétait toujours Jefferson.

Ce n'est pas sans curiosité que nous avons vu l'exposition classique du gouvernement hawaïen, car il y a un gouvernement hawaïen, qui a organisé tout un système d'enseignement public. Voilà, écrits en langue hawaïenne, une géographie, des traités de calcul mental, d'arithmétique, d'algèbre, de géométrie, des abécédaires, un traité de ponctuation, une grammaire kanak, une histoire d'Hawaï. A côté de ces livres, voici ceux de l'association évangélique hawaïenne, fondée par les Anglais, est-il besoin de le dire, et qui publie un dictionnaire anglais-hawaïen, des journaux en langue du pays et en anglais, des collections de lois, etc., et puis enfin — nous Français, nous pouvons être fiers — nous savons que notre belle langue est enseignée dans le royaume d'Hawaï, dans trois colléges, c'est le *Moniteur* qui nous l'a appris, il y a déjà deux ou trois ans. Il est certain qu'il ne faut pas passer indifférent devant cette petite exposition scolaire d'une petite population qui fait tous ses efforts pour arriver à la civilisation. Songeons que ce sont les aïeux des Sandwichiens modernes qui ont tué le capitaine Cook, et louons vivement ceux-ci d'avoir accompli les progrès énormes que nous constatons à l'Exposition universelle.

La classe 89 n'est pas, que nous sachions, représentée dans l'exposition russe, par plus de trois exposants dont nous avons vainement cherché les productions. Une seule chose nous a attiré, au milieu de ces vitrines si curieusement faites en sapin, c'est l'envoi de l'Institut Strogonoff, véritable école de dessin, établie à Moscou. Nous n'avons certes rien à prendre dans ces nombreux spécimens de papiers peints et de dessins coloriés à la façon orientale, mais cette collection d'ornements d'églises, de vêtements sacerdotaux, de vases de toutes formes, de candélabres d'un dessin plus ou moins étrange, nous montre un goût qui n'a évidemment rien du nôtre, mais qui possède une certaine originalité dans laquelle les souvenirs de l'Orient ont la plus grande part.

Les nations orientales, chez lesquelles l'enseignement populaire n'a qu'une organisation incomplète ou même n'existe pas, ne sont guère représentées dans les classes 89 et 90. Nous pourrions citer cependant de curieux travaux de philologie envoyés par l'unique exposant de la Turquie, *Abdullah Bey*, quelques objets du matériel employé dans les écoles de l'Égypte, ainsi qu'une collection de livres et de journaux qui sont adoptés pour l'enseignement.

La Grèce est surtout représentée par des livres scolaires envoyés par le ministère de l'instruction publique ; nous avons remarqué, dans une autre section, des cartes géographiques pour les écoles qui sont simplement conçues et exécutées d'une manière très-ordinaire. — Faut-il citer la grande carte des régions moldo-valaques qui tapisse le mur de la section danubienne? Faisons-le, afin d'avoir l'occasion d'écrire le nom d'une contrée qui devra un jour être un centre d'action civilisatrice pour les pays du bas Danube.

L'Espagne compte une foule d'exposants dans les deux classes 89 et 90, et près de la moitié habite la Catalogne; c'est une observation bonne à noter et qui prouve que le voisinage de la France exerce une certaine influence sur l'autre versant des Pyrénées. Mais cette influence est bien faible, si on considère l'énorme distance que, non-seulement la Catalogne, mais l'Espagne tout entière doit franchir, pour arriver au point où en est aujourd'hui le plus petit État de l'Allemagne. Ce n'est pas ici le lieu de rechercher les causes multiples qui conservent l'ignorance au milieu de cette nation qui tint naguère la tête de l'Europe ; d'ailleurs nous savons peu de chose sur l'organisation de l'enseignement public en Espagne, les documents nous manquent ; il serait pourtant intéressant de connaître et d'étudier ce qui a été fait et ce qui existe à ce sujet important. Les quelques renseignements que nous avons pu obtenir se résument ainsi : L'Espagne est divisée en dix *districts universitaires* qui ont pour chefs-lieux, Madrid, Barcelone, Séville, Valladolid, Valence, Grenade, Santiago, Saragosse, Salamanque et Oviedo. Chacun de ces districts comprend un certain nombre de provinces scolaires, et les instituts, colléges, écoles, qui y sont établis relèvent de l'Université et dépendent directement du recteur qui en est le chef immédiat. Nous savons, en outre, qu'il y a environ 21,000 écoles tant publiques que privées pour une population totale évaluée à 15 millions, et que la fréquentation est dans la proportion de 69 sur 1000. Il est évident que l'Espagne est sous le rapport de l'instruction publique dans un état d'infériorité malheureux et regrettable. — On dirait, à voir la quantité de livres, de méthodes, de matériel d'enseignement, de travaux d'élèves, exposés soit dans le palais, soit dans le parc, que l'Espagne a voulu montrer tout ce qu'elle peut produire et tous les moyens qu'elle emploie pour sortir d'un état très-précaire au point de vue de l'école. Sachons-lui gré de ses efforts et de son désir de marcher dans la voie d'une libérale organisation et de favoriser l'initiative des particuliers et des sociétés libres.

Au milieu de la grande quantité de livres d'enseignement plus ou moins conçus d'après les nôtres, des méthodes abréviatives et de ces « moyens mécaniques pour conjuguer les verbes, » nous n'avons rien à signaler. Comme ensemble, les travaux des élèves présentent une recherche minutieuse et patiente, manquant le vrai but qu'on veut atteindre. Cependant quelques établissements officiels ont exposé des dessins linéaires et d'ornement, des cartes géographiques, des collections de solides géométriques, exécutés avec un certain soin, mais sans un parti franc et net ; nous citerons l'*École normale des instituteurs* de Barcelone, celle de Cadix, l'*Institut royal industriel* de Madrid et celui de *San Isidro*, établi dans la même ville. Les travaux des écoles de filles sont nombreux aussi ; et l'on distingue, parmi les envois, les ouvrages des élèves des écoles gratuites de la *Société des Dames de Barcelone*, qui me paraissent être faits dans une direction sinon fausse, au moins d'une utilité très-relative. Ces travaux sont, en effet, des œuvres de broderies de luxe, de la lingerie recherchée, qui ont, certes, une valeur que je ne nie pas, mais il semble que ces jeunes filles des classes laborieuses devraient plutôt être exercées dans les ouvrages d'une utilité plus réelle et plus pratique. On dit : qui peut le plus, peut le moins... sans doute, quoique ici l'on puisse discuter sur la vérité de cet axiome.

Dans la partie du matériel des écoles, un peu mêlé avec les autres parties de l'Exposition espagnole, nous avons remarqué, parmi d'autres envois du même genre, une table de classe pour les écoles de filles, envoyée par M. A. *Sanchez*, d'Albacete. C'est un meuble ingénieusement conçu : il est fait pour une seule élève ; la table et le banc font un seul corps, et ce dernier peut se replier sous le pupitre. A la partie supérieure de celui-ci, se trouve une pelote et des compartiments pour placer tout le matériel de la couture ; un tiroir est au-dessous destiné aux livres, cahiers, etc. C'est à peu près le seul objet tant soit peu original, et nous le citons avec plaisir.

Nous ne quitterons pas l'exposition scolaire de l'Espagne, sans signaler l'excellent atlas de l'Espagne par M. le colonel du génie *Coello*, et la carte géologique du même pays, ainsi que sept ou huit cartes des différentes régions de la Péninsule, très-bonnes pour les écoles et qui ont pour auteur M. l'inspecteur des mines *Amalio Maestre*.

Si l'Espagne, soumise à l'influence dissolvante du clergé catholique, est une des nations où l'ignorance a étendu son voile sombre, que dire de l'Italie qui subit lourdement depuis des siècles la même influence, et qui est même en arrière sur le pays qui a vu naître l'Inquisition ? Sans vouloir remonter plus haut que l'unification nous pouvons, grâce à une statistique officielle récente, constater l'état intellectuel du nouveau royaume d'Italie. Sur une population de plus de 19 millions d'habitants, il faut en retirer plus de 14 millions qui sont complétement illettrés. Sur les 5 millions qui font la différence, et qui constituent la partie non ignorante, il faut encore faire une part de près de 1 million d'habitants ne sachant que lire, et, sur les 4 millions restants nous devons faire des réserves bien certainement, sur la capacité de ceux qui savent lire, écrire et compter. Il est évident qu'il ne faut pas rendre responsable le gouvernement italien de ces différences affligeantes ; c'est lui qui a mis au jour la situation dans toute sa vérité ; il fait les efforts les plus louables pour organiser l'enseignement populaire et la tâche n'est pas petite, surtout dans les pays méridionaux de la Péninsule, les Calabres, les Abruzzes, la Basilicate, les Pouilles, et la Sicile, où la statistique montre que plus des neuf dixièmes des populations sont complétement illettrés. Je ne parle pas des États pontificaux, qui viennent donner un triste appoint d'un demi-million d'ignorants. L'Italie laïque et éclairée comprend que la régénération du pays ne pourra se faire qu'avec de fortes institutions libérales et un enseignement public laïque, largement établi : c'est seulement ainsi qu'il préparera une nouvelle société italienne, instruite, telle que l'avait rêvée le grand ministre Cavour.

Le rapport officiel dont nous nous servons place le Piémont en tête des provinces italiennes au point de vue scolaire ; il compte 573 illettrés sur 1000 habitants, la Lombardie vient en seconde ligne, 599 sur 1000 et la Ligurie en troisième, 708 sur 1000 ; la Toscane et l'Émilie n'occupent que les quatrième et cinquième rangs.

Mais si on prend les provinces méridionales de la Péninsule, on constate, avec effroi, que la Basilicate, par exemple, compte 912 illettrés sur 1000 habitants. Que de chemin à parcourir !

Le gouvernement italien s'est, immédiatement après son organisation politique, préoccupé d'établir l'école populaire partout où les ressources l'ont d'abord permis ; c'est ainsi que trois années après son unification, la statistique constatait une augmentation de 133 écoles primaires où l'on enseigne la religion, la lecture, l'écriture, l'arithmétique élémentaire, la langue italienne, les notions du système métrique. Ce chiffre portait le nombre des écoles élémentaires à 29,422, dont 23,340 publiques et 6,082 privées (1862-63), ce qui donne 11 écoles par 100 kilomètres carrés et 14 écoles par 100 mille habitants. Les villes de Milan et de Turin sont, de toute l'Italie, celles qui possèdent le plus d'écoles primaires.

Au-dessus de l'école primaire existent les écoles d'enseignement supérieur dont le programme comprend la calligraphie, la tenue des livres, les règles de la composition, la géographie, l'histoire nationale, les éléments des sciences naturelles et physiques, la géométrie et le dessin linéaire. Ces écoles supérieures sont au nombre de 1397, dont 1057 de garçons et 340 de filles.

Quant aux maîtres et aux maîtresses, ils se recrutent dans des écoles normales et magistrales qui ont un degré inférieur et un degré supérieur. Ils sont formés pour donner une instruction véritablement nationale, qui préparera la séparation de l'Église et de l'école, et en même temps amènera les populations encore ignorantes et crédules de la Péninsule, à comprendre tous les bienfaits d'une Italie libre et indépendante.

L'exposition scolaire du royaume italien, nombreuse en exposants, et qui présente un aspect assez confus, montre bien tous les efforts qui ont été faits depuis 1859. En tête se place le *ministère de l'instruction publique*, à Florence, qui expose la collection des lois et ordonnances, relatives à l'instruction publique, et donne en même temps un index des sociétés privées qui se sont fondées pour développer l'instruction populaire, ainsi que des catalogues, des livres de lecture en usage dans les écoles.

En se plaçant ainsi en première ligne, le gouvernement italien a voulu montrer que l'enseignement du peuple a été sa première préoccupation et qu'il le considère comme la vraie garantie de sa libre existence.

Les livres scolaires sont nombreux, point classés et sont envoyés par les librairies, surtout par l'importante maison *Paravia* et compagnie de Turin ; les méthodes, quelques-unes encore manuscrites, sont enfermées dans une vitrine : ce sont, autant qu'on en peut juger, surtout des méthodes de lecture et d'écriture, d'arithmétique élémentaire... Ces mêmes libraires ont exposé des tableaux iconographiques de botanique et de zoologie, présentant d'excellents ensembles, très-clairs, bien disposés et qui ont pour auteur le professeur Luigi Bellardi. A côté de ces envois, il faut placer ceux de l'*Association italienne pour l'éducation du peuple*, qui a exposé, dans la classe 89, des règlements, des cartes géographiques, des livres élémentaires, une bibliothèque pour école rurale, etc., et des journaux scolaires, entre autres l'*Ami des écoles populaires*, et un journal pédagogique *l'Instituteur*, dont la fondation remonte à 1852.

Les travaux d'élèves sont aussi en grand nombre; ils sont envoyés par l'*Institut royal technique* de Naples, par l'*École technique* de Padoue, le *Gymnase royal* du lycée de Padoue, l'*École royale normale inférieure* de Venise, la *Société industrielle* de Bergame, l'*Institut royal technique* de Florence, le *Collège* de Cicognini, l'*Institut Manin*, à Venise, et l'*Association italienne pour l'éducation du peuple* citée plus haut; ils montrent des dessins, des gravures sur bois, des bois sculptés, des broderies exécutées par les élèves de l'*Institut royal des sourds-muets* de Milan et de l'*Institut royal des aveugles* de la même ville.

Nous avons feuilleté ces nombreux et volumineux cartons contenant les travaux des élèves de ces établissements : nous y avons rencontré des épures au trait et lavées d'architecture, d'organes de machines d'une exécution serrée mais insignifiante dans les lavis; l'esprit de méthode n'apparaît pas dans les travaux de dessin d'art; beaucoup de patience employée, des efforts véritables peu récompensés. La direction générale est un peu rétrécie, les petites choses dominent, le goût n'est pas irréprochable et la méthode est encore absente. Les professeurs ont pourtant sous la main les chefs-d'œuvre des arts; les bons modèles ne leur font pas défaut; pourquoi n'en profitent-ils point?

Les collections zoologiques et botaniques pour les écoles secondaires ne manquent pas dans la partie scolaire de l'exposition italienne, pas plus que les appareils de physique et d'astronomie. Mais ce qui pourrait intéresser les collections pour l'enseignement primaire n'existe pas, et c'est là pourtant une chose essentielle. Avec des échantillons bien choisis et bien classés pris dans ces belles collections, on aurait pu en composer une pour l'école populaire, et nous pourrions applaudir à cette création, nouvelle pour l'Italie. Parmi les instruments d'astronomie nous devons signaler celui de M. F. *Bruno* de Turin, pour démontrer les phases de la lune. C'est un appareil simplement conçu, simplement exécuté, ce qui le met dans les conditions d'un bon marché relatif. Il me semble, au reste, qu'un instituteur adroit n'éprouverait guère de difficultés à en faire un semblable s'il se procure deux boules pleines et une demi-boule creuse. Le reste se fait en bois, sans grands frais et n'est qu'une affaire de combinaison d'axes. L'inventeur pourrait, sans aucun doute, faire son appareil dans des proportions plus petites, les enfants des écoles primaires y gagneraient de pouvoir comprendre facilement un de ces phénomènes que les meilleures explications ne suffisent pas à faire entrer dans leur intelligence.

En somme, ce qui ressort de l'examen des produits scolaires envoyés par l'Italie, c'est que son enseignement populaire est à organiser dans les provinces méridionales de la Péninsule et à augmenter dans la partie septentrionale : j'ai remarqué à ce sujet que tous les exposants des classes 89 et 90, sauf trois, sont des pays du nord du royaume, du Piémont, de la Lombardie, de la Vénétie, de l'Émilie, de la Toscane. Quoique, en général, les deux classes 89 et 90 aient été vues d'un œil assez indifférent, il semble que ce fait porte sa signification.

La Hollande, qui possède des établissements scolaires si remarquables, ne peut pas être jugée au point de vue de l'enseignement public, par ce qu'elle expose au palais du Champ-de-Mars. A part quelques tableaux d'histoire naturelle, compris d'une façon juste et claire, envoyés par M. *Brinckmann*, d'Amsterdam, nous n'avons plus à citer que les travaux des élèves de l'*Institut des sourds-muets* de Groningue, et de l'*Asile des aveugles indigents* de Rotterdam. Ces travaux consistant en dessins de toutes sortes, en modelages d'un faire tout particulier, ne peuvent guère nous donner une idée de ce que sont ces beaux établissements philanthropiques dont la Hollande est fière à juste titre. Il est certainement très-fâcheux que tous les hommes qui s'occupent de l'instruction populaire, ne puissent connaître tout ce que ce pays a fait faire de progrès à cette question importante, car la Hollande n'est pas suffisamment représentée par quelques Instituts. Nous regrettons de ne pouvoir ici parler de ces créations, telles que le *Mettray néerlandais*, fondé par M. Suringar, près de Zutphen, ni de l'organisation de l'instruction primaire, dont rien ne vient rappeler le nom dans l'Exposition de la Hollande.

La Belgique, au point de vue scolaire, n'est pas non plus représentée comme elle devrait l'être. Depuis, en effet, que les Belges ont été rendus à eux-mêmes par la révolution de 1830, ils ont vu d'importantes améliorations se produire dans toutes les branches gouvernementales, et en septembre 1842, leur pays doté d'une loi qui règle d'une manière définitive l'enseignement populaire. « Si cette loi n'est pas exempte de défauts, elle présente au moins l'immense et incontestable mérite, dit M. *L. Lebon*, d'avoir rendu l'instruction moralement obligatoire, car elle assure le bienfait de l'enseignement primaire à tous les enfants des citoyens qui ne sont pas à même de le leur procurer à leurs propres frais. Les communes, les provinces et l'État sont tenus d'y pourvoir. » Avant cette loi, que nous comparerons volontiers à notre loi de 1833, la Belgique avait dû à la Hollande ses premières écoles populaires, comme elle a dû, depuis, à la France, l'uniformité de ses lois, de ses administrations et de ses tribunaux. Aujourd'hui, on peut dire que la Belgique a un enseignement public fortement organisé, que l'État, les provinces et les communes ont plus ou moins centralisé entre leurs mains ; nous pourrions, si la place ne nous faisait défaut, prendre à part la ville de Gand, par exemple, et montrer la force de l'élément communal dans les développements que cette célèbre et fière commune a su donner à l'enseignement public.

Nous n'avons donc que peu de chose à dire de l'Exposition scolaire de la Belgique, représentée par un petit nombre d'exposants. Ce qui nous a le plus frappé, ce sont les tableaux pour aider à l'enseignement de l'histoire de Belgique, dessinés et gravés à l'eau forte par M. Gérard, de Bruxelles. C'est là l'histoire vivante que l'enfant apprend sans y penser, en quelque sorte, avec laquelle il se familiarise tous les jours, car ces tableaux — des œuvres d'art — sont tous les jours sous ses yeux ; il apprend en même temps à connaître les grands hommes de sa patrie, aussi bien les souverains que les savants, les littérateurs que les artistes ; il distingue aussi les époques par les types, les costumes, les monuments, par la couleur locale que l'artiste a donnée à toutes les scènes historiques qu'il a reproduites. Ces tableaux de M. Gérard ont été commandés par le gouvernement belge et doivent faire partie du mobilier de toutes les écoles primaires. Avis au ministère de l'instruction publique français qui ne voudra pas, nous en sommes certain, rester en arrière de la Belgique.

Nous citerons, après cette œuvre originale et populaire, la collection de solides géométriques et de modèles en bois donnant les principaux exemples de la construction qu'expose M. Gaspard de Munter, de Bruxelles. L'auteur appelle l'attention des visiteurs intéressés sur le bas prix de ses produits. A côté de M. Gaspard de Munter, nous avons remarqué les atlas scolaires et les cartes géographiques exposés par M. Callewaert frères, de Bruxelles, et ceux de M. Joly, d'Ixelles. Il me semble que ces cartes élémentaires, bien conçues au point de vue de l'enseignement, laissent à désirer sous le rapport de l'exécution ; il est vrai que les auteurs appuient sur le bon marché, ce qui n'est pas une raison suffisante.

Léon CHATEAU.

LXII

ENSEIGNEMENT POPULAIRE

PAR M. Henri HARANT

CLASSE 89

Avant de rendre compte de l'état actuel de l'enseignement populaire, d'après les documents que nous fournit la Classe 90 de l'Exposition universelle, nous croyons utile de marquer d'abord la place précise où commence cet enseignement et le rôle important qu'il joue dans les institutions du pays.

Les enfants de la classe peu aisée de la nation, ouvriers des villes, ouvriers des campagnes, artisans, marchands, petits industriels ou petits employés, tel est le monde où se recrute l'école primaire. Dans les divers éléments qui la composent, il ne faut attendre ni un grand zèle, résultant de la conviction, ni la persévérance, ni les études suivies, ni la suffisance du temps donné à ces études. Les préoccupations journalières de la famille, les changements fréquents de domicile dans les grandes villes, les maladies, les travaux inattendus, tout est prétexte pour diminuer le temps donné à l'instruction, tout devient une cause d'interruption et souvent d'arrêt, quel que soit l'âge de l'enfant, quel que soit le degré des connaissances qu'il a acquises.

Plus tard, quand il est plus maître de lui, quand la réflexion et l'expérience lui ont fait sentir le besoin impérieux de l'instruction et les avantages qu'elle procure, l'enfant, devenu homme, trouve ouvertes devant lui les portes des cours d'adultes, se faisant le soir, et compatibles avec les occupations professionnelles, autrefois seulement dans les villes, maintenant, grâce au zèle d'un ministre infatigable, dans toutes les plus misérables communes de France. Là, les études interrompues ou oubliées sont reprises; pour quelques-uns, elles commencent; et quiconque devant ces institutions reste complétement illettré, ne peut s'en prendre qu'à sa lâcheté et à son incurie, et ne mérite pas de jouir de ses droits de citoyen.

Mais ces cours d'adultes, c'est encore l'enseignement primaire; si, en sortant de là, l'enfant ou l'homme savent lire, écrire et un peu compter, le but est atteint, et la tâche est remplie pour le maître comme pour l'élève. Nous dirons plus : dans l'état de nos mœurs et de nos institutions, l'administration, seule capable de mener à bien cette grande œuvre de l'instruction primaire, un de ses devoirs les plus sacrés, est allée jusqu'à la limite de la responsabilité qui pèse sur elle, lorsqu'elle a donné à chacun le pouvoir d'acquérir ce qu'enseignent l'école primaire et les cours d'adultes.

Est-ce tout? est-ce bien là la limite où doit s'arrêter l'instruction populaire?

Fonctionnaires de l'État ou hommes privés qui nous intéressons à cette grande question, avons-nous le droit, avons-nous le pouvoir de dire à une classe de la population : c'est ici la limite où doivent s'arrêter tes connaissances; au delà, il y a des richesses immenses, découvertes par l'humanité tout entière, des trésors précieux, accumulés par les ancêtres, qui sont l'apanage d'une classe d'hommes que les hasards de la naissance et de la fortune ont mis dans une position différente de la tienne, et tandis que tout est organisé dans la société pour leur en faciliter l'acquisition, tu resteras, toi, éternellement privé de la vue et de la jouissance de ces richesses? Il ne pouvait en être ainsi, et n'y aurait-il eu que cette raison de justice sociale, il eût été du devoir des hommes instruits et des hommes puissants par la fortune et par la position, de chercher un moyen de faire participer la grande masse de leurs concitoyens, ou tout au moins de ceux qui en auraient le désir, l'ambition et le courage, à l'acquisition des connaissances qui dépassent le niveau de l'enseignement primaire; il eût été de leur devoir de leur faciliter les études qui, dans une sphère plus élevée, leur permettent d'apprendre tout ce qui, dans la science, est directement propice aux besoins de leurs travaux et de leur industrie, tout ce qui leur ouvre des horizons nouveaux et étendus vers ces vastes régions des grandes découvertes de l'humanité, et enfin tout ce qui les rapproche du but le plus élevé, qui est leur perfectionnement moral et intellectuel.

Mais il y a plus : à ce point de vue noble et désintéressé des classes riches et lettrées, est venue se joindre une considération qui, pour les ouvriers comme pour ces classes elles-mêmes, était d'un intérêt immédiat et d'une nécessité absolue.

Après les ébranlements de notre grande Révolution, lorsqu'une nouvelle classe de citoyens, devant tout à son énergie, à son savoir, à son travail, se sentit maître de la situation, maître du pouvoir et maître de la richesse publique, elle comprit que, succédant à l'aristocratie féodale, sa condition de souveraineté lui imposait des devoirs envers les classes populaires, correspondants à ceux dont cette aristocratie ne s'était jamais crue dégagée dans les temps d'organisation militaire. Ainsi, vivant du travail et de l'industrie, dut-elle se préoccuper avant tout de la valeur et de la position de l'ouvrier, et, dans son intérêt propre tout aussi bien que par sa préoccupation du devoir à accomplir, dut-elle chercher les moyens de remplacer par des connaissances plus complètes et plus positives, les procédés jusque-là suffisants que la routine conservait soigneusement dans les jurandes, les maîtrises et le compagnonnage.

Les désastres des guerres de l'Empire n'arrêtèrent pas cette impulsion donnée au régime industriel, et, dès 1815 et 1816, les chefs de la bourgeoisie font eux-mêmes d'énergiques efforts pour atteindre la supériorité qui, seule, leur permettra de figurer avec avantage sur le marché européen; et déjà la préoccupation de l'instruction des classes ouvrières se manifeste de toutes parts en France.

C'est de l'initiative privée que vinrent les premières tentatives. L'École polytechnique fournissait alors la presque totalité des directeurs et des ingénieurs auxquels étaient confiées la plupart des entreprises industrielles. A cette position se joignait l'esprit libéral qui, même sous la compression du régime impérial, n'était jamais sorti de l'École; c'est donc naturellement à cet élément que furent dus les premiers efforts et les premiers succès. Après quelques tentatives isolées, dans plusieurs villes de province comme à Paris, la création de cours de dessin destinés aux ouvriers et de quelques cours de géométrie, on peut dire que le grand mouvement se reliant à l'essor que prenait en ce moment l'industrie, part de la première systématisation de cet enseignement qui fut faite à Metz par quelques anciens élèves de l'École polytechnique et quelques professeurs attachés à l'École d'application.

Pour suivre plus facilement l'étude historique des institutions qui se créèrent depuis ce moment, nous croyons qu'il faut les diviser en trois éléments distincts, quoique concourant tous au même but. Ces éléments sont : les cours publics, portant sur des matières autres que celles qu'on enseigne dans les écoles primaires, et en général s'occupant de l'application de la science à l'art et à l'industrie. Secondement, les conférences, forme plus récente de ces mêmes cours, touchant non-seulement aux éléments des sciences, mais abordant et vulgarisant les théories les plus élevées de l'enseignement supérieur, les conceptions les plus étendues et les plus délicates de l'esprit humain.

Enfin, en troisième lieu, les bibliothèques populaires, complément indispensable de cet enseignement et des études scientifiques ; et, d'un autre côté, répondant à un besoin nouveau que l'accroissement de l'instruction devait nécessairement développer, c'est-à-dire le plaisir de la lecture, le goût de la poésie, des romans, du théâtre, et en général le désir légitime de se mettre en rapport avec toutes les productions de l'esprit humain, et d'y trouver comme les classes riches et moyennes le plus agréable des délassements.

I

COURS PUBLICS FAITS AUX OUVRIERS

En dehors des documents que nous fournit l'Exposition universelle, et en remontant bien loin dans le passé, nous retrouverions, non pas seulement à Paris, mais dans les principales villes de province, des établissements publics où se font, tantôt par des fondations particulières, tantôt sous le patronage de la ville et au moyen des deniers municipaux, des cours gratuits de dessin, d'architecture et de diverses sciences. Plusieurs de ces cours, groupés dans des centres qu'on désigne le plus souvent sous le nom d'*Académie*, sont évidemment destinés tout d'abord aux ouvriers, et notamment les cours de dessin auquel se joint quelquefois un cours de géométrie appliquée. Les autres cours publics et gratuits, de physique, de géologie, de chimie, d'histoire, sont plutôt destinés à la bourgeoisie et suivis par elle ; ils n'ont aucun rapport avec les institutions que nous voulons étudier. Remarquons cependant que ces cours, quelques-uns très-anciens, ont traversé tous les régimes et se sont perpétués longtemps, surtout lorsque, affranchis de toutes les entraves de la centralisation administrative, ils n'ont été qu'une création directe émanant de l'initiative privée ou de la commune.

Revenons maintenant au mouvement décisif produit par l'avénement du régime industriel, et étudions la création et l'organisation successives de ces cours populaires qui, nous le répétons encore une fois, ne doivent pas être confondus avec les cours d'adultes. Ce sont « des cours de sciences appliquées, « comme le dit M. Charles Dupin, faits en faveur de la classe industrielle « à l'heure où finit le travail des ateliers. »

A partir de 1816, des cours de géométrie appliquée, de mécanique et de chimie commencent à se faire dans plusieurs villes industrielles ; des ingénieurs, des professeurs, des officiers, la plupart anciens élèves de l'École polytechnique, se mettent isolément, mais courageusement à l'œuvre ; des cours se font à Mulhouse, à Amiens, à Metz, mais ne se lient encore à aucune organisation ; des ouvriers, des bourgeois, des chefs d'industrie, les suivent peut-être avec plus de curiosité que de conviction.

Cependant nos ingénieurs, nos industriels et nos économistes ont pénétré dans la Grande-Bretagne, dont, sous l'Empire, l'accès était fermé. Ils ont vu avec étonnement, et non pas avec crainte, le développement de l'industrie déjà si avancé dans ce pays ; ils ont étudié le fort et le faible de l'organisation anglaise, et ils ont jugé qu'avec l'intelligence, l'activité et la spontanéité de nos ouvriers français, la supériorité leur serait bientôt acquise, si, à leurs dispositions naturelles, on pouvait joindre les ressources de l'instruction et la connaissance des principes scientifiques.

« Je suis allé, dit Charles Dupin, dans le pays de nos rivaux en industrie ; j'ai
« vu que les savants et les puissants y réunissaient leurs efforts pour procurer
« aux ouvriers anglais, écossais, irlandais, une instruction nouvelle qui rend les
« hommes plus habiles, plus à l'aise et plus sages. J'ai désiré pour vous les
« mêmes biens et mieux encore. J'ai pensé qu'on pouvait vous donner un ensei-
« gnement plus complet et plus avantageux, et j'ai essayé de le faire. »

C'est à l'occasion de l'inauguration du cours de géométrie et de mécanique appliquée aux arts et aux métiers du Conservatoire, que ces paroles sont prononcées ; et, en même temps qu'il fait ce cours à Paris, ce savant, dont on ne saurait trop louer le zèle et l'activité qu'il montra à cette époque, presse, par ses conseils et par son influence, les professeurs et les ingénieurs d'établir des cours semblables en province : tout se fait sous l'impulsion de l'initiative privée, mais individuelle. Ce sont là les éclaireurs du mouvement qui va suivre.

En 1825, M. Morin, ingénieur des ponts et chaussées, fait à Nevers un cours de sciences appliquées suivi par deux cents personnes. M. Guigné de Grandval, à la Rochelle, professe devant trois cent quatre-vingts auditeurs ; à Lyon, c'est M. Tabaraud, ancien officier du génie militaire ; à Amiens, un architecte et un professeur de sciences appliquées à l'industrie ; à Lille, à Versailles, à Bar-le-Duc, à Strasbourg, les ouvriers et les chefs d'industrie prennent l'habitude de venir soigneusement recueillir, dans les amphithéâtres du soir et du dimanche, les leçons que des hommes généreux et dévoués professent presque partout gratuitement. Les Ternaux, le duc de La Rochefoucault-Liancourt, les Poupard de Neuflize, les Kœchlin, les Hartman, les Périer, les Delessert, encouragent et soutiennent ces institutions de leur appui et de leur crédit. Le comte de Chabrol, ministre de la marine, prescrit aux professeurs d'hydrographie d'organiser dans les ports de mer des cours de géométrie et de mécanique appliquée.

Le mouvement s'étend et se propage, alimenté non-seulement par les nécessités de l'industrie, mais encore par les aspirations plus élevées d'une classe de philosophes et de savants qui n'ont en vue que l'élévation graduelle du niveau de l'intelligence et de la moralité des masses, par la diffusion des études scientifiques. Nous trouvons une lettre du 25 novembre 1825, écrite par Auguste Comte, qui fut plus tard un des fondateurs de l'Association polytechnique, où il sollicite un de ses amis de province de créer des cours pour les ouvriers, et se glorifie que ce mouvement vienne des élèves de l'École polytechnique. « Par-
« tout, dit-il, les anciens élèves de l'École polytechnique suivent cette direction,
« et je me glorifie de penser que c'est à cette noble École que la France devra
« les germes d'une éducation régénérée. »

Cette lettre est accompagnée des considérations philosophiques suivantes :
« On n'a pas, ce me semble, considéré du point de vue convenable et avec
« toute l'attention nécessaire, la suite d'efforts faits particulièrement depuis trente
« ans, par les divers gouvernements européens, pour propager dans toutes les
« classes de la société l'instruction scientifique, par des institutions spéciales, in-
« dépendantes des universités régulières. Ce mouvement s'est d'abord marqué
« par la fondation d'une école (l'École polytechnique), qui a présenté cette in-

« novation philosophique d'un établissement d'instruction théorique d'un haut
« degré de généralité, et dont, néanmoins, le caractère positif est absolument
« pur de tout mélange théologique et métaphysique.

« Ce mouvement s'est depuis continué avec une intensité toujours croissante.
« En ce moment, la classe ouvrière est immédiatement appelée à y participer
« par les institutions dont M. Charles Dupin en France, et M. le Dr Birbecken
« en Angleterre, ont été les plus zélés promoteurs, et que les gouvernements
« encouragent puissamment. Des établissements semblables vont avoir lieu
« même en Russie; il en existe déjà en Autriche et en Prusse; et dans quelques
« années, toute l'Europe en sera couverte..... »

C'est à Metz, en 1826, que se forma la première Association régulière ayant
pour but d'instituer, d'une manière complète, l'enseignement des sciences, au
point de vue professionnel.

MM. Bergery, Poncelet, Bardin et quelques autres anciens élèves de l'École
polytechnique ou professeurs de l'Ecole d'application sont les fondateurs de cette
première Association; ils commencent par un cours de géométrie appliquée qui
réunit, autour de la chaire de M. Bergery, jusqu'à six cents auditeurs, maîtres et
ouvriers. L'année suivante, s'ouvrent des cours de mécanique, de physique, de
chimie, et enfin de grammaire; et, en 1828, il se fait un ensemble complet de
cours qui ne laisse rien à désirer. Nous y voyons, pour la première fois, l'ouverture d'un cours populaire d'économie politique, jusque-là réservé aux chaires
officielles, et que, même de nos jours, on n'est parvenu à faire que sous forme
de conférences dans l'Association polytechnique.

A vrai dire, dans les idées des premiers créateurs de l'enseignement populaire, il devait se borner aux sciences essentiellement positives, et l'introduction
de l'économie politique est une première divergence qui se manifeste. Cet enseignement était non-seulement destiné à favoriser les progrès de l'industrie,
mais ils le voulaient aussi pour le développement de l'esprit positif. L'introduction du cours d'économie politique provient déjà de tendances différentes; on n'ouvre pas seulement à l'esprit, par l'instruction, les chemins qui
doivent le conduire aux solutions qui intéressent les destinées humaines; on lui
apporte et on lui préconise certaines solutions toutes faites. De généreux uto-
pistes rêvent l'accord du capital et du travail, et comptent sur leur enseignement pour trouver le remède à tout antagonisme des classes. C'est le mouvement saint-simonien qui se fait la part dans l'enseignement populaire.

Depuis cette époque, les cours publics se multiplient, dus aux efforts isolés de
quelques professeurs, ingénieurs ou industriels, ou avec le caractère de créations municipales. Avant de passer à l'histoire d'une autre Association, disons
que celle de Metz fut bientôt adoptée par la ville et devint une institution
communale où continuèrent à se professer les mêmes cours par des professeurs
rétribués. Un grand nombre de ces cours existent encore.

Nous voici arrivés à la révolution de 1830.

Après chaque secousse qui ébranle l'ordre public, les hommes ardents, convaincus, ceux qui se sont le plus mêlés à l'action, sentent aussitôt le besoin de
porter remède aux institutions insuffisantes ou vermoulues sur lesquelles l'ordre de choses précédent n'a pu garder son équilibre. Ils veulent prévenir les
fautes qui pourraient plus tard amener les mêmes troubles, et, animés eux-mêmes
de généreux sentiments, ils ne tardent pas à s'apercevoir que l'ignorance des
hommes reste la cause la plus éternellement dangereuse, et que c'est contre
elle qu'il faut unir tous les efforts.

Parmi donc l'élite de la jeunesse, activement mêlée aux événements de cette
époque, se trouvaient d'anciens élèves de l'École polytechnique, qui, dès le len-

demain des barricades, songèrent à s'organiser pour faire des cours aux ouvriers, et, se mettant à l'œuvre, chargèrent quelques-uns d'entre eux d'aller faire des cours aux convalescents et aux blessés réunis dans le palais de Saint-Cloud.

Bientôt le cercle s'agrandit ; le contact de ces jeunes hommes ayant les mêmes aspirations, se proposant un but commun, leur fait rêver une bien plus vaste association. Les bases en sont jetées à la suite d'un banquet que les anciens élèves donnaient à leurs jeunes camarades de l'École polytechnique, combattants de juillet, et auquel assistait le duc d'Orléans, qui avait suivi en amateur quelques cours de l'École. Cette nouvelle Association avait pour but de resserrer les liens de confraternité qui existaient entre les anciens élèves de l'École polytechnique résidant à Paris, ceux qui étaient disséminés dans toute la France, et les nouvelles promotions qui se seraient reliées à un centre commun. Ce devait être l'*Association polytechnique*. « Rapprocher les anciens élèves, leur « fournir les moyens de s'entr'aider, répandre dans les classes laborieuses les « premiers éléments des sciences positives, surtout dans leur partie applicable, « s'occuper enfin des sciences et des arts qui peuvent intéresser les hommes nourris « d'une instruction commune, tel est le but de l'Association polytechnique. »

Il n'est pas bien difficile de voir que, fondée en un tel moment et avec de semblables éléments, le but à atteindre ne se bornait pas aux proportions modestes que la prudence des fondateurs semblait lui assigner. Il n'était pas difficile de prévoir la part que pouvaient y prendre soit les discussions politiques, soit les controverses philosophiques, au milieu de cette génération lancée dans des luttes ardentes et animée des aspirations les plus libérales.

Quoi qu'il en soit, après les cours faits à Saint-Cloud, un certain nombre de membres de l'Association proposèrent de fonder à Paris des cours analogues à ceux de Metz. Victor Lechevallier, capitaine d'artillerie, l'un des fondateurs de l'Association polytechnique, fut encore l'un des promoteurs de ces cours; avec lui, Meissas, Guibert, Auguste Comte, Raucourt de Charleville, qu'on appelait le colonel Raucourt. Perdonnet faisait aussi partie du bureau, mais ne professait pas encore. L'Hôtel de Ville fut le siége principal de cet enseignement, quoique plusieurs professeurs, comme Comte et Raucourt à la mairie des Petits-Pères, fissent leurs cours dans des locaux isolés.

Ici se trouve une époque un peu confuse de l'histoire de l'Association polytechnique et de l'enseignement qu'elle vient d'organiser; les documents que nous avons pu recueillir sont peu développés et n'appartiennent pas aux archives de l'Association, détruites par l'incendie de la Halle aux draps, en 1854.

Bientôt plusieurs professeurs, entre autres Lechevallier à l'Hôtel de Ville, et Raucourt aux Petits-Pères, sont accusés de donner à leurs leçons une couleur politique qui inquiète la police et qui fait craindre à l'Association que les cours ne soient fermés. Chose singulière! à la mairie des Petits-Pères, Comte, auteur de la Philosophie positive, se tient rigoureusement renfermé dans son enseignement scientifique de l'astronomie, avec la ferme conviction que toute question autre que la science, doit être interdite dans les leçons; et c'est Raucourt qui, prenant le titre des travaux d'Auguste Comte, fait un cours de philosophie positive, qui est déclaré dangereux. Le comité de l'Association procède à une enquête, et, d'après l'avis d'une commission dont Perdonnet faisait partie, les cours de Lechevallier et de Raucourt sont supprimés.

Alors s'opère une première scission très-considérable. Lechevallier ouvre un cours public de physique au Conservatoire des arts et métiers ; là il fait appel aux hommes dévoués qui voudront se joindre à lui pour fonder une association pour l'instruction du peuple. Le 15 juin 1831, des affiches annoncent que cette association est fondée, elle s'appelle : *Association pour l'instruction gratuite du peuple.*

Il semble, d'après un document provenant de l'une des séances de cette nouvelle Société, et qui est du 4 décembre 1831, qu'elle était, à ce moment, devenue prépondérante, et que l'Association polytechnique ne dût conserver dans son comité pour l'enseignement qu'un très-petit nombre de ses membres fondateurs. Nous voyons, en effet, la plupart de ceux-ci dans le comité de la nouvelle Association, avec Dupont de l'Eure et Delaborde, pour vice-président et président. Lechevallier, de Tracy, Larabit, Guibert, Meissas, Roussel, Raucourt, Courtial, en font partie, c'est-à-dire tous ceux que nos documents historiques et leur propre témoignage nous présentent comme les fondateurs de l'Association polytechnique.

Quant à l'organisation de cette nouvelle Société, on peut dire qu'elle était formidable, et il est permis de penser que la préoccupation de l'instruction avait été fortement influencée par des préoccupations d'une nature différente. Elle était divisée en cohortes correspondant aux douze arrondissements de Paris; les chefs de cohortes avaient avec eux des centurions, ceux-ci des décurions, et le mot d'ordre parti d'en haut avait des moyens sûrs et rapides de pénétrer jusqu'au dernier membre de la Société. Les réunions du comité étaient nombreuses, et tous les sociétaires payaient une cotisation de $0^{fr},25$ par semaine. Les professeurs continuaient à faire leur cours gratuitement.

Dans peu de temps, elle prit une grande extension et put, outre des cours établis dans tous les arrondissements, créer des laboratoires de physique et de chimie. Le siége officiel était au cloître Saint-Méry.

En juin 1832, et à l'occasion des funérailles du général Lamarque, une insurrection éclate dans Paris; c'est du cloître Saint-Méry, dit-on, que, la veille, le signal est parti; toujours est-il que Lechevallier est vu sur la place de la Concorde, organisant ses cohortes, M. Perdonnet l'atteste dans une note conservée aux archives de l'Association. L'insurrection est vaincue, les chefs arrêtés ou en fuite. Les cours de l'Association sont fermés et l'Association même est dissoute.

Mais elle n'est pas longtemps à renaître, et, au commencement de 1833, elle inaugure de nouveau ses cours en annonçant la continuation de l'ancienne organisation. Dupont de l'Eure et Cormenin président la séance à l'Ecole de Médecine. Cabet est secrétaire général. L'Association compte trois mille sociétaires, dont soixante députés; nous y voyons les noms d'Arago, d'Audry de Puiraveau, du général Bertrand, de Cavaignac, de Dulong, député, de Garnier-Pagès, du général Lafayette, de Larabit, de Ferdinand de Lasteyrie, de Mauguin, de Recurt, etc.; dans les tableaux des cohortes, des centuries et des décuries, nous retrouvons les noms de tous les hommes qui jouèrent, à cette époque, un rôle politique.

Mais les membres de l'Association polytechnique ne se trouvent plus comme professeurs dans aucun des 42 cours ouverts en février 1833. Le siége de cette nouvelle Société est rue de l'Abbaye, n° 3. Elle a des cours organisés pour les femmes, une Société de secours mutuels, une commission de médecins et une commission d'avocats qui donnent gratuitement des consultations aux sociétaires; enfin un journal, le *Populaire*, rend compte de ses travaux.

Néanmoins, malgré cette magnifique organisation, les cours ne se continuèrent plus guère que jusqu'à la fin de l'hiver de 1834; à cette époque, il n'est plus question que des cours de l'Association polytechnique, qui, grâce à la sagesse de leur organisation et à la résolution bien arrêtée des professeurs de ne pas s'occuper de questions politiques, reste maîtresse du terrain.

A cette époque, il est vrai, l'Association polytechnique n'était plus ce que l'avaient voulu faire ses fondateurs; l'Association des cinq ou six cents membres, élèves de l'École, avait disparu, après s'être occupée de plusieurs questions d'art, de science et d'industrie, présentées sous forme de rapports par quelques-uns de ses membres, et de correspondances en province et à l'étranger, en même temps que de la fondation des cours gratuits. Mais le contre-coup des passions politiques qui agitaient tous les hommes de cette époque, n'avait pas tardé à s'y faire sentir comme dans toute autre réunion, et la diversité des opinions qui y étaient représentées amena sa dislocation à la première manifestation de ceux qui la dirigeaient. L'acte nous paraît assez caractéristique et est trop peu connu pour que nous ne croyons pas utile de le rapporter dans toute son étendue.

Au moment où la monarchie nouvelle de la branche cadette cherchait son équilibre au milieu des pavés fraîchement remués, un grand nombre d'hommes aux opinions les plus avancées, et parmi lesquels se trouvaient les membres du comité d'enseignement de l'Association polytechnique, s'irritaient contre la bourgeoisie cherchant déjà à faire tourner à son profit exclusif la révolution qui venait de s'accomplir. A tort ou à raison, le roi passait pour être opprimé dans ses volontés par les chefs de ce parti; c'est alors que le comité d'enseignement, agissant révolutionnairement, essaya d'engager l'Association entière dans une démarche dont le caractère est très-remarquable. Après en avoir délibéré, le comité rédigea une adresse à Louis-Philippe, dans le but de le solliciter à prendre la dictature, et, traversant Paris en corps, se présenta au Palais-Royal, et fut admis à présenter son adresse au roi lui-même, qui y fit un accueil peu empressé.

Voici le texte de cette adresse dont les sentiments et le style ne laissent aucun doute sur le nom de celui qui l'avait inspirée et rédigée. Auguste Comte, l'un des fondateurs de l'Association, était évidemment celui qui avait la plus grande influence, et nous croyons devoir lui attribuer la part la plus grande dans la détermination prise par tout le comité.

       « Sire,

     « Une réparation généralement regardée comme insuffisante fournit en ce
« moment l'occasion de dévoiler le vrai caractère fondamental de la situation
« politique où la France a été placée, par la fausse direction donnée à l'en-
« semble du gouvernement depuis la grande révolution de Juillet, par les
« divers ministères qui se sont succédé.

     « Le désappointement universel de la masse de la population, qui n'a pu voir
« encore qu'un simple déplacement du pouvoir, dans les suites de cet immense
« mouvement qui devait amener une amélioration positive dans sa condition
« sociale et politique;

     « La frivole jactance des législateurs qui ont voulu s'attribuer la gloire et le
« profit d'une régénération à laquelle ils ont été généralement étrangers; l'ex-
« trême incurie des Chambres et du ministère pour tout ce qui concerne l'in-
« struction du peuple;

     « Leurs dédains pour sa participation aux avantages sociaux en proportion de
« l'importance de ses travaux;

     « Enfin l'infériorité constatée, soit sous le rapport intellectuel, soit sous le
« rapport moral, d'une vaine aristocratie, qui n'a d'autres titres à la direction de
« la société que sa naissance ou sa fortune;

     « Telles sont les causes radicales, explicites ou implicites des mécontentements
« populaires.

     « En d'aussi graves circonstances, considérant que la vérité sur la situation
« du pays et l'indication de la marche politique propre à y remédier ne sauraient
« être transmises à Votre Majesté par des Chambres dont l'incapacité politique
« et la faiblesse morale ne sont pas moins constatées que l'impopularité, le comité
« de l'Association polytechnique s'est cru autorisé par la pureté de ses intentions

« et par les garanties que présente la composition de la société dont il émane,
« à s'adresser directement à Votre Majesté pour lui promettre sa participation
« contre toute tentative anarchique, et la supplier en même temps d'imprimer à
« la marche générale du gouvernement la haute direction progressive, seule
« conforme au véritable esprit de la société actuelle.

              « Sire,

    « Le comité de l'Association polytechnique, convaincu que le pouvoir per-
« sonnel de Votre Majesté est aujourd'hui la seule autorité constituée dont les
« actes puissent obtenir l'assentiment populaire, fait reposer sur votre loyale
« intervention toutes les espérances pour le rétablissement d'un ordre vraiment
« durable.
    « Signé : les membres du comité permanent de l'Association polytechnique.
      « A. Comte, Lechevallier, Meissas, Raynaud, Raucourt, Larabit, Bommart,
    « Wissocq, Guyot. »

Cette démarche du comité donna lieu, comme on devait s'y attendre, à de
nombreuses et vives réclamations de la part d'un très-grand nombre de
membres de l'Association polytechnique. Des récriminations, des rétractations
s'ensuivirent, et finalement la dissolution de l'Association polytechnique s'ac-
complit d'elle-même. A partir de ce moment, il n'est plus question d'elle que
pour ce qui regarde les cours gratuits qu'elle avait fondés à Paris, c'est-à-dire
qu'elle est réduite à ses véritables éléments en ce qui touche à l'histoire de l'enseignement populaire, son comité d'enseignement et ses professeurs.
    On ne peut nier que, dans les idées et les vœux de ceux qui l'avaient fondée,
elle devait avoir une existence politique. Cette Association d'un millier
d'hommes importants, unis par une instruction commune, à la tête du pays
par leur savoir, exerçant son influence dans les classes populaires par l'organisation de ses cours, même alors qu'elle écarterait toute allusion directe politique ou philosophique de son enseignement, pouvait acquérir une puissance
formidable. Mais, comme le faisait remarquer Auguste Comte, lorsqu'il re-
venait sur les premiers temps de sa vie politique, cette Association, qui
aurait pu avoir une si grande influence sur les destinées du pays, portait
avec elle une condition d'impossibilité dès son origine. Elle ne pouvait réellement relier ensemble tous les éléments dont elle prétendait se former, qu'à la
condition de principes admis par tous ses membres et d'une doctrine commune.
Or, c'est cette doctrine qu'il eût d'abord fallu fonder avant de créer l'Association.
    Maintenant nous n'avons plus à nous écarter de l'histoire des cours populaires
qui restent à Paris pendant longtemps l'apanage exclusif de l'Association polytechnique. Nous pouvons suivre pas à pas les efforts qu'elle fait en faveur de
l'instruction populaire, et en constater les résultats.
    De 1831 à 1833, les professeurs faisant des cours pour l'Association poly-
technique, sont :
    Auguste Comte. — Astronomie populaire.
    Courtial. — Arithmétique et géométrie appliquée aux arts.
    Gondinet. — *Idem.*
    Guibert. — *Idem.*
    Meissas. — *Idem.*
    Menjaud. — Dessin linéaire, dessin de figure et ornement.
    Auguste Perdonnet. — Chimie appliquée aux arts métallurgiques.

Fulchiron. — Géographie appliquée au commerce et à l'industrie.

Roussel. — Cours de construction.

Les six premiers firent régulièrement leur cours; les trois autres ne le purent pas toujours, empêchés par le défaut d'amphithéâtre ou du matériel nécessaire. M. Perdonnet est chargé de toutes les démarches à faire pour le comité ; il s'occupe de trouver des locaux, recrute les professeurs, veille à l'organisation générale de l'œuvre, et y apporte déjà ce zèle infatigable et ce dévoûment dont il n'a cessé de donner des preuves pendant trente-six ans de sa vie et jusqu'à l'heure de sa mort.

Vivant des souscriptions payées en 1830 et en 1831 par les membres de l'Association polytechnique, ayant à lutter contre la popularité des Sociétés rivales qui ont essayé de vivre à côté d'elle, et avec ses propres membres ; obligée d'ajourner la plupart de ses projets, arrêtée qu'elle était par l'émeute, le choléra et souvent le mauvais vouloir de l'Administration, l'Association ne perd pas courage, et, à la fin de 1832, se reconstitue sur de nouvelles bases. Il n'est plus maintenant question, quand nous désignerons l'Association polytechnique, que du comité d'enseignement et des professeurs faisant des cours publics et gratuits aux ouvriers. Le président est M. de Tracy. M. Perdonnet est président du comité d'enseignement.

En 1833 et 1834 les cours se continuent avec addition de cours nouveaux complétant l'enseignement scientifique.

Géométrie descriptive, coupe de pierres, charpente, par M. Martelet.

Physique, par M. Thomas.

Mécanique, par M. Valès.

Comptabilité, par M. Bertherin.

Hygiène, par M. Monneret.

Les cours se font au cloître Saint-Méry, aux Petits-Pères et à la Sorbonne, où ils sont bientôt supprimés.

On désirait ardemment ouvrir des cours au faubourg Saint-Antoine, au milieu de cette population laborieuse où il semblait que ce genre d'instruction devait le mieux s'acclimater. Après de nombreuses démarches, on obtint un local aux Quinze-Vingts, et M. Martelet organisa un nouveau corps de professeurs. On fit une tournée dans les ateliers, on porta des affiches dans les principaux lieux de réunion d'ouvriers ; malgré tout cela, les cours commencèrent devant une centaine d'auditeurs seulement, et jamais, contre toutes les prévisions, on n'en put réunir un nombre suffisant. Ce fait s'est du reste reproduit plusieurs fois dans le même quartier.

Il est intéressant de s'arrêter sur cette période des cours de l'Association polytechnique. Leur organisation, qui actuellement et pour un grand nombre de cas dépend du désir d'un professeur, ou de l'opinion d'un membre isolé de l'Association, n'était pas à cette époque une chose arbitraire. L'enseignement y est systématiquement réglé, et la simplicité de l'ensemble, les moyens employés auxiliairement pour y concourir, montrent avec quel soin et quel esprit élevé les membres de l'Association veillaient à tout ce qui devait contribuer au succès ou au développement de cet enseignement.

Les cours institués se décomposaient de la manière suivante :

1° *Premiers éléments* : Arithmétique, géométrie, dessin de figure et d'ornement.

2° *Cours élémentaires* : Géométrie descriptive, coupe des pierres et charpente, mécanique, physique, chimie, dessin de machines.

3° *Cours accessoires* : Grammaire, comptabilité, hygiène.

On recommandait aux ouvriers qui voulaient tirer bon parti de ces leçons, de suivre la première année les premiers éléments, et la seconde seulement les cours élémentaires. Quant aux cours accessoires, ils pouvaient être suivis indistinctement pendant la première ou la deuxième année.

En dehors des cours, des répétiteurs font exécuter des tracés et des épures, les professeurs interrogent, donnent des explications, rédigent un résumé de leurs leçons qu'ils communiquent aux élèves; M. Martelet reste un jour de la semaine, quatre heures consécutives, dans les salles de cours pour donner des explications à tous ceux qui en ont besoin.

D'un autre côté, à mesure que, par le zèle et le savoir des professeurs, les cours grandissent et se multiplient, les ressources de l'Association deviennent insuffisantes, et le budget fourni par les premiers souscripteurs, maintenant dispersés, a disparu. Il fallait vivre.

C'est à ce moment (1835) que l'Association, se voyant dans l'impossibilité de faire face à toutes les dépenses projetées, prend le regrettable parti de s'adresser soit au ministère de l'instruction publique, soit au conseil municipal de la ville de Paris, pour obtenir un subside destiné non-seulement à subvenir aux dépenses occasionnées par les cours, mais encore à créer une bibliothèque pour les auditeurs des cours. Certes, M. Guizot, alors ministre, et le conseil municipal, sous l'influence de MM. de Praslin, Boulay de la Meurthe, Arago, montrèrent, à ce moment, toute leur sympathie pour cette œuvre si éminemment utile des cours gratuits; mais l'Association elle-même prit, à partir de ce jour, une physionomie nouvelle et bien différente de celle qu'elle avait du temps où elle était indépendante de tout lien administratif. Le dévouement, l'abnégation, le mérite des professeurs restent les mêmes; mais l'Association, qui tenait déjà du gouvernement et de la ville les locaux où elle faisait ses cours, dut en attendre maintenant tout l'argent nécessaire à son existence. Trente ans se sont écoulés sous ce nouveau régime; jamais, croyons-nous, entreprise patronée par le pouvoir ne fut aussi scrupuleusement respectée dans son indépendance; sous tous les régimes, l'Association polytechnique trouva des sympathies déclarées et un appui qui n'a jamais failli; mais le principe n'en était pas moins atteint, et si aucun incident n'est venu altérer la quiétude dans laquelle elle a vécu, il faut cependant avouer que, son budget provenant exclusivement de la ville de Paris et du ministère de l'instruction publique, son existence ne peut être que précaire et ne dépendre que du bon vouloir d'un préfet, ou de l'esprit plus ou moins libéral d'un ministre. L'exemple d'une Société rivale et égale en droits vis-à-vis du budget de la ville, qui se l'est vu soudainement supprimer, ne peut que venir en aide à l'appui de cette grave considération. Et si, pendant cette période, la position personnelle du président à vie, M. Perdonnet, son habileté dans ses rapports avec l'Administration, son zèle et son esprit conciliant ont grandement concouru à préserver l'Association de toute action trop directe des pouvoirs sous le patronage desquels elle s'est placée, on n'en doit pas moins regretter qu'il n'ait pas mis ce zèle, cette influence, celle de ses collègues et ses grandes relations à créer à cette Association des ressources propres, et une fortune qui la mît décidément à l'abri de toute mauvaise aventure.

Quoi qu'il en soit, l'Association commença dès cette époque sa marche régulière et ascendante, et fonctionna avec un grand calme et une autorité très-respectée dans plusieurs quartiers de Paris, principalement au cloître Saint-Méry, à la place de l'Estrapade, aux Quinze-Vingts, faubourg Saint-Antoine. Les cours se multiplient; les professeurs étrangers à l'École polytechnique deviennent de plus en plus nombreux; et déjà, en 1834-35, nous voyons apparaître les noms de collègues qui sont encore dans les rangs de l'Association. M. Pompée d'abord, en faveur de qui on déroge un moment au règlement qui ne permet pas qu'un membre, non ancien élève de l'École polytechnique, puisse faire partie du comité ; M. Pompée, instituteur communal, outre le cours de grammaire dont il s'est chargé, a mérité cette distinction pour les services qu'il a rendus à l'Association à l'occasion du budget de la ville et de l'obtention du local des Quinze-Vingts. La même année, M. Leroyer, et, l'année suivante, M. Ancelin, commencent déjà leurs leçons, et, depuis trente ans, ces honorables membres n'ont cessé un seul jour de remplir la noble mission qu'ils s'étaient donnée, et de rendre des services à l'Association, comme professeurs et comme administrateurs.

La bibliothèque créée à cette époque commença à fonctionner sous la surveillance d'Adrien Féline et Blum ; les jours de congé, à l'École polytechnique, les élèves demandèrent l'honneur de venir, à tour de rôle, remplir les fonctions de bibliothécaire. On lisait sur place, et on ne pouvait emporter les livres à domicile qu'en en déposant la valeur.

En province, une première Société s'organisa en demandant le patronage de l'Association polytechnique ; c'est celle de Boulogne-sur-Mer, sous la direction de M. Dumouchel.

Peu après cette époque, le mouvement d'extension qui s'était manifesté et avait fait ouvrir des sections dans différents quartiers de Paris, est arrêté, et l'exiguïté des ressources de l'Association l'oblige, au contraire, à se réduire à un point central. C'est l'époque où les cours se firent dans les bâtiments de la Halle aux draps. Là, toutes les ressources de l'Association se trouvent combinées, cours, bibliothèques, laboratoires de physique et de chimie, modèles de dessin. C'est, en effet, pendant son séjour dans ce local que les cours se font avec le plus grand succès, et que l'Association acquiert la juste notoriété dont elle jouit. Les distributions des prix, présidées par les préfets de Paris, par les ministres, et animées par la parole éloquente et sympathique de Perdonnet, attirent un public que ne peuvent plus successivement contenir, ni la salle Saint-Jean, à l'Hôtel de Ville, ni le grand amphithéâtre de la Sorbonne, ni enfin la salle du Cirque du boulevard Beaumarchais ou des Champs-Élysées.

En 1848, pendant la République, une scission violente éclata tout à coup dans l'Association polytechnique et en sépara une partie de ses membres sous le nom d'*Association philotechnique*. Celle-ci devait aussi, avec une organisation presque identique, quoique avec un caractère un peu différent, rendre de grands services à la cause de l'enseignement populaire, s'adressant aux ouvriers de Paris et à ceux de plusieurs localités de la banlieue.

Voici quelles furent les causes de cette scission.

L'Association polytechnique composée exclusivement, au début, d'anciens élèves de cette École, n'avait pas tardé à s'adjoindre un grand nombre de membres, professeurs, industriels, médecins, avocats ou artistes qui n'avaient pas cette origine, et dont le nombre finit même par être supérieur à celui des premiers. Néanmoins, par un accord tacite et non par une condition imposée à tous, dans les règlements, le gouvernement de l'Association avait toujours été entre les mains d'anciens élèves de l'École. A cette époque, les professeurs étrangers réclamèrent, avec juste raison, une partie de cette autorité dont ils avaient été privés jusqu'alors, et leur droit à la présidence de l'Association. Ce droit leur ayant été refusé, un grand nombre crut devoir se retirer et fonder une nouvelle association sous le nom d'Association philotechnique. M. Lionet en était le chef réel, et cependant M. Perdonnet, qui avait cherché avec sollicitude à empêcher la séparation, fut reconnu comme président de cette nouvelle Société, et resta quelque temps président des deux Associations séparées. Bientôt M. le comte de Lariboissière, MM. Labrouste, directeur de Sainte-Barbe, Marguerin, directeur de l'école Targot, et quelques autres personnes notables, apportèrent à la nouvelle

Association l'appui de leur influence et de leur autorité personnelle ; M. de Lariboissière fut nommé définitivement président, et la séparation fut complète.

Les cours se firent principalement à l'école Turgot et à l'école Sainte-Élisabeth, avec un très-grand succès ; le mode d'enseignement fut un peu modifié, les langues étrangères, la comptabilité y tinrent une place plus importante qu'à la Halle aux draps ; et le public des cours fut composé d'élèves généralement plus jeunes et plus mélangé d'employés et de commis.

Pendant que fonctionnaient ainsi les deux Associations parallèles, l'une à la Halle aux draps, l'autre à l'école Turgot, un violent incendie détruisit le local de la Halle ; archives, modèles, collections, instruments, tout le matériel des cours, lentement et péniblement acquis, furent détruits, et, après avoir résisté avec calme à tous les temps malheureux d'hostilité, de révolution, de choléra, l'Association polytechnique se trouva un soir sans asile et sans ressources.

Le zèle de M. Tessereau, adjoint à la mairie du 1er arrondissement, professeur de l'Association, l'aida à surmonter ce nouveau désastre, et, peu de jours après, elle fonctionnait de nouveau, rue Jean-Lantier, dans les salles de l'école communale, avec un nombre d'auditeurs de plus en plus considérable. Le local était alors trop étroit pour accueillir tout le monde.

A partir de ce moment, l'extension des deux Associations se fait très-rapidement, et des sections nouvelles se fondent dans différents quartiers de Paris. M. Perdonnet, ayant été nommé directeur de l'École centrale, ouvre dans cette École un magnifique ensemble de cours, auxquels il accorde généreusement la jouissance d'une partie des instruments et du matériel de l'École. Ce lieu devient le centre des Associations et le point de réunion du comité et des assemblées générales.

En dehors des cours publics, l'Association polytechnique se préoccupe d'autres questions importantes qui intéressent l'instruction des ouvriers. Des commissions sont instituées pour envoyer à l'Exposition universelle de Londres des ouvriers suivant les cours de l'Association, et plusieurs d'entre eux rapportent de cette visite des travaux consciencieux et des rapports où l'on rencontre souvent des aperçus très-remarquables.

M. Perdonnet importe en France, à cette même époque, l'habitude des conférences et des lectures publiques, semblables à celles qui se font depuis longtemps en Angleterre. Les premières ont lieu à l'École de médecine avec un immense succès. Enfin, voulant donner aux ouvriers qui suivent les cours le complément nécessaire, les livres dont ils peuvent avoir besoin, il médite d'établir dans tous les quartiers de Paris des bibliothèques populaires. Nous dirons ailleurs quelles furent les circonstances qui l'arrêtèrent dans l'exécution de ce projet.

Les cours de l'Association polytechnique et de l'Association philotechnique, soutenus par une noble émulation, se propagent et couvrent Paris d'un bienfaisant réseau, lorsque se produit dans l'Association philotechnique une nouvelle et très-regrettable scission.

Quoique organisée d'après des règlements plus démocratiques que ceux de sa rivale, l'Association philotechnique avait à sa tête des hommes dont la position officielle, ou la position de fortune, rendait l'influence très-grande, tant à cause des locaux dont elle disposait, qu'à cause des relations avec l'Administration de la ville de Paris, dont elle tenait un budget de 8,000 francs, égal à celui de l'Association polytechnique. L'impatience et la susceptibilité d'un certain nombre de membres, en dissentiment, avec le bureau dirigeant, sur quelques points particuliers, les portèrent, en vertu du droit de la majorité, à vouloir modifier la composition de ce bureau. A la suite de cette résolution, des scènes regrettables eurent lieu, le déchirement se fit, et les président et vice-présidents, suivis d'un certain nombre de professeurs, quittèrent cette Association.

Après avoir vainement tenté de s'isoler dans la jouissance des locaux et de la subvention municipale, ils entrèrent en pourparlers avec M. Perdonnet pour se rattacher à l'Association polytechnique. Le préfet de la Seine, craignant la formation d'une troisième Association, alors que depuis longtemps il était, au contraire, désireux de voir les deux Sociétés existantes n'en faire qu'une, décida que les membres de la majorité dissidente ne seraient plus reconnus et que le budget et les locaux dont pouvait disposer l'Association philotechnique seraient reportés sur l'Association polytechnique.

Il faut ici faire remarquer que le gouvernement de cette dernière Association s'était de plus en plus concentré entre les mains de M. Perdonnet, qui accepta cet arrangement, sans même avoir consulté les professeurs de l'Association polytechnique. La plupart de ceux-ci, en effet, malgré l'accroissement de puissance et de considération que leur apportaient les vingt-six membres qui étaient venus se joindre à eux, regrettèrent que cette transformation eût été faite par une décision de l'Administration seule, désapprouvèrent la forme violente qu'on avait donnée à son exécution, et durent faire de graves réflexions sur la propre position que leur avait créée la condition de ne vivre que des ressources de la ville ou du gouvernement.

Cependant l'Association philotechnique, grâce à la protection particulière du ministre de l'instruction publique, M. Duruy, ne fut pas entièrement détruite. Par la disposition de quelques locaux obtenus du ministère, et à l'aide de souscriptions particulières, elle a continué à faire, dans plusieurs centres, des cours qui sont professés notamment par beaucoup de fonctionnaires, attachés à l'Université.

Aujourd'hui, à l'École de médecine, à la Sorbonne, à Batignolles, à la rue Jean-Lantier, à l'École centrale, à l'École Turgot, à Belleville, à la Chapelle, à la Villette, à Passy, à Grenelle, à l'École de pharmacie, au lycée Charlemagne existent des cours professés par des hommes zélés, instruits, s'occupant de toutes les branches de l'enseignement, depuis la grammaire jusqu'à l'astronomie. On peut évaluer à douze ou quatorze cents le nombre des auditeurs disséminés tous les soirs dans ces différents cours.

La banlieue est tout aussi favorisée; Vincennes, Sceaux, Ivry, Argenteuil, Puteaux, Joinville, etc., ont des cours faits par les deux Associations. Un grand nombre de villes de province demandent à fonder, sous leurs auspices, des Sociétés et des cours analogues à ceux qui se font à Paris; et, dans plusieurs de ces villes, ce sont des présidents ou vice-présidents de l'Association de Paris qui ont eu l'honneur de les inaugurer. Telles sont les Sociétés de Nemours, de Sainte-Marie-aux-Mines, de Guebwiller, de Charleville, de Nantes, de Brest, de Nice, d'Épernay, de Fontenay, etc..... Dans la plupart de ces localités, on se proposa de contresigner les affiches qui annonçaient l'ouverture des cours, du nom du président de l'Association polytechnique, ce qui montre l'extension que prend dans le public la considération dont elle jouit; mais l'autorité universitaire intervint, et le nom de M. Perdonnet disparut des affiches.

L'Association polytechnique compte dans ce moment, à Paris, 210 professeurs. Son infatigable président à vie, M. Perdonnet, n'a cessé jusqu'à l'heure de sa mort d'en faire sa plus grande préoccupation, et d'employer en sa faveur tous les moyens de propagande; et c'est certainement à l'activité et au dévouement qu'il a mis en toutes circonstances à enlever les obstacles et à aplanir les difficultés, qu'est due l'extension si considérable que cette Société a prise dans les derniers temps (1).

Mais, il faut bien l'avouer, jamais l'empressement des ouvriers, proprement dits, à venir assister aux cours publics et gratuits ne fut moins enthousiaste. La majorité des auditeurs se recrute parmi les employés, les commis, les piqueurs, les dessinateurs, et très-peu dans le corps des ouvriers; les ouvriers en bâtiment y font complétement défaut. Une nouvelle manière de voir au sujet de la gratuité de ces cours se joint de leur part, peut-être, à l'indifférence et au manque d'énergie; ils cèdent à la grande préoccupation du moment, qui consiste à vouloir se tirer eux-mêmes d'affaire par la mutualité et l'association, et paraissent impatients de se libérer, du même coup, de ce protectorat moral qui n'était pourtant exercé, le plus souvent, que par des professeurs dévoués et indépendants, n'en attendant autre chose que la satisfaction d'un service rendu et d'un devoir accompli. Ce budget municipal, ces politesses officielles réciproques avec l'Administration, ces distributions de récompenses honorifiques d'un côté, les remercîments qu'elles amènent, et peut-être même les désirs qu'elles occasionnent de l'autre, émeuvent, probablement plus qu'il ne faudrait, les ouvriers de Paris les plus influents et dont la masse suit l'exemple. Ajoutons que cette extension énorme du nombre de professeurs les a rendus presque tous étrangers les uns aux autres; que, par suite, le pouvoir et la direction se sont plus concentrés dans le comité central, et que l'élan, le zèle, l'esprit de corps, qui se sont diminués d'autant, ont cessé de maintenir entre les auditeurs et les professeurs ces relations si bienveillantes des uns, et si respectueuses des autres, qui existaient dans les anciens temps de l'Association.

Cette difficulté, qui menace l'organisation actuelle, va donc peut-être exiger que l'on se préoccupe d'étudier de nouveau les modifications que peut exiger de nos jours l'enseignement populaire. Le but honorable que se sont proposé les membres des Associations polytechnique et philotechnique, la diffusion des sciences dans les masses au profit de leur élévation morale et de leurs intérêts professionnels, devra peut-être être poursuivie par d'autres procédés, et le dernier mot de ces institutions n'a pas été dit; mais il nous a paru intéressant de montrer par cette histoire succincte, de quelle manière s'est établie et maintenue, pendant trente-sept ans, une institution née de l'initiative privée, et de signaler quels sont les dangers qui en ont menacé l'existence.

Les magnifiques résultats obtenus par M. Duruy dans les cours d'adultes, que son activité a répandus sur toute la France, ne doivent pas être, nous le répétons, confondus avec ceux que se proposent d'obtenir les professeurs de l'Association polytechnique et des créations analogues. Dans l'état actuel de nos mœurs et de nos institutions, il nous paraît difficile que ce ne soit pas le gouvernement qui donne l'instruction primaire à tous les degrés, aux enfants comme aux adultes, et les services rendus par le ministre seront immenses. Mais, dans les cours dont nous parlons, l'auditeur est supposé déjà nanti de ce premier degré d'instruction, et, selon l'expression un peu exagérée d'un ouvrier même, ils devraient s'appeler plutôt la Sorbonne de l'ouvrier, que d'être confondus avec les cours d'adultes, comme les documents officiels ont pu le laisser croire. C'est de l'initiative privée que ces œuvres doivent naître; et les gouvernements, ni même les administrations spéciales, ne sont compétents pour arriver à créer efficacement cet enseignement dont le caractère doit être la plus grande variété, selon les lieux où il se donne, selon le public qui doit en profiter. Nous pensons que

(1) Après la mort de M. Perdonnet, l'Association a élu pour président M. Martelet, le plus ancien de ses membres.

des professeurs, fonctionnaires publics, quelque intelligents et quelque zélés qu'ils soient, sujets à changer de position, à passer même d'un pays dans un autre, ne peuvent arriver à s'affranchir résolûment d'un programme officiel quelconque, quelque large qu'il puisse être, ni à s'acclimater suffisamment au milieu du groupe où ils doivent vivre. Dans notre pensée, c'est donc bien réellement dans l'Association polytechnique, l'Association philotechnique, et celles qui ont adopté leurs principes, qu'il faudrait chercher les bases de toute Société ayant pour but l'enseignement populaire; mais nous pensons aussi que ces Sociétés devraient arriver à se faire une existence assurée par leurs propres ressources, et ne fussent pas à la merci du bon vouloir d'un ministre, du caprice d'un préfet, et même de celui d'un conseil municipal.

Mais alors quels sont les moyens d'existence qu'il faudrait donner à ces libérales institutions? Ici se présente la question de la gratuité des cours qui, jusqu'à présent, a été le principe admis par l'Association polytechnique. En admettant cette gratuité, l'Association ne pouvait vivre que de deux manières : par des souscriptions volontaires, comme celles des premiers temps, ou par des allocations fournies par les budgets, comme dans le temps actuel. Les souscriptions volontaires ne sont jamais en France bien abondantes, et surtout elles ne sont ni régulières ni persistantes; quant aux legs et aux donations considérables qui assurent la durée d'une institution, elles n'ont jamais été faites en faveur d'une œuvre générale, que tout autant que celle-ci représentait un dévouement à une cause religieuse quelconque exclusive, et rarement quand elle n'avait pour but qu'une cause sociale. Pour les allocations, nous en avons fait sentir le danger, mais nous ne nous arrêterons pas aux déclamations des gens à esprit inquiet, toujours prêts à suspecter les services que la bourgeoisie libérale n'a cessé de rendre aux classes ouvrières ; nous savons voir dans ces services autre chose que des avances dont le but principal est de plaire au pouvoir et de se ménager, sinon des récompenses matérielles, du moins une facilité plus grande à certaines distinctions honorifiques, dont, il faut bien le dire, l'Association polytechnique n'a cependant pas beaucoup joui à son profit. Nous ne nous arrêterons pas non plus sur cette ambitieuse répugnance, de la part des ouvriers, à ne pas vouloir recevoir d'aumône, pas plus en secours intellectuels qu'en secours matériels. Trop injustes envers ces professeurs, ces ingénieurs, ces avocats, médecins ou artistes, travailleurs comme eux, et qui, disons-le hautement, n'ont travaillé pendant dix, quinze, trente ans à cet enseignement populaire, que par sympathie pour une idée et par conscience d'un devoir rempli, les ouvriers n'ont voulu voir dans cette organisation que la main du Ministre ou du Préfet, leur accordant, selon leur bon plaisir, une parcelle du budget public; et, au risque de paraître céder à un mauvais sentiment, celui de ne pas savoir supporter le fardeau de la reconnaissance, ils se sont laissés aller à leur défiante susceptibilité, et bientôt il en est résulté l'apathie et l'indifférence. Toujours est-il que les cours qui se faisaient autrefois devant deux ou trois cents auditeurs, ont maintenant de la peine à en réunir cinquante, et que si le nombre de ces cours a augmenté dans la ville, le nombre des ouvriers qui sent le besoin de l'instruction, devrait avoir augmenté au moins dans la même proportion.

Il faut donc bien admettre qu'il y a dans ce principe de la gratuité, si généreusement admis par les fondateurs des cours populaires, une source d'infécondité à laquelle il faut porter remède. De plus, dans ces derniers temps surtout, le principe de la mutualité s'est répandu avec une rapidité remarquable dans les opinions des classes ouvrières, et les Sociétés coopératives leur apparaissent comme la sauvegarde suprême de leur dignité et le remède à toutes les imperfections sociales. C'est donc en allant au-devant de cette nouvelle forme, que les efforts de tous les hommes qui s'intéressent à l'éducation intellectuelle et morale des masses doivent se modifier, et nous pensons que, sous peu de temps, nous assisterons à quelque nouvelle tentative faite dans ce sens. Nous désirons que ce mouvement organisé par les ouvriers eux-mêmes, propagé par leurs efforts et soutenu par leurs propres ressources, produise le même élan vers l'étude sérieuse des sciences et de leurs applications, et excitent vers ce noble but un enthousiasme aussi grand que celui que sut produire, en 1830, la bourgeoisie libérale de Paris, par son initiative désintéressée et son concours dévoué.

Après les deux grandes Associations de Paris, dont nous venons de donner un historique rapide, les documents recueillis au Champ-de-Mars nous font connaître quelques institutions de province qui, créées depuis cinq ou six ans, ont déjà rendu de grands services : telles sont les Sociétés de l'enseignement professionnel du Rhône, les Sociétés de Guebwiller, de Mulhouse, d'Amiens, de Rouen. Le but est le même : l'enseignement des sciences et leurs applications fait dans des cours que peuvent suivre ceux que le travail manuel retient toute la journée à l'atelier. Mais nous devons y signaler un élément qui manque presque entièrement à Paris ; c'est qu'à côté des cours normaux, base de cet enseignement, nous y voyons un grand nombre de cours techniques se rapportant surtout à l'enseignement professionnel : des cours de tissage, de filature, de teinture, de manipulations chimiques ; de matières premières, de pratique des chantiers, de résistance des matériaux ; des cours de jardinage, des cours de gravure, de dessins spéciaux pour les ornemanistes, les serruriers, les carrossiers, selon les besoins et les goûts de chaque localité ; tendance dangereuse, à notre avis, qui expose les gens qui veulent s'instruire et ont peu de temps à dépenser, à sacrifier la supériorité mentale que leur donnera toujours l'instruction générale, à une plus grande facilité d'apprentissage souvent contestable.

Ces Sociétés ont adopté dans leur organisation un genre mixte qui n'est ni la société coopérative, ni la gratuité.

L'Association Lyonnaise est composée de sociétaires qui forment le comité d'administration ; ils ouvrent des cours pour des élèves qui ne sont pas eux-mêmes sociétaires, mais payent une légère rétribution, et participent à l'administration et à la bonne tenue des cours par des commissaires choisis par eux-mêmes et parmi eux.

Les premiers fonds ont été faits par des souscriptions volontaires, et les patrons y ont contribué pour la plus large part. C'est à l'initiative de MM. *Arlès Dufour* et *Henri Germain* qu'est due la formation de cette Société. Le protectorat de ces honorables industriels, contribuant de leur argent et de leur peine, produira-t-il de meilleurs effets que la gratuité absolue des Associations de Paris ? C'est ce qu'il serait difficile de dire dès à présent. Toujours est-il que, dès le commencement de l'année 1865-66, les ressources de la Société sont déjà reconnues assez faibles pour que la plupart des professeurs payés offrent de subir une diminution sur les appointements très-modestes qui leur sont alloués, et même offrent de faire gratuitement leur cours.

Il en est à peu près de même à Guebwiller, où M. *Boucart* a contribué par une très-forte somme à l'organisation de l'enseignement populaire, et s'en est réservé la direction supérieure sous le titre de patron. Ici, ce sont d'abord des Sociétés chorales qui se forment ; plus tard, elles créent des bibliothèques populaires, et enfin autour d'elles les cours viennent se grouper. L'Association se nomme : Bibliothèque et cours populaires de Guebwiller ; elle se divise en deux sortes de sociétaires : les donateurs ou fondateurs, ayant versé des sommes qui peuvent varier de 200 fr. à 3,000 fr., ou ayant professé gratuitement pendant dix ans ; et les sociétaires payant une cotisation particulière affectée à celui des cours qu'ils suivent. Le premier groupe choisit un patron qui dirige la Société ; le second choisit des commissaires qui contribuent à l'élection du comité directeur, intermédiaire entre eux et le patron. Il y a un directeur des cours, rétribué et représentant l'Association vis-à-vis de l'autorité universitaire.

Telles sont les principales formes de Société adoptées actuellement en France, dans l'organisation des cours populaires. Nous pouvons ajouter, quoique le projet n'ait été fait qu'après l'Exposition universelle, qu'il se forme à Paris une Société pour l'enseignement populaire adoptant les formes rigoureuses de la société coopérative. Les fondateurs, presque tous membres de la Bibliothèque des amis de l'instruction du troisième arrondissement, ou des Associations polytechnique et philotechnique, espèrent constituer une Société tout à fait indépendante et vivant par ses seules ressources : les cotisations des sociétaires, et un droit d'inscription ou la création d'un fonds social. Cette Société sera dirigée par une commission nommée par tous les sociétaires, et divisée en deux comités : comité d'administration et comité d'enseignement. Elle se propose d'atteindre son but par les moyens suivants :

1° Cours normaux comprenant : la grammaire, la géographie, le dessin, les sciences exactes, la gymnastique et la musique vocale. — Ces cours s'adressent à la totalité des sociétaires.

2° Cours facultatifs, pouvant porter sur toutes les matières de l'enseignement, cours techniques, enseignement professionnel, ne se donnant qu'à des groupes séparés, s'étant volontairement engagés à couvrir les frais occasionnés par la création de chacun de ces cours.

3° Bibliothèque ouverte à tous les sociétaires, et prêtant les livres à domicile.

4° Tous les dimanches, réunions de famille au siége de la Société. Conférences, lectures, concerts, promenades instructives.

Les professeurs ne sont pas payés et sont eux-mêmes sociétaires. Mais il peut y avoir des professeurs payés, ne faisant pas partie de la Société.

Cette Association n'étant encore qu'à l'état de projet, nous ne pouvons dire comment elle sera accueillie de la classe ouvrière à laquelle elle s'adresse principalement, et quel en sera le succès, mais elle nous semble présenter une organisation qui devrait trouver dans le public de grandes sympathies, si elle peut arriver à réaliser les promesses de son programme.

Nous terminerons cette étude en citant, parmi les Associations d'enseignement populaire qui existent dans les pays étrangers, celle qui nous paraît la plus intéressante, et qui du reste est aussi celle qui a pris dans ces derniers temps le plus d'importance et le plus de considération ; c'est la Société des ouvriers de Berlin.

Elle compte actuellement trois mille membres permanents avec mille membres qui se renouvellent sans cesse tous les ans. Sa constitution est l'égalité parfaite entre tous ses membres. Le principe fécond qui y préside est l'effort individuel et le dévouement à la cause commune, et le beau spectacle que présente son développement a pu faire dire avec juste raison que cette Association était un *foyer d'ordre et de liberté.*

Les sociétaires payent une cotisation commune donnant droit : aux réunions générales, où se traitent, sous forme de conférences, discours ou débats, des questions d'enseignement général ou technique, des sujets littéraires ou scientifiques ; à des fêtes, concerts, lectures dramatiques, bals, promenades d'agrément ou d'instruction auxquels peut participer la famille.

Il y a ensuite des cours séparés auxquels les sociétaires ont droit, moyennant des cotisations spéciales et différentes selon l'importance de ces cours.

L'Association est logée dans une vaste maison qu'elle s'est construite elle-même et qui lui appartient. Elle est régie par un comité d'administration et un comité d'enseignement choisis par une réunion de soixante-douze représentants élus par l'assemblée générale. Il y a des professeurs sociétaires, professant gratuitement, mais on peut aussi appeler, pour certains cours, des professeurs rétribués. Ajoutons que, pendant les réunions, il y a toujours une bibliothèque ouverte et un cabinet de lecture où abondent les journaux politiques, religieux, littéraires, illustrés, la plupart envoyés gratuitement par les éditeurs; la bibliothèque et le cabinet de lecture sont extrêmement fréquentés.

On voit que beaucoup de points de cette organisation ont été adoptés dans le projet de Société coopérative de Paris; mais ce qui se fait encore à Berlin et qui serait à Paris trop en dehors de nos mœurs, c'est qu'il y a dans l'établissement une brasserie et même une cuisine dans le sous-sol de la brasserie, à l'usage des sociétaires.

Cette célèbre Association de Berlin nous a paru parmi toutes celles qui existent en Angleterre, en Allemagne, en Autriche, et qui se rapprochent plus ou moins des nôtres, devoir être signalée particulièrement comme remplissant les meilleures conditions d'ordre, d'indépendance et de véritable vitalité.

II

BIBLIOTHÈQUES POPULAIRES

Chaque période de la vie de l'humanité a un caractère et un but différent. Il y a eu les époques de l'ensemencement des idées, celles du repos qui les a fait germer, du travail et de la lutte qui les ont fait mûrir; nous sommes à l'époque qui doit voir leur diffusion sur la terre. La phase actuelle de la société humaine est celle du besoin, de la nécessité de savoir; et le savoir, lorsqu'il s'agit de l'universaliser, dépend avant tout des moyens d'instruction.

L'instruction s'opère principalement par l'enseignement oral et par les livres. L'enseignement est donné, soit par l'État, qui, en ce qui concerne l'enseignement populaire, est trop enclin à réglementer, ou bien par les corporations, qui sont souvent bien exclusives, ou enfin par l'initiative individuelle, qui, jusqu'ici, manque le plus souvent des ressources nécessaires pour atteindre efficacement son but.

Mais qu'il s'agisse d'appuyer l'initiative de l'État, ou qu'il s'agisse d'aider l'enseignement donné par des associations ou des individus, lorsqu'il faut pourvoir aux nécessités de l'enseignement populaire, adressé à des masses auxquelles manque le temps, les occasions favorables, et l'argent encore plus souvent que la bonne volonté, les livres, les livres bien choisis et bien coordonnés, les livres faciles à obtenir, les livres lus à bon marché sont le corollaire le plus puissant et le plus désirable.

Aussi, en même temps qu'on s'est occupé de répandre l'instruction dans le peuple, soit par l'enseignement primaire, soit par les cours d'adultes, soit par les cours populaires, faits par les communes et les associations, l'idée de fonder des bibliothèques nombreuses et facilement accessibles à tous, s'est-elle jointe aux efforts tentés dans ce noble but.

Ce n'est qu'en répandant le livre que l'étude peut devenir sûre, complète et facile. L'enseignement oral chez les auditeurs absorbés, tout le reste de leur temps, par leurs travaux et par les obligations impérieuses de la vie, serait trop fugitif, si le livre ne venait aider à fixer dans l'esprit la première empreinte.

C'est notre pays qui a eu, en cela comme en beaucoup d'autres choses, l'honneur de combattre le premier pour cette idée. Non-seulement la Révolution française a créé dans presque tous les grands centres les bibliothèques publiques, où chacun peut puiser librement ; mais la Convention, sur le rapport de Lakanal, dans les moments les plus agités de 1793, rendait successivement deux décrets pour que chaque commune de la République fût dotée de quelques rayons de livres. Mais ce n'était point en France que l'idée féconde devait d'abord fructifier ; aussi, avant de dire quelles tentatives sont faites depuis quelques années et quels résultats nous montrent les documents qui existent au Champs-de-Mars, nous dirons un mot des pays étrangers qui nous ont devancés dans la propagation de l'établissement des bibliothèques populaires.

L'Angleterre nous montre encore à ce sujet l'exemple le plus frappant de ce que peuvent, réunis dans un peuple, une activité dévorante, une volonté tenace, mais surtout l'entente des affaires et l'esprit d'association librement développé et fortement entretenu.

La première Société, purement religieuse, et créée depuis 1698, est destinée à la propagation et publication de livres et traités religieux, en vue de l'éducation des classes pauvres. Elle fonde des bibliothèques paroissiales et scolaires, distribue à profusion, soit gratuitement, soit à prix réduit, des livres de prières, des traités religieux, et alimente deux cent cinquante bibliothèques circulantes. C'est la Société pour la propagation des connaissances chétiennes (*Society for promoting christian knowledge*) ; elle opère sur un chiffre annuel de 2,000,000 de francs.

En 1799 prend naissance la Société des traités religieux (*Religious tract Society*), distribution de livres pour les enfants et les adultes, moins exclusive que la précédente, mais conservant toujours le caractère de propagande religieuse. Depuis 1832, elle a fourni à prix réduit 1,400 bibliothèques circulantes, et possède 9,000 ouvrages ; son centre d'action à Londres est dans un local contenant de vastes salons pour les comités, des bureaux, des magasins et des agences ; elle a opéré, en 1861, sur une recette de 2,500,000 francs.

La troisième grande Société anglaise, délivrée de l'étroite conception de la propagande protestante, n'a été fondée qu'en 1865, et par conséquent a suivi, elle, et non pas précédé le grand mouvement qui s'est fait en France. C'est la Société de la saine littérature (*Pure literature Society*). Celle-ci a un caractère plus général et rentre mieux dans le cadre que nous concevons : littérature, histoire, biographies, inventions, découvertes, voyages, sciences, agriculture, depuis l'almanach illustré jusqu'aux ouvrages de haute philosophie, tout y trouve sa place. Elle apporte un soin incessant et une activité très-grande à la propagation des revues périodiques les plus populaires ; elle a organisé dans les villes et dans les villages des comités animés d'un très-grand zèle, qui sont ordinairement à la tête de ces créations si utiles et si libérales qu'on appelle *Mecanics institutes*. Cette Société établit des bibliothèques circulantes et prête les livres à domicile.

Cette immense diffusion de l'instruction par les bibliothèques est aussi bien établie dans les États-Unis d'Amérique qu'en Angleterre ; les bibliothèques scolaires, les bibliothèques circulantes transportent partout les livres de science, de littérature, de poésie ; « et il y a, dit M. de Gasparin, une bibliothèque dans la dernière des cabanes de troncs mal équarris construites par les défricheurs de l'Ouest. »

Mais revenons aux pays qui entourent la France. Nous trouvons en Allemagne à peu près les mêmes moyens de progrès et de développement moral, le même goût prononcé pour la lecture.

Les résultats s'obtiennent et se multiplient par deux sortes de Sociétés, les unes ayant pour but la formation d'une littérature populaire, les autres plus pratiques, s'occupant de publier, de répandre les livres, et de former des bibliothèques populaires.

Dans la première catégorie, la Société *Rauhe-haus*, fondée en 1838, et dirigée par le célèbre docteur Wichern, auteur populaire très-estimé ; la Société populaire de Vienne, fondée en 1847 ; la Société populaire de Zwickau (Saxe), en 1852 ; enfin la Société générale allemande de littérature populaire, établie à Berlin : telles sont les institutions qui ont déjà une réputation bien établie par les services rendus.

Dans la seconde catégorie, un grand nombre de Sociétés se sont réunies pour exercer une action commune et poursuivre le même but ; ce sont les Sociétés de traités de Barmen, Eberfeld, Bâle, Berlin, Brême, Darmstadt, Hambourg, Herstein, Carlsrhue et Stuttgard.

Il faut citer en particulier la Société littéraire de Calw (Wurtemberg), fondée il y a vingt-cinq ans, qui a popularisé un grand nombre d'ouvrages importants et livré 44,960 volumes en 1861, outre la publication de trois feuilles périodiques très-répandues.

La Suisse tient un des premiers rangs dans cette belle organisation d'enseignement populaire, par les livres et les bibliothèques ; Bâle, Zurich, Genève ont un grand nombre de Sociétés religieuses ou indépendantes, et la cité de Calvin, seule, possède d'immenses richesses. Il y a un grand nombre de bibliothèques publiques fort riches, Société de lecture, Société littéraire, Société des amis de l'instruction, bibliothèque philanthropique de la Société des arts, de l'école secondaire et supérieure des jeunes filles, de l'asile des vieillards, etc., qui appartiennent à des institutions spéciales ; mais il existe aussi dans la même ville de 66,000 âmes cinq ou six bibliothèques populaires où l'on s'abonne pour 25 centimes par mois, et la bibliothèque circulante qui apporte 6 à 7 mille volumes dans toutes les habitations les plus humbles, et gratuitement.

La Belgique n'est pas restée en arrière, et quoique ses créations soient moins anciennes, elles rendent déjà de grands services. Liége, Hognoul, Courtray, Termonde, etc., prêtent des livres aux ouvriers. Le gouvernement belge nous paraît s'être placé, dans les circulaires qui encouragent la propagation de cette utile institution, au véritable point de vue ; il recommande aux administrations supérieures et locales toute la sympathie, tout le bon vouloir, et toutes les facilités possibles pour les associations fondées dans ce but. Mais il dit que le choix des livres doit faire l'objet de la sollicitude particulière des organisateurs, et que l'État ne peut intervenir pécuniairement pour favoriser la création ou le développement des bibliothèques populaires.

Arrivons maintenant à nos propres institutions, et suivons le mouvement qui, d'abord lent et incertain, se manifeste si décidé et si rapide depuis 1860 et 1861.

Déjà, depuis 1820, 1822, 1825, à Paris, à Toulouse, à Tours existent des Sociétés destinées plutôt à créer des publications qui doivent servir à la lecture des classes populaires qu'à la création de bibliothèques proprement dites. Ce sont le plus souvent des Sociétés religieuses et instituées, comme les grandes Sociétés anglaises, dans un but de propagande : la Société des traités religieux, à Paris, 1822, publiant la *Bibliothèque de famille*, l'*Ami de la jeunesse et des familles*, etc., et ayant aujourd'hui des recettes de 115,000 francs ; la Société des livres religieux, établie à Toulouse en 1837, publiant à ses frais des ouvrages qui traitent de sujets assez variés, et commençant à établir des bibliothèques circulantes ; la Société catholique des bons livres, etc.; toutes ces Sociétés, comme leurs noms l'indiquent, faites au point de vue de la propagande morale et religieuse.

En 1846, une première tentative fut mise en avant avec un caractère réellement général; c'était l'établissement des bibliothèques communales. Louis-Philippe avait accepté le titre de protecteur. Après 1848, on reprend le même projet. Le président de la République accepte à son tour le même titre. Toute l'administration supérieure, toute l'aristocratie du sang, de la robe, de l'épée, de la plume est mise en branle; le projet est complet sur le papier, les souscriptions abondent, et rien ne sort de tous ces magnifiques préparatifs; ce n'était pas là encore la vraie forme sous laquelle cette idée devait réussir en France.

L'Association polytechnique de Paris avait déjà réalisé depuis longtemps l'institution d'une bibliothèque populaire, destinée aux ouvriers qui suivaient ses cours, mais il fallait lire dans la salle de la bibliothèque, et les livres de littérature, de voyages, de récréation et d'agrément avaient une trop faible part dans les livres dont elle disposait pour qu'elle pût avoir un grand succès. Les livres furent détruits par l'incendie de la Halle aux draps. Depuis, M. Perdonnet, président de l'Association, avait tenté de créer une nouvelle bibliothèque sur les mêmes principes, et même s'était assuré des locaux dans toutes les mairies des arrondissements de Paris, pour en instituer de semblables, quand eut lieu le grand mouvement des bibliothèques populaires, imaginées par quelques ouvriers et fondées par leur initiative. M. Perdonnet, se ralliant à ce mouvement, abandonna ses premiers projets.

C'est à peu près vers 1860 qu'à Paris, et presqu'en même temps dans quelques départements de l'Est, des hommes hardis et généreux, ne comptant plus sur la coopération administrative, si lente et si réglée en sa mesure, entreprennent avec leurs propres ressources de créer ces bibliothèques populaires qui, peu de temps après, ont fructifié dans presque tous les départements.

« Doter les populations laborieuses d'un fonds d'ouvrages intéressants et utiles « est un besoin qui chaque jour se fait plus sérieusement sentir, écrivait M. Rou-« land, ministre de l'instruction publique en 1860; une vaste organisation de « bibliothèques communales répondrait à ce but : mais cette organisation pré-« sente des difficultés qu'un concours multiple de volontés et de sacrifices « permettrait seul de résoudre complétement. » Et c'est, en effet, par le concours de l'initiative privée que s'est manifesté le mouvement. Tous les documents que nous avons sous les yeux nous montrent des noms de personnes étrangères à l'administration de l'État, et même de la commune. Cependant, quand il s'agit d'ordonner les matériaux et de les conserver, c'est à la commune que généralement on s'adresse : le maire, le maître d'école sont naturellement désignés pour veiller sur la prospérité de cette nouvelle propriété communale. — Essayons de classer les documents fournis par l'Exposition de 1867.

I. Il a été systématiquement tenté, tout d'abord, de fournir la matière première de cette nouvelle institution, soit avec les restrictions et les exigences d'une propagande faite au point de vue d'une certaine doctrine; soit, au contraire, avec le désir de répandre le livre dans la plus grande liberté de choix et de pensée; soit enfin dans le simple but d'une spéculation commerciale.

Dans les premières Sociétés nous trouvons deux types extrêmes; l'une, la Société pour les publications populaires dont le siége est rue Saint-Dominique, 11, président, M. de Melun, fondée en 1864, se propose d'encourager, de favoriser et d'exciter la création et la propagation d'ouvrages de toutes sortes mais exempts de danger au point de vue de la religion et de la société; elle a un bulletin mensuel qui discute le mérite des ouvrages publiés. Elle s'adresse évidemment d'une manière exclusive aux catholiques; elle établit des bibliothèques cantonales, comme celles qui fonctionnent dans le diocèse de Nancy depuis quinze ans. La bibliothèque cantonale fait des prêts aux communes, où un directeur donne et reçoit les livres que l'on rend, « en ayant soin de connaître « les lecteurs et les lectrices, de prendre sur eux quelque influence, et de les « amener à lire les livres instructifs et sérieux, capables de produire sur leur « cœur et leur esprit une salutaire impression. » C'est à côté que nous placerons la bibliothèque instituée par l'OEuvre des visites aux hôpitaux, et qui a pour but de fournir des livres aux malades et aux convalescents, dont s'occupent des personnes pieuses.

A un pôle opposé, une Société dont le programme est signé Max. Grazia, a pour siége la librairie Chaix, rue Bergère; elle veut fonder la Bibliothèque internationale universelle, et fournir les livres systématiquement classés selon toutes les connaissances humaines, et devant former les bibliothèques spéciales de la commune, de l'ouvrier, de la femme, etc. Elle fouille dans tous les trésors accumulés par l'humanité, dans tous les temps et dans tous les pays, avec la plus entière indépendance de foi et de croyance, et en constitue un vaste monument contenant toutes les connaissances humaines au point de vue de la science, du corps, de la pensée, des sentiments, de la famille et de la patrie, depuis la mathématique jusqu'à la sociologie. Déjà l'école positiviste, comme l'indiquent des documents qui ne font pas partie de ceux que nous fournit l'Exposition, et sous la direction du fondateur Auguste Comte, avait créé une bibliothèque dite positiviste, qui, moins vaste et moins prétentieuse, avait choisi, dans tous les trésors de l'esprit humain, un ensemble systématique suffisant pour suivre l'histoire de l'humanité dans l'étude d'une série de chefs-d'œuvre.

Ces publications, d'une utilité incontestable et d'une invention très-savante, sortent un peu, par la nature d'une grande partie de leurs matériaux, comme par leurs prix, du cadre dans lequel il faut absolument réduire la bibliothèque populaire.

La Société des livres utiles, rue de Provence, marquis d'Audiffret, président, Genteur, comte Serrurier, Audiganne, de l'Étang, administrateurs, se propose de répandre des publications utiles, par ses agents ou correspondants, ou en se mettant en relation avec d'autres Sociétés, et en s'interdisant toute spéculation commerciale.

La Société, outre les livres qu'elle a choisis, a fait traduire de l'anglais ou de l'allemand de petits livres populaires, sortes de conférences familières sur des sujets usuels, scientifiques, économiques, d'hygiène ou de morale, dont quelques-uns offrent un grand intérêt.

Nous citerons encore la Bibliothèque populaire des orphéons et autres Sociétés musicales, dont le siége est chez Hachette, boulevard Saint-Germain, et présentant un choix de livres choisis sous le patronage d'un conseil où figurent Michel Chevallier, Arles Dufour, général Mellinet, Émile Ollivier, Jean Dolfus, etc., dont les sentiments libéraux ne font un doute pour personne. Elle n'offre encore aux demandeurs que deux séries, contenant principalement la littérature historique et d'imagination, représentées par des livres choisis dans ceux qui sont déjà publiés; le comité se proposant de faire figurer plus tard, dans d'autres séries, des ouvrages composés sur ses indications, par voie de concours ou autrement.

Tels sont les types de Sociétés dont le but est la publication des livres de bibliothèque, plus que la fondation même de ces bibliothèques; voyons maintenant quelles sont celles qui ont coopéré directement à ces créations, en posant universellement le principe, qu'au contraire elles n'interviendraient en rien dans aucune édition ou publication d'ouvrages de lecture; offrant leurs conseils, offrant même des catalogues, mais admettant qu'en dehors des conseils généraux, tant sur le choix des lectures que sur l'organisation matérielle et statutaire des bibliothèques, les organisateurs et administrateurs de chacune d'elles devaient rester libres de choisir leurs livres et de les acheter comme il leur conviendrait.

II. Ces sortes de Sociétés présentent plusieurs formes, mais leurs statuts sont fondés sur les mêmes principes, à très-peu de chose près.

Elles sont générales, comme la Société Franklin ; départementales, comme les Sociétés du Haut-Rhin, de l'Aisne, de la Drôme, de l'Aveyron, du Doubs et de la Sarthe ; ou cantonales, comme (la plus ancienne) celle de La Ferté-sur-Amance (Haute-Marne), du Mans, du Havre, de Montbéliard, etc.

Dès 1841, M. Hippolyte Chauchat prend la courageuse initiative de fonder, dans un modeste chef-lieu de canton, La Ferté-sur-Amance, une bibliothèque dont il fait la commune propriétaire ; il recueille péniblement, lentement des souscriptions et des livres, et, en 1850, il organise son institution, et peut prêter des livres de lecture à toutes les communes du canton. C'est donc à M. Chauchat le premier, ou un des premiers, que revient l'honneur d'avoir su créer une œuvre commune sans avoir recours à l'intervention de l'État, qui n'apparaît que pour ratifier les statuts adoptés.

En 1862, le mouvement parti de Paris par l'institution des bibliothèques populaires créées par les ouvriers, et celle de la Société Franklin, se répercute dans le département du Haut-Rhin, toujours à la tête des œuvres qui se rapportent à la propagation de l'instruction et à la diffusion des lumières. Jean Macé, à Beblenheim, commence avec dix volumes ; bientôt, sous l'influence active des Jean et Angel Dolfus, des Bourcart, des Thierry-Mieg, des Jules Gros, l'émulation gagne de proche en proche ; déjà, à Mulhouse et dans les environs, se groupent douze bibliothèques. Celle de Dornach mérite une mention spéciale ; car c'est là que se fonda la Société départementale des bibliothèques populaires du Haut-Rhin. La Société a pour but de propager, d'aider et de favoriser la fondation de bibliothèques dans les communes. Elle n'a pas de livres à elle ni de catalogue dans lequel il faille choisir, et ne veut exercer aucune action importante sur telle ou telle croyance, telle ou telle opinion.

Dans un grand nombre de communes, la création de la bibliothèque est due à des souscriptions volontaires, comme cela a été fait à Paris ; dans d'autres, ce sont de simples particuliers qui donnent les premiers éléments ; dans d'autres enfin, comme à Altkirch, à Colmar, la commune ajoute une allocation à celle qu'elle donne depuis longtemps à la bibliothèque publique, pour y adjoindre une bibliothèque populaire. En général, on adopte le système du prêt des livres à domicile. Nous voyons cependant dans quelques endroits, par exemple Guebwiller, qu'on doit lire dans le local de la Société. Du reste, cela se passe en famille, on peut fumer en lisant (pourvu qu'il n'y ait pas plus de huit fumeurs).

La Société départementale compte dans ce moment un millier de membres et a organisé environ 30 bibliothèques possédant environ 7,000 volumes, indépendamment de celles qui existaient déjà, comme, par exemple, celle de M. Trapp, depuis quinze ans, à Mulhouse, comprenant 1,200 volumes qu'il prêtait à ses 700 ouvriers, celle de M. Bourcart, à Guebwiller, contenant 800 volumes, et des bibliothèques paroissiales en grand nombre.

Telles sont les ressources aussi sûres qu'abondantes, qu'avec ses cours publics d'enseignement populaire, ce département tient à la disposition des nombreux ouvriers qui alimentent son industrie.

Le département du Doubs, si honorablement placé dans la statistique de l'instruction primaire en France, ne pouvait pas rester en arrière, et était d'autant plus sollicité de se mettre dans le courant, que ses nombreux cours d'adultes et des tentatives déjà anciennes lui montraient l'indispensable nécessité des bibliothèques. Un enfant du pays, G. Cuvier, sollicitait, en 1831, les communes à se créer des bibliothèques, et il existe la preuve que déjà, depuis longtemps, il y avait eu des prêts de livres faits d'une commune à une autre.

Plus tard, sous l'impulsion du docteur Mustin, de M. Léon Breteignier, journaliste, de M. Duvernoy, professeur, les bibliothèques communales s'organisent et correspondent avec une Société centrale, établie à Montbéliard, et autorisée en 1865. Comme celle du Haut-Rhin, elle ne veut intervenir que de son assistance et de ses conseils; elle excite l'émulation des communes, procure souvent des dons de livres, et aide à l'organisation des bibliothèques, non-seulement dans le département du Doubs, mais encore dans des départements voisins. Bientôt plus de cinquante bibliothèques sont reliées entre elles par la Société centrale de Montbéliard, et des prêts de livres se font de l'une à l'autre à l'aide de caisses de circulation.

En 1866, c'est le département de l'Aisne qui organise sa Société des bibliothèques communales et populaires. M. Hébert, député, en est président, M. le comte Serrurier fait partie du comité. La Société, composée d'adhérents payant 5 francs de cotisation par an, se propose le même but que celles qui précèdent. Ses statuts insistent un peu plus sur le choix des livres. Il s'agit toujours d'instruire en moralisant, et de répandre les livres et le goût de la lecture.

Les Bibliothèques populaires de la Sarthe sont une association fondée sur les mêmes principes. La cotisation est de 8 francs. Un des moyens les plus préconisés : les caisses de circulation pour prêter aux communes, moyennant une légère redevance.

La Société des bibliothèques de la Drôme ne date que de 1867; elle a déjà réuni un grand nombre d'adhérents et correspond avec cent quatre bibliothèques scolaires ou communales. La cotisation y est indéterminée; elle ne peut pas être moindre que 5 francs. Faire entrer dans le département de la Drôme le plus de livres possible et au meilleur marché possible : tel est le principe qui guide ses efforts. C'est à Dieulefit que commence le mouvement, et c'est M. Auguste Morin qui lui a donné la première impulsion.

Nous mentionnerons les bibliothèques aveyronaises, plus comme un projet que comme une réalité ayant subi les essais de la pratique. M. Mouton, procureur impérial, préconise les caisses circulantes, contenant un nombre déterminé de livres qui peuvent ainsi s'échanger de commune à commune, d'arrondissement à arrondissement, et même de département à département, la richesse générale résultant de richesses partielles multipliées par le roulement.

Enfin nous parlerons de la Société Franklin, dont la création remonte aux plus anciennes des Sociétés dont nous venons de parler, mais que nous avons mise en dehors comme présentant le caractère le plus général.

Lorsque les ouvriers de Paris et quelques professeurs de l'Association polytechnique et philotechnique eurent créé la première bibliothèque par souscription, et en eurent constaté la réussite et les résultats, ils ne voulurent pas s'arrêter en si bon chemin, et, après avoir fait le bien autour d'eux, ils voulurent le faire rayonner le plus loin possible. Déjà plusieurs bibliothèques étaient projetées par quelques-uns d'entre eux, dans divers arrondissements de Paris, et même dans des villes voisines. Alors ils sentirent la nécessité d'avoir un centre d'impulsion où viendraient converger tous les appels, et d'où partiraient tous les efforts destinés à soutenir les faibles et les inexpérimentés, et à leur faciliter les moyens de mettre en exécution les projets qu'ils avaient formés. Prenant le nom de l'homme qui, le premier en Amérique, organisa une bibliothèque par souscription, ils imaginèrent une Société centrale, la Société Franklin, qui aurait pour but de provoquer et d'aider l'action des autres Sociétés, beaucoup plus que d'agir elle-même. Les membres de l'Institut, du Conservatoire, de tous les corps savants, les professeurs des Associations polytechnique et philotechnique devaient en faire partie de droit. Ce premier projet, né au milieu de la Bibliothèque des amis de l'instruction du 3ᵉ arrondissement, fut bientôt modifié profondément, moins quant au but à poursuivre que dans sa large composition, qui y aurait intéressé tant d'hommes dévoués à l'enseignement populaire.

De nouveaux statuts furent adoptés, et la liste des membres du conseil, choisis parmi les noms les plus illustres et les plus recommandables, présenta un ensemble qui, tout en se disant et voulant rester indépendant, n'en est pas moins d'une couleur administrative trop tranchée. La Société entière, représentée par des hommes la plupart absorbés par d'autres fonctions, et ceux-ci, par conséquent, réduits à se représenter eux-mêmes par un très-petit nombre d'autres, ne pouvaient suffire, malgré toute leur bonne volonté, à établir dans toute la France ces relations vivaces qui auraient produit un mouvement irrésistible par son ensemble et son énergie.

MM. Chasseloup-Laubat, Jules Simon, d'Eichtal, Charles Robert, Charton, général Favé, Laboulaye, sont chargés de la gestion et des affaires de la Société.

« Celle-ci se met gratuitement au service de ceux qui veulent fonder des « bibliothèques populaires. Elle les renseigne sur la marche de celles qui fonc- « tionnent déjà, et leur indique les améliorations désirables ; elle examine les « livres, publie des catalogues, cherche à éclairer les choix, et nomme des cor- « respondants en France et à l'étranger. Dans la limite de ses ressources, elle « intervient directement par des dons de livres. »

La souscription annuelle des sociétaires est de 10 francs, et la Société reçoit des dons en livres et en argent. Elle désire et conseille la création, dans chaque département, de Sociétés départementales analogues à celles du Haut-Rhin.

Depuis peu de temps la Société a institué des médailles d'honneur qu'elle décerne à des bibliothèques avec lesquelles elle est en correspondance.

Au commencement de 1867, elle avait reçu en don 10,323 volumes et en avait distribué entre 62 bibliothèques 8,920. Dans la dernière année de son exercice, elle a transmis 14,548 volumes de son catalogue à 124 bibliothèques ; enfin le nombre des souscripteurs s'élève maintenant à 700 environ.

La Société Franklin tient tous les ans une assemblée générale où il est rendu compte des travaux de la Société, et dans laquelle les voix éloquentes d'Édouard Laboulaye et de Jules Simon se font applaudir en parlant des bienfaits de l'instruction ou en racontant la vie de quelque homme illustre par son amour de l'humanité, ou par son savoir.

III. Il nous reste enfin à citer individuellement les entreprises qui sont nées de l'initiative privée et ont été l'occasion sinon la cause de toutes les institutions générales dont nous venons de parler.

Celle que nous prendrons pour type, et qui réellement a inauguré une ère nouvelle pour de semblables fondations, et a de plus servi de modèle à la plupart des autres, par son organisation et ses règlements, c'est la Bibliothèque des amis de l'instruction du 3ᵉ arrondissement de Paris.

Vers 1860, quelques ouvriers réunis par M. Girard, ouvrier lui-même, et auditeurs des cours de l'Association polytechnique et philotechnique, prennent la résolution de fonder une bibliothèque populaire. Ils font appel à quelques-uns de leurs professeurs, et, sans argent, sans local, sans matériel, sans le premier livre, armés de leur courage et de leur conviction, entreprennent de résoudre la question, non-seulement pour eux, mais pour donner aux autres un exemple de ce que peuvent faire l'association et la bonne volonté.

Faire appel aux ressources de l'État, même à celles de la commune, est à peine possible dans les départements, et encore faut-il que cet appel soit fait par une personne influente, active, et qu'il ne soit pas facile de décourager. A Paris, il ne faut pas y songer ; quant aux dons qu'on aurait pu se procurer en provoquant des souscriptions publiques, outre qu'ils répugnaient aux idées de ces premiers fondateurs, il est plus que probable qu'ils ne seraient pas suffisants. D'ailleurs, en employant ces procédés, il faut accepter des fondateurs, des patronages, un local concédé par l'Administration ; il ne faut pas penser à autre chose qu'à consulter sur place des livres qui ne vous appartiennent pas et qu'on ne peut conséquemment emporter. Enfin il faut subir toutes les entraves que les patrons peuvent imposer.

Aussi n'étaient-ce pas les solutions qui devaient tenter ces jeunes gens.

Créer une bibliothèque avec leurs propres ressources, en s'associant en grand nombre et en payant une somme, minime pour chacun, importante par le nombre des souscripteurs ; être propriétaire de cette richesse créée de leurs épargnes, s'intéresser à sa réussite comme on s'intéresse à une œuvre qu'on a fondée, l'administrer à sa guise, et choisir ceux qui seraient chargés de la diriger : voilà le but poursuivi et atteint. De plus, adopter franchement, sans restriction, le système du prêt des livres à domicile, habituer chaque sociétaire à la solidarité de tous dans une même œuvre, en respectant scrupuleusement la propriété collective, et permettre à tous d'emporter au milieu de la famille un livre choisi entre mille, dont la lecture faite en commun y introduit tantôt le plus sain des délassements, tantôt l'initiation aux merveilles de la science qui chaque jour augmentent les richesses de l'humanité : tels étaient les principes féconds qui devaient bientôt se répandre dans tout Paris, dans toute la France.

Après bien des difficultés, bien des entraves produites soit par des sentiments hostiles, soit par l'indifférence de quelques-uns, soit par l'impatience de quelques autres, la Société des amis de l'instruction du 3ᵉ arrondissement put enfin fonctionner et atteindre un grand succès : dans quelques années, elle vit le nombre de ses volumes s'élever à 3,000, celui des souscripteurs atteindre 900, et ses sociétaires lire de 500 à 700 volumes par mois.

C'est à l'École centrale, rue des Coutures-Saint-Gervais, que, grâce à l'hospitalité offerte par M. Perdonnet, cette bibliothèque trouva un refuge, après avoir été accueillie pendant quelque temps à la mairie du 3ᵉ arrondissement ; et c'est là qu'elle fonctionne depuis cinq ans.

La cotisation est de 40 centimes par mois, 20 centimes pour les dames, et 1 franc de droit d'entrée pour chaque sociétaire. La bibliothèque est administrée par un comité à la tête duquel se trouvaient M. Perdonnet, comme président, M. Harant, comme secrétaire, et douze administrateurs, par moitié ouvriers et professeurs.

La régularité de son organisation, le soin scrupuleux que chacun des sociétaires met à soigner et à rapporter fidèlement, et au moment voulu, les livres empruntés à la bibliothèque, l'exactitude avec laquelle sont en général payées les cotisations sont des faits acquis qui ont détruit à jamais les objections qu'on avait toujours systématiquement opposées à ce genre d'organisation. Pour citer un fait remarquable, rappelons qu'après avoir été renvoyée de la mairie et être restée fermée pendant six mois, au milieu du conflit qui exista entre les sociétaires, dont une partie voulait admettre les nouveaux statuts imposés par l'Administration, l'autre partie les refuser, plus de huit cents volumes qui étaient dehors, éparpillés dans tout Paris, rentrèrent fidèlement dès que la bibliothèque ouvrit de nouveau ses portes; à peine six volumes furent-ils égarés.

Un pareil exemple ne pouvait manquer d'exciter le zèle des ouvriers dans les autres arrondissements de Paris; bientôt, en effet, l'idée propagée par des membres mêmes de la Société du 3ᵉ arrondissement germe de tous côtés, et nous voyons successivement surgir, avec la même organisation et les mêmes statuts, les Bibliothèques des amis de l'instruction du 5ᵉ arrondissement, présidée par M. Laboulaye; du 18ᵉ, par M. Lamouroux; du 9ᵉ, par M. Hément; du 8ᵉ, par M. le comte Serrurier; et puis, hors Paris, autour de Paris, celles de Batignolles, de Vincennes, de Choisy-le-Roi, d'Épernay, d'Ivry, d'Hortes, de Vernon, de Taverny, etc. Disons que déjà près de trois cents sont en correspondance avec la Société Franklin, et que beaucoup d'autres encore sont nées, comme celles que nous venons de nommer, de l'initiative privée, et principalement de l'association des ouvriers, se cotisant pour fonder leur œuvre et se soutenant de leurs propres ressources.

Tel est l'ensemble de cette seconde branche de l'enseignement populaire dont le tableau devait trouver sa place nécessaire après celui des cours publics. Bientôt, en généralisant les bibliothèques scolaires, il n'y aura pas une seule commune en France où le livre ne vienne apporter sa vivifiante influence, inspirer aux plus rebelles le goût de l'instruction, et élever partout le niveau de la civilisation.

III

CONFÉRENCES

Depuis plusieurs années, dans quelques pays voisins, et en Angleterre principalement, des savants, des auteurs littéraires, des artistes dramatiques même, usant de cette liberté que chacun possède, dans ces heureux pays, d'enseigner librement et de réunir où il lui convient, gratuitement ou moyennant un droit d'entrée, autant de personnes qu'il veut, ont fait passer dans les mœurs une méthode d'enseignement public qu'on appelle *lectures* et *conférences*, sur lesquelles nous voulons dire quelques mots. Cette habitude, en effet, s'est transportée en France depuis une dizaine d'années, et s'y est propagée de Paris à la province avec une vogue très-grande et qui va toujours en croissant. Quoique les documents déposés à l'Exposition universelle ne nous fournissent que peu de détails relativement à ce genre d'enseignement, cependant, par le but que se sont proposé un grand nombre de conférenciers, surtout ceux de l'Association polytechnique, et par les matières traitées, il fait partie de l'enseignement populaire dans une certaine mesure que nous voulons apprécier, et forme, avec les cours publics et les bibliothèques, le troisième mode adopté pour arriver à répandre l'instruction et le goût de l'étude.

En Angleterre, comme nous le disions, un savant, un auteur, ou simplement un spécialiste quelconque s'étant occupé d'une question particulière, relative à la science, aux arts ou à la littérature, croyant avoir à dire quelque chose de nouveau et d'intéressant sur cette question, et ayant le goût de parler en public, annonce une conférence ou une lecture, convoque le public gratuitement ou en payant, et expose dans une ou deux leçons le sujet qu'il a médité, et sur

lequel il a fait quelque découverte. Au lieu d'écrire un livre qui souvent, hélas !
pourrait ne pas être lu de cinquante personnes, il oblige trois ou quatre cents
auditeurs venus par simple curiosité, pour passer le temps, ou même aussi
quelquefois avec le désir de s'instruire, à venir écouter l'exposition d'un fait
scientifique qui aurait certainement gagné à être exposé par écrit.

Quant aux lectures de romans ou d'œuvres dramatiques, le caractère du
public, le but du lecteur ou du conférencier n'est plus le même. S'il n'analyse
point, s'il ne fait que lire, que déclamer son ouvrage, c'est une simple représentation théâtrale, à un seul acteur, assis entre deux lampes, et en cravate
blanche, au lieu d'un théâtre réel et de la représentation animée avec les
costumes et les décors.

Enfin l'habitude ayant pris racine, un certain nombre d'hommes célèbres,
tels que les Davy, les Faraday, les Stuart-Mill, les Richard Congrève, etc., ont
accepté cette forme adoptée par la mode, et, à côté d'un enseignement suivi et
régulier, ont quelquefois fait des leçons séparées sur un point particulier de la
science qu'ils avaient élucidé ou fait progresser. Avons-nous besoin de dire que
dans l'esprit de ces illustres savants, ce n'était point un enseignement vraiment
efficace qu'ils prétendaient faire, ce n'était pas aux ignorants qu'ils voulaient
s'adresser, mais à un public déjà cultivé, instruit en partie, et qui, n'ayant ni le
temps ni le goût de suivre des cours d'une manière assidue, ni de lire des
livres de science, ne demandait pas mieux que d'être initié en quelques heures
aux grands résultats obtenus par des hommes si distingués et si compétents.

Vers 1859, M. Perdonnet, dont l'esprit actif était toujours à la recherche de
tous les moyens qui pouvaient populariser les cours de l'Association polytechnique et en augmenter le succès, résolut, après un voyage qu'il venait de
faire en Angleterre, d'introduire en France les conférences publiques en vue de
l'enseignement populaire. Cette résolution prise, il se mit à l'œuvre avec ce
zèle et cet entrain qui le caractérisaient, et peu de temps après il inaugurait à
l'École de médecine des conférences du dimanche, qui devaient se faire pendant deux ou trois mois de l'année.

Dans son esprit, l'ensemble et l'ordre de ces conférences ne devaient pas être
laissés à l'arbitraire ou au hasard. Les sujets traités par des hommes les plus
célèbres et ayant acquis sur chaque question une notoriété incontestable,
devaient être choisis de manière à former comme un complément de l'enseignement scientifique, et porter soit sur les grandes questions qui ne peuvent être
traitées que dans l'enseignement supérieur, soit sur les applications générales
résultant des conquêtes faites par l'industrie avec le secours de la science ; il
n'était nullement question de séances littéraires comme il s'en introduisit plus
tard, ni de discours sur des sujets vagues et indéterminés comme il s'en est
tant fait depuis quelque temps à propos de conférences. Dans la pensée première de M. Perdonnet, c'était une occasion de montrer le couronnement de
l'édifice à ceux qui avaient assisté à l'édification des premières assises. Il était
intéressant de convier ces ouvriers qui s'étaient fait une instruction déjà fort étendue en suivant les cours de mathématiques, de physique, de mécanique, de
chimie, d'astronomie élémentaire, à venir entendre M. Babinet parler sur l'organisation de l'ensemble du monde, M. Perdonnet, de l'industrie des chemins
de fer, M. Chevreuil, de chimie industrielle, M. Barral, des applications des
diverses sciences à l'agriculture : et en effet, les conférences inaugurées en 1860
à l'amphithéâtre de l'École de médecine eurent un immense succès. L'une
d'elles présenta un caractère particulier : M. Ferdinand de Lesseps, l'organisateur des travaux de l'isthme de Suez vint lui-même présenter à ses auditeurs le

tableau des travaux entrepris, des difficultés et des succès de l'œuvre immense à laquelle il s'était dévoué. Trois fois le grand amphithéâtre, entièrement rempli, avait fermé ses portes à une foule d'auditeurs avides d'assister à la leçon de l'éminent professeur, et trois fois il dut recommencer la même conférence, avec le même succès.

Il n'en fallait pas davantage pour donner la vogue à ce genre d'enseignement, mais il fallait lui conserver son caractère et ne laisser dévier ni le choix des professeurs, ni celui des matières à traiter. A l'École de médecine, l'Association polytechnique a continué avec un succès variable, tous les ans, ces séries de conférences où se sont fait entendre des professeurs éminents et des hommes sympathiques, traitant une foule de sujets, depuis la déclamation jusqu'à l'économie politique, depuis la géologie jusqu'à la médecine. Le public s'est aussi transformé, et les ouvriers sont venus en moins grand nombre sur les bancs de cet amphithéâtre où ils étaient d'abord accourus avec empressement.

L'Association polytechnique, en étendant ses sections dans tous les quartiers de Paris, a cru nécessaire de multiplier aussi les centres des conférences ; il s'en est fait partout, à l'École Turgot, à Grenelle, à Vincennes, à la Chapelle et au faubourg Saint-Antoine en même temps qu'à la Villette. Nous croyons que l'institution s'est considérablement creusée en agrandissant son périmètre ; et que cette extension inconsidérée ne peut que nuire aux cours, à l'enseignement régulier, et inspirer au public, à qui elles sont destinées, de fâcheuses, dispositions intellectuelles. La dernière création de l'Association polytechnique dans ce sens, est l'institution des conférences sur l'Économie politique faites à l'École Turgot par différents professeurs. Déjà plusieurs conférences sur ce sujet avaient été professées isolément à l'École de médecine, lorsque, d'un côté, l'engouement des ouvriers pour ce genre d'études, de l'autre les encouragements que lui donnait l'Administration, déterminèrent le comité de l'Association polytechnique à introduire cet enseignement dans son programme. Cette résolution est suffisante pour montrer combien sont altérés la manière de voir et les principes de cette Association. Dans les premiers temps, elle avait toujours résisté à l'introduction de cours autres que ceux qui avaient pour but les sciences exactes et conduisaient aux notions positives. De nombreuses discussions avaient même eu lieu dans ses réunions, au sujet de l'introduction de l'histoire. De plus, prudente en ses allures, comprenant avec quelle circonspection, il fallait agir dans un milieu composé de professeurs venant de tous les points de l'horizon, et recrutés sans cesse dans diverses classes du corps enseignant, des ingénieurs, des médecins, des avocats et des artistes, l'Association polytechnique ne voulait être ni une tribune ni un piédestal pour ceux qui seraient tentés de venir chercher chez elle des moyens de popularité, mais elle ne voulait pas non plus que ses chaires puissent servir d'échelle à quelque ambitieux préoccupé de plaire aux pouvoirs. L'introduction de l'enseignement de l'Économie politique, cette science qui n'en est pas une, accusa le danger d'une manière bien évidente, puisque, de peur de se compromettre, le comité ne voulut confier l'enseignement exclusif à personne, et, au lieu d'un cours suivi et systématique, se borna à répartir entre plusieurs professeurs, tous hommes distingués et extrêmement compétents, il est vrai, les diverses questions d'économie industrielle, sociale, politique, qui devaient être traitées dans des conférences séparées. La nécessité même de cette répartition éclectique entre des professeurs d'opinion différente, prouvait combien il aurait fallu résister à l'entraînement de prendre ces cours sous le patronage de l'Association polytechnique, et, malgré tout le mérite de MM. *Wolowski, Garnier, Frédéric Passy, Worms, Simonin, Horn,* qui s'en étaient chargés, les conférences sont restées, comme un corps sans âme, l'énoncé d'un problème sans sa solution ; elles ont été plus agréablement accueillies par des bourgeois à demi instruits, dont la curiosité avait été excitée, que par les ouvriers auxquels elles étaient destinées et sur qui elles ont eu une médiocre influence.

Nous parlerons peu des autres conférences qui, à partir de cette époque, se firent sur plusieurs points de Paris ; celles de la rue de la Paix, évidemment destinées à une tout autre catégorie d'auditeurs que ceux à qui convient l'enseignement populaire, eurent un moment de vogue, grâce aux noms de MM. *Deschanel, Dessois, Jules Simon, Albert Leroy*, qui y firent souvent entendre des paroles éloquentes et des aperçus ingénieux sur l'histoire, la philosophie et la littérature. Mais ces conférences étaient payantes, elles étaient dans un quartier qui ne brille précisément pas par l'amour de l'étude, ni par l'enthousiasme pour les produits de l'esprit. Elles ne purent se soutenir ; et la tentative renouvelée à la salle de l'Athénée ne fit que constater une fois de plus qu'on n'avait pas encore trouvé le véritable moyen d'avoir un public.

Les conférences de la salle Barthélemy furent de véritables conférences populaires, surtout quant à la composition de l'assemblée qui en remplissait la salle tous les dimanches. Le talent des orateurs qui s'y firent entendre, encore plus que les sujets souvent abordés ; une certaine nuance d'opposition dans l'organisation, et de fréquentes allusions politiques avidement saisies par un auditoire tout disposé à n'en laisser passer aucune sans l'applaudir, telles furent les causes de succès de ces conférences et aussi la cause des entraves et des embarras que leur suscita l'Administration, et qui en occasionnèrent la ruine.

Enfin nous citerons les conférences de la Sorbonne, littéraires et scientifiques, faites presque exclusivement par les professeurs de la Faculté, patronées et encouragées par le ministre de l'instruction publique. Destinées à Paris à un petit cercle de personnes à qui les billets d'entrée sont libéralement distribués, le public étranger n'y pénètre guère, et la classe populaire n'a rien à en attendre. C'est pourquoi nous n'en parlerions pas, si, sous la même incitation de M. *Duruy*, il ne s'était fait en province un mouvement analogue, lequel a dû, là, forcément profiter non-seulement à la classe bourgeoise, mais à un grand nombre d'ouvriers. Dans beaucoup de villes, tous les ans, des professeurs de facultés et de colléges, quelques ingénieurs, industriels et jurisconsultes traitent des sujets scientifiques ou littéraires devant de nombreux auditoires vivement intéressés.

Demandons-nous, en terminant, si, comme auxiliaire et complément de l'enseignement populaire, on n'a pas dépassé les limites que devait utilement respecter cette nouvelle création. Que la classe aisée, relativement instruite, qui peut user de son temps, vienne employer sa soirée à écouter des lectures ou conférences, ou plutôt des discours prononcés par des hommes de talent sur n'importe quel sujet, depuis la fable du loup et de l'agneau jusqu'au Ramanaya, depuis la vie de Jeanne d'Arc jusqu'à celle des encyclopédistes, nous n'y voyons aucun mal sérieux ; mais nous pensons que l'abus de cette agréable distraction peut devenir funeste, et donner des habitudes de légèreté et de faux aplomb qui ne peuvent être utiles aux études sérieuses. A quoi bon lire la longue correspondance de *Voltaire*, lorsque, dans une heure d'attention modérée, bien installé dans un fauteuil, vous apprendrez d'un érudit tout ce qu'il y a trouvé de saillant et d'utile à connaître. Que parle-t-on de longs cours de chimie, de physique, de mécanique à suivre péniblement pendant de longs hivers, si on veut suppléer aux moyens que l'on n'a pas eu dans sa jeunesse de se procurer ces connaissances : quelques conférences bien choisies, sur le carbone, sur la machine à vapeur, sur le télégraphe, vous mettent, comme on cherche à se le faire croire complaisamment, *au niveau de la science*; on croit savoir tout ce qui est réellement utile à connaître. Au lieu des études ardues faites dans les livres, et des efforts pénibles qu'exige l'assiduité d'un cours, n'est-il pas plus agréable d'entendre dérouler, en quelques heures, un tableau artistement préparé, et qui nous fait passer devant les yeux les plus étonnantes merveilles, et cela dans un style approprié au but qu'on se propose, pas trop hérissé de termes techniques, ni de preuves scientifiques, contenant toujours une exorde engageante et n'oubliant jamais le bon mot de la fin?

Nous croyons fermement que c'est depuis la profusion des conférences, que les cours sont moins suivis, et si cette observation se vérifiait, elle ferait tomber le seul argument auquel les gens les mieux intentionnés se laissent prendre, savoir, que ces belles conférences, ces magnifiques dissertations, ces étonnantes merveilles dont on y parle, sont ce qu'il y a de plus propre à exciter chez tous les auditeurs le désir de connaître et, par conséquent, d'étudier.

Ce n'est pas seulement pour le public que nous signalerons le danger, en pronostiquant une génération peu virilement constituée, si ce moyen d'étude venait à prévaloir; mais nous le signalons encore pour les professeurs eux-mêmes. Ce qu'il faut sur ce théâtre, c'est d'abord intéresser vivement, c'est vrai: mais aussi il faut être applaudi. Quel est l'homme de science qui croira avoir réellement instruit un public non préparé, en lui parlant une heure durant sur la chimie? Aussi n'est-ce pas là ce qui le préoccupe; il cherchera dans la chimie les faits les plus étonnants, les plus bizarres, s'il pense qu'ils sont peu connus et susceptibles de frapper d'étonnement; aussi plus de système, plus de filiation de faits, et par suite plus de preuves scientifiques. Ce qu'il aura réussi à mettre dans sa leçon, ce ne sera pas l'enchaînement scientifique des idées, ce sera la gradation oratoire du fait le plus insignifiant au plus brillant, quelle que soit d'ailleurs sa valeur intrinsèque. Gardons-nous de suivre ce courant, et que cette ardeur de vulgariser la science ne nous porte pas à la disloquer et à la dévaliser; que le professeur ne cache pas à celui qui l'écoute quelles études et quelle méditation il lui a fallu, à lui, pour apprendre, et qu'il dispose l'élève à en faire autant et à ne pas se payer de vains mots, de belles phrases et de brillantes exhibitions.

Dans les temps de décadence de l'empire romain, la ville était remplie de salles élégantes où des rhéteurs non moins élégants faisaient des conférences sous toute espèce de forme, sur n'importe quel sujet; ils en étaient arrivés à les faire sans préparation, et à parler une heure sur un mot ou un fait choisi, arbitrairement, par les auditeurs, et qui ne leur était communiqué qu'en entrant. C'est l'abus de la faculté de langage et non la science, et il serait, pensons-nous, moins dangereux de retarder de quelques années la diffusion de l'instruction populaire, par la difficulté et le travail qu'elle présente, que de tomber dans ces excès, qui ne sont plus la civilisation, mais le byzantinisme.

Henri HARANT.

———————

LXIII

LES
PRODUITS CHIMIQUES
ET LE
MATÉRIEL DES ARTS CHIMIQUES

A l'Exposition universelle de 1867. —— Classes 44 et 51.

Par M. Léon DROUX, ingénieur civil.

I

Les arts chimiques occupent, à juste titre, une place importante à l'Exposition Universelle de 1862.

Fondés sur une science exacte encore toute nouvelle, et qui ne date réellement que du commencement de notre siècle, ils constituent, tels qu'ils sont aujourd'hui, une des branches les plus importantes de l'industrie moderne.

La chimie n'en a pas moins existé de tout temps. Il est impossible de déterminer son origine, car il serait aussi difficile à l'histoire d'indiquer la contrée où elle a pris naissance que de reconnaître avec certitude l'endroit du globe qui a été le premier habité par l'homme.

Sous les diverses dénominations d'*art sacré*, d'*alchimie*, de *médecine* même, nos ancêtres, marchant au hasard et sans données certaines, se laissant entraîner souvent au merveilleux, ont été cependant les véritables créateurs de cette belle science. Les Indiens, les Chinois, les Égyptiens, et plus tard les Hébreux et les Phéniciens ont tous pratiqué des industries chimiques. Ils nous ont laissé des procédés ingénieux que nous ne pouvons même plus toujours retrouver.

Dans son ouvrage latin sur l'origine de la chimie, *Olœus Borrichius* la fait remonter jusqu'à *Tubalcain*, le forgeron de l'Écriture [1]. D'autres l'attribuent à *Hermès Trismégiste*, c'est-à-dire trois fois grand, divinité égyptienne révérée comme créatrice de tous les arts utiles.

Le docteur *Hœfer* prouve, dans son *Histoire de la chimie*, que les recherches relatives à la transmutation des métaux remontent aux temps les plus reculés, et qu'elles formaient, sous le voile de pratiques religieuses, le fond de cet ensem-

---

[1] « *Malleator et faber in cuncta genera œris et ferri* (Genèse, chap. IV). » Tubalcain fut donc un chimiste, car il n'a pu rendre malléable, traiter et forger l'airain et le fer sans avoir découvert les mines, trié, grillé et fondu le minerai.

L'antiquité païenne a attribué à Vulcain l'invention des ouvrages en fer, en airain, en or et en argent, et des autres opérations qui s'exécutent au moyen du feu.

L'histoire profane et l'histoire sacrée sont donc d'accord sur l'existence de la chimie antédiluvienne.

ble de connaissances désigné sous le nom d'*art sacré*, si mystérieusement entretenu dans l'intérieur des temples égyptiens.

Chez les Grecs, à l'époque de la civilisation romaine, pendant le moyen âge et jusque dans le siècle dernier, les adeptes ont toujours pris soin de s'entourer du même mystère ; de là, le manque presque absolu de renseignements [1].

Dans une autre civilisation, les Indiens et les Chinois connaissaient les moyens d'extraire les métaux.

La découverte de l'or est toute naturelle, puisque ce métal se rencontre à l'état natif; mais l'existence du fer ou du cuivre est inséparable de celle des premières connaissances chimiques, ces métaux n'existant dans les minerais qu'en combinaison avec l'oxygène, le soufre, le carbone, ou avec d'autres corps simples.

•Les Chinois font remonter à plus de soixante siècles la connaissance, les procédés d'extraction et l'emploi des métaux. Ils se servaient du bronze et du laiton avant d'avoir inventé l'écriture, et leurs porcelaines, qui témoignent d'une fabrication si soignée, existaient déjà dans la nuit des temps.

C'est au hasard que sont probablement dues toutes ces découvertes, et il est facile de s'en rendre compte en recherchant les origines de la vitrification, ou celle de la fabrication de la chaux et des alcalis en général.

Les plantes ou les herbes croissant sur le bord de la mer ou dans des terrains salés, brûlées, puis incinérées à grand feu, ont dû nécessairement donner naissance aux alcalis, puis, par un mélange naturel avec le sol, se fondre et enfin se vitrifier : — telle doit être l'origine du verre.

Celle de la chaux est encore plus facile à expliquer : un feu est allumé près de pierres calcaires, une pluie survient, un mélange accidentel de sable ou de terre sableuse se fait avec la chaux hydratée, — et le mortier est trouvé !

Ne pourrait-on encore expliquer, d'une façon analogue, la création des poteries, puis, par les perfectionnements de la poterie, celle de la porcelaine ?

La marque de propriété, et sa conséquence, l'ornementation de la porcelaine, nous amènent à la préparation de couleurs vitrifiables, qui exigent impérieusement la connaissance de mélanges, constituant en réalité des préparations et des réactions chimiques.

La préparation des aliments, la fermentation des hydromels et des vins, les premières teintures, sans doute végétales, l'extraction des parfums, et enfin les préparations égyptiennes pour les embaumements, ne constituent-ils pas encore une série de préparations chimiques ?

---

[1] « Il y a peu d'arts dont les commencements soient plus obscurs que ceux de la « chimie. Les chimistes entêtés de son ancienneté, loin de nous instruire sur son origine et « ses progrès par la profondeur et l'immensité de leurs recherches, ne sont parvenus qu'à « rendre tous ces témoignages douteux à force d'abuser de cette critique assommante, qui « consiste à enchaîner des atomes de preuves à des atomes de preuves, et à en former une « masse qui nous entraîne et qui nous effraye, et contre laquelle il ne reste que la ressource « ou de la mépriser, ou de la briser comme un verre, ou d'y succomber en la discutant.

« Il vaudrait mieux sans doute substituer à ces énormes toiles que l'érudition a si laborieusement tissées, quelque système philosophique où l'on vît l'art sortir comme d'un « germe. Il est au moins certain que si ce système ne nous rapprochait pas davantage de « la vérité, il nous épargnerait des recherches dont l'utilité ne frappe pas tous les yeux.

« Il est cependant une sorte de curiosité qui peut se faire un amusement philosophique « des recherches de l'érudition la plus frivole, du sérieux et de l'intérêt qu'on y a mis, et « c'est dans cette vue que nous allons exposer le labyrinthe des antiquités chimiques. »

(*Encyclopédie* Diderot et d'Alembert. Paris, 1743, t. III, p. 421.)

Tel est le langage confus dont on se servait encore il y a un siècle, quand on parlait de la chimie.   **L. D.**

Tout le monde connaît cette fameuse *pourpre de Tyr* dont nous ne pouvons aujourd'hui retrouver la formation, en raison même du mystère dont s'entouraient les opérateurs de cette époque, comme nous l'avons signalé plus haut.

Quelques-uns pensent qu'elle provenait du traitement de mollusques maritimes; plusieurs coquilles contiennent, en effet, de légères proportions de matières colorantes; mais, jusqu'à présent, personne n'est parvenu à reconstituer cette célèbre matière.

Hâtons-nous d'ajouter que la chimie moderne nous a dotés d'une infinité d'autres produits d'un éclat supérieur et d'une variété de teintes infinies, et que nous sommes loin d'avoir, sous ce rapport, à faire le moindre emprunt aux civilisations anciennes.

Dans leur langage confus et pour ainsi dire incompréhensible, les rares auteurs qui ont écrit sur la chimie, ont voulu expliquer les grandes traditions des temps héroïques par un désir et un besoin de découvrir les secrets de la nature.

Qu'était-ce, à leur avis, que cette *toison d'or* qui occasionna l'*expédition des Argonautes*? Un livre écrit sur des peaux, qui enseignait la manière de faire de l'or par le moyen de la chimie. Et ils se fondent sur ces passages d'*Apollonius* dans son second livre des *Argonautiques* :

« *Hermès la fit d'or; on dit qu'Hermès la changea en or en la touchant.* »

Ceux qui ont pu voir, dans cette fameuse expédition, la recherche des moyens de faire de l'or, expliquent encore, dans le même sens, le serpent tué par Cadmus, dont les dents, semées par le conseil de Pallas, produisent des hommes qui s'entretuent; — le sacrifice à Hécate, dont parle Orphée; — Esculape *revivifiant* les morts; — Jupiter *transmué en or*; — la Gorgone qui *lapidifie* tout ce qui la voit; — le Phénix qui renaît de sa cendre, etc., etc. Ils prétendent qu'il n'y a aucune de ces allégories dont on ne trouve la clef dans les procédés de la chimie.

Il est hors de doute que la métallurgie a été exercée dans les temps les plus reculés. La section espagnole de l'Exposition nous montre, dans la galerie de l'histoire du travail, un lingot de plomb des environs de Carthagène, en *tous points semblable* aux lingots des usines actuelles. Rien n'y manque, pas même la marque de fabrique. Les monuments les plus anciens nous le prouvent encore; l'usage des remèdes, extraits des substances métalliques, est indiqué dans les ouvrages d'*Hippocrate*, de *Diodore*, de *Pline*, etc.

Les chroniques des mines d'Allemagne en font remonter les travaux aux temps fabuleux. Les mines des pays du nord paraissent encore plus anciennes, à en juger par l'idiome de cet art, dont les mots, employés aujourd'hui par les métallurgistes, sont en partie tirés des anciennes langues du Nord.

Agatarchis et *Diodore de Sicile* citent les mines de l'Égypte, et même celles de l'Ibérie. La *Zimotechnie panaire et vinaire*, ou les arts de faire du pain avec de la farine et du levain, et de mettre en fermentation les sucs doux, datent des temps du déluge.

Les arts de la teinture, de la verrerie, celui de préparer les couleurs pour la peinture, le *bleu factice* d'Égypte, dont parle *Théophraste*, sont très-anciens.

Pline nous cite la connaissance des mordants employés en teinture; *Aristote* dit que l'extraction des sels de cendres est en usage parmi les paysans de l'Ombrie; *Pline* et *Varron* nous parlent des savons fabriqués par les Gaulois; le premier nous décrit enfin, d'une façon positive, le moyen de retirer l'or et l'argent des vieilles étoffes par l'amalgamation du mercure.

Est-ce l'effet du hasard qui fit dire aux auteurs latins qu'Annibal s'ouvrit une route à travers les Alpes en faisant fondre les rochers par du vinaigre?

Tout en rejetant ce fait comme incroyable, faut-il voir là ou un pressentiment de la probabilité du fait, ou l'indice de la connaissance de l'action des acides sur les roches calcaires ?

Tout nous prouve que la civilisation romaine avait de certaines connaissances chimiques, et que cette science d'observation était étudiée à Rome. On retrouve, dans les fouilles des villes détruites, Herculanum, Pompéi, des poteries, des émaux aux mille couleurs, des peintures murales dont nous recherchons encore aujourd'hui l'éclat et la solidité, sans parvenir à les retrouver, malgré les documents que nous a laissés *Pline* sur ce sujet.

Les mortiers et les ciments de cette époque ont su résister pendant vingt siècles, et si nous n'avons plus tous les aqueducs et tous les monuments des Romains, c'est à la main dévastatrice des hommes qu'il faut en demander compte et non à l'insuffisance de résistance des matériaux employés.

Pendant cinq à six siècles, les invasions des barbares détruisirent toute trace de civilisation, et il faut aller jusque vers le septième siècle pour retrouver les preuves écrites des connaissances chimiques.

C'est alors la science hermétique, l'alchimie, pleine de pratiques de sorcellerie et de travaux étranges.

Les premiers écrits alchimiques datent de cette époque et sont dus aux écrivains de Byzance. Leur seul but était la transmutation des métaux : la formation de l'or. En communication d'idées avec l'École d'Alexandrie, les alchimistes grecs rapportent tout au dieu Hermès : de là, le nom de *Science hermétique*, et ensuite celui de *chimie*, dérivé du mot *chim* ou *chem*, par lequel on désigna d'abord l'Égypte. — L'invasion de l'Égypte par les Arabes suspend momentanément les études, mais, le conquérant établi, la science renaît et se propage avec une nouvelle ardeur.

Comme pour réparer ce temps perdu, l'alchimie est bientôt introduite par cette même race arabe partout où elle impose sa civilisation. Au huitième siècle, elle pénètre en Espagne, qui devient en peu d'années le centre des travaux des alchimistes. Jusqu'au onzième siècle, alors que le monde entier était plongé dans la barbarie, l'Espagne conserve ce dépôt précieux. Le petit nombre d'hommes éclairés disséminés en Europe, allait chercher dans les écoles de Cordoue, de Grenade et de Tolède, la tradition de ces études.

Les croisades vinrent compléter ce mouvement, et c'est à leur suite que les connaissances chimiques s'étendirent en Europe ; mais elles y furent bientôt envahies et dénaturées par les idées les plus extravagantes.

Pendant plusieurs siècles, la science hermétique n'a d'autre but que la recherche de la *poudre de projection*, composition qui devait *transmuer* tous les autres métaux, et notamment le plomb, l'étain et le cuivre en or.

Comme résultats immédiats, elle ne parvint qu'à faire tourner les esprits dans le même cercle vicieux ; mais, malgré ces erreurs profondes, l'alchimie a directement contribué à la création et aux progrès de la chimie actuelle.

Les alchimistes ont fondé la méthode expérimentale, c'est-à-dire l'observation et l'induction appliquées aux recherches scientifiques, et en réunissant un nombre immense de faits, même souvent faux, ils nous ont mis sur la voie qui a conduit Galilée, Bacon, Copernic, Descartes, Lavoisier, à la création des sciences exactes actuelles.

C'est donc à partir de l'extension de l'alchimie, qu'il faut rapporter les premières opérations chimiques du moyen âge.

Geber nous donne alors des descriptions précises de nos métaux usuels. Il enseigne, dans son traité, *de Alchimia*, la préparation de l'eau forte, celle de la pierre infernale, le sublimé corrosif, et enfin la caustification de la potasse.

L'Arabe *Rhasès* produit l'huile de vitriol et obtient l'alcool.

La matière médicale d'*Aben-Gnefith* et le *Hawi* de Rhasès donnent déjà une idées de ressources considérables que la médecine retirait de la chimie naissante. Rhasès, qui dirigeait l'école de Bagdad, affirme le mouvement qui se dirige vers la méthode expérimentale. « L'art secret de la chimie, dit-il, est plutôt possible « qu'impossible. Les mystères ne se révèlent qu'à force de travail et de ténacité. « Mais quel triomphe quand l'homme peut lever un coin du voile dont se « couvre la nature ! »

Albert le Grand, plutôt magicien qu'alchimiste, décrit exactement la coupellation, c'est-à-dire la purification des métaux. Il décrit également avec exactitude la préparation du cinabre, du minium, celle de la céruse.

Basile Valentin produit l'eau-de-vie par la distillation du vin et de la bière ; il découvre l'éther, prépare l'acide hydrochlorique, précipite par le fer le cuivre des pyrites cuivreuses et produit le sulfate de cuivre. Il pressent enfin la plupart des réactions chimiques qui s'accomplissent entre les divers sels métalliques.

Eck de Sulzbach, en constatant l'augmentation de poids du mercure qui s'oxyde, *Saladino d'Ascoli*, en examinant l'importance de l'air pendant la putréfaction, découvertes immenses que l'état de leurs connaissances ne leur permit pas d'appliquer, ont jeté les bases qui permirent enfin à Lavoisier de fonder la chimie actuelle.

Citons encore *Paracelse*, qui nous fait connaître le zinc, introduit définitivement dans l'art de guérir l'usage des sels métalliques, et qui, surtout, nous démontre la nécessité de la présence de l'air pour la respiration comme pour la combustion ; — *Van Helmont*, qui découvre l'existence des corps gazeux, fait non moins important que ceux découverts par Eck de Sulzbach ; — *Becker*, qui rassemble les faits épars, et tente une théorie explicative des phénomènes, préparant ainsi la révolution scientifique accomplie peu après par Stahl.

Ce savant admettait que les corps non brûlés contenaient un principe appelé *phlogistique*, dont le dégagement pendant la combustion produisait de la chaleur et de la lumière. Un métal était donc pour le chimiste allemand, un certain corps, plus du *phlogistique;* ce que nous reconnaissons aujourd'hui pour un oxyde était pour lui un *corps déphlogistiqué.*

On s'empressa d'adopter cette théorie, on s'y attacha fermement, et même après les beaux travaux de Lavoisier, on continua à combattre le novateur audacieux qui osait avoir raison contre le phlogistique, — et cette théorie de Stahl finit ainsi par devenir un obstacle à la découverte de la vérité.

II

La célèbre découverte de Lavoisier date d'environ cent ans.

C'est en 1774 que ce chimiste prouva que tout corps en brûlant absorbait de l'oxygène, et que le poids du résultat de la combustion égalait précisément la somme des poids de la matière brûlée et de l'oxygène absorbé. Ce fait immense, qui nous semble aujourd'hui si simple, est la base de notre chimie moderne.

La théorie des équivalents, celle des proportions multiples des poids atomiques, etc., etc., en découlent directement. La théorie de la combustion une fois bien établie, *Lavoisier, Laplace, Fourcroy, Guyton de Morveau, Berthollet, Vauquelin, Wollaston, Davy, Berzelius, Gay-Lussac, Thénard, Dulong,* et tous les autres chimistes donnèrent à leurs travaux la forme rigoureuse des sciences mathématiques, et parvinrent aussi à calculer et à déterminer d'avance des réactions chimiques que l'expérience parvint plus tard à réaliser.

L'influence de la chimie est universelle, elle se fait aujourd'hui sentir aussi bien dans les fabrications les plus compliquées et les plus savantes que dans les productions si simples en apparence de l'agriculture.

Les grands progrès de la métallurgie, la fabrication économique de l'acier, l'extraction des nouveaux métaux, la cause d'altération et même de destruction de nos matériaux de construction, la composition de nos ciments sont encore des conséquences directes des découvertes de la chimie.

Partout l'observateur même le plus superficiel rencontrera des preuves manifestes de l'influence la plus heureuse et la plus puissante des études chimiques sur le développement de l'industrie en général.

Partout il verra de nouvelles matières mises à la disposition de l'ouvrier, de riches couleurs surpassant en beauté et en durée celle des temps passés, matières d'une puissance de coloration inépuisable, variant par degrés insensibles pour constituer cependant une échelle continue où toutes les teintes même les plus opposées se succéderont sans interruption.

Un peu plus loin, ce seront ces sels extraits d'une façon si économique des eaux de la mer, et qui viennent maintenant nous fournir en quantité considérable les sels de potasse, produits indispensables et dont l'épuisement des forêts d'Amérique pouvait permettre de calculer le jour prochain où nous aurions dû en manquer.

En parcourant les galeries de l'Exposition Universelle de 1867, on constatait avec quelle rapidité certaines branches des industries chimiques s'emparent des découvertes de la science et se les assimilent : la pratique suit la théorie de si près, que le savant est souvent tout étonné de voir sa découverte mise à profit, alors que lui-même n'en prévoyait pas l'application industrielle ; malheureusement, et comme pour faire contraste à cette heureuse tendance, on rencontre encore des industries qui n'ont fait aucun progrès, surtout en France, et l'on peut facilement prévoir, dans un temps donné, sinon la disparition, tout du moins le degré d'abaissement des usines dans lesquelles les industriels se refusent à toute espèce d'amélioration.

Il est un fait qu'il ne faut pas se dissimuler, l'éducation professionnelle nous manque, et si beaucoup se refusent à subir les lois du perfectionnement général, c'est qu'ils ne le comprennent pas : l'instruction leur fait défaut, et nous pourrions notamment citer une des grandes industries, une industrie essentiellement française dans laquelle plus des trois quarts des manufacturiers qui l'exercent, non-seulement n'entendent rien aux réactions chimiques qui s'accomplissent journellement dans leurs ateliers, mais n'en soupçonnent même pas l'existence. N'est-il pas prodigieux de voir une industrie vivre et prospérer dans ces circonstances ? Cet état normal peut-il durer ?

Nos gouvernants n'ont-ils rien à se reprocher dans cette situation dangereuse ? Nous n'avons en France qu'un seul laboratoire de chimie pratique, le laboratoire du Muséum, fondé par M. Frémy, avec l'aide des ressources fournies par un grand industriel, M. Menier, le célèbre fabricant de chocolat.

Dans d'autres pays, au contraire, le gouvernement s'est mis à la tête de l'enseignement, et nous avons sous ce rapport beaucoup à emprunter à l'Allemagne et à la Belgique, où l'on a ouvert de vastes laboratoires construits à grands frais et munis de tous les appareils nécessaires aux études.

Ce n'est que de cette façon que nous pourrons tenir tête avec avantage aux progrès qui se font chez les nations voisines.

Malgré ce peu d'encouragement donné en France aux industriels et aux chimistes, les progrès réalisés sont remarquables. La fabrication des différents produits tend à se généraliser partout, et l'on peut affirmer que chaque fois qu'une circonstance locale ne commande pas à telle industrie, telle localité spéciale, cette industrie se répandra uniformément en raison directe de la consommation de ses produits.

Aucun fait saillant, aucune de ces découvertes importantes qui révolutionnent une industrie, ou la suppriment pour lui en substituer une autre, n'est à signaler pendant cette période de douze ans qui sépare les deux Expositions Universelles de 1855 et de 1867. Mais presque partout nous trouvons des progrès accomplis, des perfectionnements qui, en abaissant le prix de revient et de vente, contribuent largement à l'extension des industries : souvent la matière première a augmenté de prix, tandis que le produit manufacturé a subi une diminution, malgré l'élévation générale du taux des salaires, témoignage évident des progrès industriels réalisés dans la fabrication.

Il nous est impossible de faire dans ce travail une étude complète de tous les produits exposés, nous avons en outre à indiquer bien des perfectionnements qui ne se trouvent pas représentés à l'Exposition, et qu'il faut aller chercher dans les usines mêmes. Notre étude sur les produits chimiques ne se composera donc pas exclusivement de l'examen des produits contenus dans les bocaux des vitrines du Champ-de-Mars ; le lecteur y trouverait en outre souvent peu d'intérêt, car tous les produits qui ne disent rien par eux-mêmes ont été généralement fabriqués en vue de l'Exposition, sans aucune préoccupation de leur prix de revient, et surtout sans indication des moyens de fabrication.

Au point de vue commercial, et comme acheteur, on peut dire que tout ce qui est à l'Exposition est de qualité irréprochable.

La simple inspection d'une machine nous en fera toujours reconnaître au moins la nature, l'emploi ; dans presque tous les cas, on trouvera le constructeur tout disposé à vous en expliquer les organes, le fonctionnement, et surtout les modifications et les perfectionnements qui la distinguent de la machine rivale.

Dans l'examen des produits chimiques, on ne trouve rien ; quelquefois même, dans le cas des matières dangereuses, un flacon vide avec une étiquette représente l'exposition d'une grande industrie.

Beaucoup de fabricants se refusent en outre à donner les moindres explications : l'entrée des usines est difficile, sinon impossible, et le lecteur voudra donc bien comprendre que là où il trouvera une lacune, c'est que nous nous sommes trouvé dans l'impossibilité d'y suppléer.

Le jury lui-même n'a pas toujours été mis au courant des procédés employés, et a décerné, sans doute à tort, bien des récompenses sans examen réel, sur la foi des recommandations, ou sur la vue de produits qui, nous le répétons, ont été d'un prix de revient qui s'opposerait à toute vente.

C'est surtout en fait de produits chimiques, qu'une réforme complète devrait être apportée dans l'organisation d'une exposition.

Ou supprimer toute récompense, ou donner des récompenses motivées par l'examen sérieux des usines, des procédés employés, des prix de vente et de la direction générale de l'industrie, telle devrait être la loi des Expositions futures.

Pourquoi encore ne pas constituer dans chaque classe un jury composé d'exposants eux-mêmes ? Quoi de plus naturel que d'être jugé par ses pairs ? Et, en dernière analyse, le mieux serait peut-être encore de supprimer toute récompense, le public acheteur et consommateur est, en réalité, le meilleur et le plus impartial de tous les juges.

III

Près de deux mille exposants représentaient les arts chimiques et le matériel des arts chimiques. Ils formaient les deux classes suivantes : 44. Produits chimiques et pharmaceutiques. 51. Matériel des arts chimiques, de la pharmacie et de la tannerie.

Le tableau ci-bas indique le nombre d'exposants par chaque nation.

NATIONS.	CLASSE 44.	CLASSE 51.
France	358	121
Italie	199	4
Autriche	150	12
Prusse	122	12
Angleterre	108	10
Brésil	98	»
Turquie	98	»
Belgique	85	5
Russie	71	3
Espagne	57	1
Algérie	44	»
Pays-Bas	40	1
Suisse	37	4
États-Unis	30	4
Colonies anglaises	30	1
Norwége	25	1
Grèce	25	»
Hesse	17	»
Portugal	16	»
Wurtemberg	15	2
Bavière	15	2
Suède	14	2
Danemark	10	1
Bade	7	1
Républiques de l'Amérique centrale et méridionale	7	»
Égypte	4	1
Chine	2	»
États-Pontificaux	1	»
Total	1685	185
Total général		1870

Le jury a accordé à ces 1870 exposants les récompenses suivantes :

	CLASSE 44.	CLASSE 51.
Hors concours	12	»
Grands prix	2	1
Médailles d'or	61	4
Médailles d'argent	197	47
Médailles de bronze	274	60
Mentions honorables	188	50
Total	734	165
Total général		899

Soit donc près de la moitié des exposants médaillés.

De nombreuses plaintes se sont élevées. Dans ces expositions, chacun voudrait avoir le premier prix ; nous trouvons, au contraire, que le jury a été bien large en décernant des récompenses à des maisons dont les procédés de fabrication sont plus à blâmer qu'à encourager. D'autres, au contraire, malgré tout leur mérite, ont été exclues du concours par des motifs tout à fait en dehors de l'Exposition.

Nous n'entreprendrons pas ici la description des galeries de l'Exposition, le lecteur n'y trouverait aucun intérêt. Les produits de la classe 44 font partie du cinquième groupe du catalogue général. (Industries extractives, classes 40 à 46.) — Ces produits chimiques disséminés dans chaque nation, et par conséquent dans chaque section du palais, étaient rangés dans des vitrines uniformes pour la France, celle de chaque exposant ayant en moyenne $0^m,80$ de façade. Les vitrines fournies en location par un entrepreneur privilégié revenaient à chaque exposant à plus de cinq cents francs le mètre.

Dans la section anglaise, les vitrines étaient également uniformes, leur peu de hauteur les rendaient lourdes et peu gracieuses. Chaque exposant avait fait construire sa vitrine par un entrepreneur de son choix, en se conformant au modèle donné. Dans presque toutes les autres sections, les vitrines, ou les loges, avaient été fournies gratuitement par les commissions nationales.

C'est dans la seconde galerie que se trouvaient les expositions de la classe 44.

La classe 51, matériel des arts chimiques, de la pharmacie et de la tannerie, était rangée dans le sixième groupe (arts usuels, classes 47 à 66). Les machines et les appareils de cette classe qui n'exigent pas l'emploi direct du feu, se trouvaient dans la grande nef, dite galerie du travail. La Commission a fourni aux exposants de la vapeur et de la force.

Quelques industries spéciales, nécessitant l'emploi d'un foyer, et par conséquent la construction de cheminées, étaient placées dans le parc. Les exposants avaient dû construire à leurs frais les pavillons destinés à abriter leurs produits ; en outre, la Délégation des exposants avait installé sur la berge un laboratoire auprès duquel s'étaient groupés des spécimens d'usines à gaz et des appareils complets pour la préparation industrielle de l'oxygène.

Les installations de cette classe présentaient pour la plupart un grand intérêt, et font honneur au comité d'organisation (syndicat des exposants).

Une grande partie de cet honneur revient à juste titre à M. *Grandeau*, membre du jury, secrétaire du comité d'admission, et président du syndicat des exposants, fonctions gratuites et pénibles, que ce chimiste a bien voulu accepter et qu'il a remplies avec un véritable dévouement, défendant pied à pied les intérêts des exposants de sa classe.

Nous allons maintenant passer successivement en revue les industries représentées à l'Exposition : nous indiquerons les progrès accomplis, et, comme nous l'avons déjà dit, nous ne bornerons pas notre étude à l'Exposition seule, mais nous irons encore chercher au dehors ce qui manque dans les galeries de ce vaste palais.

En examinant les produits, nous indiquerons les procédés employés et le matériel dont on fait usage ; nos études des deux classes 44 et 51 seront donc naturellement confondues dans un même ensemble.

(La suite à un prochain fascicule).

LXIV

LITHOGRAPHIE

CHROMO-LITHOGRAPHIE AUTOGRAPHIE

GRAVURE SUR PIERRE, MACHINES A IMPRIMER

PAR D. KAEPPELIN

CHIMISTE INDUSTRIEL

MEMBRE CORRESPONDANT DE LA SOCIÉTÉ INDUSTRIELLE DE MULHOUSE.

La lithographie est un des arts industriels dont les applications usuelles sont sans contredit au nombre des plus importantes, des plus variées, je dirai même des plus nécessaires aux besoins de la vie sociale tels que les a créés la civilisation moderne.

C'est ainsi que l'habitant des campagnes, comme l'ouvrier des villes, doit à la lithographie de pouvoir, presque sans dépenses, orner sa demeure avec des images, des cartes géographiques, des dessins, des *fac-simile* de tableaux, qui, en lui rappelant un fait mémorable de l'histoire ou une légende poétique, lui ouvrent des horizons nouveaux et l'élèvent momentanément par la pensée au-dessus des rudes sentiers qu'il parcourt. Cet art industriel a donc ce premier mérite, quand on l'applique à la reproduction d'œuvres saines, de moraliser, d'instruire et de réjouir l'homme *par la vue*, ce qui est, comme chacun le sait, un des moyens les plus efficaces pour atteindre ce triple but. Nous voyons cette méthode primitive et si peu suivie autrefois se répandre aujourd'hui dans nos écoles, et surtout dans celles des peuples voisins dont nous avons quelques modèles dans le parc du Champ-de-Mars. L'école suédoise, installée dans la maison construite d'après celle qu'habitait Gustave Vasa, l'école prussienne et l'école américaine sont des modèles à suivre et nous montrent quels avantages découlent du principe que je viens d'énoncer, et que l'on peut surtout rendre applicable au moyen de la lithographie.

Cet art industriel sert aussi à propager à peu de frais le goût des beaux-arts dans toutes les classes de la population. En effet, et je ne parle pas ici de ces informes dessins coloriés qui ont été malheureusement trop répandus partout et qui sont la contre-partie, la négation de l'art, qu'y a-t-il de plus charmant que ces productions spirituelles où le génie de l'artiste se révèle tout entier ? Ce n'est pas une copie plus ou moins servile de son œuvre, c'est elle-même dans toute son originalité. Il a pu se livrer à toute son inspiration, sans être arrêté par aucun procédé rebutant et aride, s'abandonner à la fougue de son crayon et conserver en même temps toutes les finesses de touche qui dévoilent sa pensée et lui donnent tout son relief.

La pierre lithographique reçoit donc comme le papier, comme la toile, tout ce que l'artiste lui confie. Mais de plus, elle peut servir à reproduire son œuvre sans altération, dans toute sa pureté, à plusieurs milliers d'exemplaires, et celle-ci au lieu de rester entre les mains d'un seul, se répand partout et le fait connaître à tous. Que d'artistes dont les œuvres ne seraient connues que de quelques-uns, sans la lithographie! Que de tableaux des grands maîtres anciens et modernes qu'on ne peut admirer qu'en visitant les musées, et qui sont non pas reproduits, il est vrai, mais du moins copiés fidèlement par le lithographe! Ces dessins, en étant mis à la portée de tous, font briller jusqu'au fond des plus humbles demeures comme un rayonnement de la pensée qui a présidé à d'immortelles créations.

Si je passe maintenant aux autres services d'un ordre moins élevé, mais d'une utilité plus directe que nous rend la lithographie, j'aperçois en première ligne l'impression des cartes géographiques, des plans des villes et des contrées les plus diverses, les plus éloignées, des tracés des lignes de fer qui sillonnent l'univers, et celle des routes maritimes aussi fréquentées que les voies de terre, etc., etc.; ces résultats des travaux et des recherches de nos ingénieurs, de nos géologues, de nos marins, nous pouvons nous les procurer aujourd'hui à des prix modiques, et l'économie que les procédés de l'autographie et de la gravure sur pierre ont introduite dans ces reproductions, permet d'en multiplier l'emploi à l'infini; les services que la lithographie rend aussi à nos écoles (pour la botanique, la minéralogie, l'anatomie, etc.), à nos grandes administrations, et par suite au public en général, sont donc d'une grande importance, et tendent à devenir plus considérables chaque jour.

Le commerce aussi s'adresse à tout instant à elle pour ses factures, ses étiquettes, ses bordereaux, ses registres, etc., et ici encore ses services sont préférés à ceux de l'impression en taille-douce, à cause du bas prix auquel elle peut exécuter ces différents travaux. Nos cartes de visites, nos lettres de faire part, tous ces écrits dont l'usage s'est répandu partout à l'infini, c'est encore à la lithographie que nous les demandons. Je crois donc que le lecteur ne sera pas indifférent à une étude sur cet art industriel qui se rapporte à tant de besoins, et dont l'Exposition nous montre en si grand nombre les produits les plus variés.

Je suivrai ici la même méthode que j'ai observée dans mes précédentes études, en procédant du connu à l'inconnu, et en donnant, autant que l'espace me le permettra, tous les détails nécessaires à l'explication des procédés et à la description des appareils les plus nouveaux. Ici aussi, comme en toute chose, il a fallu arriver à une production rapide et perfectionnée et marcher avec le fatal adage : *Time is money.*

HISTORIQUE

C'est *Aloïs Senefelder*, qui découvrit en 1798 l'art de la lithographie, et c'est en cherchant les moyens d'imprimer ses œuvres dramatiques sans payer les droits énormes que son peu de fortune ne lui permettait pas d'acquitter, et qui pesaient alors comme aujourd'hui sur l'emploi des presses typographiques, qu'il arriva, grâce à son esprit observateur et à sa persévérance, à ces merveilleux résultats dont l'ensemble constitua tout d'abord un art nouveau. Cet art devait en moins d'un siècle se répandre dans l'univers entier, et servir à son tour d'instrument docile à la civilisation moderne. C'est, comme on le dit de presque toutes les inventions, au hasard, que *Senefelder* dut sa découverte ; c'est là, une opinion généralement acceptée ; mais il faut avouer que si le hasard offrait ces mêmes occasions à des esprits ordinaires, il risquerait fort de les voir négligées. Depuis l'époque d'*Empédocle*, de *Démocrite*, d'*Alcméon* et d'*Aristote*, qui sont les plus anciens chercheurs dont l'histoire nous ait conservé le souvenir, je crois qu'il en a été toujours de même jusqu'à nos jours pour toutes les inventions humaines, et que c'est au génie investigateur dont Dieu a doué certaines de ses créatures, que nous devons ces admirables découvertes dont les unes soulagent notre corps dans ses labeurs, et dont les autres élèvent chaque jour d'un degré les tendances et les aspirations les plus sublimes de notre esprit, en lui ouvrant de plus vastes horizons. N'attribuons donc rien au hasard, car c'est la dépréciation de tout ce qui est noble et grand, et c'est singulièrement rabaisser cet esprit divin qui vivifie l'humanité entière, que d'en faire dépendre le développement progressif de nos plus nobles facultés, et les résultats admirables auxquels l'homme est parvenu dans les sciences, dans les arts et dans l'industrie.

Senefelder cherchait donc, dans sa pauvreté, à soustraire le travail qui propage la pensée à travers tous les âges, aux exigences de la loi qui régissait alors l'imprimerie ; il grava ses ouvrages à l'eau forte sur le cuivre, en réservant, au moyen d'une encre qu'il appela chimique, bien improprement il est vrai, les caractères qu'il traçait sur le métal ; il imagina aussi de stéréotyper sur le bois et la cire à cacheter ; puis enfin, il chercha à remplacer le cuivre par une pierre qu'il se souvenait avoir vue aux bords de l'Isère, et il inventa la gravure sur pierre pour les caractères de l'écriture et de la musique. C'est ici que l'on place l'anecdote suivante : on raconte qu'étant un jour fort occupé de son travail, il fut appelé par sa mère pour prendre note du linge qu'elle allait donner à sa blanchisseuse ; il prit, au lieu de papier, une pierre dont il se servait pour ses essais de gravure, et il écrivit avec son encre chimique la petite note demandée. Rien de plus simple jusqu'alors, et, la part du hasard une fois faite, la découverte risquait fort d'être anéantie et perdue à tout jamais. Mais, en revoyant ce qu'il avait ainsi écrit sur sa pierre, *Senefelder*, qui poursuivait partout la réalisation de sa pensée constante, *acidula* la partie écrite de sa pierre, pour essayer de produire le relief de ses caractères comme il l'obtenait sur ses planches de cuivre ; car, le relief produit, il ne s'agissait plus, se disait-il, que d'encrer et de procéder à l'impression.

En effet, son encre composée de cire, de savon et de noir de fumée, résista à l'action de l'acide, tandis qu'à côté de la trace qu'elle avait laissée sur la pierre, celle-ci n'étant pas préservée, se trouva attaquée parce qu'elle était calcaire, et en quelques minutes les lignes écrites se dégagèrent et acquirent un relief suffisant pour pouvoir être imprégnées d'encre.

C'est alors qu'il inventa un moyen d'encrer sa planche improvisée, en recouvrant d'un drap fin une petite planchette bien unie, et, en l'imbibant d'encre, il put en couvrir la surface de ses caractères sans en imprégner les interlignes ; c'est ainsi qu'il imprima sur une feuille de papier, et sans employer une pression aussi forte que pour l'impression en taille-douce, sa petite note de blanchisseuse.

Ce fut là le début de son invention, et il appliqua cette nouvelle méthode à l'impression de la musique, en fondant à Munich, en 1796, une imprimerie avec *Gleissner*, musicien à la cour de Munich.

Senefelder continua ses recherches, et il put enfin en 1798 établir les règles de la lithographie proprement dite, et ce qu'il y a de plus merveilleux dans l'exposé de son système, c'est qu'il y prévoit presque tous les cas qui peuvent se présenter dans son application, et qu'il prépare la solution de la plupart des difficultés que l'art et l'industrie ont surmontées jusqu'à ce jour.

La description de ces procédés plus ou moins modifiés trouvera sa place plus loin dans cette étude.

Senefelder forma plusieurs élèves qui répandirent la connaissance de l'art de la lithographie en France, à Vienne en Autriche, à Rome et à Londres. En 1800, ce fut un jeune étudiant de Strasbourg, *Niedermeyer*, qui essaya de l'introduire en France. Deux ans après, *André d'Offenbach*, qui s'était associé avec *Senefelder* pour l'importation de ses procédés dans toutes les contrées de l'Europe, se rendit à Paris dans ce but; mais, après cinq ans d'essais, les résultats qu'il obtint étaient incomplets, et les *épreuves* qu'il put présenter, si défectueuses, qu'il quitta la France et qu'il vendit ses procédés à quelques artistes français qui ne surent pas en tirer un meilleur parti que lui-même. Mais l'éveil était donné, quelques esprits d'élite s'étaient épris en France de l'étude de cet art nouveau, qui leur semblait appelé à une brillante destinée, et c'est dans les rangs de l'armée française en Allemagne que nous les rencontrerons en premier lieu.

C'est à l'époque de l'occupation de Munich par l'armée française que le général *Lejeune*, M. *Denon* et M. *Lomet* s'occupèrent de cet art qui avait tant de peine à s'introduire dans notre pays. M. *Lomet*, après s'être fait initier à tous les secrets de *Senefelder*, voulait communiquer sa science nouvelle à quelqu'un qui aurait pu l'exploiter en France. Mais ses recherches à ce sujet furent vaines, et il dut partir pour l'armée d'Espagne, après avoir déposé au Conservatoire des arts et métiers une pierre dessinée, qui avait déjà servi au tirage de plusieurs milliers d'exemplaires. Cette pierre fut plus tard réunie à la collection du Jardin des Plantes, par M. *Lomet* lui-même, surpris non sans raison de l'abandon dans lequel on avait laissé cette preuve convaincante de la vitalité d'un art nouveau dont il avait compris l'importance future. Mais, à cette époque si glorieuse sous d'autres rapports, on ne favorisait pas beaucoup les industries qui avaient rapport à la publicité, et dix ans après l'insuccès de M. *Lomet*, en 1810, M. *Manlich*, artiste allemand, qui s'était acquis une réputation légitime dans son propre pays, n'obtint pas du gouvernement impérial l'autorisation d'établir une imprimerie lithographique à Paris, et ce ne fut qu'en 1815 que les premiers dessins sur pierre furent imprimés en France.

C'est à l'Alsace qu'appartient la gloire de cette introduction de la lithographie dans notre pays, et M. *de Lasteyrie* reconnaît lui-même dans un rapport qu'il fit à la Société d'encouragement, le 20 décembre 1815, que M. *Engelmann*, de Mulhouse, avait déjà imprimé plusieurs dessins lithographiques avant qu'il eût pu lui-même établir une imprimerie à Paris. Outre cette déclaration faite spontanément, le comte *Chaptal*, alors président de la Société d'encouragement, écrivit à M. *Godefroy Engelmann* pour le féliciter d'avoir obtenu le premier en France des dessins lithographiques de quelque valeur, et il fut aussi reconnu, dans un rapport émané en 1816 de l'Académie des Beaux-Arts de l'Institut de France, que M. *Godefroy Engelmann* avait créé le premier un établissement lithographique en France.

M. le comte *de Lasteyrie* doit néanmoins passer pour un des plus ardents propagateurs de cet art dans notre pays, et c'est déjà en 1812 et en 1814 qu'il s'était rendu à Munich pour y étudier l'invention de *Senefelder*. Il se livra à une étude sérieuse de cet art, s'astreignit aux travaux d'un simple ouvrier pour parvenir à en connaître toutes les difficultés, et, après plusieurs mois de recherches constantes et souvent pénibles, il revint en France et fonda vers la fin de l'année 1815 un établissement modèle à Paris. Ce fut autour de ses presses que se réunissaient nos plus célèbres artistes, tels que les *Vernet, Bourgeois, Isabey, Villeneuve, Michalon*, etc.

M. *de Lasteyrie* fut nommé, en récompense de ses services, lithographe du roi et du duc d'Angoulême. Ce titre honorait celui qui le donnait tout autant que celui qui le recevait, et c'était en même temps un hommage rendu à une puissance civilisatrice nouvelle, qui s'ajoutait à celle de l'imprimerie en réunissant tout ce que l'art du dessin et de la peinture renferme de grâce et de charme, à ce que l'impression typographique renferme de forces fécondantes.

On peut donc dire que M. *de Lasteyrie* fut avec *Godefroy Engelmann* le plus actif propagateur de la lithographie en France, mais c'est à ce dernier que nous devons la plupart des améliorations que subit cet art et les inventions les plus ingénieuses auxquelles il donna lieu.

C'est ainsi qu'en 1819, cet habile imprimeur inventa *le Lavis lithographique*, et qu'il parvint, en 1821, à *transporter* sur pierre les épreuves gravées sur cuivre. En 1856, il inventa la *Chromo-Lithographie*, c'est-à-dire l'art d'imprimer en couleurs les dessins que l'on n'avait pu qu'imprimer en noir jusqu'alors. C'est à cette admirable invention que nous devons une foule d'applications artistiques et industrielles, telles que les imitations de vitraux d'église, les vignettes et les étiquettes de luxe, les imitations de peintures, etc. Et c'est avec justice que nous pouvons dire que, si la lithographie est née en Allemagne, c'est au génie français que l'on doit attribuer les plus grandes innovations qui s'y sont produites, les améliorations les plus importantes qui s'introduisirent dans le travail mécanique et dans la construction des appareils et des machines lithographiques. Si cet art admirable a mis près de vingt ans à pénétrer en France, il y a grandi rapidement en acquérant un développement et une importance des plus considérables.

Nous devons encore à *G. Engelmann* le meilleur traité pratique et théorique de la lithographie. Il le publia en 1838, conjointement avec M. *Achille Penot* (docteur ès sciences), et cet ouvrage est resté le plus complet de tous ceux qui aient paru jusqu'à ce jour. Avant cette époque, il avait été publié d'autres ouvrages sur la matière, entre autres un mémoire de M. *Baucourt*, ancien élève de l'École polytechnique, dans lequel il donne des renseignements fort utiles, qui prouvent à quel degré de perfectionnement la lithographie était déjà arrivée en 1819, vingt ans à peine après l'époque de sa découverte.

C'est la même année que parut le traité pratique de *Senefelder*, dont j'ai parlé précédemment et qui contient tous les procédés qui sont de son invention et l'énoncé le plus complet des principes chimiques et physiques, qui formaient la base de ses travaux. M. *Houbloup* fit aussi paraître, en 1825, une petite brochure sur la lithographie, dans laquelle il explique les différentes phases du travail lithographique, et c'est à peu près à la même époque que *R. L. Bregeaut*, lithographe breveté du Dauphin, publia son manuel théorique et pratique du dessinateur et de l'imprimeur lithographe. M. *de Lasteyrie* publia plusieurs rapports intéressants sur la lithographie, et depuis lors il ne parut plus de travaux importants sur cet art, si ce n'est dans quelques journaux périodiques ou dans des ouvrages qui y ont trait d'une manière indirecte, comme dans le *Traité pratique de l'impression des tissus* de D. *Kaeppelin*, où la lithographie est examinée au point de vue de son application à cette grande et belle industrie. J'ai pu aussi examiner au palais de l'Exposition le grand travail de MM. *Pilotz* et *Loehle*, qui est l'ouvrage le plus complet qui ait paru jusqu'à ce jour sur l'histoire de la lithographie. Le temps m'a manqué pour en faire la lecture entière, mais le grand nombre de matières qu'il renferme, en fait un livre précieux pour l'histoire du travail. La lithographie fut bientôt soumise à une épreuve redoutable dans sa lutte avec une des plus belles découvertes modernes. La photographie lui fit une concurrence formidable, et la menaça dans toutes ses productions. Mais quelques esprits inventifs découvrirent dans l'arsenal même de cette nouvelle arrivée, des armes pour la combattre, et en l'année 1858, MM. *Lemercier*, *Lerebours* et *Bareswill* firent connaître le procédé de photographie sur pierre lithographique, qu'ils avaient découvert au mois de juin 1852. Ce procédé consiste essentiellement à recouvrir la pierre d'un vernis impressionnable au bitume de Judée, à y faire paraître l'image que l'on voulait reproduire par l'action de la lumière, à travers un négatif sur verre ou sur papier, à dissoudre le vernis impressionné dans de l'éther sulfurique, puis à traiter l'image comme un dessin lithographique ordinaire.

C'est au fond le procédé de gravure héliographique que *Niepce* avait décrit précédemment. Un autre procédé que j'ai expérimenté moi-même, et qui m'a donné d'excellents résultats, consiste à enduire la pierre d'une dissolution de gomme arabique, à laquelle on a ajouté un peu de bichromate de potasse, de la gélatine et du miel, ou du sirop de sucre. Aussitôt que la couche gommeuse est sèche, on l'expose à l'action de la lumière, à travers le cliché que l'on veut reproduire. Il faut que cette action soit produite par les rayons directs du soleil, et qu'elle ait une durée de quelques minutes. On lave ensuite la pierre avec de l'eau savonneuse, puis on encre légèrement, on acidule, on encre de nouveau et on imprime. Le sel de chrome est décomposé par la lumière partout où elle a pu pénétrer sur la pierre à travers les parties claires du cliché, et il est rendu insoluble, — tandis que partout où les traits du dessin ont empêché la lumière de pénétrer, le sel de chrome n'a pas été décomposé, et quand on lave la pierre avec de l'eau savonneuse, cette dernière se sépare, en sa présence, de sa partie grasse qui se fixe dans la pierre, tandis qu'elle est sans effet sur les parties blanches, où le sel de chrome décomposé par la lumière ne peut plus agir sur elle. Les places qui ont ainsi absorbé la partie grasse du savon sont seules propres à prendre l'encre lithographique.

Ces procédés se sont multipliés depuis, et on est arrivé aujourd'hui à des résultats satisfaisants; mais cependant cette nouvelle industrie, à laquelle on a donné le nom de *Photo-Lithographie*, n'a pas eu dès son origine le succès auquel on devait s'attendre, et les quelques photographes qui s'en sont occupés les premiers à Paris, n'ont point trouvé dans son exploitation une rémunération suffisante de leurs travaux. Depuis lors, la photo-lithographie a trouvé une application sérieuse dans la reproduction des vieilles gravures, qui a toujours beaucoup préoccupé les hommes spéciaux. Le report sur pierre des épreuves fraîches imprimées en taille-douce a aussi été l'objet de sérieuses recherches. C'est à M. E. *Kaeppelin* que l'on doit les premiers beaux travaux exécutés en ce genre, et les services qu'il a rendus au ministère de la guerre, en opérant le transport sur pierre des cartes des départements que les officiers du génie militaire avaient tracées, furent d'une grande importance. Le général *Pelet* faisait grand cas de la direction intelligente que cet imprimeur avait donnée à ses travaux, et il tenait M. *Kaeppelin* en haute estime. Quant à la reproduction des vieilles gravures, des anciennes cartes, il était parvenu à livrer des épreuves d'une grande beauté, quand la maladie vint, après une vie consacrée tout entière à son art, l'enlever à ses nombreux et intéressants travaux. J'ai pu, pendant le temps que j'étais son associé, contribuer pour ma part à quelques perfectionnements dans cette partie si intéressante du travail lithographique, l'aider dans ses recherches, et m'instruire moi-même dans son art au contact de sa vieille expérience.

La lithographie, non contente de s'approprier tout ce qui, dans la gravure sur cuivre et la photographie, lui parut assimilable à la nature de ses travaux, prête aussi depuis quelques années son concours à la typographie pour le clichage des cartes qui doivent être imprimées à des centaines de mille épreuves, en même temps que les caractères du texte. Ce procédé doit son nom à *Gillot*, qui en est l'inventeur. Il consiste en un report d'une planche lithographiée sur une plaque de métal pour cliché ; le report opéré, on acidule la planche et on l'encre avec une encre résineuse. On fait ensuite mordre à l'acide, puis on lave après quelques minutes, on sèche bien la planche et on encre de nouveau en chauffant légèrement la planche. L'encre résineuse coule le long des figures tracées par le premier encrage et le premier acidulage, et elle forme ainsi une espèce de base pyramidale encore microscopique à cette espèce de taille en relief. On répète cette opération jusqu'à ce que le relief soit suffisant pour achever le travail de la manière suivante. On recouvre les parties ainsi bien mises en relief d'un vernis, on attaque la planche métallique au moyen d'une eau acidulée avec de l'acide nitrique à 10° ou 12° B. ; quand on veut avoir des parties bien dégarnies, bien creusées, on les enlève à la gouge ; on peut ensuite, quand l'épreuve lithographique a été ainsi transformée en planche gravée en relief, l'imprimer au moyen de la presse typographique, et par conséquent à des prix modiques. Il est évident que ce genre d'impression n'est pas comparable, pour la délicatesse et le fini du travail, à l'impression de la planche lithographique primitive ; mais le but qu'on se proposait, celui de produire rapidement et à bas prix, se trouve atteint par le procédé que je viens de décrire.

Quand on encre la planche du cliché, recouvert de son dessin transporté, avec une dissolution de caoutchouc dans l'essence de térébenthine, on voit la dissolution se concentrer le long des traits déjà tracés, et former un relief sensible. On peut alors aciduler cette planche et faire mordre la taille autant que l'on veut, sans crainte d'entamer les parties mises en relief. J'ai souvent des reports semblables à faire dans mes ateliers, et ce procédé est aussi le plus généralement employé pour les cartes, les plans ou tracés que l'on veut imprimer dans les journaux ou dans les ouvrages qui sont tirés à un grand nombre d'exemplaires. La gravure en chromo-lithographie a aussi fait quelques progrès, et, grâce au système de gravure de MM. *Avril* frères, nous pouvons imprimer aujourd'hui les beaux plans en couleur de Paris souterrain, et ceux de Paris en démolition que l'administration de la ville leur fait exécuter, avec un très-petit nombre de pierres. Ces graveurs produisent sur la même pierre, et pour les différentes gradations d'une même teinte, des hachures plus ou moins serrées ou plus ou moins profondes, et les tons différents d'une même couleur se produisant à l'impression et venant, selon les besoins du plan, se combiner avec les tons différents d'une autre couleur, on comprendra que l'on arrive à une grande multiplicité de teintes, avec une, deux ou trois pierres, au lieu de dix ou douze qui seraient nécessaires pour produire les mêmes effets. J'ai pu reconnaître moi-même la supériorité et l'économie ainsi apportées dans le travail, en faisant imprimer journellement dans mes ateliers (maison *Grandjean* et compagnie, à Paris) non-seulement les plans de Paris, mais encore toutes les cartes et plans d'archéologie et de géologie que ces habiles graveurs exécutent pour plusieurs sociétés savantes de Paris. C'est ainsi qu'a été exécutée la belle carte géologique du bassin de la Seine tracée par la main savante de mon ami *E. Collomb*, dont j'ai déjà fait connaître les travaux d'un autre genre dans ma précédente étude sur l'exposition des toiles peintes. Cette carte, qui est exposée dans la classe 13 de la galerie 2, donnera au lecteur une juste idée du talent de notre savant géologue et de la manière dont son travail a été rendu par les graveurs que je viens de nommer. D'autres cartes exposées par ceux-ci dans la même classe prouveront mieux que ce que je puis dire ici, l'économie très-grande qu'ils ont su apporter à l'exécution de ces travaux d'un aspect si compliqué.

La chromo-lithographie est surtout représentée à l'Exposition par les *Engelmann, Lemercier, Hongard-Maugé, Dupuy, Jaconnet,* etc., et je reviendrai sur leurs travaux en temps et lieu ; je dirai seulement que, sous le rapport vraiment artistique, les progrès réalisés en France, quoique réels, sont lents et que nous avons encore bien des efforts à faire pour arriver à la perfection du genre.

Les Anglais nous devancent dans les reproductions d'aquarelles par les procédés de la chromo-lithographie, et les Allemands sont devenus nos égaux pour les imitations des peintures de genre. J'ajouterai cependant que j'ai rarement trouvé dans ces dernières une exécution qui ne laisse pas percer encore le travail purement industriel ; on n'y sent pas assez la main de l'artiste véritable. Si nous quittons ces produits artistiques pour entrer dans le domaine de l'industrie proprement dite, nous sommes ramenés aux perfectionnements introduits dans la construction des presses, au moyen desquels on est arrivé aussi à produire, avec la rapidité que notre époque exige, les travaux qui ont rapport à tout ce qui touche aux œuvres industrielles. Le remplacement de la main de l'homme, comme force motrice, par la vapeur, est aujourd'hui un fait acquis, et les belles presses mécaniques que nous pouvons voir fonctionner dans la galerie des machines, laisseront dans notre souvenir les noms des *Voirin, Marinoni, Th. Dupuy, Alfred Maulde* et *Vibart, Hummel* de *Berlin*, et de tous ces constructeurs dont l'esprit inventif cherche à simplifier et à faciliter chaque jour davantage le travail de la presse lithographique. Ce travail, dans son principe, exigeait de l'ouvrier non-seulement un esprit observateur, un sentiment réel des arts, mais encore une force musculaire qui lui manquait souvent. Nous ne sommes plus, heureusement, au temps où la force brutale maîtrisait le monde, et le travail de la presse surtout méritait plus que tout autre de s'en rendre indépendant.

DÉFINITION ET EXPLICATION DU TRAVAIL
LITHOGRAPHIQUE.

La lithographie est, comme son nom l'indique, l'art de dessiner sur la pierre des figures et des caractères que l'on peut reproduire, au moyen de l'impression, sur du papier ou des tissus. Cet art, primitivement inventé dans le but de remplacer l'imprimerie dans quelques-unes de ses applications, a, depuis son origine, étendu considérablement son domaine, et, comme je l'ai indiqué dans l'historique que j'en ai tracé, il a acquis une importance des plus grandes dans l'industrie et dans les beaux-arts.

Examinons d'abord le principe sur lequel il est fondé. Nous voyons que *Senefelder* s'est servi de pierres calcaires pour ses premiers essais de gravure, et que c'est à cette circonstance qu'il a dû sa découverte. Les pierres calcaires, c'est-à-dire composées plus essentiellement de carbonate de chaux, et qui sont cependant douées d'une force de cohésion assez grande pour résister à la pression à laquelle elles doivent être soumises, sont toutes propres à la lithographie. Ces pierres, en effet, sont susceptibles d'absorber les corps gras, d'être dissoutes dans les acides, et d'absorber l'eau, trois conditions nécessaires à la réussite des différentes opérations qui constituent la lithographie.

Les pierres qui possèdent au plus haut degré les qualités requises ont d'abord été retirées de la carrière de Solenhofen, près de Pappenheim, en Bavière. Les pierres de même nature que l'on retire des carrières françaises leur sont peut-être inférieures pour certains travaux, mais elles ont néanmoins trouvé un emploi considérable dans les ouvrages purement industriels, et dans ceux où la gravure est nécessaire. C'est à la maison *Touzé*, de Paris, que l'on doit l'exploitation de ces carrières, dont l'existence avait été précédemment signalée par MM. *Brégeaut* et *Julia de Fontenelle*, préoccupés tous deux de la pensée qu'ils avaient de trouver dans notre pays toutes les ressources nécessaires au développement de l'art nouveau que le premier avait déjà illustré par de nombreux travaux. La France a été en effet longtemps tributaire de l'Allemagne (Bavière) pour la production des pierres lithographiques, et il existe même encore aujourd'hui des imprimeurs, des graveurs ou des dessinateurs sur pierre qui croient à la supériorité constante des pierres de Munich sur les pierres françaises. C'est cependant une erreur, car des pierres calcaires tout à fait identiques se trouvent en France, et il y a plus de trente ans que l'on exploite des carrières semblables dans l'Indre à Châteauroux, et à Avèze dans le Gard. Cette dernière carrière, la plus importante sans contredit, est exploitée par MM. Deplay, Jullien et Cie, successeurs de M. Touzé. On y rencontre des couches calcaires d'une grande épaisseur et parfaitement horizontales, et la grandeur des pierres qu'on en retire dépasse celle des pierres provenant de toutes les autres carrières d'Allemagne et de France. C'est ainsi que MM. Deplay et Jullien ont pu faire dessiner sur des pierres de 2 mètres 35 centimètres de hauteur de 1 mètre 35 centimètres de largeur les portraits en pied de l'empereur Napoléon III et de la reine Victoria. Ces portraits imprimés au moyen d'immenses presses, ont été exposés aux Expositions de Londres et de Paris. Les pierres les plus grandes de Munich ont à peine 1 mètre 20 centimètres de haut sur 90 centimètres de large, ce qui constitue une infériorité marquée, quand on les compare à celles qui sortent des carrières d'Avèze. Les pierres sont retirées de la carrière par l'opération du *délitage*, ou séparation par couches ou lits parfaitement planes et parallèles; 10 ouvriers carriers, 15 tailleurs de pierre et 30 polisseurs sont aujourd'hui employés au travail des carrières d'Avèze et extraient pour près de 100,000 francs de pierres par an. Cette production, primitivement de 50,000, a doublé en 10 ans et sa valeur est à peu près égale à celle des importations des pierres de Bavière. Ce qui prouve que l'industrie les apprécie chaque jour davantage.

Après le délitage des pierres, on procède à leur dressage, car quelle que soit la régularité des lits, il existe des éclats et des rugosités dans les pierres, et il est nécessaire de les faire disparaître. Il faut aussi couper les pierres par grandeurs égales, en abattre les angles et arrondir les coins qui en rendraient le maniement difficile à l'imprimeur; on opère ce dressage à la lime et à la scie. La surface des pierres, quelle que soit leur origine, doit être bien aplanie avant qu'elles soient mises entre les mains du dessinateur. Cette opération se fait en frottant deux pierres d'une même grandeur l'une contre l'autre et en leur donnant un mouvement de va-et-vient bien régulier, et après avoir préalablement placé entre elles du sable de grès mélangé avec un peu d'eau. Quand les pierres sont parfaitement planes, on leur donne un grain plus ou moins fort, selon la nature des dessins que l'on doit y tracer en recommençant l'opération dont je viens de parler, mais cette fois avec un sable plus fin, bien tamisé et mêlé avec de l'eau. On polit aussi les pierres au moyen de la pierre ponce, quand cela est nécessaire, comme pour la gravure par exemple.

La pierre ainsi *grainée*, l'artiste y dessine les objets qu'il veut reproduire, au moyen d'un crayon composé essentiellement de savon, de cire, de suif, de gomme laque qui lui donne de la dureté et de la *résistance*, et de noir de fumée qui le colore. On se sert aussi quelquefois de pinceaux et d'une encre d'une composition semblable à celle des crayons, et qu'on emploie après l'avoir broyée avec de l'eau.

Le dessin, une fois tracé sur la pierre, a besoin d'y être fixé pour pouvoir reparaître à l'encrage. Cette opération du fixage se fait de la manière suivante : on prend de l'acide nitrique que l'on étend d'eau jusqu'à ce qu'il marque 5° à 6° à l'aréomètre de Baumé, on y ajoute de l'eau gommée jusqu'à ce que le mélange marque 12° B. et on étend le mélange au moyen d'un pinceau sur la pierre dessinée. On se sert quelquefois d'eau acidulée sans mélange d'eau gommée, quand le travail du dessin exige une préparation plus énergique.

Partout où l'acide rencontre les parties non dessinées de la pierre, il y a décomposition du carbonate calcaire, dégagement de l'acide carbonique, et formation d'un nitrate de chaux soluble. La partie intérieure de la pierre est ainsi mise à nu et, par suite de cette désagrégation, elle est devenue plus sensible à l'action de l'eau, c'est-à-dire plus hygrométrique, ses pores étant plus ouverts, et sa surface moins polie. Partout au contraire où la composition acide a rencontré les parties dessinées, la pierre est restée insensible à son action, car la matière grasse du crayon ou de l'encre lithographique combinée avec elle l'a préservée de toute décomposition, et le savon lui-même qui entre dans leur formation pouvant être décomposé par le contact de l'acide, son alcali se combine avec ce dernier, et sa partie grasse rendue libre reste fixée dans la pierre, et rendra celle-ci plus susceptible encore d'absorber plus tard l'encre lithographique. L'effet de l'acidulation aura donc été double : décomposition partielle des parties non dessinées de la pierre, et par suite augmentation de leurs propriétés hygrométriques ; fixation dans la pierre d'une plus grande quantité de matières grasses, par la décomposition du savon qui fait partie du crayon ou de l'encre lithographique. La gomme que l'on mêle à l'acide sert à modérer, et à diriger plus facilement son action, quand on a des dessins d'un travail délicat à fixer, et elle forme même avec le sel calcaire un composé gommeux dont il reste des traces dans la pierre et qui n'est pas inutile à une bonne impression.

Aussitôt que l'on reconnaît que l'effet produit par l'acide est suffisant, on regomme la pierre au moyen d'eau gommée pure, c'est-à-dire sans addition d'acide. On laisse sécher la couche gommeuse, et douze heures après on l'enlève avec soin en lavant la pierre avec de l'eau pure. On enlève aussi la trace du dessin avec de l'essence de térébenthine, et la pierre présente alors l'aspect suivant : les parties dessinées y ont laissé une trace presque invisible, ou plutôt une empreinte grasse qui s'emparera facilement de l'encre lithographique d'impression, et repoussera l'eau dont on imbibera la pierre avant de l'encrer ; les parties non dessinées, et par conséquent attaquées par l'acide seront au contraire avides d'humidité, et une fois qu'elles en seront saturées, elles repousseront l'encre d'impression et conserveront leur couleur naturelle, et le dessin ressortira en noir, tel que l'artiste l'a composé. L'encre ou vernis lithographique qui sert à encrer les pierres dessinées, se compose d'huile de lin dégraissée et bouillie jusqu'à ce qu'elle atteigne la consistance d'un sirop ; on broie ce vernis avec du noir de fumée ou toute autre matière colorante, selon la couleur que l'on veut donner à son impression. On se sert d'essence de térébenthine pour éclaircir le vernis quand il est trop épais.

Voyons maintenant comment on procède à l'impression et de quelle manière s'opère ce travail. Je prendrai, pour exemple, une presse sortie des ateliers de MM. *E. Brissot* et compagnie, qui est exposée au palais de l'Exposition, et qui est représentée par la figure de la page suivante.

A représente une espèce de parquet sur lequel on dispose la pierre après la préparation qu'on lui a fait subir, comme je viens de le dire, et auquel on a donné le nom de chariot.

B est une charnière qui réunit le châssis CC DD au chariot et qui sert à l'élever plus ou moins selon l'épaisseur de la pierre.

CCDD est le châssis qui s'abat sur la pierre et qui doit être garni d'une peau de veau bien travaillée d'une épaisseur égale dans toutes ses parties, et que l'on peut tendre au moyen de vis et d'écrous qui sont à sa partie supérieure.

D, D sont les vis qui servent à hausser ou à baisser le châssis quand il recouvre la pierre, et à la mettre en rapport avec la charnière B.

E est le râteau qui est ajusté en double biseau et qui s'emboîte dans le porte-râteau FF.

G est une vis régulatrice qui sert à élever ou abaisser le porte-râteau suivant l'épaisseur des pierres.

H est le collier qui sert à retenir en place le porte-râteau après qu'il a été abaissé sur la pierre.

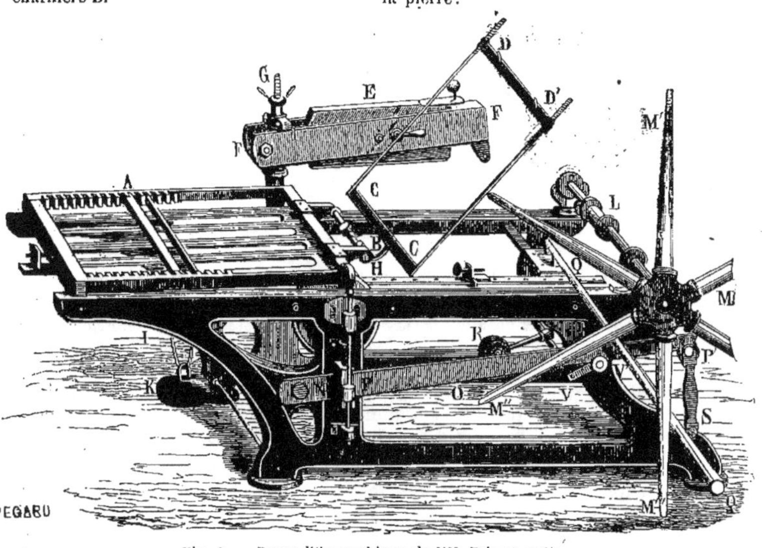

Fig. 1. — Presse lithographique de MM. Brissot et Cⁱᵉ.

I représente les cordes qui soutiennent le contre-poids K qui fait revenir le chariot à son point de départ.

L représente l'arbre que fait tourner le moulinet M, et autour duquel s'enroule une sangle fixée au chariot, et qui le fait avancer sous le râteau, à mesure que se produit l'enroulement.

M est le moulinet que l'ouvrier fait tourner au moyen des branches M, M′, M″, M‴. Ce mouvement de rotation se communique à l'axe L, et par suite au chariot.

N, boulon qui fixe l'extrémité de la barre de pression, tout en lui laissant le jeu nécessaire pour suivre le mouvement qui lui est imprimé par la barre de pression Q, Q′.

P est le point d'attache de la barre de pression au système de tige et de vis, qui se rattache à l'extrémité H du porte-râteau, et lui communique la pression voulue. On peut augmenter ou diminuer cette pression en diminuant la longueur du système.

Q, Q′ représente la pédale qui tient aux patins de la presse par un boulon garni de son écrou. En abaissant cette pédale et en la

maintenant avec son pied pendant qu'il tire à lui les branches de son moulinet, l'ouvrier abaisse en S la barre de pression, qui communique son mouvement de haut en bas, en P, au porte-râteau, fixé au sommet de la tige en H. Plus il y aura de différence entre les longueurs des deux bras de levier NP, et PP′, moins l'ouvrier emploiera d'efforts pour donner une plus forte pression.

R est un contre-poids qui sert à faire remonter la barre de pression, au moyen de l'axe auquel il est fixé, et qui fait mouvoir le petit levier VV′, dont l'extrémité V′ soulève la barre.

La pierre placée en A sur le chariot est bien calée de manière à ne pas pouvoir être déplacée par le travail; puis l'ouvrier l'humecte au moyen d'une éponge imbibée d'eau, et il procède à l'encrage au moyen d'un rouleau en bois (fig. 2), qui est recouvert d'une enveloppe de flanelle et d'un fourreau en peau de veau. Aux extrémités de ce rouleau R, R′ se trouvent deux poignées P, P′ en bois, bien arrondies et terminées en forme de cône; c'est à ces poignées que l'on adapte des gaines en cuir C, dans lesquelles elles peuvent tourner quand l'ouvrier leur imprime le mouvement horizontal sur la pierre LL', sur

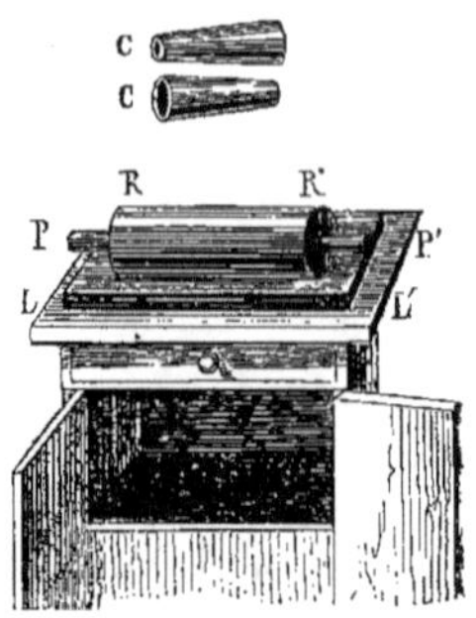

Fig. 2. — Encrage.

laquelle on a délayé de l'encre lithographique. Le rouleau RR' s'imbibe de cette encre, et quand l'ouvrier le fait rouler ensuite à la surface de la pierre lithographiée, les parties grasses de celle-ci, c'est-à-dire les parties dessinées, s'emparent de l'encre, tandis que celles qui sont sans dessin, repoussent l'encre, saturées comme elles le sont de l'eau dont on les imbibe à chaque encrage. Cela fait, et le dessin paraissant bien venu dans toutes ses parties, l'imprimeur place sa feuille de papier humide sur la pierre, abaisse son châssis, puis le porte-râteau qu'il fixe en H (*fig.* 1), et il tire sa manivelle ; la pierre avance sur son chariot, recouverte de son châssis sous le râteau E ; celui-ci glisse sur ce dernier et imprime la pression voulue au papier, qui, sous l'influence de cette pression très-considérable, s'empare de l'encre de la pierre, et se recouvre du dessin tracé sur celle-ci.

Le chariot revient à sa place au moyen du jeu du contre-poids R. Après que l'ouvrier a soulevé le porte-râteau, il soulève le châssis, il enlève sa feuille imprimée, il donne un coup d'éponge à la pierre, l'encre derechef, et il procède à l'impression d'une seconde feuille de papier ou épreuve.

CHROMO-LITHOGRAPHIE. — Le travail de l'imprimeur lithographe étant bien compris du lecteur, je vais lui expliquer en peu de mots en quoi consiste la belle invention de la chromo-lithographie découverte, comme je l'ai dit au commencement de mon étude, par *G. Engelmann* de Mulhouse.

Le dessinateur en chromo a besoin de plusieurs pierres pour exécuter son travail. Sur la première il dessine les contours de toutes les parties colorées de son dessin, sans les accentuer par aucune ombre. Cette première pierre est donnée à l'imprimeur qui en fera sur d'autres pierres, autant de décalques que l'artiste lui en aura demandé. Ces décalques se font simplement en plaçant une épreuve fraîche sur une pierre préparée avec soin, c'est-à-dire bien grainée, et placée préalablement sur le chariot de la presse ; le côté imprimé de l'épreuve touche la surface de la pierre ; l'imprimeur abat son châssis et son porte-râteau, et donne plusieurs coups de presse ; il enlève ensuite l'épreuve, et le dessin se trouve décalqué sur la pierre. On répète cette opération sur autant de pierres que l'artiste l'aura jugé nécessaire, et, quel que soit le travail qu'il aura à exécuter sur chacune d'elles, il sera sûr qu'il cadrera parfaitement avec celui des autres, quel qu'en soit le nombre, puisqu'un seul et même tracé a servi à former tous les décalques. Ceux-ci sont donc naturellement tous égaux entre eux.

Le dessinateur ou peintre en chromo dessine ensuite au moyen du crayon lithographique ou avec l'encre, selon que le travail l'exige, chaque couleur sur chacune des pierres qu'il a choisies ; il pourra composer ses couleurs mixtes en faisant retomber une couleur sur une autre, c'est-à-dire en dessinant sur une pierre la couleur dont l'impression, retombant sur l'impression d'une autre pierre, produira la nuance voulue. C'est ainsi qu'une impression en rose retombant sur une impression bleue, produira une teinte violette. Quand il aura achevé ce travail, qui demande des études spéciales et un grand talent, ses pierres seront reportées chez l'imprimeur qui leur fera subir les mêmes préparations que j'ai précédemment décrites, et qui les imprimera tour à tour sur la même feuille de papier, avec la couleur que l'artiste aura assignée à chaque pierre ; de sorte que chaque couleur devra, à l'impression, se retrouver à sa place, et que l'épreuve finale représentera le dessin colorié dans toutes ses parties, avec la plus scrupuleuse exactitude. Les couleurs d'impression pour la chromo se composent de vernis lithographique broyé avec du jaune de chrome, de la terre de Sienne, du bleu d'indigo, du bleu de Prusse, du bleu outremer, de la laque de garance, de la laque de cochenille, des couleurs d'aniline dissoutes dans l'alcool, etc., en un mot de toutes les couleurs susceptibles de se mêler intimement avec de l'huile de lin cuite, et de l'essence de térébenthine. La gamme en est donc très-étendue, et l'imprimeur en chromo n'est jamais embarrassé pour composer les tons les plus variés de son coloris. Le travail délicat du repérage qui se faisait primitivement au moyen de points de repère marqués sur la pierre et sur les épreuves, et que l'ouvrier faisait rapporter ensemble avec une épingle, a été facilité par l'invention de la machine à repérer de M. *Engelmann*. Ce petit appareil qui se fixe au-dessus de la pierre, a la disposition suivante :

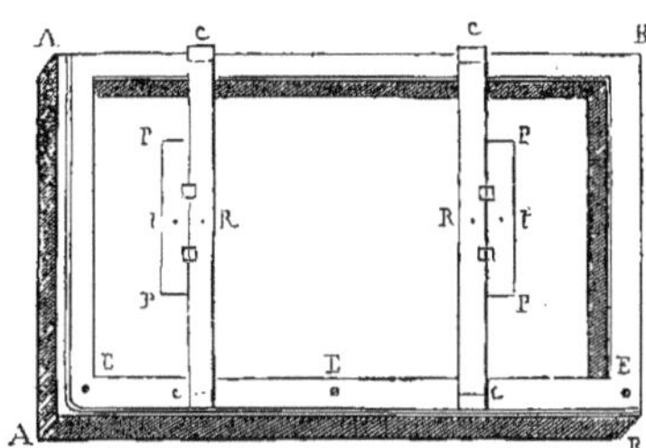

Fig. 3. — Machine à repérer.

AABB représente le cadre qui se fixe sur le chariot de la presse par-dessus la pierre lithographique. CC,CC sont les règles mobiles, glissant suivant AB, BA, et s'arrêtant aux points déterminés par la grandeur de la pierre elle-même, et par la place qu'elle occupe dans l'intérieur du cadre. R, R sont les pointures de repérage qui pénètrent dans le papier et le maintiennent constamment dans la même position, une fois qu'elles sont recouvertes par les platines PP, qui sont percées de trous *t, t*, aussi petits que possible, et dans lesquels viennent se placer les pointures.

Aux quatre coins du cadre se trouvent fixés des vis qui, quand on les tourne, poussent vers le haut, vers le bas, à gauche ou à droite, les cales en bois qui fixent la pierre, jusqu'à ce que celle-ci occupe la place nécessaire sous les pointures de repérage, c'est-à-dire jusqu'à ce que la couleur imprimée cadre parfaitement avec les couleurs précédentes. C'est donc au moyen de ces vis, que l'imprimeur qui les fait tourner au moyen d'une clef, trouve la place qui convient à sa pierre pour le repérage de son dessin.

Les points de repérage bien établis, le travail de l'imprimeur devient aussi simple que pour les impressions à une couleur. En effet, la première difficulté vaincue, qui consiste à trouver la position de la pierre convenable à un bon repérage, l'ouvrier soulève le cadre de son châssis à repérer, mouille la pierre, l'encre avec la couleur voulue, y place sa feuille, abaisse le cadre, les platines, puis le châssis et le porte-râteau, et il donne la pression comme d'habitude ; en procédant ainsi pour chaque nouvelle pierre, c'est-à-dire pour chaque nouvelle couleur, il peut imprimer autant de couleurs que l'exige le coloris du dessin à reproduire. C'est à cette disposition si simple que l'on doit de pouvoir exécuter les admirables impressions en chromo-lithographie que le visiteur peut admirer dans les galeries de l'Exposition.

Les impressions en bronze, argent, or, appartiennent aussi à la chromo-lithographie et se font avec la plus grande facilité de la manière suivante : on imprime un vernis dans lequel on a mêlé un peu de jaune de chrome ou de blanc d'argent, et à mesure qu'on l'imprime, on le recouvre soit d'une feuille d'or, soit de poudre d'or, d'argent ou de bronze, et quand les épreuves sont bien sèches, on les nettoie avec un peu de coton ou une brosse douce qui enlève toutes les parcelles d'or qui nuisent à la pureté de l'impression. Je ne parlerai ici que pour en faire mention, du travail du dessin sur la pierre à l'encre, au grattoir, au tampon ou lavis lithographique et à l'aqua-tinta, et j'arriverai immédiatement à la gravure sur pierre qui est si généralement employée aujourd'hui et dont l'exposition française nous montre de si magnifiques spécimens.

La chromo-lithographie a aussi trouvé une application nouvelle dans l'impression des foulards de soie, et c'est à la maison Dopter, déjà remarquable par ses travaux d'imagerie, que l'on doit ce genre d'impression, qui, en se mariant avec celui des impressions ordinaires, produit des effets d'une grande richesse, que l'on ne peut rendre par aucun autre moyen. Je l'ai introduite en Russie, et à l'époque où je dirigeais le grand établissement d'impression sur tissus que j'avais créé à Moscou, j'appliquai l'impression lithographique et chromo-lithographique à la fabrication des foulards riches. On procède à ce beau travail en tendant le tissu sur une feuille de papier avec lequel il fasse corps, de manière à ne pas déranger le raccord des différentes parties dessinées sur les pierres que l'on doit successivement imprimer. Après l'impression de ces couleurs, on fait sécher l'étoffe, puis on procède à l'impression des couleurs ordinaires que l'on fixe à la vapeur, comme je l'ai dit dans ma précédente étude. Ce genre d'impression a eu la vogue, mais aujourd'hui, il est peu appliqué à l'industrie des foulards imprimés. C'est surtout aux petits sujets légers que l'on ne peut rendre sur le tissu au moyen des impressions ordinaires, que l'on doit le réserver, car, dans les dessins chargés, il empâte trop le tissu, et lui enlève la légèreté et la souplesse qui lui sont conservées dans la fabrication ordinaire.

Gravure sur pierre. — Ce genre de gravure plus économique que la gravure sur acier ou sur cuivre, est généralement employé pour les cartes et les plans, et on s'en sert fréquemment dans les grandes administrations telles que celles du Dépôt des cartes des ministères de la guerre et de la marine, de la Ville de Paris, des chemins de fer, etc. On procède de la manière suivante à la gravure des cartes: on polit bien la pierre lithographique que l'on veut graver, on l'acidule de la même manière que je l'ai indiqué pour préparer une pierre dessinée, puis on applique à sa surface, au moyen d'une éponge fine, une dissolution de gomme arabique assez épaisse et colorée avec un peu de noir de fumée ou de sanguine. Quand ce vernis est bien sec, on décalque sur la pierre le plan ou la carte à graver, et on grave les parties décalquées au moyen du burin. La gravure se détache en blanc sur le fond du vernis gommeux. Quand la planche est entièrement gravée, on huile au moyen d'une petite éponge toutes les parties qui ont été mises à nu par le burin, on encre au rouleau, et quand la taille légère de la gravure est bien imbibée d'encre, on lave la presse pour la dégommer, on encre au rouleau et au chiffon, et on procède à l'impression comme pour les pierres dessinées.

Transport sur pierre d'épreuves imprimées au moyen de planches en cuivre ou en acier. — L'impression lithographique des gravures transportées a été surtout perfectionnée par *E. Kaeppelin*, qui lui a donné une grande importance par l'économie immense qu'elle a introduite dans le travail des cartes du Dépôt du ministère de la guerre. Les planches en cuivre sur lesquelles on avait opéré la gravure ne servaient plus qu'une fois pour ainsi dire, car au moyen du transport sur pierre, cet habile lithographe reproduisait les planches avec une pureté de traits si grande, qu'on ne pouvait presque pas distinguer un tirage sur pierre, d'un tirage direct sur la planche primitive.

L'opération si délicate du *report* sur pierre dépend surtout de la qualité de l'encre de report. Celle-ci doit conserver aux traits de la gravure toute leur finesse première, et c'est donc dans sa composition que résidait la grande difficulté à résoudre. — La composition suivante donne d'excellents résultats :

15	grammes de gomme	élémi.
15	—	styrax.
15	—	spermaceti.
125	—	suif épuré.
100	—	cire jaune.
15	—	savon animal.
15	—	térébenthine de Venise.

On chauffe le mélange des matières à 40° centigrades jusqu'à la parfaite liquéfaction et en l'agitant avec une spatule ; on le passe au tamis et on y ajoute 375 grammes d'encre d'imprimerie en chauffant légèrement pour bien opérer le mélange des matières.

On imprime au moyen de cette encre la planche métallique gravée en taille-douce, sur une feuille de papier de Chine collée à l'avance avec de l'empois d'amidon, comme le papier transpositeur. Après l'impression, on transporte la feuille sur une pierre lithographique placée sur la presse, et on opère le décalque en faisant passer une ou plusieurs fois le râteau sur le châssis. La pierre prend ainsi au papier de Chine l'empreinte de la gravure, on la laisse bien sécher, puis on la prépare à la gomme et on l'encre comme pour les dessins ordinaires. Le report de dessins au crayon peut aussi se faire de la même manière, mais les résultats obtenus jusqu'à ce jour sont très-incomplets, et les impressions produites par ce moyen sont toujours empâtées, lourdes, et sans finesse.

On a dû aussi se préoccuper du transport des vieilles épreuves de gravures sur la pierre lithographique, et c'est encore à E. Kaeppelin que l'on doit des essais nombreux dirigés vers ce but, et couronnés d'un succès qui, quoique complet, dépend de trop de circonstances pour qu'on puisse faire une application industrielle de son procédé. Cependant, en le modifiant, je suis arrivé à des résultats assez satisfaisants : on trempe l'épreuve dans un bain d'acide acétique, puis on la place sur une pierre, on la lave et on l'encolle à l'endroit avec une dissolution d'eau gommée à laquelle on ajoute un peu de sucre blanc et d'amidon. Cela fait, on encre l'épreuve elle-même avec de l'encre de report à laquelle on a mêlé un peu de potasse caustique, du vernis lithographique épais et de l'essence de lavande ; on étend cette encre sur l'épreuve avec soin, en la liquéfiant avec de l'essence de térébenthine quand cela devient nécessaire, et quand l'encrage est parfait on tamponne à la main pour enlever le trop-plein, on rince ensuite l'épreuve à grande eau en la plaçant sur une planche bien propre, puis on la fait sécher entre des feuilles de papier sans colle, jusqu'à ce qu'elle ait atteint le degré d'humidité voulue pour un bon décalque. Ce dernier se fait sur une presse poncée à sec et au moyen d'une seule pression ; on enlève l'épreuve, on laisse sécher la pierre pendant quelques heures, on la gomme et on l'encre avec un peu d'encre grasse, on l'acidule légèrement et on encre au rouleau comme d'habitude, pour procéder à l'impression d'épreuves nouvelles.

Autographie. — Les impressions autographiques se font au moyen du report de dessins autographiques faits directement par l'artiste sur du papier encollé, comme je l'ai dit pour les reports lithographiques. On se sert pour ce genre de dessins d'encre autographique composée de cire, de savon de suif, de suif, de mastic en larmes et de noir de fumée. Le transport sur pierre se fait, comme je l'ai indiqué précédemment, en plaçant la feuille dessinée sur la pierre ; on la mouille légèrement, on la recouvre de feuilles de papier à maculer, on abat le châssis, le porte-râteau, puis on donne deux ou trois pressions, on enlève ensuite le papier de la surface de la pierre en ayant soin de le mouiller légèrement pour faciliter le travail. On laisse ensuite sécher la pierre, on l'acidule et on l'encre. — On obtient de cette manière des dessins originaux tracés par la main d'artistes qui n'ont pas besoin de connaître le travail du dessin sur pierre. Les plans obtenus par le moyen de l'autographie se font parfaitement bien, et l'habileté de certains dessinateurs ou écrivains en autographie est devenue si grande à Paris, que le résultat du travail est peu éloigné de celui que l'on obtient au moyen de la gravure sur pierre. Il a sur ce dernier un avantage immense, pour tous les ouvrages d'un prix peu élevé, c'est qu'il coûte peu et qu'une planche dont la gravure reviendrait à 400 francs, par exemple, ne coûtera que 100 francs par le procédé autographique.

Zincographie. — Le zinc a été reconnu par E. Kaeppelin comme pouvant aussi se prêter aux mêmes exigences que la pierre de Munich au travail lithographique, et il a mis cette propriété à profit pour l'impression de grandes planches, qu'il exécutait par le moyen de transport sur des feuilles de zinc, et auxquelles il donnait toute la longueur voulue. Ces feuilles étaient préparées et encrées comme les pierres; elles passaient recouvertes des feuilles à imprimer, de leur papier à maculer, et du châssis sous un râteau presseur ou sous un cylindre tournant sur lui-même, et auquel on pouvait donner la pression voulue, soit au moyen d'une vis, soit au moyen d'un levier, comme pour la presse en taille-douce. Ce genre d'impression ne peut convenir qu'à des travaux communs et sans finesse, car le métal ne possède pas au même degré que la pierre les propriétés d'hygrométrie et d'affinité pour l'encre lithographique, qui sont nécessaires aux travaux lithographiques; les impressions s'épaississent après quelques épreuves, et les tirages perdent de leur qualité première.

Telles sont en résumé les plus importantes applications industrielles et artistiques de la lithographie. Le court examen que je viens d'en faire suffira pour faire comprendre au lecteur la variété immense de travaux de tous genres auxquels la lithographie a donné lieu, et, par suite, l'importance qu'elle a prise dans l'industrie et les arts. Je vais maintenant parcourir avec lui les différentes salles de l'exposition pour jeter un coup d'œil sur les différents produits de la lithographie et sur les machines ou presses lithographiques dont la construction méritera notre attention.

GROUPE II, CLASSES 6, 8.

SPÉCIMENS D'IMPRESSIONS LITHOGRAPHIQUES.

France.

Ce qui frappe les yeux du visiteur qui s'arrête devant les spécimens d'impressions lithographiques de la galerie française, c'est la beauté des impressions en noir, et le cachet tout artistique de leurs compositions. Le nombre de nos dessinateurs lithographes n'est peut-être pas très-grand, mais ils se distinguent par l'habileté avec laquelle ils manient leur crayon, et par l'immense parti qu'ils tirent des ressources que leur offre la lithographie. Leurs œuvres sont souvent comparables aux plus belles gravures, et leur crayon n'a rien à envier au plus habile burin. C'est ainsi, je puis le dire, que les noms des *Sirouy, Jacott, Mouilleron, Leroux, Ciceri, Fichot, Sabatier, Bayot, Soulange, Tessier, David, Regnier, Morlon,* et de tant d'autres qui ont reproduit sur pierre les œuvres de nos peintres les plus célèbres, ou qui ont composé eux-mêmes leurs dessins, resteront dans le souvenir de tous ceux qui s'occupent des choses de l'art, et qui retrouvent dans ces reproductions le style, je dirai même le coloris des maîtres. Le mérite de l'artiste ne doit pas faire oublier l'industriel et le simple imprimeur qui ont su conserver à son dessin la touche qui lui est propre. En effet, la pierre une fois dessinée est exposée à bien des accidents, et il suffit qu'une seule des opérations que j'ai décrites soit manquée pour que l'épreuve soit mauvaise. Aussi, quand c'est une œuvre d'art véritable, choisit-on le meilleur imprimeur de l'atelier, celui qui est le plus intelligent. Il saura donner avec son rouleau encreur plus de ton aux premiers plans, plus de douceur aux fonds; il comprendra l'intention de l'artiste, et s'identifiera avec lui. Ce n'est qu'en réunissant toutes ces qualités qu'il pourra exécuter avec succès le travail qui lui sera confié. M. *Lemercier* lui-même doit une partie de la réputation de sa maison à l'habileté de son frère qui a été comme lui-même un des premiers imprimeurs dont la main intelligente ait su conserver à ses épreuves toutes les qualités qui donnent de la valeur au dessin d'un artiste. De tels ouvriers ne sont plus aussi rares aujourd'hui; et, parmi les plus habiles, je me plais à citer, pour leur rendre pleine justice et reconnaître leur talent et leur intelligence, les noms des ouvriers imprimeurs en noir : *Langlois, Godard, Artus, Amster, Bance, Boisseau* et *Tamisier*; et de ceux en chromo: *Romette, Higelin, Gascart, Morel, Rey, Blanchard, Brioude* et *Fourneau*. Si nous nous arrêtons aux produits de la chromo-lithographie, je dirai que les procédés de cet art se sont vulgarisés, mais que les œuvres dignes d'être remarquées sont encore rares; cependant, parmi les artistes qui peuvent être rangés dans le nombre de nos plus habiles aquarellistes, je me plais à citer en première ligne, *Preziori* dont j'examinerai les charmantes productions en parlant de l'exposition de la maison *Lemercier*.

Il faut bien le reconnaître, la chromo-lithographie est surtout utile à la reproduction des travaux d'archéologie, et à la nouvelle industrie des imitations des anciennes peintures sur verre; à la fabrication des étiquettes de luxe, si fréquemment employées dans le commerce aujourd'hui; et enfin à la reproduction des peintures à l'aquarelle. Mais, quand elle s'attaque à la reproduction ou à l'imitation des tableaux peints à l'huile, elle ne peut s'élever à la hauteur d'un art véritable. Les difficultés matérielles que présente ce genre de travail sont trop grandes, les retouches presque impossibles, et il faut prévoir d'une façon trop positive le résultat des applications successives des teintes des diverses pierres que l'on doit imprimer, pour que de grands artistes s'astreignent à cette étude ingrate. J'approfondirai cette dernière question en résumant les observations que nous aurons faites à la vue des expositions étrangères et françaises.

Passons maintenant en revue les œuvres exposées par nos imprimeurs et nos éditeurs, et arrêtons-nous d'abord devant les impressions de la maison *Lemercier*.

Elle a tenu à maintenir son rang en exposant des épreuves d'une grande beauté de chromo-lithographies, d'autographies, et de lithographies au crayon. Le reproche que je ferai à cet imprimeur, comme à presque tous nos exposants, sera de ne pas avoir indiqué au bas de chaque épreuve le nom de l'artiste et celui de l'ouvrier imprimeur. Il serait juste d'accorder à chacun la part de mérite qui lui revient en une occasion si solennelle.

Sa grande épreuve photo-lithographique, produite au moyen du procédé Poitevin, est très-belle et d'une réussite parfaite.

Ses *Gavarnis* sont parfaitement exécutés en chromo d'aquarelle, et *ses épreuves en noir* des portraits de l'empereur ne laissent rien à désirer.

Ses planches de minerais, imprimées en chromo, sont très-bien faites, et font honneur à la peinture de M. Faguet et au talent de M. Regamey dans l'art de la chromo-lithographie. Mais ce qui frappe le plus dans l'exposition de la maison *Lemercier*, ce sont les quatre épreuves en chromo de *Preziori* où rien ne rappelle le travail industriel. Ce sont là de véritables aquarelles chaudes de ton, transparentes et légères de touche, et où l'artiste vit tout entier.

Le talent du dessinateur y est uni à celui du coloriste, qui a su observer le caractère des paysages de l'orient ; le ciel y est d'une profondeur lumineuse et chaude, et les détails qui abondent aux premiers plans sont parfaits d'exécution. On y sent peu le travail, je le répète, et ces planches semblent dues à un pinceau habile et non pas à l'impression successive de plusieurs pierres.

Ces marchandes d'oranges se détachent bien sur le ciel du désert ; j'en dirai autant des deux Arabes assis sur des ânes et traversant les sables de l'Égypte. Quant aux deux vues qui représentent des rues d'une ville d'Orient, elles sont aussi parfaitement exécutées : la vie y abonde, la foule y circule, et la palette dont s'est servi l'artiste, tout en étant fort sobre, n'en est pas moins riche de tons. L'ouvrier qui a imprimé ces quatre planches mérite aussi notre éloge, car il a bien compris le travail qui lui a été confié.

On peut encore remarquer quelques reports de dessins autographiés qui sont parfaitement réussis. En somme, l'exposition de la maison *Lemercier* est digne de l'ancienne réputation de son fondateur, mais elle doit surtout son éclat au talent des artistes qui lui confient l'impression de leurs pierres.

MM. A. Bry et fils ont exposé de très-belles épreuves sorties de leurs presses. L'*Enfer du Dante* (d'après Yvon), lithographié par *Jacott*, fait honneur au crayon de ce dernier qui s'est montré habile dessinateur, amoureux de la forme, sachant allier à une fermeté peu commune une légèreté de touche qui était nécessaire à la reproduction des tableaux du peintre.

Quatre sujets religieux (d'après Magaud), un Christ et la Vierge (d'après Ribeira), et l'*Adoration des Mages*, d'après Rubens, ainsi que la Vierge de Murillo, forment quatre belles lithographies dues au crayon de M. *Sirouy*. Le talent de cet artiste n'a pas été au-dessous de la tâche qu'il a entreprise, et il a su conserver dans ses reproductions les qualités qui font reconnaître les maîtres. Son crayon est large et lumineux, et l'expression des figures est parfaitement rendue.

Il a prouvé la facilité et la diversité de son talent en lithographiant aussi le tableau d'Aillaud, l'*Attaque de Sébastopol*.

MM. *Bry* ont aussi exposé une belle lithographie de *Raffet*, dessinée sur pierre par ce grand artiste.

L'impression de ces planches est très-soignée et fait honneur à leurs presses.

M. *Bertauts* a exposé : quelques lithographies de l'habile artiste *Mouilleron*, d'après les tableaux de *Decamp*, *Béranger* et *Guignet* ; des lithographies de *Leroux*, d'après les peintures de *Delacroix*, de *Decamp*, et de *Bodemer* ; quelques lithographies dues au crayon facile de *Nanteuil*, d'après les tableaux d'*Isabey* et de *Chaplin*, et une lithographie de notre grand paysagiste *Français*, qui a prouvé que le maniement du crayon ne lui était pas moins connu que celui du pinceau.

Becquet. Cet imprimeur a exposé quelques lithographies en couleurs : un sujet de chasse de *Regner*, à cinq couleurs, quelques planches d'anatomie à cinq et six couleurs, par *Lakerbauer* et *Duhène*, et une planche d'histoire naturelle, par *Mesnel*. La *Femme au perroquet*, lithographié par *Lasalle*, d'après *Courbet*, et quelques lithographies en noir.

Engelmann et Gaf. Cette maison, dont le fondateur a créé la chromo-lithographie et qui a importé la lithographie en France, a exposé plus particulièrement des impressions en chromo. Les sujets de sainteté pour livres de messe sont imprimés avec une grande pureté de tons ; ses imitations de vitraux d'église sont d'une exécution admirable, et leur bas prix relatif permet aujourd'hui à la plus modeste église de village d'avoir cet ornement qui n'était réservé autrefois qu'aux plus anciennes et aux plus riches cathédrales. Ce sont des impressions en chromolithographie, exécutées sur des papiers préparés *ad hoc,* et placés entre deux plaques de verre parfaitement parallèles entre elles, et avec lesquelles elles ne forment plus qu'un tout.

Hangard Maugé. La monographie de la cathédrale de Chartres, exécutée en chromo-lithographie et publiée sous les auspices du ministre de l'instruction publique, est l'œuvre capitale sortie des presses de cette maison. *La Cène* est aussi une belle planche bien réussie.

Bourgerie-Villette. Cette maison se fait remarquer par la variété de ses genres d'impressions en chromo, et parmi les artistes qui ont composé ses dessins, je citerai les noms de MM. *Baron, David de Noter, Duverger, Fortin, Thurwanger, César Dell'acqua* ; les jolis petits sujets qui sont dus à leur travail ne manquent pas d'un mérite réel ; les imitations d'aquarelle de César Dell'acqua ont de la transparence ; les fleurs et fruits de Couder sont bien exécutés et font honneur au talent de M. *Thurwanger.*

Testu et Massin. Lithographie artistique. Les *fac-simile* de peinture laissent, comme tous les *fac-simile* de cet art difficile, beaucoup à désirer sous le rapport de l'art véritable, mais sont bien exécutés au point de vue industriel.

Je citerai encore parmi les imprimeurs en chromo-lithographie qui livrent au commerce ces belles étiquettes de luxe, si généralement employées dans une foule d'industries : MM. *F. Appel, Bouisseron, Mayoux* et *Honoré, Baulard aîné, Badoureau, Omer, Henry, Reibel, Feindel* et *Nissou, Romain* et *Palezart, Duvergé, Dubois,* etc. Les expositions de ces imprimeurs sont faites avec tout le luxe que comporte ce genre d'impression.

J'ai remarqué les jolies petites imitations d'aquarelles exécutées sur les presses mécaniques de la maison *Dupuy,* et la légèreté de ces impressions, la transparence des tons sont la preuve de ce qu'on peut faire en ce genre avec le travail mécanique.

L'*Imprimerie impériale* a exposé de magnifiques cartes gravées et imprimées en chromo, entre autres un fragment de la carte géologique détaillée de la France, qui donne une juste idée de la beauté et de la grandeur de ce gigantesque travail ; une belle carte oro-hydrographique de la France ; une carte géologique de la Moselle, etc., toutes exécutées dans les ateliers impériaux. Cette exposition, quelle qu'en soit la beauté, ne fera cependant pas pâlir les belles cartes de MM. *Avril frères.* Ces habiles graveurs ont exposé un très-beau plan de Paris avec plusieurs spécimens de cartes géologiques imprimées en chromo, par M. *Grandjean* et par M. *Janson.* Ce dernier imprimeur a son exposition particulière où j'ai remarqué la belle carte géologique des environs de Paris de notre savant géologue *E. Collomb,* gravée pour la chromo par le procédé de MM. *Avril* que j'ai précédemment décrit.

M. *Erhard Schieble,* graveur habile, a exposé une belle carte de la Gaule, un plan de la ville d'Orléans en chromo, et un plan de Paris aussi en chromo.

M. *Kautz,* graveur sur pierre, a exposé un très-beau plan topographique des mines de Thèbes, un plan de la ville de Honfleur et de la nécropole de Memphis. La gravure de ces différentes cartes est très-soignée et ne laisse rien à désirer sous le rapport de la finesse du trait et de la sûreté de la main.

M. *Delamarre* a gravé une carte du Pérou, illustrée par *J. Férat,* qui est d'une bonne exécution. Ce graveur, quoique très-consciencieux, travaille à des prix modérés qui permettent d'appliquer la gravure à des plans qui ne peuvent supporter de grands frais et qui cependant ne seraient pas assez bien exécutés au moyen de l'autographie.

Je pourrais encore citer les noms de beaucoup d'artistes, de graveurs et d'imprimeurs qui mériteraient d'être dans les rangs des exposants, mais l'étude que je viens de faire des travaux lithographiques qui s'exécutent à Paris seulement, suffit pour faire apprécier par le lecteur l'importance que cet art industriel a prise dans notre pays ; si nous pouvions joindre à cet aperçu une revue des produits de nos presses départementales, nous en donnerions une mesure plus exacte encore, mais je ne pourrais citer que les noms de quelques maisons qui aient envoyé au Palais de l'Industrie, des spécimens de leurs produits. C'est ainsi que M. *Silbermann*, de Strasbourg, a exposé de très-belles impressions en chromo (typographiques et lithographiques), qui prouvent que cet habile imprimeur ne recule devant aucun des genres nombreux et difficiles de son art ; j'en dirai autant de la maison *Mame* de Tours, si remarquable par la variété et l'importance de ses produits ; la maison *Berger-Levrault* a aussi envoyé quelques spécimens qui prouvent qu'elle n'ignore aucun des progrès réalisés jusqu'à ce jour.

Pays étrangers.

La lithographie artistique est brillamment représentée dans la galerie anglaise par les maisons de *Vincent Brooks* et *Georges Rowney* et Cie.

Le premier a exposé deux magnifiques paysages napolitains exécutés en chromo-lithographie, par *Richardson*. Ce sont de véritables œuvres d'art qui donnent une haute idée du talent de cet artiste qui a su approprier à l'industrie et plier à ses nombreuses difficultés une habileté de pinceau que lui envieraient bien des peintres d'aquarelle.

J'ai aussi remarqué à cette exposition une belle étude académique par *Wilm*, et une jolie imitation d'aquarelle d'*Albert Frepp*. Je me suis arrêté longtemps devant le bel ensemble de l'Exposition de la maison *Rowney* et Cie ; les charmantes reproductions d'aquarelles d'après *Fisher, Prout, Earl, Bachouse*, sont dignes de ces artistes aimables dont le talent est plus apprécié de nos voisins d'outre-mer qu'il ne le serait en France ou en Allemagne. Ces aquarelles sont d'une exécution parfaite, et nous montrent quels immenses progrès les artistes anglais ont encore faits dans cette voie ; nous n'avons, comme je l'ai déjà fait remarquer, presque rien à leur opposer dans ce genre, dans lequel ils sont passés maîtres aujourd'hui. En passant dans la section belge, je fus frappé à la vue de la magnifique Exposition d'épreuves héliographiques et photolithographiques de MM. *Simoneau* et *Toway*. Ces nombreuses épreuves de reproductions de vieux manuscrits, de tableaux et de dessins anciens sont d'une grande perfection. Les 14 planches de vieilles gravures, les reproductions de l'ouvrage intitulé : *Instrumenta ecclesiastica*, et des paysages de *Philibert Stevens* font aussi honneur à M. *Toway* qui est l'inventeur du système photolithographique au moyen duquel tous ces différents travaux ont été exécutés. En parcourant les galeries des autres pays j'ai vu peu de choses dignes de remarque et je ne ferai que citer les produits de la maison *Schwenzens* de Christiania, qui a exposé quelques cartes imprimées en chromo : les lithochromies de *A. Lundquist* de Stockholm ; les *fac-simile* de peintures fort médiocres, de *Müller* de Stuttgardt ; les imitations de peintures en chromo de *Gérold* à Berlin ; les tableaux en chromo de *Becker*, de Munich ; une très-belle carte topographique de l'Europe en 405 feuilles éditée par *Flemming*, imprimeur à Glogau en Prusse. Cette magnifique carte a été dressée par *G. D. Reymann, C. W. Oesfeld* et *Hande*; quelques chromo-lithographies de *Kiorn* de *Nuremberg*; des épreuves de lithographies et de chromo-lithographies des imprimeries de *Neumann*, *Paterno*, *Reiffenstein* et *Roesch*, *Sieger* et *Ston* de Vienne en Autriche; quelques portraits lithographiés de *Gliboff* de Saint-Pétersbourg; des épreuves en chromo-lithographie très-médiocres de *Fajans* à Varsovie; des spécimens d'impressions lithographiques de MM. *Doyen*, *Prospérini*, *Cabella*, *Gibelli*, *Pellas* frères, *Frauenfelder*, *Aurichella* et *Richring* en Italie; et un tableau de chromo-lithographie de M. *Broga* à Rio-Janeiro; la magnifique carte de la Suisse du général *Dufour*, qui est la base topographique d'après laquelle M. *Théobald* a fait sa belle carte géologique du canton des Grisons, si remarquable pour son exécution. Sur une des feuilles de cette carte, on peut distinguer jusqu'à trente-huit teintes qui indiquent les différents terrains, sans bariolage et sans confusion.

Après cette nomenclature rapide des expositions étrangères, passons à l'examen des presses lithographiques mécaniques, qui nous offriront un puissant intérêt. Je n'aurai qu'à m'occuper des exposants français, les constructeurs étrangers n'ayant envoyé au palais du Champ de Mars, aucune presse qui soit digne de remarque; et si j'en juge d'après les étiquettes de vente suspendues à toutes les presses françaises, je puis affirmer que les industriels étrangers ont trouvé en elles des perfectionnements ignorés des constructeurs de leur pays, et c'est là le signe le plus certain de la supériorité que nos mécaniciens ont acquise dans ce genre d'industrie.

GROUPE VI, CLASSE 59.

MATÉRIEL D'IMPRESSION LITHOGRAPHIQUE MÉCANIQUE.

La lenteur du travail lithographique a depuis quelque temps surtout beaucoup préoccupé nos constructeurs de presses, et les besoins de notre époque ont encore stimulé leur esprit d'invention. La beauté des tirages typographiques exécutés en chromo et la rapidité de ce genre de travail ont dû les avertir du danger qu'il y avait pour leur industrie, à rester au-dessous du progrès réalisé par son aînée de plusieurs siècles. La lithographie avait donc à lutter contre les impressions en couleur réalisées à des prix inabordables pour elle, il y a quelques années à peine, et il lui fallait, pour sauver son existence, sortir de la lutte qu'elle allait engager, sinon victorieuse, du moins l'égale de sa rivale. L'Exposition du Champ de Mars nous prouve que les efforts qui ont été tentés par plusieurs de nos constructeurs dans cette voie nouvelle, n'ont pas été vains, et chacun de nous a pu y voir fonctionner de très-belles presses mécaniques qui réalisent pour la plupart les avantages que l'industrie réclamait.

On comprend bien que le travail mécanique ne peut être avantageux et ne devient nécessaire que quand il s'agit de tirages nombreux, et qu'un imprimeur ne peut se décider à faire l'achat comparativement coûteux d'une presse mécanique, pour l'exécution de travaux qui n'exigent qu'un petit nombre de tirages. Mais aussitôt que la demande devient considérable, et que le chiffre des tirages s'élève à 3, 4, 5, 10, 20 et 30 mille et au delà, comme cela arrive pour certaines impressions commerciales, la presse mécanique devient l'instrument indispensable, et elle seule peut suffire à une production régulière, rapide, sûre et économique.

C'est à M. *Huguet* que l'on doit les premières presses lithographiques mécaniques qui aient satisfait à toutes les conditions nécessaires à une bonne impression. C'est en 1853 qu'il construisit sa première presse pouvant livrer 500 épreuves à l'heure. En 1862, il était parvenu à construire des presses pouvant imprimer de 800 à 1,200 épreuves à l'heure.

Depuis cette époque les constructeurs de Paris firent de nouveaux efforts pour perfectionner le nouveau système inauguré par M. *Huguet*, et parmi les nombreuses presses exposées, celle de M. *Voirin* est la première qui ait fixé mon attention, pour la facilité avec laquelle elle fonctionnait, la précision de ses mouvements et du mode de repérage des planches. Les presses de M. *H. Marinoni*, de M. *Alauzet*, semblent posséder les mêmes qualités et au même degré ; puis viennent celles de M. *Dupuy*, sur lesquelles on imprimait sous les yeux du public de charmants petits dessins en chromo, à 4 couleurs ; de M. *Brisset* dont j'ai parlé précédemment ; de M. *Huguet* qui, comme je l'ai dit, a été le premier à inventer le système qui a donné l'éveil à nos constructeurs et les a guidés dans la voie si habilement parcourue par quelques-uns d'entre eux ; de MM. *Kocher* et *Housieux*, qui ont exposé une presse circulaire, c'est-à-dire à pierres lithographiques taillées en cylindre et pouvant par conséquent imprimer à la manière des machines employées par les indienneurs. Ce système paraît sans doute le plus rationnel pour les travaux qui demandent une exécution rapide, mais il se passera bien du temps encore avant qu'on ait trouvé le moyen de donner aux pierres lithographiques la solidité nécessaire, pour résister à la pression à laquelle elles sont soumises pendant le travail. Cet essai doit être encouragé car le jour où les impressions en chromo pourront être exécutées sur des presses à pierres cylindriques, le progrès le plus grand aura été réalisé.

Je ne m'arrêterai ici qu'à la machine de M. *Voirin*, *fig.* 4, que j'ai eu l'occasion de voir fonctionner plusieurs fois depuis, et qui me semble mériter plus particulièrement l'attention du lecteur.

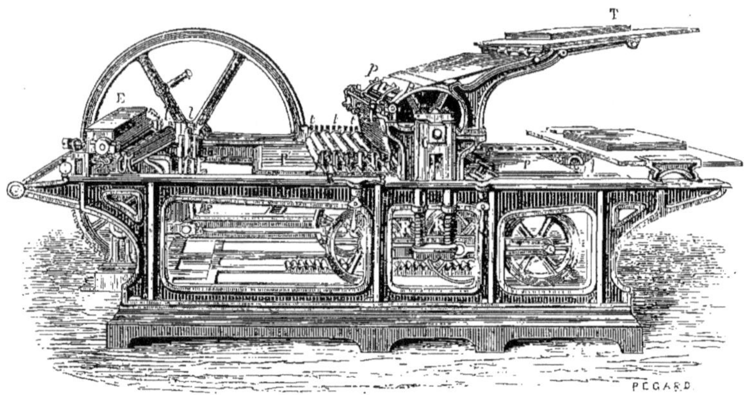

Fig. 4. — Presse de M. Voirin.

P représente le plateau sur lequel repose la presse lithographique. Ce plateau est soutenu à toute sa surface inférieure, au lieu de n'être porté qu'aux quatre coins par des vis. Cette disposition l'empêche de fléchir sous la pression et d'occasionner la fracture des pierres. Ces dernières peuvent être relevées ou abaissées au moyen d'une seule vis, et leur calage s'opère avec la plus grande facilité.

Quatre ressorts R, en agissant sur les coussinets du cylindre CC', communiquent à la pierre une pression élastique qui l'empêche de se briser, comme cela arrive souvent avec un autre système de pression. Cet inconvénient si grave est évité même quand le calage n'est pas fait avec une précision parfaite, ou quand la pierre n'est pas suffisamment plane.

mm' sont des rouleaux garnis de molletons

de coton placés derrière le cylindre à l'opposé des rouleaux encreurs ; leur disposition permet de mouiller la pierre deux fois à chaque impression, puisque celle-ci, dans son mouvement de va-et-vient, passe deux fois sous eux avant l'impression.

E représente l'encrier qui contient l'encre d'impression qui est entraînée par les rouleaux et étalée sur la table p d'une manière égale. Ces rouleaux sont appelés distributeurs.

Cette table p est ensuite mise, par le mouvement de la machine, en contact avec les rouleaux toucheurs t, t, t, t qui s'imprègnent de couleur et la transportent sur la pierre destinée à son passage sous eux.

Ces toucheurs sont eux-mêmes mis en mouvement par le chariot, au moyen de galets fixés à leurs extrémités.

Ces galets roulent sur une bande de cuir b posée sur les côtés du marbre, et qui est assez large pour permettre le déplacement transversal des rouleaux toucheurs. M. Voirin a emprunté aux machines typographiques la disposition de ses rouleaux toucheurs. Il leur a donné une petite dimension et les a placés sur deux rangs superposés, de sorte que les rouleaux inférieurs, en contact avec le marbre, communiquent le mouvement aux supérieurs. Les galets facilitent la rotation des toucheurs en leur faisant surmonter la résistance que leur oppose la presse lithographique avec laquelle ils sont mis en contact pendant l'encrage.

T est la table sur laquelle on marge les feuilles à imprimer. Son inclinaison doit être telle que le plan de sa surface supérieure étant prolongé, il serait tangent à la surface du cylindre presseur, à l'endroit où les pinces saisissent la feuille. Cette inclinaison facilite le travail de la marge et celui du repérage. p, p sont les pinces qui saisissent la feuille à imprimer. Elles peuvent être placées à l'intérieur de la circonférence du cylindre, ce qui offre l'avantage de pouvoir imprimer des compositions qui ne recouvrent pas la surface de la pierre et qui laissent beaucoup de marge. Mais ce système ne convient plus quand il s'agit d'impressions en chromo, qui se font, comme l'on sait, sur des feuilles

sèches et qui ne peuvent en effet porter sur le chanfrein, sur lequel les pinces doivent les serrer. Celles-ci en se fermant dérangeraient la feuille, et après une ou deux pointures, les trous de repérages s'élargiraient, et la feuille serait froissée, sinon déchirée.

Pour éviter ce grave inconvénient, M. Voirin a disposé sur le bord du cylindre et à la moitié de sa longueur, des pointures intérieures mues par un ressort et qui n'apparaissent qu'au moment où le margeur en a besoin. Ces pointures disparaissent aussitôt que la feuille est maintenue par les pinces, de sorte que, quel que soit le nombre de couleurs à repérer, les trous ne s'élargissent jamais, le travail de l'impression se faisant sans que la pointure y reste.

Pour les machines à grand format, tel que le colombier ou le grand aigle, le diamètre du cylindre permet de disposer une autre pointure intérieure qui perce la feuille par-dessous, lorsqu'elle est étendue à la surface du cylindre, où des cordons la maintiennent avant l'impression. Ces pointures rendent le repérage aussi exact que sur les meilleures presses à râteau, et comme j'ai pu m'en assurer moi-même à l'Exposition, et dans les ateliers que j'ai visités à ce sujet, les tirages à 8 couleurs sont d'une exécution irréprochable.

La conduite des feuilles ne peut se faire, comme pour les machines typographiques, au moyen de lames mobiles qui détachent chaque feuille de la surface du cylindre et la font glisser sous les cordons, ce qui en rendrait le rangement plus facile. En effet, ces cordons s'imprègnent d'encre au contact des épreuves et surtout quand la marge est trop petite ; il faut donc se contenter d'enlever les feuilles à la main dans la plupart des cas. Mais alors, l'apprenti, chargé de ce travail, déchire souvent le papier ou du moins élargit le trou fait par la pointure. Cet inconvénient est évité au moyen de la pointure intérieure inventée par M. Voirin.

Il a aussi imaginé un receveur à pinces qui saisit la feuille au bord de la gorge du cylindre, et la place sur une table au-dessus des rouleaux toucheurs.

Tel est l'aspect général de la machine de M. Voirin qui a, par quelques dispositions nouvelles et ingénieuses, donné plus de précision à tous les mouvements, et a ainsi détruit les objections que l'on opposait encore à l'emploi des presses mécaniques. Cette machine ne diffère de celles des autres exposants déjà nommés que dans les détails : elles reposent toutes sur le même principe et leur genre de construction se rapproche de celui des machines typographiques.

La France a presque seule exposé des presses lithographiques qui soient dignes d'arrêter notre attention, et en parcourant la grande galerie des machines je

n'ai remarqué dans les sections étrangères que la presse de M. Hansez de Liége;
celle de MM. Heine frères à Offenbach dans la Hesse, et enfin celle de M. Sandtner
à Prague. Ces machines n'offrent rien de particulier, et leur petit nombre ne
donne qu'une idée fausse de l'importance de cette industrie dans des pays qui
comme l'Allemagne, l'Angleterre et l'Amérique livrent au commerce des produits innombrables sortant des presses lithographiques qui y fonctionnent partout. Les nombreux spécimens de ces impressions que j'ai examinés plus haut,
sont la meilleure preuve de la vitalité de la presse lithographique dans tous ces
pays, et nous n'en regrettons que davantage l'abstention observée par leurs constructeurs en cette grande occasion; c'est là une lacune qui ne devrait pas exister
chez ceux surtout qui se glorifient de l'origine même de ce grand art industriel.

CONCLUSION

L'impression que j'ai éprouvée en parcourant les différentes galeries qui renferment les productions que nous venons d'examiner, peut se résumer en
quelques lignes, et l'opinion que cette étude me permet d'émettre sera, je
l'espère, partagée par tous ceux qui auront pu, *de visu*, comparer entre eux les
spécimens exposés par les artistes, les imprimeurs et les constructeurs des différents pays représentés au palais du Champ-de-Mars.

Si nous nous arrêtons à la galerie des machines, nous voyons tout d'abord et
surtout après un mûr examen que les améliorations les plus importantes dans
la construction des presses, et les inventions les plus nouvelles ont été réalisées
par les constructeurs français qui ont tous rivalisé de talent dans les recherches
consciencieuses qu'ils ont faites pour rendre le travail de la presse facile, rapide
et économique. Les résultats qu'ils ont obtenus sont considérables, et les mérites
reconnus de leurs machines ont assuré la réputation de l'industrie française
dans les pays les plus lointains, et lui ont ouvert des débouchés nouveaux.
Les *Marinoni*, les *Voirin*, les *Alauzet* et tant d'autres voient déjà maintenant
leurs presses recherchées par les imprimeurs étrangers, et ce légitime succès
ne peut que les encourager à marcher dans la voie des améliorations futures,
car l'expérience nous prouve aujourd'hui que l'industrie qui reste stationnaire
est bientôt dépassée par ses rivales.

Je ne puis en dire autant des résultats obtenus en chromo, dans le domaine
purement artistique. Les Anglais sont plus que nos rivaux sérieux, ils sont restés
nos maîtres pour les reproductions de la peinture à l'aquarelle, et si nous n'a-
vions sous les yeux les belles épreuves chromo-lithographiques de Preziori
exposées par la maison Lemercier, nous serions entièrement désarmés devant
les magnifiques et brillants fac-simile d'aquarelles des Richardson, des
Rowney et Cⁱᵒ, que les maisons Vincent Brooks, Rowney et Cⁱᵒ ont exposés en
grand nombre dans les galeries anglaises, et devant lesquelles je me suis arrêté
longtemps avec le lecteur qui a bien voulu me suivre dans cette étude.

Nous avons à lutter peut-être contre l'opinion du public en France, et à faire
son éducation. Les préjugés qu'il nourrit contre ce genre en ont empêché le
développement, et ce n'est qu'en lui montrant avec quelle perfection on peut
reproduire les aquarelles des plus grands maîtres, qu'on introduira chez nous
le goût de ces compositions si appréciées en Angleterre.

La voie est donc ouverte à nos artistes, et il ne tient qu'à eux de se livrer
aux études que nécessite cet art encore nouveau et qui est destiné à vulgariser
les œuvres des maîtres. Tout le monde ne peut se donner le luxe d'un Troyon,
d'un Français, d'un Rousseau ou d'un Rosa Bonheur, mais si l'on pouvait livrer

au public à des prix modiques des reproductions en chromo-lithographie des
œuvres de nos meilleurs aquarellistes, n'aurait-on rien fait pour répandre le goût
de l'art véritable ? Les Kellerhoven, Thurwanger, Pralon, Gehen, Painlevé
forment une pléiade d'artistes qui ont su se faire un nom dans le genre de la
chromo-lithographie pour les illustrations des livres, les images de sainteté et les
reproductions d'anciennes peintures décoratives ; tandis que la chromo-lithographie commerciale est parfaitement représentée par MM. Valter, Leroux,
Bauer, Levié, qui joignent un esprit fertile en compositions ingénieuses à une
habileté de main véritable, et c'est surtout dans cette voie que la chromo-lithographie a trouvé sa véritable application, son emploi industriel. Nos artistes et
nos imprimeurs lui ont donné tout l'éclat désirable en exposant leurs nombreuses et attrayantes productions. Les Allemands ont visé plus haut dans la
reproduction des œuvres d'art, et ils ont voulu imiter la peinture à l'huile.
Aussi ce genre d'impression est-il largement représenté dans les galeries de la
Bavière et de la Prusse. La France a aussi, comme nous l'avons vu, une exposition considérable de reproductions semblables, mais je ne partage pas la foi que
possède une partie du public dans l'avenir de ce genre de reproduction, et
quoique quelques-unes des œuvres ainsi exposées aient un mérite réel, le plus
grand nombre d'entre elles ne font aucune illusion. Répandre le goût de la
peinture dans toutes les classes, même les moins fortunées, est sans doute une
belle mission, mais il faut pouvoir la remplir avec quelque espoir d'atteindre le
but qu'on se propose. L'exposition de cette année nous montre combien ce
genre est difficile, par la grande médiocrité du résultat, et il faudra de nombreux
efforts, le dévouement de véritables et grands artistes avant qu'on soit arrivé
à des productions appartenant à l'art véritable. L'avenir seul peut nous montrer
si ce résultat est réalisable.

Si nous nous arrêtons aux lithographies au crayon, nous éprouvons une vive
et complète satisfaction en voyant les résultats admirables obtenus par nos
artistes et nos imprimeurs qui ont maintenu notre vieille suprématie dans cette
branche de l'art lithographique.

J'ai cité précédemment les noms des plus habiles d'entre eux, et j'ai pu
constater leur supériorité, le talent qu'ils possèdent à rendre, au moyen du
dessin sur pierre, les effets que l'on croyait ne pouvoir être produits que par la
gravure en taille-douce.

Les productions lithographiques qui appartiennent à l'industrie des plans
gravés ou autographiés, des cartes géographiques, etc., sont surtout dignes de toute
notre attention, et nous pouvons être fiers des résultats obtenus par nos graveurs, nos autographes et nos imprimeurs dans cette branche de l'industrie si
utile à l'instruction publique.

La photographie est devenue depuis quelques années une auxiliaire presque
indispensable de la lithographie, et c'est surtout grâce à elle que, comme nous
l'avons vu, le problème si difficile de la reproduction des vieilles gravures, des
estampes de prix, des dessins rares ou inédits, se trouve si complétement résolu.
C'est là une invention toute française, de même que la chromo-lithographie
et précédemment le lavis lithographique, etc., et cette nouvelle conquête de l'industrie moderne m'autorise à dire, en terminant cette étude, ce que j'ai déjà
énoncé dans l'historique que j'ai essayé d'esquisser, c'est-à-dire que si la lithographie a son origine en Allemagne, c'est en France surtout qu'elle s'est développée avec tout le cortége des brillantes et ingénieuses inventions qui en font
aujourd'hui un des arts industriels les plus utiles et les plus charmants.

D. KAEPPELIN,

LXV

DES

PIERRES ARTIFICIELLES

PAR M. PAUL

INGÉNIEUR CIVIL.

HISTORIQUE

On fait généralement remonter aux Romains la préparation et l'emploi des pierres artificielles dans les constructions.

Plusieurs auteurs anciens prétendent, cependant, que cet emploi date de la plus haute antiquité. Ainsi, Le Gave de la Boulaye, vers 1643, qui croit avoir découvert les restes de la tour de Babel, dit que cette tour aurait été construite en briques crues ayant en mesures métriques $0^m,30$ de large sur $0^m,30$ de long et $0^m,10$ d'épaisseur ; elles étaient jointes par un mortier fait de terre et de bitume (1).

On rencontre en Égypte, à 10 lieues du Caire, une pyramide de 45 mètres de hauteur, construite en briques crues ayant $0^m,36$ de longueur, $0^m,18$ de largeur et $0^m,12$ d'épaisseur. On suppose que cette pyramide est celle dont parle Hérodote ; elle fut élevée par Asychée, roi d'Égypte qui y fit cette inscription : « Ne « me méprise point en me comparant aux pyramides de pierres, je suis autant « au-dessus d'elles que Jupiter est au-dessus des autres dieux, car j'ai été bâtie « en briques faites avec du limon du fond du lac. »

Ces briques, en effet, étaient composées d'un mélange de terre noire et argileuse, de petits cailloux et de paille hachée.

Les Grecs et les Romains firent aussi usage de briques crues. Vitruve cite, à ce sujet, un mur d'Athènes, les murs du temple de Jupiter et d'Hercule. .

Les grandes et fortes murailles de l'empire du Maroc sont construites de la même façon. Ces pierres factices ont été, pour ces antiques monuments, formées les unes sur les autres, en battant la matière entre des planches avec des pilons.

Les briques mobiles de grande dimension avaient $0^m,745$ en tous sens ; elles demandaient un temps très-long pour sécher, et il existait à Utique des lois exigeant qu'elles eussent cinq ans avant d'être employées.

---

(1) Cette manière de bâtir est encore en usage, à peu de chose près, à Bagdad, à cause du voisinage d'un grand lac d'où on tire le bitume.

Chardin disait qu'à Ispahan on construisait principalement en briques crues, surtout pour les maisons d'un étage. Ces briques avaient 0^m,22 de long, 0^m,10 de large et 0^m,07 d'épaisseur.

De nos jours encore, on construit de la même façon dans beaucoup de parties de l'Asie.

Nous voyons ensuite apparaître les briques cuites, et enfin les pierres faites avec du mortier de chaux, lesquelles ont dû coïncider avec la découverte de la chaux.

De la Faye, Fleuret et d'autres qui se sont beaucoup occupés de l'ancienneté des pierres artificielles, et qui, dès la fin du siècle dernier, firent de grandes recherches sur les travaux des Romains et indiquèrent des procédés de fabrication, ne font point remonter l'emploi de la chaux au delà de l'époque romaine. L'explication de Rondelet me paraît assez ingénieuse pour être citée. Il admet qu'après l'incendie d'un grand édifice en pierres calcaires, on a dû remarquer qu'en jetant de l'eau sur les pierres calcinées elles se ramollissaient et formaient une pâte qui durcissait au bout d'un certain temps. Les premières applications de cette découverte, ajoute cet auteur, ont été des enduits sur des briques crues, comme, du reste, le rapportent Pline et Vitruve dans leur description du palais du roi Attale.

De plus M. de La Faye, dans son mémoire sur la préparation de la chaux par les Romains (1778), cite de nombreux passages de Vitruve où il est question de pierres artificielles en mortier de chaux. Mais, il est bon de le remarquer, ces pierres factices étaient très-légères et poreuses, et MM. de La Faye et Fleuret, dans leurs ouvrages, insistent beaucoup sur les résultats qu'ils ont obtenus en *massivant le mortier jeté dans un moule*, et en projetant dessus du sable très-fin et sec, ou de la poudre de pierre pour absorber l'eau qui sortait du mortier. Ils obtenaient ainsi des briques ayant la consistance de la pierre tendre.

Mais les Romains et les Grecs n'ont point seulement fait des pierres artificielles mobiles pouvant être placées ou déplacées ; nous retrouvons encore maintenant des pierres énormes, véritables monolithes, tels que la muraille de Sévère, les chemins militaires, des aqueducs, des ponts faits en blocage battu dans un encaissement avec des pilons. Cette maçonnerie ne fait plus qu'un tout, et la continuité des pleins la rend si compacte, dit Vitruve, que peu de temps après les murailles qui en sont faites sont indestructibles.

Les colonnes du chœur de l'église de Vézelay, en Bourgogne, les piliers de l'église de Saint-Amand, en Flandre, reconnus en pierres factices par Vauban, sont de la même origine.

Les Romains admettaient que ces constructions étaient d'une durée illimitée. Ils payaient une maison construite ainsi le prix intrinsèque de construction, tandis que si elle était en moellon, ils réduisaient de $^1/_{80}$ autant de fois qu'il y avait d'années que la maison existait, car ils admettaient qu'une maison en moellon ne durait que 80 ans.

Les anciens, d'après les restes de travaux parvenus jusqu'à nous, ont donc tenté de remplacer les blocs de pierres naturelles par des blocs de pierres artificielles faits soit sur place, soit à côté des lieux d'emploi, et posés comme les pierres naturelles.

En résumé, soit disette de pierres naturelles dans les terrains d'alluvion, soit économie, on commença d'abord par utiliser la propriété plastique de la terre glaise ou argile pour fabriquer les briques crues en pétrissant l'argile pure ou mélangée, et laissant sécher au soleil : ceci fut l'origine du torchis, du pisé, des briques crues, employés encore dans la Champagne, dans le Nord, dans le Lyonnais.

Plus tard, quand on s'aperçut de l'altération et de la destruction de ce genre de construction, pour obtenir plus de solidité, on remplaça la simple dessiccation au soleil par la cuisson par le feu : de là, l'industrie des briques et des terres cuites.

Ensuite, on chercha à imiter les pierres naturelles dans leur nature et dans leur aspect en mélangeant différentes matières avec le mortier de chaux, ce qui fut le point de départ des pierres moulées à base de chaux et des bétons agglomérés. Cette industrie a été à peu près abandonnée pendant très-longtemps, quoique nous retrouvions, par la tradition, dans certaines localités, tous les rudiments des méthodes et des procédés romains employés encore maintenant.

Cette industrie, développée et perfectionnée, a donné, comme pierres monolithes et comme pierres moulées, naissance à des applications qui tendent à se généraliser dans toutes les constructions.

Comme complément historique, ajoutons que les premières tentatives datent de 1800, par M. Fleuret, professeur d'architecture à l'École impériale militaire de Paris. Il fit des travaux de canalisation en mortier de chaux battu et massivé entre des moules.

Vers 1828, un Suédois nommé Ridyn, a fait des maçonneries avec un mortier maigre et fortement massivé dans des moules.

Vers 1829, M. Lebrun a fait les fondations et murs de cave de sa maison de campagne en ajoutant de la chaux en poudre et de la cendre de houille aux terres et graviers employés pour faire le pisé. En 1840, il fait paraître son traité de l'art de bâtir en béton.

Dès 1850, M. François Coignet remplaçait le pisé de Lyon, par un béton fait avec des mâchefers ou résidus de la combustion de la houille et une très-faible proportion de chaux. Puis continuant ses essais, il remplaça le mâchefer par le sable, la chaux en pâte par la chaux en poudre, et son procédé, modifié, amélioré, est devenu l'industrie des bétons agglomérés, industrie qui fait en ce moment d'immenses travaux d'égout pour la Ville de Paris, des fondations, des murs de soutènement, des aqueducs, des maisons à 5 étages et enfin des pierres moulées de toutes sortes pouvant reproduire la statuaire antique. C'est évidemment la plus grande expression du développement des pierres artificielles.

Je ne parle que pour mémoire des pierres factices à base de ciment, des carreaux moulés et chaux datant de quelques années seulement et qui ont presque tous pour base le procédé de François Coignet.

Dans ces dernières années MM. Ransome et Parsons, d'Ipswich (Angleterre), ont appliqué le silicate de soude ou de potasse comme agglomérant des sables siliceux pour la fabrication des pierres ornées.

Nous diviserons donc les pierres factices en trois classes, et, dans notre étude sur l'Exposition de 1867, nous classerons les différents produits exposés suivant cette méthode.

Première classe. — Les produits obtenus par les matériaux terreux ou argileux, tels que : *les briques crues, le torchis, le pisé.*

Deuxième classe. — Les produits obtenus par les mélanges de matières inertes telles que : *le sable* et *le cailloutis avec la chaux, le ciment* ou *les silicates,* tels que le béton Lebrun, le béton Coignet, les carreaux comprimés, les produits en ciment moulé, le procédé Ransome.

Troisième classe. — Les produits obtenus par l'utilisation des divers résidus, les ornements en plâtre, stucs.

I. — MATÉRIAUX TERREUX

Briques crues.

On emploie encore ces briques dans certaines localités, notamment en Champagne, dans les environs de Reims. Elles ont généralement $0^m,30$ de long sur $0^m,15$ de large et $0^m,08$ ou $0^m,15\ ^1/_2$ d'épaisseur.

Presque toutes sont faites avec la boue que les habitants recueillent sur les routes, ou bien encore avec un mélange d'une terre argileuse et de sable calcaire appelé *grève*. Dans les deux cas, le mélange obtenu est un mélange d'argile, de silex et de craie.

Ce genre de construction craint l'humidité, il faut éviter de l'employer dans des lieux bas et humides.

Pour que ces briques soient de bonne qualité, il faut prendre de l'argile blanche ou rouge, la pétrir et la mélanger avec le sable de grève. La pâte faite soit par le piétinement, soit au moyen d'un broyeur, est moulée par les mêmes procédés que la brique ordinaire cuite, puis on la laisse sécher. On doit la fabriquer soit au printemps, soit à l'automne, parce que, pendant l'été, la dessiccation ayant lieu d'une manière trop rapide, les briques se fendillent et se gercent facilement. De plus, elles ne doivent être mises en œuvre qu'après deux ans de fabrication, pour le moins.

La maçonnerie s'exécute en jointoyant ces briques avec du mortier de chaux ou du mortier de terre argileuse. Pour éviter la destruction des murs ainsi obtenus, on les recouvre d'un crépissage à la chaux.

Ces constructions sont fort solides et durent très-longtemps. Il y a quelques années, aux environs du camp de Châlons, j'ai vu un mur fait ainsi et ayant déjà plus d'un siècle d'existence. Les fermes impériales qui entourent ce camp sont construites en briques crues. Ces briques sont un mélange de terre calcaire argileuse et d'un cinquième à un dixième de chaux. Le tout est malaxé dans un broyeur ordinaire, et ensuite comprimé dans des moules à briques.

On en fait de deux dimensions : les unes de $0^m,12$ d'épaisseur, $0^m,15$ de largeur et $0^m,33$ de longueur; les autres de $0^m,13$ d'épaisseur, $0^m,13$ de largeur et $0^m,27$ de longueur. Elles coûtent 12 francs le mille; elles sont posées, comme la brique ordinaire, sur mortier de chaux. Les murs sont recouverts d'un enduit de chaux d'un centimètre d'épaisseur.

Il faut citer une filature de laine à rez-de-chaussée, dont les murs, déjà fort anciens, sont construits de la même façon.

Les constructions en briques crues sont encore en usage depuis les temps les plus reculés dans les provinces méridionales de la Russie.

Là, elles résistent à des automnes très-humides, à des froids de — 30° cent., froids qui durent des mois entiers et alternent parfois avec le dégel.

Ces circonstances défavorables témoignent d'une grande solidité, qui doit tenir en partie à la qualité de la terre de Russie, plus siliceuse que celle de la Champagne, et peut-être bien aussi à une compression plus énergique dans le moulage des briques.

Ces briques sont composées de terre un peu sablonneuse, de paille, de foin haché ou d'herbe. On les prépare ainsi :

Après avoir enlevé la couche de terre végétale jusqu'à $0^m,33$ de profondeur, sur une étendue de 5 à 6 mètres de diamètre, bêché la surface découverte de $0^m,33$ environ, on verse la quantité d'eau nécessaire pour convertir en boue épaisse la terre remuée. Puis cette boue est piétinée par un cheval ou un bœuf jusqu'à ce que l'eau soit uniformément absorbée; alors on ajoute les matières végétales qui doivent lier cette pâte, et dont la quantité se détermine par la nature de la terre employée, et on fait piétiner le mélange.

L'opération du piétinement recommence chacun des deux jours suivants jusqu'à ce que l'eau, ajoutée chaque fois pour humecter le mélange, soit entièrement absorbée et qu'une légère odeur de pourriture indique un commencement de décomposition des matières végétales.

La température influe beaucoup sur la durée de cette préparation; dans les grandes chaleurs, elle est quelquefois terminée en un seul jour.

La terre, ainsi préparée, est tassée fortement dans des moules dont la largeur et la longueur varient suivant la nature du travail à exécuter, mais dont l'épaisseur doit être de 0^m,20 pour donner des briques de 0^m,16 d'épaisseur.

Lorsque tout le mélange est employé, on bêche de nouveau dans le même trou, et on recommence l'opération.

Les briques doivent être retournées souvent jusqu'à ce qu'elles soient sèches, elles sont ensuite empilées.

On pose ces briques avec un mortier fait de même terre sans adjonction de paille ou de foin haché. Il faut les poser en assises bien horizontales et mener toute la construction parallèlement, pour éviter des tassements inégaux qui compromettraient l'œuvre elle-même.

Les plafonds, les recrépissages des murs à l'intérieur, s'exécutent, au moyen du même mortier, en y mélangeant soit des balles de céréales, soit du crottin de cheval ou de mouton, soit des bouses de vache, mais en petite quantité.

A l'intérieur, on mouille la surface du mur, on refait les joints au même mortier, et le tout est égalisé à la taloche.

Rien à l'Exposition de 1867 n'a représenté cette industrie.

Du torchis.

Ce genre de construction est en usage dans le nord de la France, particulièrement dans la Somme et dans l'Aisne où il sert à construire des murs de clôture ou des bâtiments peu élevés.

Le torchis est un mélange de terre franche humectée et malaxée tant bien que mal avec du foin ou de la paille hachés. Pour l'employer, on le dépose avec une fourche, sur la fondation préalablement établie, par assises horizontales d'environ 0^m,20 d'épaisseur, en ayant soin de laisser se raffermir avant d'en ajouter de nouvelles. Il faut, en outre, avoir soin de rafraîchir la couche inférieure pour qu'elle se lie mieux avec la couche suivante. Les parois sont ensuite mouillées et lissées à la taloche. Au bout d'un certain temps, quand le mur est sec, on y applique généralement un enduit de chaux.

Ce procédé, fort économique, craint beaucoup l'humidité; il faut l'isoler du sol au moyen d'une assise en pierres ou en moellons et avoir le soin de couvrir la partie supérieure des murs, soit par des chaperons, soit par tout autre moyen.

Rien à l'Exposition de 1867 n'a représenté cette industrie, qui aurait pu trouver son application pour des modèles de bergeries et autres bâtiments de fermes.

Du pisé.

Ce procédé économique est beaucoup employé dans le Lyonnais, l'Isère, l'Ain, la Loire, où, non-seulement il est appliqué aux murs de clôture, mais encore à la construction des maisons d'habitation.

On emploie pour faire du pisé la terre franche, graveleuse, préalablement écrasée grossièrement, passée à la claie pour enlever les plus gros cailloux, et simplement humide, soit naturellement, soit en l'humectant. Cette terre est ensuite comprimée sur place dans des encaissements ou moules au moyen d'un pilon rectangulaire étroit, appelé *pison*. On forme ainsi des massifs ou blocs partiels qui, juxtaposés les uns aux autres par la marche du moule, constituent le mur à élever.

L'encaissement ou moule consiste en deux panneaux de planches de sapin assemblées, ayant généralement 4 mètres de longueur et 1 mètre de hauteur. Ces deux panneaux forment ce qu'on appelle dans le Lyonnais *les banches*.

Ces banches sont maintenues rigides, en place, et parallèles l'une à l'autre au moyen d'entretoises ayant l'épaisseur du mur à construire, et appelées *gros de murs*, puis de boulons ou de serre-joints qui serrent les deux banches sur les gros de murs.

Les abouts de l'encaissement sont fermés par un petit panneau appelé trappon ayant la hauteur des banches et la largeur du mur à construire.

Le moule étant mis en place, on le remplit en pilonnant vigoureusement la terre déposée par couches de 0^m,12 environ. Chaque couche se réduit de moitié de son épaisseur. Quand le moule est plein, on desserre les boulons ou les serre-joints, on enlève les banches et on les fait glisser 4 mètres plus loin ; on les rétablit et on continue le travail en ayant le soin de le conduire par assises régulières et surtout de croiser les joints qui résultent des reprises du travail.

On protége ensuite ces murs en les recouvrant d'un enduit, soit de chaux, soit de plâtre, mais il faut avoir le soin de les laisser sécher au moins pendant un an pour que l'enduit adhère bien à leur surface et ne cloque pas par la gelée.

Il est bon aussi de ne pas faire reposer les murs en pisé directement sur le sol, mais bien sur des fondations en béton ou en maçonnerie de moellons, afin d'éviter que l'humidité du sol ne détruise la cohésion du pisé.

A défaut de terre franche, graveleuse, on peut employer pour faire le pisé toute terre qui, ni trop grasse ni trop maigre, comprimée dans la main, conserve la forme qu'elle a reçue.

Un mélange de terre franche, d'argile et de sable par parties égales donne une bonne terre à pisé.

Les avantages que présente l'emploi du pisé ont poussé beaucoup de personnes à en améliorer le procédé. Ainsi Rondelet conseillait déjà, pour donner plus de consistance au pisé, d'humecter la terre avec un lait de chaux en place d'eau ; par ce moyen, il obtenait un pisé plus ferme, plus consistant et dont les surfaces sont assez dures pour se passer d'enduit.

M. F. Coignet a proposé et appliqué en grand, dans ses usines de Lyon et de Saint-Denis, un pisé composé de terre argilo-sablonneuse mélangée avec 1/3 de chaux en poudre.

Ce mélange est ensuite broyé et malaxé dans un broyeur vertical. On ajoute au mélange juste la quantité d'eau nécessaire pour que la pâte obtenue soit ferme sans être mouillée.

Il a obtenu ainsi des murs qui ont résisté, sans aucun enduit, depuis plus de 10 ans, à toutes les intempéries, et qui ont une résistance à l'écrasement bien supérieure à tous les pisés que l'on fait dans le Lyonnais ; par suite, ils peuvent servir de murs d'habitation.

D'autres ont fait des mélanges de terre, de mâchefer et de chaux en pâte, mélanges broyés à la griffe ou au broyeur qui ont donné aussi des résultats très-satisfaisants.

Ces divers procédés devraient se propager pour les constructions rurales : les paysans et les agriculteurs parviendraient ainsi à bâtir à peu de frais et à temps perdu des habitations fort saines.

Il est à regretter que l'Exposition de 1867, dans son annexe de Billancourt, ne nous ait point donné des types de ces différentes méthodes de constructions à bon marché.

II. — MATÉRIAUX A BASE DE CHAUX, DE CIMENT ET DE SILICATES.

L'Exposition de 1867 nous offre de nombreux spécimens de cette classe. La France compte le plus grand nombre d'exposants, mais la plupart ne présentent que des produits de petites dimensions, tels que : carreaux à base de ciment ou chaux comprimés, statuettes, tuyaux, pierres d'ornement, etc.

Seule, la Société centrale des bétons agglomérés expose de nombreux spécimens de constructions monolithiques et de pierres moulées.

Il est à remarquer que, dans ces dernières années, les produits factices ont fait de réels progrès, parce que, à côté de l'amélioration des chaux hydrauliques et de la fabrication mieux entendue des ciments, est venu se placer un principe nouveau, celui de l'agglomération des mélanges *peu mouillés*, et c'est là le point capital du procédé Coignet.

Toute l'industrie des carreaux et des pierres moulées comprimées à base de chaux ou de ciment repose sur ce nouveau principe.

Chaque fois que l'on s'en éloigne pour obtenir des produits simplement coulés, basés uniquement sur la prise et la bonté des ciments, on voit se produire le fendillement ou le retrait. Cet accident peut être dû à une action chimique, mais il est le plus souvent produit par l'excès d'eau que l'on introduit dans le mélange pour le rendre plus gras et plus facilement maniable.

Béton Lebrun.

Le point de départ du procédé de M. Lebrun a été l'introduction dans le pisé d'une certaine quantité de chaux ; ce mélange, aggloméré ensuite dans des moules, produisit un véritable béton, avec lequel M. Lebrun fit une partie des fondations d'une maison de campagne. Le résultat n'étant point satisfaisant, il améliora son procédé par l'adjonction d'un mélange de cendre de houille et de chaux en poudre aux terres ordinaires du pisé. Ce mélange, broyé par les procédés ordinaires, était ensuite coulé et battu dans des moules disposés sur place.

M. Lebrun fit ainsi de nouvelles constructions en élévation, mais bientôt la difficulté d'obtenir de grandes régularités dans les moulures, puis des retraits énormes, lui firent abandonner ce procédé.

Actuellement, il fabrique des pierres factices en mêlant une certaine quantité de sable avec un ciment spécial à prise lente, qu'il fait lui-même et qu'il appelle *hydro*. Ce ciment s'obtient en réduisant en poussière fine les pierres à chaux hydraulique et à ciment, et en les mélangeant avec des poussières de coke ou de charbon dans la proportion de *cinq* parties de poudre de pierres contre *une* de combustible.

M. Lebrun fait ainsi des briques qu'il cuit dans des fours à chaux ordinaires et qu'il réduit ensuite en poudre au moyen de meules. Ce ciment pèse 1,350 kilos le mètre cube.

Le mélange employé pour la fabrication des pierres factices est de trois parties de sable et d'une de ce ciment spécial, le tout humecté par une très-faible quantité d'eau, et comprimé ensuite dans des moules de fonte. Il produit ainsi des balustres, des corniches, des pilastres ; les carreaux destinés aux dallages sont recouverts d'une couche de ciment pur.

M. Lebrun a exposé, cette année, des vases, de petites statuettes, dont la couleur grise rappelle beaucoup celle de la pierre et dont la dureté est satisfaisante.

Bétons agglomérés. — Système F. Coignet.

Cette industrie, presque ignorée il y a 10 ans, est arrivée, en peu de temps, à prendre une place importante dans les travaux publics.

Les bétons agglomérés offrent l'avantage de pouvoir être employés partout, en utilisant tous les sables et toutes les chaux, et de ne point exiger d'ouvriers habiles. — Aussi ces bétons ont-ils été appliqués à de grands travaux hydrauliques, en Égypte, à l'isthme de Suez, où l'on a utilisé des sables impalpables ; à Paris, où l'on a construit plus de 60 kilomètres d'égouts, les voûtes des sous-sols de l'Exposition, celles de la caserne de la Cité, la scierie d'Aubervilliers, des sous-sols de maisons, une maison entière à cinq étages, rue Miromesnil, n° 98, de nombreux massifs de machines, le pont sous rails de Sainte-Colombe, pour la Compagnie de Lyon à la Méditerranée, l'église du Vésinet, etc.

Le béton Coignet est un simple mélange parfaitement homogène et à peine humecté, composé d'une forte quantité de sable avec une petite quantité de chaux, auxquels on ajoute une faible partie de ciment quand on veut obtenir des prises plus rapides ou de plus grandes duretés.

Ce mélange, presque sec, amené à un état de pâte pulvérulente, ferme, au moyen de broyeurs spéciaux, est introduit dans des moules de forme quelconque, puis soumis à l'action répétée d'un corps dur et pesant. Il donne lieu à un produit assez ferme pour que le moule, démonté immédiatement, laisse une pierre, reproduction fidèle du moule, et qui acquiert, en fort peu de temps, la dureté des meilleures pierres naturelles.

Ces divers tours de main, la trituration énergique, l'agglomération par le pilonnage, produisent des effets tels que, pour constituer un mètre cube de maçonnerie, il faut 17 hectolitres de matières, sable, chaux, ciment. Aussi la pierre pèse-t-elle de 2,200 à 2,400 le mètre cube. Ces moyens augmentent beaucoup la prise des chaux et ciment, et on obtient des pierres dont la résistance à l'écrasement dépasse 400 kilogrammes par centimètre carré, tandis qu'à dosage égal, à l'état de mortier ordinaire, on obtient des blocs présentant fort peu de résistance.

Voici l'explication de ce fait :

Lorsqu'on fait du mortier, il y a toujours un excès d'eau, lequel s'interpose entre les molécules de chaux et en empêche la prise. Plus tard, cet excès d'eau s'évaporant, il reste un corps plus ou moins poreux et friable. Tandis que si l'on admet que la prise des chaux et ciments est une véritable cristallisation, confuse, il est vrai, soit de l'hydrate de chaux, quand il s'agit de chaux, soit du silicate ou de l'aluminate de chaux mélangés, ou combinés, qui constituent dans leurs différentes proportions les chaux hydrauliques et les ciments, il en résulte que cette cristallisation sera d'autant plus énergique qu'on éliminera la plus grande partie de l'eau en excès dans la confection du mortier, et que ce mélange de sable, de chaux et de ciment sera plus intime. Cela serait, du reste, la justification d'un bien vieux proverbe : « On obtient toujours de bon mortier avec de l'huile de bras. »

Non-seulement le durcissement des matières est dû à la dureté propre des différentes qualités de chaux ou de ciment employés, mais la carbonatation et l'incrustation viennent aussi augmenter le durcissement. — La carbonatation est d'autant plus intense que la chaux est plus divisée. — Pourquoi n'agirait-elle pas comme la mousse de platine qui absorbe très-rapidement le gaz ?

Cet effet de carbonatation augmentant la densité et la dureté du mortier, en bouchant et remplissant les pores, se produit toujours de l'extérieur au centre, et il est d'autant plus lent que les pores se bouchent plus rapidement à la surface. Enfin, le durcissement par l'incrustation est dû aux sels et aux carbonates entraînés par les eaux qui pénètrent jusqu'au cœur de la maçonnerie.

En résumé, il est essentiel, pour remplir toutes ces conditions, de gâcher les mortiers avec le minimum d'eau, et de les mélanger le plus intimement possible.

Théoriquement le béton Coignet réunit tous ces préceptes. A côté de la cohésion naturelle qui provient du rapprochement, de la compression des matériaux constitutifs, il donne lieu à des cristallisations plus intenses, plus rapides, par le peu d'eau introduit dans le mélange. La chaux étant très-divisée, la carbonatation se fait rapidement ; de là un bloc qui, dès les premiers moments de sa fabrication, ne redoute rien des intempéries.

Examinons maintenant le choix des matériaux avec lesquels on obtient les résultats les plus favorables.

La chaux, autant que possible, sera hydraulique ; si elle est grasse, on la rend hydraulique par l'adjonction d'une petite quantité de ciment.

Dans tous les cas elle doit être délitée en poudre sans biscuits ni incuits, car les biscuits fusent à la longue et désagrégent le béton par leur augmentation de volume ; les incuits sont inertes et diminuent la qualité de la chaux.

Cette opération du délitage est très-simple. La chaux éteinte par aspersion est mise en tas, se délite, augmente de volume, et quand, au bout de cinq à six jours, l'effet est bien produit, on la blute dans un blutoir ordinaire, dont la toile métallique est du n° 35. La chaux en poudre, mise en sac, se conserve fort longtemps.

M. Coignet a constaté qu'au moyen de la parfaite trituration et de la compression, toutes les chaux, même les plus communes, au bout d'un certain temps, arrivaient au même résultat, il n'y a eu de différence que la prise initiale ; ceci s'explique par la carbonatation ultérieure.

Les ciments sont, autant que possible, des ciments lourds à prise lente. On en augmente la proportion suivant la rapidité des prises et la dureté initiale que l'on veut obtenir.

Le sable de rivière mélangé de grains de 1 à 5 millimètres est le meilleur ; trop gros, il donne des maçonneries rugueuses ; trop fin, il écarte trop les molécules de chaux, retarde la prise et diminue un peu la dureté.

Avec les sables de mines, on fait de très-bonnes maçonneries ; mais pour un résultat analogue à celui du sable de rivière, il faut augmenter un peu la dose de chaux et de ciment.

Les sables très-fins, tels que celui des Landes, exigent des broyages et un pilonnage très-soignés et donnent ainsi de très-bons bétons.

Le mélange se fait en mesurant les matériaux à la brouette, puis les répandant sur le sol ; on les retourne à la pelle jusqu'à ce que le tout soit bien homogène. On le met ensuite à la pelle ou mécaniquement dans un broyeur spécial, et l'on y verse par petites parties la quantité d'eau voulue pour que le béton, en sortant, soit à l'état de poudre pâteuse ferme. Plus le broyage est énergique, plus la division de la chaux et du ciment devient complète ; par suite, la prise initiale est plus rapide et le durcissement plus grand.

Le broyeur dont on se sert pour obtenir ce résultat est vertical. C'est un arbre tournant soit par un cheval soit mécaniquement, dans une cuve en tôle percée de nombreux trous à sa partie inférieure. L'arbre est armé de couteaux disposés en hélice et porte à sa partie inférieure un expulseur cycloïdal, qui rejette toujours en broyant sur la paroi pleine, le béton qui vient de la partie supérieure.

Un cercle vanne permet de régler la sortie du béton, et par suite d'augmenter le broyage suivant le travail que l'on a à établir.

Le béton obtenu ainsi à l'état plastique, ferme, est jeté dans les moules par couches minces variant de $0^m,03$ à $0^m,06$, puis, battu et comprimé par le choc méthodique d'un outil appelé pison ou pilon, lequel pèse de 7 à 8 kilog. ; il est rectangulaire. Pour que les différentes couches de béton se soudent et adhèrent les unes aux autres, surtout quand on emploie des sables très-fins, il est utile de gratter et de raviver la surface pilonnée au moyen d'un râteau.

Le moulage du béton Coignet est très-important et parfaitement établi. Les moules sont de deux sortes, ceux destinés à l'emploi du béton sur place et ceux destinés à faire des pierres moulées que l'on pose plus tard, comme on le ferait d'une pierre de taille.

Les moules destinés à agir sur place sont, en principe, composés de banches et de trappons comme pour le pisé, maintenus en place par des entretoises ou gros de mur et serrés au moyen de boulons. Suivant que ce moule porte des ornements, des feuillures ou les ébrasements de portes ou de fenêtres, on obtient les parties ornées, les feuillures ou les ébrasements.

Le moulage pour les pierres moulées permet, par suite d'un emploi spécial du plâtre, de reproduire tous les objets possibles, depuis les corniches ornées jusqu'aux statues.

Voici les dosages employés dans les principales applications du béton en constructions monolithiques : les égouts de Paris, de tous les types ; ceux de l'Exposition de 1867, ont été faits avec un mélange de 5 de sable, 1 chaux, 1/4 ciment en volumes. La rapidité du travail est telle que le décintrage se fait dans les 6 ou 8 heures qui suivent la mise en œuvre, et que ces égouts peuvent être mis en service 4 ou 5 jours après leur entier achèvement.

Les voûtes à toutes portées au $1/10^e$ de flèche se font généralement avec un mélange de 5 sable, 1 chaux, 1/2 ciment. On comprend que, avec l'absence d'appareillage et surtout en ayant à sa disposition une matière dont tous les éléments se soudent les uns aux autres, on peut faire ainsi des voûtes de dimensions colossales, et la Société des bétons en a construit un grand nombre, parmi lesquelles nous citerons les voûtes formant le sous-sol de la galerie des aliments et des prises d'air au palais de l'Exposition de 1867. Elles forment voûtes d'arêtes et reposent sur des piliers isolés de $0^m,30$ en tous sens, elles ont 3 mètres de portée, le 1/10 de flèche et $0^m,14$ d'épaisseur à la clef. Celles de la caserne de la Cité ont $5^m,60$ de portée, le 1/10 de flèche et $0^m,22$ d'épaisseur à la clef. L'une d'elles, prise comme essai, a supporté 48,000 kilog. sur 12 mètres carrés un mois après sa construction.

De nombreux et énormes massifs de machines ont été construits dans l'Exposition. Le mélange employé est le même que celui des voûtes.

L'église du Vésinet, une des constructions monolithiques les mieux réussies, est construite en sable de mine du Vésinet. Le mélange a été de 5 sable de mine, 1 chaux et 1/4 de ciment.

Les dallages se font avec 5 sable, 1 chaux et 1 ciment, ils sont pilonnés avec beaucoup de soins et lissés à la truelle.

Dans la scierie d'Aubervilliers, les voûtes ont $8^m,50$ de portée et $0^m,35$ d'épaisseur à la clef ; elles sont faites avec les mélanges indiqués ci-dessus pour les voûtes.

Toutes les machines à scier le bois sont fixées et scellées dans les voûtes sans que, depuis l'origine, aucun dérangement se soit produit.

Mais l'une des applications ayant le plus d'intérêt est celle de la construction des sous-sols de maisons. Ainsi par les moyens ordinaires on fait généralement entrer dans la construction des sous-sols une certaine quantité de pierres de taille formant piles, dont les intervalles sont remplis par de la maçonnerie de moellons. L'absence d'homogénéité entre ces deux maçonneries, la multiplicité des joints, font que l'on a souvent de nombreux tassements à signaler ; de là des lézardes dans les bâtiments. Ces accidents n'existent pas avec l'emploi du béton aggloméré.

La totalité des murs plus durs dans leur ensemble que la pierre employée en fondation ne forme qu'un seul bloc homogène dont la masse entière est partout également résistante, de telle sorte que le poids de la construction se répartit très-également sur la totalité des fondations. De là, une supériorité évidente du procédé Coignet, sur les procédés ordinaires.

Avec le béton aggloméré, on ne redoute point les difficultés de l'appareillage. — Ainsi, rue Miromesnil, 98, dans la maison entièrement construite en béton, il existe deux escaliers, l'un, en pierres moulées, assemblées et appareillées à l'anglaise ; l'autre, monolithe, monté comme une voûte hélicoïdale jetée d'un étage à l'autre : les marches sont formées par une plaquette en pierres moulées, rapportée après coup.

Le mur de soutènement de l'avenue de l'Empereur, près le pont de l'Alma, est un spécimen grandiose de l'emploi des bétons agglomérés, pour les murs de soutènement. Les fosses d'aisances à parois réduites, les toitures en terrasse, les dallages, forment encore une application très-heureuse.

Comme pierres moulées, le champ est encore plus vaste ; ainsi, à côté des mangeoires, des auges, des marches d'escaliers, des chambranles de fenêtres, en un mot, des pierres de bâtiments de toutes sortes, nous voyons des statues qui prouvent jusqu'à quel point est arrivée la perfection du moulage de cette matière.

Nous avons pu voir à l'Exposition, les échantillons des principales applications des bétons ; ainsi, le pavillon exposé représentait pour l'industrie du bâtiment : le monolithisme assemblé avec la pierre moulée, formant les chambranles de fenêtres, les frises et les angles vermiculés. Les dalles, les auges, les mangeoires, les bancs de jardin, les statues, etc., représentaient les principaux modèles des pierres moulées.

La résistance à l'écrasement est en moyenne de 400 kilogr. par centimètre carré, et la résistance à la traction de 30 à 40 kilogr. par centimètre carré. Ces chiffres expliquent les nombreuses applications du béton Coignet (1).

Fabrication des carreaux à base de chaux ou de ciment comprimé.

Presque tous les fabricants de chaux et de ciment fabriquent de petits carreaux de $0^m,02$ à $0^m,03$ d'épaisseur, soit hexagonaux, soit carrés, de $0^m,12$ à $0^m,20$ de largeur.

Ces produits sont généralement obtenus, en mélangeant deux parties de chaux ou de ciment en poudre, avec une partie de sable fin. Le mélange, très-légèrement humecté, est ensuite comprimé vigoureusement, soit au moyen de la presse hydraulique, soit au moyen de presses à bras. Le carreau comprimé est alors sorti du moule, puis déposé sur une claie, où on le laisse durcir pendant le temps voulu.

En introduisant des oxydes colorés dans le mélange, on obtient des teintes diverses. En changeant l'empreinte du moule et en faisant des réserves que l'on remplit ultérieurement de mélanges colorés, on forme les dessins les plus variés.

Parmi les produits exposés par la France, nous remarquons ceux de MM. *Damon, Roussel, Larmand, Bourgeois* et *Carville*, lesquels, variant comme forme, ont

(1) Voir sur les bétons agglomérés du système Coignet, un travail très-complet publié dans les *Annales du Génie civil*, 4e année, page 291.

tous pour base le ciment comprimé. Seuls, ceux de M. Jolijon, sont à base de chaux sans mélange de ciment. Parmi les produits étrangers similaires, nous citerons ceux de MM. *Duquesne* et *Pichot* en Belgique, et *Garela* en Espagne.

Produits à base de ciment moulés et plus ou moins comprimés.

Généralement, ces objets sont obtenus en coulant dans un moule un mortier ou béton maigre, légèrement pilonné. L'aspect extérieur est ensuite donné ultérieurement par une couche de ciment pur, gâché clair et appliqué au pinceau ou à la truelle. Quelquefois le ciment est appliqué au fond du moule et le mélange maigre est coulé et pilonné par-dessus.

Mais si, au moyen du moulage, on obtient toutes les formes voulues, l'excès d'eau, mis généralement pour faciliter le travail, est nuisible ; et en effet, une grande partie des objets exposés présentent des traces de fendillement et de retraits dus à cet excès d'eau.

Les produits les plus remarquables de cette division sont ceux de M. *Vicat*, de Grenoble. Il expose un béton, dit béton économique, composé de 8 à 9 parties de sable contre une de ciment ; ce béton est très-remarquable par sa dureté. C'est un béton évidemment analogue, mais plus riche, qui paraît former l'intérieur de ses pierres moulées, colonnes, tables, etc. — Des dalles ou des dessus de table dressés et usés à la meule ou à la molette, rebouchés au ciment et polis, forment de très-belles mosaïques.

Nous citerons encore, M. *Grosset* pour ses briques en béton de ciment, et M. *Faucon*, de Nevers, pour ses dalles et tuyaux également en ciment. Mentionnons, en Belgique, un autel en ciment de M. *Favier*, et une porte en béton de ciment de M. *Claulra*.

Les produits de M. *Jurss*, dans la section prussienne, sont ceux qui offrent le plus d'intérêt ; parmi eux, nous avons remarqué une table de jardin et les bancs qui l'entourent ; la forme en est originale, la dureté du composé ne laisse rien à désirer ; cependant, le ton de l'ensemble est un peu grisâtre, et la surface unie de la table présente de petites traces de fendillement. Tous les autres exposants prussiens font des objets moulés, pour montrer la bonne qualité de leur ciment ; et, de fait, c'est chez eux que l'on en rencontre l'exposition la plus nombreuse et la plus complète. Tous font des ciments lourds, façon Portland anglais, à prise lente, tandis que l'Angleterre ,qui est la mère de cette industrie, n'a presque rien exposé.

Dans cet ordre d'idées, le ciment allemand le plus remarquable est celui de M. *Lothary*, de Mayence, qui est, sinon supérieur, du moins égal au meilleur portland anglais et français.

Quelques Autrichiens, presque tous aussi fabricants de ciment, exposent leur produit et ses applications. — La fenêtre ogivale, de très-grande dimension, de M. *Saulich*, du Tyrol, est magnifique comme résultat, comme aspect et comme dureté.

Dans la section américaine, nous ne rencontrons qu'un exposant ; son béton de ciment ne présente rien de particulier.

Procédé Ransome.

Les pierres exposées par M. Ransome consistent en sable aggloméré par un ciment de silicate de chaux produit dans un moule par un procédé chimique. Ces pierres, sans retrait, dit-on, sont dures et de belle couleur variant à volonté, depuis le blanc le plus pur. Elles sont faites dans des moules sans pilonnage, l'action chimique étant la seule force qui effectue l'agglomération.

M. Ransome base son procédé sur ce qu'ayant reconnu que les meilleurs grès étaient cimentés par du silicate de chaux, il chercha à obtenir cette substance indirectement des flints (sables siliceux particuliers à l'Angleterre) qu'on y trouve en abondance.

Pour cela, il les met en contact avec de la soude caustique, sous une pression de 4 atmosphères, et il forme ainsi un silicate de soude.

Il mélange ensuite du sable bien séché et du carbonate de chaux réduit en poudre ; il y incorpore ce silicate de soude par un mélange énergique, et il obtient ainsi une pâte qui doit avoir assez de consistance, pour conserver la forme que lui donne le moulage. L'objet moulé est alors immergé dans du chlorure de calcium en dissolution, et porté, au bout d'un certain temps, dans un four fortement chauffé, pour enlever l'excès d'eau et terminer l'agglomération. Il se forme par double réaction du silicate de chaux insoluble, qui remplit les pores de l'objet, et le chlorure de sodium est enlevé par des lavages postérieurs.

Les premiers essais de M. Ransome ont eu pour but de remplacer les meules de La Ferté-sous-Jouarre ; à cet effet il réduisait en poudre la pierre meulière ordinaire qu'il agglomérait comme les flints par le silicate de soude. Le procédé s'est ensuite étendu avec beaucoup de succès à la fabrication des pierres ornées de construction, et leur emploi est très-répandu en Angleterre.

Les produits principaux exposés par M. Ransome consistent en une fenêtre gothique et une balustrade ; ils sont très-beaux comme couleur et comme grain, les angles sont parfaitement conservés, les arêtes très-vives.

III. — UTILISATION DES DIVERS RÉSIDUS.

Laitiers des hauts fourneaux. — On recueille et on traite d'une manière spéciale, les laitiers de hauts fourneaux. On doit couler des blocs d'une forme quelconque, que l'on retaille après coup.

La Société des mines de Vézin expose un fragment de colonne remarquable par sa dureté, et qui porte les traces de la taille. L'aspect de ce porphyre artificiel est grisâtre. Les briques de laitiers exposées par M. Dalifal (France) doivent être obtenues de la même façon.

Débris d'ardoises. — D'après les renseignements que j'ai pu recueillir, les produits exposés par M. Sébille (France) sont une agglomération de déchets d'ardoises et de brai. Il obtient ainsi des carreaux qui servent à faire des dallages de trottoirs. Leur dureté est satisfaisante, et il existe à Nantes des applications de ce procédé (1).

Ornements en plâtre.

Le plâtre très-blanc et très-pur cuit dans des fours de boulangers, ou dans des fours à réverbère, est la base principale de ces produits. Il est inutile d'entrer dans les détails de la fabrication des statuettes et ornements, que l'on fait en très-grande quantité. C'est simplement ce plâtre fin gâché, clair et coulé dans un moule. Le point essentiel est le moulage. Les moules sont généralement en plâtre gâché plus ferme, façonnés de telle sorte que le démoulage soit facile. Pour empêcher la matière coulée d'adhérer au moule, on revêt celui-ci, quand il est parfaitement sec, d'une ou plusieurs couches d'huile de lin.

(1) Ce n'est pas seulement à Nantes qu'il existe des applications du procédé de M. Sébille. L'ardoise comprimée avait été employée sur une assez vaste échelle, comme dallage, pour le revêtement du sol d'une partie du palais de l'Exposition. Il y régnait sur une surface de 1707^m,40.   E. L.

Plusieurs exposants présentent des objets remarquables au point de vue de la délicatesse et de l'exactitude du moulage. Les produits italiens sont surtout à signaler pour la pureté de leurs formes.

Stucs.

Généralement le stuc est du plâtre fin et de très-belle qualité, dit plâtre de mouleur, gâché et durci avec de la colle forte, et quelquefois mélangé avec de la poussière de marbre. Il est appliqué à la truelle. On le polit avec des grès pilés et une molette de pierre. Les cavités sont rebouchées avec du stuc liquide ; on passe la pierre ponce, on rebouche et on reponce jusqu'à ce que la surface soit parfaitement unie. Puis on finit par la pierre de touche, et le brillant se donne en frottant la surface avec des chiffons enduits de cire.

Les stucs italiens, supérieurs à tous les autres stucs, s'obtiennent par des chaux grasses fusées en pâte, gâchées et mélangées avec des poussières de marbre. Ils sont appliqués à la truelle et lissés jusqu'à siccité.

On imite les différents marbres avec le stuc de plâtre ; les veines s'obtiennent par le mélange des différentes pâtes colorées, et les brèches en mettant dans la pâte des fragments de stucs colorés.

Les colorations sont obtenues par des couleurs minérales gâchées avec le plâtre et la colle.

Pour les granits, les porphyres, on pique le stuc et on remplit les traces avec une pâte ayant la couleur du cristal à imiter.

Dans ces dernières années on a fait des stucs avec des plâtres alunés. Le plâtre aluné, d'après le procédé de M. Savoye, est obtenu en calcinant dans un four à reverbère, le gypse choisi et trempé à sa sortie du four dans une eau contenant 10 p. 0/0 d'alun ; après deux à trois heures d'imbibition, on recuit le plâtre au rouge vif, on le pulvérise et on le tamise par les moyens ordinaires.

Ce plâtre aluné est connu dans le commerce sous les noms de ciment blanc, ciment anglais ou ciment Chartier.

On fait encore du plâtre aluné en mêlant à du plâtre en poudre de la poussière d'alun ; ce moyen est moins bon que celui décrit précédemment.

Le plâtre aluné supporte un mélange de deux parties de sable ; il s'évente moins et prend plus lentement. Pour le travailler comme stuc, il faut le gâcher dans de l'eau tiède et l'appliquer en ravallement. Une fois cette première couche bien sèche, on la peint de plusieurs couches claires et lorsque l'ensemble est suffisamment sec, on finit et on polit par les moyens ordinaires.

Parmi les exposants de cette catégorie, la maison Lippmann et Schneckenburger tient un des premiers rangs par ses marbres factices, parfaitement réussis. Ses objets d'ornements de toutes sortes sont obtenus par un procédé spécial appelé similimarbre qui est composé de :

Une partie de ciment blanc spécial avec addition de chaux grasse (ce ciment blanc est probablement un plâtre aluné) ;

Une partie d'argile pétrie ;

Une partie de chanvre haché ;

Et trois parties de poudre de marbre ou d'albâtre.

Ce mélange est gâché en pâte ferme, puis repoussé et tamponné dans les moules. C'est évidemment à cette dernière opération qu'est due la dureté de ces produits.

Les autres exposants de cette catégorie, et ils sont fort peu nombreux, ont tous des imitations de marbre plus ou moins bien réussies, mais aucun ne nous offre des procédés nouveaux à signaler.

A. PAUL.

LXI

ENSEIGNEMENT PRIMAIRE

ET

ENSEIGNEMENT PROFESSIONNEL

PAR M. LÉON CHATEAU

(FIN)

FRANCE

L'instruction publique en France date véritablement de cette grande et unique expérience historique qu'on appelle la Révolution française. Avant cette lutte gigantesque entre la tradition et la théorie, on ne trouve que l'Université, les tendances libérales de quelques hommes généreux comme le président Rolland d'Erceville et le procureur général de Rennes, La Chalotais, et les écrits des Encyclopédistes. C'est à ces sources abondantes et vivaces que les trois ordres de la nation, convoqués en 1789, ont puisé les principes qu'ils ont exprimés dans les *cahiers* remis aux députés des États-généraux assemblés par Louis XVI. Ce sont ces *cahiers* qui renferment les *vœux*, librement énoncés, — on n'en peut douter en les lisant, — des populations, du *petit peuple* des villes et des campagnes, aussi bien que ceux de la noblesse et du clergé. L'Assemblée constituante les adopta en les fixant dans des principes accentués qui constituent les doctrines qu'on invoque aujourd'hui. Mais ne nous y trompons pas. « Soumise à l'action quotidienne d'agents étrangers à son éclosion, dit M. Lot, la pensée de la France, sans avoir été défigurée par l'Assemblée nationale, a perdu au crible de la discussion son primitif caractère. Multiple à l'origine, libre en ses allures, dégagée de toutes entraves, elle se rétrécit dans le moule que lui impose la majorité et se coule dans le moule de la loi. En un mot, il lui faut s'incarner dans un parti; elle se personnifie dans les conceptions du Tiers-État[1]. » On peut s'en plaindre d'un côté, mais n'est-ce pas le Tiers-État qui était oublié et avait le plus besoin qu'on satisfît à ses vœux légitimes ? Nos pères l'ont bien compris, et les trois grandes Assemblées qui ont abordé tour à tour le redoutable problème de créer un système d'instruction publique conforme aux nouvelles institutions, n'ont pas failli à leur tâche, personne ne peut l'ignorer. Les doléances contenues dans les *cahiers* leur laissaient le champ le plus vaste; « le culte de la *morale* et le reste par surcroît, tel est leur premier souhait, dit M. Lot. *Pour avoir des citoyens, il faut les faire*; tel est leur premier axiome, et à cet égard leurs doléances se résument en trois chefs : 1° plan d'une éducation nationale ; 2° enseignement universel des éléments de la morale et du droit; 3° instruction supérieure, secondaire et primaire, en rapport avec la loi. Inutile d'apporter des preuves. En feuilletant les *extraits*, on trouvera partout l'expression de ces idées-là. La France

---

[1] Voir le numéro 30 du Journal *l'École*, où M. Lot a écrit une étude, dont nous le félicitons, sur *les principes de 1789 et l'éducation nationale*.

eut donc alors excellemment le *sens politique*. Ce n'est pas, disait-elle, la peine de faire des *lois* pour apprendre à nos fils à les *violer* (Voir notamment Bordeaux, Noblesse). Ce qu'est la charrue pour la terre, l'éducation l'est pour l'homme, ajoutait-elle (Voir Paris-Saint-Eustache). Elle voulait que les enfants apprissent à *lire* dans la constitution de leur pays. L'invention d'un pareil *catéchisme* (ce *mot* se rencontre souvent) est propre à faire sourire nos hommes d'État. Elle leur eût cependant été utile à eux-mêmes et leur épargnerait aujourd'hui de grosses besognes. Instruire la nation, lui inculquer les notions de la morale, des devoirs et des droits : telle est l'universelle pensée des électeurs de 1789. L'éducation publique s'impose à leur conscience et à leur esprit, non pas comme un problème de dixième ou de vingtième ordre, mais comme l'élément de la rénovation sociale. Pas d'instruction, pas de citoyens ! »

Et le premier problème que les cahiers demandent à résoudre, c'est celui de l'instruction primaire. Leur langage est énergique et précis. « *Reconstituer* les institutions rurales et urbaines ; là où il n'y en a pas, en *fonder* ; nommer partout de bons *maîtres* (et presque toujours on ajoute, ne l'oubliez pas), de bonnes *maîtresses* d'écoles ; séparer les enfants de sexes différents, proscrire les écoles *mixtes* : voilà les principes de 1789. C'est depuis l'année dernière qu'on songe à les appliquer ! ! »

En présence d'un langage aussi unanime, on comprend avec quelle ardeur l'Assemblée constituante, représentant l'âme de la Révolution, se mit à l'œuvre pour doter la France d'un système complet d'éducation.

Ce fut le célèbre diplomate Talleyrand, esprit peu chimérique et peu philosophique, qui fut chargé de présenter un projet sur cette importante question (3 septembre 1791.) Son rapport, dont on loue l'inspiration élevée, — qui n'est après tout que celle de l'Assemblée constituante, — est un compromis entre le christianisme et la philosophie du temps ; on y trouve établi le principe fécond des trois catégories d'études communes, principe adopté dans tous les projets qui suivirent. Le plan de Talleyrand ne fut pas mis à exécution.

L'ardeur bienveillante qui se montre dans le travail de l'évêque d'Autun se change, dans le rapport du philosophe Condorcet à l'Assemblée législative, en passion révolutionnaire ; « une pensée politique, spéciale, exclusive, domine le nouveau travail ; l'égalité en est le principe et le but souverain. » Le premier, Condorcet se prononce pour la liberté absolue de l'enseignement, pour la séparation absolue de l'enseignement religieux et laïque, et pour la liberté radicale des cultes. Ami de Turgot et de Voltaire, Condorcet était effrayé de deux choses : l'État et l'Église ; il voulait « mettre la liberté individuelle hors des atteintes du pouvoir social lui-même. » Aussi se montra-t-il l'adversaire de Talleyrand. Quoi qu'on puisse penser du projet de Condorcet, il faut reconnaître qu'il a émis des idées justes et vraies qui ont fait depuis leur chemin. Ainsi le premier, peut-être, il démontra dans la question pure et simple de l'instruction publique, la prééminence des sciences sur les lettres, la nécessité d'introduire l'étude des langues étrangères dans l'enseignement, et, tout en pensant aux fruits que l'industrie et la civilisation matérielle pouvaient retirer de ces études, « il croyait surtout à la bonne influence que les sciences ont sur l'imagination des hommes, qu'elles calment, et, par suite, sur leurs habitudes et sur leurs mœurs. Que cent hommes médiocres fassent des vers, écrit-il dans son *Plan d'instruction publique*, cultivent la littérature et les langues, il n'en résulte rien pour personne ; mais que vingt s'occupent d'expériences et d'observations, ils ajouteront du moins quelque chose à la masse des connaissances. » Le rapport de Condorcet sur l'instruction publique (1791) est certainement une des plus belles œuvres de l'époque de l'Assemblée législative et de la Révolution ; c'est là qu'on trouve cette formule qui est l'axiome de l'enseignement populaire : « Toutes les institutions sociales doivent avoir pour but l'amélioration, sous le rapport physique, intellectuel et moral, de la classe la plus nombreuse et la plus pauvre. » N'oublions pas d'ajouter que, contrairement à Talleyrand, Condorcet voulait l'instruction complète des femmes ; il n'exceptait même pas pour elles l'instruction scientifique, disant qu'elles sont plus capables que les hommes pour l'étude des sciences d'observations minutieuses et patientes ; il les regardait comme très-aptes à faire des livres élémentaires et citait l'exemple de l'Angleterre. Il aurait pu, s'il eût vécu de nos jours, constater le même fait aux État-Unis. Quant à ce qui concerne l'instruction primaire, Condorcet la demandait très-étendue ; il y consacre quatre années et la fait suivre de l'instruction secondaire, avec des écoles commerciales, des écoles d'arts et métiers ; pour ces deux degrés il voulait la gratuité absolue.

Le plan de Condorcet ne fut qu'un projet, comme celui de Talleyrand ; il fut emporté par le coup d'État du 31 mai 1792, en même temps que la politique des Girondins.

« Dans les gouvernements parlementaires, dit M. E. Maron [1], aux crises politiques succède ordinairement une phase d'activité administrative, comme si le parti vainqueur voulait justifier sa victoire par des mesures utiles et d'intérêt général. Après le 31 mai, le travail de la Convention se concentra dans les Comités. Ce qu'ils ont fait, personne ne l'ignore ; leur activité, leur dévouement, le grand nombre de lois votées par leur initiative, tout cela fait l'étonnement de l'histoire. Le Comité de l'Instruction publique ne fut pas des moins laborieux ; il était en partie composé de gens de lettres, de savants, de membres des anciennes corporations enseignantes, de prêtres constitutionnels qui tous avaient à cœur l'éducation populaire. Dès le commencement du mois de juin, son président, Lakanal (mort en 1845), fait décréter l'ouverture d'un concours pour la composition de livres élémentaires à l'usage des enfants... Le mois de juin ne s'était pas écoulé, que Lakanal présentait un projet d'écoles nationales, destiné à compléter les quelques articles relatifs aux écoles primaires déjà votés et à poser les bases des écoles secondaires. »

Dans ce projet, très-simple dans ses dispositions, il faut remarquer les articles qui constituent l'éducation des femmes, créent un nombre égal d'institutrices et d'instituteurs, et, par une heureuse inspiration, qui confient aux institutrices seules le soin de donner les premiers éléments de la lecture et de l'écriture aux petits enfants des deux sexes. Le projet de Lakanal place la surveillance de l'école dans un comité composé d'administrateurs du district qui nomment au second degré les instituteurs, les destituent avec l'approbation d'un bureau d'inspection lui-même électif, et de la Commission centrale supérieure ; ce haut tribunal, nommé lui-même par le Corps législatif, est chargé de la perfectibilité et de l'unité de l'enseignement public. En terminant, Lakanal proclame la liberté de l'enseignement et institue des fêtes nationales et cantonales, afin d'habituer de bonne heure les enfants à la vie publique.

« Ce projet, dit l'auteur cité plus haut, fut combattu au nom de principes contradictoires ; un montagnard, Lequinio, lui reprocha de ne point donner suffisamment satisfaction aux besoins de l'instruction supérieure et de trop multiplier les fêtes nationales ; il voulait qu'on donnât plus d'extension aux mathématiques, à la physique, au dessin, en un mot, aux arts positifs, et ne voulait pas que l'on se préoccupât de littérature, sous prétexte que tout homme qui a le jugement sain en prend de lui-même le goût, si la nature l'a doué des aptitudes nécessaires

---

[1] *Histoire littéraire de la Convention nationale.* — Paris, 1860.

à la culture des lettres. Mais les adversaires les plus dangereux du projet nouveau ne se plaçaient pas sur le terrain de l'instruction supérieure; sous ce rapport il leur paraissait même trop scientifique et entaché d'aristocratie. Les Jacobins avaient adopté le fameux projet de Lepelletier de Saint-Fargeau, qui se prononçait pour un seul degré d'instruction, pour l'éducation commune, et dont les dispositions, quoique inspirées par un sentiment généreux, par une haute idée des vertus humaines, semblaient plutôt faites en vue d'un couvent de Spartiates qu'en vue d'une société libre. A la Convention, Robespierre s'en était proclamé le champion et se l'était approprié. » La lutte s'engagea surtout avec l'évêque Grégoire qui « combattit l'éducation commune au nom des difficultés pratiques et surtout au nom de la famille : « Entrez au village, dans une maison sans enfants, c'est une espèce de désert; n'avez-vous pas observé que les enfants sont un lien d'amitié habituelle entre un mari et une épouse, que la crainte de scandaliser et de diminuer le respect filial empêche souvent les parents de se livrer à des excès? Convenez avec moi que nos sentiments les plus moraux, nos sensations les plus douces, nos plaisirs les plus purs, résultent de ces années où, dans le sein de nos familles, avec nos parents, nos frères, nos sœurs, nous avons vu couler le printemps de nos jours. Ah! ces souvenirs ont un charme qui se répand sur tout le cours de notre vie ; malheur à celui qui, dans sa vieillesse, ne sent pas son cœur palpiter en se rappelant d'avoir vécu sous le toit paternel. » L'évêque Grégoire succomba dans la lutte : l'Assemblée vota l'éducation commune ; mais l'influence de Lakanal, de Fourcroy, de Barère et de plusieurs autres députés qui avaient présenté le projet d'établissement de l'École polytechnique et du Conservatoire des arts et métiers, fut la plus forte, et la Convention rapporta son décret, en chargeant le Comité d'instruction publique de faire un nouveau projet de loi. Ce projet, œuvre d'un député obscur, nommé Bouquier, consacrait la liberté de l'enseignement, organisait les écoles primaires sur les bases les plus larges et rendait l'instruction primaire obligatoire. C'est en défendant cette loi, que l'illustre Fourcroy prononça un discours fameux pour soutenir la liberté d'enseignement, discours qui contribua à la faire adopter (19 décembre 1793). Mais la Convention rencontra des difficultés dans l'application de cette loi : elle eut à lutter, surtout dans les provinces, contre l'apathie et l'indifférence des populations ; les commissaires qu'elle envoya dans les départements revinrent convaincus de l'esprit contre-révolutionnaire du pays où la langue française n'était pas comprise, et de l'impossibilité d'établir des éco'es dans les pays où les patois formaient la seule langue en usage.

Ce fut sur ces entrefaites qu'arrivèrent les événements du 9 thermidor (27 juillet 1794) et la réaction qui suivit cette néfaste journée. La Convention avait fini son rôle créateur; elle échoua, il est vrai, dans l'établissement de l'éducation publique, mais elle avait posé les grandes bases sur lesquelles notre époque devait asseoir et consolider une partie de l'édifice qu'elle voulait élever. Les thermidoriens, dont la mission fut plus politique que révolutionnaire, reprirent la loi sur l'instruction publique, et, le 17 novembre 1794, Lakanal, atténuant le dernier projet si éloquemment défendu par Fourcroy, en proposa un autre qui supprimait l'obligation pour les familles, rejetant sur les enfants des peines qu'ils ne méritaient pas, et élevait les honoraires des instituteurs et des institutrices. Il semble que ce projet ait été jugé encore trop révolutionnaire, car, le 25 octobre 1795, une nouvelle organisation de l'instruction publique supprimait complétement l'obligation pour les parents, comme pour les enfants, enlevait tout salaire à l'instituteur, qui avait seulement le logement, et était autorisé à demander une rétribution mensuelle aux parents non indigents.

Il paraît que l'opinion publique ne fut pas satisfaite de ce résultat, car nous voyons la convention thermidorienne, dont le rôle fut encore plus administratif que politique, prendre des mesures rapides pour réorganiser l'enseignement secondaire et par suite modifier de nouveau l'instruction primaire. Ce fut le savant Daunou, amant passionné de la liberté, esprit méthodique et froid, qui fut chargé de rapporter la nouvelle loi organique que la Convention devait accepter à la veille de terminer sa redoutable session (24 octobre 1795). Les dispositions de cette loi sont larges, et, selon l'expression de M. Guizot, la liberté y tient plus de place que l'égalité; elle établit dans chaque canton une ou plusieurs écoles primaires, et dans chaque département une école centrale; elle fonde dix écoles spéciales, sans compter celles des sourds-muets, celles des aveugles-nés, et les écoles relatives à l'artillerie, au génie militaire et civil, à la marine et aux autres services publics, écoles qui sont maintenues telles qu'elles existaient déjà; elle organise enfin l'Institut, qui se compose de trois classes ayant chacune plusieurs sections : sciences physiques et mathématiques, sciences morales et politiques, littérature et beaux-arts.

Les écoles centrales, puisées, comme les écoles spéciales, dans le vaste plan de Condorcet, sont, on peut le dire, les aînées des écoles secondaires spéciales qu'une loi récente vient d'établir; on y trouve l'enseignement du dessin placé à son véritable rang, parmi les cours obligatoires des trois sections dont se compose chaque école centrale; et, autre innovation, l'étude des langues vivantes est consacrée.

Si on ajoute à ces deux enseignements nouveaux l'enseignement difficile des sciences morales, suspecté dès son apparition, comme il l'est encore aujourd'hui; celui des éléments de législation, qui passa bientôt comme une utopie rêvée par Daunou, on se convaincra qu'elles ont inauguré l'enseignement intermédiaire, connu aujourd'hui en France, sous les noms de *professionnel*, de *spécial* et aussi de *technique*. — A Paris deux écoles centrales furent ouvertes, l'une dans le palais Mazarin, appelée *École des Quatre-Nations*, l'autre dans les bâtiments de l'abbaye Sainte-Geneviève, nommée *École du Panthéon* (lycée Napoléon) : une troisième ne tarda pas à s'ouvrir dans le couvent des Jésuites de la rue Saint-Antoine (lycée Charlemagne).

Mais les écoles centrales, comme toutes les créations nouvelles, avaient des imperfections évidentes; elles avaient été attaquées violemment, avant même leur installation, par tous les hommes qui avaient tremblé devant la Révolution. Sous prétexte de les améliorer, on leur fit subir des modifications qui, peu à peu, les rendirent méconnaissables, si bien qu'à la fin du Consulat, elles disparurent dans une organisation nouvelle, toute de réaction, — qui restaurait les anciens collèges en les sécularisant.

Cette loi importante venait clore les grandes créations de la Convention, et pouvait servir de frontispice à ces belles institutions qui font aujourd'hui notre orgueil : l'Observatoire rétabli sur les plans de Lalande, le Bureau des Longitudes et le Muséum d'histoire naturelle réorganisé par l'infatigable Lakanal, l'École polytechnique, le Conservatoire de musique et l'établissement plus démocratique du Conservatoire des arts et métiers, l'École normale, les écoles de médecine et de chirurgie, etc., magnifique cortège plein de grandeur et d'originalité, qui existe encore en entier et qu'on ne saurait trop admirer.

Un fait qu'il ne faut pas oublier dans cette loi de Daunou, c'est qu'elle ne fait pas mention des écoles libres; par cela même, elle proclamait, comme la loi de Condorcet, la liberté de l'enseignement et reconnaissait tacitement que les écoles libres pourraient s'établir à côté des écoles centrales, ce qui eut lieu en effet.

Le gouvernement consulaire voulut rompre avec la Convention; c'était pour lui plus commode que de mettre ses grandes idées à exécution d'une façon complète, en en perfectionnant toutefois le côté pratique. Mais, il faut le dire, en 1802, la réaction contre les idées novatrices des philosophes de l'école révolutionnaire marchait à grands pas ; la bourgeoisie française se faisait une joie de voir ses fils élevés comme elle l'avait été ; et puis, surtout, le premier Consul n'était pas fâché de réduire une jeunesse raisonneuse à la discipline militaire, et, chef d'un gouvernement qui voulait être économe, de diminuer les charges de l'État en rétablissant les internats. La loi votée le 1er mai 1802 était le premier pas, et le plus grand, vers l'établissement du monopole universitaire. Le chimiste Fourcroy, ce conventionnel ardent dont nous avons vu l'œuvre révolutionnaire, l'avait rédigée avec le premier Consul qui avait un idéal étrange en fait d'éducation publique. « Comme il adorait la discipline, comme il admirait les jésuites, dit M. Frédéric Morin [1], sa première idée, quand il eut renversé les écoles centrales, fut d'établir sous le vieux nom d'Université et avec les débris des ordres religieux, une sorte de vaste clergé laïque qui tiendrait un peu de la milice et qui, unissant, dans ses leçons comme dans son âme, le culte de Pierre et celui de César, enrégimenterait les nouvelles générations sous une double consigne religieuse et politique. A ses yeux, le collége idéal était une institution mixte qui flottait entre la caserne et le couvent. Tandis que les élèves, menés au son du tambour, vêtus d'un uniforme semi-militaire, apprenaient la charge en douze temps beaucoup plus que le grec et les lois immortelles de l'esprit humain, les professeurs devaient être assujettis à une toge, *au célibat, à la vie commune* et à des pratiques religieuses; devenus vieux, on les aurait recueillis, comme des curés émérites, dans une salle d'hospice cénobitique. La correspondance de Napoléon avec Fourcroy ne laisse aucun doute sur les projets bizarres que le premier avait conçus et que le second n'osait désapprouver en face, car il sentait bien qu'ils se rattachaient aux idées les plus intimes du maître et à la logique impérieuse de son système de gouvernement. » Ce vif tableau, tracé de main de maître, nous montre cette espèce de corporation séculière que Fourcroy eut bien de la peine à accepter, lui qui, pour empêcher le clergé reconstitué de ressaisir l'enseignement public, avait employé tous les moyens dont il pouvait disposer. — Fontanes, qui lui succéda, accepta les idées du nouvel empereur qui furent législativement reconnues en 1806. Deux ans après, en 1808, l'Université impériale était organisée : l'État regardait l'instruction publique comme sa chose, et s'en faisait un instrument de centralisation sans exemple ; c'était l'établissement du fonctionnarisme, la stagnation, l'inertie de l'enseignement public ; le maître le voulait ainsi. Mais les idées de 1789 n'étaient pas si bien mortes qu'elles ne trouvassent à se faire jour. Le corps universitaire fut bien créé, mais il n'a jamais été animé de ce souffle vital qui fait le véritable esprit de la corporation.

Quant à l'instruction primaire, elle était sacrifiée; la loi de 1802 et surtout le décret de 1808 lui retiraient l'appui de l'État, comme si elle n'était pas la seule branche de l'enseignement public qui ne puisse se passer de son bras et de ses encouragements ! En confiant à la tutelle insuffisante des municipalités, et à la solde précaire des familles le sort de l'école primaire, — en encourageant les Frères des écoles chrétiennes aux dépens des instituteurs laïques, la loi de 1808 laissa l'instruction populaire sans guide et sans force : la seule excuse qu'on puisse admettre à sa décharge, c'est que, pour avoir un enseignement primaire florissant, il faut la paix, la richesse publique et le sentiment profond des masses pour l'instruction; toutes choses que ne pouvait donner le premier empire.

---

[1] Paris-Guide, article *Université*.

La Restauration, dans la question de l'instruction primaire, fut plus large que l'Empire ; elle créa dans chaque canton, par l'ordonnance du 29 février 1816, un comité gratuit et de charité pour la surveillance des écoles primaires, et l'on applaudit à la générosité royale qui assigna un fonds de 50,000 francs pour encourager les écoles populaires. L'année précédente, 15 août 1815, une commission présidée par Royer-Collard, et faisant fonction de conseil de l'Université et remplaçant le grand-maître, avait pris en main l'œuvre de l'organisation de l'instruction primaire; mais le moment n'était pas encore venu de pouvoir élever sur des bases solides l'édifice de l'enseignement populaire, et cependant il approchait à grands pas. Toujours poursuivie à travers les vicissitudes les plus émouvantes, cette œuvre sacrée n'allait pas tarder à sortir des progrès, des idées et des mœurs, et à s'imposer aux gouvernants. — Nous ne devons pas oublier de mentionner les encouragements qui furent donnés pour l'introduction de l'enseignement mutuel dans nos écoles et principalement dans celles de Paris.

Mais la réaction catholique s'empara de plus en plus du gouvernement de la Restauration; une ordonnance du 8 avril 1824 vint complétement enlever ce qui restait de laïque dans l'administration de l'instruction primaire : le droit de délivrer l'autorisation d'enseigner fut enlevé aux recteurs; la surveillance, la révocation des instituteurs, furent données aux évêques. — Il est évident que ce système faisait regretter le régime universitaire. Une transaction survint quand M. de Vatimesnil arriva au ministère de l'instruction publique ; mais rien ne pouvait modifier une situation extrême; il fallait un coup violent qui fut, on le sait, la Révolution de juillet.

La disposition des esprits était telle vis-à-vis de la prépondérance cléricale, incompatible avec les principes du gouvernement sorti des barricades de juillet, que tous les hommes du nouveau pouvoir inscrivirent au premier rang la question de la liberté d'enseignement comme devant être posée à la chambre législative dans le plus bref délai. — Ils voulaient par là combattre l'influence catholique, en lui retirant l'éducation de la jeunesse.

C'est au gouvernement de Louis-Philippe que revient l'honneur d'avoir organisé l'enseignement populaire en service public. Son premier acte dans cette voie fut de porter la subvention de l'instruction primaire, à 700,000 francs, et en 1832 à un million. Mais déjà, en 1831, le ministre de l'instruction publique, Barthe, proposait à la Chambre des pairs un projet de loi par lequel, « tout individu majeur et pourvu d'un brevet de capacité et d'un certificat de bonne vie et mœurs pouvait ouvrir une école; toute commune, à défaut de fondation particulière, devait fournir, sur ses propres ressources, un local, un traitement de 200 francs au *minimum* et verser en plus un vingtième du traitement pour former les fonds de retraite, ou, dans le cas d'impossibilité, être assistée par le département et même par l'État; des comités cantonaux, nommés par le recteur, surveilleraient les écoles. » — Mais, comme, dans ce projet, aucune place n'était laissée au clergé, la Chambre des pairs, après une vive discussion, le rejeta.

L'élan était cependant donné. Cette même année 1831, on vit les départements suivre le mouvement initial de la capitale; quarante-quatre conseils généraux avaient réclamé, subventionné ou ouvert des écoles; deux ans après, des statistiques constataient que 2,791 communes s'étaient enrichies chacune d'une école primaire; les écoles normales, abandonnées en quelque sorte à elles-mêmes et sans forces pour exister, étaient au nombre de 47 ; on n'en comptait que 13 en 1830. — Enfin le gouvernement supprimait la Société des missions, en même temps qu'il reconnaissait la Société pour l'instruction élémentaire, institution d'utilité publique. Cette Société, qui a rendu de si grands services à l'enseignement populaire, fut établie en 1815; elle a compté dans son sein des hommes éminents, attachés de cœur au développement de l'instruction chez les enfants du peuple; aujourd'hui, elle continue son œuvre d'émancipation avec un dévouement égal. L'influence qu'elle sut acquérir auprès des autorités des premières années du gouvernement de juillet porta ses fruits; elle contribua plus que qui que ce soit à la propagation du mode mutuel, apportant ainsi à l'État un appui effectif considérable.

Mais il fallait une loi, et les projets ne manquaient pas; celui que plusieurs députés avaient rédigé d'après les idées de Daunou allait être présenté et discuté quand le gouvernement, par l'organe de M. Guizot, ministre de l'Instruction publique, déclara qu'il avait un projet qui pourrait, croyait-il, obtenir les suffrages de la Chambre.

Le rapporteur de la loi fut M. Renouard; il adoptait le projet, qui fut mis en discussion le 29 avril 1833, et la loi fut promulguée le 28 juin 1833. On a pu dire, avec raison, que la France venait d'être dotée d'une grande et belle loi; elle sera le vrai titre de la carrière politique de M. Guizot, et restera comme un des monuments législatifs de notre siècle.

La loi Guizot (certes on peut lui donner ce nom) consacrait le principe de la liberté d'enseignement inscrit dans la charte de 1830, et divisait les écoles primaires en publiques et privées. Toutes les communes de France devaient entretenir une école populaire, gratuite pour les enfants des familles pauvres, payante dans des limites fixées pour les autres enfants. — A défaut des ressources communales, les départements venaient en aide aux communes, et à défaut des départements l'État apportait son concours. — Ces bases économiques de la loi Guizot paraissent être les seules admises aujourd'hui, au reste, dans notre pays comme chez beaucoup de nations étrangères. — La définition donnée par la loi de 1833 de l'instruction primaire peut servir à mesurer les progrès qui avaient été faits, depuis 1808, dans les idées des hommes d'État sur l'enseignement public. Elle établit que « l'instruction primaire est élémentaire ou supérieure. L'instruction primaire élémentaire comprend nécessairement l'instruction morale et religieuse, la lecture, l'écriture, les éléments de la langue française et du calcul, le système légal des poids et mesures. — Selon les besoins et les ressources des localités, l'instruction primaire pourra recevoir les développements qui seront jugés convenables. »

Le législateur n'oublia pas d'organiser des écoles normales, pépinières de jeunes instituteurs; en conséquence, tout département fut tenu « d'entretenir une école normale, soit par lui-même, soit en se réunissant à un ou plusieurs départements voisins. » Enfin la surveillance et l'inspection avaient lieu par des comités locaux et des comités d'arrondissement; les premiers devaient faire la surveillance constante, journalière; les seconds exerçaient la juridiction; tous les deux devaient faire connaître les besoins et correspondaient directement avec le ministre. — C'est pour être complétement édifié sur ce dernier point que M. Guizot ordonna cette grande enquête auprès des instituteurs de France, enquête qui révéla l'état précaire et misérable, dans lequel ils se trouvaient, eux et leurs écoles. — On a souvent reproché à la loi de 1833, d'avoir donné la nomination des instituteurs aux conseils municipaux, et surtout, d'avoir posé, en quelque sorte, le principe de l'inamovibilité des instituteurs; on a dit que c'était grossir leur importance vis-à-vis du maire, du curé et des autres autorités communales, et on y a vu la cause des reproches qui leur furent adressés avec tant d'amertume et d'injustice, lors des événements de 1848. — Faisons la part des événements: en attaquant les instituteurs, on attaquait la loi de 1833; ce que l'esprit de réaction, qui domina après la révolution de 1848, voulait, en organisant une croisade contre eux, c'était abaisser l'enseignement laïque, en empêcher le développement, et, disons-le, mettre en pratique cette proposition impie, lancée contre le progrès par les Bonald et les de Maistre : « Non, il n'est pas bon que le peuple sache lire et écrire ; son rôle n'est pas de discuter, mais d'écouter et d'obéir. » L'enseignement primaire fut plus de dix ans à se relever de cette persécution ; nous verrons bientôt que, malgré l'élan irrésistible qui pousse les populations vers l'instruction, et malgré les efforts d'un ministre convaincu et courageux, l'enseignement primaire subit encore les coups d'une loi de réaction.

La loi du 28 juin 1833 divisait, comme on l'a vu plus haut, l'enseignement primaire en élémentaire et en supérieur. — Nous venons d'indiquer sommairement ce que fut le premier, examinons ce que fut le second. — La loi le définit ainsi : l'enseignement primaire supérieur comprend nécessairement, en outre, les éléments de la géométrie et ses applications usuelles, spécialement le dessin linéaire et l'arpentage, des notions des sciences physiques et de l'histoire naturelle applicables aux usages de la vie ; le chant, les éléments de l'histoire et de la géographie, et surtout de l'histoire et de la géographie de la France. De plus, la loi imposait aux chefs-lieux de département, et aux autres communes dont la population excédait 6,000 âmes, l'obligation d'entretenir une école primaire supérieure, sans préjudice de l'école élémentaire.

Ce programme, tout incomplet qu'il était, répondait parfaitement à cette question, que les bons esprits se posaient depuis longtemps : « N'y a-t-il pas dans notre système d'instruction publique, entre les écoles primaires et les collèges consacrés aux études classiques, une lacune qu'il serait utile de remplir par des établissements d'une nature spéciale ? Quels seraient les avantages de ces établissements ? Quelle organisation et quel plan d'études y devraient être adoptés ? »

« Les données de ce programme, dit M. Pompée [1], étaient trop claires, trop précises, trop bien exposées ; elles formulaient d'une manière trop vraie les besoins de la classe moyenne, pour qu'on n'entreprît pas d'y répondre. » Plusieurs écrits ou mémoires, entre autres celui de M. Gasc et celui de M. Renouard, le futur rapporteur de la loi Guizot, répondirent en effet et discutèrent les données de la question, en approuvant la voie nouvelle dans laquelle on voulait entrer. La révolution de Juillet interrompit, pour un instant, l'étude de cette importante innovation, qui fut reprise sérieusement quelque temps après. Ce fut alors que les yeux se tournèrent vers les pays étrangers, Hollande, Suisse et Allemagne, qui avaient depuis longtemps, on le sait, organisé sur de larges bases l'enseignement populaire. M. Cousin visita l'Allemagne, principalement la Prusse, et, deux mois après la promulgation de la loi de 1833, M. Saint-Marc-Girardin, était chargé d'une mission dans les États du midi de l'Allemagne. Le célèbre professeur expliquait parfaitement dans son rapport les raisons qui faisaient établir l'enseignement que la loi appelait primaire supérieur. « L'éducation classique, écrivait-il, toute littéraire comme elle est, est bonne pour quelques-uns ; elle est détestable quand elle est donnée à tous. Autrefois ces inconvénients ne se sentaient pas ; l'éducation n'était donnée qu'au petit nombre ; le petit nombre seul la cherchait, et, dans ce petit nombre encore, la majorité était destinée au clergé, qui a surtout besoin d'une éducation savante et lettrée. Il n'en est plus de même aujourd'hui ; tout le monde veut de l'éducation, quelle que soit sa profession. L'éducation lettrée étant la seule qui existe, quoiqu'elle ne convienne certes pas à tout le monde,

----

[1] *Études sur l'éducation professionnelle en France*, par Ph. Pompée. Paris, 1863.

tout le monde la commence au moins. Si tous les enfants faisaient leurs classes jusqu'à la fin, et si la nécessité d'un état et d'un métier à prendre ne venait point déranger ce cours d'études, au bout de quelque temps toute la nation aurait fait sa rhétorique, et toute la nation serait homme de lettres. Cela est effrayant à penser seulement. Il faut donc une éducation intermédiaire, quelque chose de plus que l'instruction primaire, et quelque chose, pourtant, qui ne soit pas l'enseignement classique. Tout le monde sent le besoin de cette éducation intermédiaire ; mais quelle sera-t-elle ? »

La réponse ne se fit pas longtemps attendre, puisque la loi de 1833 créait le nouvel enseignement. M. Pompée, qui fut, comme on sait, un des premiers et des plus vaillants champions de l'éducation professionnelle, a résumé ainsi les principaux objets que la loi s'est proposés : « 1° On a voulu faire disparaître la lacune qui existait dans l'instruction secondaire, en fondant au profit des jeunes gens que l'on ne destine pas aux professions savantes, et qui cependant veulent et peuvent obtenir plus que l'instruction élémentaire, une instruction générale et préparatoire qui mène à toutes les carrières qui n'exigent pas l'étude des langues anciennes. 2° On a voulu enlever aux colléges cette population qui ne fait qu'en franchir la porte, qui s'arrête après avoir fait quelques pas dans la route des études classiques ; qui perd vite, après les avoir quittées, les connaissances qu'elle y avait acquises ; qui perd, en acquérant ces connaissances, un temps qu'elle aurait pu consacrer à des notions qui lui eussent été d'une utilité plus directe pendant le cours de sa vie. 3° On a voulu enfin éloigner du collége latin, dans son propre intérêt et dans celui du pays, cette population si nombreuse qui se trouve trop souvent détournée, par des études trop spéciales et inutiles pour elles, des carrières agricoles, industrielles et commerciales qu'elle aurait dû embrasser. »

La création de cet enseignement, qui fut appelé dès l'abord *primaire supérieur*, satisfaisait donc aux nécessités amenées par les progrès des idées démocratiques, et plaçait la France au niveau des États allemands. Une victoire était gagnée ; elle proclamait le principe d'une éducation *parallèle* à celle donnée dans les lycées et colléges, et l'inscrivait dans la loi. Nous disons *parallèle* et non *intermédiaire*, car l'enseignement si bizarrement appelé primaire supérieur ne doit pas être placé entre les écoles primaires et les colléges ; il ne forme pas un intermédiaire obligé entre ces deux établissements ; il ne faut pas nécessairement en sortant de l'école primaire passer par l'école supérieure pour entrer au collége. Tel n'est pas l'esprit mis dans la loi par le législateur le nouvel enseignement, réclamé déjà par les lois de la Convention, est un enseignement *secondaire*, au même titre que celui des lycées ; « car, ajoute M. Pompée, ce qui constitue l'enseignement secondaire, ce n'est pas uniquement l'étude du latin et du grec en particulier. L'enseignement secondaire est celui que reçoivent des enfants déjà dégrossis par une première culture, déjà munis de certaines connaissances intellectuelles, pour achever cette culture, pour compléter ces connaissances. Les écoles primaires supérieures n'ont pas d'autre mission à l'égard de ceux qui se destinent au commerce et à l'industrie, soit qu'après avoir reçu des leçons ils s'enferment immédiatement dans un atelier, ou qu'ils se mettent à un comptoir, soit que, dans une école d'industrie agricole, manufacturière ou commerciale, ils aillent chercher des connaissances spéciales. Elles sont donc secondaires par leur nature, quel que soit le nom sous lequel la loi les désigne. »

Or ce nom de *primaire supérieur* donné aux écoles nouvelles fut certainement la cause du peu d'enthousiasme que la classe moyenne manifesta pour elles ; ce nom modeste de *primaire*, bien qu'accolé à la ronflante épithète de supérieur, ne pouvait manquer de blesser l'amour-propre, et de soulever la vanité des familles bourgeoises, auxquelles s'adressait plus spécialement cet enseignement. L'administration s'émut de cette défaveur prématurée qui prenait naissance dans une fausse dénomination; elle proposa plusieurs appellations, prises chez les Allemands, et enfin ne s'arrêta à aucune. Cependant elle consentit à faire ce qui était en usage pour les colléges, c'est-à-dire placer les principales écoles primaires supérieures sous l'invocation de grands noms, comme *Turgot, Colbert, Chaptal.*C'est ce qui eut lieu, en effet, pour l'école primaire supérieure, fondée par M. Goubaux; elle devint école *François I*er, et plus tard, *collége Chaptal,* nom sous lequel elle est aujourd'hui connue. La même chose se passa pour l'école primaire supérieure, établie municipalement rue Neuve Saint-Laurent (aujourd'hui rue du Vert-Bois), par M. Ph. Pompée; elle reçut d'abord le nom de *Colbert,* qu'elle changea pour celui de *Turgot.* Seulement on ne l'appelle pas *collége* comme sa sœur de la rue Blanche. On n'a jamais su pourquoi.

Une autre chose qui empêcha l'acclimatation rapide du nouvel enseignement, ce fut la lutte qui ne tarda pas à éclater entre le collége communal et les nouvelles écoles. Une ordonnance royale du 21 novembre 1841, rendue sur le rapport de M. Villemain, ministre de l'Instruction publique, avait, en effet, annexé les écoles primaires supérieures aux colléges, en donnant pleine et entière autorité aux chefs de ces derniers. N'était-ce pas vouloir étouffer l'enseignement professionnel municipal? On trouvait de bonnes raisons, qui devaient flatter le sentiment vaniteux des familles. « L'école primaire supérieure sera unie au collége communal, elle sera soumise à la même direction, à l'autorité du même chef, elle ne fera avec le collége qu'un même corps, elle perdra son *malencontreux nom* d'école primaire, et s'intitulera collége. Les deux enseignements seront associés, de telle sorte que la jeunesse pourra participer à l'un et à l'autre; on pourra apprendre simultanément le latin et les mathématiques, mêler le culte des muses à celui du calcul, de la science géographique et de la tenue des livres, dans des proportions diverses, selon les lieux qui seront déterminés après quelques tâtonnements. Ce *parallélisme* entre les deux enseignements a eu, sous une autre forme, le plus grand succès en Allemagne. Tout porte à croire qu'il réussira de même parmi nous. En même temps, l'article de la dépense subira une forte réduction. Le local sera tout trouvé sans nouveaux frais, les professeurs du collége communal feront une partie des cours, moyennant un supplément de traitement couvert, au moins partiellement, par la rétribution des nouveaux élèves, il n'y aura qu'à leur adjoindre un petit nombre de professeurs spéciaux. Dans ce nouveau système l'État aura la faculté de distribuer des secours. »

C'est ainsi que le *Journal des Débats* défendait l'ordonnance de M. Villemain, au moment où des expériences sérieuses prouvaient le contraire. M. Saint-Marc-Girardin, de son côté, répondait à ces prétendus avantages de l'union du collége communal et de l'école primaire supérieure : « Au lieu de créer des écoles différentes, écrivait-il, on a, sous prétexte de satisfaire au vœu de l'opinion publique, introduit dans les classes l'enseignement complet des sciences physiques et mathématiques, l'enseignement des langues vivantes, etc., etc., croyant sans doute, ou que le temps s'allongerait pour les élèves, ou que leur intelligence s'accroîtrait. Qu'est-il arrivé? Les jours ne sont pas devenus plus longs, ni les intelligences plus fortes; seulement les élèves ont plus écouté et moins retenu, plus appris et moins su; une fois qu'on a dépassé une certaine mesure, on peut, dans l'esprit des enfants, mettre tout ce qu'on veut et tant qu'on veut; car le tonneau se vide à mesure qu'il s'emplit; il n'a donc plus de fond. Moins d'élèves dans la même école, moins de leçons différentes dans la même classe, un plus grand nombre d'écoles distinctes : voilà quels sont, selon moi, les véritables principes de la réforme des études en France. »

Malgré les difficultés inévitables et les mauvais vouloirs, les hommes qui désiraient réellement l'établissement de l'enseignement des classes moyennes étaient convaincus de la nécessité d'isoler les écoles primaires supérieures, de leur donner un local, un chef et des professeurs distincts et faire, pour l'enseignement professionnel, les mêmes sacrifices que pour les colléges latins. Or, cela ne se pouvait exécuter qu'en fondant un nouvel établissement, ou en en prenant un déjà existant pour le convertir en école primaire supérieure. La loi accordait aux autorités municipales la plus grande liberté soit pour fonder, soit pour transformer ; malheureusement il fallait vaincre les préjugés, la routine et la vanité, trois ennemis redoutables du progrès que nous trouvons encore aujourd'hui aussi puissants qu'alors. Les hommes les plus compétents s'attachaient surtout à faire opérer la transformation des colléges communaux.

« L'instruction secondaire, disait à ce sujet M. Victor Cousin, n'est désirable qu'autant qu'elle est bonne, et toute ville qui ne peut avoir un bon collége se rend à elle-même un mauvais service en soutenant un collége misérable, au lieu d'appliquer la même dépense à une école primaire supérieure qui, bien entretenue et peu à peu sagement agrandie, porterait d'excellents fruits. Car enfin, dans cette école primaire supérieure, il peut y avoir un enseignement religieux très-solide, de l'histoire, de la géographie générale et nationale, les éléments des mathématiques et des sciences naturelles, une langue étrangère, la musique et le dessin ; en un mot, tout ce qui est nécessaire à ceux qui ne se destinent pas aux carrières savantes. » De son côté, M. Saint-Marc-Girardin écrit : « La conversion graduelle des colléges communaux incomplets en écoles primaires supérieures est une des œuvres auxquelles il faut s'attacher. Ici, surtout, ne procédons pas avec notre logique rigoureuse, ne tendons pas de faire tout en même temps. Il ne faut point de loi pour opérer cette conversion ; laissons-la faire insensiblement par le penchant naturel des esprits et par la force naturelle des choses. Avec les autorités municipales établies, il est impossible que les besoins des populations industrielles restent plus longtemps méconnus. »

Quoi qu'il en soit, l'enseignement des classes moyennes était né, la loi l'instituait parallèlement à l'enseignement classique, et, malgré les difficultés que rencontrait à chaque pas son établissement, ses progrès étaient réels. Au reste, il est facile de constater, par des données statistiques que nous fournit M. Pompée, quelle fut la situation des écoles primaires supérieures à quatre époques bien distinctes.

Aux termes de la loi du 28 juin (art. 10), 332 communes devaient entretenir des écoles primaires supérieures. En 1834, M. Guizot pouvait inscrire 45 écoles ouvertes et 54 sur le point de s'ouvrir ; en 1837, M. de Salvandy constatait la marche de 235 écoles communales et 97 écoles privées recevant ensemble 9,414 élèves ; en 1841, le rapport de M. Villemain donnait 264 communes pourvues d'écoles primaires supérieures ; enfin, en 1843, un second rapport de M. de Salvandy inscrivait 325 écoles communales et 78 écoles privées.

On voit que, malgré tout, la progression a toujours été ascendante ; il ne manquait à ces écoles nouvelles, qu'un parti cherchait à arrêter en multipliant les obstacles, parti que nous verrons bientôt arriver à ses fins, que l'unité d'impulsion ; c'est, dit M. Pompée, ce que M. Cousin avait voulu faire en 1840, c'est ce que M. de Salvandy voulait faire en 1847, et M. Carnot en 1848.

Parmi les écoles primaires supérieures, il y en eut deux qui parvinrent à une véritable notoriété publique qu'elles ont encore aujourd'hui ; on a déjà nommé l'École municipale Turgot, fondée en 1839 et qui fut organisée par M. Pompée ; nous avons dit plus haut que le nom d'école primaire supérieure, qu'elle porta d'abord, fut changé en celui de l'École Colbert, qui très-peu de temps après fut remplacé par le nom de Turgot. Le Collége Chaptal fut d'abord une simple institution particulière que feu M. Goubaux, son fondateur, transforma en école primaire supérieure. Ses succès engagèrent la ville de Paris, en 1844, à en faire l'acquisition; elle devint École François Ier, puis Collége Chaptal. Ces deux écoles suivirent chacune la voie que lui traça la partie de la population à laquelle elle s'adressait; la première, placée au centre d'un quartier populeux habité par une foule d'industriels et de commerçants (rue du Vert-Bois), conserva les programmes que la loi imposait aux écoles primaires supérieures, en en modifiant toutefois, par expérience, certaines parties; la seconde, élevée, au contraire, dans un quartier presque aristocratique, s'adressait aux familles aisées, riches même, de la bourgeoisie; elle changea ses premiers programmes en les combinant avec l'étude du latin; elle augmenta ainsi les cours de trois années, ce qui les porta à six, tandis que l'École Turgot conserva les trois années d'études que la loi indiquait. Ces institutions, toutes les deux propriétés de la ville de Paris, ont, par leur diversité même, rendu et rendent encore des services considérables à l'instruction professionnelle.

Après ces deux écoles types, il faut citer l'école de Nantes et l'école Lamartinière à Lyon, qui fut fondée en 1831 avec la donation léguée à sa ville natale par le major Martin. Ces deux établissements ont constamment suivi une marche ascendante, le dernier surtout sous la longue et habile direction de M. Tabareau. Quant aux autres écoles primaires supérieures, quelques-unes ont eu une existence précaire, d'autres furent étouffées par le collége communal, et très-peu résistèrent aux coups mortels que leur porta la législation rétrograde de 1850.

La Révolution de 1848 trouva donc l'instruction primaire organisée dans toute la France. Si beaucoup de communes encore ne possédaient pas une école primaire, il faut plutôt s'en prendre à l'indifférence des populations qu'à la loi Guizot; car si cette loi était timide et incomplète (elle n'organisait pas l'enseignement des filles), elle était forcément libérale et donnait à l'instruction populaire une impulsion irrésistible. Quant à l'enseignement supérieur, la nouvelle République avait à créer des écoles spéciales d'agriculture, d'art appliqué aux industries, de commerce et d'administration. Mais si, comme en 1792, dit M. Pompée, il ne s'agissait pas de conquérir des institutions, le premier soin pour le gouvernement républicain devait être de leur donner pour fondement inébranlable l'éducation des masses : « Formons des citoyens pour les institutions nouvelles, » telle avait été la première parole adressée au conseil de l'Université par M. H. Carnot, lorsqu'il vint prendre possession du ministère provisoire de l'instruction publique; et lorsque, le 25 février, il adressa une circulaire aux recteurs des Académies à l'occasion de l'installation du gouvernement provisoire, il déclara que « la République compte nécessairement au nombre de ses principes l'extension et la propagation active des bienfaits de l'instruction dans toutes les classes de la société. » Mais ce qui préoccupa tout d'abord le ministre, ce fut la rédaction d'une loi sur l'instruction primaire basée sur *la gratuité, l'obligation et la liberté d'enseignement.* Des commissions furent nommées et fonctionnèrent pour discuter cette loi et d'autres projets qui organisaient des *colléges industriels,* une *école spéciale d'administration,* et les *enseignements agricoles* et *industriels.*

Mais les événements entraînaient les hommes; M. Carnot, après quatre mois et demi de luttes, quittait le ministère; MM. de Vaulabelle et Freslon lui succédaient, et, à leur tour, allaient être emportés par la réaction. « A peine, en effet, l'Assemblée nationale, pour répondre aux vœux de l'opinion publique, eut-elle le temps d'inscrire, dans l'art. 13 de la Constitution du 4 novembre 1848, la promesse de *l'enseignement primaire gratuit* et de *l'éducation professionnelle*, que M. de Falloux présentait un projet de loi qui annulait tous les travaux de ses devanciers, et faisait reculer notre instruction primaire jusqu'aux plus mauvais jours de la Restauration. »

La loi présentée par M. de Falloux ne fut discutée et acceptée que le 15 mars 1850; elle restera comme un monument de réaction. Par la manière habile dont les articles de cette loi étaient combinés, elle livrait l'enseignement populaire presque en entier aux instituteurs et aux institutrices congréganistes, en leur permettant d'enseigner sans la garantie des brevets de capacité, qu'elle exigeait des instituteurs et des institutrices laïques. L'article 49 disait : Les lettres d'obédience tiendront lieu du brevet de capacité aux institutrices appartenant aux congrégations religieuses, etc.

L'article 31 avait dit avant : Les instituteurs communaux sont nommés par le conseil municipal de chaque commune et choisis, soit sur une liste d'admissibilité et d'avancement dressée par le conseil académique du département, *soit sur la présentation qui est faite par les supérieurs pour les membres des associations religieuses vouées à l'enseignement et autorisées par la loi.* Il est clair pour tout le monde que la *lettre d'obédience* et la *présentation* par les supérieurs des congrégations ne prouvent qu'une seule chose : la soumission aveugle aux ordres des évêques, des archevêques et des chefs des communautés religieuses.

M. de Falloux n'était plus ministre quand la loi qu'il avait élaborée fut discutée par l'Assemblée législative. Ce fut son successeur, M. Esquirou de Parieu, qui soutint la discussion dans laquelle il n'est pas difficile de voir les tendances réactionnaires des législateurs, leur désir d'anéantir le rôle et l'influence des instituteurs et des écoles primaires supérieures dont pourtant l'existence était condamnée par le préjugé populaire. Heureusement pour ces dernières, que la Commission voulait supprimer, elles trouvèrent des défenseurs convaincus dans MM. Ferdinand de Lasteyrie et Wolowski, et la loi fut votée en consacrant la conservation de *l'enseignement professionnel,* « enseignement qui prépare à toutes les professions. »

On comprit bien vite dans le pays qu'un grand coup de massue venait d'être porté à l'enseignement primaire et surtout à l'enseignement primaire supérieur qu'avait créé la loi de 1833 ; l'Assemblée législative, qui avait voté cette loi organique, n'eut garde de demander au gouvernement ce qui avait été fait pour constituer cet « enseignement professionnel. » Elle fut dissoute, et le paragraphe 4 de l'article 62 de la loi du 15 mars 1850 resta depuis une lettre morte; la conspiration du silence se fit autour de l'article et de la loi, en attendant la croisade.

Quand l'Empire fut proclamé, M. H. Fortoul était ministre de l'Instruction publique et des cultes. Son administration est restée colorée des teintes sombres de la persécution, dans la mémoire des instituteurs; elle a pendant treize ans réduit leur rôle à celui d'instrument sans pensée, sans initiative, et les a livrés au caprice des sous-préfets et des préfets que la loi du 14 juin 1854 leur donnait dorénavant pour chefs. La loi Fortoul a enlevé 1 peu de garanties que la loi Falloux avait conservées aux instituteurs ; elle a été la plus funeste des lois pour l'instruction primaire, et l'on ne comprend qu'elle ait pu peser pendant de longues années sur tout l'enseignement, qu'en songeant à l'organisation politique de l'Empire.

Personne n'ignore que M. Fortoul a aussi attaché son nom à un nouveau plan d'études, et au système de la *bifurcation.* Déjà, en 1847, M. de Salvandy avait inauguré quelque chose de semblable, que la révolution de 1848 avait fait abandonner. M. Fortoul reprit en sous-œuvre ce projet, et, le poussant aux extrêmes, il en fit cette *bifurcation*, jugée et abandonnée à cause des résultats désastreux qu'elle amena dans l'enseignement secondaire. Cette réforme malheureuse, qu'il est bien difficile de défendre, forçait les élèves à se prononcer pour les sciences ou pour les lettres, à partir de la quatrième, et, suivant leur choix, à continuer l'étude des lettres ou à recevoir un enseignement purement scientifique.

Nous ne parlons pas des autres réformes; mais on voit de suite que, pour ceux qui suivaient la voie des sciences, c'étaient quatre années de latin en pure perte. Et puis que signifient des études faites dans un but abstrait ? La tendance qui se manifestait dans l'organisation de l'enseignement public était loin d'être celle de la loi de 1833; nous allions reculer, pour l'instruction primaire, jusqu'à la loi de 1802; les congrégations enseignantes, favorisées comme au beau temps des missions, envahissaient l'enseignement public; la crise était profonde; il fallait en sortir; la force des choses y poussait.

M. Fortoul mourut en 1856, et M. Rouland, procureur-général près la Cour impériale de Paris, nommé ministre de l'Instruction publique, héritait d'une position délicate et pleine de difficultés. Il n'hésita pas cependant; il mit à l'étude une suite de réformes ayant pour but général de rétablir les droits de l'État et de donner au pays du suffrage universel un enseignement public fondé sur de larges bases. Pour commencer, prenant une marche analogue à celle qu'avait suivie M. Guizot, il s'adressa aux instituteurs eux-mêmes, fit appel à leur expérience et à leur loyauté, et ouvrit (1860) cette enquête solennelle justement célèbre, par laquelle il leur proposa, par la voie du concours, de répondre à la question suivante : « Quels sont les besoins de l'instruction primaire dans une commune rurale, au triple point de vue de l'école, des élèves et du maître ? » Le résultat de cette enquête fut l'envoi de 6,000 mémoires parmi lesquels les inspecteurs primaires et les inspecteurs d'académie en envoyèrent 1267 au Jury central, après examen fait avec soin et impartialité.

Il faut lire les extraits de ces 1267 mémoires que M. Charles Robert a publiés (Plaintes et vœux sur la situation des maisons d'écoles, du mobilier et du matériel classique) pour se faire une idée exacte de la situation de notre enseignement primaire en 1861. La réponse à la question du ministre fut cruelle : en face de la vérité, si courageusement écrite par M. Charles Robert, M. Rouland fit les efforts les plus généreux pour améliorer le sort des instituteurs. L'enquête avait été pour eux une marque de confiance et d'estime qui les releva de l'humiliante situation qu'ils subissaient depuis treize années. Déjà, en 1858, le ministre avait rendu meilleure la position des inspecteurs, et avait porté à 500 francs le minimum des instituteurs suppléants ; l'année suivante, la rétribution scolaire laissée aux institutrices fut recouvrée par le percepteur, afin qu'elle soit certaine, et en 1860 une loi augmentait, pour 1861, les ressources affectées aux écoles publiques, de un million, ce qui porta leur budget à 6,095,000 francs. Tous ces efforts du ministre devaient amener ce premier résultat de prouver combien de mérite réel se cache sous la modeste condition des instituteurs de campagne, et de faire naître un retour d'opinion, un réveil en faveur de ces fonctionnaires dévoués qui devaient quelques années plus tard prouver au pays tout entier leur attachement à la grande cause du progrès.

Mais, en même temps que M. Rouland s'occupait activement de l'enseignement primaire, il ouvrait une autre enquête moins solennelle peut-être, mais aussi utile, pour la réorganisation de cet enseignement professionnel que la réforme de M. Fortoul laissait périr. Le ministre s'entourait de tous les moyens dont son administration pouvait disposer et il élaborait le projet de loi sur l'enseignement *usuel, parallèle* à celui donné dans les lycées, projet par lequel étaient créés des établissements nouveaux sous les noms de *colléges français*. Ce nom était significatif; il voulait distinguer nettement ce qui appartenait à l'enseignement classique et à l'enseignement qu'il appelait *moderne* et *français*, et aussi *secondaire professionnel*, et il demandait à l'État les moyens de doter enfin le pays de la nouvelle institution « qui doit être, dit-il, considérée, envers la classe moyenne, comme une *dette;* envers les *producteurs* comme le complément des libertés données au commerce. »

Le projet de M. Rouland était à l'examen du Conseil d'État, quand il céda la place à M. Duruy, ministre actuel de l'Instruction publique, qui trouva tout préparé le terrain où devaient fleurir ses utiles réformes. En effet, M. Duruy n'hésita pas à suivre la voie ouverte par son prédécesseur. Homme d'enseignement et d'étude, convaincu et ayant le courage de ses convictions, il a donné à ses conceptions un côté original et bien vivant, bien français, dironsnous, qui lui a donné une véritable et franche popularité. Les travaux commencés par M. Rouland sur l'enseignement secondaire professionnel ont été repris par M. Duruy, et, après plus d'une année d'études sérieuses faites sur tous les points de la France, il a élaboré une loi nouvelle sur cet enseignement qu'il a appelé *secondaire spécial*. Le Corps législatif fut saisi du projet de loi et l'adopta le 21 juin 1865.

D'après cette loi, l'enseignement secondaire spécial comprend : l'instruction morale et religieuse; la langue et la littérature française, l'histoire et la géographie, les mathématiques appliquées, la physique, la mécanique, la chimie, l'histoire naturelle et leurs applications à l'agriculture et à l'industrie; le dessin linéaire, la comptabilité et la tenue des livres. A ces matières nécessaires furent ajoutés : une ou plusieurs langues étrangères; des notions usuelles de législation et d'économie industrielle et rurale, et d'hygiène, le dessin d'ornement et le dessin d'imitation; la musique vocale et la gymnastique.

En outre, pour que la distance entre l'instruction primaire et le nouvel enseignement puisse être plus facilement franchie, le dernier article de la loi augmente le programme des matières que comprend l'enseignement primaire d'après la loi de 1850. C'est ainsi que peuvent être enseignés : le dessin d'ornement et le dessin d'imitation, les langues vivantes étrangères, la tenue des livres et les éléments de géométrie.

Mais ce qui fait que cette loi est bien vivante, c'est la facilité qu'elle donne, au moyen des conseils de perfectionnement institués près chaque établissement public d'enseignement secondaire spécial, de modifier les programmes suivant les besoins des populations. Dans son rapport à l'Empereur, le ministre insiste sur ce côté nécessaire et pratique que doit posséder l'exécution de la loi. « Cet enseignement, dit-il, ne peut prétendre à embrasser dans chaque école l'étude de toutes les matières et de toutes les forces que l'agriculture, l'industrie manufacturière et le commerce mettent en jeu. Lui imposer cette tâche encyclopédique, serait préparer sa ruine. Son programme est fondé sur un principe : l'éducation des classes industrielles; il indique une méthode : la science étudiée dans ses applications. Il a donc une véritable unité, et il importera de lui conserver ce caractère dans les grandes écoles publiques; *mais il n'est pas impératif. Il doit rester assez flexible dans l'exécution pour se plier, selon les circonstances et les lieux, aux besoins des populations,* qui sont tantôt attirées par les travaux de la campagne, tantôt par ceux des industries urbaines, et dont nous augmenterons la puissance de production et le bien-être en les rendant capables de comprendre et de réaliser, dans les œuvres de l'industrie ou de l'art industriel, ici la pureté de formes, là l'heureuse combinaison des couleurs, ailleurs les conceptions de la mécanique, les progrès soudains de la chimie ou les découvertes lointaines des voyages et des sciences naturelles. »

« Pour atteindre ce but *mobile et multiple*, un programme uniforme ferait obstacle. Tout en résistant aux entraînements et aux caprices, il doit être permis de céder aux exigences fondées sur la nature des choses. C'est pour cela que la loi a sagement décrété l'établissement d'un conseil de perfectionnement auprès de chaque grande école spéciale, dans le but d'y préparer et d'y maintenir cette pondération nécessaire entre les études des élèves et les besoins de leur avenir. Ces conseils me signaleront, pour les maisons d'État, les modifications à introduire dans les cours, et leur vigilance préviendra ou corrigera les erreurs de détail inséparables d'une entreprise aussi complexe. Mon intention serait de centraliser leurs efforts par la création d'un conseil supérieur de perfectionnement placé auprès de mon administration. »

Tel est le caractère de la nouvelle organisation de cet enseignement parallèle à l'enseignement classique, dont la loi de 1833 a posé les bases, caractère essentiellement large et démocratique, qui favorise l'essor de l'initiative particulière et développe toutes les ressources de l'intelligence ; véritable pierre de touche qui devra faire ressortir et mettre en lumière les facultés que l'enseignement classique laisse endormies.

La loi du 21 juin 1865 demandait, pour être appliquée, un personnel de professeurs qu'il était bien difficile de trouver ; et de même que M. Guizot avait créé des écoles normales primaires qui devaient lui fournir de bons instituteurs, M. Duruy organisa une grande école normale spéciale. « Si, depuis quarante ans, dit-il, l'enseignement spécial, essayé sous les noms les plus divers, n'a pas réussi encore à se fonder définitivement, une des raisons de l'échec a été l'absence d'un personnel de professeurs particulièrement formés pour cet enseignement. La création d'une école normale spéciale fera cesser cette insuffisance, et l'Université sera bientôt en état de donner aux lycées, aux colléges, aux grandes écoles communales, des maîtres capables de seconder le mouvement industriel du pays par l'enseignement de toutes les applications des sciences. »

L'École normale destinée à former des maîtres pour l'enseignement secondaire spécial fut créée par le décret du 28 mars 1866, et établie à Cluny (Saône-et-Loire) dans les bâtiments de cette ancienne et illustre abbaye de Bénédictins qui, aux douzième et treizième siècles, tenaient dans leurs mains le sceptre des connaissances humaines en Occident. Singulier jeu du hasard ! Là où Odilon, Hildebrand, Grégoire VII, Urbain II, Pierre le Vénérable, Abailard et tant d'autres hommes célèbres avaient étudié, un ministre ardent et convaincu établissait, il y a trois ans à peine, une école qui doit former les nouveaux maîtres du nouvel enseignement. Mais l'œuvre du législateur eût été incomplète, s'il s'était borné à lui donner un nom et un rang ; il fallait déterminer les programmes à suivre ; question grave, qui, bien ou mal résolue, doit donner au pays une jeunesse plus ou moins éclairée, plus ou moins morale. « Le point de départ était indiqué par le but même qu'on se propose d'atteindre, dit l'Exposé des motifs du projet de loi. Les écoles où l'on apprend une profession déterminée ont besoin de donner l'instruction particulière qui est propre à former la jeunesse pour l'exercice de cette profession. Tel est l'enseignement qu'elle reçoit dans les écoles des ponts et chaussées, des mines, des constructions navales, dans les écoles d'arts et métiers, et mille autres qui lui sont ouvertes par l'État ou par les particuliers. Les écoles nouvelles n'étant point destinées à des besoins du même genre, il est manifeste qu'il faut en exclure cet enseignement technique particulier pour chaque profession, et le laisser dans le domaine des écoles spéciales et de l'apprentissage. »

« Mais il y a une culture de l'esprit qui est indispensable, dans notre temps, pour suivre les carrières du commerce et de l'industrie, comme il y a des connaissances générales qu'on doit posséder, quelle que soit celle qu'on veuille choisir. La connaissance de notre langue, par exemple, celle de notre histoire et de notre littérature, plus ou moins étendue, celle des mathématiques jusqu'à un certain degré, de la géographie, de la comptabilité et beaucoup d'autres ne sont pas moins utiles au commerçant qu'elles ne le sont à celui qui dirige une fabrique ou un atelier. Or, le nouvel enseignement s'adressant à la jeunesse qui se destine à ces carrières, évidemment son programme doit être ordonné à la fois pour que cette jeunesse atteigne le niveau intellectuel exigé par le rôle auquel elle est appelée dans la société, et pour qu'elle acquière, dans l'intervalle de temps réservé à son éducation, les connaissances communes aux diverses professions. »

Quelles que soient les critiques dont les programmes de M. Duruy aient été l'objet, on ne peut s'empêcher de reconnaître que le but est largement atteint. Ces critiques, au surplus, ne portent que sur des questions de détail, mais la tendance ne peut donner lieu à aucune crainte pour l'avenir intellectuel de la jeunesse française, comme quelques esprits, trop amoureux des *humanités*, voudraient le faire supposer. D'ailleurs, qu'on se rappelle la fonction des conseils de perfectionnement, et l'action qu'ils doivent exercer sur les programmes d'enseignement pour les plier suivant les besoins des populations, et l'on pensera avec nous qu'il est faux de comparer l'enseignement spécial au système de la bifurcation imaginé par M. Fortoul. — Au reste, ce n'est ni le lieu ni l'heure de répondre aux objections et aux résistances que rencontre l'œuvre du ministre de l'Instruction publique. Toute idée nouvelle a, en France, toujours de la peine à grandir et à faire son chemin ; celle-ci n'est pas née d'hier cependant ; aujourd'hui, des expériences répétées l'ont rendue populaire, elle n'a plus qu'à vivre et à bien vivre, à se développer, l'avenir répondra mieux et plus victorieusement.

L'enseignement secondaire spécial a donc, comme l'enseignement supérieur, sa pépinière de professeurs, son école normale de Cluny. Cet établissement aura bientôt fonctionné pendant deux années scolaires, durée des cours d'études, en sorte que les nouveaux établissements pourront avoir un personnel parfaitement préparé.

Après avoir donné, par la loi sur l'enseignement spécial, satisfaction aux classes agricoles, industrielles et commerciales, M. Duruy a porté son infatigable activité du côté des classes populaires et, surtout, il a songé à l'instruction des filles, premier germe de la régénération du peuple. — La logique des faits ne pouvait pas, en effet, laisser subsister, sans la modifier, la loi de 1850, qui n'entrait plus suffisamment dans le grand mouvement pédagogique qui sera un des caractères de notre époque. Le législateur se proposa « de perfectionner l'organisation résultant des lois de 1833 et de 1850, en étendant la faculté laissée aux communes d'établir la gratuité de l'instruction primaire, en diminuant le nombre des écoles mixtes par l'abaissement du chiffre d'habitants au-dessus duquel il devient nécessaire de séparer les enfants des deux sexes ; en améliorant la condition des maîtres-adjoints ; en faisant pour les institutrices ce que les lois de 1833 et de 1850 n'avaient fait que pour les instituteurs. Ce dernier point est de beaucoup le plus considérable, et, pour ainsi dire, l'*âme* de la loi. »

Le rapporteur de la loi sur l'enseignement spécial fut le même qui fut chargé de présenter la loi nouvelle sur l'instruction primaire. M. Chauchard dans son rapport proclame, dans un langage sincère et digne, les vérités aujourd'hui banales, on peut le dir e, qu'on est étonné d'invoquer encore, en têted'un projet de loi. Il est vrai que les vérités ne sauraient trop se répéter. Mais, malgré l'esprit élevé qui caractérise ce Rapport, la nouvelle loi soumet l'instruction primaire au même régime que la loi de 1850. On peut dire qu'elle n'en est qu'une modification plutôt financière que pédagogique ; et mieuxencore qu'elle n'est qu'une addition, de la plus haute importance, il est vrai. C'est par ce complément de l'instruction des filles que cette loi mérite toute l'attention et fixe l'intérêt. — Le rapporteur l'a dit avec juste raison: «L'éducation des filles mérite plus d'attention peut-être que celle des garçons », et y travailler, c'est «travailler de la façon la plus active et la plus efficace à l'éducation de l'homme même. Une mère est portée d'instinct à transmettre à ses enfants l'instruction qu'elle possède. » D'un autre côté, «la femme du laboureur ou d'un artisan, quand elle aura reçu les premières notions des connaissances utiles, quand elle saura lire, écrire et calculer, sera plus propre à s'occuper utilement de tous les soins du ménage. Moins éloignée de son mari par l'instruction, elle ne se trouvera plus dans cet état affligeant d'infériorité où la relègue trop souvent son ignorance. Elle se sentira vraiment sa compagne, et non plus seulement son aide et sa servante. Elle sera consultée, elle sera traitée comme une égale. Son autorité grandira et sera plus assurée, sa position ennoblie deviendra ce qu'elle doit être, et ses enfants la respecteront davantage. »

M. Chauchard rappelle avec raison que, si la loi du 28 juin 1833 avait organisé l'instruction des filles comme elle avait organisé celle des garçons, tous nos enfants sauraient aujourd'hui lire et écrire. Il est bien certain pour tout le monde que, lorsque la Chambre de 1833 rejeta le titre que M. Guizot voulait introduire dans sa loi en faveur de l'enseignement des filles, elle commit une grande injustice envers la société. La loi du 15 mars 1850 fit-elle mieux? On ne peut guère répondre affirmativement, puisqu'elle se borne à enregistrer le droit, méconnu jusqu'alors, des filles à l'instruction primaire. — Dans son article 51, elle stipule que toute commune de 300 âmes et au-dessus serait tenue, *si ses propres ressources lui en fournissaient les moyens*, d'avoir au moins une école de filles. Si les ressources sont insuffisantes, la commune n'a rien à attendre ni du département ni de l'État. On voit d'après cette disposition que les communes *riches* seules sont obligées d'avoir une école de filles.

Tout était à créer pour l'instruction des filles; quelle que soit donc la critique qu'on peut faire de la loi nouvelle, elle est un bienfait dont notre pays est redevable à l'ardente initiative de M. Duruy. Cette loi oblige toute commune riche ou pauvre, de 500 âmes, d'établir une école de filles, sauf dispense qu'accordera le Conseil départemental, dans certaines circonstances. Elle assure, en outre, le concours du département ou de l'État, après l'épuisement des 3 centimes communaux déjà établis pour le service de l'instruction primaire par la loi de 1850.

Ces dispositions amènent la création de 5735 écoles de filles en plus de celles déjà existantes, et contribuent à diminuer le nombre des écoles mixtes. Les inconvénients que présentent les écoles mixtes sont quelque peu atténués, dans celles qui restent, par une autre disposition de la loi. Pour toutes celles que dirigent des instituteurs, l'enseignement des travaux à l'aiguille est *obligatoire*. Cette mesure introduit dans l'école la présence d'une femme agréée par l'autorité, et garantit aux jeunes filles une instruction indispensable pour leur position future. Enfin la nouvelle loi a voulu relever et affranchir les institutrices de la situation déplorable qui leur était faite. Elle les divise en deux classes : le traitement de la première ne peut être inférieur à 500 francs, ni celui de la seconde à 400 francs, et ce traitement, chose importante, est garanti par la loi ;

la commune leur doit un local convenable, aussi bien celui de leur école que celui de leur habitation. — Ces mesures, qui ne satisfont certainement pas tous nos vœux, ne sont pas moins un premier pas fait. — Les institutrices y gagneront une position moins dépendante vis-à-vis du maire, du curé, de l'inspecteur, des familles; elles auront moins à souffrir dans leur dignité de femmes et d'institutrices et pourront lutter avec plus de sécurité contre les empiétements des congréganistes. Telles sont les améliorations principales apportées par la loi du 10 avril 1867, dans l'instruction des filles; si on ajoute que leurs écoles ont, comme celles des garçons, un système plus large de gratuité, des programmes d'enseignement augmentés de l'histoire et de la géographie, la facilité, quand les écoles ont un trop grand nombre d'élèves, d'avoir des adjoints ou des adjointes qui ont le logement et un traitement maximum, ou ne pourra pas ne pas reconnaître que ces mesures ont une incontestable utilité et qu'elles répondent en partie aux desiderata de l'opinion publique.

C'est dire évidemment que des lacunes existent qu'il faudra bien combler un jour. Ainsi, pour assimiler la position de l'institutrice à celle de l'instituteur, il faudra des écoles normales où se formeront des maîtresses plus instruites et mieux élevées pour les fonctions qu'elles auront à remplir; il faudra que l'institutrice puisse jouir d'une pension de retraite, la justice le commande; mais la retraite qu'on pourrait baser sur un revenu aussi faible que celui que la loi donne aux institutrices, ne serait-elle pas infime, et une amère dérision pour la femme qui passe trente années de sa vie à instruire des enfants? La loi n'a eu garde de s'occuper de ces questions-là, qui sont un peu bien hardies dans l'état actuel des faits. Il en est de même de la question de capacité, bien différente suivant qu'on la considère chez les institutrices laïques ou congréganistes. Les premières sont forcées de posséder un diplôme de capacité donné après examen, tandis que les secondes n'ont besoin que d'une *lettre d'obédience*, c'est-à-dire d'une autorisation du supérieur de la communauté à laquelle le recteur joint la permission d'enseigner. Or, qu'est-ce que cette lettre d'obédience, sinon un véritable privilége possédé par les congrégations enseignantes? et ce privilége ne représente le plus souvent qu'un brevet d'ignorance et d'hypocrisie, dont souffre l'instruction des enfants. L'opinion publique n'est pas suffisamment instruite de cette inégalité qui blesse la justice. Au reste, le rapporteur n'est pas à l'aise quand il aborde cette question: « Il est souhaitable, dit-il, que les exceptions et les priviléges disparaissent peu à peu. Les directrices d'instruction primaire devraient toutes avoir fait leurs preuves d'instruction et d'aptitude intellectuelle. La lettre d'obédience n'est guère qu'un certificat de moralité. Ce brevet de capacité achèverait de donner à l'État et aux familles toutes les garanties désirées. Tout ce qui ramène au droit commun les privilégiés d'autrefois est excellent pour l'achèvement de l'unité morale de la France. »

Après ces sages réflexions, on est tout étonné d'entendre le rapporteur déclarer que « il serait inopportun et dangereux de supprimer d'un trait de plume la lettre d'obédience. » Cette conclusion est regrettable, puisque le rapport dit, en toutes lettres, que « exiger une preuve de capacité de quiconque entreprend la tâche sacrée d'instruire les enfants n'est pas plus entraver la liberté de l'enseignement qu'on ne gêne la liberté des autres professions libérales, en imposant à ceux qui les veulent exercer de justifier de leurs connaissances spéciales. » Qu'est-ce donc alors que ce péril? Où est l'inopportunité? Elle est dans la crainte de n'avoir pas un personnel enseignant assez nombreux au moment où la loi crée cinq mille écoles nouvelles de filles. — Ce n'est pas là un argument sérieux. — « De deux choses l'une, dit M. Rocquain dans l'*École* : ou les institutrices congréganistes connaissent les matières qu'elles ont mission d'enseigner, ou, ce qui est malheureusement le fait le plus commun, elles les possèdent imparfaitement. Dans le premier cas, elles subiraient sans peine un examen auquel on soumettrait dès maintenant leur aptitude; dans le second, ne sauraient-elles se préparer, d'ici à une limite de temps très-courte, à un interrogatoire qui n'embarrasserait pas un enfant de huit à neuf ans, instruit dans nos lycées? La tolérance de la loi nous semble d'autant plus affligeante que le programme obligatoire des matières enseignées dans les écoles primaires reçoit, en vertu de la même loi, une certaine extension. Il y a donc là une contradiction très-regrettable, et tout au détriment de l'enfance. A la vérité, le rapport exprime hautement le vœu d'un retour au droit commun. Les congrégations, auxquelles il est adressé, l'entendront-elles? On peut en douter, puisqu'elles n'ont pas entendu celui de l'opinion publique. »

Au surplus, et tout en reconnaissant le pas énorme fait par la nouvelle loi, qu'on ne s'y trompe pas. Elle met l'enseignement primaire des filles, surtout dans les communes rurales, aux mains des religieuses, puisqu'aucune école ne forme des institutrices laïques, et, au point de vue de la dépense, elle présente des difficultés considérables qui se traduisent par 4 ou 5 millions.

La discussion de la loi au Corps législatif nous montre, en effet, que le défaut d'argent s'oppose seul aux progrès que voudrait réaliser l'administration de l'Instruction publique; celle-ci attend patiemment, elle crie patience à ceux qui désirent voir notre enseignement public marcher vite et sûrement, et elle compte avec raison sur l'opinion publique pour obliger la chambre élective à augmenter le budget de l'instruction populaire dans des proportions dignes du pays qui a établi le suffrage universel comme base de sa constitution politique.

Il restait, pour compléter l'enseignement populaire des filles, à créer un enseignement spécial, professionnel, organisé uniquement pour elles, dans le but de leur fournir des moyens de travail, et par suite des éléments de bien-être et de moralité. L'initiative privée, qu'on rencontre à la naissance de presque toutes les institutions utiles, réalisa cette pensée qui a dû germer bien souvent dans l'esprit de beaucoup de femmes. Ce fut, en effet, une femme de haute intelligence, d'un cœur ardent et généreux, madame Élisa Lemonnier (née en 1805), morte il y a trois ans bientôt, qui créa, après de longues années d'expériences, les *écoles professionnelles des femmes*. Le nom d'Élisa Lemonnier vivra par le bien qu'elle a fait ; nos lecteurs nous sauront peut-être quelque gré de nous arrêter un peu devant cette douce figure, et de rappeler en quelques mots ses utiles travaux.

Ce fut en 1848, au lendemain de la Révolution de février, que madame Lemonnier, émue de l'infortune qui allait assaillir des milliers d'ouvrières, par suite de la ruine de l'industrie parisienne, eut l'idée de les secourir. Aidée de quelques femmes dévouées comme elle, elle organisa un atelier de couture et « soumissionna, au nom de cet atelier, une entreprise de fournitures pour les hôpitaux et pour les prisons, fit les avances, acheta la toile, tint les comptes, distribua, surveilla, fit rentrer et livra l'ouvrage, déploya une incroyable activité, et eut, en fin de compte, le bonheur d'avoir fourni, pendant deux mois, du travail à plus de deux cents mères de famille. » Ce qui la frappa pendant ces deux mois, ce fut la bonne volonté des ouvrières, mais surtout leur profonde ignorance des travaux qui sont pour elles un moyen de subsistance. — Elle songea à donner aux jeunes filles la possibilité de s'instruire en leur apprenant à travailler, non dans les ateliers, mais dans l'école. Elle rattachait aussi ses idées d'enseignement à des idées de moralité, et songeait que les femmes favorisées par la naissance et l'éducation pourraient prendre l'initiative d'une réforme véritable. Elle eut la pensée, qui devint dès lors sa constante préoccupa-tion, de « fonder une *société de femmes*, administrée par des femmes, dans le but d'assurer aux jeunes filles pauvres le bienfait d'une instruction profession-nelle, d'étendre peu à peu le cercle des occupations féminines qui peuvent ga-rantir l'indépendance et la dignité de la femme, et s'attacher de préférence à celles qui n'enlèvent pas la mère aux enfants. »

Entre le jour où Élisa Lemonnier conçut ce noble projet et celui où son idée, mûrie avec le temps, fut mise à exécution, il s'écoula quatorze années d'expé-riences et d'essais, sans que jamais son courage et son dévouement s'altérassent. Elle fonda successivement les *Travailleuses unies*, la *Société de protection mater-nelle* qui fonctionna pendant six années et fut transformée, en 1862, en *Société de l'enseignement professionnel pour les femmes*. Cette société, établie sur des bases nouvelles, avait pour objet : 1° la fondation et l'entretien, à Paris, d'une école professionnelle pour les jeunes filles ; 2° la création d'un cours « destiné à prépa-rer, aux divers emplois du commerce, les jeunes filles adultes qui veulent suivre cette carrière, et pour lesquelles aucune institution spéciale n'a encore été fondée jusqu'à ce jour. »

Le 1er octobre 1862, la société de l'enseignement professionnel des femmes ouvrait, rue de la Perle, au Marais, sa première école, et lui donnait, pour direc-trice, mademoiselle Marchef-Girard. Les programmes des cours avaient été étu-diés, un atelier de couture organisé ; et, au bout d'un an, l'école comptait cent cinquante élèves. Les ressources augmentèrent avec le succès, et l'on fut obligé de transporter l'école rue de Turenne, 23, dans le local actuel. Une telle ins-titution devait répondre aux demandes des familles laborieuses, elle fut comprise bien vite. Deux ans après l'inauguration de sa première école, madame Lemon-nier en ouvrait une seconde, rue Rochechouart, 72, madame Clarisse Sau-vestre en prenait la direction et lui assurait un succès égal à celui qui avait accueilli l'école de la rue de Turenne.

Madame Lemonnier avait donc atteint le but de ses nobles et généreuses pen-sées. Entourée des femmes intelligentes et dévouées qui s'étaient associées à son zèle, elle ne voulait pas seulement donner aux jeunes filles qui venaient à elle une instruction pratique ; elle veillait avec sollicitude à leur direction morale et s'efforçait de leur inspirer le respect de soi et des autres, la tolérance, l'amour de la vérité, la haine de l'oisiveté et la glorification du travail. « Le souvenir de nos efforts, disait-elle souvent, des exemples que nous tâchons de leur donner, vivra dans leur pensée ; les habitudes de dignité personnelle, d'estime et de respect de soi-même qu'elles auront prises, fortifieront toute leur vie. » — Cette généreuse femme avait enfin réalisé ses projets, et, comme si sa vie eût été sus-pendue à leur triomphe, sa santé délicate s'altéra de plus en plus ; elle fut forcée d'aller, sous le ciel du Midi, chercher une température plus douce et plus vivi-fiante. Elle revint à Paris, en 1865, pour distribuer, le 20 mai, des récompenses aux élèves qu'elle appelait ses « chères filles » ; ce jour-là, elle leur parla une dernière fois dans un langage simple et élevé ; ce fut son suprême adieu. Quel-ques jours plus tard, le 5 juin, elle expira. « J'ai fait mon œuvre », furent les dernières paroles de cette digne et sainte femme dont toute la vie fut consacrée à une œuvre de régénération et de moralisation. Qui le croirait ? La plume d'un homme qui s'est donné la mission de prêcher la paix et la charité a essayé de ternir cette existence si noble et si bien remplie. Pourra-t-il dire, comme elle, quand la mort s'approchera de son lit : J'ai fait mon œuvre ?

La *Société de l'enseignement professionnel des femmes* se propose donc de donner aux jeunes filles une instruction à la fois générale et spéciale, et d'étendre petit à petit le cercle des professions que les femmes peuvent occuper. Dans les deux écoles que nous avons signalées, les cours généraux durent trois années, et sont obligatoires pour toutes les élèves ; ils comprennent : la langue française, l'arithmétique, l'histoire, la géographie, l'écriture, le dessin d'ornement, le dessin linéaire, les notions élémentaires d'histoire naturelle, de physique, de chimie et d'hygiène. — Les cours spéciaux comprennent : le commerce, la tenue des livres, l'arithmétique commerciale, le dessin industriel, les éléments de droit commercial et la langue anglaise.

A cet enseignement théorique est joint un enseignement pratique donné dans des ateliers de couture et de confection, de gravure sur bois, de peinture sur porcelaine, etc. Pour recevoir tous ces cours, les généraux et les spéciaux, chaque élève paye une rétribution mensuelle de 10 francs. Quand les jeunes filles ont fixé leurs études, un comité de patronage leur cherche des emplois, leur procure du travail, et surtout les suit et les entoure d'une protection véritablement maternelle. Telle est, exposée rapidement, cette création nouvelle de l'enseignement professionnel des femmes ; sa portée sociale n'échappera à personne, et sa fondatrice le comprenait bien quand elle disait : « Créer de bonnes écoles pour les filles, c'est assurément faire œuvre maternelle, mais c'est aussi reprendre la société en sous-œuvre. »

Pour compléter le tableau de nos enseignements primaire et professionnel, dans un cadre tel que les classes 89 et 90 nous les ont montrés, il faudrait parler des associations qui se sont donné la mission de propager ces deux degrés d'instruction parmi les classes ouvrières, des cours faits pour les adultes, et de l'immense développement qu'ils ont pris à l'appel généreux du ministre de l'Instruction publique. Nous aurions encore à citer les conférences et surtout les bibliothèques populaires qui ont pris un si vigoureux élan depuis quelques années. Nous laissons à notre collaborateur et ami, M. Henri Harant, la tâche de montrer aux lecteurs des *Études*, avec l'autorité la plus incontestable, à quel point sont parvenues ces questions si importantes pour le développement intellectuel des populations rurales et ouvrières.

Si, maintenant, nous cherchons à comparer le but que nous avons atteint, avec celui où sont arrivés nos voisins du grand-duché de Bade, nous nous trouverons bien en arrière au point de vue de l'organisation de l'enseignement public. Pour que nous puissions profiter des idées qui constituent les bases de cette organisation de l'autre côté du Rhin, il nous faut mettre de côté bien des préjugés, lutter sans trêve contre la routine, et combattre, par tous les moyens, l'ignorance et ses résultats pernicieux. C'est, au reste, le spectacle que présente notre pays, et c'est cette lutte qui restera un des caractères de notre temps.

Nous ne voulons pas ici, pour terminer cette esquisse des progrès de notre enseignement public, donner à nos lecteurs la statistique établissant la situation de l'instruction primaire. Nous savons déjà que de grands pas ont été faits et se font encore ; nous donnerons seulement quelques chiffres budgétaires qui parlent haut.

Le budget de 1868, pour l'instruction primaire, vient d'être fixé, par le Corps législatif, à la somme 8,208,300 francs. Si nous nous reportons à ces *cinquante mille francs* qui composèrent longtemps sous la Restauration la somme affectée au même but, nous ne pouvons qu'applaudir. Mais est-ce suffisant ? Faisons la comparaison avec d'autres pays et nos regrets seront légitimes, en songeant combien sont précaires les moyens dont nous disposons. En Angleterre, où le budget n'existe pas, pour ainsi parler, l'État donne 25 millions pour favoriser les écoles à devenir plus nombreuses et augmenter l'enseignement qu'elles donnent. L'Amérique nous donne un exemple plus frappant encore : le seul État de New-York, pour une population de 3,852,000 habitants, donne près de

22 millions : l'État de Massachussets, qui a 1,200,000 habitants, a un budget de près de 16 millions. Il en est de même et dans des proportions analogues, de la Belgique, de l'Allemagne, de la Suisse. Pour que nous fussions à la hauteur de ces nations-là, il nous faudrait un budget de plus de 100 millions, et encore ne serions-nous pas au premier rang. Patience ! Nos institutions d'instruction primaire ont à peine un demi-siècle d'existence, et elles sont arrivées déjà à ce point de maturité, qu'elles sont devenues la pierre angulaire sur laquelle l'opinion publique fait reposer l'édifice politique et social. Quand la France pourra, comme l'Allemagne, faire remonter, à près de trois siècles, l'origine de l'organisation de son enseignement populaire, elle aura depuis longtemps atteint le but tant désiré d'une première instruction générale possédée par *tous* ses enfants.

Mais ne dépassons pas les limites qui nous sont tracées pour cette étude ; il est temps, d'ailleurs, de passer en revue, rapidement, l'exposition des classes 89 et 90 ; ce sera le complément nécessaire de l'esquisse historique que nous venons de faire de l'état de nos enseignements primaire et professionnel.

L'instruction publique en France, comme on vient de le voir, est loin d'avoir acquis les développements que nous avons constatés dans plusieurs pays de langue allemande. Cependant, disons-le à l'honneur de notre temps, les progrès sont tels aujourd'hui, que nous n'avons pas hésité un seul instant à montrer à tous les yeux, dans le grand rendez-vous du Champ-de-Mars, le point où nous en sommes, et ce que nous avons fait pour y arriver. La France, chacun a pu le voir, est la seule nation qui a voulu consacrer aux deux classes 89 et 90 des salles distinctes et séparées complétement des classes voisines. Ces deux emplacements, qui se trouvent dans la deuxième galerie, entre la rue de Provence et la rue des Pays-Bas, n'offrent pas le quart de l'espace qu'exigeait l'ensemble des productions pouvant faire juger et apprécier notre système d'instruction publique. Il a fallu que le ministre, devant l'exiguïté du local du palais du Champ-de-Mars, eût la libérale pensée d'organiser dans le jardin du ministère, rue de Grenelle-Saint-Germain, une exposition complémentaire importante de la classe 89. Nous en parlerons plus loin. Répétons, à cette occasion, ce que nous avons déjà dit précédemment, qu'il est regrettable au dernier point que la Commission impériale n'ait pas donné suite à un projet qui lui avait été présenté par un des membres les plus autorisés du Comité d'admission de la classe 90. Ce projet consistait à élever dans le parc une construction suffisamment étendue pour contenir des salles tellement disposées, qu'en commençant par la première, renfermant la crèche et la salle d'asile, passant dans la seconde, l'école primaire, etc., etc., le visiteur pût parcourir tous les degrés de notre système d'enseignement public. Les salles auraient contenu le matériel scolaire, des installations particulières, des travaux d'élèves , etc. Tout au moins, la Commission impériale, n'adoptant pas ce plan qui ne manquait certes pas d'une certaine grandeur, aurait dû autoriser la construction d'une école primaire, construction que la Prusse, les États-Unis, la Suède, n'ont pas hésité, comme nous l'avons montré, un seul instant, à élever dans le parc. Cet oubli (en est-ce un ?), ne cessons de le dire, est excessivement malheureux. Avons-nous aujourd'hui des idées nettes sur ce que doit être une école primaire dans les campagnes et dans la ville ? Notre exposition scolaire ne le montre pas, et beaucoup de Français, comme beaucoup d'étrangers, peuvent en douter. Avis pour une prochaine exposition scolaire.

L'insuffisance du local a fatalement amené l'exiguïté des places accordées aux exposants ; beaucoup d'entre eux ont retiré leurs demandes, ne pouvant pas exposer convenablement leurs envois, et j'ajoute que cette cause, majeure pour un certain nombre, a été la raison que donnèrent une grande partie de ceux que la création des classes 89 et 90 a trouvés tièdes et peu empressés. Je ne suppose pas cependant que ce soit là la cause qu'invoqua l'administration municipale, quand elle refusa d'exposer les travaux des élèves de ses écoles primaires et supérieures. Cette abstention, très-remarquée par les étrangers, est d'autant plus regrettable, que le ministère de la Marine a exposé les travaux des pupilles, des mousses, des écoles de maistrance et de mécaniciens; que le ministère de la Guerre a envoyé le projet de reconstitution des écoles régimentaires; enfin, que le ministère de l'Agriculture, du Commerce et des Travaux publics a voulu que les écoles impériales des arts et métiers de Châlons, d'Angers, d'Aix, exposassent des travaux exécutés par les élèves de ces écoles. Pendant que nous sommes sur le terrain de la critique, demandons-nous donc pourquoi on a divisé l'instruction publique considérée d'après le programme de la Commission impériale, en deux classes. La notice qui précède le catalogue officiel du dixième groupe nous répond en donnant les attributions suivantes à ces deux classes : « A la classe 89 fut attribuée l'admission de tous les travaux propres à concourir à l'éducation de l'enfant, depuis sa naissance jusqu'à l'époque où son intelligence déjà développée, sa force physique suffisamment exercée, lui permettent, soit de continuer des études spéciales, soit d'embrasser immédiatement l'apprentissage de la carrière qui doit pourvoir à ses besoins ultérieurs. »

« A la classe 90 échut l'examen de toutes les institutions qui tendent à réparer le temps perdu, soit à perfectionner l'éducation déjà acquise dans les écoles primaires, soit à donner à l'adolescent ou à l'adulte des connaissances nouvelles, qui lui permettent d'apporter dans ses œuvres toute la perfection dont les travaux de l'homme sont susceptibles. »

Il est évident que ces deux divisions ainsi définies ne satisfont guère la logique : la notice le reconnaît, car elle ajoute :« Mais si, théoriquement, les institutions d'enseignement peuvent être divisées comme nous venons de le faire, il n'en est pas de même dans la pratique. L'éducation de l'homme est, en effet, une œuvre unique, qui a ses degrés, il est vrai, mais qui ne se prête pas sans de graves inconvénients à des changements de direction, de procédés ou de méthodes. — Aussi, dès que les deux classes eurent commencé leurs travaux, elles virent combien il était difficile de déterminer de quel comité relevaient certains exposants, dont les produits intéressaient à la fois les classes d'adultes et les écoles d'enfants, et même toutes les espèces d'établissements scolaires. Une entente étant reconnue indispensable, une distribution méthodique et intelligente de leurs travaux respectifs fut arrêtée par leurs bureaux et par une Commission mixte ; et, tout en conservant chacun leur individualité, les deux Comités d'admission combinèrent leur action de manière à conserver dans cette partie de l'exposition une unité nécessaire. C'est pour atteindre ce but que la présente notice a été rédigée en commun par des membres des deux classes. »

Nous n'avons rien à ajouter à cet aveu qui explique les bizarreries qu'on reproche à l'arrangement de l'exposition scolaire française, et l'on conçoit, après cela, dans quels embarras ont dû se trouver souvent ses organisateurs. Ils ont regretté, sans doute, devant les difficultés qui s'élevaient à chaque pas devant eux, que le projet, dont j'ai parlé plus haut, n'eût pas été mis à exécution. Nous aimons à penser que la simplicité logique qui le caractérisait n'a pas été l'obstacle à son adoption par la Commission impériale. Quoi qu'il en soit, les salles de l'Instruction publique française offrent un ensemble que nous ne trouvons dans aucune exhibition étrangère; et cependant, l'on ne peut pas dire que notre enseignement public y soit complétement représenté : il vaut certainement mieux que son exposition. On en peut dire autant, du reste, des expositions scolaires des autres nations : elles ne donnent pas l'idée exacte de ce que sont leurs systèmes d'instruction populaire, — voyez les États allemands —, ni dans quel esprit ils développent les facultés des jeunes générations.

C'est que, en effet, il est bien difficile dans une exposition scolaire, comme celle du Champ-de-Mars, de montrer autre chose que la partie matérielle des systèmes et des méthodes, ou de faire voir des travaux d'élèves. Mais la pensée qui doit présider à tout enseignement, l'esprit vivifiant qui doit l'animer, qui les reconnaîtra dans cette quantité de livres scolaires de toutes sortes, et d'objets de toute nature que renferment les classes 89 et 90? Et les travaux des élèves qu'apprennent-ils, quant aux idées pédagogiques qui ont développé leurs facultés? Ce sont des résultats évidents, sans doute; on y peut découvrir une tendance, un moyen pratique; c'est quelque chose, on ne peut le nier; et, encore, les jugements qu'on en peut porter ne sont-ils impartiaux qu'émanant de l'homme qui pratique l'enseignement, ou du psychologue qui a longtemps étudié les différents systèmes pédagogiques employés pour développer les facultés naissantes de l'enfant.

Dans l'espace étroit donné à la classe 89, enseignement primaire, on a admis deux sortes d'exposants : les instituteurs et leurs élèves, et les fabricants et marchands d'appareils de toutes sortes constituant le matériel d'une école. Mais tous ces objets sont si bien mêlés, ils forment une si confuse collection de détails sans unité, qu'il est fort difficile d'avoir une idée de nos richesses scolaires. Cette absence de méthode, ou plutôt ce classement antipédagogique, ne montre guère aux visiteurs comment, dans notre pays, on développe les facultés de l'enfant, comment on le fait penser.

Essayons, cependant, à nous rendre compte des moyens qui sont mis à la disposition des instituteurs, et avant eux examinons rapidement ce qui a été fait pour élever les petits enfants. Pour cela, nous sommes obligés de quitter les salles 89 et d'aller dans le Parc chercher, presque à l'entrée de la troisième allée, un modèle de *Crèche*, la crèche Sainte-Marie [1]. C'est le premier asile offert à ces petits êtres à qui les mères ne peuvent donner, dans la journée, ni leur lait ni leurs soins. On sait que c'est au vénérable M. Marbeau qu'on doit l'initiative de cette institution que bénissent les pauvres familles. Le premier essai fut fait en 1844; comme beaucoup d'idées excellentes, celle-ci a été longtemps à faire son chemin. En voulez-vous la preuve? Au bout de vingt-quatre ans, Paris ne possède pas vingt crèches, et, pourtant, la *Société des crèches* fait les plus louables efforts pour les multiplier. Quant aux mères qui pourraient profiter de tant d'avantages, elles restent indifférentes! Qui le croirait? donner vingt centimes par jour pour que la crèche remplace ces gardiennes mercenaires qui étiolent leurs enfants, est encore trop à leurs yeux.

La crèche modèle est garnie de petits berceaux, et au milieu est placé ce meuble que son inventeur, M. Jules Delbruck, a appelé pouponnière. « C'est le premier champ d'activité de l'enfant, comme le berceau est son premier lieu de repos, dit M. Delbruck. Je l'ai inventé pour la crèche : les enfants, dès qu'ils ne dorment plus, y trouvent : 1° un asile où ils sont à l'abri de tout danger; 2° un appui pour essayer leurs premiers pas dans la mesure exacte de leurs forces, eux seuls en sont les juges; 3° une galerie à double rampe où ils font leur premier tour du monde; 4° une salle à manger où une femme suffit à leur distribuer la pâtée comme à une nichée d'oiseaux. » Telle est la pouponnière; les résultats sont tels, qu'il ne faut pas hésiter à la recommander aux mères de famille. Rien n'est plus facile, en effet, de faire faire simplement ce petit meuble, dans lequel l'enfant se meut sans risquer de se heurter aux meubles, et où il

---

[1] Cette crèche a été représentée dans la planche **CXXXV** des *Études* (tome III).

est préservé des dangers de déviation de la taille et des difformités qui naissent si souvent dans les premières années des enfants.

A la crèche succède la *salle d'asile*, création féconde qu'on a posée avec raison comme la base de tout notre système d'instruction primaire, qui s'est multipliée partout en Europe, et a pénétré jusqu'en Perse et dans l'Inde. C'est à Rome, vers la fin du seizième siècle, qu'il faut chercher la première idée des salles d'asile, dans les *Écoles pies* (scuole pie), fondées par le prêtre Joseph Calasanzio. Mais l'institution de ces établissements, telle qu'elle est établie, avec son but net et précis, ses règles et ses attributions déterminées, avec son caractère de prévoyance et de conservation, « ne date réellement que du jour où le pasteur Oberlin rencontra, dans un village des Vosges, la jeune Louise Schœppler entourée de quelques enfants, avec lesquels elle chantait des cantiques qu'elle leur faisait répéter en filant du coton ; c'était en 1769. » L'année suivante Oberlin appelait près de lui Louise Schœppler, et créait dans cinq villages de la paroisse du Ban-de-la-Roche (Vosges) des écoles de petits enfants, dites *Écoles à tricoter*. Il y avait longtemps que ce petit coin des Vosges possédait ces utiles créations, qui n'étaient connues que de quelques personnes charitables, quand, en 1801, la marquise de Pastoret tenta d'établir une salle d'hospitalité pour les petits enfants, qu'elle transforma bientôt en une véritable crèche. Quelques années plus tard, en 1817, un manufacturier écossais, Owen, créait pour les enfants de ses environs une véritable salle d'asile, une *Infants' school*, dont il donnait la direction à l'instituteur Buchanan. Un succès complet couronna les efforts d'Owen et une association se forma pour encourager et protéger l'institution naissante. A la tête de cette association se trouvait lord Brougham, Z. Macaulay et lord Lansdown, qui ne contribuèrent pas peu à la propager, et, au bout de peu de temps, le Royaume-Uni tout entier l'adoptait, ainsi que les colonies anglaises et les États-Unis. En apprenant les succès des *Infants' Schools*, la marquise de Pastoret renouvela, en 1825, à Paris, la tentative qu'elle avait faite vingt-quatre ans auparavant ; aidée du vénérable abbé Desgenettes, curé des missions étrangères, elle fonda le *Comité de Dames* qui organisa, en France, d'une manière définitive l'institution des salles d'asile. La première salle d'asile, ouverte par madame de Pastoret, eut l'appui de l'administration des hospices ; la seconde, œuvre de Cochin, se trouva bientôt dans les mêmes conditions. C'est à ce moment que madame Millet fut envoyée en Angleterre pour y étudier la méthode des Infants' Schools, et qu'à son retour s'ouvrit la salle d'asile modèle annexée à l'hospice Cochin.

En 1833, les salles d'asile déjà nombreuses ont été reconnues officiellement ; en 1837, une ordonnance royale enleva aux hôpitaux et aux bureaux de bienfaisance l'administration et la surveillance des salles d'asile pour les donner au ministre de l'Instruction publique. Cette ordonnance les dirigea jusqu'en 1855, époque à laquelle parut un décret qui les réorganisa complétement (21 mars 1855). D'après ce décret-loi, l'enseignement des salles d'asile comprend : les premiers principes d'instruction religieuse, de la lecture, de l'écriture, du calcul verbal et du dessin linéaire ; les connaissances usuelles à la portée des enfants ; des ouvrages manuels appropriés à l'âge des enfants ; des chants religieux, des exercices moraux et des exercices corporels. Ce même décret fonde, à Paris, un cours pratique avec pensionnat destiné : 1º à former, pour Paris et les départements, des directrices ou des sous-directrices de salles d'asile ; 2º à conserver les principes de la méthode établie ; 3º à expérimenter les nouveaux procédés d'éducation et de premier enseignement dont l'essai serait recommandé par le Comité central de patronage. La directrice dévouée de ce cours pratique est madame Pape-Carpantier, dont les idées et les travaux ont fait faire de grands progrès à la méthode d'enseignement *par l'aspect*, et aux leçons *de choses*.

Aujourd'hui on compte en France plus de 3000 salles d'asile ; ce nombre s'augmente tous les ans, et on peut espérer que, dans un temps rapproché, chaque commune aura sa salle d'asile, comme elle a son école communale.

Les salles d'asile nous amènent à signaler l'*École maternelle* que M. Grosselin a installée dans le parc, aux environs du grand phare des Roches-Douvres. M. Grosselin est l'auteur de la méthode d'enseignement dite phonomimique, qui a pour but de représenter et de rendre sensibles aux yeux les sons et les articulations, au moyen de gestes peu nombreux, empruntés, par voie analogique, à un certain nombre de faits naturels aisément saisis par l'enfant. Cette méthode rend attrayante et facile l'étude des premiers éléments de la lecture, du calcul, de l'orthographe, et les résultats obtenus jusqu'ici font recommander vivement aux instituteurs le procédé de M. Grosselin. Un autre avantage qu'il présente, c'est la possibilité de pouvoir élever les sourds-muets avec les autres enfants ; c'est-à-dire supprimer cet isolement fatal auquel sont voués, en naissant, ces pauvres déshérités. Il faut applaudir aux efforts persévérants de M. Grosselin, dont l'œuvre est appelée à rendre de véritables services.

L'enseignement primaire fait suite, on le sait, à l'enseignement de salles d'asile ; l'Exposition renferme une crèche, une école maternelle, mais elle ne nous montre pas une école primaire ; j'ai déjà dit, à plusieurs reprises, combien cette lacune est regrettable, et ne cesserai de le répéter. Enfin, puisque nous ne pouvons pas faire ce que nous avons fait avec la Prusse, la Norwége et les États-Unis, entrons dans les salles de la classe 89, et parcourons-les rapidement.

A l'extérieur de ces salles est placée l'imagerie, celle d'Épinal principalement. Quel parti tire-t-on de cette imagerie dans nos écoles ? Demandez à madame Pape-Carpantier quels services pourraient rendre les images dans nos salles d'asile et dans nos écoles primaires ? Mais voyez ces innombrables images religieuses, ces petits saints, ces petites saintes au milieu de leurs découpures, de leurs dentelles ! Quel goût ! A part quelques-unes de ces productions, je ne vois rien qui parle à l'esprit et à l'imagination des enfants, rien qui les instruise, qui leur forme le cœur. Et pourtant nous savons tous quel prix les enfants attachent aux images ; pourquoi ne pas employer ces images à faire apprendre de bonne heure à nos enfants, par les yeux, pour ainsi dire, une foule de choses simples, élémentaires ? leur montrer les grandes scènes et les grands aspects de la nature, les principaux faits de l'histoire ? Il y a tant à faire pénétrer dans l'esprit de l'enfant par la vue, qu'on est tout étonné de voir cette industrie de l'imagerie rester presque stationnaire : les procédés matériels sont améliorés, mais ce n'est pas tout.

De l'autre côté de l'imagerie sont placées les diverses publications composant des bibliothèques religieuses : la maison Mame, la maison Sarlit, la librairie Meyrueïs, la *Société biblique de France*, la *Société biblique protestante de Paris*, la *Société des livres religieux* de Toulouse, sont les principaux exposants de cette vitrine. A côté les bibliothèques populaires et les catalogues, journaux, bulletins, comptes rendus, de la *Société Franklin*, de la *Société des publications populaires*, des *Associations polytechnique et philotechnique*, de la *Société alsacienne*, de la *Société des amis de l'intsruction*, de la *Société des bibliothèques communales du Haut-Rhin*, des *bibliothèques et cours populaires de Guebwiller*, de la *Société des livres utiles*, de la *Société de la bibliothèque communale de Beblenheim*, de la *bibliothèque populaire du Ve arrondissement*, de celle du VIIIe, du XIe, de la *Société des bibliothèques aveyronnaises*, etc., etc.

Parmi toutes ces sociétés et bibliothèques, quelques-unes ont acquis une véritable notoriété : nous citerons en première ligne les associations polytechnique et philotechnique, dont notre collaborateur, M. Harant, a parlé en détail dans son *Étude sur l'instruction populaire* ; la Société des amis de l'instruction qui a répandu ses idées et ses principes dans plusieurs arrondissements de Paris ; et la Société de Beblenheim, que M. Jean Macé a placée au premier rang et qui a été, croyons-nous, le point de départ de ce mouvement rapide et énergique qui, en peu d'années, a couvert notre pays de bibliothèques populaires.

C'est aussi dans des vitrines extérieures, dans la galerie n° 2, que sont placés les livres exposés par les librairies spécialement consacrées à la publication des ouvrages d'enseignement. Nous voyons là les noms bien connus de Hachette, Delalain, Delagrave, Larousse et Boyer, Paul Dupont, etc., qui exposent les livres classiques les plus répandus. Mais tous ces livres ne sont pas classés ; on ne peut les connaître que par leurs titres ; on n'en peut apprécier l'esprit ni la portée. On a récompensé les libraires, c'est fort bien, et on n'a pas trouvé un seul de ces ouvrages à récompenser dans la personne de leurs auteurs ! Il aurait été désirable que tous ces livres fussent rangés méthodiquement et non par librairie ; comme ils sont là, c'est un chaos où l'homme de meilleure volonté ne peut rien étudier.

Entrons maintenant dans le premier compartiment de la classe 89. C'est la salle des méthodes d'écriture, celles de M. Taupier, de M. Colombel, de M. Berliner, de M. Kuhn ; ce sont les cahiers Godchaux, ceux du frère Victoris, etc., etc., ce qui ne veut pas dire que l'enseignement calligraphique ait dit son dernier mot. Les méthodes et instruments d'arpentage, ceux de la maison Hachette principalement, ne sont pas à la portée des ressources des écoles primaires. Quant à l'enseignement de la géographie, il est là représenté par une abondance de cartes, de reliefs, de globes de toutes grandeurs. Les cartes murales ne valent pas celles que nous avons trouvées en Allemagne, cependant la carte de France de MM. Pompée et Mabrun, celle plus récente de M. Cortambert père, celle de M. Sanis, sortent de la routine dans laquelle ont si longtemps vécu les travaux de ce genre ; les reliefs sont rares, et c'est fâcheux ; pour l'enseignement géographique, c'est le meilleur moyen à employer. Il en est de même des globes. Nous signalerons : celui de M. Larochette, un des derniers nés, dont les dimensions ($0^\mathrm{m},75$ de diamètre) le font recommander ; celui de M. Dehaies, ingénieusement construit pour présenter à la fois la géographie du globe terrestre et les apparences du ciel. Enfin les atlas sont nombreux : l'atlas Dufour, celui de M. Bazin seul, et l'atlas de la France de MM. Bazin et Cadet, celui qui est intitulé *Cartographie de l'enseignement*, composé de cartes demi-muettes où chaque localité, chaque fleuve, chaque contrée, etc., est désigné par la lettre initiale de son nom ; ces cartes sont simplement faites, mais il semble qu'elles laissent trop peu de choses à faire à l'enfant. Enfin il y a, en dehors des atlas, des cartes murales, des globes, des appareils particuliers qui ont pour but de faciliter telle ou telle partie de l'étude de la géographie : ainsi M. Laurecisque a exposé un ingénieux système de recouvrements successifs qui montrent la France sous les points de vue différents de France militaire, universitaire, judiciaire, géologique, etc., etc. M. Jager expose une table cosmo-géographique, très-habilement combinée pour donner les situations relatives des constellations par rapport à un point du globe, l'heure qu'il est en un lieu donné, etc., etc. Cet ingénieux appareil a besoin d'un petit livre qui l'accompagne, et nous l'attendons depuis longtemps.

La deuxième salle est emplie de méthodes de lecture qui, toutes, ont pour but d'apprendre vite à lire aux enfants. Telles sont celles de MM. Régimbeau, Delaporte, Gresse, Béhagnon, Thillot, qui se partagent les écoles primaires ; nous retrouvons, dans cette salle, la méthode phonomimique de M. Grosselin, dont nous avons déjà parlé.

L'enseignement du système métrique a donné lieu à des tableaux, des appareils de toute nature, destinés à simplifier une étude que les enfants ne comprennent pas toujours bien. Ainsi, pour les tableaux, nous citerons ceux de MM. Daléchamps, Hurel, Tarnier ; et parmi les appareils, ceux de MM. Carpentier (nécessaire métrique) et Demkès (escalier métrique), et la collection de la librairie Hachette, connue déjà sous le nom de collection Saigey.

Pour terminer cette deuxième salle, signalons l'exposition des sourds-muets et des jeunes aveugles, institutions qui, comme on le sait, dépendent du ministère de l'Intérieur. « C'est là qu'il faut voir les étonnants résultats des méthodes appliquées, dit M. Ch. Defodou, avec tant de dévouement et d'intelligence, à élever et à instruire ces pauvres déshérités, privés des deux plus puissants auxiliaires de l'éducation et de l'instruction, l'ouïe et la parole ; ces travaux et exercices manuels, plus étonnants encore, qu'à force de moyens ingénieux et délicats on sait obtenir de cet autre déshérité, aussi malheureux que le sourd-muet, l'aveugle. Il y a là des raffinements de procédés, dans lesquels on sent à la fois la marque d'une haute pensée et d'un profond amour de l'humanité : on aime à se dire qu'il a fallu, pour inventer ces livres en relief, pour combiner ces appareils qui apprennent aux pauvres aveugles la lecture, l'écriture, les travaux à l'aiguille, la musique et même la typographie, autant de ressources d'esprit qu'on a pu en dépenser pour établir ces autres engins, dont le parc et le palais nous offrent de si nombreux et, disons-le, de si curieux spécimens, les boulets qui éclatent, les canons rayés et les fusils à aiguilles ; les premiers nous consolent des autres. »

Dans la troisième salle, se trouve tout ce qui se rapporte à la musique, à la gymnastique, à l'hygiène des classes. Là nous retrouvons la méthode de notre vénéré maître, B. Wilhem, le premier qui sut introduire l'étude du chant dans les écoles, et créateur de l'orphéon ; celle de Galin-Paris-Chevé ; les tableaux de musique de M. F. Clément, de M. Ermel, etc., etc., sans compter toutes les publications à l'usage des sociétés d'orphéons, des éditeurs de musique, Hengel, Brandus et Dufour.

On est un peu étonné du grand développement donné à l'étude de la musique dans l'enseignement primaire ; il semble qu'on en exagère un peu l'importance, car la musique est une langue de sentiments et non une langue d'idées, et si son étude devient excessive, elle dissipe les forces vives de la pensée, et énerve les âmes bien plus qu'elle ne les fortifie. Nous sommes convaincu de son rôle moralisateur, mais à condition qu'on n'en fasse pas une étude exagérée, comme l'observateur est porté à le supposer, en voyant, dans cette troisième salle de la classe 89, la quantité d'objets qui se rapportent à la musique.

La gymnastique est loin de briller comme la musique ; elle est pourtant importante pour les enfants des villes surtout ; elle peut les préparer à devenir des hommes robustes et résolus. Quelques exposants seulement : MM. Carue, Bertrand et Fretté, Laisné, ont exposé des modèles de gymnase pour les écoles, et M. Pascaud un gymnase sous tente, que nous voudrions voir se répandre partout.

Nous trouvons encore, dans cette troisième salle, le poêle pour classes, de M. Leras, d'Auxerre, un *bureau moniteur* à l'usage des classes et des salles d'asile, ingénieusement combiné par un ouvrier, M. Carrière, de Courbevoie. Nous avons été attiré surtout par un plan en relief et des tableaux exposés par l'*Œuvre des bains et ablutions d'eau chaude* pour les enfants des écoles communales et des salles d'asile. Cette œuvre utile a eu pour créateur M. de Cormenin, qui a ainsi mis à la portée des enfants des classes pauvres le premier besoin hygiénique de la santé publique. Les élèves des écoles ne payent le bain que quinze centimes et les petits enfants des salles d'asile le prennent gratis. L'œuvre date de 1854, et a reçu les encouragements de l'administration municipale. On ne saurait trop engager les instituteurs à propager une institution aussi excellente et même à prendre l'initiative pour en former de semblables dans les localités où sont installées des machines à vapeur. Il n'y a certes pas un industriel qui, au lieu de laisser perdre et sa vapeur et l'eau chaude des condenseurs, ne veuille donner l'une et l'autre pour les utiliser à chauffer des bains, à laver le linge, etc. Allez à Mulhouse, la cité des institutions de bienfaisance, et vous apprendrez comment, depuis de longues années, on emploie la vapeur et l'eau chaude des machines à vapeur.

Ce n'est pas dans ces salles de la classe 89, que nous venons de parcourir rapidement, qu'on rencontre des travaux d'élèves dignes d'être étudiés. Les travaux des jeunes filles sont insignifiants ; ceux des jeunes gens en calligraphie viennent presque tous de quelques écoles des Frères de la doctrine chrétienne, et n'ont pas plus d'intérêt. Enfin les cartes géographiques et les dessins d'élèves, peu nombreux encore, témoignent d'une grande patience, comme la carte de France exposée par M. Barbier et faite par un de ses élèves. Je ne vois là aucun enseignement ressortir de ce travail laborieux, aucune méthode en découler ; c'est dépenser bien du temps, bien des soins, bien de l'application pour essayer de faire le travail d'un graveur. Nous pourrons mieux apprécier les travaux des enfants de nos écoles publiques à l'exposition qu'a organisée M. Duruy dans le jardin de l'hôtel du ministère ; nous en dirons plus loin quelques mots.

Passons maintenant dans les salles de la classe 90, un peu plus grandes que celles de 89, c'est vrai, mais encore tout à fait insuffisantes. La première, celle qui est précédée d'un portique grec, contient l'exposition du ministère de l'Instruction publique. Le ministre a voulu montrer à tous, Français et étrangers, ce qui a été fait chez nous, par son infatigable initiative, pour développer l'instruction primaire et l'instruction secondaire. Aussi voyons-nous figurer, dans les deux meubles qui occupent le milieu de cette première salle, tout ce qui intéresse ces deux grandes sections de l'éducation publique. Dans celui de droite sont placés des spécimens d'ouvrages destinés aux bibliothèques scolaires d'adultes ; des cartes statistiques montrant le degré d'instruction des conscrits à trois époques différentes, 1833, 1850, 1866 ; des documents publiés par le ministère, les annuaires officiels de la maison Delalain ; les compositions faites par les élèves des écoles en vertu de la circulaire ministérielle du 10 décembre 1866 ; des collections de graines, des travaux à l'aiguille envoyés par quelques écoles communales de filles et des ouvroirs, un matériel d'objets employés dans un jardin d'enfants établi à Orléans par mademoiselle Chevalier, d'après le système de Frœbel ; des typesde récompenses, médailles, décorations que le ministère de l'instruction publique décerne, etc., etc. Signalons, pour finir cette sèche nomenclature, l'inscription suivante, que le ministre a voulu placer sur une des faces de meuble pour rendre hommage aux instituteurs de France qui ont fait des cours d'adultes :

« De novembre 1865 à mars 1866, 30,000 instituteurs et institutrices ont instruit, dans 25,000 cours d'adultes, 600,000 élèves ; 250,000 illettrés ont appris à lire, écrire et compter ; 15,000 instituteurs ont enseigné gratuitement, et 4,000 ont offert 91,000 francs. »

Le meuble de gauche est presque tout entier consacré à l'école spéciale de Cluny. Nous avons dit quelles idées avaient présidé à cette fondation importante, nous n'y reviendrons pas. Nous citerons seulement les travaux sortant des ateliers de l'école : organes de machines en fer forgé, outils, ouvrages et appareils de cinématique faits sur le tour qui dénotent un bon commencement; il en est de même des épures de géométrie et de machines, de quelques dessins d'architecture et d'ornement exécutés avec soin, mais forcément incomplets, puisque l'école de Cluny expose ses travaux de première année.

Le ministère occupe encore tout le fond de la salle par les *missions scientifiques* faites au nom de l'État, et par les expositions de quelques écoles communales, spéciales et même de lycées. Mulhouse, Saint-Quentin, Mont-de-Marsan, etc., sont représentées par leurs écoles professionnelles dont les productions, faute d'espace, sont placées les unes au-dessus des autres, sans qu'il soit possible de les bien voir.

Le reste de la salle est rempli par les produits en dessin des écoles laïques d'enseignement spécial, écoles peu nombreuses malheureusement, qui auraient dû donner, dans ce grand concours, la mesure de leurs forces et de leur importance, et par ceux des écoles des Frères de la doctrine chrétienne. Des travaux des écoles spéciales de dessin et de sculpture attirent l'attention au milieu de cette quantité de cahiers, de dessins, d'albums, de modèles en bois, en plâtre ou en zinc. L'école municipale de dessin et de sculpture du Xe arrondissement, dirigée par M. Lequien fils; celle du IIIe arrondissement, dirigée par M. Levasseur, avec l'École impériale spéciale de dessin, de mathématiques, d'architecture, de sculpture d'ornement et de gravure sur bois, qui a pour directeur M. Lecoq de Boisbaudran, tiennent la tête de l'enseignement du dessin à l'exposition scolaire française. Nous regrettons de n'y pas trouver représentée l'école de mon excellent et honoré maître, M. Lequien père, qui a formé une vaillante génération d'artistes et d'ouvriers, dont beaucoup ont contribué à placer nos industries artistiques au premier rang. A ces écoles il faut en ajouter quelques autres, moins importantes, mais dont les travaux méritent l'attention; l'école municipale de dessin du XVIIIe arrondissement (directeur M. Aumont); l'école philomathique de Bordeaux, l'école municipale de dessin de Metz, et surtout l'école des Arts de Toulouse, dirigée par M. Gaillard, qui a su la placer au rang des meilleures écoles de province, ont exposé des productions qu'on ne peut assez examiner. Nous ne passerons pas sous silence les envois de plusieurs écoles de dessins pour les jeunes filles, notamment l'école impériale de la rue Dupuytren, que dirige mademoiselle de Morandon; l'école municipale du IIIe arrondissement, dirigée par madame Levasseur, et celle du XIe arrondissement, directrice mademoiselle Jacquemart.

Les écoles des Frères de la doctrine chrétienne abondent en travaux; ceux d'architecture et de machines sont plus nombreux que les travaux de dessin artistique; on reconnaît dans leurs grands pensionnats, surtout ceux de Paris et des environs, la direction habile du frère Victoris; mais que leurs écoles de province sont loin de celles de la capitale!

Cette première salle renferme encore les productions d'écoles laïques : l'École Centrale lyonnaise, l'École supérieure de Nantes, l'École professionnelle d'Ivry-sur-Seine, ont dans des cartons, où il n'est guère commode de regarder, des dessins d'ornement, d'architecture et de machines qui ont, malgré la difficulté d'examen, attiré l'attention des hommes compétents.

Terminons en signalant les méthodes et modèles de dessin de M. Fouché, professeur savant et habile ; de M. Gaillard, l'auteur de la méthode rationnelle par le relief, directeur de l'école des Arts de Toulouse ; de M. Rupricht-Robert, qui a exposé ces charmants modèles qu'il intitule *Flore ornementale*, et qui sont plus spécialement destinés aux élèves architectes; de M. Armengaud, dont les publications sont si connues; de M. Joly-Grangedor, de M. Cassagne, de M. Chrétien, etc. A côté de ces méthodes il faut placer les modèles photographiés de

MM. Rousseau, Leroy, Placet, et surtout ceux de M. Ch. Aubry, l'auteur ingénieux de ce système de moulage des plantes qui attirait tous les yeux, et de ces magnifiques photographies de fleurs et de plantes constituant un portefeuille inépuisable pour l'école et pour l'atelier.

En somme, dans la salle que nous allons quitter, les organisateurs de la classe 90 ont réuni à l'exposition du ministère de l'Instruction publique les travaux en dessin d'art et en dessin d'architecture et de machines, envoyés par les écoles spéciales, les écoles d'enseignement secondaire laïques et congréganistes. Nous devons les féliciter du véritable tour de force qu'ils ont fait pour trouver à placer dans un ordre relatif la quantité des productions qui leur a été envoyée.

Pour passer dans la seconde salle de la classe 90, on franchit cette porte, d'un aspect redoutable, qui représente celles que les anciens Mexicains plaçaient à l'entrée des temples où s'accomplissaient les sacrifices humains. Un grand meuble occupe le milieu de la salle ; il appartient au ministère de l'Instruction publique, et contient les documents recueillis dans l'enquête ouverte par la réunion des bureaux du dixième groupe sur les différentes institutions créées par l'État, les départements, les communes et les associations pour améliorer la condition morale et physique de la population. Le ministère de l'Instruction publique a exposé dans des vitrines, soigneusement fermées, tous les documents officiels qui émanent de lui; il a aussi exposé de grandes publications savantes, la collection des documents inédits sur l'histoire de France, par exemple.

Sur la face du meuble, vis-à-vis de la baie de la porte mexicaine, une sorte de grand coffret ou d'édicule renferme la collection encore incomplète des *Rapports sur les progrès des sciences et des lettres*, publication prescrite par une décision impériale du 8 novembre 1867. Ce grand meuble est loin d'être rempli, et il paraît n'avoir été construit que pour rappeler, sous forme d'inscriptions, diverses paroles de Napoléon Ier et de l'empereur Napoléon III.

C'est autour de cette salle que sont placées, dans de grandes vitrines, les productions des écoles professionnelles et d'enseignement spécial, des écoles d'arts et métiers, des écoles professionnelles de jeunes filles, etc. L'exiguïté des emplacements donnés aux exposants a obligé d'entasser les produits, mais chaque chose est à sa place, chaque établissement est facilement distinct; le public peut au moins voir, s'il ne peut toucher, car les vitrines sont clouées. L'exposition renfermée dans toutes ces vitrines est composée uniquement de travaux d'élèves et d'objets servant à l'enseignement. Les écoles d'arts et métiers d'Angers, de Châlons et d'Aix, qui dépendent du ministère de l'Agriculture, du commerce et des travaux publics, ont envoyé des outils, des organes de machines et modèles de machines qui indiquent nettement la tendance de l'enseignement pratique qu'on y reçoit. Tout le monde connaît ces écoles qui ont acquis une popularité véritable : celle de Châlons date de 1802, époque à laquelle le ministre de l'Intérieur, Chaptal, transforma le prytanée de Compiégne en école d'arts et métiers. De Compiégne, elle fut établie, en 1806, à Châlons-sur-Marne. L'arrêté consulaire qui opérait ce changement portait que deux écoles semblables seraient formées l'une à Beaupréau, l'autre à Trèves. Cette dernière ne fut point instituée et celle de Beaupréau fut transférée, quelque temps après, à Angers (1814). Quant à l'école d'Aix, elle fut créée dans les dernières années du règne de Louis-Philippe, et elle est restée dans sa première demeure.

Ces écoles sont destinées à propager et à multiplier les connaissances relatives à l'exercice des arts industriels; elles doivent former des ouvriers habiles et instruits et des chefs d'ateliers capables de conduire et de diriger les travaux des fabriques. Pour atteindre ce but, l'enseignement y est à la fois théorique et pratique; les études théoriques comprennent la grammaire française, les mathématiques, les différents genres de dessin, les éléments de physique et de chimie appliquée. L'enseignement pratique se partage en quatre grands ateliers : les forges, la fonderie et les moulages, l'ajustage et la serrurerie, le tour et la menuiserie. Les études durent trois ans, au bout desquelles, d'après les statistiques, les deux tiers des élèves sortants sont forgerons, fondeurs, serruriers, mécaniciens, ajusteurs, et l'autre tiers, composé de sujets d'élite, deviennent contremaîtres, chefs d'atelier, dessinateurs, et souvent des constructeurs distingués.

La ville de Mulhouse a exposé, par sa Société industrielle, les écoles que celle-ci a fondées, ou qui doivent leur origine à son initiative ardente : son école professionnelle, qui a pour directeur M. Dupuis, son école de gravure pour les jeunes filles, son école de commerce, dirigée par M. Penot, son école théorique et pratique de filature et de tissage mécanique, témoignent des inébranlables convictions de cette industrieuse cité pour le développement de l'enseignement public et les progrès de l'instruction professionnelle. Qui pourrait prouver que la supériorité de la fabrique de Mulhouse ne vient pas de la supériorité de son système d'instruction professionnelle et de la force de l'initiative individuelle ?

Les écoles de la doctrine chrétienne sont représentées par l'établissement de Saint-Nicolas, dirigé par le Frère Souffroy. Dans la vitrine qu'il occupe, on aperçoit des travaux de huit ou dix ateliers; instruments de musique, reliure, outils, encadrements, etc. Tout cela brille trop; n'allons pas au fond. Les colonies agricoles, celles de Mettray (Indre-et-Loire), de Sainte-Foix la Grande (Gironde), de Cernay (Haut-Rhin), et de l'asile-école Fénelon établie à Vaujours (Seine-et-Marne), exposent des plans, des publications et quelques travaux et collections d'élèves. On connaît la première de ces colonies, Mettray, fondée, en 1840, par M. de Metz, conseiller honoraire à la Cour impériale de Paris, et M. de Bretignières. M. de Metz est resté seul pour développer et perfectionner l'œuvre qui a été et est l'objet de toutes ses pensées et de tous ses soins. Il l'a vue appréciée aussi bien en France qu'à l'étranger, où elle a servi de modèle à plusieurs établissements pénitenciers pour les enfants. Aujourd'hui la colonie de Mettray a fait ses preuves; c'est une œuvre sociale qui arrive à ce résultat d'arracher à l'infamie, à l'échafaud peut-être, des enfants abandonnés à tous les mauvais instincts qui germent dans le cœur de l'homme comme l'ivraie dans les blés.

Le ministère de la Marine et des Colonies a exposé dans la classe 90 des travaux scolaires et manuels des diverses écoles fondées et subventionnées par l'État : pupilles de la marine, école des mousses, cours élémentaires des apprentis de tous les ports, écoles régimentaires de l'infanterie de marine, écoles élémentaires des équipages de la flotte, écoles de maistrance, écoles de mécaniciens. Tous ces envois sont intéressants et témoignent de la sollicitude de l'administration de la marine pour le développement de l'instruction primaire et professionnelle appliquée aux besoins des chantiers de la marine et de la flotte. L'arrangement de cette exposition partielle de ce ministère offre un ensemble clair et dont les parties sont bien disposées.

Avant de parler des écoles d'enseignement secondaire et spécial, signalons une fondation assez récente, puisqu'elle compte deux années d'existence, qui est toute d'initiative individuelle, nous voulons parler de l'École Centrale d'architecture, fondée par M. E. Trélat. Le but qu'elle veut atteindre, c'est de constituer un enseignement architectural régulier et complet. Trois ordres d'idées concourent à ce but : le premier comporte une suite de connaissances positives qui constituent la science technique de l'architecte, conquête toute moderne ; le second est la doctrine directrice de l'art, qui conduit et élève l'intelligence de l'artiste jusqu'à l'application du but que poursuit l'art, jusqu'à la mesure du cadre qui appartient à l'architecture ; jusqu'à la fixation du problème architectural, jusqu'au développement de son mode d'expression. Le troisième est l'assimilation de cette doctrine par le travail constant de l'atelier, qui devient le pivot autour duquel rayonnent les études. Les résultats déjà obtenus par l'école d'architecture témoignent de la forte direction imprimée aux travaux spéciaux qu'elle enseigne ; elle doit être une pépinière d'artistes convaincus et instruits qui formeront une nouvelle génération d'architectes capables de renouveler notre architecture ; c'est là le but qu'elle doit atteindre.

L'enseignement professionnel que la nouvelle loi appelle secondaire spécial, et dont nous avons fait l'historique dans les pages précédentes, est représenté par l'école professionnelle municipale de Nantes, l'école de la Chambre de commerce de la ville de Paris, l'école de commerce de M. Leroy fils, et l'école professionnelle d'Ivry-sur-Seine, institutions libres. — L'école municipale de Nantes, fondée par M. Leloup, est une des premières écoles primaires supérieures que la loi Guizot a fait naître ; elle a su conserver et agrandir les idées qui ont présidé à la fondation de cet enseignement. Elle n'expose que des produits chimiques ; c'est insuffisant pour un établissement qui compte au nombre des rares vétérans de l'enseignement primaire supérieur qui a si bien fait son chemin depuis quelques années.

L'école professionnelle d'Ivry, fondée en 1853, par le premier directeur de l'école Turgot, avec la collaboration d'un de ses anciens disciples, expose des spécimens de ses riches collections technologiques, des produits chimiques, des portefeuilles contenant les travaux des élèves en dessin d'ornement, d'architecture et de machines, des cartes géographiques en relief dont nous ne voulons pas nommer l'auteur, et différentes méthodes et appareils d'enseignement. Parmi ces derniers, nous signalons l'appareil à projection construit par M. Georges Salet, et qui est appelé à rendre de véritables services aux instituteurs. Il nous sera permis de ne pas insister davantage sur cet établissement d'Ivry, que M. Charles Robert a appelé « un des premiers types et en quelque sorte le berceau de l'enseignement secondaire spécial. »

Sur un des côtés de cette salle de la classe 90, nous lisons : *Enseignement de femmes*, et nous nous réjouissons, avec tous les hommes de progrès, de la place qu'il tiendra dorénavant dans nos expositions scolaires, après celle qu'il tient dans la loi. J'ai précédemment montré comment les femmes avaient enfin leur enseignement légalement organisé ; ce sera un des titres du ministre actuel à la reconnaissance publique. Quelques écoles d'enseignement professionnel pour les jeunes filles ont exposé ; en première ligne, nous citons les écoles Élisa Lemonnier, premières écoles laïques, dont j'ai parlé plus haut un peu longuement, où l'on se préoccupe de l'avenir des jeunes filles. Les produits exposés montrent peu de vrais ouvrages de femmes, et pourtant nous savons que les cours de commerce, les ateliers de lingerie, de confection, donnent d'excellents résultats qui cèdent le pas, — à tort, — aux travaux de gravure sur bois, de peinture sur porcelaine et autres dont l'utilité n'est pas incontestable. L'intention est excellente, il faut ouvrir une carrière de ressources aux jeunes filles ; c'est fort bien ; mais il faut aussi penser qu'elles seront un jour mères de famille, et, à ce titre, capables d'être les institutrices de leurs enfants. La vitrine ne donne pas aux étrangers l'idée vraie de ces institutions ; elles font mieux que leur exposition l'indique, nous le savons bien, et c'est pourquoi nous nous permettons quelques critiques.

L'institution de Notre-Dame des Arts expose des productions qui nous effrayent un peu. Trop de luxe, pour une maison qui doit former des mères de famille. Les intentions sont excellentes, nous n'en doutons pas ; mais devant cette cha-

suble brodée de fleurs artificielles et de peintures sur porcelaine, nous somme!
pris d'anxiété ; si vous voulez faire seulement des femmes artistes, des femmes
du monde pourvues d'une éducation classique la plus élevée et d'une éducation professionnelle qui les dote d'un art utile en cas de revers de fortune,
dites-le. Il y a là, sur ces étagères, des objets de luxe, que les jeunes filles de
parents riches admirent, sans aucun doute, mais qu'une mère de famille chan-
gerait volontiers pour des travaux plus utiles. Le but de l'établissement de
Notre-Dame des Arts est-il celui-là, bravo ! Soyons fiers de cette institution.

Pour terminer ce que nous voulons dire de la classe 90, parlons des exposants
dont les produits composent le matériel de l'enseignement professionnel. Citons
les collections anatomiques et physiologiques de M. Vasseur ; les collections pa-
léontologiques et géologiques de M. Eloffe et Cie, qui exposent aussi une coupe
du terrain tertiaire ; les collections élémentaires de physique et de chimie de
M. E. Rousseau ; enfin les collections de géométrie descriptive, d'organes de
machines, de modèles de physique et de constructions des librairies Hachette et
Delagrave. A côté de ces intéressants produits, quelques appareils ingénieux ne
doivent pas être oubliés. La table cosmo-géographique de M. Jager, le pantographe
astronomique de M. Ch. Emmanuel, l'uranoscope et divers appareils pour la vul-
garisation de la science astronomique de M. Blanchard, le nouveau graphomètre
de M. Leroyer, sont des appareils qui ont leur place marquée dans les collections
des écoles professionnelles.

En sortant des salles de la classe 90, nous trouvons, dans la galerie n° II, et
extérieurement à ces salles, dans des étagères fermées, les ouvrages plus spécialement utiles à cette classe exposés par les premiers libraires de Paris. Si
nous nommons les librairies classiques de Hachette, Delagrave, Delalain, Mame
et fils, Paul Dupont, Larousse et Boyer, nous aurons! nommé les grandes
maisons qui fournissent à toute la France les livres classiques employés dans
toutes nos écoles, dans toutes nos institutions. Parmi ces librairies dont la réputation s'accroît tous les jours, citons celle de Hachette, de Delalain et la maison
Delagrave, qui publient chacune une bibliothèque d'enseignement secondaire
spécial, d'après les programmes officiels ; si nous avions à choisir, nous pren-
drions celle de M. Delagrave.

Mais, en dehors de ces grands noms de la librairie classique, nous en trouvons
d'autres qui sont plus particulièrement les librairies scientifiques, industrielles
et technologiques. Les services qu'elles rendent au public des industries agricoles, mécaniques, chimiques, etc., sont immenses, et nous ne pouvons qu'approuver l'idée qui les a fait placer, dans la classe 90, au même titre que les
bibliothèques classiques. Nous applaudissons donc aux efforts intelligents de
M. E. Lacroix,--l'éditeur et le directeur de ces *Études*, qui formeront les véritables
archives de l'industrie au xixe siècle, — pour composer sa *Bibliothèque des profes-*
sions industrielles et agricoles, ses *Annales du Génie civil*, et tant d'autres ouvrages
où l'enseignement professionnel doit largement puiser. Nous devons ne pas
oublier les bons ouvrages de sciences appliquées à l'industrie et aux constructions
qu'expose le libraire Dunod.

Il est juste que les librairies artistiques aient ici leur place. La première est
due à la maison Morel, qui a centralisé, ou à peu près, toutes les grandes productions architecturales et artistiques de notre temps. Les écoles professionnelles
ont à puiser largement dans les richesses de la librairie Morel, qui édite le *Diction-*
naire d'architecture, œuvre magistrale de M. Viollet-Leduc, l'*Art pour tous*, les
ouvrages de M. Armengaud sur les industries mécaniques, le *Manuel de la me-*
nuiserie, la *Gazette des architectes*, l'*Histoire de l'architecture en France*, etc., etc.

Dans une autre direction, la maison si connue de M. Delarue a, en quelque sorte, monopolisé les collections de modèles de dessin d'ornement, de figures, de paysages, signés Carot, Bilordeaux, L. Coignet, Jullien, Calame, Valério, etc., etc. Quelques autres collections de modèles d'architecture et de machines sont venues compléter un fond déjà remarquablement riche. La librairie de Monrocq frères ne doit pas être oubliée ; elle spécialise les modèles de dessin élémentaire, et dans cette voie elle peut rendre de grands services à nos écoles publiques ; parmi les ouvrages qu'elle expose, nous citerons : les modèles de têtes et figures de mademoiselle Joséphine Ducollet, ceux d'ornement par Jullien, le praticien industriel, etc., qui sont faits dans des conditions de simplicité et de méthode, qu'on ne saurait trop encourager.

Nous n'ajouterons rien à cette trop longue et sèche promenade dans les salles des deux classes 89 et 90, renfermant l'exposition scolaire française. Malgré des lacunes considérables, aucune nation exposante n'a présenté un ensemble aussi complet de son enseignement public. Ceux qui s'intéressent à ces graves questions de l'instruction du peuple ont pu, au reste, continuer leur promenade dans les salles du ministère de l'Instruction publique. C'est par quelques pages consacrées à cette exposition, que nous terminerons notre étude sur les classes 89 et 90.

L'exposition scolaire française, principalement celle de la classe 89, n'a certainement pas pu donner une idée complète de l'organisation de notre instruction publique. L'enseignement primaire surtout, à cause de l'exiguïté des salles dont il pouvait disposer, à cause aussi de l'absence de méthode dans le classement, ne pouvait être véritablement jugé. L'administration de l'Instruction publique l'a bien senti ; et autant pour compléter l'exposition du Champ-de-Mars, que pour faire une sorte d'enquête sur l'état de l'enseignement primaire en France, le ministre a fait élever de vastes salles trop exiguës encore, dans les jardins de son hôtel, pour y exposer les travaux des élèves, le matériel, et les livres employés dans les écoles primaires de France. Nous possédons aujourd'hui 53,957 écoles publiques, 38,858 écoles de garçons et écoles mixtes, et 15,099 écoles de filles. On conçoit qu'il était au moins inutile d'exposer les productions de toutes ces écoles, et de quel espace il aurait fallu disposer pour réaliser cette exposition. Il a fallu se borner. « La proposition à laquelle on s'est arrêté, dit le rappor-adressé au ministre sur l'exposition du ministère, a été de 2 pour 100 de chaque espèce d'écoles, de garçons ou de filles, ce qui devait donner environ 1100 écoles, dont près de 800 écoles de garçons ou mixtes, et 300 écoles de filles. Mais comment choisir ces écoles ? On a pensé qu'il convenait de prendre les meilleures dans chaque département, en confiant ce choix aux inspecteurs de l'Académie, qui avaient dans les rapports des inspecteurs primaires tous les éléments pour le bien faire. » Des arrêtés ministériels déterminèrent ensuite la nature des épreuves, et le nombre des élèves admis à y concourir. Une commission, présidée par M. Charles Robert, fut instituée pour examiner et apprécier les produits de l'exposition du Champ-de-Mars aussi bien que celle du ministère. Cette commission n'avait pas à s'occuper des dessins ou des travaux de couture, dont l'examen était confié à deux commissions spéciales.

Trois pièces renferment cette exposition : au milieu, celle qui contient les travaux envoyés par les écoles ; celle de droite est remplie des objets exposés par la commission mexicaine, et celle de gauche est presque exclusivement réservée au matériel de l'enseignement. Contrairement à ce qui existe au Champ-de-Mars, tout est ouvert, ou plutôt rien n'est enfermé, et le visiteur peut à loisir examiner, étudier tout à son aise.

La salle des travaux est remplie de productions de nature diverse : nous percevons, en entrant, les nombreux volumes qui renferment les compositions

faites par les élèves des écoles : voilà certes la meilleure manière de connaître
la situation actuelle de notre enseignement primaire, et aucune statistique ne
vaudra les renseignements qu'on peut puiser dans cette collection. En plaisante
qui voudra, le moyen est excellent ; demandez-le aux nombreux instituteurs qui
ont été délégués par leurs collègues pour venir visiter l'Exposition ; il n'y en a
pas un qui n'ait voulu examiner avec attention ces gros volumes. Le rappor-
présenté par M. Rapet, inspecteur général de l'enseignement primaire, au nom
de la commission chargée de dépouiller toutes ces compositions, nous donne
des chiffres intéressants sur les départements qui ont fourni le plus grand nombre de copies sans fautes. Ainsi, pour les écoles de garçons : la Marne a donné
60 pour 100, Saône-et-Loire 65, Moselle 67, Somme et Yonne 71, Meuse 73, Seine-
et-Oise 79, Vosges 90 et Meurthe 93. Pour les écoles de filles : Moselle 62 pour
100, Ardennes 65, Loire 67, Manche 84, Jura 89. Sont-ce là des résultats assez
satisfaisants pour en être bien fiers? Évidemment non ; et cependant nous
croyions sincèrement trouver notre enseignement primaire beaucoup plus faible.
Quoi qu'il en soit, cette grande enquête, dont l'utilité est incontestable, devra en
amener d'autres, et nous ne voyons pas ce qui empêcherait l'administration
d'en ordonner à des époques qu'elle indiquerait quelques jours à l'avance. Ce
serait là un excellent moyen d'émulation et une pierre de touche qui éclairerait
les populations sur leur situation réelle.

Nous avons remarqué avec plaisir que, dans beaucoup d'écoles, on initie les
enfants aux éléments de l'agriculture ; des cahiers de net (pourquoi n'avoir
pas envoyé le travail personnel de l'enfant ?), dits *cahiers agricoles*, contiennent
des enseignements sous forme de maximes et de sentences, de préceptes économiques, de problèmes agricoles, etc.

Nous avons vu avec non moins de plaisir des herbiers composés de plantes re-
cueillies dans des promenades, et, sur les marges de chaque page, une légende
plus ou moins complète, mais toujours instructive. Les cahiers de devoirs qui
viennent augmenter les renseignements que donnent les compositions officielles, en quelque sorte, ne nous ont pas paru en nombre suffisant ; nous avons
vu que 23 départements n'en avaient envoyé aucun ; c'est une faute regrettable,
non pas qu'on puisse rien conclure contre ces départements, mais ils ont empêché par leur abstention que l'enquête fût vraiment entière et complète.

Au point de vue de la calligraphie de ces compositions et de ces cahiers, nous
demanderons aux instituteurs ce que veulent dire ces traits de plumes plus ou
moins ambitieux, ces ornements peinturlurés, d'un goût atroce, ces oiseaux qui
ouvrent des ailes, faites avec des espèces d'accolades à la plume, ou qui ouvrent
le bec pour attraper un papillon aussi composé de traits de plumes? Tout cela
est misérable, fausse le goût de l'enfant et lui fait perdre un temps précieux;
tant que les *cahiers de net* seront ainsi agrémentés, nous nous en méfierons.

Somme toute, la commission se félicite de la bonne moyenne que paraissent
atteindre les élèves en orthographe et en grammaire; elle est satisfaite aussi
des résultats acquis dans l'étude de l'arithmétique. « Les élèves, dit le rapporteur officiel, n'exécutent plus machinalement, comme par le passé, des opérations d'après des règles ou des formules apprises par cœur; ils raisonnent les
questions, et prouvent qu'ils les comprennent. « Quant aux problèmes, « ils sont
bien appropriés aux besoins futurs des populations qui fréquentent les écoles. »

Il ne nous paraît pas que l'étude de l'histoire et de la géographie, aujour-
d'hui obligatoires, soient des enseignements sérieusement faits. Si nous en jugeons
par les cahiers, toujours cahiers de net, celui de l'histoire est nul ou presque
nul, et celui de la géographie prouve l'ignorance des élèves, pour tout ce qui
regarde cette étude indispensable aujourd'hui. Que nous sommes loin des écoles

allemandes, où la géographie est enseignée avec autant de soin que la langue maternelle !

« De toutes les connaissances accessoires que peut donner l'école primaire, dit M. Defodon, dans sa *Promenade à l'exposition scolaire de 1867*, c'est la géométrie usuelle et l'arpentage que nous trouvons le mieux enseignés, et le plus généralement répandus ; l'agriculture proprement dite n'est guère représentée que par les envois assez peu concluants d'un petit nombre d'écoles ; les notions élémentaires de physique, de chimie, de botanique, d'histoire naturelle, les diverses notions qui peuvent s'enseigner, soit par les livres de lecture, soit par des images, soit par la vue même des objets que présente la nature, l'industrie ou l'art, tout cela est peu abordé dans nos écoles. On ne lit pas assez en France, on ne voit pas assez, on ne touche pas assez du doigt les choses qui nous entourent ; il y a certains peuples qu'on accuse d'être rêveurs et songe-creux ; on pourrait, nous, nous accuser d'être sourds et aveugles. Et nous portons ce défaut partout avec nous ; il appartiendrait à notre éducation première de nous en délivrer, mais, jusqu'à présent, elle a contribué, comme tout le reste, à l'enraciner dans nos esprits ; il faut, sur ce point, qu'elle change. »

L'enseignement du dessin, dont la salle des travaux contient de nombreux spécimens, n'est pas mieux compris que les enseignements précédents. A part quelques exceptions, telles que les écoles de Paris, de Nancy, de Metz, de Mulhouse, d'Orléans, de Saint-Quentin, de Grenoble, de Cluny, de Reims, et de quelques autres villes, tout est à créer pour l'étude du dessin dans nos écoles primaires et même les écoles normales.

Tant que dans les populations rurales on croira que le dessin n'est bon que dans les villes ; tant que les populations des villes croiront que le dessin est un art d'agrément, il n'y aura pas de progrès réels à espérer. D'un autre côté, tant que le dessin ne constituera pas une des parties importantes des programmes des écoles normales, on n'aura pas les moyens de l'enseigner aux élèves des écoles primaires. Ajoutons aussi que les bons modèles sont rares, surtout ceux de dessin artistique, ornement, fleurs, figures, etc. ; et les bons modèles, simplement faits, par conséquent facilement compréhensibles pour l'enfant, sont les auxiliaires les plus puissants du maître. Il faut donc travailler à renverser les préjugés qui existent à l'endroit du dessin, chose peu facile, dans notre pays qui en est bourrelé, et former les instituteurs à cet enseignement avec des méthodes et des modèles bien faits. Les résultats ne se feront pas attendre, nous en sommes certains, quand on voit la somme d'efforts dépensés pour arriver à ceux que montre l'exposition du Ministère, et combien est grand le désir de produire.

Les auteurs du rapport sur l'enseignement du dessin, MM. Cornu et Dufresne, insistent beaucoup sur la nécessité d'une réforme. Ils indiquent avec franchise au ministre l'état actuel de cet enseignement :

« Dans les écoles normales, dans les lycées impériaux, disent-ils, c'est-à-dire pour la classe appelée à diriger, à former, élever les autres, les études de dessin nous ont paru beaucoup inférieures à celles que peut donner une école d'ouvriers de la ville de Paris. Il nous semblerait important qu'il n'en fût pas ainsi. Hors de Paris, en matière de dessin, il n'existe plus, sauf de très-rares exceptions, de supériorité de classes d'adultes ni de cours populaires. Le niveau est presque partout également mauvais ; et c'est grand dommage, car nous avons souvent rencontré, chez les élèves, la meilleure volonté de bien faire, des aptitudes réelles avec une quantité de travail énorme. A nos yeux, si l'on tient compte des exceptions signalées, d'abord le temps consacré au dessin d'imitation est presque complétement perdu ; et voici les principales causes de ce malheur :

partout les modèles de figures et d'ornements sont aussi funestes que possible et seront une cause de perpétuité dans le mauvais goût et l'ignorance. Beaucoup de professeurs de dessin, qui ont été souvent les premières victimes de cet état de choses, ne savent pas dessiner; ce qui est bien pis, ils ne savent pas comment il faudrait dessiner, et leur goût est celui des modèles qu'ils achètent. Ils enseignent le mal avec une conviction profonde, de la meilleure foi possible ; les notes, mises par eux sur les plus tristes ouvrages d'une patience mal employée, témoignaient souvent que, si le maître n'avait pas travaillé à l'œuvre de son élève, il était prêt à la signer. »

« Autre cause du mal : dans les lycées, dans les colléges, la classe de dessin prise sur la récréation a toujours été considérée par les enfants comme une espèce d'empiétement sur leur repos et sur leurs jeux ; ils arrivent donc vers ces études, pourtant si attrayantes par elles-mêmes, avec une mauvaise humeur qu'ils regardent comme fondée, résolus à une revanche dont ils sont les premières dupes, en réalité, et ils se défendent contre la leçon au lieu de chercher à en profiter, comme font les enfants des classes ouvrières. Ceux-là seuls, et au dernier moment, qui tendent vers les écoles spéciales, tâchent d'apprendre juste ce qu'ils regardent comme suffisant pour masquer une ignorance à laquelle ils ne songent que pour le chiffre d'un examen. Enfin, il est une cause plus grave que la mauvaise instruction dans l'abaissement du goût public; celle-là, nous ne pouvons l'indiquer que par un mot : c'est quelquefois une espèce d'affaiblissement de sens moral, révélé par certains indices regrettables. »

Au milieu de la salle des travaux sont disposés, sur une grande table, les travaux à l'aiguille envoyés par 287 communes appartenant à 53 départements ; dans leur ensemble les envois ne représentent pas moins de près de quatre mille objets de toute nature, « depuis l'humble écheveau de lin, filé au fuseau dans le fond de la Bretagne, comme au temps de Duguesclin, jusqu'au vêtement sacerdotal brodé dans le Nord et estimé par l'école qui l'a produit au prix élevé de 1,200 francs. » Madame Pape-Carpantier, qui a été chargée d'organiser cette exposition et d'en rendre compte, demande la régularisation du travail dans les écoles de filles, et appelle l'attention du ministre sur cette pressante question d'intérêt public : l'enseignement professionnel des femmes. Quant à cette quantité d'objets à examiner, à apprécier, madame Pape-Carpantier fait ressortir la nécessité de faire faire aux jeunes filles des travaux utiles. « Si la perfection du travail et de produit, dit-elle, a obtenu le n° 1, souvent même accompagné de plusieurs points d'admiration, les modestes ouvrages, utiles à la famille, l'ont aussi obtenu. Les confections de linge et de vêtements d'usage, les layettes et les trousseaux d'enfants, les raccommodages sensés et judicieux, ont excité toute notre sympathie. Par raccommodage judicieux, nous entendons ceux qui sont faits sur des étoffes dont le prix, relativement élevé, justifie les peines qu'on se donne pour réparer « l'outrage des ans » et non les reprises *de luxe*, chefs-d'œuvre si l'on veut, mais chefs-d'œuvres inutiles, parce qu'ils sont faits sur des étoffes que l'industrie fabrique à bon marché. Nous n'avons vu là que des tours de force, où les yeux des enfants se fatiguent, où leur esprit s'endort, où leur existence s'écoule sans profit réel. »

Nous n'avons pas ici à nous occuper de la salle qui contient l'exposition de la commission mexicaine ; passons dans la salle de gauche qui contient les méthodes et le matériel de l'enseignement. Nous retrouvons ici la série des nombreux livres classiques envoyés par les grandes librairies que nous avons déjà signalées; nous n'y reviendrons pas, si ce n'est pour dire que les envois sont ici plus complets, plus faciles à examiner. Nous retrouvons, plus complètes aussi, les collections d'instruments de physique, de chimie, d'histoire naturelle, de mécanique dont nous avons parlé rapidement plus haut. On peut connaître tout ce que renferme cette salle dans les nombreux rapports adressés au ministre de l'Instruction publique, rapports dans lesquels règnent l'impartialité et la franchise d'appréciation.

En résumé, cette exposition du Ministère, complément nécessaire de celle du Champ-de-Mars, aura montré à tous ceux qui ont souci de l'éducation du peuple, à quel point nous en sommes et ce qui reste à faire pour arriver au niveau qu'ont atteint les nations de langue germanique ; elle fait aussi ressortir cet axiome de la pédagogie moderne, posé par le Père Girard, et que tous les instituteurs devraient savoir par cœur pour en faire la base de leur mission :

« S'attacher au fond du langage, aller pas à pas du simple au composé, apprendre aux enfants à penser, et faire servir les mots pour la pensée, les pensées pour le cœur et la vie. »

Nous voilà arrivé au terme de cette *étude*, que nous aurions voulu rendre, à la fois, moins longue et plus complète. Le champ que nous avions à parcourir est des plus vastes, et les sujets que nous avions à examiner ont une importance sans égale. D'un autre côté, nous n'avions pas à étudier l'instruction publique seulement en France, mais chez toutes les nations qui ont pris part à ce grand concours de 1867. On voudra donc bien reconnaître que notre travail demandait des proportions en rapport avec la gravité de notre sujet. D'ailleurs l'instruction du peuple, ses développements successifs et nécessaires, les grandes questions qui s'y rattachent, ne doivent trouver personne indifférent, aujourd'hui qu'elle est devenue le levier puissant de l'émancipation et des progrès de l'esprit humain, la tâche glorieuse de notre temps.

Léon CHATEAU.

XLIV

REVUE DES PRODUITS CÉRAMIQUES

A L'EXPOSITION UNIVERSSELLE

(FIN.)

PAR A. ET L, JAUNEZ

III

6ᵉ CLASSE. — **Porcelaine tendre.**

Les porcelaines tendres sont nées des tentatives nombreuses faites dans le but de fabriquer en Europe une poterie semblable à la porcelaine dure des Chinois, qui était la seule que l'on connût encore vers la fin du dix-septième siècle.

Les porcelaines tendres ont donc précédé en Europe la fabrication des porcelaines dures, pour lesquelles elles ont été ensuite délaissées dans la plupart des pays, hormis en Angleterre, où elles se sont perfectionnées et maintenues à l'exclusion de la porcelaine dure.

Nous avons dit que le caractère distinctif de la porcelaine est la translucidité : les matières kaoliniques, et en général les argiles blanches et les silex qui composent la pâte de la porcelaine étant du nombre des corps les plus réfractaires du règne minéral, on comprend les difficultés qu'il y avait à obtenir, avec une pâte ainsi faite, ce commencement de fusion et de vitrification sans lesquelles il n'y a pas de poterie translucide.

On s'ingénia d'abord à introduire dans les pâtes des fondants artificiels, tels que des silicates alcalins, de vrais verres, — et l'on obtint ainsi une sorte de produit hybride, participant à la fois de la nature du verre et de celle de la poterie, mais n'ayant pas la dureté extérieure de la véritable porcelaine, ni même le caractère nettement défini d'une poterie, puisque la pâte, au lieu d'être seulement composée d'argiles et de roches naturelles, contenait une forte proportion de verre ou de fondants artificiels.

Le verre laiteux et dévitrifié qu'on a appelé porcelaine de Réaumur, du nom de son inventeur, est, en quelque sorte, pour cette catégorie de porcelaines tendres, le chaînon extrême qui les relie au verre proprement dit.

Le vieux Sèvres qui ne se fait plus, et les porcelaines tendres qui se fabriquent encore à la manufacture impériale de Sèvres, à Tournay et à Saint-Amand-lès-Eaux, sont les seuls types que nous connaissions de la catégorie primitive des porcelaines tendres, plus spécialement désignées sous le nom de porcelaines frittées ou artificielles. L'importance commerciale de ce genre de poterie a donc à peu près cessé.

La fabrication de ces premières porcelaines tendres présente de grandes difficultés. La pâte est très-courte et ne permet pas de fabriquer couramment les grandes pièces de platerie; sa fusibilité la rend très-sujette à se déformer au feu, et il faut, pour obvier à cet inconvénient, que toutes les pièces soient cuites sur des moules qui leur servent de supports. Cette porcelaine acquiert sa translucidité par le premier feu qu'elle subit, et qui est le plus fort; après quoi on la revêt d'une couverte de nature plombo-alcaline et très-fusible, et on la fait passer au second feu qui fond cette couverte sur la pièce.

C'est à la propriété si fusible et si tendre de sa couverte que cette porcelaine est redevable de son nom, et de la réputation dont elle jouit auprès des amateurs et collectionneurs, en raison de l'éclat et du glacé extraordinaires que les couleurs acquièrent ou peuvent acquérir sur une couverte de cette nature.

La pâte, qui est essentiellement composée de sable et d'alcalis frittés ensemble, d'argile marneuse et de carbonate de chaux, réagit aussi favorablement sur les couleurs dont on orne la couverte.

La manufacture impériale de Sèvres avait exposé quelques beaux spécimens de porcelaine tendre, qui se révélaient à l'œil exercé des connaisseurs par le brillant et l'éclat peu ordinaires de ses fonds de couleurs bleue et turquoise. Nous regrettons de n'avoir pu faire un examen détaillé de ces belles pièces pour en signaler tous les mérites particuliers.

La fabrique de Tournay, appartenant à MM. *Boch frères*, avait aussi envoyé de ses porcelaines tendres à l'Exposition, mais sans décoration.

A côté de ce rameau français si délicat de la porcelaine tendre, presque effacé aujourd'hui, il reste la branche anglaise qui a fleuri et qui s'est maintenue.

Dans l'origine, on avait suivi en Angleterre les mêmes pratiques, et introduit des fondants artificiels dans la pâte.

Mais, dans la suite, l'invention de la porcelaine dure ayant révélé l'importance capitale du feldspath dans toutes les pâtes de porcelaine, les Anglais surent corriger à temps la composition de leurs porcelaines tendres, en rejetant avec raison l'emploi de matières artificielles dans la pâte, pour leur substituer les roches feldspathiques qui abondent sur leur sol, et le phosphate de chaux tiré des os.

Par cette réforme, ils parvinrent à produire une porcelaine viable et pouvant de se maintenir en face de la porcelaine dure qui règne d'une manière presque absolue sur le continent.

N'était l'emploi des os, tirés du règne animal, il serait permis de dire de la porcelaine anglaise ce qu'on dit avec plus de vérité de la porcelaine dure : qu'elle est un produit naturel. Néanmoins on distingue encore la porcelaine anglaise d'avec les porcelaines tendres primitives plus artificielles, en lui donnant le nom de *porcelaines tendres naturelles*.

Pour la porcelaine tendre anglaise, même marche de fabrication que pour la faïence fine de première qualité. Le façonnage et l'encastage sont, il est vrai, plus délicats, mais en somme, on se sert des mêmes procédés et de la même cuisson. Il n'y a de différence que dans les soins plus minutieux qu'on est obligé de prendre pour la porcelaine, à cause de la plasticité moindre de sa pâte, du ramollissement qu'elle éprouve au premier feu, et qui nécessite l'emploi de moules ou de supports destinés à empêcher la déformation des pièces pendant la cuisson, enfin, à cause de la dureté et de la non-porosité du biscuit, qui fait de la mise en émail une opération plus longue et plus difficile. Mais ce qui distingue avant tout la faïence fine de la porcelaine anglaise, c'est la translucidité de celle-ci, due en partie à la présence du phosphate de chaux dans la pâte, laquelle contient en outre du kaolin, du feldspath et un peu de silex. Les procédés de décor ne diffèrent pas non plus de ceux usités sur la faïence fine, sauf que le décor sur biscuit se réduit, pour la porcelaine, à l'impression, la peinture étant à peu près impraticable sur un biscuit sans porosité. Les fonds bleu de roi, toutefois, sont presque toujours appliqués sur biscuit. Le décor de moufle sur la porcelaine anglaise participe des mêmes qualités et des mêmes avantages dont jouit celui des faïences fines. Les couleurs s'y développent et y glacent mieux que sur la porcelaine dure.

On conçoit qu'une telle porcelaine se trouve dans beaucoup de cas favorisée des préférences du public, malgré son infériorité vis-à-vis de la porcelaine dure, sous le rapport de la solidité, de la dureté, du nombre et de la nature des usages auxquels elle est apte. Pour les services à thé et à café, par exemple, auxquels on ne demande pas une solidité extraordinaire, et où l'on prise surtout la légèreté des pièces, ainsi que la vivacité et l'agrément des peintures dont elles sont ornées, la porcelaine anglaise plaira et obtiendra souvent la préférence sur la porcelaine dure courante, qui ne se prête pas aussi bien aux mille fantaisies du goût, sans devenir aussitôt beaucoup plus chère.

Nous ne doutons pas que nos lecteurs, en visitant l'Exposition, ne se soient arrêtés avec plaisir devant les riches et élégantes porcelaines tendres de MM. *Copeland*, *Minton*, *Brownfield* et autres éminents manufacturiers de la Grande-Bretagne, dans les établissements desquels ce produit céramique a atteint un rare degré de perfection. Nous n'essayerons pas de les guider parmi toutes ces merveilles, mais nous appelons leur attention sur la grande richesse et l'extrême variété de la décoration, et sur la quantité de procédés divers et ingénieux mis en œuvre par les Anglais pour décorer, peindre, dorer, imprimer, lustrer leur porcelaine, qui a aujourd'hui sa place assurée au soleil, tout comme son antique et illustre devancière, la porcelaine dure de Chine, d'Allemagne et de France.

En effet, telle qu'on la fabrique aujourd'hui en Angleterre, la porcelaine tendre est bien supérieure, comme qualité, aux porcelaines tendres primitives; elle est plus durable, car elle reçoit un feu plus intense, qui donne à la couverte une dureté suffisante pour la plupart des usages ordinaires.

Deux grandes maisons du continent ont essayé et introduit, depuis vingt ans, la fabrication de la porcelaine anglaise dans leurs établissements céramiques. La faïencerie de Vaudrevange (Prusse Rhénane), appartenant à MM. Villeroy et Boch, est entrée la première dans la voie, où elle a été suivie par celle de Sarreguemines. Ces deux manufactures produisent une belle et bonne porcelaine tendre. Celle de Vaudrevange, décorée très-sobrement, se distingue particulièrement par l'excellence de son façonnage, due à des procédés mécaniques perfectionnés, ainsi que par la blancheur et la bonne exécution de toutes les pièces. Sous ces derniers rapports, la porcelaine de Vaudrevange est d'un mérite au moins égal à celui des meilleures porcelaines de l'Angleterre.

La porcelaine tendre de Sarreguemines reproduit ou imite les décors les plus courants des Anglais, sans renoncer d'autre part à une ornementation qui lui soit propre.

Il est vrai que cette fabrication n'a pas encore réussi à prendre un développement considérable dans ces deux établissements, et que, pour cette raison, elle ne saurait entrer en comparaison avec la porcelaine anglaise, sous le rapport de la diversité et de la richesse des formes et des décors, comme aussi sous le rapport du nombre des articles et de la masse de la fabrication.

La décoration la plus connue et la plus aimée pour la porcelaine anglaise consiste dans ces peintures bigarrées, composées de fleurs, d'oiseaux et d'ornements bizarres, qui aspirent évidemment à rappeler l'effet des peintures chinoises et japonaises. Ce genre de décor, exécuté sans art, n'a guère d'autre mérite que de produire sur nos sens cette impression confuse de couleurs et de lignes qui semble ne plaire que par son étrangeté, et qui nous frappe néanmoins si agréablement à l'aspect des belles porcelaines de la Chine et du Japon.

Un genre de décoration d'une réussite un peu plus difficile consiste en impressions de couleurs sur biscuit; ce genre s'exécute très-bien à Sarreguemines, notamment l'impression en bleu d'azur.

7e CLASSE. — **Porcelaine dure.**

La porcelaine dure, la véritable porcelaine, placée au sommet de l'échelle des produits céramiques, constitue en effet la poterie la plus parfaite, la plus estimée et la plus précieuse.

Ce qui lui vaut ce premier rang incontestable et incontesté, c'est non-seulement sa beauté et sa blancheur, sa dureté et son inaltérabilité, mais encore ce sont les minéraux rares et sans souillures qui la composent, c'est la température si élevée de sa cuisson, c'est enfin sa translucidité caractéristique, qui étonna tant le monde européen lors de sa première apparition, et qui la fit rechercher et apprécier longtemps à l'égal d'une pierre précieuse. L'ignorance où l'on était des procédés de sa fabrication, et le long problème qui fut ainsi posé, pendant deux ou trois siècles, aux potiers de l'Europe, et résolu en 1709, par l'alchimiste saxon *Böttger*, ne contribuèrent pas peu à agrandir encore la valeur et la célébrité de la porcelaine.

La pâte de la porcelaine dure n'est essentiellement composée que de cette argile d'une finesse et d'une pureté particulières, qui résulte de la décomposition de certaines roches granitiques, et qui porte le nom chinois de kaolin. A ce kaolin est ajoutée comme fondant la roche feldspathique elle-même, qui l'a produit en se délitant. C'est également le feldspath ou la pegmatite qui compose presque entièrement la couverte ou glaçure.

Une composition si simple, si exempte de toute sophistication artificielle, fait de la porcelaine dure un produit éminemment naturel, en ce qui concerne les matières premières, un produit qui est extrait, pour ainsi dire tout préparé, du sein de la terre, et qui est formé de ce que la nature renferme de plus pure argile.

Les Chinois et les Japonais, les créateurs de la porcelaine, pratiquaient cet art intéressant depuis les temps les plus reculés. Mais la distance énorme qui nous sépare de ces contrées, et l'isolement jaloux dans lequel ces peuples se sont toujours complu, n'avaient pas permis qu'il nous en parvînt des notions avant l'époque des grandes circumnavigations. Les rares voyageurs arabes et l'Italien Marco Polo, le premier Européen qui parvint en Chine au treizième siècle, avaient émis sur l'art de la porcelaine dans ce pays des relations plus fabuleuses qu'exactes.

Il est peu douteux que des exemplaires rares et isolés de la porcelaine orientale n'aient circulé en Europe, dès le moyen âge, transmis de main en main par les voyageurs et les trafiquants sur les mers lointaines de l'Asie.

Mais ce ne fut qu'en 1518 que les Portugais commencèrent, après leur établissement à Macao, à importer la porcelaine de Chine en Europe. Dans le siècle suivant, les Hollandais s'employèrent aussi à cette importation, en sorte que, tout en demeurant un objet de luxe très-coûteux, la porcelaine était cependant devenue un article commercial à la portée de tout homme assez riche pour le payer.

La haute valeur attachée alors à cette poterie énigmatique, les faveurs royales dont elle était l'objet, poussèrent, on le pense, nombre de chercheurs ardents à résoudre le problème de sa fabrication.

Ce fut dans un pays riche en minéraux céramiques excellents, et à la cour d'un prince connu par ses prodigalités, à qui sa folle passion pour les porcelaines chinoises et japonaises avait fait dépenser des sommes énormes, et vendre de ses soldats au roi de Prusse, qu'un adepte de la science hermétique, qui prétendait faire de l'or et avoir trouvé la pierre philosophale, découvrit, dans le silence de son laboratoire, où il était gardé à vue, le secret de la fabrication de la porcelaine (1707 à 1709). L'électeur de Saxe, Auguste le Fort, s'empressa aussitôt de fonder une manufacture royale de porcelaine à Meissen, dont il confia la direction à l'inventeur *Böttger* lui-même.

Jaloux de ce succès, les grands et les petits potentats de l'Allemagne, et même du reste de l'Europe, voulurent avoir chacun sa manufacture de porcelaineprivilégiée. On vit ainsi se fonder successivement la manufacture impériale de Vienne (1617), la manufacture électorale de Hœchst, près Mayence (1740); enfin, celle de Furstemberg, dans le Brunswick (1640), de Nymphembourg, près Munich (1758), de Berlin (1763), de Saint-Pétersbourg (1756), etc., etc. Indépendamment de ces manufactures créées et subventionnées par les différents États, il s'en éleva beaucoup d'autres dues à l'initiative particulière.

En France, nous l'avons dit, la porcelaine tendre a précédé la porcelaine dure. Dès 1695, cette fabrication s'était établie à Saint-Cloud, à Chantilly, à Vincennes, et de là à Sèvres. Ce n'est qu'à dater de la découverte du kaolin de Saint-Yrieix, en 1765, que commence en France la fabrication de la porcelaine dure (à Sèvres, vers 1770, et à Limoges, en 1773, par *Massié, Grellet et* Cie), à une époque où, comme nous venons de le raconter, la confection de la porcelaine était déjà en pleine activité dans beaucoup de fabriques d'Allemagne. A partir de cette date, la manufacture de Sèvres fit des progrès rapides et conquit promptement le premier rang, qu'elle n'a cessé depuis d'occuper dans cet art, par l'élégance et la beauté de ses produits, et les peintures charmantes dont elle a su les décorer.

Arrivant à l'examen des produits les plus remarquables de cette classe, qui figuraient à l'Exposition universelle, nous commencerons, comme de juste, par la porcelaine de souche orientale, celle de la Chine et du Japon. On connaît assez la décoration céramique adoptée dans ces pays. Peintures de fleurs, d'animaux et d'oiseaux fantastiques, paysages et tableaux de genre sans perspective ni profondeur. Néanmoins ces peintures sont pleines d'agrément, et les pièces ainsi décorées ont un cachet à part, d'un effet charmant ; elles font une fière mine partout où on les installe, et ne déparent pas les lieux les plus somptueux. Comment se fait-il qu'il suffise d'une paire de ces potiches du Japon enluminées de bleu, de rouge et d'or, pour donner aussitôt un grand air à l'appartement ou au vestibule qu'elles ornent? Quel est le secret du charme de cette décoration ! N'agit-elle sur nos sens que par son aspect exotique, et ne nous plaît-elle qu'à la manière de ces végétaux de serre chaude qui nous transportent en imagination dans les paysages des tropiques ? Il est difficile d'admettre que le plaisir que nous ressentons à la vue d'un objet résulte uniquement de son étrangeté ou de sa provenance lointaine. Force nous est donc de convenir que la peinture céramique des Chinois et des Japonais est une décoration bien entendue, parfaitement adaptée aux formes avec lesquelles elle se trouve dans un lien intime et indissoluble. On admire, entre le décor et la pièce, cette union gracieuse et nécessaire qui existe entre le lierre et le tronc du chêne qu'il embrasse, entre la vigne et les branches de l'ormeau ou de l'olivier qu'elle enlace de ses pousses. Voilà pourquoi on ne se lassera jamais de rechercher et d'admirer des œuvres d'une si parfaite harmonie, et pourquoi les vases chinois et japonais sont et resteront à bon droit des objets d'un luxe élégant et de bon aloi. La porcelaine chinoise n'était guère représentée à l'Exposition que par des pièces sorties de collections françaises; aussi ne saurait-on se former une idée nette, d'après ces échantillons, de l'état où se trouve la fabrication actuelle en Chine. Quelques exposants japonais avaient envoyé un petit nombre de types intéressants de leurs porcelaines, dont le style décoratif paraît s'être immobilisé, après avoir pris depuis longtemps son cachet définitif.

Nous ne nous étendrons pas davantage sur ces produits lointains, nous contentant de faire remarquer que la porcelaine de la Chine et du Japon est moins blanche que les porcelaines européennes, que probablement elle reçoit une température de cuisson moins élevée que celles-ci, et que la couverte est, par suite, plus tendre ; que la palette des Chinois est moins riche que la nôtre, quoiqu'elle possède encore quelques particularités qu'on n'a pas su jusqu'à présent imiter parfaitement en Europe, notamment les fonds rouge-rubis, colorés par le protoxyde de cuivre.

Si nous poursuivons notre examen des porcelaines suivant le rang d'ancienneté de leur fabrication, nous nous arrêterons d'abord devant les produits de la manufacture royale de Saxe, dont l'exposition était remarquable à plus d'un point de vue. Nous y signalerons deux guéridons, tout en porcelaine, et décorés avec bien des soins minutieux, du prix de 3,500 et 1,500 francs ; des vases peints en camaïeu du prix de 5,000 francs, et une quantité d'autres pièces ayant chacune son genre de mérite particulier. La manufacture royale de Meissen n'est pas sortie de son ancienne tradition. Elle a voulu rester fidèle au style et au genre du dix-huitième siècle, qui ont fait sa célébrité. Elle continue à faire du vieux Saxe. Nous croyons devoir féliciter cet établissement de s'être conservé une manière et un style à lui, qui ne permettent pas de confondre ses produits avec ceux des autres manufactures analogues.

La beauté de sa pâte et d'un certain nombre de ses couleurs, ainsi que les soins donnés à l'exécution de ses figurines de fantaisie et de ses statuettes peintes en style Pompadour, sont les marques qui caractérisent plus particulièrement la porcelaine de Saxe.

Dans les produits de la manufacture royale de Berlin, on observe au contraire une tendance à rechercher des voies nouvelles ; mais cet établissement ne paraît pas être traité avec la munificence digne d'un grand État, et sa situation précaire (la Chambre prussienne a rejeté les crédits de subvention) n'est pas faite pour lui donner un essor brillant. Sa pâte est belle, et ses ustensiles de chimie en porcelaine sont recherchés. Nous avons remarqué dans son exposition deux vases noirs, des vases marbrés en gris-bleu, et des biscuits peints de style étrusque.

La manufacture impériale de Vienne n'avait pas exposé ; aurait-elle cessé d'exister ? Ces institutions céramiques subventionnées sont devenues, hélas ! une charge gênante pour les budgets de certains États dont les finances sont peu florissantes dans nos temps d'armements à outrance.

Les produits exposés par la manufacture impériale russe de Saint-Pétersbourg ont un air de parenté avec ceux de Sèvres. Enfin, une autre manufacture royale, celle de Copenhague, avait également envoyé de ses porcelaines à l'Exposition ; mais il nous serait difficile d'en citer rien de saillant.

Parmi les établissements privés les plus considérables de l'Allemagne et de l'Autriche, nous citerons :

1° Celui de M. *Charles Krister*, à Waldenburg (Silésie prussienne), qui, monté sur une grande échelle, produit une masse considérable de porcelaine courante à des prix exceptionnellement bas ; mais aussi la pâte n'approche pas, en beauté et en blancheur, de celles de Saxe ou de Limoges. C'est une marchandise usuelle et à bon marché qui fait concurrence aux faïences fines pour la grande consommation.

2° Les fabriques de MM. *Fischer* et *Mieg, Haidinger frères, Haas, Anger*, toutes groupées aux environs de Carlsbad, dans l'angle ouest de la Bohême, centre principal de la production porcelainière autrichienne. Ce pays, très-riche en matière première et en combustible, se trouve dans les conditions les plus favorables pour l'industrie céramique et verrière. Les produits des établissements que nous venons de mentionner ne présentent du reste rien de bien saillant.

3° Enfin la manufacture de porcelaine de luxe de M. *Maurice de Fischer*, à Herend (Hongrie). Ce fabricant ingénieux est parvenu à imiter très-bien toutes les anciennes porcelaines les plus célèbres, celles de Chine, du Japon, le vieux Saxe et le vieux Sèvres.

Un tel résultat n'a pu être atteint qu'au prix de notables sacrifices et de laborieuses recherches, et atteste, chez son auteur, une connaissance consommée du métier et de toutes ses ressources.

M. *de Fischer*, dans un mémoire qu'il a présenté au Jury, signale lui-même les pièces les plus importantes de son exhibition, qui sont :

Un candélabre en porcelaine, imitation du Japon, monté en bronze;

Un vase, décor chinois, peint en relief, de 3 mètres de haut sur 5 mètres de circonférence;

Un vase japonais blanc et bleu, de 3 mètres de haut, fait d'une seule pièce; enfin, des corbeilles et d'autres objets réticulés ou travaillés à jour.

Nous ne ferons qu'une critique, c'est que la garniture en métal de ces lampes et de ces candélabres ne convient pas par son style aux peintures chinoises qui en décorent la surface.

Il nous reste à parler des porcelaines françaises, dont nous croyons devoir faire précéder l'examen par quelques considérations générales sur la situation actuelle de la fabrication en France.

La pâte de la porcelaine dure, nous l'avons déjà dit, est composée de différentes sortes d'argiles ou roches kaoliniques, plus ou moins plastiques, mêlées entre elles, de manière à ce que la pâte acquière non-seulement le degré de plasticité nécessaire au travail, mais aussi le degré de translucidité voulu, sans que pour cela elle se déforme pendant la cuisson. Mais, contrairement à la marche suivie pour la faïence fine et la porcelaine tendre, la porcelaine dure ne subit à sa première cuisson qu'un feu très-doux, dit dégourdi, qui n'a d'ailleurs pour objet que de donner à la pâte une consistance assez solide pour supporter, sans se briser, la manipulation de la mise en émail.

Le second feu, dit grand feu, atteint au contraire une température très-élevée, celle de la fusion complète du feldspath qui forme la glaçure. On comprend que cette cuisson si forte, à laquelle aucune autre poterie ne résisterait sans se liquéfier, soit de nature à produire une marchandise d'une dureté et d'une ténacité surpassant celles de toutes les autres poteries. En effet, la porcelaine dure n'a pas de rivale, comme vaisselle d'usage.

Limoges est en France le centre de l'industrie porcelainière. Ce pays très-boisé présentait autrefois des conditions fort avantageuses pour cette fabrication, car il abondait en bois, en cours d'eau et en matière première. Mais la vapeur qui a tant diminué l'importance des cours d'eau comme force motrice, et le combustible minéral, qui s'est substitué au bois sont venus changer ces conditions naguère avantageuses. La cuisson au bois devait avoir un terme le jour où le prix du bois, s'élevant sans cesse, en raison de sa destruction croissante, atteindrait un chiffre qui en interdirait l'emploi comme combustible industriel. La porcelaine dure fut donc mise en demeure de suivre l'exemple des autres grandes industries céramiques qui ont depuis longtemps adopté la cuisson à la houille.

Cette révolution, très-importante dans la fabrication de la porcelaine, s'opère laborieusement depuis dix ans, et n'est encore qu'à moitié consommée aujourd'hui, puisque la moitié des fabricants a persisté jusqu'à présent à cuire au bois.

La décoration de la porcelaine dure fait en quelque sorte l'objet d'une industrie à part, car beaucoup de fabricants vendent leurs produits en blanc aux ateliers de décor parisiens, ou les y font décorer à leurs frais.

Le décor à la moufle est presque le seul que comporte la porcelaine dure ; car la température si élevée à laquelle elle est soumise, volatilise ou détruit les oxydes colorants susceptibles d'être employés sous la couverte, et rend presque impossible toute autre peinture que celle exécutée sur la couverte en couleurs vitrifiables. Nous aurons à signaler plus loin quelques tentatives nouvelles et intéressantes de décoration sur biscuit. En outre, la dureté de la couverte des porcelaines est un autre obstacle à la beauté des décors de moufle ; car le feu de moufle est tout à fait impuissant à ramollir la couverte, et par conséquent à bien souder les peintures sur la pièce, à les y incorporer, pour ainsi dire. C'est là une des circonstances qui font que les amateurs et les connaisseurs recherchent et estiment davantage la porcelaine tendre primitive et les faïences, dont la couverte plus tendre admettait un glacé parfait et une adhésion indestructible des couleurs dont on l'ornait.

Si les merveilles réalisées par la manufacture impériale de Sèvres semblent contredire, en certains points, ce que nous venons d'avancer, c'est un fait qu'il faut noter à la plus grande gloire de cet établissement privilégié, qu'une savante direction pousse sans cesse dans la voie des progrès. Là, des mains habiles ont su pétrir et modeler cette pâte rebelle, lui donner les formes les plus recherchées, les dimensions les plus grandioses, et l'orner ensuite de couleurs dont l'éclat, la pureté et le glacé sont étonnants et admirables. Aussi l'exposition de Sèvres imposait-elle à tous les visiteurs par ses magnificences ; et, sans pouvoir absoudre tout à fait cet établissement des reproches et des critiques que des hommes de l'art lui ont adressés, surtout en ce qui concerne son style décoratif, nous ne lui marchanderons pas notre admiration, et nous reconnaissons qu'il serait difficile d'imaginer une plus grande richesse de décoration, de plus belles couleurs, des ressources plus étonnantes que celles qu'étalait sous nos yeux sa brillante exhibition, résultat splendide des efforts combinés de la science et de l'art, en vertu desquels Sèvres a non-seulement conservé son ancienne prééminence sur tous les autres établissements du même genre, mais encore a fait des progrès frappants et incontestables depuis les dernières expositions. Les décors si délicats de pâte sur pâte, les vases nombreux de toutes formes dont les couleurs magnifiques ont acquis un glacé que jusqu'ici on avait cru irréalisable sur porcelaine dure, rendent témoignage de ces progrès.

Un grand vase blanc, qui n'a pu être fait que par des moyens dont ne disposent pas les autres fabriques, nous a paru d'un grand mérite, bien que les anses de ce vase n'aient été fixées à la pièce qu'après la cuisson. Il nous a semblé que la pâte de cette pièce n'avait pas dû être de la composition ordinaire, et que sa température de cuisson avait été moins élevée que celle du grand feu habituel. Deux autres vases à fond jaune-clair, avec cartouches bruns portant les portraits de l'Empereur et de l'Impératrice, nous ont paru très-remarquables.

Il faudrait un volume pour détailler toutes les merveilles de cette exposition, ce que nous ne saurions faire sans altérer le caractère général que nous voulons conserver à notre étude. N'oublions pas cependant de mentionner encore les belles poteries vernissées de Sèvres, qui attestent de la part de la manufacture une certaine bonne volonté de se produire dans d'autres branches céramiques, et de sortir de la culture trop exclusive de sa porcelaine. C'est précisément le vœu. que nous exprimions en parlant des grès-cérames, et nous saluons avec joie ces premiers pas faits dans une voie nouvelle.

En nous dirigeant à présent vers les porcelaines de Limoges, qui étaient groupées dans une exposition collective, symbole de l'espèce de camaraderie qui unit entre elles les différentes fabriques de cette ville, nous reconnaîtrons sans peine qu'il serait injuste de les apprécier au même point de vue que les produits somptueux de Sèvres.

Les choses superbes ou exquises qui sont possibles et même habituelles à la manufacture impériale, ne le sont plus de la part d'industriels limités dans leurs ressources, et appelés à satisfaire aux besoins courants et vulgaires de la société. Ici donc, il faut appliquer une autre mesure que pour Sèvres. Ce que nous aurions à relever et à louer chez les fabricants de porcelaine dure, serait donc la beauté et la blancheur des pâtes, le bon goût des formes, le mérite d'une bonne exécution et d'une bonne réussite, enfin le bon marché des produits et leur bonne adaptation aux emplois auxquels ils sont destinés.

La fabrication limousine, dont les produits ont une ressemblance de famille impossible à méconnaître, ne se fait pas encore entièrement au charbon de terre. La moitié à peu près des fabricants cuit à la houille, et se trouve par là en progrès sur les autres qui font encore usage du bois, progrès dont il faut tenir compte aux premiers, d'autant plus équitablement que la cuisson à la houille est loin d'être favorable à la beauté des produits.

Nous distinguerons dans le groupe limousin :

1° Les produits de M. Alluaud aîné, un des principaux fabricants de Limoges, qui prépare sa pâte dans ses usines avec des kaolins extraits de ses propres carrières; ses produits se recommandaient par leur beauté et leur pureté; nous y avons remarqué de beaux vases ornés d'un décor vert.

2° Les produits de MM. Ardant et Cie, également très-remarquables, et comprenant de jolies statuettes, groupes de figures, jardinières, etc. Ce fabricant cuit encore au bois.

3° MM. Haviland et Cie, qui travaillent pour l'exportation et occupent jusqu'à deux cents décorateurs, aux bonnes époques.

4° MM. Gibus et Cie, qui sont comptés parmi les meilleurs fabricants cuisant au bois, et qui produisent surtout des objets de fantaisie et des biscuits. Entre autres choses remarquables, ils avaient exposé des vases blancs ornés de reliefs jaunes, des pièces noires à reliefs blancs, et un surtout de table qui, ainsi que des assiettes à reliefs blancs sur fond céladon et gris foncé, a été acquis par le musée de Limoges. Tous ces articles étaient très-soignés.

5° La maison Julien, qui avait exposé de très-belle platerie, entre autres un plat à poisson d'un mètre de longueur. Les pièces de cette grandeur, quand elles sont bien réussies, valent de 90 à 120 francs.

Enfin, nous citerons MM. Guerry et Délinières comme bons fabricants cuisant à la houille, et M. Labesse comme exposant d'une belle platerie ovale à anses et d'assiettes travaillées à jour; M. Labesse cuit au bois.

Dans le Berry et le Bourbonnais, autres centres de production porcelainière, nous signalerons en premier lieu la maison Pillivuyt et Cie (à Mehun-sur-Yèvre), dont l'exposition méritait d'attirer l'attention des vrais connaisseurs par l'emploi de plusieurs couleurs nouvelles au grand feu, qu'elle nous présentait sur différentes pièces remarquables. Ce qui fait l'intérêt de cette tentative, c'est qu'elle nous montre, pour la première fois peut-être, des échantillons multicolores de couleurs autres que le bleu, employées sous la couverte. Il y avait du vert-bleu, du vert-olive, des bruns de manganèse et de nickel, et du rose qui avaient passablement bien résisté à la température destructive du grand feu.

Espérons que la décoration de la porcelaine dure parviendra à tirer parti de ces ressources nouvelles. Cette maison, qui avait exposé aussi de beaux décors de pâte sur pâte, s'adonne surtout à la fabrication en grand de marchandises à bas prix, et prépare elle-même ses pâtes.

La manufacture de Foëcy (Cher) avait aussi une exposition bien composée et digne de remarque.

Parmi les fabricants et décorateurs parisiens, il y a à citer : MM. Tinet (à Montreuil-sous-Bois) et Lebourg (à Paris), qui s'appliquent tous deux avec succès à reproduire sur nos porcelaines la décoration des Chinois et des Japonais ; M. Boutigny, dont les porcelaines sont ornées de décors très-luxueux, et enfin M. Rousseau, de Paris, que nous n'aurions pas dû omettre en parlant des faïences, car il pratique avec une simplicité de bon goût la peinture sur émail cru, et nous avons noté avec plaisir les beaux fonds turquoise dont il sait revêtir la porcelaine (de la porcelaine tendre, sans doute ?).

N'oublions pas, avant de finir, la chromolithographie céramique de M. Macé (à Paris-Auteuil) et les couleurs nacrées si délicates de M. Brianchon, qui malheureusement sont encore en France un privilége breveté de leur auteur.

Notre conclusion est que la fabrication de la porcelaine dure, comme celle de la faïence fine, est bien proche de ce point d'achèvement, sinon de perfection, qu'il n'est plus guère possible de dépasser, étant données les matières premières usitées jusqu'à ce jour. Par son essence même, la porcelaine dure devait être un produit de premier jet, et à partir du jour où l'alchimiste saxon eut obtenu une poterie blanche translucide, au moyen de kaolin et de feldspath, la porcelaine était faite. Il restait à l'adapter et à la plier à la grande fabrication, ce à quoi on a travaillé depuis un siècle et demi. Tout ce qui a été réalisé durant ce temps a rapport au perfectionnement mécanique des procédés, à l'exploitation industrielle, ou à l'art décoratif. La substitution de la houille au bois, pour la cuisson, a été dans ces derniers temps le progrès le plus considérable.

Les variations du goût et les inspirations diverses de l'art détermineront vraisemblablement les seules modifications auxquelles la porcelaine sera encore sujette à l'avenir.

A. ET L. JAUNEZ.

LXVI

ARBORICULTURE FRUITIÈRE

ET

VITICULTURE

PAR M. Charles BALTET

HORTICULTEUR A TROYES, DÉLÉGUÉ DE LA VITICULTURE A L'EXPOSITION UNIVERSELLE.

PLANCHES 51, 200 ET 201.

GROUPE IX ; CLASSE 86

L'horticulture fruitière s'est montrée à l'Exposition universelle sous ses deux faces principales : culture des arbres fruitiers, production des fruits.

La difficulté de transporter des arbres déjà forts, et l'insuffisance de l'emplacement pour les installer, n'ont pas permis de réunir au Champ-de-Mars ou à Billancourt un spécimen des vergers et des jardins fruitiers de chaque pays, ainsi que le demandait le programme. De même il n'a pas été possible de réunir des types représentant les caractères principaux des systèmes de plantation, de semis, de greffe, de taille adoptés dans les différentes régions. Les frais d'un entretien permanent eussent pesé trop lourdement sur les exposants; et la faiblesse d'une végétation de première année n'aurait pas suffisamment accusé aux yeux du public les résultats que l'on obtient habituellement.

Les envois de fruits beaucoup plus faciles à accomplir ont été plus nombreux. Les serres du jardin réservé, trop vastes pour abriter les plantes délicates et les fleurs, sont devenues presque insuffisantes pour loger les fruits qui abondaient à chaque quinzaine de septembre et d'octobre. Malgré cette affluence de poires, de pommes, de raisins, de fruits à noyau, nous avons regretté de ne pas voir réunies les principales espèces de fruits cantonnées dans certaines localités, et inconnues ailleurs.

C'eût été un sujet d'étude et de comparaison fort intéressant, de voir groupés les produits de la montagne et de la plaine, ceux du nord et du midi, des climats chauds, tempérés ou froids; et les fruits des arbres séculaires ramassés pour ainsi dire dans les pays arriérés, où le progrès arboricole et pomologique n'a pu encore pénétrer, comparés avec les fruits nouveaux, cueillis sur des arbres soumis « aux règles de l'art de la taille et du pincement ». L'intérêt de l'Exposition y eût gagné; le public et les hommes du métier s'y seraient instruits au profit de l'horticulture et de la propagation des bonnes choses.

Doit-on rapporter cette abstention à la réserve trop générale des sociétés et des comices agricoles et horticoles, au silence des comités départementaux chargés de favoriser le succès de l'Exposition universelle, toutes forces coopératives qui n'ont pas suffisamment agi dans cette manifestation solennelle de la richesse française? Faut-il se rejeter sur le règlement, sur l'organisation des concours, s'attaquer à la commission impériale, ou s'en prendre à des causes inconnues jusqu'ici?... Ne perdons notre temps ni à ces recherches, ni à regretter les absents. Contentons-nous des objets présentés. Le champ est assez vaste pour nous livrer une moisson abondante, — et cette abondance même nous autorise à laisser encore une bonne récolte au glaneur.

Abordons notre examen critique de l'arboriculture fruitière exposée, en suivant l'ordre naturel :

Les moyens de travail, ou procédés de multiplication ;

La culture des arbres ;

Les fruits.

Suivant la définition du programme, la Viticulture rentre dans la classe 86 du groupe IX (Horticulture ; arbres fruitiers et fruits). Nous aurons donc à la comprendre dans les trois grandes divisions de notre compte rendu.

I. — MULTIPLICATION DES ARBRES FRUITIERS.

Le programme fondamental demandait aux exposants agricoles et industriels l'exhibition de leurs procédés de travail autant que leurs produits eux-mêmes. C'était dire aux horticulteurs : montrez-nous comment vous faites pousser les végétaux, quelles sont vos méthodes de culture, par quels moyens vous semez, bouturez, marcottez ou greffez; enfin par quels systèmes d'éducation vous arrivez à obtenir une plante ou un arbre à l'état complet.

A ces questions importantes, quelques pépiniéristes seulement, de la province, ont répondu en s'exécutant dans l'annexe de Billancourt, emplacement assez rapproché pour un champ d'expériences, trop éloigné pour une exposition permanente, privé d'ailleurs de cette multitude d'agréments qui ont assuré à l'avance le succès du Champ-de-Mars.

Plusieurs fois déjà on s'est demandé, dans le cours de cet ouvrage, si Billancourt était indispensable à l'Exposition universelle. En ce qui concerne l'arboriculture, nous répondrons : Non. L'arbre fruitier étant le premier de nos arbres d'ornement, et représentant la branche la plus utile de l'horticulture, le public eût été mieux édifié de rencontrer au Champ-de-Mars des groupes d'arbres à fruit, des spécimens de vigne, plutôt que ces affreux boulingrins de sumacs, ailantes et peupliers qui pullulaient trop à l'aise dans les méandres du parc.

Voulait-on un emplacement séparé? Le Trocadéro ou l'Esplanade étaient là. Mais les intermédiaires officieux n'y auraient pas trouvé leur compte... Billancourt étant imposé malgré les protestations des exposants, subissons Billancourt, et recherchons les enseignements durables qui pourraient ressortir d'une solennité éphémère.

Première éducation des arbres.

MM. Baltet frères, de Troyes, avaient établi, à Billancourt, un modèle réduit de pépinière susceptible d'être annexée au jardin de l'instituteur, de la ferme ou du château. Le plan de l'établissement central (*pl.* 201) pourrait être utile aux gens du métier. Nous mentionnons les objets exposés par cette maison.

ABRICOTIER. — L'abricotier se reproduit par le greffage sur prunier de Saint-Julien et sur prunier myrobolan ; ce dernier pour les sols légers, calcaires.

Abricotier sur prunier Saint-Julien. Semis et plantation de pruniers Saint-Julien obtenus de noyaux, préférables aux plants issus du drageonnage.

· Sauvageons élevés à tige.

Abricotiers d'un an, écussonnés à 0^m,10 du sol pour basse tige, ou à 2 mètres pour haute tige (*pl.* 201; carrés 56 et 76).

Abricotier sur prunier myrobolan. Bouturage du plant à l'automne.

· Plantation des sujets âgés d'un an.

· Recépage du plant après une année de plantation, dans le but d'obtenir une tige vigoureuse et droite destinée à recevoir la greffe.

· La *fig.* 1 représente un sujet recépé entrant en végétation.

Écussonnage des sujets en abricotier.

Dans une conférence donnée aux instituteurs délégués à Billancourt, nous avons fait remarquer que le prunier my-robolan (ou prunier-ce-rise), d'une nature très-vigoureuse, ne devait pas être écussonné trop tôt

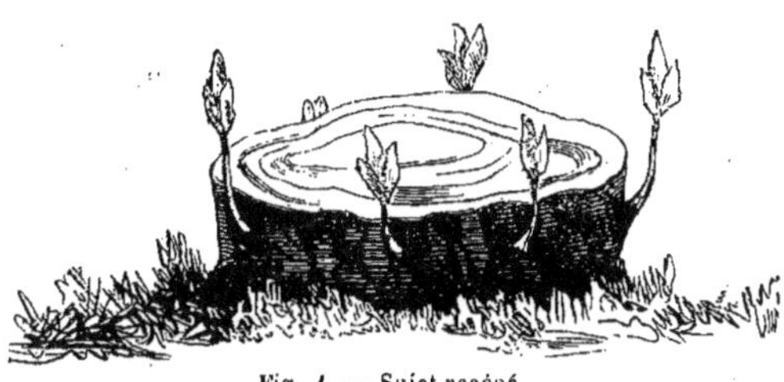

Fig. 1. — Sujet recépé.

en saison; si la séve est toujours abondante au moment du greffage, on la dompte par le rognage de l'extrémité des rameaux. Les sujets recépés pour haute tige ne doivent pas être greffés avant leur seconde année de pousse, sur la tige assez forte.

AMANDIER. — L'amandier se propage par semis et par greffage sur sauvageon d'amandier et de prunier.

: *Amandier par semis.* Semis d'amandes à coque dure, dont la germination avait été facilitée par la *stratification* (1).

· Plants d'amandier écussonnés à 0^m,15 du sol.

Les mêmes recépés pour s'élever à tige.

. *Amandier sur prunier.* Sauvageons de prunier Damas, de semis.

Sauvageon de prunier myrobolan, de bouture.

· Les mêmes recépés pour être élevés à tige.

Les mêmes, après deux et trois ans de recépage, greffés en écusson et en fente, à haute tige, avec l'*amandier à coque tendre* (*pl.* 201; carré 74).

: CERISIER. — Le cerisier se greffe sur merisier et sur mahaleb, quelquefois sur cerisier franc.

Cerisier sur merisier. Jeunes plants de merisier, semis d'un an.

Sujets élevés à tige, écussonnés à la hauteur de la couronne (*pl.* 201; carré 38).

Le même greffé en fente, à l'automne; cette époque (déclin de la séve, avant la chute des feuilles) est préférable pour le greffage en fente du merisier. Alors on évitera d'employer les onguents froids, trop faciles à la gelée.

Cerisier sur mahaleb. Plants de cerisier mahaleb ou Sainte-Lucie, âgés d'un an, de semis.

Mêmes sujets, écussonnés en 1866, à œil dormant.

Mêmes sujets, écussonnés en 1865, transformés en cerisiers buissons et pyramides ramifiés par le pincement (*pl.* 201; carré 18).

Mêmes arbres, écussonnés en 1864, non pincés, transformés en cerisiers à haute tige, quoique greffés rez-terre, ce qui est préférable avec le sujet Sainte-Lucie.

----

(1) *Stratification :* Opération qui consiste à placer dans un vase des lits de graines alternés avec des couches de terre. Placer le vase à l'abri des gelées et des animaux rongeurs en attendant la germination de la semence.

Pêcher. — Le pêcher se greffe sur amandier ou sur prunier, et plus rarement sur pêcher franc, de noyau (*pl.* 201; carré 74).

Pêcher sur amandier. Semis d'amandes douces, à coque dure, germées par l'effet de la stratification préalable.

Greffage en écusson du jeune plant (*fig.* 2), assez tard en saison, quand la séve devient moins abondante; opérer à 0ᵐ,10 du sol, par un temps chaud ; et, si l'on craint que la force de la végétation *noie* l'œil écussonné, on réunit par un lien les rameaux du sujet contre la tige, et on en coupe les extrémités.

Plants d'amandier, âgés d'un an, ététés lors de leur plantation.

Écussonnage à œil dormant du plant, à 0ᵐ,10 de terre, sur le bois de l'année précédente.

Pêchers âgés d'un an, munis de bons yeux à la base, destinés à la plantation d'espaliers (*pl.* 201 ; carrés 14 et 34).

Pêchers âgés de deux ans, dressés à demi-tige pour les plantations en plein vent, avec des variétés spéciales (*pl.* 201 ; carré 54).

Pêcher sur prunier. Mêmes formes de pêchers écussonnés sur prunier de Damas noir, sauvageon préférable au prunier myrobolan ; sur ce dernier le pêcher réussit mal (*pl.* 201 ; carrés 16 et 36).

Plants de prunier Damas, de semis, destinés au greffage en écusson.

Fig. 2. — Jeune sujet écussonné en pépinière.

Poirier. — Le poirier se greffe sur franc et sur cognassier.

Poirier sur franc. Semis en ligne de pepins de poirier; le plant qui en résulte constitue le poirier franc ou sauvageon (*pl.* 201; carré 78).

Plants de poirier franc ététés lors de la plantation.

Greffage de ce plant, par l'écusson, en juillet et août, à 0ᵐ,10 de terre.

Poiriers ayant une année de greffe, bien développés pour s'élever en haute tige ou pour former des pyramides et des palmettes (*pl.* 201 ; carré 21).

Jeunes pyramides et palmettes de divers âges (*pl.* 201 ; carrés 13, 33, 140).

Sujets en haute tige, à couteau et à cidre, greffés sur sauvageon en tête ou en pied, en fente, en couronne, à l'anglaise ou en écusson (*pl.* 201 ; carrés 43 et 45).

Poirier sur cognassier. Marcottage du cognassier en butte ou cépée. Une touffe de cognassier étant recépée donne des pousses nombreuses. Au printemps suivant, les plus beaux scions étant conservés, on butte de terre la touffe ou mère de cognassier, on rogne l'extrémité des scions; après une année de végétation, on déchausse le tronc et on y arrache les scions désormais enracinés et donnant un plant convenable. La mère sera conservée, et la même opération répétée jusqu'à épuisement de la souche (*pl.* 201 ; carré 164).

Bouturage par crossettes, c'est-à-dire par rameaux munis de leur talon, au point d'adhérence sur le vieux bois (*pl.* 201 ; carré 178).

Plantation de plants de cognassier obtenus par les deux procédés ci-dessus.

Sujets écussonnés à basse tige en 1866 (*pl.* 201 ; carré 21).

Mêmes sujets ayant une année de plus, les uns à tige nue, les autres à tige ramifiée par le pincement.

Jeunes poiriers, âgés de deux et trois ans, dressés en fuseau, pyramide, éventail, palmette, cordon, vase (*pl.* 201 ; carrés 15, 25, 35 et 160).

Poiriers de semis. Nous désignons sous ce titre des égrains élevés dans le but de produire de bonnes variétés nouvelles. Semer des pepins bien constitués des meilleures poires d'hiver; repiquer ou replanter les sujets tous les deux ou trois ans. Éviter de tailler la cime principale, afin de hâter la mise à fruit. Attendre les trois premières années de fructification avant de porter un jugement définitif sur la valeur du nouveau gain (*pl.* 201 ; carrés 31 et 41).

POMMIER. — Le pommier se greffe sur franc, sur doucin et sur paradis.

Pommier sur franc. Semis de pepins de pommes; il en résulte du plant de pommier franc ou sauvageon.

Plants âgés d'un an, ou ayant deux années, dont une de repiquage. Le repiquage est une replantation provisoire en nourrice (*pl.* 201 ; carré 180).

Greffage par écusson dans le premier été qui suit la plantation ; attendre la seconde année, si le plant est trop faible. Employer la greffe par rameau, au printemps, sur les plants trop gros.

Sujets de pommier ayant un an de greffage, dressés pour monter à haute tige.

Pommiers en fruits à couteau ou à cidre, greffés en fente et en couronne, à haute tige, sur des sauvageons droits et vigoureux (*pl.* 201 ; carrés 37 et 47).

Pommier sur doucin et sur paradis. Les plants de ces deux espèces s'obtiennent par le marcottage en butte ou cépée décrit au poirier sur cognassier; des mères de paradis et doucin sont plantées, recépées et buttées pour fournir du plant.

Plantation des plants à 0^m,30 d'intervalle.

Greffage par écusson dans l'été qui suit la plantation.

Sujets âgés de un, deux ou trois ans, et préparés : les pommiers sur doucin pour cordon, pyramide, vase ou palmette; ceux sur paradis pour cordon et buisson (*pl.* 201 ; carrés 17, 27, 117).

PRUNIER. — Le prunier se greffe sur les sauvageons connus sous les noms de Saint-Julien, Damas, myrobolan ; et nous trouvons exposés ici :

Prunier sur Saint-Julien et Damas. Semis des pruniers Saint-Julien et Damas.

Recépage des mêmes plants pour être élevés en haute tige.

Greffage en écusson et en fente desdits sauvageons, ayant au moins deux années de recépage, dressés à haute tige.

Prunier sur myrobolan. Bouturage du prunier myrobolan.

Mise en place du plant à 0^m,75 de distance.

Écussonnage en pied, vers le mois d'août; et en même temps fagoter les branches et retrancher les extrémités pour faciliter la soudure de la greffe.

Sujets greffés depuis un, deux et trois ans, formant des pyramides et des palmettes, dans les variétés les plus fertiles (*pl.* 201 ; carré 158).

Sujets des mêmes âges, élevés à haute tige, quoique étant greffés en pied.

Pruniers formés en vase et en cône à haute tige (*pl.* 201 ; carré 138).

Les sujets de ces dernières séries ont prouvé que cette race de sauvageon (P. myrobolan ; prunier-cerise) formait, en deux ans, des tiges vigoureuses, droites et saines; et les scions d'un an pouvaient atteindre 3 mètres de hauteur.

Ces spécimens de pépinière ont parfaitement réussi dans l'annexe de Billancourt. Des étiquettes descriptives, placées en tête des lignes, expliquaient la nature et le but des expériences.

Dans un rapport circonstancié sur l'Exposition, rédigé par une commission ayant M. Hardy fils, membre du Jury international, pour président, et M. Truffaut fils pour secrétaire, la Société d'horticulture de Seine-et-Oise s'exprime ainsi : « MM. Baltet, de Troyes, avaient établi une plantation considérable formant un spécimen de pépinière fruitière. Cette exposition, très-intéressante, était la seule conçue dans les données du programme. »

Il n'y a que la province pour rendre ainsi justice à la province. Les éloges de notre compte rendu ne seront donc pas suspectés de népotisme.

Procédés de greffage des arbres fruitiers.

Le procédé naturel de multiplication, le *semis*, n'a pu figurer à l'Exposition, parce que le terrain n'a pas été mis à la disposition des exposants assez de temps à l'avance, ainsi que la commission l'avait promis. Mais les procédés artificiels de multiplication, le marcottage, le bouturage, et surtout le greffage, ont été convenablement représentés au Champ-de-Mars et à Billancourt.

Seuls, MM. Baltet ont envoyé au Champ-de-Mars, dans une grande serre du Jardin réservé, une série d'échantillons de greffes, de marcottes, de boutures, rappelant les procédés employés pour la reproduction des végétaux utiles ou d'ornement dans leurs pépinières de Troyes ; ce lot a obtenu du jury le maximum des points conventionnels attribués suivant le mérite des objets exposés.

Greffage. — Le greffage consiste à rapprocher deux végétaux en entier, ou par fragment, pour former un végétal complet (1). Les procédés de greffage qui ont été remarqués sont les suivants :

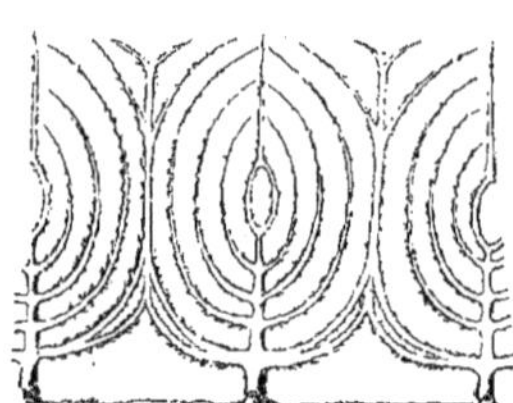

Fig. 3. — Greffe en approche.

Greffe en approche ordinaire (fig. 3). (Printemps, été, automne). — Deux sujets sont rapprochés par leurs tiges ou leurs branches ; enlever les écorces à leurs points de contact, de manière que les séves fusionnent.

Ligaturer la plaie et couvrir d'onguent ; précautions nécessaires, et que nous ne rappellerons pas à chaque greffage.

Les greffes en approche sont sevrées radicalement ou en plusieurs fois, après une année ou deux de végétation. Elles servent à la multiplication des végétaux, à leur construction et à la consolidation de leur charpente (*fig.* 4 et *fig.* 21, 22, 23).

— — *anglaise* (même saison). La plaie, faite aux points de contact, est augmentée d'une languette, d'une part, d'une encoche d'autre part, afin d'agrafer plus intimement les sujets l'un à l'autre.

— — *herbacée* (été). Les précédentes, faites en été avec des rameaux herbacés, soit pour la multiplication, soit pour garnir les vides sur les arbres dénudés de branches.

— — *en arc-boutant* (d'avril en juillet). Au lieu de laisser dépasser la tête du sujet-greffon, ou le sommet de la branche greffée en approche, on coupe cette tête ou ce sommet, et on amincit l'extrémité en bec de canne, réservant un bourgeon en dessus. Cette extrémité, ainsi taillée, sera inoculée entre l'écorce et l'aubier du sujet. Ses applications à la construction des arbres sont :

Fig. 4. — Arbres fruitiers soudés par la greffe en approche.

1° Pour ranimer la vigueur d'un arbre languissant : un sujet robuste est planté à proximité du précédent ; dès la seconde année de plantation, on l'étête, et on amène son sommet sous l'écorce de l'autre, dans le genre d'un arc-boutant. A défaut d'un nouvel arbre, on emploiera des branches du premier ;

2° Pour garnir de branches un arbre dénudé : on choisit de jeunes rameaux sur cet arbre, on greffe leur extrémité taillée en bec-de-flûte sur les endroits dégarnis ; l'œil, ou le rameau anticipé, conservé au sommet du greffon, produira une branche sur l'arbre ;

3° Pour obtenir plus promptement une large envergure : la planche 51 représente trois pêchers plantés en même temps ; les deux bras du sujet central sont

(1) Voir *l'Art de greffer*, par Charles Baltet. — 1868.

greffés au coude des deux voisins, de telle sorte que les membres de l'intérieur de la charpente ne sauraient affamer les branches-mères désormais alimentées par trois souches. On peut varier à l'infini le mode de transfusion de la séve.

Le même procédé est employé pour souder l'un à l'autre les pommiers en cordon horizontal plantés sur la même ligne. Si les deux sujets ne se rencontrent pas, on les unit au moyen d'un rameau étranger, greffé par ses extrémités sur les deux arbres. C'est alors une *greffe de raccord* ou *en rallonge*.

Greffe en écusson ordinaire (de mai en septembre, *fig. 5*). Le greffon est un œil simple, muni du pétiole de la feuille. Une fois détaché du rameau, on le glisse vivement entre l'écorce et l'aubier du sujet par une incision en T. Ligaturer sans engluer. C'est le mode de greffage le plus employé.

— *à l'emporte-pièce*. Avec un instrument spécial, on enlève l'œil (*fig. 6*) pour le porter sur le sujet où l'on aurait enlevé une portion d'écorce parfaitement semblable. C'est la greffe en placage de bourgeon.

— *à rebours*. Au cas de séve trop abondante sur le sujet, on renverse l'incision en ⊥, le cran transversal en bas, pour éviter que l'écusson soit *noyé*

Fig. 5. — Greffe en écusson   Fig. 6. — Greffe en écusson plaqué.   Fig. 7. — Greffe en couronne.
inoculé.

par l'exubérance de fluide séveux. Quand le bourgeon est trop gros, il se tiendra mieux sous une + que sous un T pratiqué sur le sujet.

Greffe de côté par rameau inoculé (d'avril en septembre). Greffons composés de petits rameaux amincis à la base, en biseau allongé, et inoculés sous l'écorce du sujet au moyen du T.

Employé pour garnir des vides, ou greffer un arbre, dont les couches corticales seraient trop épaisses pour recevoir un simple écusson.

Greffe en couronne (*fig.* 7 ; printemps). Rameau taillé en biseau et introduit au sommet du sujet étêté, entre l'écorce et l'aubier ; opérer au printemps, quand la séve se réveille. Plus l'arbre est gros, plus nombreux seront les greffons qui viendront le couronner ; ils seront écartés de 0m,10 l'un de l'autre. Ligaturer comme le représente notre dessin, et recouvrir de mastic.

Employé pour regreffer les vieux arbres, ou quand il est trop tard pour greffer en fente.

Plusieurs systèmes, avec de légers perfectionnements, facilitent la coïncidence des deux parties.

Même opération sur un tronc rasé à fleur du sol, puis butté de terre, pour faire sortir des racines à la base des greffons légèrement écorcés.

Greffe en flûte (*fig.* 8, avril et mai). Le greffon est un anneau d'écorce (C) muni d'un œil ou de plusieurs yeux, qui sera posé sur le sujet à la place d'un anneau semblable d'écorce enlevé (B).

— — *avec lanières* (avril-mai). Au lieu d'enlever l'écorce du sujet, on la découpe en lanières que l'on abaisse, afin de pouvoir y loger le greffon ; puis on les relève et on ligature sans laisser de vides. Applicable comme la précédente, au noyer, au châtaignier, au mûrier.

Greffe en placage (*fig.* 9 ; d'avril en septembre). Œil ou rameau (A), plaqué

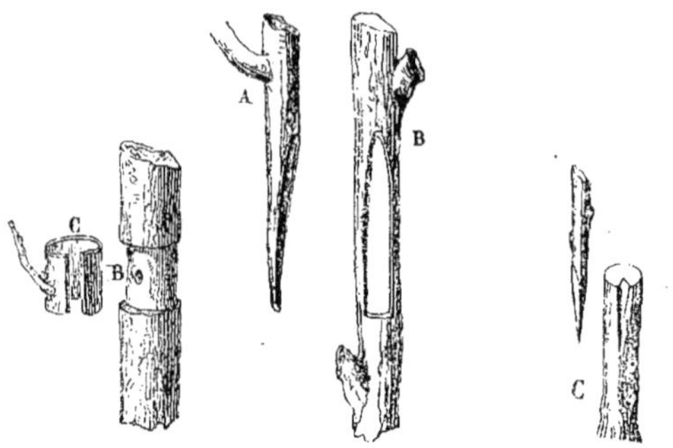
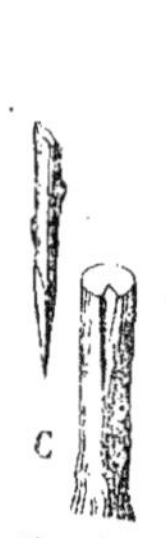
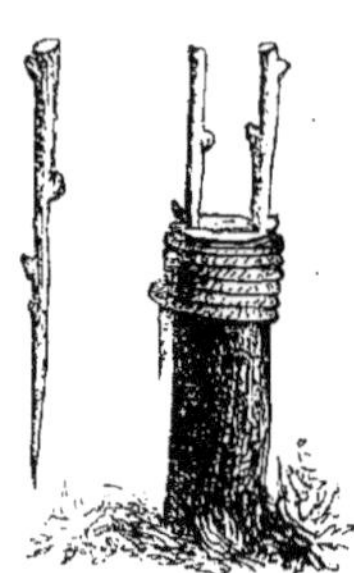

Fig. 8.
Greffe en flûte.

Fig. 9.
Greffe en placage.

Fig. 10.
Greffe par incrustation.

Fig. 11.
Greffe en fente.

sur le sujet en remplacement d'une portion d'aubier, de dimension analogue (B). Plusieurs systèmes.

Greffe par incrustation (C, *fig.* 10 ; printemps, automne). Le greffon est un rameau taillé en coin triangulaire que l'on incruste sur le sujet (C) dans une ouverture cunéiforme, identiquement semblable, de manière que les parties s'adaptent sans le moindre vide. Applicable à presque tous les arbres fruitiers.

Greffe en fente ordinaire (*fig.* 11 ; printemps, automne). Le greffon est taillé en lame de couteau ou en coin aminci, et introduit par une fente sur le sujet étêté.

Avec un seul greffon, on ne fend le sujet qu'à moitié. Pour deux greffons, on le fend diamétralement. Mais si le tronc est gros et qu'il faille y insérer plus de deux greffons, on ne le fend pas de part en part ; les fentes seront de côté et ne toucheront pas au cœur. Géométriquement parlant, elles simulent une *corde* et non un *diamètre* dans le cercle représenté par l'aire de l'amputation. Dans ces conditions, le biseau du greffon sera taillé en biais.

— — *terminale* (printemps). Greffon introduit à la naissance de l'œil terminal du sujet non étêté. Applicable aux conifères et au noyer.

— — *sur racine* (printemps). Insertion de la greffe au-dessous du collet, et butter de terre pour éviter le desséchement. Ligaturer sans engluer.

Applicable au figuier, au cognassier, à la vigne, au noyer, au groseillier.

— — *sur bifurcation* (automne, printemps ; *fig.* 20). Insérer les greffons sur les bifurcations du sujet ramifié afin d'en changer la variété.

Applicable à la vigne et au noyer. Recommandée par M. P. de Mortillet, pomologue à Meylan (Isère), et par M. Boisselot, amateur à Nantes.

Greffe anglaise (printemps). Sujets et greffons du même calibre taillés en biseaux contraires l'un à l'autre, avec crans et languettes réciproques qui les agrafent intimement.

Systèmes variés d'après la disposition des encoches.

— — *simple* (printemps). Forme de la précédente ; les deux biseaux sont nets et sans encoche.

Applicable à l'abricotier.

— — *à cheval* (printemps). Ici, au contraire, le sujet est aminci en double biseau, et le greffon, fendu au milieu, vient s'y loger à cheval. Ligaturer fortement et engluer.

Applicable lorsque le greffon est trop gros et pour le greffage sur racine.

Greffe-bouture (printemps). Que la greffe soit à l'anglaise, en placage ou en approche, le greffon, assez long, laissera dépasser son extrémité inférieure hors du point greffé et sera couvert de terre, de façon qu'il puise dans le sol des éléments nourriciers accélérant son agglutination avec le sujet.

Applicable à la vigne, au cognassier, etc.

Greffe de boutons à fruits (fin d'été). Choisir des boutons à fruits; les lever avec un support ligneux, sous forme d'écusson ou de greffe par rameau inoculé; les glisser sous l'écorce du sujet par une incision en T. Ligaturer, engluer. En plaçant ces lambourdes sur des arbres vigoureux, peu fertiles, on obtient, l'année suivante, des fruits superbes qui se renouvellent à peu près tous les ans.

On peut ainsi décharger les poiriers trop garnis de lambourdes et les porter sur les arbres qui n'en ont point; on pourrait greffer à la base des rameaux gourmands, indomptables au pincement.

MM. Vasseur père et fils, de Sauxillanges, ont exposé de beaux résultats de la greffe de boutons à fruits, au Champ-de-Mars, en même temps que MM. Ballet.

Tels sont les modes principaux de greffage exposés pour la multiplication des arbres fruitiers, pour leur construction ou leur mise à fruit, et employés dans les pépinières troyennes.

N'ayant pas à faire ici un cours d'horticulture, il nous suffira d'énoncer les conditions qui garantissent le succès de l'opération :

1° Sympathie entre les espèces végétales; s'il y a dissemblance, il faut qu'elles prêtent à cette liaison (poirier sur cognassier, pêcher sur amandier, abricotier sur prunier, néflier sur épine, cerisier sur mahaleb) ;

2° Degré de végétation au moment du travail, à peu près identique chez le sujet et le greffon ; au cas de divergence, le greffon devra être moins avancé en séve que le sujet ;

3° Sujet assez fort pour recevoir la greffe et favoriser son développement;

4° Greffon de nature saine, bien constitué, nullement fatigué;

5° Emploi de bons outils, coupant net, sans meurtrissures ni déchirures ;

6° Faire coïncider les plaies des deux parties, et joindre les couches génératrices du sujet et du greffon sur la plus grande étendue possible, afin de hâter leur agglutination ;

7° Ligaturer avec un lien souple, qui laisse grossir le sujet sans l'étrangler: par exemple, la feuille séchée de la spargaine ou de la massette des marais, la pienne de laine, la natte d'emballage, la tille, le coton ;

8° Couvrir d'un mastic onctueux, tiéde ou froid, les plaies et amputations nécessitées par l'opération de la greffe.

L'englument le meilleur de tous, le mastic froid, fabriqué par M. Lhomme fils aîné, à Belleville-Paris, était exposé au jardin réservé.

Lorsque l'on examine les travaux de nos ancêtres, les ouvrages sur la greffe par Thouin, Noisette, etc., on s'étonne que l'art du greffage n'ait pas fait plus de progrès. Cela tient, sans doute, à l'état avancé où nos pères l'avaient placé; car nous n'acceptons pas comme progrès les fantaisies d'amateurs, dont le résultat est souvent une complication de travail. Les horticulteurs ont plutôt perfectionné la multiplication des végétaux d'ornement, parce que d'abord on importe des espèces nouvelles qu'il faut chercher à propager ; ensuite la culture forcée, le greffage sous verre par le châssis, la cloche, la serre à multiplication, viennent favoriser la réussite d'opérations délicates (*pl.* 201 ; carrés 40 et 42).

GREFFAGE A HAUTE TIGE. — M. Oudin aîné, à Lisieux, avait planté des sujets plus âgés, tels que baliveaux, jeunes tiges et fortes tiges, dans les races qui servent de sauvageon aux arbres fruitiers à pepin et à noyau. Ces plates-bandes, bien dressées pour l'ordre du travail et la beauté des sujets, contenaient entre autres de forts exemplaires de poiriers et pommiers égrains (*fig.* 12), tels qu'on

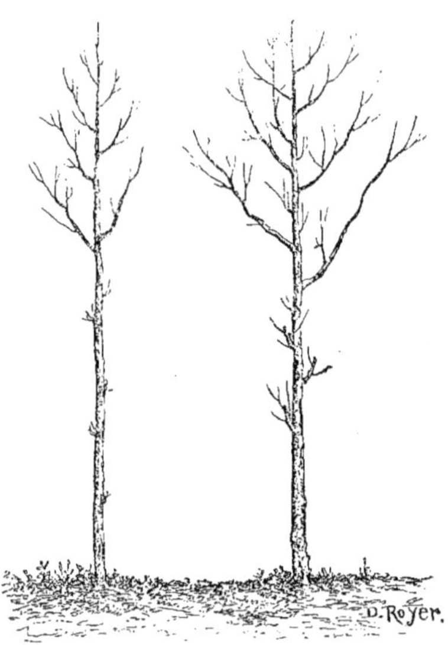

Fig. 12. — Sauvageons élevés à tige, destinés au greffage en tête.

les plante en Normandie, et sur lesquels on greffe les espèces de fruits à cidre ou à couteau que l'on veut posséder. Pourquoi, en Normandie, préfère-t-on ce greffage pratiqué après la plantation au lieu du greffage préalable en pépinière ? Nous craignons que les raisons données ne se cachent derrière la routine traditionnelle, la force de l'habitude, et la crainte de ne point rencontrer chez le marchand d'arbres la variété de fruit que l'on désire.

Parallèlement à cette question, s'en place une autre, celle de savoir s'il convient de former les arbres fruitiers à haute tige par le greffage rez-terre ou par le greffage à la hauteur des premières branches. Les théoriciens sont partagés ; notre avis est que, dans l'agriculture, il n'y a pas de principe absolu, et par conséquent, pour l'objet qui nous occupe, nous arrivons à nos fins aussi facilement d'une manière que de l'autre. Le tout dépend de l'état du sujet ou de la greffe. Le sauvageon est-il vigoureux et sain ? il n'y a pas d'inconvénient de le greffer à haute tige. Est-il, au contraire, d'une nature chétive ?.il est prudent de le greffer au pied. Par contre, si la variété à propager est faible en vigueur, il est indispensable de l'insérer directement sur la tête du sauvageon ; on la greffe au pied sans danger, lorsqu'elle pousse une tige droite et robuste. Il pourrait se rencontrer les deux cas de rachitisme chez le sujet et chez la greffe, comment faire ? Recourir à une espèce intermédiaire, rustique ; greffée au collet du sauvageon malingre, elle ne s'en développe pas moins vigoureusement. Quelques années après, pas moins de deux ans, on lui greffera en tête la sorte de fruit que l'on tient à propager.

GREFFAGE DU NOYER. — En face du champ de vigne de Billancourt, à la suite des plantes potagères de M. Courtois-Gérard, un noyer, presque égaré, était cependant là pour démontrer l'efficacité du greffage appliqué à cette essence fruitière. C'est, en effet, le seul moyen de reproduire ponctuellement une variété de noix. Un noyer à tige se greffe en fente à la base de rameaux vigoureux développés à la suite de l'étêtage du sujet. Un vieux sujet pourrait être soumis au greffage en couronne perfectionné. Un jeune sujet en baliveau sera greffé par approche, ou greffé à la naissance de l'œil terminal, ou en flûte sur la jeune flèche. Quant aux plants de noyer à greffer en ied, on les déchausse, pour les greffer en fente oblique au collet, et on butte de terre comme pour le greffage de la vigne. Tels sont les modes suivis dans le Cher, dans l'Isère et dans quelques autres localités où la propagation du noyer par semis avait donné trop de déceptions. De notre côté, nous avons greffé en bifurcation le noyer d'Europe, à fruits comestibles, sur tige de noyer d'Amérique, arbre industriel.

REPIQUAGE DU PLANT. — Parmi les exposants de matière première, nous rencontrons M. Delaunay, à Montlignon. Ses jeunes plants d'arbres fruitiers, repiqués en nourrice dans l'île de Billancourt, ont prouvé que cette opération complémentaire, dite *repiquage* ou replantation du jeune semis, provisoirement et en ligne, lui procurait un collet trapu et une racine chevelue, premiers éléments de vigueur et de rusticité. Le repiquage, fait au plantoir, ne rend pas la racine crochue comme lorsqu'on ouvre des rigoles avec la houe. Le plant reste une année ou deux en nourrice; puis on le plante en pépinière pour le greffer.

L'exposition de jeunes plants était complétée par les apports de MM. Baltet (de Troyes) et Oudin (de Lisieux). Notre plan topographique (*pl.* 201) de pépinière montre l'agencement des carrés de végétaux élevés par semis, repiquage, bouturage et marcottage, dans les endroits aérés, à proximité d'un cours d'eau. Ici l'arrosage est alimenté par la rivière extérieure, par les puisards et par les tubes souterrains, dans l'axe des grandes allées qui correspondent au réservoir de la ville.

Lorsque ces auxiliaires manquent, on y supplée par l'établissement de pompes à manéges (*fig.* 13), comme chez les jardiniers-maraîchers de Paris.

Fig. 13. — Pompe à manége pour alimenter les arrosages.

Ce système commence à être adopté dans les pépinières d'Orléans. Nous ne saurions écrire ces lignes sans exprimer le regret de n'avoir pas vu, à l'Exposition universelle, les plants, — véritable matière première, — dont l'horticulture orléanaise approvisionne le monde entier depuis un temps immémorial. Mais la terrible inondation de 1866 avait été si désastreuse pour nos braves confrères du Loiret, qu'ils songeaient plutôt à panser leurs plaies qu'à rechercher les joies et les tribulations des expositions.

Multiplication de la vigne.

La vigne se propage par marcotte et par bouture. Le semis ne peut conduire qu'à procurer des cépages nouveaux, plus ou moins méritants.

MARCOTTAGE DE LA VIGNE. — Cep de vigne (*fig.* 14) dont les sarments sont couchés en terre, et l'extrémité redressée, taillée à deux yeux. Au besoin, un petit crochet maintient la branche dans la terre.

Même opération, en couchant le sarment dans un petit panier en osier que l'on emplit de terre, et que l'on place dans la rigole ouverte pour le marcottage.

Plants élevés par le marcottage à racines nues ou en panier, sevrés de la souche-mère.

Marcottage multiple de longs sarments couchés en serpenteau (*fig.* 15), avec crochets et incisions aux arqures souterraines.

Fig. 14. — Marcottage simple.

Même opération avec sarment couché horizontalement dans la rigole (*fig.* 16); on la recouvre de terre seulement quand les bourgeons ont acquis 0^m,10 de développement.

Après une année de végétation, le sevrage produira autant de plants que de scions développés et enracinés.

Le marcottage de la vigne a été complété, au mois d'octobre, au Champ-de-Mars, par de vigoureux plants couchés en panier, exhibés par M. Constant Charmeux et M. Rose Charmeux, de Thomery, tous deux lauréats de la médaille d'or pour l'ensemble de leur exposition de vignes et de raisins.

Fig. 15. — Marcottage en serpenteau.

Bouturage de la vigne.—On a entendu parler, depuis cinq ou six ans, de «l'invention de M. Hudelot,» bien qu'elle fût pratiquée déjà chez des horticulteurs français, anglais et allemands. Il s'agit de la bouture de vigne réduite à sa plus simple expression : un œil porté par son sarment long de 0^m,02 seulement ; 1 centimètre au-dessus, 1 centimètre au dessous (*fig. 17*). Les racines se développent, — plutôt au-dessous, — le bourgeon s'allonge ; et, dès la première année, on possède un bon plant de vigne (*fig. 19 p. 258*). Les fleuristes et les pépiniéristes qui l'employaient avaient recours à la culture sous verre, et doutèrent que M. Hudelot pût réussir à l'air libre en semant des

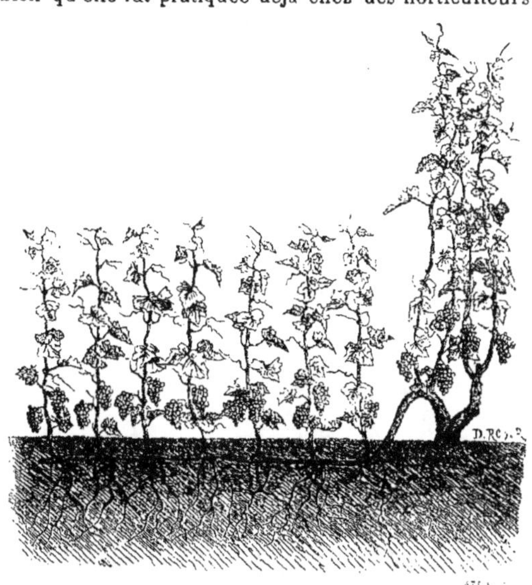

Fig. 16. — Marcottage multiple de la vigne en rigole, par rameaux herbacés.

yeux de vigne en plein champ, comme des petits pois. Billancourt leur donna raison. M. Hudelot, délégué par la Société d'Agriculture du Doubs, opéra lui-même comme les photographes en renom ; il entoura ses boutures de terreau ; une seule a levé ! Le public a dû se borner à regarder les plants de un et deux

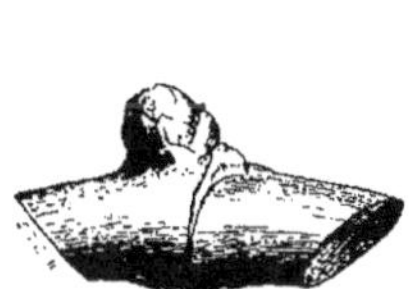

Fig. 17. — Bouture par œil de la vigne.

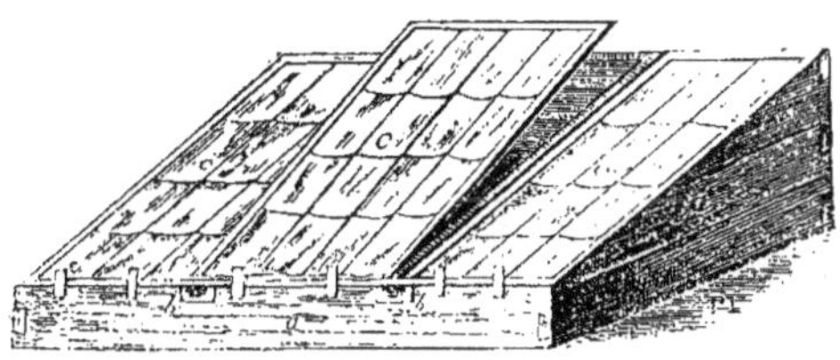

Fig. 18. — Bâche vitrée pour le bouturage.

ans, à l'état sec, apportés par le délégué bisontin, accrochés au bout d'un bâton et parfaitement réussis.

Pareil mécompte nous est arrivé ; le succès ne nous a répondu que dans les opérations faites en bâche (*fig. 18*) ; l'abri du châssis vitré (C, C, C) supporté par le coffre (*a, a*), relié par les barres (*b, b*), suffit pour préserver des variations atmosphériques qui descellent la terre autour de la bouture. Nous utiliserons ce procédé dans la propagation des cépages rares ; on fabrique autant de plants qu'il y a d'yeux disponibles, au lieu d'en user quatre au moins, comme cela arrive dans les pays vignobles.

Le procédé de M. A. Rivière, jardinier en chef du Sénat, à Paris, et professeur d'arboriculture, est certainement préférable. Au lieu d'un œil, il en garde deux ; de là un mérithalle complet, beaucoup de chevelus et une belle végétation. Le rameau-bouture est enfoncé verticalement, et totalement, de façon qu'il disparaît dans le sol jusqu'à fleur de terre. C'est d'une facilité extrême et d'un rendement avantageux.

Le hasard avait conduit M. Rivière à multiplier ainsi le figuier, assez rebelle au bouturage par branches. Du figuier à la vigne, il y a la distance d'un bois tendre à un bois moelleux; or les superbes plants de divers échantillons, exposés hors concours par M. Rivière, membre du jury, au jardin réservé, ont prouvé qu'il avait raison. Désormais, l'horticulture doit tirer parti de ce procédé au profit des essences dont le bois délicat gèle ou se dessèche dans sa partie hors de terre.

Pour le bouturage de printemps, il est prudent de préparer les rameaux-boutures en hiver, pendant le repos de la sève, et de les enfouir complétement dans le sol par petites bottes placées horizontalement dans une tranchée, où verticalement la tête en bas. On les plante définitivement, en février-mars, dans leur position naturelle. Le bouturage d'automne, avant la chute des feuilles, donne également de bons résultats.

MM. Boinette et fils, de Bar-le-Duc, ont exhibé le système de bouturage au moyen de crossettes. On choisit des sarments de vigne de l'année, longs de $0^m,25$ à $0^m,30$, munis du talon à leur base, c'est-à-dire du bourrelet d'empâtement. Ce point de jonction serait favorable à l'émission des racines, par suite de l'agglomération des vaisseaux et fibres ligneuses. L'apport de MM. Boinette, à Billancourt, le prouve; une couronne de longues racines chevelues se développe et persiste pendant toute la durée du cep.

Fig. 19. — Résultat du bouturage par œil de la vigne.

MM. Ballet ont exposé ces divers systèmes, ainsi que la bouture préparée, comprenant un mérithalle au-dessus de l'œil supérieur, afin d'épargner l'étui médullaire et la bouture-crosse légèrement écorcée à sa base.

Écussonnage de la vigne. — Le problème de l'écussonnage de la vigne, jusqu'ici regardé à peu près comme impossible, est résolu par M. J. Gagnerot, à Beaune. Nous l'avons constaté chez lui et au Champ-de-Mars.

Le cep ou sujet se composera naturellement, ou par suite du recépage, de rameaux près du sol. Les yeux-greffons seront pris sur des rameaux ligneux de la grosseur d'un porte-plume, et placés, par le procédé ordinaire de l'écussonnage, au talon des rameaux du sujet. Les yeux les plus rapprochés de la base sont les plus faciles à lever, parce que les coudes sont moins prononcés. Aussitôt la ligature serrée autour de la plaie, butter de terre la partie greffée, et ne débutter qu'après une quinzaine de jours, la soudure mettant quatre fois plus de temps à marier les deux parties que chez les autres arbustes.

L'époque la plus favorable de greffer serait, d'après M. Gagnerot, le moment où les grains de raisin ont atteint la grosseur d'un petit pois, vers la fin de juillet. La ligature sera solide à cause de l'humidité du sol, et devra toutefois se prêter au grossissement du sujet sans l'étrangler.

Les soins ultérieurs n'offrent rien de particulier. Étêter le sujet ou la branche greffée au printemps suivant, à 0ᵐ,10 au-dessus de l'écusson. Ménager sur cet onglet quelques bourgeons d'appel pour attirer la séve vers l'œil nouveau, et les contenir par un pincement réitéré. Accoler le bourgeon écussonné, et, après une année de végétation, couper l'onglet.

GREFFE DE LA VIGNE SUR BIFURCATION. — Le procédé de M. Boisselot, de Nantes, consiste à greffer en fente par enfourchement (*fig.* 20) des rameaux taillés en

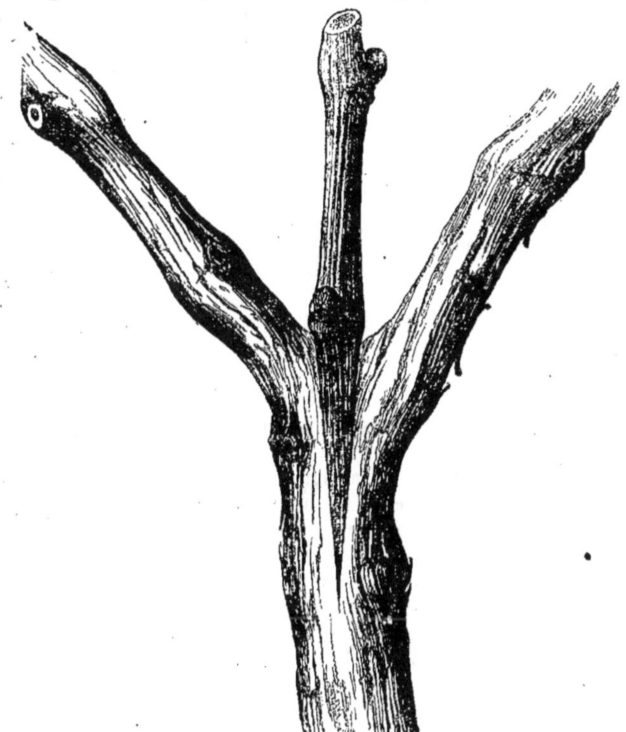

Fig. 20. — Greffe de la vigne sur bifurcation.

biseau, insérés à l'angle des bifurcations; et l'on sait qu'elles ne manquent pas sur les vieux ceps. Les cornes de la bifurcation seront rognées à 0ᵐ,30, leurs bourgeons pincés en été; et elles ne seront enlevées qu'après une année de bonne végétation sur la greffe. Il devient ainsi très-facile de restaurer promptement un cep dont on désire changer la variété, sans qu'il soit nécessaire de le recéper ni d'enterrer les greffes. On pourrait même, par fantaisie, varier les cépages sur le même plant.

GREFFE EN FENTE DE LA VIGNE. — L'ancien système de greffage en fente de la vigne était parfaitement et complétement exposé par la Société d'Issoudun, sous la direction de son président, M. Aumerle: tronc, greffon, sujet greffé de divers âges; outils de travail.

Le greffage par approche et le greffage à bouture de la vigne, employés à Thomery, manquaient à l'Exposition.

II. — VÉGÉTAUX A FRUITS COMESTIBLES.

CULTURES DES ARBRES FRUITIERS.

Arbres formés en pépinière. — L'élevage des arbres fruitiers en pépinière est une richesse de notre horticulture nationale. Le climat de la France s'y prête, le sol est favorable, et la facilité des voies de communication permet l'exportation des plants fruitiers dans tous les États européens, et en Algérie, et en Amérique. Les deux ou trois grands centres de production cités par La Quintinie et Duhamel, aux dix-septième et dix-huitième siècles, sont centuplés aujourd'hui. On a bien essayé depuis, sous le ministère Chaptal, la fondation de pépinières départementales ou communales ; mais leur peu de succès n'en encouragea pas l'achèvement, et l'initiative privée suppléa largement à l'administration, dont, cependant, nous devons reconnaître les intentions généreuses.

Maintenant presque tous nos départements sont dotés de pépinières plus ou moins étendues. Il est assez difficile de créer de toutes pièces un établissement considérable sur des terrains bien étudiés, avec un personnel capable, aidé de capitaux suffisants, susceptible de produire des végétaux de choix, d'une nomenclature exacte, de façon à inspirer la confiance et attirer la clientèle. Le succès croissant des maisons en renom, agrandissant leur cercle d'affaires chaque année, prouve assez l'importance que l'acheteur attache à la qualité de ses arbres, à la sécurité de l'étiquetage, surtout en présence des frais de transport maintenus trop rigoureux par les compagnies de chemin de fer. Cependant l'amateur préfère supporter ces charges, devant l'appréhension d'être déçu en s'adressant à une pépinière moins sérieuse.

Une des conditions vitales des pépinières commerciales est la possession d'écoles fruitières, composées d'arbres-étalons de chaque variété, étudiés par le maître, et servant de porte-greffes pour la multiplication des sujets de vente. La planche 201 représente une pépinière commerciale d'arbres fruitiers, de plants forestiers et d'arbustes d'ornement. On y a consacré plusieurs carrés (8, 10, 12) aux écoles fruitières, ainsi que la bordure des grandes allées.

Quant au choix des espèces de fruits à propager, comme avant tout on doit fournir ce qui est demandé, nous dirons : collectionnez pour les collectionneurs, mais dans une minime proportion, car ils sont en minorité ; en même temps multipliez largement et sans crainte les variétés anciennes ou nouvelles, les meilleures pour la région de vos clients ; vous en recevrez rarement des reproches.

En présence de la haute utilité et de l'importance des pépinières, on s'est demandé pourquoi le programme de l'exposition universelle d'horticulture n'avait pas compris les arbres fruitiers et forestiers au rang des *concours principaux*, au même titre que les aroïdées, les araliacées, les cycadées, les chrysanthèmes.....

L'accroissement des pépinières est certainement dû à l'extension donnée aux plantations, et parmi les causes qui les ont amenées se placent le morcellement de la propriété, la participation d'un plus grand nombre d'habitants au bien-être et à la fortune. Mais il n'a pas suffi de planter des arbres fruitiers, on a voulu donner une tournure agréable au sujet, et l'on est arrivé, à force de tâtonnements, à adopter les formes en pyramide, en fuseau, en palmette, en éventail, en vase, en candélabre, en cordon comme étant plus faciles à conduire ou se prêtant mieux aux dispositions naturelles de l'arbre.

Ici la fantaisie n'a pas seule été consultée, sans quoi l'on eût vu les vergers, à l'instar des parcs d'ornement jadis soumis aux mièvreries du style français, parsemés de végétaux représentant grossièrement des bonshommes, des animaux, des ustensiles de ménage.

Chez les arbres fruitiers, les écrivains ont reconnu, depuis Théophraste jusqu'au professeur Du Breuil, que la taille a pour but d'entretenir la végétation sur toutes les parties d'un arbre, d'équilibrer ses forces, d'exciter sa fructification annuelle, de répartir le fruit en proportion convenable.

Aussi, pour arriver à l'application de ces principes, combien d'essais, combien de déceptions ! On n'examine pas assez les tendances des différentes variétés, leur docilité à se soumettre plutôt à telle forme, sous tel climat, dans tel terrain, avec un traitement pour ainsi dire spécial.

Le succès de quelques tâtonnements circonscrits dans un milieu donné d'une part, le besoin de faire parler de soi, d'autre part, assaisonnés d'ignorance et de charlatanisme, ont suscité une foule d'ouvrages ou de leçons orales plus ou moins ridicules, erronés ou insuffisants. Enfin la bonne voie s'est frayée à travers ce fatras ; les jalons en ont été posés par des noms impérissables, tels que l'abbé Legendre, La Quintinie, de Combes, Roger-Schabol, La Bretonnerie, Le Berryais, Butret, Lelieur, Dalbret, Gaudry, Puvis, Jars, Verrier, et l'imposante légion des modernes, à la tête desquels je placerai leur doyen, M. Hardy père, qui a vu sa carrière couronnée, à l'Exposition universelle de 1867, par sa promotion au grade d'officier de la Légion d'honneur (chevalier depuis 1843).

Les préceptes admis par ces auteurs n'ont rien d'exagéré ; ils sont basés sur la nature, et avant tout sur l'expérience des faits. En arboriculture, a dit M. Joigneaux, les praticiens sont les maîtres : c'est incontestable. Or, le procédé le plus sûr pour apprendre à dresser un arbre, consiste à se munir d'une serpette et à se mettre à la besogne. On se trompe la première année, on recommence la seconde, et en observant un peu ce qui se passe, on finit par être maître de ses arbres. Nous connaissons beaucoup d'artistes-amateurs qui se sont initiés eux-mêmes par un apprentissage attentif. Au début, ils hésitaient. Aujourd'hui l'expérience aidant, la taille des arbres est pour eux un talent, et leur bonheur consiste encore à faire des adeptes.

Le besoin de promptes jouissances a fait naître de nos jours la culture en pépinière des arbres formés. Désormais on trouve dans les principaux établissements des arbres âgés de deux ans à dix ans, ayant subi la replantation, la taille, le pincement, le palissage ; avec eux l'emplacement réservé au sujet sera plus tôt garni, et la fructification plus prompte. Lorsqu'on plante un jeune sujet, on ignore s'il parviendra à l'âge adulte, si la végétation répondra à ce que l'on désire ; le fruit sera long à se faire attendre ; inconvénients qui disparaissent avec les arbres formés. Toutefois nous avouons qu'il ne faut pas en abuser. D'abord le prix en est plus élevé ; ensuite de forts arbres peuvent languir assez longtemps ; et s'ils ne sont pas constitués régulièrement, il faut procéder à des mutilations regrettables. Un sujet semblable, dont la constitution est manquée, les branches dégarnies de brindilles, l'écorce vicieuse, les racines dénudées de chevelus, ne vaut pas un scion d'un an. La symétrie de la charpente est encore plus indispensable chez le pêcher et autres genres qui se prêtent difficilement aux tailles courtes sur vieux bois.

L'arbre formé trouve son emploi dans les plantations de remplacement, et, s'il s'agit d'un jardin neuf, on en dissémine pour donner du relief à l'ensemble de la plantation et faire devancer les premières récoltes.

Une des maisons qui ont commencé sur une assez grande échelle la culture des arbres fruitiers formés, est celle de MM. Jamin et Durand, à Paris. La pépinière était alors rue de Buffon ; le Muséum d'histoire naturelle ayant besoin de s'agrandir, en a acquis le terrain ; l'établissement fut reporté à Bourg-la-Reine. On a pu juger par son exposition de poiriers en pyramide, de pruniers et abricotiers en palmette, de cerisiers en candélabre, de pommiers en vase à haute tige, qu'il ne s'était pas laissé surpasser par ses imitateurs.

Les arbres de toute beauté appartenant à M. Cochet, de Suines, n'étaient-ils pas trop formés? c'est-à-dire d'une force inadmissible pour un arbre de commerce?Ils n'en ont pas moins prouvé l'habileté de la main qui les a conduits, et la possibilité d'obtenir avec un sujet vigoureux de vastes envergures, ou des formes de fantaisie. Ils ont été constamment admirés par les trop rares visiteurs des plates-bandes parallèles à l'École Militaire, reléguées à la hauteur des dépôts de caisses vides et d'immondices. Une commission de professeurs, déléguée par le gouvernement belge, a pleinement rendu justice à la parfaite tenue de ces arbres et de ceux de M. Nallet, à Brunoy (*fig*. 21, 22, 23), confiés à M. Forest, professeur d'arboriculture; le jury a décerné à celui-ci une médaille d'or de coopérateur.

Du même établissement Cochet, signalons un vase de prunier *mirabelle*,

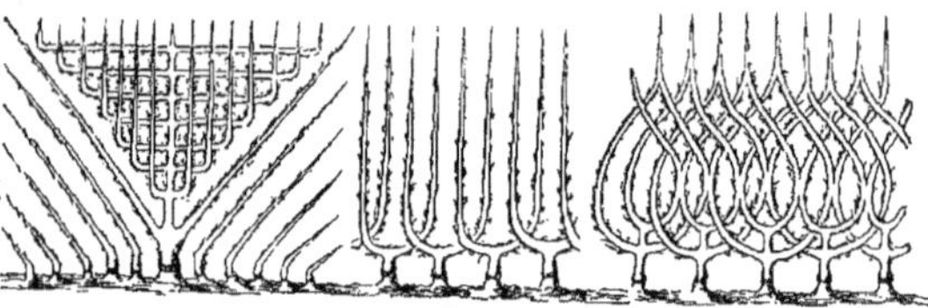

Fig. 21. — Contre-espalier d'arbres fruitiers. (Divers systèmes.)

irréprochable dans ses moindres détails, que l'on avait caché près de la gare du Champ-de-Mars avec quelques poiriers, petits chefs-d'œuvre de patience et de caprice, traités par M. Croux, à Sceaux. Son confrère, M. H. Defresne, représentait, comme lui, la culture de Vitry, d'une antique réputation, mais avec les perfectionnements de taille inconnus à leurs prédécesseurs.

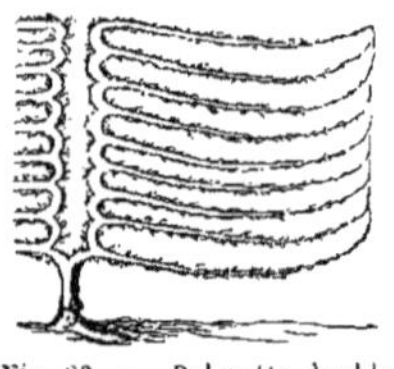
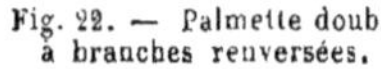

Fig. 22. — Palmette double à branches renversées.

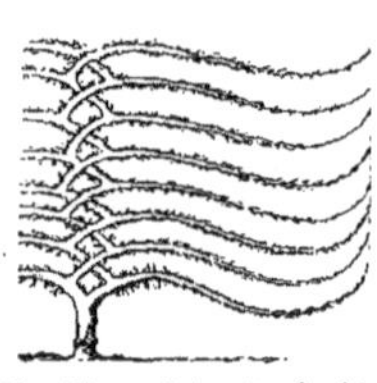

Fig. 23. — Palmette double à branches croisées.

Parmi les arbres vigoureux de M. Descine, de Bougival, les poiriers palmettes chargés de fruits arrêtaient les passants, de même que la pyramide à ailes parfaitement réussie, et le prunier palmette d'une envergure et d'une rectitude surprenantes. La médaille d'or avec objet d'art, obtenue par M. Deseine, et la même récompense, décernée à MM. Cochet, Jamin, Croux et Oudin, ont été certainement justifiées par l'ensemble de leur riche exposition.

Quelques autres cultivateurs des environs de Paris avaient fait preuve de bon vouloir, et l'on doit tenir compte à MM. Collette (de Rouen), Fahy, à Angoulême, Lelandais, à Caen, Gillekens (de Belgique), de leurs sacrifices pour amener des arbres aussi forts et d'aussi loin. Les conditions de la lutte ne sont plus égales entre les concurrents. En est-il tenu compte par le jury? Mais, hélas! déjà la commission organisatrice avait dédaigné les avis de la province lors de la rédaction du programme! Seuls, les Parisiens avaient été consultés.

M. Gillekens est un partisan de la taille longue, dont la limite extrême est l'absence de taille. Voilà encore un procédé que l'on ne doit pas ériger en principe. Nous admettons la taille longue, elle est préférable à la taille courte; mais ne poussons pas les choses trop loin, les deux moyens sont bons et indispensables. On est quelquefois obligé de les employer à la fois sur le même arbre, ou alternativement d'une année à l'autre. On ne saurait tailler un arbre sans tenir compte de son âge, de sa vigueur, de sa fécondité, de l'équilibre dans sa construction, et de ses dispositions à se ramifier ou à se dégarnir de brindilles, abstraction faite du sol et du climat. MM. Collette et Gillekens appuyaient leur raisonnement avec des arbres vierges de toute mutilation à la serpette, mais à côté ils en avaient d'autres soumis aux exigences de la taille.

N'était-ce pas une combinaison de la taille longue, le groupe d'arbres à fruits en cordon spiralé, exposé à Billancourt par M. Chapellier, de Saint-Maudé ? La tournure originale exclusivement imposée aux arbres fruitiers, la spirale, est basée sur le principe suivant : une branche tourmentée dans sa direction en décrivant des spires, parcourt une plus grande longueur dans un espace donné ; elle ne réclame pas la taille de son sommet, parce que la séve, contrariée dans cette direction à effets contraires, se maintient dans les parties inférieures, qui se garniront de brindilles au lieu de se dénuder.

Les sujets ainsi comprimés en caisse ou en pot, composés de variétés à végétation modérée, seront contraints de rester rabougris, de se couvrir de fleurs et de fruits, et pourront servir à la culture forcée, ou orner les perrons, les vestibules, les cours et autres emplacements qui ne comportent guère une végétation normale, de même que les vergers sous verre des pays septentrionaux comme l'Angleterre. Au besoin, on aurait là des joujoux à offrir le jour de la fête d'un disciple de Pomone.

Quittons les tuteurs-spirales en fer de M. Chapellier pour entrer dans le jardin fruitier voisin de M. le professeur Gressent, à Sannois (Seine-et-Oise). Des appareils de dressage en fer, des toiles tendues, retenues par des cordages, représentent plutôt le travail d'un industriel que d'un horticulteur. Le public eût été mieux édifié avec les arbres dirigés en palmette ou cordon, indiquant les phases successives d'éducation et de taille, expliquées par l'auteur dans ses cours publics et dans ses livres, etc. Le principal a été sacrifié à l'accessoire.

Un échantillon des arbres fruitiers de MM. Ballet frères, de Troyes, était planté au Champ-de-Mars ; mais on pouvait dire au public : Allez à Billancourt ; vous y trouverez une exposition complète de spécimens vigoureux et bien formés. En effet, dans un jardin fruitier, créé de toutes pièces dans l'annexe, par MM. Ballet, les formes d'arbres recommandables se trouvaient agencées d'une façon qui a vivement intéressé les visiteurs. Voici les principales formes :

ABRICOTIER. — Haute tige en boule, en vase, en éventail (*pl.* 201 ; carré 56).

Basse tige en palmette, en éventail (*pl.* 201 ; carré 96).

CERISIER. — Haute tige en boule, en gobelet (*pl.* 201 ; carré 38).

Basse tige, en pyramide, en fuseau, en candélabre (*fig.* 2, *pl.* 138), en cordon oblique (*pl.* 201 ; carré 58).

PÉCHER. — Haute tige et demi-tige, forme naturelle (*pl.* 201 ; carrés 36 et 54).

Basse tige en palmette, candélabre, U simple (*fig.* 24) et double. Le petit candélabre

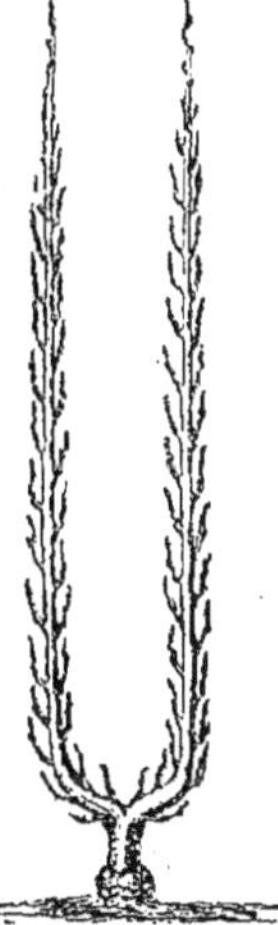

Fig. 24. — Pêcher en U simple.

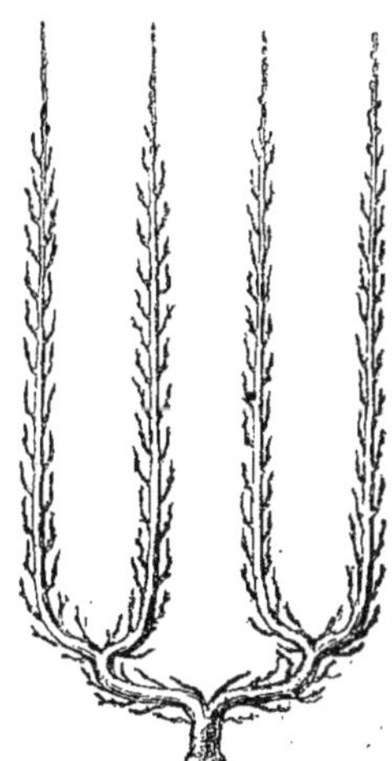

Fig. 25. — Pêcher en U double ou candélabre à 4 bras.

en U double (*fig.* 25) offre l'avantage de répartir la séve régulièrement sur les membres de charpente et sur la branche à fruit (*pl.* 201 ; carré 94).

Éventail carré, dont la construction graduelle en pépinière est représentée par les figures suivantes :

(*Fig.* 26) ; sujet après une année de plantation. Au printemps, on l'avait taillé en *c* ; et il en est résulté deux rameaux, *a*, *b*.

(*Fig.* 27) ; pêcher à sa troisième année ; le rameau *b* est une branche-mère, et *c* une sous-mère.

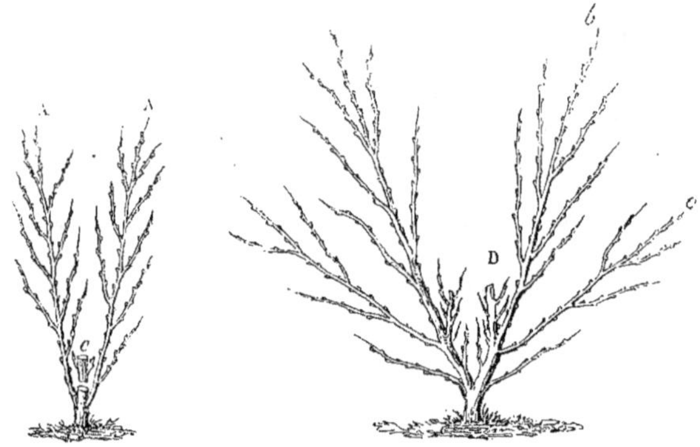

Fig. 26. — Pêcher en éventail (effet
de la première taille).

Fig. 27. — Pêcher en éventail (avant
la troisième taille).

On modère, par le pincement, les rameaux trop vigoureux de l'intérieur (*d*).

(*Fig.* 28) ; pêcher à sa quatrième année ; la sous-mère (*c*) est de force égale avec la branche-mère (*b*).

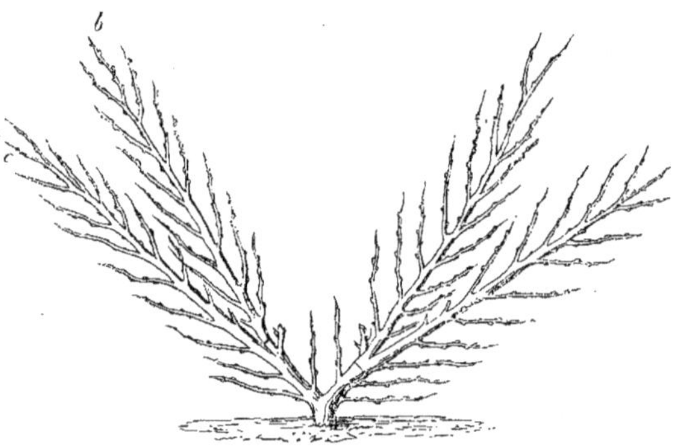

Fig. 28. — Pêcher en éventail (avant la quatrième taille).

(*Fig.* 29, page suivante) ; pêcher à sa cinquième année. Les branches-mères sont inclinées sur un angle de 45 degrés. On surveillera et on pincera les rameaux voisins de la flèche (*b*, *f*, *c*, *e*). Désormais les premiers membres de l'intérieur sont dessinés ; on les dressera chaque année, jusqu'à la construction complète de l'éventail carré. Cette forme aurait été imaginée vers 1760, par M. Lepelletier, à Frepillon, dans la vallée de Montmorency.

Depuis une vingtaine d'années, on s'est beaucoup engoué du pêcher en cordon oblique (*fig.* 30, page 266). La plantation plus rapprochée permet de grouper un plus grand nombre de variétés sur le même espace.

La palmette a remplacé les plantations de pêchers à branches alternes (*fig.* 31, page 266), garnissant assez rapidement un mur.

Poirier. — Haute tige pyramidale, en vase droit ou spirale, en palmette simple ou candélabre.

Forme naturelle applicable au poirier à cidre et à l'arbre de verger en plein champ (pl. 201 ; carrés 43 et 45).

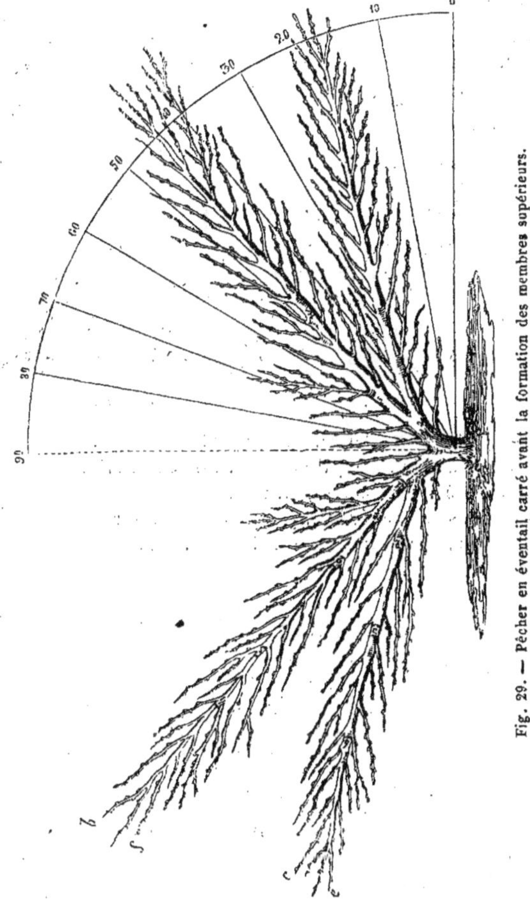

Fig. 29. — Pêcher en éventail carré avant la formation des membres supérieurs.

Basse tige en cordon vertical, oblique, horizontal, à un ou deux rangs d'arbres (pl. 201 ; carrés 13 et 15).

Pyramide-fuseau (fig. 12, pl. 138 ; systèmes Calvel et Choppin).

Pyramide-candélabre à 4 et à 5 ailes (système Verrier).

Palmette simple (fig, 3, pl. 200) à plusieurs étages horizontaux ou obliques.

Palmette double (fig. 32, page 267) ; divers modèles (procédé Cossonet).

Palmette-candélabre à moyenne ou à large envergure (fig. 1, pl. 200).

Éventail applicable aux variétés à rameaux grêles ; système du curé Legendre.

Vase-candélabre à 4 et 5 branches ; vase-calice ; vase-spirale.

Pommier. — Haute tige, forme naturelle ou évasée ; espèces fruitières à couteau ou à cidre (pl. 201 ; carrés 37 et 47).

Pyramide, palmette, vase-gobelet, entonnoir, spirale, etc. (*pl.* 201 ; carré 162).

Basse tige en cordon dit horizontal à 1 ou 2 bras, sur 1 ou 2 rangs.

Plantation rapprochée de : 1° cordons obliques se croisant en losange et formant contre-espalier ; 2° cordons sinueux pour former un vase instantanément, d'après le procédé imaginé par l'exposant (*fig.* 33, page 268).

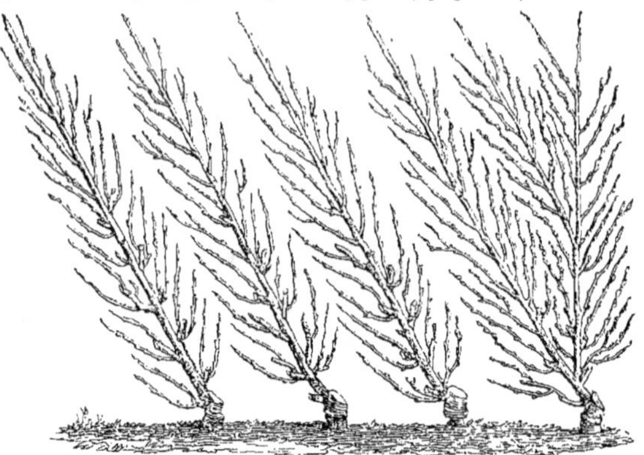

Fig. 30. — Pêchers en cordon oblique (page 264).

PRUNIER. — Haute tige en boule, en pyramide et en vase.

Basse tige en pyramide et en palmette (*pl.* 201 ; carré 118).

Petit candélabre à 4 bras (*fig.* 13, *pl.* 200).

VIGNE. — Cordons ou éventails disposés en treille, sur des lignes de fil de fer galvanisé retenu par des pieux en bois sulfaté (*pl.* 201 ; carré 60).

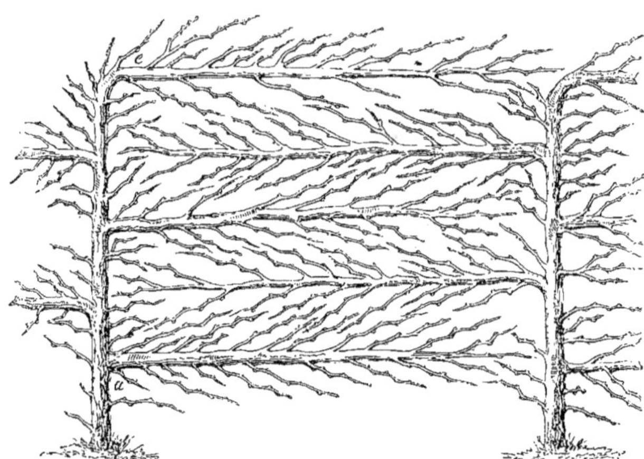

Fig. 31. — Pêchers en palmette à branches alternes.

DIVERS. — Quelques sujets en cornouiller, cognassier, néflier, noyer, châtaignier (*pl.* 201 ; carrés 144, 147). Parmi les fruits rouges, des framboisiers remontants (*pl.* 201 ; carré 131), des groseilliers à grappes (*pl.* 201 ; carré 124), des fraisiers des quatre saisons (*rouge, blanc, Lagrange, Charlet, Blanche d'Orléans, Janus*), formant bordure, ainsi que les grosses fraises : *Marguerite, Victoria, Dr Nicaise, Triomphe de Liége, Excellente, Napoléon III, Duc de Malakoff, Marquise de Latour-*

*Maubourg, Jucunda, Triumph, Lucas, Empress Eugenia, Keen's Seedling, May Queen,
Louis Vilmorin, Belle Cauchoise, Clémence Guillot, Admiral Dundas, Lucie.*

Les larves de hanneton s'en sont donné à discrétion sur les racines de fraisier. Le ver blanc ! Encore une des sept plaies de Billancourt ! C'est vraiment dommage que M. Baron-Chartier n'ait pu répandre son engrais destructeur sur toute la surface de l'île ! Ses essais ont réussi.

Choisis en pépinière, presque tous les arbres portaient des boutons à fruits et se sont couverts de fleurs au printemps ; c'était un ravissant coup d'œil que cette abondance de fleurs blanches, roses ou carnées, au milieu de la verdure de feuilles naissantes. Décidément l'arbre fruitier est trop négligé dans les parcs paysagers. Il devrait y occuper la place d'honneur.

Les fruits qui ont résisté aux gelées printanières et aux fatigues inhérentes aux jeunes plantations, ont été superbes de grosseur et de coloris, par le fait du terrain d'alluvion de l'île et du climat tempéré des environs de Paris. Ainsi, dans les poiriers, les arbres qui ont conservé leurs fruits étaient des variétés suivantes : *William*, pyramide à 5 ailes, tant admirée au centre du jardin, le *Beurré Diel* en grand candélabre, le *Président Deboutteville*, petit candélabre, le *Général Tottleben*, palmette haute tige, les *Fondantes du Panisel, Duchesse d'Angoulême* et *Nouveau Poiteau*, larges pyramides, les superbes *Van Marum, Beurré Clairgeau* en cordon horizontal, les *Beurré Capiaumont, de Tongres, Espérine, Triomphe de Jodoigne, des Deux-Sœurs,*

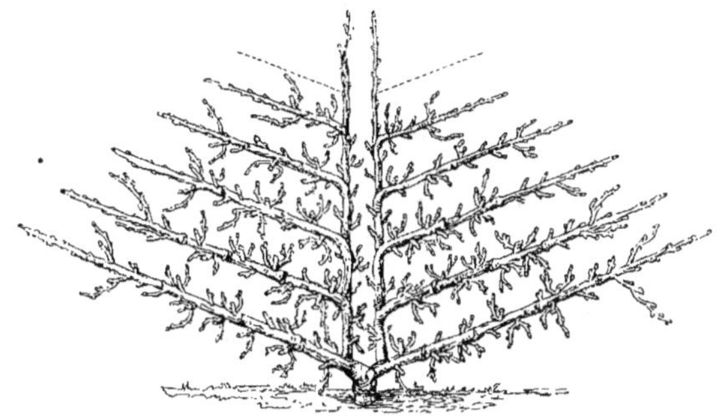

Fig. 32. — Poirier en palmette double (page 265).

Louise-bonne d'Avranches, Figue d'Alençon, Bon Chrétien d'été, en haute tige ; parmi les cordons verticaux ou obliques, les *Beurré Six, de Spoelberg, Beurré de Nivelles, Beurré Millet, Bonne d'Ezée, Baronne de Mello, Passe-Crassanne, Zéphirin Grégoire, Lahérard, Fondante de Noël, Doyenné d'hiver, Colmar d'Arenberg, Frédéric de Wurtemberg, Beurré d'Hardenpont, Passe-Colmar, Grand Soleil, Seigneur, Bergamotte Esperen, Alexandrine Douillard, Beurré Delberg, Prince Impérial, Hélène Grégoire, Beurré Dalbret, Pauline Brédart, Soldat laboureur, Sœur Grégoire.*

Les pommes de *Calville* et de *Reinette* ont parfaitement tenu, et si le maraudeur qui nous a dévalisé la récolte de nos *pommiers à cidre,* en a mangé le fruit cru, il doit avoir, en termes vulgaires, une bouche pavée.

Le cordon oblique de cerisier formant clôture a été d'un effet très-ornemental. D'abord la floraison par bouquets compacts, puis la fructification des variétés dites : *Anglaise hâtive,* id. *tardive, Impératrice Eugénie, de Planchoury, Grosse transparente, Reine Hortense, de Vaux, Bonnemain, Griotte Acher, Guigne Ohio's beauty, Werder's early black heart, Belle de Châtenay, Carnation.*

Treilles en fer. — Les appareils et les treillages en fer employés à l'intérieur et à la clôture du jardin sortaient de l'usine de MM. Louet frères, à Issoudun. Leur système de poteaux-roidisseurs est ce que nous connaissons de plus économique et de plus simplifié ; en même temps la solidité et la durée ne sont l'objet d'aucun reproche. Par la mode actuelle de cordons et de palmettes en treille, le système Louet fera son chemin.

Tuteurs incorruptibles. — Les tuteurs du clos, confectionnés chez MM. Baltet, se composent de paisseaux en bois blanc sulfaté. Une citerne (G, *pl.* 201), construite dans l'établissement, est destinée au sulfatage des tuteurs, perches, pieux, planches, cloisons à espalier, coffres à châssis, rognis et talus de rivière, paillassons, toiles, etc., utilisés dans l'exploitation. On emploie le sulfate de cuivre à la dose de 2 à 3 kilogrammes pour 100 litres d'eau, et on y laisse séjourner les matériaux pendant une ou deux semaines. Les bois sont tout préparés à l'avance.

Les tuteurs en sapin ne sont pas cassants aux nœuds, comme il arrive habituellement, par suite d'une opération imaginée par M. Ernest Baltet, et appliquée dans les sapinières. Il s'agit tout simplement de supprimer, au printemps, les bourgeons qui accompagnent l'œil terminal des pins, de telle sorte que l'arbre pousse tout en flèche, tout d'une venue, sans qu'il en sorte la moindre branche latérale. Or, c'est à la jonction du verticille des branches sur la tige que l'échalas se rompt. Ici, absence de couronnes de branches, donc absence de cassure. Cette opération, employée depuis quelques années sur les pins d'Ecosse, d'Autriche et Laricio, a pleinement réussi.

Étiquettes. — Les arbres fruitiers, les arbres forestiers, les arbustes, les conifères, les dahlias et les rosiers de l'Exposition, provenant des pépinières de Troyes, portaient des étiquettes en terre cuite vernissée, sur lesquelles l'inscription en creux du nom de la plante est ineffaçable. Ces petits appareils, commodes et à bon marché (5, 8 et 10 centimes), sont fabriqués par M. Aubaud, à Tours (*fig.* 4, 5, 7, 8, *pl.* 200), et MM. Augé, à Poitiers (*fig.* 6, *pl.* 200).

Vase multiple. — La plantation rapprochée de sujets en cordon et produisant immédiatement un rideau d'arbres fruitiers, a donné l'idée à MM. Baltet de planter ces mêmes sujets groupés autour d'un cercle, au lieu d'être alignés militairement, afin d'obtenir instantanément un vase — forme assez difficile, assez lente à créer par les procédés ordinaires.

Les deux vases de ce genre (*fig.* 33), exposés au Champ-de-Mars et à Billancourt, avaient 1^m et 1^m,50 de diamètre, et se composaient l'un d'une vingtaine, l'autre de douze sujets âgés de 2 ou 3 ans, non étêtés, bien élancés, ramifiés de brindilles courtes, composés de la même variété. Ils sont plantés à une distance de 0^m,30. Leurs tiges, décrivant parallèlement entre elles une série de courbes, constituent dans leur ensemble un vase qui pourrait être modifié à volonté en urne, en entonnoir, en gobelet, en vase Médicis, avec toutes les fantaisies que permettent la longueur et la flexibilité des tiges. Les sinuosités imprimées à la tige ont pour but de donner de l'élégance au vase, mais plus encore d'éviter la trop vive

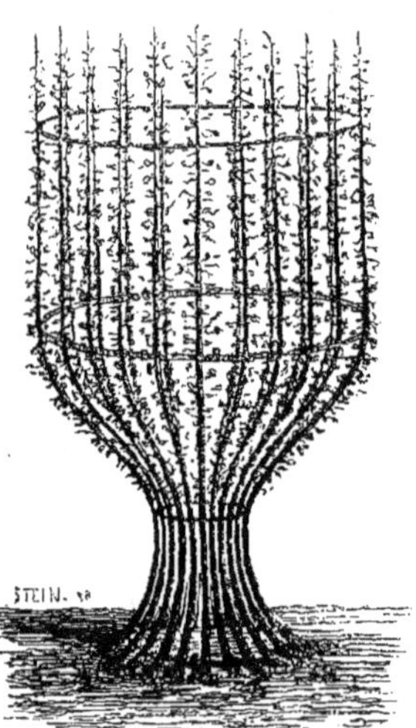

Fig. 33. — Vase obtenu instantanément par la plantation rapprochée d'une série de jeunes arbres.

ascension de la sève vers le sommet de l'arbre, au détriment de la base qui ne tarderait pas à se dénuder.

On obtient ainsi, après une heure de travail, un vase symétrique assimilé à l'emplacement qui lui est destiné.

Cette idée ingénieuse est due à M. Ernest Baltet, qui a lui-même construit sur place les deux vases exposés.

Le groupement de plusieurs sujets, dans un espace restreint, est exposé d'une autre façon par M. Desvignes, à Montcheuvier (Jura). Voulant obtenir une vigne sur une surface rocheuse ou impropre à la végétation, il ouvre de grands trous qu'il emplit de bonne terre. Les ceps y sont plantés par 8, 10 ou 12 sujets à 0m,30 d'intervalle, en suivant le périmètre du trou ; les rameaux qu'ils développeront seront amenés en dehors de la fosse et attachés avec leur tige sur un échalas. Tous les ceps étant de cette façon penchés, abaissés et palissés, deviennent en quelque sorte les rayons d'un disque dont le point de centre serait le milieu du trou. On conçoit que d'autres espèces fruitières, forestières ou d'ornement, à racines peu étendues, seront appelées à profiter de ce mode de plantation.

Clôtures fruitières. — Le clos fruitier de MM. Baltet était encadré par des lignes d'arbres à fruit tressés ou reliés ensemble, et formant haie de clôture (*fig.* 34),

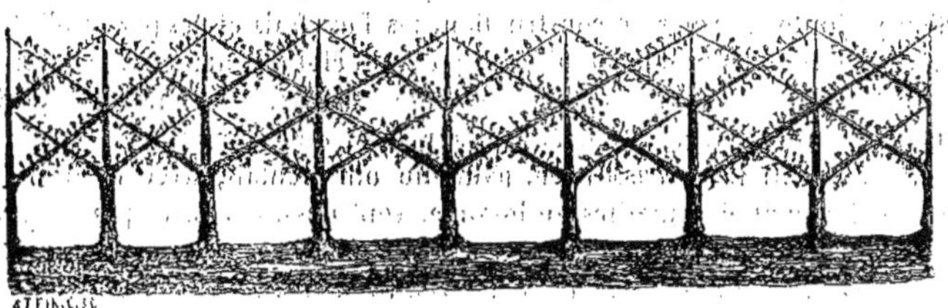

Fig. 34.— Haie fruitière pour clôture et pour contre-espalier.

des poiriers palmette, des cerisiers en cordon oblique, des pommiers obliques à droite et à gauche, se croisant en losange (*fig.* 11, *pl.* 200). La clôture fruitière est trop peu connue et mériterait d'être propagée pour entourer une propriété, séparer deux héritages, border les chemins de fer.

A quoi servent les haies d'épine, de robinier, de saule, de prunellier, de Sainte-Lucie, lorsqu'il est si facile de leur substituer des essences utiles, des poiriers, des pommiers, des pruniers, des cerisiers, de la vigne ? La production des denrées alimentaires, avantageuse pour le consommateur, lucrative pour le spéculateur, devrait être moins négligée, lorsqu'on rencontre autant d'emplacements mal occupés et qui lui seraient si favorables. On objecte le maraudage… Nous répondrons qu'il est facile de l'éviter. En supposant même que l'on ne récolte pas tout, il resterait encore plus de bénéfice qu'avec les broussailles forestières, ne profitant guère qu'aux insectes et aux limaçons.

Nous avons développé cette idée plusieurs fois au public de Billancourt, aux propriétaires, aux planteurs, aussi bien qu'à l'empereur et au ministre de l'agriculture. Chacun l'a approuvée. Puisse-t-elle être mise bientôt à exécution et convertie en mesure d'intérêt public !

Dans un mémoire appuyé par des chiffres, MM. Tricotel et Place ont prouvé que les clôtures fruitières étaient, pour les voies ferrées, un système économique qui dégrevait le chapitre des travaux sans profit et ajoutait une page bien nourrie au chapitre des revenus. La société Tricotel ne s'est pas bornée à une élucubration théorique. Elle a installé, avec treillage mixte, fer et bois, une haie d'arbres fruitiers à Billancourt, au bord de la Seine, et une au Champ-de-Mars, dans le parc du matériel des chemins de fer, près d'une fausse porte de l'avenue La Bourdonnaye. Elle a tenu à donner une idée des plantations qu'elle a déjà exécutées avec succès sur plusieurs chemins de fer français et belges. (En France : lignes de Coulommiers, d'Orléans, du Midi, des Charentes. En Belgique : lignes de l'Etat et.du Centre belge).

D'après ces messieurs, il y a en France 16,000 kilomètres de voies ferrées en exploitation, qui représentent 32 millions de mètres de clôtures, lesquelles coûtent au minimum 1 fr. par mètre; de plus, l'entretien annuel de ces clôtures coûte en moyenne à peu près 0 fr. 05 c. par mètre, soit 1,600,000 francs par an, représentant, pendant les quatre-vingt-dix ans de jouissance des compagnies, une somme de 144 millions. En outre, pendant ces quatre-vingt-dix ans, les compagnies auront été obligées de renouveler au moins trois fois les dépenses de construction, soit encore 64 millions. En résumé :

Trois constructions...............................	96,000,000
Entretien annuel pour quatre-vingt-dix ans.........	144,000,000
Total...	240,000,000

Voilà ce qu'auront coûté les clôtures de chemin de fer avec l'ancien système, pour 16,000 kilomètres actuellement en exploitation.

Si l'on y ajoute les voies en construction, les faux frais et les pertes d'intérêt, on arrive à une dépense de 500 millions pour les clôtures actuelles, c'est-à-dire pour l'installation et l'entretien d'épines absolument stériles sur une superficie de 8,000 hectares de terres enlevées à l'agriculture en pure perte.

Les arbres fruitiers en basse tige, palmette ou éventail, avec branches entrecroisées formant des mailles en losange, sont aussi défensifs que les broussailles déjà admises. Chaque sujet étant planté à 1 mètre, et donnant un produit moyen de 0 fr. 50 c., il s'ensuit que le produit de 1 kilomètre de voie double sera de 1,000 francs.

L'établissement et l'entretien de clôtures fruitières étant plus onéreux, augmentons ces frais de 500 millions pour tout le réseau, soit 1 milliard (ce qui est beaucoup). Le produit annuel de 1,000 francs par kilomètre (ce qui n'est pas exagéré), donne 25 millions de francs pour 25 mille kilomètres, soit en quatre-vingt-dix ans, 2 milliards 250 millions. Donc les compagnies, au lieu d'une perte sèche de 500 millions, auraient amorti toutes leurs dépenses et réalisé un bénéfice de 1250 millions.

Que l'on réduise encore ce chiffre, on arrive toujours à un avantage indiscutable. L'entretien donné à l'entreprise et le fermage bien compris simplifieront les rouages de cette méthode, qui aura encore pour elle le mérite de fournir à la consommation un aliment sain et agréable.

Dans cet ordre d'idées, la viticulture prêtera son concours à sa sœur l'arboriculture. A elle seule, la vigne peut border les chemins de fer de treilles en cordon ou en éventail, garnir les talus de buissons, de ceps en foule ou en ligne. Il était facile de s'en convaincre en examinant les différents systèmes exposés à Billancourt.

Arboriculture en Hollande. — Les groupes d'arbres fruitiers de la Hollande, plantés au sud de l'annexe agricole, dans le jardin anglais tracé avec art, — malgré l'inondation de l'île, — par M. Laforcade, jardinier principal de la ville de Paris, provenaient des pépinières de MM. Jurrissen et fils, à Naarden, Koster et fils, à Boskoop, Ottolander et Hoffmann, à Boskoop. Les sujets sont dressés sous forme aplatie ou évasée.

Le terrain sablonneux, frais, mouvant, des Pays-Bas, permet la culture du poirier greffé sur cognassier, et des pommiers, pruniers, cerisiers, pêchers, dont les racines s'étendent plutôt en largeur qu'en profondeur. Mais l'observation attentive et intelligente, propre au cultivateur néerlandais, lui fait reconnaître pour son climat trop avare de soleil et de chaleur, l'insuffisance des formes d'arbres habituellement employées dans les pays privilégiés. Il adopte donc l'éventail (*fig.* 35), la palmette, le cordon, le vase (*fig.* 36), l'entonnoir facilitant

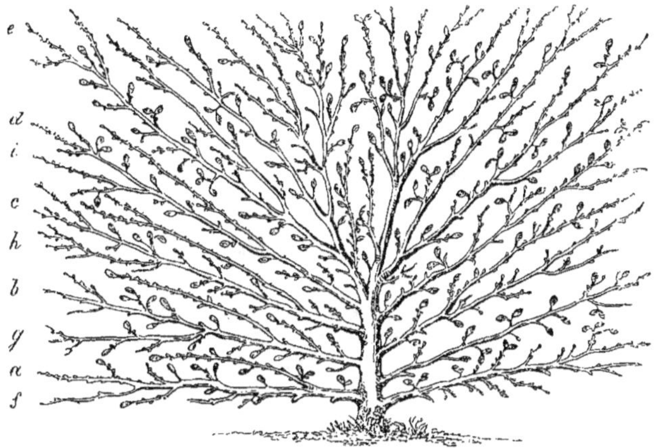

Fig. 35. — Poirier en éventail. (Pour équilibrer la charpente, on incline les membres *a*, *b*, *c*, *d*, *e*, et on taille court les rameaux *f*, *g*, *h*, *i*.)

ainsi l'arrivée des effluves de soleil et de lumière, la libre circulation sur les branches de l'air et de la chaleur, — dans le but de favoriser la formation des lambourdes et brindilles, d'aider à la fécondation de la fleur et à la maturation du fruit. L'arboriculteur hollandais établit le branchage de ses arbres sur des tiges au lieu de le laisser ramper, afin d'échapper aux froides émanations du sol ; il dresse sa vigne en espalier, en évitant par expérience la concentration des treilles superposées, plus funestes là-bas qu'à Thomery.

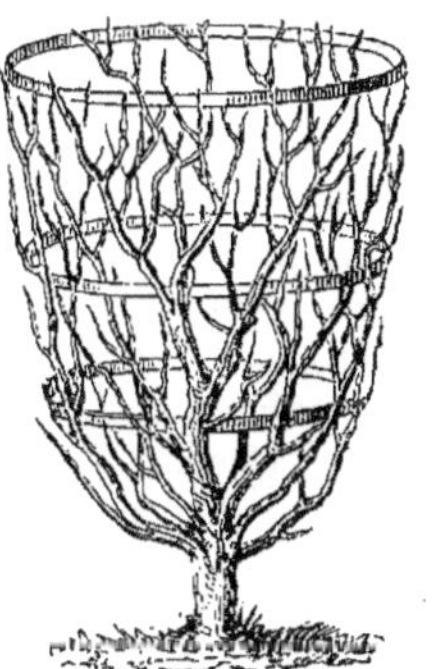

Fig. 36. — Pommier en vase.

Pour compléter son œuvre, il crée des jardins fruitiers et potagers dans le Westland, une des localités les plus saines de la Hollande, et y exécute des tours de force ou plutôt de calculs physiques. Il plante contre des cloisons goudronnées les arbres qui craignent la vivacité des rayons solaires, précédant un refroidissement subit, le pommier, par exemple. Le cerisier sera adossé contre des murs assez minces ; les murs épais, en brique creuse qui conserve la chaleur, étant réservés pour la vigne. Le raisin noir est destiné aux expositions chaudes; le raisin blanc, moins exigeant pour mûrir, sera placé aux expositions plus tempérées. Nous avons encore remarqué que les murailles étaient ondulées lorsqu'il s'agit de briser le vent violent des côtes, badigeonnées d'une couleur dont la gamme commence au blanc pour exciter la réflexion des rayons solaires, et finit au noir, si, au contraire, la chaleur doit être absorbée et lentement évaporée pendant la nuit.

Les paillis de boues et herbages, assez communs dans ce pays entrecoupé à outrance de canaux et de rivières, est encore l'objet de combinaisons bien comprises, de même que la culture forcée des arbres fruitiers en serre.

À la suite de ces travaux répétés de village en hameau, le Westland est devenu le verger de la Hollande; il expédie des raisins à Londres, des pommes à Saint-Pétersbourg, et constitue avec les pépinières de Boskoop et les champs immenses de tulipes et de jacinthes de Haarlem, le plus beau fleuron de la couronne horticole de la Hollande, forgée sur la vieille réputation de l'horticulture des Flandres.

Au printemps 1865, lors du congrès international d'Amsterdam, les professeurs belges, MM. Ed. Pynaert, Van Hulle, de Beucker, cherchèrent en vain à révolutionner la tradition néerlandaise en y greffant l'arboriculture rationnelle. Stériles efforts! Les Hollandais résistaient énergiquement devant leurs voisins. N'y avait-il pas là un excès d'amour-propre national? Le caractère froid du Hollandais n'est-il pas un peu lent à s'échauffer, à bien accueillir les idées nouvelles qu'on lui présente? On serait tenté de le croire devant l'invitation adressée depuis par ces messieurs à leurs collègues de Gand et d'Anvers, pour donner une conférence sur l'arboriculture fruitière, le 22 octobre 1867, à l'occasion de l'inauguration de l'École d'horticulture de Watergraafsmeer. L'institution est fondée par actions au capital de 300,000 francs, elle rendra d'éminents services. Nous avons eu la satisfaction d'apprendre que les organisateurs avaient largement puisé leurs éléments dans notre ouvrage sur l'enseignement de L'HORTICULTURE EN BELGIQUE, publié sous les auspices du ministère de l'agriculture. Nous faisons des vœux pour que la France ouvre prochainement des écoles d'horticulture et de viticulture. Nulle autre puissance n'est mieux outillée pour conduire à bonne fin une pareille entreprise. Il est pénible de songer que la Belgique (1), la Hollande (2), la Russie (3), le Wurtemberg (4) et la Prusse (5) nous ont devancés dans cette voie, par la collaboration de l'initiative individuelle et de la protection du gouvernement.

Le mot « devancé » n'est peut-être pas correct, attendu que la France a vu s'établir chez elle, avant 1830, l'Institut royal horticole de Fromont, par M. Soulange-Bodin. Des professeurs et des élèves distingués en sont sortis; mais la tourmente politique a détruit l'établissement, et il ne s'en est pas élevé d'autres.

Toujours est-il que si le jury de l'horticulture avait, comme ceux de l'agriculture et de l'industrie, acclamé les administrations supérieures qui ont rendu les plus grands services à la cause horticole, le gouvernement belge y avait droit pour l'enseignement officiel de l horticulture. A un autre titre, la ville de Paris eût été appelée pour l'impulsion qu'elle a donnée à cette science utile.

Arboriculture en Suède. — Une puissance qui marche encore dans la voie du progrès, la Suède, n'a pas hésité, malgré la distance et les difficultés du transport, à envoyer une collection considérable d'arbres et de fruits au Champ-de-Mars. Elle n'avait pas à redouter la comparaison, car, ici, tout est relatif; et lorsqu'on met en ligne de compte les rigueurs du climat, on ne peut s'empêcher de rendre hommage au dévouement qui a poussé les Suédois et les Norwégiens à réunir un lot collectif de végétaux forestiers, fruitiers et d'ornement élevés pépinière, de fruits, de graines, de légumes et de conserves alimentaires. Proclamons les noms de MM. Svensson, à Bœckoskog, Tjœder, à Stockholm, Ringius, à Pite, Gussander, à Sœderhamn, Forseel, à Westregothia, Nathorot, à Almarp, Formann, à Stedje, la Société des horticulteurs de Stockholm, et la commission royale de Norwége.

(1) Écoles d'horticulture de l'État à Vilvorde et à Gendbrugge.

(2) École théorique et pratique de jardinage à Watergraafsmeer.

(3) Institut horticole de Ulhmann (Kiew); École de viticulture de Magharatsch (Crimée) Écoles d'horticulture de Voronieje (Russie centrale), de Kichinief (Bessarabie).

(4) Institut pomologique de Reutlingen (Wurtemberg).

(5) École d'horticulture de Potsdam; Institut pomologique du Hanovre.

M. N. J. Andersson, membre des Académies des sciences et d'agriculture de Stockholm, nous fournit des documents précieux sur l'arboriculture fruitière de son pays.

« Dans un pays présentant une extension si considérable vers le nord, dit M. Andersson, le climat devra nécessairement favoriser très-inégalement la culture et la croissance des arbres à fruit. Tandis que dans nos provinces méridionales, la plupart des arbres fruitiers de l'Europe réussissent parfaitement et donnent de riches récoltes, on trouve dans la Suède moyenne différents types qui lui appartiennent presque en propre, et qui, modifiés par le climat, se distinguent par leur vigueur, leur productivité et la saveur de leurs fruits. Mais la culture des arbres à fruit diminue promptement à mesure que l'on s'avance vers des latitudes plus élevées. On les rencontre néanmoins dans plusieurs parties du Norrland méridional, ainsi que du Medelpad (vallée du Torp) et de l'Angermanland. Dans les bonnes années, les pommes mûrissent parfaitement jusqu'à Skellefte et Ostersund. A Pite, l'on voyait naguère, si même l'on n'y voit encore, de vieux pommiers sauvages couverts de fruits acerbes ; et grâce aux soins et aux conseils de M. Ringius, plusieurs personnes de cette ville et de ses environs ont planté à titre d'essai des arbres à fruit de sorte indigène (Hampus, pomme d'Aker, etc.) ; mais ces arbres sont encore trop jeunes pour que la culture en ait donné des résultats. Il en est de même de plusieurs sortes précoces de poires d'été. La limite du Chêne, le Dal-elf, peut être considérée comme étant celle de la culture productive des arbres à fruit. Quelques-unes des variétés cultivées chez nous paraissent être d'origine indigène, mais la plupart des meilleures variétés que nous possédons sont étrangères et nouvellement introduites. La culture des arbres fruitiers en Suède date du moyen âge, et les moines paraissent en avoir été les premiers promoteurs. Gustave Vasa et Charles IX s'intéressèrent, dit-on, spécialement à cette branche de l'économie rurale, et au temps de la reine Christine, la riche noblesse y consacra une attention toute particulière.

« Au commencement du dix-huitième siècle on énumère, comme cultivées chez nous, 43 variétés de cerises, 30 variétés de prunes, 129 de poires et 53 de pommes. L'hiver de 1709 fut d'une longueur et d'une sévérité extraordinaires, une grande quantité d'arbres fruitiers périrent, et la plupart, sinon la totalité, des arbres de nos vergers dans la Suède moyenne ne remontent sans doute pas au delà de l'année 1710. Mais si c'est un fait que le dix-huitième siècle a vu se réaliser d'immenses progrès dans cette branche de la culture nationale, c'est principalement ces dernières années qu'elle s'est élevée, avec l'agriculture, à une hauteur que l'on n'eût jamais pu pressentir chez nous. Depuis la fondation à Stockholm, en 1832, de la société suédoise d'horticulture, non-seulement les jardins des grands domaines ont reçu infiniment plus de soins, et les jardiniers-pépiniéristes ainsi que des sociétés d'actionnaires ont déployé une plus grande activité et multiplié leur production, mais encore des sociétés horticoles ont été fondées partout, même jusqu'en Vestrobothnie, et de vastes pépinières ont été créés dans plusieurs de nos provinces (gouvernement d'Upsal, Linkoping, Skara, Wexio, etc.) ; d'où de bonnes espèces fruitières, appropriées au climat, se sont répandues dans tout le pays, en même temps que l'on a importé beaucoup plus qu'auparavant, principalement de l'Allemagne du nord, des sortes jugées convenir à nos climats. Par ces différents moyens, la masse des arbres fruitiers s'est prodigieusement augmentée en Suède dans le cours des vingt dernières années, et l'on peut dire sans exagération que différents points du pays possèdent la plupart des espèces plus ou moins connues de l'Allemagne du nord, et qu'à l'égard de la culture des pommiers, la Suède n'est pas fort au-dessous des régions de l'Europe du nord, où cette culture est le plus développée.

« Une contribution fort importante pour les progrès et le traitement rationnel de cette culture a été fournie par M. le docteur en philosophie O. Eneroth, lequel, après l'étude persévérante et étendue des arbres à fruit de notre patrie, a récemment publié un travail très-remarquable sous le titre de Manuel de Pomologie suédoise, où figurent deux cents variétés récemment importées en Suède. »

Le Poirier et le Pommier y sont représentés par des variétés indigènes. Le Prunier et le Cerisier sont localisés dans quelques situations privilégiées. L'Abricotier réclame l'espalier; le Pêcher n'y peut croître; la Vigne mûrit son fruit dans l'île de Gotland; l'Amandier est exclusivement cultivé comme arbrisseau d'ornement, tandis que le Groseillier, le Fraisier et le Framboisier croissent spontanément jusqu'en Laponie. Si le Mûrier et le Figuier végètent difficilement et nouent mal leurs fruits, le Châtaignier, le Noyer, le Noisetier, le Cognassier et le Néflier en produisent parfois dans les provinces moyennes et méridionales; et encore leurs fruits n'y jouissent pas de la même faveur que ceux de la Ronce du pôle (*Rubus arcticus*) et du Faux-Murier (*Rubus chamœmorus*), avec lesquels la ménagère suédoise fait d'excellentes confitures et boissons fermentées.

Pêcher tabulaire. — Rentrons sous une latitude plus chaude auprès des Pêchers dressés à Billancourt, en forme tabulaire, par M. Félix Sahut, horticulteur à Montpellier. La forme tabulaire est appliquée au Pêcher en plein air; le branchage étant maintenu sur une tige basse de 0ᵐ,30 à 0ᵐ,40 du sol, s'étale horizontalement en forme de table, et reste très-ramifié par la taille et le pincement. Ici, la terre remplace le mur et reflète la chaleur solaire favorable au Pêcher; la tige n'est plus une longue perche, jouet du vent, de la gomme et des chancres; dans certaines situations, le Pêcher tabulaire échappera au mistral, ou sera facile à préserver de l'action des températures inclémentes. M. Sahut en possède des sujets âgés de 10 ans, qui mesurent 2 mètres de diamètre sur 0ᵐ,50 de haut. La production a dépassé 100 fruits par arbre, et plusieurs fruits pesaient 250 grammes. On nous dit que les Chinois, les Japonais, les Syriens ont admis ce procédé. Nous aimons à le croire; mais nous doutons que les jardiniers asiatiques aient raisonné méthodiquement leur travail comme notre collègue de l'Hérault.

Pêcher en espalier. — La culture perfectionnée du Pêcher est née à Montreuil depuis 300 ans, peut-être, et s'y est maintenue. Elle brillait d'un vif éclat sous Louis XIV, alors que le mousquetaire Girardot se retirait à Malassise, sur un fief de 3 hectares, le convertissait en jardin fruitier, et vendait « 3,000 pêches à un écu pièce » pour une fête donnée par la ville de Paris. Pareil succès devint contagieux; les imitateurs abondèrent; dès lors la réputation de Montreuil et de ses environs fut consacrée. Aujourd'hui le territoire de Montreuil compte, à lui seul, 250 hectares de jardins. Girardot, Pépin, Boudin, Beausse, ont de dignes successeurs; et la réputation des pêches de Corbeil, de Troyes, de Gaillon, de Provence, du Béarn, vantées sous Henri IV et sous Louis XIV, est désormais remplacée par celle des pêches de Montreuil.

Une visite dans cette localité offre beaucoup d'intérêt; partout des murs tapissés de *Grosse-Mignonne, de Madeleine, Chevreuse, Belle-Beausse, Bourdine, Belle de Vitry*, etc. Il faut cependant reconnaître que l'incroyable étendue de murs de clôture, d'intérieur ou de refend n'abrite pas seulement des arbres irréprochables de tenue. Les leçons fréquentes de M. Alexis Lepère, qui attirent les jardiniers et les amateurs de contrées assez éloignées, ses arbres-modèles, une des gloires de l'arboriculture française, n'auraient-ils donc servi qu'à propager au loin les principes de la taille du Pêcher, et à laisser indifférents ses compatriotes!

La figure 14, planche 200, représente un groupe de huit pêchers dressés sous une forme de fantaisie par M. Lepère, dans son clos, à Montreuil, sur les dessins de M. F. Simon, à Crécy-en-Brie.

Ouvrons une parenthèse pour nommer son meilleur élève, son fils. Appelé à créer des jardins-modèles en Prusse, auprès du souverain et de hauts dignitaires, M. Alexis Lepère fils vient de rentrer à Montreuil pour seconder son père, lui suppléer au besoin. Il a exposé les photographies et vues à vol d'oiseau de ses travaux en Allemagne, dans la galerie des plans du jardin réservé, auprès des projets de vergers et parcs fruitiers de M. Durand jeune, des dessins d'arbres formés de quelques amateurs, et des ouvrages horticoles publiés par les libraires spéciaux de la capitale.

Dans l'exception des cultivateurs montreuillois qui se sont empressés de suivre les préceptes du maître figure M. Chevalier. Il a fait le sacrifice de construire un mur au Champ-de-Mars et d'y planter deux admirables Pêchers en palmette, l'un à tige simple, l'autre à double tige arrondie en lyre, arrivés à leur degré de formation complète. Les critiques les plus difficiles n'ont pu trouver à reprendre la moindre incorrection dans l'équilibre et la symétrie des branches-mères, ni dans l'ensemble des coursonnes fruitières qui les garnissent en arêtes de poisson, et palissées à la loque.

Les routiniers ont beau dire : la durée de leurs arbres et le bénéfice de la récolte ne sont pas comparables aux produits de la taille logique, qui vise d'abord à garnir rapidement et constamment un espace donné avec un arbre, puis à l'amener à fruit et à l'y entretenir sans abuser de ses forces, de manière à prolonger son existence. Quant au caprice de la forme de l'arbre, il y a peut-être là le même motif de goût ou de fantaisie qui nous excite à vêtir et à nourrir notre corps plus confortablement que les anachorètes.

Un village près de Lyon, Écully, a compris la culture raisonnée du Pêcher. Sous l'impulsion de M. Gabriel Luizet, vétéran de l'horticulture lyonnaise, plusieurs arboriculteurs ont organisé pour eux ou pour autrui des espaliers de Pêchers qui rivalisent avec ceux de Montreuil. M. Morel fils, de Vaise, a exposé en septembre un squelette de Pêcher palmette-candélabre de 8 ans (*fig.* 1, *pl.* 200), soumis à la taille longue et d'une envergure relativement extraordinaire. Les membres de chaque étage étaient littéralement opposés à leur point d'insertion, comme s'il ne s'agissait pas d'une plante à bourgeons alternes. Le développement et l'ampleur de ces bras étaient une preuve que l'allongement de la taille conservant davantage de bourgeons d'appel, entraîne une plus grande somme de sucs nourriciers dans la partie taillée long. Mais on aurait tort d'en abuser sur le Pêcher qui tend à se dénuder et ne se prête pas à l'action du cran ni au ravalement sur vieux bois pour faire sortir des branches fruitières où il en manque.

Si le cran est à redouter sur un membre de charpente du Pêcher, il n'en est pas de même pour la brindille fruitière. Un de nos arboriculteurs troyens, M. Lanier, sait provoquer la sortie d'un rameau de remplacement. Lorsqu'une branche à fruit porte ses yeux florifères au sommet et se trouve dénudée à la base, habituellement on taille court en sacrifiant la fructification au profit du bourgeon de remplacement, tandis que M. Lanier conserve cette branche de toute sa longueur et pratique un petit cran au-dessus d'un œil du talon. Dans l'été, les fruits viendront au sommet ; on pincera court les bourgeons qui s'y développeront, en favorisant ainsi la végétation du scion de remplacement, provoquée par l'ouverture du cran à quelques millimètres au-dessus de son empâtement.

Une trouvaille, dit-on, en entraîne une autre. Notre professeur praticien cherche à obtenir des brindilles moyennes sur le Pêcher, par la combinaison de la

taille longue et du pincement court sur la branche à fruit (*fig.* 37). La branche
à fruit (A) ayant été taillée, a produit les deux rameaux (B,B) ; au premier pincement, ces deux scions ont été rognés, il en est résulté les brindilles (C, C). Celles-ci

Fig. 37. — Fructification de la brindille sur le pêcher.

n'ayant pas été taillées l'année suivante, se sont couvertes de fruits. Si le bourgeon de remplacement fait défaut, on peut recourir au cran pratiqué au-dessus des rudiments de rameaux placés près des lettres BB.

   Vigne en espalier. — En évoquant Montreuil-aux-Pêches, on songe à Thomery,
qui s'est acquis une réputation analogue pour les raisins. Depuis plus d'un siècle,
la culture du chasselas y est implantée ; un Charmeux (François) a commencé
en 1730, les habitants l'ont imité ; et toujours la famille Charmeux a conservé
le monopole de la taille perfectionnée de la vigne en treille, de la production et
de la conservation du chasselas. Seul, M. Rose Charmeux a planté au Champ-
de-Mars des ceps de vigne soumis à l'ancien système de treille à la Thomery,
et d'autres élevés en cordon vertical, disposition plus facile à conduire et garnissant plus vite l'espace qui lui est destiné. On peut en voir l'application au
parc de Fontainebleau sur la fameuse treille du Roi, longue de 1 kilomètre
d'espalier. Les ceps défectueux sont renouvelés par de jeunes plants destinés
au cordon vertical. Nous ferons remarquer que l'établissement de cette treille est
antérieur à la plantation des premiers ceps de chasselas à Thomery.

Avant d'examiner la viticulture proprement dite, c'est-à-dire la vigne à vin, le vignoble, signalons les Figuiers de M. Louis Lhérault, d'Argenteuil. Les touffes plantées à Billancourt représentaient la culture du pays par cepées branchues, presque couchées sur le sol et garnies à la base d'une litière de marc de raisin. Quelques buissons semblables avaient été apportés au Champ-de-Mars, au fond du cul-de-sac réservé aux arbres fruitiers, adossés au water-closet des ouvriers, entre la collection de fraisiers, de groseilliers et de framboisiers à M. Gloëde, de Beauvais, et les chênes dits truffiers, nés sur les bords de la Garonne, qui ont failli mystifier le public et le jury.

CULTURES DE LA VIGNE.

Jusqu'ici la Viticulture n'avait pas été comprise dans les concours généraux agricoles et horticoles. Les vignerons, plus disposés à exhiber leurs vins dans un but commercial, hésitaient à montrer leur mode de culture, craignant de rencontrer une appréciation sévère qui nuirait à la réputation de leur vin. Le programme de l'Exposition de viticulture n'ayant été publié que plus d'une année après les autres, il nous a fallu, en notre qualité de délégué de la viticulture, recourir à une correspondance serrée pour faire arriver une quarantaine d'exposants dans l'île de Billancourt, et parmi lesquels dix Sociétés viticoles, agricoles et comices, représentant 3,000 sociétaires. Pareil succès en deux mois de temps a suffi pour mettre en relief les principales méthodes de plantation, de taille, de dressage et d'entretien de la vigne.

Nous les passerons en revue en nous appropriant la classification adoptée par M. le Dr Jules Guyot, rapporteur du jury, et en puisant, dans son lumineux compte rendu, les points caractéristiques de chaque méthode et leur valeur relative.

Deux grandes catégories étant établies sous le nom de *cultures traditionnelles* et *cultures progressives*, chaque système vient s'y ranger dans les sections basées sur la forme du cep, la longueur de la taille, et sa plantation en ligne ou en foule.

Cultures traditionnelles de la vigne.

Premier groupe. — *Treilles, cordons, palmettes, arbres.* — Ce groupe comprend deux exposants : MM. Ballet frères, qui exposent la viticulture en treilles, en éventail, de l'arrondissement de Troyes (Aube), et MM. Simon-Louis, qui ont envoyé un spécimen de la viticulture traditionnelle de Rugy et d'Argancy (Moselle). Le spécimen de MM. Ballet, fort exact et fort complet, se compose de ceps en *pineau, gamay, gouais, béarnais.* Chaque sujet est à cinq, sept et jusqu'à neuf branches mères, les unes surmontées d'un courson, les autres d'une longue taille ; les branches mères, ou membres, sont attachées à une perche horizontale à 0^m,70 du sol, soutenue par de grands échalas verticaux de deux mètres. Cette culture est très-productive. MM. Ballet y ont apporté l'amélioration économique de paisseaux injectés au sulfate de cuivre et de fils de fer galvanisé. (Nous reproduisons les termes du rapport.)

Le spécimen de MM. Simon-Louis, pépiniéristes à Metz, consiste en un seul cep à huit bras près de terre, donnant une idée de la belle méthode de culture en cuveau. Cette méthode, pleine d'enseignement, consacrée par des siècles de pratique, assure à la vigne une production moyenne de 80 hectolitres par hectare en *gamay*, et 60 hectolitres en *pineau*, une végétation vigoureuse en bois et cent cinquante ans d'existence sans provinage.

DEUXIÈME GROUPE. — *Souches en lignes à taille courte.* — M. Mestre fils, à Salelles (Aude), a exposé un spécimen des cultures traditionnelles de l'Aude, de franc pied, à quatre et cinq bras surmontés d'un courson à un ou deux nœuds ; les ceps à un mètre et demi en quinconce ; les cépages de ce spécimen, l'*alicante*, le *mourastel*, l'*aramon*, sont parfaitement repris et couverts de grappes.

La Société vigneronne d'Issoudun expose un spécimen de viticulture locale d'une fidélité poussée jusqu'au dernier scrupule ; les souches à taille en tête de saule, dont les plus vieilles sont couvertes d'une mousse respectée, y sont désignées par leur âge et le nom du cépage : des modèles de greffe et de plants, plus une collection de tous les outils de culture, viennent compléter le lot le plus consciencieusement formé, et témoigner du zèle et de l'esprit d'ordre et de travail d'une Société qui ne réunit pas moins de huit cents blouses, sous la direction de son président, M. Aumerle.

La Société viticole de Montauban expose quelques souches traditionnelles à plusieurs bras et quelques ceps végétants de sa vigne-école.

M. Brussienne, de Cinq-Mars (Indre-et-Loire), expose un rang de *Grollot*, cépage commun, substitué, à Cinq-Mars surtout, mais malheureusement aussi dans plusieurs contrées d'Indre-et-Loire, aux *cots* et aux *plants nobles*.

TROISIÈME GROUPE. — *Souches en lignes à taille longue.* — M. Rollet, maire à Thiaucourt (Meurthe), présente un beau spécimen des cultures traditionnelles des fins cépages dans les quatre départements lorrains ; tout le vignoble de son pays est cultivé avec une longue taille repliée en cercles, et un simple crochet à deux nœuds pour l'année suivante. M. Rollet possède et cultive ainsi, dans la perfection, trente hectares en *pineaux*, et leur riche production (30,000 fr. net par an, en moyenne) a préservé Thiaucourt de l'invasion de gros cépages.

Le Comice agricole d'Orléans expose la culture traditionnelle de son arrondissement ; elle consiste dans la conduite de la vigne en lignes, taillée près de terre en tête de saule, d'où sortent de longs sarments, dont un ou deux à longue taille sont courbés en cercle, un autre en demi ou en quart de cercle, et les autres coupés courts, pour reproduire les longues tailles l'année suivante. Cette méthode, très-ancienne, entretient une bonne fertilité.

M. Ducarpe junior, à Saint-Emilion (Gironde), reproduit fidèlement la culture à haste avec cot de retour de cet important vignoble.

M. l'abbé Laporte, à Lesparre (Gironde), expose le système du Médoc à deux hastes et à deux coursons de retour. Il joint à son exposition un modèle de recouchage et de rajeunissement des vieilles vignes.

QUATRIÈME GROUPE. — *Souches en lignes, taille mixte.* — M. A. Bergier, à Tain (Drôme), expose, dans la perfection, la taille traditionnelle du fameux vignoble de l'Hermitage. Un rang de *petite syrah* avec tous ses sarments de l'année dernière, un rang de petite syrah taillée, deux rangs de *roussane* et deux rangs de *marsanne* disposés de même ; plus un spécimen de pépinière. La petite syrah à taille longue, la roussane et la marsanne à taille courte, avec des sarments vigoureux et bien constitués.

Le spécimen de M. Bergier est d'une exactitude parfaite, mais la méthode de culture de l'Hermitage est amoindrie par les pratiques les plus dispendieuses et les moins justifiées ; c'est ainsi que les plantations, faites de 1 mètre à 80 centimètres de profondeur, retardent la première récolte à huit ans ; les provignages se font à une profondeur égale et reprennent difficilement ; la taille de la petite syrah à quatre et cinq nœuds est meilleure que celle de la roussane et de la marsanne ; mais elle oblige à des provignages trop fréquents.

La Société d'agriculture de Vesoul expose un spécimen de la culture en perches basses de cet arrondissement, les *pineaux* taillés long, et les *gamays* taillés court.

La Société d'agriculture de Besançon expose sa viticulture en échalas, en perches et en chevalets, avec ses *pineaux*, ses *trousseaux*, ses *pulsards* taillés long ; et ses *gamays*, ses *savagnins*, ses *gros plants* taillés court.

Cinquième groupe. — *Souches en foule, taille courte.* — L'ensemble du Comice agricole de la Marne et du comité d'Epernay comprend : 1° un lot de M. Prin d'Origny, à Vertus ; 2° un de M. Sergent, à Bouzy ; 3° un de M. Vautrin, à Aï ; 4° un de MM. Moët et Chandon, à Epernay ; 5° un de Verzenay, et 6° un de Pierzy.

Tous ces lots représentent une même méthode de culture ; c'est celle de toutes les vignes à vins de Champagne. Elle consiste à enfouir sous terre, chaque année, au premier labour, toutes les souches de l'année précédente, et à ne laisser sortir de terre que le jeune bois, qu'on taille à deux ou trois yeux. Ce système de recouchage annuel est aussi pratiqué à Argenteuil. Il entretient une bonne fécondité, car, dans les maigres terrains de la Champagne, sa production moyenne est de 30 hectolitres ; il ne nuit point à la finesse des vins. La réputation des vins qu'il produit, avec les variétés de *pineaux verts dorés* et *épinette blanche,* le prouve ; il ne redoute que les gelées. Tous les lots de la Marne sont parfaitement bien établis, grâce à l'impulsion de M. Ponsard, président.

Le Comité agricole de Beaune expose la viticulture traditionnelle des fins cépages de la Côte-d'Or ; son spécimen est fidèle et parfait, il végète énergiquement. Il consiste dans l'entretien des mêmes souches par un provignage partiel d'un douzième à un quinzième des souches d'un vignoble. Chaque souche est simple et ne porte, à son sommet, qu'un seul courson à deux ou trois yeux. La souche monte ainsi chaque année le long d'un échalas de 1ᵐ,50, auquel elle est liée, et, quand elle est trop haute, on la provigne. Ce système ne donne, en moyenne, que 15 hectolitres à l'hectare.

Sixième groupe. — *Souches en foule à taille longue.* — M. Th. Phelippot de la Bénatière expose la culture traditionnelle de l'île de Ré et les instruments de cette culture à la main. Ce système, des plus curieux et des plus fertiles, a constitué la principale richesse de l'île, où vit une population des plus condensées. Il consiste dans une souche formée près de terre, d'où partent trois ou quatre longs sarments fichés dans le sol par leur extrémité libre ; chaque souche ressemble assez à une de ces araignées qu'on appelle *faucheux.*

M. Languedoc, à Issy, produit le système de plantation des environs de Paris par un fossé garni de deux rangs de plants, et un spécimen de quelques souches n'ayant pas encore leurs longs bois.

Septième groupe. — *Souches en foule à taille mixte.* — La Société de viticulture d'Arbois, par M. Parandier, son président, expose la méthode traditionnelle du Jura : les cépages conduits à taille longue, à une, deux et trois courgées, et les cépages conduits à taille demi-longue et courte ; aucun vignoble n'a su mieux distinguer les proportions de la taille la plus convenable à chaque cep ; le spécimen représente aussi les plantations en fossé et les provignages en fosse du pays. La viticulture du Jura est des plus remarquables et des plus fécondes en études et en enseignements, aussi bien par le choix de ses cépages que par la diversité et parfois la bizarrerie de ses pratiques.

Cultures nouvelles de la vigne.

HUITIÈME GROUPE. — *Treilles en cordons, palmettes, arbres.* — M. J. Marcon, à La Mothe-Montravel, expose en treilles sèches, taillées et non taillées, un cours complet de ses cultures en cordons unilatéraux, à longues branches à fruit et à courtes branches à bois, depuis le premier dressement de un an jusqu'à la conduite soutenue de sept à huit ans ; il expose ces cordons venus à Montravel, à Saint-Emilion et dans les sables purs des Landes. Ce système est d'abord parti de la méthode de Thomery, de Georges, de Clerc, en cordons à coursons ; puis, en 1860, M. Cazenave, de la Réole (Gironde), a remplacé le simple courson de chaque portant ou souchet par l'haste et le cot de retour, branche à bois et branche à fruit dont les avantages avaient été l'objet d'une grande publicité en 1858. M. Marcon, dans ses cultures en grand (16 hectares), appliquait les leçons de M. Georges à ses cordons à coursons ; mais bientôt, à l'exemple et sur les leçons de M. Cazenave, il remplaça ses coursons par la méthode nouvelle, et il en a porté l'application à une grande perfection. Son spécimen, reproduction fidèle de ses cultures, est un des exemples les plus complets et les mieux établis de l'accroissement, de la vigueur et de la fécondité de la vigne, en proportion de l'extension qu'on accorde à son arborescence. Depuis sept ans M. Cazenave, et après lui M. Marcon, propagent cette conduite de la vigne dans les paluds, dans les landes, etc., assurés qu'ils sont d'un succès durable ; car plusieurs cultures séculaires, notamment dans l'Isère, constituent des vignes conduites sur les mêmes principes, ayant plus de cent ans d'existence, et donnant encore cent hectolitres à l'hectare.

M. Vignial, de Bordeaux, a exposé un très-beau spécimen d'une culture de vigne en éventail, à quatre hastes et plus ; les principes et la disposition en sont fort bons et doivent donner d'excellents résultats ; c'est d'ailleurs une des expositions les mieux réussies.

M. le docteur Krantz, à Pearl (Prusse rhénane), expose des ceps à sarments de toutes les longueurs, tressés en cordes deux à deux, et, en outre, recourbés en arcs. Ce système, qui est à l'état de question, offre néammoins un sujet d'étude très-important ; il est expliqué par l'auteur dans une brochure où se trouvent des observations nouvelles et curieuses.

M. Desvignes, à Montchouvier (Jura), expose des vignes palissées sur fil de fer, à cordons à double étage, taillées à coursons ; il expose aussi un mode de préservation par les paillassons, et des dispositions de ceps plantés dans une fosse de terre pratiquée au milieu des rochers, pour étendre les tiges sur ces mêmes rochers. Il y a dans cette exposition plus d'idées que de faits, plus d'efforts méritants que de résultats.

Quant à M. Pellissier, de Champigny (Indre-et-Loire), il expose un système de culture en perches et en jouelles à plants doublés et provignés dos à dos.

NEUVIÈME GROUPE. — *Souches en lignes à taille courte.* — M. de Saint-Trivier, à Vaux-Renard, en Beaujolais (Rhône), expose dix ceps des *fins gamays* du Beaujolais, cultivés à la méthode traditionnelle, à trois ou quatre bras en gobelet sur terre et à autant de coursons à deux nœuds ; et en regard, dix autres ceps également à coursons, à deux ou trois yeux, mais prolongés en onglet éborgné pour être attaché à un fil de fer inférieur, et leurs pampres à un fil de fer supérieur. Au moyen de ce palissage, les vignes du Beaujolais peuvent être cultivées par les animaux de trait sans que le mode de culture soit radicalement changé. L'exposition de M. de Saint-Trivier est parfaitement réussie, elle constate un progrès réel et peut être donnée en exemple.

M. Boinette, à Bar-le-Duc, expose aussi des ceps traditionnels de la Meuse et en opposition des ceps végétants et des ceps morts, conduits à la méthode Trouillet, c'est-à-dire en gobelet élevé sur un pivot et formé de plusieurs bras à coursons, dont les pampres sont pincés plusieurs fois dans le cours de la végétation, de façon à représenter un groseillier sur tige. Ce système, dont l'objet principal est d'épargner les échalas à la vigne, a été appliqué en grand dans plusieurs vignobles, et il réussit bien pendant les premières années; au delà, l'expérience ne semblerait pas toujours favorable. Quoi qu'il en soit, les ceps végétants et les ceps desséchés, exposés par M. Boinette, donnent une idée exacte de cette méthode et de ses effets.

M. Ménudier, à Plaud-Chermignac, près Saintes (Charente-Inférieure), expose son mode de culture de la *folle-blanche* pour eau-de-vie; sa taille est à coursons, ses façons de la terre sont données à la charrue; il expose aussi une houe à cheval de son invention et pour faire ses binages. Les souches sèches, avec tous leurs sarments, exposés par lui, montrent, par la vigueur de leur végétation, que leur taille est trop restreinte; toutefois, les améliorations apportées par M. Ménudier aux façons de la terre, en Saintonge, ont paru satisfaisantes.

M. Béjot-Gandel, à Verdun-sur-Doubs (Saône-et-Loire), s'est contenté d'exposer des plants d'un an qu'il se propose de dresser à la méthode Trouillet.

Dixième groupe. — *Souches en lignes à taille longue.* — M. le comte de la Loyère, à Savigny, près Beaune (Côte-d'Or), a exposé à Billancourt un très-beau spécimen de ses cultures en fins cépages (*pineau noir* ou *noirien* de la Côte-d'Or), à une branche à bois et une branche à fruit à chaque cep, palissées en ligne sur deux fils de fer, et cultivées aux animaux de trait par des instruments aratoires d'une grande perfection, également exposés par lui. Cette méthode appliquée en grand, depuis sept ans, sur des vignes à la culture traditionnelle de la Côte-d'Or, a porté la moyenne production, par hectare, de 15 à 45 hectolitres, sans altérer la qualité du vin. Cette dernière assertion est énergiquement contestée; mais, quoique les faits soient en sa faveur sur place, aussi bien que dans le Médoc, à Saint-Émilion, aux côtes du Rhône, sur les bords du Rhin, etc., le jury, sans s'arrêter à cette question de préjuger en rien, constate que M. de la Loyère a offert une large base d'études des plus importantes par ses réformes de la culture ancienne au milieu des plus grands crus de France.

M. de Tarrieux, à Saint-Bonnet (Puy-de-Dôme), expose une méthode perfectionnée des cultures déjà très-remarquables du Puy-de-Dôme; sa méthode consiste dans un coutet et dans un arquet laissés sur chaque souche, comme à Clermont, ou en un coutet et une vinouse, comme à Issoire, c'est-à-dire une branche à bois et une branche à fruit plus ou moins arquées ou contournées, mais parfaitement alignées ou palissées sur fil de fer, au lieu d'admettre deux grands échalas à chaque souche. Il y a là un progrès qui réalise une grande économie et donne la faculté de cultiver aux animaux de trait.

M. Rose Charmeux, à Thomery (Seine-et-Marne), expose une vigne en lignes, convenablement palissée sur fils de fer soutenus par des supports en fer (montés par M. Thiry jeune, de Paris), consistant en de jeunes souches de *chasselas* plantées à un mètre, avec branche à bois à deux yeux, mais prolongée en onglet, pour être attachée au fil de fer inférieur, et avec longue branche à fruit tournée en tire-bouchon le long de ce même fil de fer. Cette exposition est parfaitement soignée et promet un bel avenir; malheureusement, elle n'a point encore de passé et ne peut être jugée que par induction favorable.

M. de Fontenailles, au château de Morains (Maine-et-Loire), expose une ligne palissée sur fils de fer et conduite à la méthode du Médoc, de Breton ou *Car-*

benet-Sauvignon ; il a substitué, en Maine-et-Loire, la taille du Médoc à celle de Saumur : c'est un progrès.

M. Pagès, à Pau, expose de jeunes ceps plantés de l'année, sans forme ni dres-

Fig. 38. — Cep de vigne soumis à la méthode Jules Guyot avant la récolte du fruit.

sement possibles ; il explique, dans une note, que ses vignes dressées à long bois donnent plus que ses anciennes vignes à coursons.

Onzième groupe. — *Souches en lignes, à taille mixte.* — M. Ricard, d'Ervy

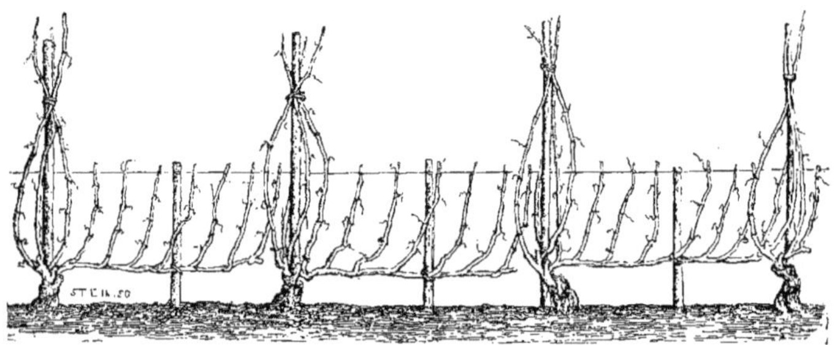

Fig. 39. — Cep de vigne soumis à la méthode Jules Guyot après la vendange et avant la taille.

(Aube), expose ses *pineaux* ou fins plants taillés à branche à bois et à branche à fruit, et ses *gamays* à coursons. Ses succès sont constatés et son exemple suivi

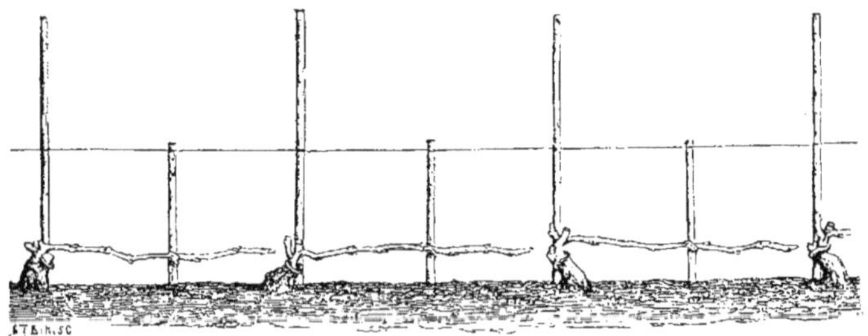

Fig. 40. — Cep de vigne soumis à la méthode Jules Guyot après la taille.

dans son voisinage ; ce qui permet d'espérer la propagation de cette méthode, dite méthode Jules Guyot, recommandée par M. Martin, professeur d'arboriculture, chargé des vignes de M. Ricard.

Les figures 38, 39, 40, représentent la méthode Jules Guyot, avec long bois pour la fructification, et courson de remplacement. Dans le champ de vigne, les rangs sont distancés entre eux de 1 mètre à 1^m,20.

M. Laurens, à Saverdun (Ariége), depuis sept ans, s'est mis à la tête du progrès viticole dans le département de l'Ariége, où les agriculteurs l'ont reconnu pour chef ; il a donné l'exemple en accordant de longues tailles aux cépages fins et en gardant les tailles courtes aux espèces à vins ordinaires dans ses trente-deux hectares de vignes. Il a ainsi doublé ses récoltes. Son spécimen n'est envoyé par lui que pour constater son mode d'opérer, comparé avec les souches tenues à la mode du pays.

Peu de temps après la publication du rapport consciencieux de M. Jules Guyot, la Société d'horticulture de Trèves (Prusse rhénane) a installé un spécimen de la viticulture traditionnelle de sa circonscription, avec sarments taillés à coursons pour le remplacement, et sarments taillés longs et arqués ou abaissés pour la fructification ; ce qui lui valut un second prix comme à la majorité des cultures traditionnelles les mieux réussies. .

Les premiers prix de MM. de Saint-Trivier et Rollet ont été convertis en médailles d'or, et celui de M. Marcon en médaille d'or avec objet d'art. M. le comte de la Loyère dut s'abstenir de concourir en raison de son titre de juré associé. D'ailleurs, il a reçu la croix de la Légion d'honneur pour ses améliorations viticoles. M. de Lavergne, de la Gironde, a obtenu la même distinction pour la propagation du soufrage, et M. Hortolès fils, de l'Hérault, avec la mention : membre du jury international. L'Exposition a été l'occasion et non le motif de ces hautes récompenses.

Le second prix, accordé au Comice de la Marne et à M. de Tarrieux, a été élevé d'un degré par un objet d'art accompagnant la médaille d'argent.

Incision circulaire de la vigne. — Dans l'examen successif de la viticulture, nous avons été vivement intéressé par l'exhibition de M. de Chaudesaigues de Tarrieux, à Saint-Bonnet (Puy-de-Dôme), relative à l'incision circulaire appliquée au vignoble. Usant de son droit, le jury du Groupe IX, présidé par l'honorable M. Devinck, crut devoir demander à la commission impériale et au ministère de l'agriculture l'envoi d'une commission sur place, afin de constater le mode d'opérer, les effets comparatifs de l'incision, et sa propagation dans la contrée.

On sait déjà que l'incision annulaire consiste à trancher net l'écorce d'une branche en enlevant un anneau d'écorce jusqu'à l'aubier, de manière à intercepter au moins partiellement le cours de la séve. Il résulte de cette perturbation que la partie située au-dessus de l'annellation grossit plus vite que l'autre, et produit des fruits plus nombreux, plus beaux et d'une maturité plus précoce.

Il n'est pas besoin de faire ressortir la supériorité d'une opération insignifiante comme travail, qui augmente à ce point le chiffre de la récolte et hâte l'époque de la vendange, — ce qui est précieux dans les années humides, les automnes brumeux et dans les terrains tardifs.

On incise au moment de la floraison, plutôt avant qu'après, et surtout les longs bois et les sarments destinés à être supprimés ; ils seront remplacés par des rameaux qui naîtront au-dessous de la plaie circulaire, sinon sur les coursons du cep (*fig.* 41, page suivante). On incise la branche ligneuse ou le rameau herbacé, peu importe.

Jusqu'ici l'incision se produisait au moyen d'une pince à deux doubles lames tranchantes, enlevant une bague d'écorce large de 0^m,001 ou 2 millimètres. M. de Tarrieux se sert d'une pince à deux lames simples (*fig.* 42) comme des ciseaux de couturière, qui coupe l'écorce, tranche net les tissus, sans rien enle-

ver. Ce moyen est bien simple et paraît être préférable pour la vigne et autres
végétaux ligneux à bois moelleux.

La présentation de M. de Tarrieux était très-remarquable et justifie sa persévérance à inciser son vignoble de l'Auvergne depuis vingt ans sur une assez vaste
superficie. Il a eu la bonne fortune de susciter des imitateurs dans sa contrée.

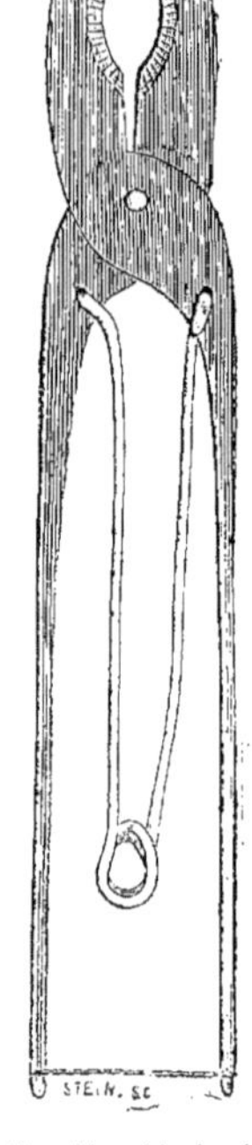

Fig. 41. — Effet de l'incision circulaire appliquée à la vigne.   Fig. 42. — Pince à inciser la vigne.
(Effeuillement provisoire des branches à fruit.)   (Incision simple et circulaire.)

L'incision annulaire n'est pas chose nouvelle (l'incision circulaire est encore
moins connue, bien que Calvel en ait parlé il y a une cinquantaine d'années);
elle restait inconnue ou dans le domaine de la fantaisie, quand, vers l'année
1776, un pépiniériste de Mandres (Seine-et-Oise) M. Lambry l'appliqua dans le
vignoble « pour empêcher la vigne de couler et hâter la maturité du raisin, »
ainsi qu'il le dit dans sa brochure parue en 1796, 1re édition, et 1818, 2e édition.
La Société centrale d'agriculture lui accorda une médaille d'or sur le rapport
de MM. Vilmorin et Yvart, et d'après un certificat signé par MM. Davoust, pair
de France, Bellart, procureur général, Gérou, juge de paix, et les vingt-trois
maires du canton.

Depuis la mort de Lambry, on ne parla plus guère de l'incision. M. Bourgeois,
au Perray, et quelques autres, avaient beau prêcher les bons effets de l'incision
sur leurs treilles de chasselas ; personne n'y prenait garde. Nous l'employions
également sur nos treilles, lorsque le hasard nous ayant rendu propriétaire d'une
vigne en pineau et gamay, mûrissant son fruit assez mal, par suite de sa position ombragée, nous l'appliquâmes radicalement. Alors M. le docteur Jules
Guyot, en tournée officielle dans le département de l'Aube, examina ce champ

de vigne; il fut surpris du succès de l'incision, et le constata en termes élogieux dans son rapport au ministre sur la viticulture du centre-nord de la France.

N'y a-t-il pas là une preuve nouvelle de l'axiome attribuant à l'horticulture le rôle de laboratoire de l'agriculture, étudiant les méthodes perfectionnées, analysant, expérimentant les espèces végétales dont on recherche la naturalisation, la domestication ou l'entrée dans la grande culture au point de vue économique, alimentaire ou industriel ?

III. — FRUITS.

La culture des arbres fruitiers, en Europe, remonte aux temps les plus reculés. Nos premiers pères ont dû se borner aux types indigènes. L'importation d'espèces étrangères n'eut lieu qu'à partir des voyages et des conquêtes dont l'histoire a laissé des traces.

Si l'on en croit les anciens auteurs, le pêcher, originaire d'Éthiopie, serait arrivé en Italie sous l'empereur Claude, après avoir fait station en Perse, à Rhodes et en Égypte. Les Romains l'introduisirent dans les Gaules, ce qui n'empêcha pas les Croisés de le rapporter d'Orient. Ils rapportèrent également le prunier, qui croît spontanément aux environs de Damas, aussi bien qu'en Grèce, en Asie, en Amérique et en Algérie.

Le cerisier entrait à Rome en 680, sur le char du triomphateur Lucullus; le précurseur de Brillat-Savarin et du baron Brisse l'avait recueilli à Cérasonte, de la province de Pont, en Natolie. Il est supposable que, déjà, le merisier crût à l'état sauvage dans les forêts gauloises et germaniques.

Pline fait l'éloge du cognassier, dont le fruit décorait les temples de Paphos et de Chypre, et servait aux Grecs dans les offrandes à Vénus. Il mentionne, et Dioscoride aussi, l'abricotier nouvellement importé d'Arménie par les Romains. Leur intermédiaire nous dote encore du noyer provenant de la Perse, de l'amandier venant du nord de l'Afrique et de l'Asie.

Certaines espèces confinées sous le climat méditerranéen, dans le midi de la France, en Italie, en Espagne et sur les côtes d'Afrique, dérivent d'une source non moins orientale. Ainsi le jujubier fut apporté de la Syrie à Rome par Sextus Papirius ; le pistachier, par Vitellius, gouverneur de la Syrie ; le grenadier, par les Romains à leur retour de Carthage. La colonie phocéenne, fondatrice de Marseille il y a 2500 ans, y laissa le figuier, l'olivier, le citronnier.

Moins affirmatifs, les écrivains tirent le caroubier du centre de l'Afrique, hésitent pour l'oranger entre l'Inde, la Chine, l'Arabie, la Perse, la Médie. Ils n'osent invoquer la légende mythologique du jardin des Hespérides à l'occasion de l'orange, pas plus que la tradition biblique sur Noé à l'occasion de la vigne.

On croit cependant que l'oranger fut introduit en France, dans le Dauphiné, en 1333. Le doyen des jardins de la couronne a été semé, en 1421, à Pampelune, alors capitale de la Navarre ; il est allé ensuite à Chantilly, de là à Fontainebleau, puis à l'orangerie de Versailles, en 1684, sous les noms de *Grand-Bourbon, Grand-Connétable, François Ier*. Il y a tenu constamment le premier rang par sa taille et sa beauté.

Il nous semble très-difficile de naturaliser en France de nouvelles essences fruitières. Les voyages au long cours ont tellement multiplié les relations commerciales et suscité de découvertes que le sujet est sinon épuisé, du moins fort avancé. Nous ne voyons guère, au dix-neuvième siècle, que les Anglais cherchant à domestiquer le Murtila du Chili (*Eugenia ugni*), quoique vivant en serre, à la façon de l'oranger, du grenadier ou de l'ananas.

Notre pays, qui a vu surgir de son sein le poirier, le pommier, le châtaignier, le merisier, le noisetier, le framboisier, le groseillier, a certainement plus à donner qu'à recevoir. Nous dirons mieux encore. En acceptant les espèces exotiques de climat similaire, telles que le cerisier, le pêcher, le prunier, l'abricotier, il les a vues s'y perfectionner tellement qu'il peut en revendiquer hautement le titre de patrie adoptive, jusqu'à faire oublier leur patrie originaire. Quand nous disons notre pays, nous entendons parler de l'Europe centrale, comprenant la France, les Pays-Bas et l'Allemagne. On ne saurait citer au même titre l'Espagne, l'Italie, la Russie, le Danemark, la Suède et l'Angleterre; leur territoire et leur climatologie ne se prêtent qu'exceptionnellement à la culture rationnelle des arbres fruitiers.

Les expositions d'arbres exotiques organisées au Champ-de-Mars par le jardin zoologique de Bruxelles, sous la direction de M. Linden, le héros de l'exposition florale; par le jardin botanique de Gand, sous l'impulsion de M. Van Hulle, et par le fleuriste de la ville de Paris, confié aux soins de M. Ermens, et dirigé par M. Barillet-Deschamps, l'infatigable organisateur de l'Exposition universelle d'horticulture, intéressent plutôt nos colonies. En effet, l'introduction de tous ces végétaux industriels qui fournissent le coton, le café, le sucre, le thé, le cacao, le poivre, la gutta-percha, le tabac, la vanille, le quinquina, l'ipécacuanha, la cannelle, le camphre, le manioc, l'avocat (du Mexique), est appelée à enrichir et la métropole et ses possessions lointaines.

L'exposition universelle de fruits n'a pas chômé d'une quinzaine pendant les sept mois d'ouverture. Fruits conservés, primeurs, fruits à noyau, fruits à pepins, raisins, baies, ont défilé successivement dans les serres du jardin réservé. Nous les diviserons en deux catégories : les fruits nouveaux, les fruits anciens, sans cependant qu'il nous soit possible de garantir la ligne de démarcation.

Fruits nouveaux, peu connus ou locaux.

Chez un peuple civilisé et dans les fêtes de famille, la place d'honneur est offerte aux doyens, comme témoignage de respect dû à leur âge et de vénération à leurs cheveux blancs. Mais ici, chez les produits bruts, le rang de faveur est réservé aux nouveaux venus. La perfectibilité, véritable pierre philosophale qui éblouit et entraîne l'inventeur jusqu'à le faire dévier parfois de la droite ligne, et la curiosité aidant, tel est le mobile principal qui attire notre sympathie vers « ce que l'on n'a pas encore vu. »

Les fruits, les légumes inédits, les fleurs inconnues, les arbres nouveaux, importés de contrées lointaines, ou nés du hasard, ou dus à la persévérance du semeur, ont eu de tout temps le privilége d'exciter l'enthousiasme de la presse et de flatter les prédilections des *dilettanti* du jardinage.

Le commerce profite de cet engouement, en tarifant la nouveauté au maximum, et c'est la première demandée : il n'en reste point en magasin. Est-ce calcul du marchand ? Nous n'osons répondre, quelquefois. Mais, dans la majorité des circonstances, le haut prix du catalogue compense difficilement les sacrifices considérables que s'imposent les chercheurs. En visitant un jardin, on ne se douterait guère que plus d'un habitant de la serre ou des bosquets a coûté la vie au voyageur intrépide qui n'a pas craint d'exposer ses jours pour ravir à la flore de contrées inhospitalières un arbre utile, une plante d'ornement, afin d'en enrichir sa patrie. Combien de semeurs passent leur existence à attendre avec anxiété le produit de la graine confiée à la terre ! Leur esprit lancé dans le vague plane au-dessus des choses positives. Dix années de déceptions s'effacent devant huit jours de succès ; et la comparaison trop réaliste entre l'inventeur qui se ruine et l'exploitant qui s'enrichit, le dédain même des contemporains, ne refroidissent pas un instant la persévérance de l'homme aux découvertes.

FRUITS GAGNÉS PAR LES EXPOSANTS. — La collection la plus intéressante de fruits inédits était celle de M. Grégoire-Nélis, de Jodoigne (Belgique). Deux cents variétés de poires nommées, ou à l'étude ! Quand on songe que le poirier de semis ne fructifie qu'à l'âge de 10, 15 ou 20 ans, et déroute les combinaisons des semeurs en leur donnant une bonne variété sur cent sujets environ, on ne saurait trop féliciter les pomologues semeurs. Depuis trente ans que M. Grégoire se livre à cette passion, le zèle et la persévérance ne l'ont jamais abandonné. Il est d'autant plus digne d'éloges que jamais il n'a tiré profit de son travail ; il confie à ses amis, et nous avons l'avantage d'être du nombre, les premiers fruits de ses gains, les soumet à leur appréciation. Une fois le mérite du semis assuré, il en distribue généreusement des greffons, pour propager l'espèce.

L'expérience a conduit M. Grégoire à poser en principe les moyens d'obtenir de bonnes variétés plus vite et plus sûrement :

1° Choix de pepins bien conformés, issus des plus beaux et des meilleurs fruits d'hiver ;

2° Stratification des graines, et semis en vase au premier printemps ;

3° Repiquage du plant en pleine terre, tous les deux ans ;

4° Réitérer cette replantation tous les trois ans, lorsque le sujet a grandi, pour hâter sa fructification ;

5° Eviter de tailler la cime de l'égrain ;

6° Si l'on greffe des rameaux du sauvageon sur un autre arbre, afin d'augmenter les chances de la fructification (et non de les hâter, comme on l'a dit), on choisira des greffons au sommet de l'arbre type, ayant atteint l'âge adulte, les rameaux de la base ou des jeunes égrains conservant leur caractère sauvage.

C'est ainsi que M. Grégoire-Nélis a doté la pomologie des excellentes poires ci-après :

Nouvelle Fulvie. — Beau fruit pyriforme, coloré, aromatisé, mûrissant en hiver. — Arbre à rameaux grêles et retombants, formant facilement des brindilles fruitières.

Hélène Grégoire. — Fruit en forme de coing, à chair extrêmement fine, relevée d'une saveur d'amande, mûrissant à l'automne. — Arbre trapu, prenant naturellement une forme cylindrique, étroite.

Zéphirin Grégoire. — Délicieuse petite poire d'hiver, venant abondamment par trochets sur un arbre assez vigoureux.

Léon Grégoire. — Assez grosse poire juteuse et fondante de la fin d'automne. — Arbre ramifié, pyramidal.

Sœur Grégoire. — Poire oblongue, fine de goût, mûrissant fin d'automne et commencement d'hiver. — Arbre de vigueur moyenne, bien productif.

Souvenir de la reine des Belges. — Beau et très-bon fruit d'automne attaché par un long pédoncule sur un arbre à rameaux divariqués.

Vice-président Delehaye. — Moyenne poire, à chair fine et fondante, d'automne. — L'arbre est d'une bonne production.

Commissaire Delmotte. — Poire d'hiver, résistant au plein-vent, portée par un arbre robuste et fertile.

Avocat Allard. — Une des meilleures petites poires d'automne. — Arbre d'un beau port conique.

Prince Impérial. — La chair est teintée de rose saumonné, juteuse et mûrissant à l'automne. — Arbre élancé, fertile.

Nous aurions des qualificatifs semblables à l'adresse des poires, *Madame Grégoire, Monseigneur Sibour, Eugène Maisin, Président Royer, Docteur Lenthier, Souvenir de Léopold I*^{er}*, Vingt-cinquième anniversaire de Léopold, Beurré Delfosse*, dignes d'entrer dans un jardin d'élite.

Les gains qui ne sont pas encore du domaine public sont à l'étude chez l'obtenteur et chez ses correspondants. Ceux qui nous ont laissé une bonne impression portent déjà les noms de *Beurré Ladé, Alice Baltet, Auguste Mignard, Représentant Pirmez, Vice-roi d'Egypte*.

Les semis de M. Grégoire figurent pour un dixième au tableau des *cent meilleures poires* de notre brochure : « CULTURE DU POIRIER. »

Les succès de M. Grégoire, et ceux qui l'attendent encore, placent son nom en tête des semeurs belges, avec le chanoine d'Hardenpont, le professeur Van Mons, le major Esperen, Simon Bouvier.

Un pomologue belge, M. Alexandre Bivort, à Fleurus, avait réuni les fruits gagnés par Van Mons et ceux qu'il obtient lui-même en continuant l'œuvre du savant professeur de Louvain. Van Mons a formulé une théorie sur l'amélioration des fruits au moyen du semis par générations successives. Cette théorie a rencontré des partisans et des détracteurs, — et, parmi ces derniers, le savant M. Decaisne, président du jury de la classe 86 ; — mais on ne saurait contester à Van Mons d'avoir ouvert des voies nouvelles à la pomologie et d'avoir libéralement répandu les fruits de ses semis ou de ses recherches, en se livrant à ses études favorites avec un courage que n'ont pu abattre ni les désastres de la guerre ni les rigueurs de l'expropriation.

Le fruit inédit qui a obtenu les honneurs de la lutte, la poire *Souvenir du Congrès*, de M. Morel, à Lyon, restera-t-il fin et sucré comme certains échantillons, ou redeviendra-t-il aqueux comme certains autres? Toujours est-il que le fruit est énorme de grosseur et beau en couleur il mûrit au mois d'août.

Du même pays, où la pomologie est en vénération, M. Cuissard fournit la poire *Madame Cuissard*, moyenne, arrondie, savoureuse, d'automne; M. Beluze envoie la poire *Souvenir de la Duchère*, ayant l'aspect d'un beau Doyenné d'hiver, mûrissant plus tôt, et d'une qualité plus régulière ; M. Joannon, à Saint-Cyr, quelques semis à étudier.

Assez nombreux sont les semis de M. André Leroy : les poires *Madame André Leroy, Eugène Appert, Thérèse Appert, Docteur Koch, Madame Baptiste Desportes, Madame Henri Desportes, Loriol de Barny* ; le précoce et vigoureux *André Desportes*, la musquée *Orange mandarine*, la superbe mais spongieuse *Duchesse précoce*, la pyramidale et excellente *Calebasse d'octobre*.

Les semis de M. Jamin, à Bourg-la-Reine, sont renvoyés à l'étude de la Société d'horticulture ; son comité d'arboriculture et de pomologie les appréciera. Il serait trop difficile au jury du Champ-de-Mars de se prononcer sur la valeur de fruits inconnus, non en maturité. Même décision à l'égard du lot de MM. Baltet frères, pomologues à Troyes. Cependant un gain, qui a réuni les suffrages unanimes des hommes spéciaux qui l'ont apprécié, peut figurer au premier rang d'une plantation de fruits d'élite; c'est la poire *Comte Lelieur*, dédiée par MM. Baltet à leur célèbre compatriote, inspecteur des parcs de la couronne sous Napoléon Ier, auteur de la Pomone française et de diverses publications agronomiques.

La poire *Comte Lelieur* a le précieux avantage de se conserver intacte dans son état de maturation, pendant plusieurs semaines, ce qui n'arrive presque jamais aux fruits de cette saison (août-septembre).

Le fruit est d'une bonne grosseur, ovale, arrondi, mamelonné à l'insertion de la queue ; épiderme d'un coloris vert-jaune illuminé d'orange, et teinté rosecarmin à l'insolation. La chair est blanche, fine, fondante, très-juteuse, sucrée, enrichie d'un arôme délicat. Fruit exquis, non sujet à blettir.

Son arbre est droit, trapu, ramifié, très-fertile et robuste en plein air ou en espalier.

Le sujet-type a fructifié dès la sixième année de semis, en 1865, puis en 1866 et 1867. Trois années d'études avec des résultats constamment favorables établissent définitivement la valeur d'une espèce fruitière.

La Société d'horticulture de Nantes a groupé les meilleures poires obtenues récemment dans sa circonscription :

De l'Assomption; superbe gain de M. Ruillé de Beauchamp, de première grosseur et de première qualité, mûrissant en août. Sa forme varie entre celles du *B. de Mérode* et du *Pie IX*, d'après les échantillons artificiels rigoureusement imités par M. Buchetet, artiste à Paris. M. Buchetet a atteint, jusqu'ici, le plus haut degré de perfection dans la reproduction plastique des fruits et des racines alimentaires. Les sociétés, les musées et les particuliers peuvent avoir, de cette façon, des collections exactes, instructives et artistiques.

Souvenir de Gaëte (octobre). Du même obtenteur.

Saint-Gabriel, poire à compote, de mars-avril (frères de Saint-Laurent).

Beurré Grousset (Grousset); beau et bon fruit hâtif, pyriforme et nuancé de carmin comme le Beurré Giffard.

Marie Jallais (Jallais); forme et coloris du Doyenné roux; chair du Seigneur Esperen; goût rappelant les meilleurs Beurrés et Doyennés (décembre).

Fortunée Boisselot; poire tardive, qui porte le nom de son inventeur; grosseur moyenne, forme arrondie, assez colorée; bonne qualité.

Professeur Barral (décembre); *Président Lesant* (décembre); *Président Couprie* et *Herbelin*, gains de M. Boisselot.

Brune Gasselin (Durand-Gasselin), d'octobre et novembre.

Les *Beurré Jallais* et *Chaigneau* (Jallais), de bonne qualité; septembre-octobre.

Si M. Boisbunel, de Rouen, n'a pas jugé à propos d'exhiber ses gains, — sauf les poires précoces *Colorée de juillet*, *Mélanie Michelin*, — son compatriote M. Collette s'en est chargé dans une certaine mesure. En attendant que l'expérience ait fait justice des sortes insignifiantes et affirmé la valeur des autres, nous présentons au titre de poires d'hiver hors ligne :

Passe-Crasanne; fruit assez gros, rond, plat et vert bronzé, à chair fondante, très-juteuse, assaisonnée d'un acidulé fort agréable, mûrissant de novembre en mars. C'est une de nos meilleures poires d'hiver. L'arbre est trapu, fertile, prenant de lui-même la forme de fuseau-colonne.

Olivier de Serres; nous pourrions répéter ou à peu près la description précédente, sinon que le fruit vient un peu moins gros, et le sujet plus branchu.

Les poires plus nouvelles, *Maréchal Vaillant* et *Prince Napoléon*, du même obtenteur, se rangent également parmi les fruits ronds d'hiver, les arbres droits et pyramidaux.

Par la voie du semis, le pommier reproduit volontiers des arbres vigoureux, productifs, à fruit acceptable, soit dans la consommation ordinaire, soit à l'état de marmelade, soit encore dans la fabrication du cidre. De là, cette quantité de pommes localisées dans certains villages, et même chez certains propriétaires. A l'Exposition, les semeurs ont été sobres de pommes; nous ne nous souvenons que de la Pomme blanche hâtive de MM. Ballet, de la Grosse-Rouge de M. Hortolès, à Montpellier, la *Chailleux* de M. Bruneau, à Nantes, et de quelques autres à M. Baudon, à Vivens, près Clairac.

La pomme *Transparente de Croncels* est portée par un arbre très-vigoureux, robuste et productif. Le fruit est assez gros, d'un coloris mat, passant au blanc de cire ; sa chair juteuse et acidulée n'a pas l'inconvénient de ses congénères précoces, de tourner trop vite au farineux. Variété à propager.

La pomme rouge Hortolès est très-grosse, de couleur sang frappé de pourpre, dans le genre de la Pomme cœur-de-bœuf, mais moins aplatie ; nous ignorons quelles sont ses qualités intérieures.

Nous en dirons autant des prunes de M. Cochet. Le prunier fournit assez souvent de beaux fruits par le semis. Sont-ils toujours bons ? Non. Toutefois, il y en a, et ce n'est guère au jugé que l'on peut apprécier ces nouveautés.

L'abricotier jouit encore du même privilége ; témoin les vergers d'abricotiers de la Provence, du Lyonnais, de l'Auvergne, et même des environs de Paris, à Triel, où les abricotiers *Alberge* et *Pêche* sont en partie cultivés par semence. L'indication originaire des gains de M. Guillot, à Clermont (semis des abricotiers *Royal, Viard, Pêche, Précoce d'Auvergne*), le prouve ; nous attendrons pour eux et pour les semis de M. Gaillard, à Brignais, que le temps ait prononcé. La pêche *Gain de la Saussaye*, de M. Croux, et la pêche *Tardive d'Auvergne*, de M. Felut-Foulhoux, sont également renvoyées à l'étude.

Si la même réponse s'applique à plusieurs envois de pêches provenant de localités où se reproduisent par leurs noyaux les pêchers de *Syrie, d'Oullins, Turenne, Pavie, Alberge, d'Oignies,* de *Féligny,* il ne saurait en être de même à l'égard de la pêche *Impériale* de M. Chevalier, à Montreuil. La Société centrale d'horticulture de France a examiné, vérifié, dégusté et récompensé cette jolie conquête ; nous abritons nos appréciations sous ce verdict. Le jury accorde à M. Chevalier une médaille d'or pour l'ensemble de son exposition.

Enfin, nous supposons avoir terminé avec les nouveautés, en remarquant le *Noisetier pleureur* de M. Karl Niessing, à Zehdenick (Prusse), arbuste greffé sur une tige vigoureuse et assez élevée, comme en fournit habituellement le noisetier de Byzance, ou tout autre plant bien élancé. Nos jardins auront ainsi un arbrisseau utile et ornemental, comme le noyer pleureur, le pêcher pleureur, le cerisier pleureur et le bigarreautier parasol plantés dans le massif des arbres d'agrément de MM. Baltet, près du pavillon de l'isthme de Suez.

Tel est à peu près le bilan des fruits inédits, qui nous ont inspiré assez de confiance à première vue. Est-ce à dire qu'ils résisteront aux épreuves de la culture ? L'avenir répondra. Aux pépiniéristes, aux amateurs, aux observateurs consciencieux, il appartient de soumettre les nouveautés au creuset de l'étude ; et de leurs observations comparées se basera une appréciation en dernier ressort.

Fʀᴜɪᴛs ɴᴏᴜᴠᴇᴀᴜx ᴇᴛ ʟᴏᴄᴀᴜx ʟɪᴠʀᴇ́s ᴀᴜ ᴄᴏᴍᴍᴇʀᴄᴇ. — Cette partie du programme de l'exposition a été remplie par MM. André Leroy à Angers, Jamin et Durand à Bourg-la-Reine, Baltet frères à Troyes, Dupuy-Jamain à Paris, Cochet à Suines, Deseine à Bougival, Croux à Sceaux, Hortolès à Montpellier, Rouillé-Courbe à Tours, Roy à Paris, Vasseur à Sauxillanges, Aguillon à Issoire, Knight à Pontchartrain, Gaillard à Brignais, Mauduit à Rouen, Millet à Tirlemont (Belgiq, de Goës à Schaerbeek (Belgique), Grégoire à Jodoigne (Belgique), consul Ladé à Geisenheim (Prusse), de Biseau à Binche (Belgique), Capeinick à Gand (Belgique), Bivort à Fleurus (Belgique) ; et par les Sociétés de Nantes, Clermont (Oise), Dijon, Beaune, Marseille, Metz, Orléans, Coulommiers, Melun, Pontoise, Joigny, Berlin, du Hainaut, Dodonée, etc.

Notre rôle de chroniqueur nous force à rapporter ici une déclaration que nous avons trop entendu répéter. Quoi qu'il en coûte à notre réserve, nous devons bien dire que la presse a affirmé qu'aucun exposant n'a pu rivaliser avec MM. Baltet frères pour leurs apports successifs de fruits nouveaux, locaux, ou peu connus. Il suffirait de feuilleter les *Chroniques de l'agriculture et de l'hor-*

ticulture, par M. P. Joigneaux, l'*Horticulteur français*, par M. F. Hérincq, la *Revue horticole*, par M. Carrière, la *Revue de l'horticulture*, par M. J. Barral, le *Verger*, par M. Mas, le *Mouvement horticole en 1867*, par M. Ed. André, et les *Bulletins des Sociétés d'horticulture*. On peut d'ailleurs s'en convaincre par la liste de fruits ci-après :

ABRICOT *à trochets* ; des plus féconds, de demi-saison.
— *Duval* ; sous-variété tardive de l'A. pêche, de Nancy.
CERISE *Bonnemain* ; fruit doux, de juillet.
— *de Vaux* ; doux acidulé, genre de l'anglaise.
— *Bigarreau de Dönissen* ; fruit jaune qui ne vaudra peut-être pas les bigarreaux rosés : *Cleveland et Rockport*.
— *Griotte Acher* ; d'une fertilité extraordinaire.
— *Guigne Ohio's beauty* ; joli coloris ambre et cerise, doux, hâtif.
PÊCHE *Belle de Toulouse* ; grosse, colorée, tardive.
— *Crawford early* ou *Willermoz* ; gros fruit à chair abricotée, délicieux.
POIRES. — *Amélie Leclerc* ; qualité du beurré gris doré.
Besi-mai ; maturité très-tardive ; d'origine belge.
Beurré de Ghélin ; à chair fine et sucrée ; d'origine belge.
— *de Nivelles* ; fruit juteux, coloré, du commencement de l'hiver.
— *Perrault* ou *Duchesse de Bordeaux* ; excellente poire d'hiver.
— *Spaë* ; d'un beau coloris mordoré ; première production.
Boutoc ; poire musquée, d'août ; répandue dans le Bordelais.
Bronzée d'Enghien ; oblongue, grise, bonne, tardive.
Clapp's favorite ; superbe, colorée, bonne, assez hâtive ; des États-Unis.
Colorée de juillet ; une des plus précoces, comme le Doyenné de juillet.
Dame verte ; une des plus grosses poires hâtives.
Deschryver ; gros fruit, très-tardif, localisé dans le Sud-Ouest.
De Torpes ; très-bon fruit de Saône-et-Loire.
Docteur Andry ; moyen et rond comme une Bergamotte.
Duc de Morny ; première récolte ; non encore dégustée.
Esther Comte ; première récolte ; non encore dégustée.
Golden beurré of Bilbao ; beurré doré américain.
Jacques Chamaret ; belle grosseur, belle forme, goût musqué.
Herbin ou *Saint-Erme* ; belle et bonne poire longue, d'hiver ; de la Picardie.
Lawrence ; originaire d'Amérique ; musquée.
Madame Delmotte ; d'une grande fertilité.
— *Grégoire* ; fondante et juteuse.
— *Treyve* ; de première grosseur et de première qualité.
— *Verté* ; moyenne, roux-isabelle, d'hiver.
Maréchal Dillen ; beau fruit à étudier.
Monsallard ; belle poire précoce, d'origine bordelaise.
Monseigneur des Hons ; arbre très-vigoureux ; bon fruit précoce ; de l'Aube.
Napoléon Savinien ; belle poire à chair ferme, d'arrière-saison.
Passe-Colmar François ; excellent petit fruit d'hiver.
Philadelphia ; belle poire d'Amérique.
Président Deboutteville ; moyen fruit à l'étude.
— *Müller* ; poire longue, à chair un peu fade ; d'origine belge.
Ravut ; bon petit fruit d'août-septembre.
Roux-Carcas ; petit fruit précoce ; du midi de la France.
Sénateur Vaïsse ; belle et bonne poire, féconde, d'août-septembre.
Sucrée de Montluçon ; une des plus productives, assez grosse et très-bonne.
Thompson ; fruit exquis, d'une maturité lente.
Tyson ; genre de gros Rousselet ; des États-Unis.

Passe-Crasanne, Hélène Grégoire, Prince Impérial, Nouvelle-Fulvie, Léon Grégoire, Commissaire Delmotte, Docteur Lenthier, André Desportes, Président Delehaye, décrites précédemment à l'occasion des semis.

Pommes. — Voici d'abord les meilleures espèces à végétation et floraison tardives. Cette garantie de la fructification ne se rencontrait que chez les pommes à cidre ; aujourd'hui, quelques pommes de table la possèdent ; MM. Baltet exposent les suivantes : *Azeroly anisé, Bonne de mai, Rose de Benauge* ; bons fruits d'hiver répandus dans la Gironde ; *Michelotte rouge* et *blanche* de Seine-et-Marne ; *d'Argent,* connue dans l'Ouest sous le nom de *Jaune de la Sarthe* ; la *Reinette à la longue queue,* trouvée chez M. P. Joigneaux, à Varennes, près Beaune ; la *Cusset,* localisée dans le centre de la France ; les *Pepins d'or* et *pomme de Flandre,* cultivées en Champagne ; la *Saint-Bauzan,* de Suisse ; les *Courpendus,* du pays flamand.

A ces fruits locaux, la pépinière troyenne ajoute la *Reinette de Cuzy,* cantonnée à Beaune, Semur, Châtillon, Montbard, Autun et environs, sous les noms de Reinette de Cuzy et Reinette carrée, dénominations que MM. P. Joigneaux et Jules Ricaud, de Beaune, proposent de remplacer par *Reinette de Bourgogne ;*

La *Clochard,* de l'Ouest.

La *de Lestre,* du Centre.

La *Reinette grise de Saintonge,* du Sud-Ouest.

La *Postophe d'hiver,* appelée *Belle-fleur* en Flandre, *Monsieur* ou *Crotte* dans le Dauphiné, *Auberive* dans la Haute-Marne, *Richarde* dans la Côte-d'Or.

Le *Gravenstein,* en quelque sorte le Rambour du Danemark.

La fine et jolie *Linneous pippin,* que l'on pourrait baptiser *Calville-Reinette,* pour sa forme et son goût.

Les *Pigeons blanc, gris* et *rouge,* de Normandie.

La *Reinette grise de Dieppedal,* de la Seine-Inférieure.

La *Reinette de Caux,* appelée *Reinette de Cassel* en Allemagne.

Les précoces *Borovitsky, Nicolayer, Scrinkia, Comte Orloff,* de Russie.

Les *Bedforshire foundling, Queen of the pippins, Blenheim pippin, Ribston pippin, Cox's orange pippin,* les énormes *Cantorbéry* et *Leardman Derfordshire,* la féconde *Hawthornden,* la tardive *Wellington,* les précoces *Sops of wine, Irish peach,* des Anglais et des Américains ; la *Rose de Bohême,* également hâtive ; la rouge *Calville de Dantzick,* la grise *Pippin de Parker,* l'oblongue *Friandise,* la fertile *Wagener,* les superbes *Fleiner du roi* et *Brouillard,* la fine *Calville neige,* les précoces *Rose de Bohême* et *Caroline Auguste,* la bariolée *Reinette Burchardt,* l'excellente *Reinette des Carmes,* les *Reinette grise de Hoya* et *du Tyrol ;* et la légion des *Pippin* et des *Pearmain,* répandus en Allemagne, où le Pommier réussit pour ainsi dire mieux que le Poirier.

La série des pommes miniatures : *baccifère cerise, groseille, cire, violet, de Rouen, striée, sempervirens, fleur double,* et les *Men-go, Toren-go,* à petit fruit jaune, du Japon ; ces fruits microscopiques, ravissants sur l'arbre ou sur la table, ont constamment charmé les visiteurs.

Prunes. — En prunes de table :

Les hâtives *Favorite de Rivers, Précoce de Berghtold, Jaune hâtive ;*

Les *Reine-Claude de Jodoigne, Gigne,* de *Vazou, noire de Woolston, Impériale, d'Oullins,* qui ne feront pas oublier l'ancienne Reine-Claude.

Les prunes *Decaisne, Hazard, Mitchelson,* à l'étude.

La *Mirabelle tardive,* précieuse par la vigueur de son arbre et la maturité tardive de son fruit, en septembre et octobre.

La prune d'*Ast,* employée dans la Gironde à la fabrication des pruneaux.

La prune d'*Amour,* cultivée dans les Deux-Sèvres pour les conserves et pâtisseries, mais trop petite pour le commerçant.

La prune *de Laghouat*, sorte de Quetsche localisée en Algérie.

La *Quetsche de Dorrell*, la *Quetsche hâtive*, recherchées des Allemands dans les usages économiques.

La *Verdache*, délicieuse en pruneau et en cuisson, de la région de l'Est.

La *Jaune tardive*, qui croît pour ainsi dire spontanément à Lusigny (Aube), où elle est consommée à l'état frais, au séchage, ou sous diverses préparations culinaires. Elle n'avait pas encore figuré aux expositions.

La *Tardive musquée*, gagnée par MM. Ballet frères ; une des plus juteuses et des plus avantageuses par suite de sa maturation prolongée, qui dure un mois. Prune excellente à manger en fruit frais, et délicieuse en pruneau.

Le Prunier jouit de la faculté de produire, par la voie du semis, des variétés que l'on serait tenté de conserver au premier abord, par suite de la rusticité de l'arbre ou du bel aspect du fruit ; mais il faut être sobre de ces cas d'adoption. Une apparence flatteuse cache trop souvent des déceptions ; un sujet peu fertile, une prune grasse ou indigeste sont des vices fréquents chez les pruniers sauvages.

Une autre collection, non moins importante, successivement renouvelée et hors concours, comme celle de MM. Ballet frères, de Troyes, a été fournie par la célèbre maison André Leroy, d'Angers.

Nous y avons remarqué, parmi les fruits peu répandus dans le commerce, une série de *noix* et une de *framboises* parfaitement étiquetées. Les N. *fertile, à bijoux, monophylle, mésange* ; les F. *double bearing, Catavissa, surpasse Falstaff, surpasse merveille à fruit blanc.*

Les PRUNES : *Reine-Claude de Bavay hâtive, Reine-Claude précoce, Reine-Claude Vandenbrock, Reine-Claude jaune de Blecker*, d'assez bonne qualité.

Mac Loughlin et *Columbia*, nées en Amérique, se rapprochant des Reine-Claude par la forme, la couleur et le goût.

Des Béjonnières, née chez M. Leroy ; fruit ovale, coloris ambre éclairé gorge de pigeon, comme la prune de *Monsieur à fruit jaune* ; saveur de Mirabelle.

Dowton red, Wine sour, Purple favorite, Merveille de Spitzemberg ; prunes colorées, manquant de cet arome sucré qui caractérise nos meilleures prunes indigènes.

Peut-être les pays septentrionaux reconnaissent-ils moins cette infériorité, parce que le Prunier, s'y trouvant en espalier, produit de meilleurs fruits qu'en plein vent, contrairement à ce qui arrive chez l'Abricotier.

Les POMMES : *Surprise, Madeleine rouge, Figue, Red Astrakan, Early red margaret*, bien colorées et mûrissant en été.

Comte Orloff, Pierre le Grand, Grand duc Constantin, Vineuse rouge, les *Transparente blanche, jaune, verte* et *rouge*, d'origine moscovite, également précoces.

Une belle série de pommes de table, pour la consommation d'automne et d'hiver, et de charmantes pommes baccifères d'Europe, de Sibérie et du Japon.

Les POIRES : *Dame verte, Alouette, Saint-Ghislain, Beurré Hamecher, Beurré doux, de Coq, Spadame, Beurré précoce, Blanquet anatersque, Brandywine, Madeleine d'Angers*, de première saison.

Puis, dans la grande collection envoyée en septembre, nous avons retrouvé pas mal d'anciennes connaissances et de fruits oubliés ou négligés dans les autres pépinières, mais recueillis, conservés avec soin par M. André Leroy, dans ses écoles fruitières, et qui lui ont fourni sans doute les éléments de son *Dictionnaire de Pomologie*.

Plusieurs variétés rares ont figuré dans la collection entretenue en fruits de saison de MM. Cochet à Suines, Roy à Paris, dans les collections presque toujours complètes de MM. Dupuy-Jamain à Paris, Deseine à Bougival, Croux à Aulnay, et dans les lots d'amateurs distingués, tels que M. Ed. Ladé à Geisenheim, Rouillé-Courbe à Tours.

Chez M. Cochet, les poires d'été ou d'automne : *Girardon, Brialmont, Pêche, Souveraine d'été, des Voyageurs*, dont quelques-unes figurent ailleurs sous d'au~ tres noms.

Les poires d'hiver : *Duchesse de Mouchy, Passe-Crasanne, Napoléon Savinien, Bergamotte Hertrich*. La *Passe-Crasanne* est certainement la meilleure.

N'oublions pas de jolies pommes et une nombreuse série de prunes assez rares.

Chez M. Roy : les poires *Swan's orange*, musquée; *Columbia*, redoutant un sol froid; *Esther Comte*, dont l'arbre manque de vigueur; *Calebasse Tougard*, à chair saumonnée; *Beurré Dumont*, excellent.

Chez M. Dupuy-Jamain : les poires *Jacquemin, Frédérika Bremer, Howell, Lawrence, Seckel, Onondaga Columbia, Saint-Vincent de Paul* (à cuire), *Souvenir de Simon Bouvier, Frédéric Leclerc, Beurré Berckmans, Docteur Capron, Marie Parent, Gustave de Bourgogne, Docteur Pigeaux, Tardive de Toulouse, Lieutenant Poitevin, Beurré de février* et la *Bonne d'Ezée*, beau fruit trouvé par l'exposant.

Chez M. Deseine : les poires *Belle de septembre, Anna Audusson, Beurré Luizet, Nouvelle-Fulvie, Zéphirin Louis, Beurré Six, Beurré Dumont, Grand Soleil, la Gérardine, Vauquelin, de Spoelberg, Désiré Cornélis, Fondante de Noël panachée*.

Les pommes *Wellington, Reinette de Madère, Reinette de Hardy, Jacques Lebel, Sainte-Barbe, Francatu, Clochard, Cox's orange pippin, Beauty of Kent*.

Les prunes *Diamond, Kirke, Queen Victoria, Bleue de Belgique, Jérusalem, Goliath, Impératrice Diadème*.

Un choix varié de noix, châtaignes, amandes, coings, nèfles, noisettes, alizes.

Chez M. Croux : les poires *Céleste de Guasco*, fruit orangé, *Florimond Parent*, beau; *Woronzoff, Lesbre*, bon; *Délices d'Alost*, fertile; *Monseigneur Affre*, petit; *Beurré Keynes*, pourpre; *Pie IX*, plus beau que bon; *Bergamotte Dussard*, petit, fertile; *Marie-Thérèse*, tardive; *d'Abbeville* et *Missive*, excellentes à cuire.

De tous les lots d'amateurs, celui de M. le consul Ladé, de la villa *Mon-Repos*, à Geisenheim, était certainement le plus digne d'attention par la grosseur et le coloris vif des échantillons, le choix heureux des variétés et l'étiquetage rigoureusement exact, — éloges que l'on ne saurait adresser à tous les exposants.

Citons parmi ses poires : les exquises *Doyenné du Comice, Beurré superfin, Nouvelle-Fulvie, Hélène Grégoire, Passe-Colmar François, Passe-Crasanne, Gilain, Docteur Bénit*; les superbes *Van Marum, Knight Edward, Transylvanienne, Duchesse précoce, Fondante des bois, Duchesse panachée*, à côté d'énormes *Belle Angevine* et *Beurré Clairgeau*; et la poire de *Grumkow*, pyriforme, verruqueuse, populaire de l'autre côté du Rhin, à peine connue en France.

Parmi les pommes : *Ananas*, oblongue et jaune; *Friandise*, oblongue et violacée; *Pigeonnet royal*, oblongue et striée de carmin; *Ribston pippin, Pigeon de Mayer, Pippin de Parker, Dowton non pareil, Merveille de Kew, Reinette muscat*, et quelques variétés spéciales à l'Allemagne, cultivées par M. Ladé.

Chez M. Rouillé-Courbe : les poires *Sucrée de Montluçon*, arbre très-généreux, né dans l'Allier; *Passe-Crasanne*, très-bonne; *Madame Favre*, bien fondante; *Aglaé Grégoire*, tardive; *Louis Grégoire*, de bon goût; la vieille *Mansuette*, et cette maudite *Duchesse d'hiver*, qui n'a pas tenu ses promesses.

Nous espérions glaner davantage chez MM. Jamin et Durand, ancienne maison jouissant d'une honnête réputation. Peut-être parce qu'étant arrivée vers la fin, elle nous a offert les répétitions des autres collections; puis les poires *Marie Benoist*, assez grosse, grisâtre, bonne et d'hiver, fruit ayant l'aspect du Besi Saint-Vaast et du Beurré de Luçon; *Bonne Louise d'Avranches panachée*, forme assez bien accusée du type; la poire d'*Abbeville*, beau fruit de première qualité en compotes *Gendron*, joli, tardif, mais à chair cassante et de médiocre valeur; *Laure de Glymes*, forme et couleur de l'excellent Doyenné roux.

Nous ferons la même réflexion à propos de la collection considérable de M. Hortolès, à Montpellier, comprenant un bon choix de fruits anciens et nouveaux. Voulant éviter les redites, nous citerons la poire *Général Tottleben*, vantée outremesure, beau fruit de dessert mais de qualité variable ; la *Bergamotte Philippot* à peau rousse, et que nous n'avons pas trouvée chez ses concurrents ; l'exquise *Délices d'Hardenpont*, étiquetée *Archiduc Charles*, et la superbe poire d'*Amour*, portant le nom *Bon-Chrétien de Vernois*, l'ancienne *Mansuette*, inférieure au *Bon-Chrétien d'Espagne*, et les délicieux *Beurré Hardy, Beurré superfin*.

A côté des poires belges de MM. Bivort, Grégoire, et des Sociétés d'Uccle et du Hainaut, M. de Biseau, d'Hauteville (Belgique), avait seul le *Beurré de Naghin*, de maturité tardive ; le *Beurré d'Hondeng*, ayant le facies du *Triomphe de Jodoigne*.

Dans un lot assez nombreux de pommes, à M. Capeinick, de Gand, nous nous souvenons de *Vin Rouge, Paradis Dublel, Reinette credos gretten*. Plus nombreuses étaient les pommes de la Société de Berlin; nous avons rapporté les *Reinette Donauer, de Champagne* et *rouillé*; les *Gulderling jaune* et *cydoniforme*; la *Rose de Tyrol*, la *Schafnease rouge*, la *Weilburger*, afin de les juger à la dégustation.

M. Adolphe Bertron, à Sceaux, familièrement connu sous le nom de candidat humain, avait fait venir de sa ferme de l'Ouest, la pomme *de Jaune* ou d'*Argent*, à floraison tardive, d'un coloris blanc-jaunâtre, et pouvant se garder deux ans au fruitier.

L'apport le plus intéressant de groseilles à maquereau provenait de MM. Croux et fils. Les principales étaient : *Sterward, Shumper, Cossack, China orange, Roaring-Lion, Non pareil, Snow drop*. Leur dénomination anglaise dit assez que nos voisins d'outre-Manche ont fait une culture de prédilection du groseillier épineux, le fruit étant employé dans les sauces et dans les pâtisseries.

Les groseilles à grappes de M. Billard, à Fontenay-aux-Roses, paraissent trop uniformes de petitesse, surtout les *Versaillaise, Queen Victoria, Hollande*, habituellement les plus belles du genre.

La framboise *Horney* de M. Berger, à Verrières, ne serait-elle pas la framboise d'*Angleterre*? La Société de Clermont (Oise) l'appelle ainsi.

Quant aux cerises noires *de Sologne* et noires *de Prusse*, à M. Deschamps, de Boulogne, elles sont foncées en couleur et rentrent, à mon avis, dans les bigarreaux ou les griottes. Aussi grosse est la cerise *Holman's Duke*, de M. Leroy, moins rouge en couleur, et le *Bigarreau Marjollet*, moins rouge encore, de la Société d'horticulture de Dijon.

Avec ses abricots de semis, M. Guillot, de Clermont-Ferrand, possédait les variétés dites : *Amande douce, Superbe de Beaumont, Saint-Ambroise, Blanc précoce*, et le *Transparent*, recherché pour fabriquer les pâtes d'abricots en Auvergne.

Fruits du midi. — Faut-il ranger parmi les fruits rares les oranges et citrons de M. Baudon, à Vevens (Lot-et-Garonne), de M. Marqui, à Ille-sur-Tet (Pyrénées-Orientales), ainsi que leurs pêches Pavie et Alberge? Non, diraient les méridionaux. Oui, répondraient les autres.

Pour nous, ce sont des fruits locaux augmentant leur variété par suite de leur faculté à produire au semis des nuances de forme, de couleur ou de maturation qui se rapprochent ou s'éloignent du type.

Nous avons vu là des *limons*, des *citrons*, des *bigarades*, des *bergamottes* et autres du même genre, rugueux ou lisses, côtelés ou luisants; quelques *cédrats* gros comme des citrouilles mesuraient deux pieds de tour; quel dommage que la qualité ne réponde pas à la beauté!

M. Baudon avait de très-grosses pêches *alberge* (à chair jaune), et M. Marqui de jolies pêches *pavie* (à chair adhérente au noyau), mamelonnées, colorées, hâtives en maturité. Ces diverses cultures sont à propager dans la région méridionale. Nulle part, en France, l'oranger ne saurait y croître aussi librement, et le pêcher y est rustique et fécond en plein champ. La pêche-pavie a l'avantage de se conserver en maturité pendant un mois, et de voyager sans fatigue. Elle ne possède pas la finesse de chair ni la saveur délicate qui caractérisent la pêche d'espalier ; mais elle est plus robuste, souvent plus précoce, supporte bien le va-et-vient des transports, et passe moins vite.

Le commerce des pêches hâtives de Montreuil et de demi-forçage se ressent de la concurrence des pavies et alberges du midi, qui les devancent sur le marché de la capitale.

Sous les mêmes climats réussiront les grenades comestibles de M. Sahut, à Montpellier ; les plus belles envoyées au Champ-de-Mars sont les grenades *à grain pourpre*, *à fruit rouge*, *à fruit jaune*, *à gros fruit doux*.

La *Grenade douce à gros grain* est la meilleure, la *Grenade douce à fruit rouge* est la plus jolie, et la *Grenade naine des Antilles* la plus petite. L'arbuste se prête à la culture en pot. A part la *Grenade jaune* à grain blanc, plus curieuse qu'utile, toutes sont préférables à la *Grenade douce ordinaire*, en faveur dans le Midi.

A ce groupe intéressant, M. Sahut avait joint un bocal de coings du Japon, variété à fleurs roses (*Chœnomeles umbilicata*), qui mûrissent sous le climat de Paris, et avec lesquels M. Hariot, pharmacien à Méry (Aube), fabrique de délicieuses liqueurs, confiseries et conserves.

Enfin un lot de figues, parmi lesquelles la bizarre *Figue panachée*, à chair douce, la *Figue à peau dure*, et d'autres *très-tardives*, qui préféreront le soleil du Midi à la latitude tempérée d'Argenteuil, et à l'influence du voisinage de la mer, en Bretagne, où l'on rencontre un des plus gros arbres de figuier qui existent en France. Comme M. Sahut, la Société de Marseille avait un apport de figues dont les meilleures seront désignées tout à l'heure, à l'occasion des *Fruits anciens*.

N'étaient pas moins dignes d'intérêt, les bananes de M. Denis, à Hyères, les fruits de M. Giot, à Montevideo, et ceux de Melbourne (Australie) ; les grenades bananes, pignons, jujubes, citrons, figues de Barbarie, dattes, pamplemousses, cédrats, etc., de M. Leroy, à Kouba (Algérie). Notre colonie possède les éléments de sol, de chaleur et d'étendue — nous n'osons dire d'assez de bras — pour nous approvisionner de ces productions exotiques qui essayent d'entrer dans la consommation française, ou deviennent l'objet d'une exportation avantageuse.

La Vigne y prospère, et nous n'avons pas besoin de faire ressortir la certitude du revenu, le vin étant admis dans les cinq parties du monde. Il y aurait des études à faire sur les cépages les plus lucratifs ; le pineau de Bourgogne, le gamay du Beaujolais, le cabernet du Médoc, fournissant dans leur région un nectar exquis, n'y trouveraient pas, croyons-nous, les motifs de cette supériorité. Il vaut mieux y cultiver les plants d'Espagne, d'Italie, etc., qui réclament une chaleur forte, persistante, et redoutent moins l'absence prolongée des pluies.

Fruits anciens.

Occupons-nous maintenant des anciens fruits, ou, pour mieux dire, de ceux qui sont plus généralement connus.

Nous entendons souvent poser cette question : Les anciennes espèces valent-elles mieux que les espèces nouvelles ; ou celles-ci sont-elles, au contraire, préférables à celles-là ? Et chacun de répondre à sa manière, suivant le point de vue où l'on s'est placé.

Pour nous, toute solution radicale est fausse, attendu qu'il y a des fruits exquis dans les deux camps. Le *Beurré* et le *Doyenné* de nos pères n'empêcheront pas la célébrité de nos modernes *Beurré superfin* et *Seigneur (Espéren)*. La cerise *Reine Hortense*, la prune *Reine-Claude diaphane*, et la meilleure pomme allemande ou américaine ne sauraient faire oublier la cerise *anglaise*, la prune de *Reine-Claude*, la pomme de *Calville*.

L'antiquité a connu de mauvais fruits, dont on rencontre encore quelques vestiges dans le verger du paysan, ou au marché des grandes villes. Les meilleurs ont survécu sans dégénérer, malgré le reproche des partisans acharnés de la nouveauté. De même, les médiocrités modernes finiront par disparaître et seront indubitablement remplacées par les médiocrités futures, tandis que résisteront aux épreuves du temps, les variétés exquises, quoi qu'en disent les admirateurs du passé.

Ne sommes-nous pas en droit d'opposer aux ultras des deux partis, conservateurs ou réactionnaires, ce *mezzo termine* :

Dédaigner l'ancien, c'est livrer, de par le talion, nos œuvres au dédain de la postérité. Rejeter le nouveau, c'est nier le progrès qui a créé jadis les vieilles choses que nous admirons aujourd'hui.

La question de la dégénérescence est invoquée assez souvent pour que nous y répondions, comme nous l'avons fait ailleurs, par la thèse suivante :

On confond la dégénérescence générale avec une sorte de décadence individuelle provoquée par l'absence des milieux qui favorisent la vie et la reproduction de la plante dans des conditions normales.

D'abord l'espèce dégénère-t-elle ? Non ; car, s'il en était ainsi, combien déjà auraient disparu du globe ! Si des essais de naturalisation ont été infructueux, c'est que l'homme n'a pas su donner aux sujets expérimentés le sol, le climat, etc., propres à leur existence.

Alors est-ce la variété qui dégénère ? Au premier abord, il semblerait qu'elle y est plutôt disposée ; mais, en réfléchissant bien, on reconnaît encore que, par le fait d'une culture défectueuse, d'une multiplication mal raisonnée, il peut résulter une certaine détérioration apparente, chronique même, mais non générique, c'est-à-dire inconnue chez les sujets de la même variété, qui ne sont pas sortis de l'individu fatigué.

Prenons, par exemple, les panachures, les maculatures, les écorces dorées, les feuillages pourprés, etc.; ce sont des écarts de végétation que nous attribuons au hasard. L'horticulteur les propage par voie de multiplication artificielle, marcottage, bouturage, greffage, et recherche alors les variations plus ou moins accentuées, afin de produire une nouveauté plus ou moins distincte du type. Les collections se trouvent ainsi augmentées d'une sous-variété qui vivra aussi longtemps que les multiplications reproduiront l'anomalie.

Mais cette altération dans l'organisme naturel de la plante est visible ; on la juge, on la constate facilement. Maintenant supposons qu'au lieu d'être pour ainsi dire externe, elle soit interne, ou, pour être plus exact, supposons que cette déviation ne soit pas visible, qu'arrivera-t-il ? Si vous prenez comme élément de multiplication un fragment végétal vicié de cette sorte, vous reproduisez la détérioration sans vous en apercevoir. En conséquence, votre arbre sera susceptible de donner une végétation rabougrie, une floraison irrégulière, une fructification défectueuse, suivant la nature du vice inhérent au fragment multiplié.

Par le fait d'une multiplication considérable et répétée, un pareil végétal infirme deviendra à son tour le point de départ d'une série de plants avariés, parce que, je le répète, la défection est invisible et ses effets n'ont point encore paru. C'est alors qu'à la suite de plusieurs générations, où l'écart s'est transmis de mal en pis, l'on s'écrie : La plante a dégénéré !

On ne saurait ici invoquer la régénération par les semis, puisqu'il est reconnu que non-seulement les panachures ne se perpétuent pas au moyen de la graine, — à quelques exceptions près, — mais la majorité des variétés et sous-variétés jardinières sont soumises à la multiplication artificielle pour être bien fixées. Le malaise n'est ni héréditaire par le semis, ni contagieux par la greffe.

Le mot dégénérescence est surtout prononcé en ce qui concerne les arbres fruitiers ; déjà, parce que l'on consulte les moindres nuances dans la robusticité du sujet, ou dans la saveur du fruit, et que l'on n'observe pas assez les modifications entraînées par la nature du terrain et l'état de température. D'ailleurs les fruits ne varient-ils pas dans la même récolte, ou d'une année à l'autre, sans que pour cela il y ait une dégradation radicale ?

D'après certains auteurs, les anciennes sortes de poires ne seraient plus ce qu'elles étaient jadis. Sur quels principes, sur quels faits base-t-on une pareille erreur ? Le poirier n'est-il pas un arbre de notre région ? Il ne saurait donc y dépérir. Est-on bien sûr, par exemple, que le *Beurré gris*, le *Doyenné*, la *Crassanne* ne soient plus ce qu'ils étaient à une époque antérieure ?

En l'absence de toute confrontation, figurez-vous qu'un auteur décrive la *Royale d'hiver*, à Marseille, le *Bon Chrétien*, à Auch, le *Saint-Germain*, à Beaune, il ne manquera pas de leur décerner un brevet de fruit de première qualité en plein vent. Cultivez-les ailleurs, avec des conditions moins favorables, vous serez entraîné à découvrir une dégénérescence.

Autrefois, les rapports entre les producteurs manquaient ; le monde horticole ne jouissait ni de Sociétés, ni d'Expositions, ni de Publications périodiques, et encore moins de Congrès ; les observateurs ne se communiquaient guère le résultat de leurs recherches, de sorte que, les auteurs écrivant sous leur inspiration personnelle, la postérité, sur plus d'un point, doit infailliblement se trouver trompée.

Ajoutons : 1° les carpographes ont souvent le tort de poser leur description au point de vue le plus avantageux ; 2° chez nos ancêtres, la majeure partie des arbres fruitiers étaient plantés en espalier, dans les couvents et dans les manoirs ; ils produisaient davantage et des fruits plus beaux ; 3° en recourant au type de la variété, toutes les fois qu'il n'est pas décrépit, on lui reconnaît les qualités viriles de son origine, témoin le dessin des poires *Bezi de Chaumontel*, produites par l'arbre-mère, à Luzarches, et figurées par Duhamel, en 1765, cent ans après la naissance de l'égrin.

Nous saurons donc éviter les exagérations des pessimistes et des optimistes, en tenant la balance égale, pesant la valeur des fruits de nos ancêtres avec la même impartialité qui nous a fait juger les fruits de notre temps.

Le panorama mouvant des quatorze séries de concours horticoles, pendant la durée de l'Exposition universelle, a été la confirmation exacte de la faveur qui s'attache aux fruits déjà connus, sans que la passion de la nouveauté s'en trouve émoussée. Eu effet, nous les voyons apparaître, en avril, à l'état de conserve ; en mai, sous forme de primeur ; et, plus tard, comme fruit frais sortant du jardin. La majorité des exposants les répète, et le public ne se lasse pas devant les assiettes et les corbeilles de fruits qu'il a déjà vues aux expositions précédentes. On ne se fatigue jamais des bonnes choses.

MM. Deseine, à Bougival, Croux, à Sceaux, entretiennent à chaque quinzaine une collection de fruits d'automne et d'hiver. Observant le programme, MM. Cochet, à Suines, Ballet frères, à Troyes, A. Leroy, à Angers, Dupuy-Jamain, à Paris, se bornent aux produits de la saison, c'est-à-dire aux fruits en état de maturité, réservant les collections complètes pour le grand concours d'octobre. La Société de Clermont (Oise) suit leur exemple, mais se trouve distancée par l'irrégularité de son étiquetage. Le même fait se présente sur les lots collectifs où le contrôle a manqué, et jusque chez la Société d'horticulture du Rhône, exposant au congrès pomologique de la rue de Grenelle.

Sans avoir été aussi fréquemment renouvelés, les fruits envoyés par les Sociétés horticoles de Beaune, Dijon, Orléans, Pontoise, Metz, Nantes, Marseille, Coulommiers, Melun, Joigny, Berlin (Prusse), Upsal (Suède), Trèves (Prusse), du Hainaut, et Dodonée, à Uccle (Belgique), n'en sont pas moins dignes d'attention par leur nombre, le choix des espèces et la beauté des exemplaires.

Si les associations ne se sont pas montrées plus ardentes et plus considérables, il faut en rejeter la faute sur leur organisation. Pour qui connaît la constitution des Sociétés précitées, il est facile de deviner le stimulant qui les a entraînées dans l'arène. En rappelant les Sociétés de Metz, Dijon et Marseille, nous sommes heureux de proclamer le nom de leur président-fondateur, M. A. Lucy, actuellement retiré de la finance dans sa villa de Nointel, et qui était membre du jury du Groupe IX.

Si nous abordons le bataillon compacte des exposants partiels qui se sont bornés à un ou deux concours de quinzaine, nous rencontrons des collections intéressantes ou considérables, ou purgées des espèces insignifiantes. Une critique en détail nous conduirait trop loin ; nous préférons une appréciation d'ensemble, et dire que ces exposants sont MM. Jamin et Durand, à Bourg-la-Reine, Hortolès, à Montpellier, Gaillard, à Brignais, Roy, à Paris, Desportes aîné, à Angers, Collette, à Rouen, Bouchard, à Saint-Irénée (Lyon), Lelandais, à Caen, Vasseur, Aguillon, Marc, à Notre-Dame-de-Vaudreuil, Lefebvre, à Sablé-sur-Sarthe, Lioret, à Antony, Alfroy neveu, à Lieusaint, Lahaye, à Montreuil, Millet, à Tirlemont, Capeinick, à Gand, Formann, à Stedge (Norwége), Ericksons et Hillerso Tradgardsbolag, à Stockholm (Suède), Baillon, Martinet, Rivière, Devaux, praticiens ;

MM. Ed. Ladé, à Geisenheim (Prusse), Xavier Grégoire, à Jodoigne (Belgique), Deschamps, à Boulogne, A Bertron, à Sceaux, A. Bivort, à Fleurus (Belgique). Berger, à Verrières, Rouillé-Courbe, à Tours, Falluel, à Bessancourt, Bouchard-Huzard, à Paris, Dubois, Chauvin, Dambuyant, Seigneur, amateurs.

Et encore nous bornons-nous à nommer les exposants favorisés par le jury.

Les spécialistes ont été, pour les pommes, M. Mauduit, à Rouen, avec un assortiment varié, et la Société de Berlin, accompagnant ses échantillons naturels de tableaux qui présentaient la coupe du fruit, sa description, son histoire et ses synonymies.

Pour les fruits de verger ou destinés à la spéculation : MM. Baltet frères, Deseine, Croux, Cochet, Donné, A. Bertron. Leurs jattes et leurs corbeilles ont été à la fois un bel ornement et un sujet d'instruction.

Pour les cerises, les Sociétés de la Côte-d'Or et de Clermont, MM. Leroy, Deschamps, A. Besson, à Marseille ; celui-ci avait réuni les principales variétés de guignes et bigarreaux répandus en Provence et dans le Languedoc.

Pour les pêches, M. Alexis Lepère, de Montreuil, dont la supériorité n'a été désarçonnée dans aucun concours, ce qui lui a valu une médaille d'or. M. Chevalier, déjà nommé, MM. Crémont frères, à Sarcelles, Charles Henry, à Bagneux. MM. Croux, Dupuy et Jamain ont fait figurer quelques nouveautés en pêches et brugnons ; MM. Deseine et Cochet, de bonnes sortes du commerce, et MM. Baltet frères, la tardive *Cardinale sanguine*, à chair complètement carminée, au milieu de cinq ou six nouveautés.

Les fantaisistes se sont arrêtés devant les pêches illustrées de M. Chevalier. Le dessin vert ou pourpre est provoqué par la lumière ou l'ombre agissant sur l'épiderme, contre lequel on a préalablement collé un papier découpé suivant le dessin à reproduire.

M. Lahaye, à Montreuil, a exposé, dans une serre du jardin réservé, le procédé de cassement combiné avec le pincement et la taille en vert, appliqué aux rameaux secondaires du pommier, pour transformer, dans le cours de l'année, les yeux à bois en boutons à fruits, — avec le résultat à l'appui.

En attendant que nous connaissions les richesses de la pomone française, bornons-nous à recueillir des notes dans les expositions publiques. Si celle de 1867 n'a pas eu un caractère de généralité suffisant, elle nous a offert assez de sujets d'étude. Groupons-en les matériaux, et après avoir signalé les fruits nouveaux de bon augure, indiquons les anciennes variétés que nous connaissons par expérience. De la fusion de ces deux listes, il résultera une nomenclature exacte des meilleures espèces fruitières à introduire dans les jardins et les vergers.

ABRICOTS. — L'abricotier aime les terrains légers, chauds, les situations abritées. Il réussit dans les vallées non sujettes aux brouillards, dans les cours, dans les petits jardins des villes. Il redoute les terres froides ou submergées. L'abri naturel ou factice, par des constructions ou des coteaux, assure mieux sa fructification que l'ombrage permanent de grands arbres.

L'ancien *Abricot-alberge* est robuste, mais ne vaut pas pour la qualité le *Gros Saint-Jean*, plus précoce, le *Pêche de Nancy*, plus tardif, ni le *Commun*, plus convenable en plein vent, ni le *Royal*, orangé et transparent.

AMANDES. — L'amandier réclame un terrain sec, un climat assez chaud, et une situation abritée contre les gelées printanières. *Amande douce à coque dure ; amande douce à coque tendre* ; tels sont les meilleurs types.

CERISES. — Greffé sur merisier, le cerisier vient dans les terrains frais ; greffé sur Sainte-Lucie, il réussit dans les sols arides. La fructification est meilleure en plaine, sur les hauteurs et dans les pentes où l'air et la lumière circulent librement. Les endroits froids, assujettis aux brouillards, sont contraires à sa floraison. On le plante quelquefois en espalier au soleil pour hâter la maturité de son fruit, et au nord si l'on veut la retarder.

La cerise *Anglaise* ou *Royale d'Angleterre* hâtive est la plus recommandable de toutes. L'*Impératrice Eugénie* la suit de près. La *Reine Hortense* est la plus belle des cerises douces, et la *Belle de Chatenay*, une des plus précieuses parmi les tardives.

En *Bigarreau*, recommandons les *Bigarreaux rouge, noir et Napoléon*.

Comme *Griotte*, celle *du nord*, pour mettre en carafe ; dans les *Guignes*, la *précoce*.

N'oublions pas la *Montmorency*, qui a la faculté de se reproduire par le semis des noyaux ou le drageonnement des racines.

CHATAIGNES. — Le châtaignier croît dans les terrains sableux et frais, et dans les sols granitiques ; le calcaire lui est défavorable. Le climat moyen de la France est le sien ; c'est pourquoi, dans le Midi, il réussit mieux à une certaine altitude. Le châtaignier se reproduit de semis ; le marronnier se greffe sur châtaignier, quelquefois sur le chêne. — Les *Châtaignes printanière, Nouzillard* et *à gros fruit* ; les *Marrons de Lyon, du Luc* et *Vrai Marron*.

COINGS. — Le cognassier aime une terre humide ou substantielle ; il se reproduit par boutures, marcottes et cépées. *Coings ordinaire, d'Angers, de Portugal*.

CORNOUILLES. — Le cornouiller, cantonné dans la région de l'Est, n'est pas difficile sur la nature du sol. Il se reproduit de noyaux et par greffe. — *Cornouille rouge, Cornouille blanche*.

FIGUES. — Le figuier vient en plein air sous une latitude assez chaude ; sinon il faut le préserver des gelées. On le multiplie par bouture et par marcotte.

La nomenclature en est assez grande ; mais l'exposition n'a guère reçu que les *Figues blanche, rouge, violette, longue, ronde, précoce*, etc., cultivées dans le rayon de la capitale ; les *Salée, Mentegasse, Mouissonne, Aubique, Bourjassotte, Grisette, Caravanquin*, du Midi ; et spécialement de l'Hérault : les *Célestine* ou *Figue de Beaucaire, Goureau noir, Versaillaise grosse blanche, Dorée* ou *Figue d'or, Monnaie, Peau dure, petite Blanquette* ou *Marseillaise, Royale* ou *d'abondance, Sang de lièvre, Vermisinque*.

FRAISES. — Le fraisier a sa place aussi bien dans le jardin fruitier que dans le potager. On en fait des bordures ou des carrés dans une bonne terre ordinaire. La reproduction se fait par semis, par éclats ou par coulants. — Fraises remontantes : *à fruit rouge, à fruit blanc ; Caperon ordinaire* et *Belle Bordelaise*.

Grosses fraises : *Belle de Croncels, Carolina superba, Duc de Malakoff, Excellente, Keen's seedling, Magnum bonum, Marguerite, Marquise de Latour-Maubourg, May Queen, Napoléon III, Princesse royale, Triomphe de Liège, Victoria, Wonderful*.

FRAMBOISES. — Le framboisier vient à l'ombre ou en plein air, en terrain sec ou en terrain frais, et se multiplie par ses drageons. *Framboise grosse rouge, grosse jaune, aurore, Falstaff, d'Angleterre*. Framboises remontantes : *Merveille des quatre-saisons rouge, Merveille des quatre-saisons blanche, Belle de Fontenay*.

GROSEILLES. — Le groseillier vient à peu près partout et se propage par bouture et marcotte. *Groseilles à grappe rouge, blanche, noire, de Hollande* (blanche), *cerise, la Versaillaise, hâtive Berlin* (rouge). *Groseilles à maquereau d'Angleterre, à gros fruit long ou rond, poilu ou lisse*.

NÈFLES. — Le néflier n'est pas difficile au sol ni au climat. On le greffe sur aubépine blanche. — *Nèfle ordinaire, de Hollande, sans pépins*.

NOISETTES. — Le noisetier se plante en buisson pour former bosquet, berceau ou clôture, et se reproduit par semis et marcotte. — *Noisette longue, ronde, blanche, rouge, pourpre, d'Espagne, de Provence*.

NOIX. — Le noyer redoute les situations trop froides. On le multiplie par semis ou par greffe. — *Noix ordinaire, de la Saint-Jean, à gros fruit, à fruit long, à coque tendre, à feuilles laciniées*.

PÊCHES. — Le pêcher réussit en plein vent sous un climat chaud, et en espalier dans une zone qui ne va guère au delà de la Hollande. Il redoute les endroits froids, les changements brusques de température.

Pêches de plein vent : *de Syrie, d'Oignies, d'Oullins, Turenne, de Malte, Mélacoton, Persèque, Pavie, Albergé, Brugnon de Féligny* ; et diverses variétés et sous-variétés à chair blanche, jaune ou rouge, que l'on rencontre dans le pays vignoble ou dans le Midi, et qui se reproduisent par semis.

Pêches d'espalier. En première saison, les *Grosse Mignonne hâtive* et *ordinaire, Madeleine rouge, Gallande, Pourprée hâtive, Belle Beausse*.

En deuxième saison, les *Reine des Vergers, Bourdine, Admirable, Belle de Vitry, Chevreuse tardive, Vineuse de Fromentin*.

Les *Brugnons, petit hâtif, gros violet, violet musqué, blanc*.

POIRES. — Le poirier greffé sur franc aime une bonne terre substantielle et profonde ; sur coignassier, un terrain frais ou gras lui conviendra. Le climat de la France est celui qu'il préfère ; la température de la Belgique et des bords du Rhin lui est plus favorable que celle de l'Algérie.

Au milieu de l'immense nomenclature des poires anciennes, choisissons les meilleures dans l'ordre de leur maturité.

Poires précoces : le *Doyenné de juillet*, le *Citron des Carmes*, la longue *Épargne*, le *Beurré Giffard*, si fin de goût, la fondante *Bergamotte d'été*, le *Beurré d'Amanlis*, gros, très-vigoureux ; le beau *Beurré de Mérode* ; la *William*, très-belle et très-fertile; *Boutoc* musqué et le joli *Monsallard*, originaires de la Gironde; le *Rousselet de Reims*, petit et parfumé.

Poires d'automne : les excellents *Beurré Dalbret*, *Beurré Hardy* et *Beurré superfin*, rappelant le *Beurré gris doré*; le *Seigneur*, très-sucré; le *Beurré Benoist*; la magnifique *Fondante des bois*; les inimitables *Beurré gris* et *Doyenné blanc*; le robuste *Beurré d'Angleterre*; la *Louise Bonne d'Avranches*, une des plus méritantes; la *Jalousie de Fontenay*, à la fois aigrelette et sucrée; la *Verte longue panachée*, à la robe bariolée de jaune, de vert et de rose; le *Doyenné du Comice*, supérieur à toutes par sa chair délicate et sucrée; le bon *Urbaniste*; le trop fertile *Délices de Lowenjoul*; les *Beurré Capiaumont*, *Beurré d'Apremont* et *Baronne de Mello*, à peau grise; la féconde *Alexandrine Douillard*; l'indispensable *Duchesse d'Angoulême*; les fins *Napoléon*, *Soldat laboureur*, *Nouveau Poiteau*; la superbe *de Tongres*, chaudement colorée; les magnifiques *Beurré Clairgeau* et *Van Marum*, aux proportions exagérées; l'âpre *Colmar d'Arenberg*; le beau *Graslin*; le délicieux *Beurré Dumont*; les exquis *Van Mons* et *Nec plus Meuris*; le *Délices d'Hardenpont*, si raffiné, comme la *Marie-Louise* et le *Thompson*; la robuste *Fondante du Panisel*; le *Beurré Six*, beau de forme et à chair fine; la *Crassane*, une des reines de la saison; la charmante *Forelle* ou *Truitée*, assez répandue en Allemagne.

Poires d'hiver : la *Figue d'Alençon*, au goût de praline; les très-gros *Beurré Diel*, *Triomphe de Jodoigne* et *Beurré Bachelier* de premier ordre; les petits et non moins bons *Zéphirin Grégoire*, *Grand Soleil*, *Castelline*, *Beurré Millet*, *Colmar Nélis*; les excellents *Beurré d'Hardenpont* et *Passe-Colmar*; le *Beurré de Luçon* fort bien appelé le *Beurré gris d'hiver*; la fondante *Orpheline d'Enghien*; le juteux *Beurré de Nivelles*; le franc *Beurré de Rance*; la *Royale d'hiver*, plus spéciale à la Provence; l'agréable *Bési de Saint-Waast*; le *Saint-Germain*, toujours une des meilleures poires d'hiver; le *Beurré Sterckmans*, coloré de carmin; le précieux *Doyenné d'hiver* et son voisin le *Doyenné d'Alençon*, moins sujet à se tacher; l'exquise *Joséphine de Malines*; la douce *Fortunée*; la très-bonne *Bergamotte Esperen*; le *Bon Chrétien d'hiver*, considéré comme fruit à couteau et à compote.

En poires à cuire : *Certeau d'automne*, *Messire Jean*, *Martin sec*, *Catillac*, *Sarazin*, *Tavernier de Boullongne*, et la *Belle Angevine* pour l'ornement des desserts.

Dans notre pérégrination à travers les fruits nouveaux et anciens, nous ne nous sommes point arrêté devant les gradins admirablement garnis de beaux fruits par M. Fontaine et par M. Gallien, de Paris. Ces messieurs sont négociants et non producteurs. Ils ont le talent d'acheter les plus jolis fruits qu'ils rencontrent, et de les vendre ensuite à leur clientèle sédentaire ou cosmopolite. Pour eux, la superbe et atroce *Belle Angevine* est la reine des poires. Elle se garde tout l'hiver; on la loue pour les dîners d'apparat, et on en vend 20 francs les beaux exemplaires. Ce genre d'exhibition rentre dans la classe des fruits frais, conserves et aliments préparés, admise dans la grande galerie du Palais; il en a été rendu compte dans un fascicule précédent.

Pommes. — Le pommier n'est pas difficile au sol ni au climat. Ses racines traçantes n'exigent pas une couche arable bien profonde; le climat doux de la Normandie, du pays flamand et de l'Allemagne est son élément.

Précédemment nous avons cité les pommes hâtives, à propos des fruits nouveaux; voici maintenant les pommes de garde dignes de la culture.

Api rose, *Azeroly anisé*, *Belle fleur*, *Bonne de Mai*, *Calville blanc*, *Calville rouge de Dantzick*, *Courtpendu*, *de Lestre*, *Doux d'argent*, *Drap d'or*, *Fenouillet anisé*, *Linneous pippin*, *Haute bonté*, les *Pommes de pigeon*, les *Reine des Reinettes*, *Reinette de Caux*, *Reinette de Cusy*, *Reinette de Canada*, *Reinette dorée*, *Reinette des Carmes*; les *Reinette grise du Canada*, *de Portugal*, *de Saintonge*, *grise d'automne*.

Comme pommes d'ornement : *Transparente d'Astrakan*, blanc de marbre ; *Empereur Alexandre* et *Leardmann Derefordshire*, striées carmin ; *Joséphine* et *Ménagère*, vert-jaunâtre.

PRUNES. — Le prunier aime les bonnes terres de culture, pourvu qu'elles ne soient ni trop argileuses, ni trop froides. Le climat du vignoble est le sien ; toutefois son aire géographique s'étend plus au nord et à l'est de la région de la vigne.

Prunes pour la table : *Coe's golden drop, des Béjonnières, Jaune hâtive, Jaune tardive, Mirabelle petite, Mirabelle grosse, Mirabelle tardive, Monsieur jaune, Précoce de Berghtold, Reine-Claude, Reine-Claude diaphane*; à fruit jaune.

Coë violette, Damas violet, Perdrigon rouge, Reine-Claude violette; à fruit rouge violacé.

Damas de septembre, de Montfort, Favorite hâtive de Rivers, Kirke, Monsieur hâtif, Précoce de Tours, Tardive musquée; à fruit violet-noir.

Prunes à conserve (pruneau, pâtisserie) : *d'Agen, de Brignoles, de Norbert, d'Ast; Quetsche d'Allemagne, d'Italie, hâtive; Sainte-Catherine, Verdache*.

On sait que la *Reine-Claude* et la *Mirabelle* sont excellentes en conserves et en confitures.

Fruits à cidre.

Il serait très-difficile de se reconnaître dans une exposition de fruits à cidre, tant en est embrouillée la synonymie. Le nom du même fruit varie d'un village à un autre, et souvent d'un arbre à son voisin. MM. Du Breuil et Girardin ont cherché à rectifier la nomenclature ; ils ont dû s'arrêter devant cette avalanche de noms bizarres et l'absence de types ou de points de comparaison. Puisse le Congrès des fruits à cidre être plus heureux dans les sessions nomades qu'il tient en Normandie, en Bretagne et en Picardie !

Près de mille variétés de fruits à cidre, dont les trois quarts en pommes, et le surplus en poires, ont été exhibées, au mois d'octobre, dans la grande serre. (Ce « palais de cristal », édifié par M. Dormois, fut détruit par un ouragan peu de temps après la fermeture de l'exposition du Champ-de-Mars.)

Les principales collections étaient fournies par MM. Oudin aîné, à Lisieux (Calvados), Massé, à la Ferté-Macé (Orne), Baltet frères, à Troyes (Aube), Louvel, instituteur à Regmalard (Orne), Richer-Danet, à Anneville (Seine-Inférieure), et la Société de Coulommiers (Seine-et-Marne).

Comme il est impossible d'apprécier un fruit de pressoir, à la vue et au goût, je me suis contenté de recueillir les noms des plus beaux échantillons.

Chez M. Oudin : Poires à cidre, *de l'Orme, Tas d'homme, Saint-François, Grosse grise, Gros hie, de Cheval, de Cloche, Picard, Rousset*.

Pommes à cidre : *Maillot, Bouteille, Rouge Bruyère, Barville, Peau de vache, Pleinard, Rellet, Bourgogne, Évêque, d'Avoine, Comte d'Angers, Gros doux*.

Chez M. Massé : Poires à cidre, *de Cloche, Junnent, Gros Vignon, Gros blanc.* Pommes à cidre : *Royauté, Armand Droulont, de Gros Diamme, Lie de vin*.

Chez MM. Baltet : Poires à cidre, *Carisi, Saussinet, de Sauge, de Noire, Besi d'Anthenaise, Sirolle, Longue Queue, Rouge Vigny, Sabot, Trompe-gourmand*.

Pommes : *Gros Bois, d'Avrolles, Locard, Bédang, Amer-doux, Nez-de-chat, Marin Onfroy, Muscadet, Rosette, Roquet, Margot*.

Il serait important de connaître la nature du fruit et la proportion dans laquelle il doit entrer pour la fabrication du cidre ou du poiré. Aux yeux des gourmets, la boisson n'est parfaite que si elle se présente limpide, claire, d'une belle couleur ambrée, d'un goût piquant et agréable, sans mauvaise odeur et sans acidité. Les praticiens expérimentés vous diront que pour l'obtenir tel, il suffit de mélanger des pommes acides, des pommes douces et des pommes amères (toutes variétés à cidre), dans la proportion d'une partie des premières, pour deux parties de chacune des deux autres.

Le mélange est basé sur cette observation, que les pommes acides ou sures rendent beaucoup de jus, les pommes douces le produisent agréable, et celui des pommes amères ou âcres est très-dense et d'une longue conservation. Isolé, chaque cidre a les défauts de ses qualités ; le premier est médiocre et brunit hors du tonneau ; le second est faible en couleur et de courte durée ; le troisième est moins abondant et trop épais. Mélangés, ils donnent une boisson abondante, agréable et de bonne garde.

Déjà, en 1588, un auteur normand, Julien le Paulmier, dans son livre *de Vino et Pomaceo*, traduit par Jacques Cahagne, disait à ce sujet : « Plusieurs ont observé certaine proportion de meslange en quelques espèces, qui rend le sidre admirable. »

La combinaison que nous indiquons n'est pas rigoureusement suivie partout. Dans la vallée d'Auge, on se contente de mélanger des pommes douces et des pommes amères ; le Congrès des fruits à cidre a déclaré que ce mélange suffisait pour obtenir une combinaison à la fois chargée de sucre et de tannin ; l'influence de la pomme aigre ou de la pomme sèche n'étant pas à l'avantage de la boisson, et quelques autres variétés ayant, sous leur épiderme, le goût acide et amer. Ailleurs on prépare la combinaison dès la plantation des arbres. On plantera, par exemple, cinq pommiers *Gagnevin* pour un *Coquet* et un *Gros Bois*.

L'âge des arbres producteurs, la nature du sol, le climat, peuvent modifier ces prescriptions ; car l'analyse démontre qu'il serait permis d'attribuer la qualité supérieure du cidre ainsi fusionné, à l'assimilation parfaite et aux justes proportions de sucre, de mucilage et d'acide malique.

M. Oudin avait classé ses pommes par saison : première, deuxième, troisième saison. En Normandie, la saison représente l'époque de maturité du fruit, soit en septembre, en octobre ou en novembre. Chacune d'elles comprend des variétés acides, douces et amères ; et le cidre combiné de chaque saison présente un caractère particulier. Ainsi les pommes de première saison, parmi lesquelles *Bonne-Ente*, *Camoise* (acides) ; *Doux à l'Aignel*, *Rouge-bruyère* (douces) ; *Amer-Doux*, *Blanc-Mollet* (amères) ; produisent un cidre assez sucré, quoique sensiblement acide, agréable au goût, marquant à l'aréomètre 5 degrés, et donnant à la distillation 6 p. 100 d'alcool à 50 degrés centésimaux. Il supporte peu d'eau et demande à être bu dans l'année.

Les pommes de deuxième saison, parmi lesquelles *de Rennes*, *Fleur d'Auge* (acides) ; *de Rouget*, *Doux-Évêque* (douces) ; *Cul-noué*, *Petit-Ameret* (amères) ; fournissent un beau cidre, moelleux, renfermant 8 p. 100 d'alcool à 50 degrés, et recherché pour la mise en bouteilles.

Les pommes de troisième saison, parmi lesquelles *Glane d'Oignon*, *Surelle* (acides) ; *Marin Onfroy*, *Peau-de-vache* (douces) ; *Bec d'âne*, *de Mounier* (amères) ; sont très-précieuses pour la fabrication des gros cidres. La densité aréométrique du jus oscille entre 9 et 12 degrés ; il cède à la distillation 12 p. 100 d'alcool à 50 degrés. Moins délicat que les précédents, il peut se conserver plusieurs années.

La saison n'est pas délimitée mathématiquement ; certaines variétés accomplissent leur maturation dans la période de deux saisons. Cette particularité explique la légère variation que l'on rencontre dans la décision du Congrès pomologique de France, lors de sa session de 1863, à Rouen. D'après cet aréopage, — distinct du Congrès des fruits à cidre, — les pommes recommandables seraient :

1re saison : *Amourette précoce, Baril, Blanc-Molet, Carlotin, de Dieppe, Douce-Araignée, Doux-Évêque précoce, Nouveau Gérard.*

2e saison : *Amer-doux (gros), Amer-doux (petit), Amère-mousse, Amourette (gros), Avenette, Barillet, Bédan, Belle-fille, Binet, Châtaigne, Coquerie, Corneille rouge, Croix de Bouelle, Diaume (gros), Doux-Auvet, Écarlatine.*

3e saison : *Doux-Évêque.*

Une autre considération dont il faut tenir compte, c'est l'emploi de fruits arrivés à maturité complète. Grâce aux travaux de MM. Couverchel et Bérard, l'analyse chimique a prouvé que les fruits verts renferment environ 6 p. 100 de sucre, les fruits mûrs 12 degrés, les fruits blets 8 degrés ; et les fruits pourris en offrent seulement des traces.

L'arbre à cidre est d'une ressource considérable pour les pays où la vigne ne peut croître complétement : 52 départements s'y livrent, dont 15 pour leur seule consommation, et 14 pour un commerce d'exportation. La province normande produit annuellement du cidre pour 60 millions de francs. Dans le Calvados, l'industrie des cidres rapporte 6 millions.

Sans être comparable au vin, le cidre est une boisson rafraîchissante et digestive, et tend à se propager dans les grands centres de population. Pendant les trois premiers mois de l'Exposition universelle, il s'est consommé à Paris :

<pre>
    927,920 hectolitres vin en cercles,
      6,184   —   vin en bouteille,
     13,609   —   cidre,
    118,726   —   bière,
     28,703   —   alcool et liqueurs.
</pre>

Il y a peut-être encore, dans le fruit à cidre, le germe de quelque spéculation inconnue. On nous a dit que, dans un moment, certains industriels de l'Angleterre étaient venus en Normandie accaparer les pommes vertes prêtes à mûrir, alors que la matière amylacée n'est pas encore transformée en sucre, dans le but de fixer la couleur sur les étoffes.

Depuis quelque temps, on plante, en Picardie, des pommiers à deux fins, c'est-à-dire dont le fruit peut, au besoin, être servi sur la table, ou livré au pressoir. La *Reinette de Caux* de Normandie, la *Carpentin* d'Allemagne, la *Jaune de la Sarthe* de l'ouest, les *Bonne de mai* et *Rose de Benauge* du sud-ouest, la *Cusset* du centre, la *Saint-Bauzan* du sud-est, les *Châtaignier* et *Jean-Huré* des environs de Paris, assez juteuses pour faire de la boisson, et assez agréables à manger à la fin de la saison, conviennent à ce double but. Quand le cidre est rare, on pressure le fruit. S'il est abondant, si les tonneaux sont chers, et que la pomme fasse défaut sur les marchés, on expédie le fruit à la ville. La poire à cidre ne se prêterait pas à pareil commerce, attendu qu'elle est rarement bonne à manger.

Raisins de table et de pressoir.

SEMIS. — Sans être très-nombreux, les raisins de semis n'en présentaient pas plus d'intérêt, si ce n'est la série des raisins hybrides à jus coloré, exposée par M. Bouschet à Montpellier. Frappés des inconvénients du coupage des vins ou de l'introduction dans la cuve de raisins *Teinturier*, qui chargent la couleur sans accroître le bouquet, MM. Bouschet père et fils auraient eu recours à la fécondation artificielle entre bons raisins et raisins colorants, afin d'avoir des plants qui participent de la saveur du père et du coloris accentué de la mère. Cet acte adultérin, commis depuis 1828 sur l'*Aramon*, la *Carignane* et le *Grenache*, par le *Teinturier*, produisit des plants déjà améliorés, mais qui, à leur tour, furent soumis à une fécondation nouvelle. Si nous en croyons les exposants, ce travail à deux degrés couronna leurs combinaisons. Maintenant nous les engageons vivement à multiplier et à répandre ces précieux cépages à suc rouge, dont le type serait le *Petit-Bouschet*; le producteur et le consommateur ont tout à gagner à un succès semblable, dû à l'étude des sciences naturelles appliquées à la viticulture; alors les critiques tomberont devant l'évidence des faits.

Raisins de table. — Plusieurs fois, M. de Goes, à Bruxelles (Belgique), a envoyé de jolis raisins forcés, parmi lesquels le *Bruxellois*, le *Gros de Coster* (noir), le *Chasselas Blussard* (blanc), le *Mâle Oost*, le *Hyde* (rose), le *Malaga blanc*.

M. Dudock de Wite, à Amsterdam (Hollande), a exhibé des Malagas et Muscats un peu maigres d'apparence; les raisins de M. Feher, à Forock-Becse (Hongrie), étaient mieux réussis, et M. Batzke, à Fredericsbourg (Danemark), envoyait quelques raisins blancs pour lesquels le jury a admis en circonstances atténuantes le climat peu favorable de leur pays natal.

Par un motif analogue ou diamétralement opposé, des circonstances aggravantes de préméditation ont été octroyées à M. Knight, qui a fait mûrir dans les serres du château de Pontchartrain, des grappes monstrueuses de raisin, portant des étiquettes à faire grimacer la bouche du lecteur. Jugez-en : *Burchard's black prince, Dutchess of Buckleugh, Foster's white seedling, Barbarossa, Lady Down's seedling, Eschalata superba, Trebiana West's-St-Peters, Buckland's sweet water, Black Hamburg...* J'en passe et des pis. Que ces noms étrangers ne nous fassent pas oublier ses incomparables *Muscats d'Alexandrie*, ses *Chasselas* dits de *Pontchartrain*, élevés en pot, ressemblant aux *Chasselas Napoléon* et aux *Panses* du Midi, rivalisant de beauté avec de prodigieux *Frankenthal*. M. Knight est un maître dans la culture forcée de la vigne, non-seulement dans les cépages ordinaires, comme en ont exhibé madame Froment, MM. Crémont et Henri Charles, mais encore dans les cépages rares qui gèlent sous le climat de Paris.

Le public, qui admirait depuis le 1er avril les produits de l'heureux rival des Meredith, Ingram, de l'Angleterre, a paru stupéfait devant l'avalanche de raisins étrangers ou de forte dimension envoyés le 1er septembre par M. Henri Bouschet, de la Calmette, près Montpellier.

Certaines grappes auraient empli à elles seules un panier à vendange.

Élevés à l'air libre, et mûrs à pareille époque, ces cépages asiatiques ou africains méritent d'être essayés dans les cultures spéculatives, ne serait-ce que pour l'ornement des tables, comme la poire *Belle Angevine*.

Citons les gros raisins blancs: *Malvoisie de la Cartuja, des Dames, de Calabre, Pis de Chèvre, Rosaki aspro, Jijona, Muy buena, Olivette, Crujidero, Valeney real, Even*.

Les gros raisins roses : *Grosse Perle rose, Poumestra rose, Sabalkanskoï, Pugliesi rosa, Terret-bourret* (gris).

Les gros raisins noirs : *Mataro, Damigne, Carmajolo, Boudalès, Monica, Ciccia di morte, Urvetta, Okor Szemü, Kodarkas, Aramon, Coccalone, Mourvedre, Gros Damas* (violet).

Ces grappes extraordinaires trouveront chez le restaurateur d'élite la place prise dans la vitrine par le *Muscat d'Alexandrie* (blanc), le *Gromier du Cantal* (rose), le *Black Hambourg* ou *Frankenthal* (noir). Mais il y a place pour tous. La poire *Duchesse d'Angoulême* n'a pas empêché l'admission du *Beurré Clairgeau*.

Plus modestes, mais peut-être étaient-ils meilleurs, les raisins bien variés et parfaitement étudiés de M. Rose Charmeux :

Raisins hâtifs : *Précoce de Kientsheim, Précoce de Saumur, Madeleine blanche, Madeleine noire, Malingre, Chasselas gros Coulard, Musqué de Courtiller*.

Raisins de demi-saison : *Chasselas doré, Chasselas musqué, Chasselas de Négrepont, Chasselas rose royal, Chasselas violet, Chasselas Duhamel, Chasselas Vibert; Muscat blanc, Muscat rose, Muscat noir, Muscat Jésus.*

Gros raisins : *Black Hamburgh (Frankenthal), Gromier du Cantal, Panse jaune, Perle du Jura, Muscat d'Alexandrie, Noir de Pressac, Sultanieh, Tschouch, Margillane, Alexandrin noir, Chasselas Napoléon.*

Pour les raisins de table, Thomery a tenu le sceptre du concours, grâce aux apports réitérés de MM. Rose Charmeux et Constant Charmeux. Raisins consérvés à l'aide du sarment plongé dans l'eau pendant l'hiver (*fig.* 43); raisins forcés

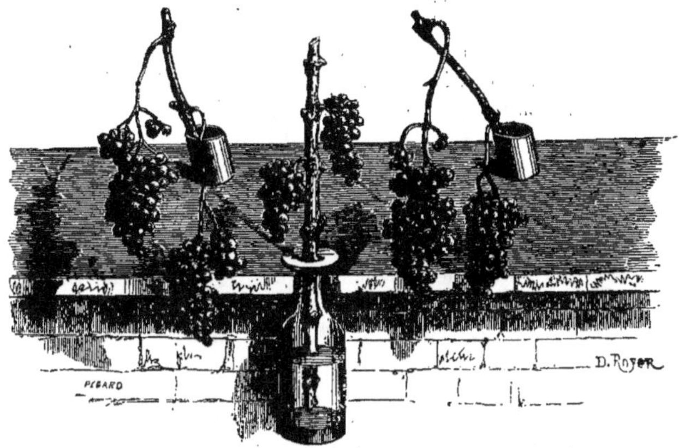

Fig. 43. — Raisins conservés sur leur sarment plongé dans une carafe d'eau ou dans un tube rempli d'eau et de charbon.

en serre chauffée; raisins de demi-forçage, venus sous verre, sans chaleur étrangère ; raisins d'espalier, raisins de plein air, rien n'a été épargné par ces messieurs pour maintenir la réputation de Thomery, fondée par leur aïeul.

Sont arrivés ensuite MM. Crapotte, Lambert-Pacotte, Cirjean et Sinet, de Conflans-Sainte-Honorine, avec des corbeilles de Chasselas dorés on ne peut plus appétissants à la vue et au goût.

L'Exposition aura mis cette commune en évidence, et MM. Crapotte et Cirjean (médailles d'or) ne se plaindront pas du jury. Peu de personnes se doutaient du succès de la culture du Chasselas dans ce village, bien que déjà il fût très-recherché par les fruitiers de la capitale. Lorsque les cultivateurs auront perfectionné leur travail, la taille, l'ébourgeonnement, le pincement, le rognage, le ciselage, etc., Thomery aura trouvé là une concurrence sérieuse. Mais leurs produits ne s'écouleront pas moins, le raisin plaît à tant de monde !

D'ailleurs, la culture spéculative du raisin s'étendra encore sous les climats favorables de l'ouest et du midi de la France, si nous en jugeons :

1° Par la brillante collection de M. le docteur Houdbine, à Feneu (Maine-et-Loire), constamment renouvelée au moyen des grappes cueillies, ou de jeunes ceps marcottés en pots au printemps, puis sevrés et expédiés au Champ-de-Mars en septembre.;

2° Par le lot de M. Méchin, à Chenonceaux ;

3° Par les belles grappes récoltées chez M. Foulc, à Clarensac (Gard), dans un clos consacré au commerce du Chasselas, à la fabrication du vin rouge avec deux ou trois plants spéciaux, et à la production de fruits et d'asperges ;

4° Par la boîte de Chasselas vermeils à M. Charbonnier, de Valence ;

5° Par l'immense collection de raisins de table et de pressoir classée avec soin par la Société d'horticulture de Marseille. Citons ses excellents raisins de table, au coloris opale ou jaunâtre : *Bowood muscat, Muscat primavis, Canon-all, de Constantinople, Corinthe blanc, Hambourg doré, Marsanne, Olivette de Cadenet, Chasselas de Pondichéry.*

Les Sociétés de Marseille et de Nantes ont obtenu une médaille d'argent avec objet d'art, de même que MM. Bouschet, Knight et Deschamps.

M. Victor Pulliat, à Chiroubles, près Fleurie (Rhône), a établi une école de Vignes, où il observe les cépages admissibles dans les jardins pour fournir le raisin de table, ou dans les vignobles pour approvisionner nos caves.

D'après son exposition du 15 septembre et ses recommandations, nous signalons parmi les raisins précoces : le *Malingre*, l'*Ischia*, le *Précoce de Hongrie*, le *Précoce musqué de Courtillier*, le *Vert de Madère*, le *Wanderlhan Traub*, le *Joannenc charnu*, le *Madeleine impérial*, le *Chasselas Coulard* ou *Gros Chasselas de Montauban*.

Les raisins de table les plus remarquables étaient les *Chasselas doré, musqué, rose* ou *Tramontoner, violet, Négrepont, de Falloux, de Montauban* à grains transparents, etc. ; parmi les muscats, les *Muscat de Jésus, rose de Madère, d'Eisenstadt, du Jura, bifère, d'Alexandrie*, etc. ; les *Malvoisies rousse, rose, verte, de la Drôme, de la Chartreuse, de Lipari*, à gros grains, spot *Malvazer*, etc.

Parmi les autres raisins de table de provenance diverse, les *Ulliade noire, Listan de l'Andalousie, Oseri du Tarn, Marocain, Grec rose, Clarette rose, Diamant Traub, Aujubi, Karobournou, San Antoni, Milton, Minestra, Balafant, Olivette de Cadenet*, et le *Sabalkanskot* à grains longs et roses.

RAISINS DE PRESSOIR. — L'exposition de raisins de cuve de M. Pulliat se composait des principaux types de sa région. Le *Pineau franc*, le *Noir menu*, le *Pineau blanc* étaient représentés par de longs bois horizontaux chargés de raisins ; le *Pineau gris*, le *Pineau de Pernant*, par des sarments sur court bois. Ces deux dernières variétés peuvent être conduites à long bois, mais elles sont assez fertiles pour s'accommoder dans certaines circonstances de la taille à court bois.

Les *Pineaux* conviennent particulièrement, pour les vins fins, à la région du Centre, de l'Est et du Nord-Est de la France. Quoiqu'ils prospèrent dans tous les sols exempts d'humidité, c'est dans le calcaire où ils donnent les meilleurs vins.

Le *Petit Gamay*, au contraire, ne développe toute sa finesse que dans les terres granitiques ; dans les sols calcaires, son vin est plus noir, plus plein, mais il y manque de cette délicatesse, de cette distinction qui caractérise les grands crus du haut Beaujolais, tous plantés dans le granit porphyrique.

M. Pulliat a représenté à l'Exposition universelle le Gamay type, par une vieille souche presque séculaire ; et, à côté, par de simples sarments provenant de taille à court bois, les plants améliorés du Beaujolais, le *Plant Picard*, le *Nicolas*, le *Labronde*, le *Magny* et autres. Il y avait joint les variétés cultivées dans la Bourgogne sous le nom de plant de *Malain, Bévy, Arcenant*, et le *Gamay teinturier*, cépage d'un grand produit et d'une riche couleur ; il est très-apprécié pour mélanger avec les vins d'ordinaire là où l'on n'obtient pas une assez belle couleur. Le Gamay est, par excellence, le cépage de la région du Centre, de l'Est et du Nord-Est. Peu difficile sur le genre du sol qu'on lui donne, il prospère dans tous les vignobles où il est implanté, même dans le Midi.

La taille à court bois convient seule à tous les membres de cette tribu ; les sarments érigés, gros et forts à la base, se soutiennent d'eux-mêmes sans le secours de l'échalas, lorsque le pied du cep est assez fort, c'est-à-dire à six ou sept ans d'âge. La culture en est donc des plus simples et des plus économiques. Après les Pineaux, le Gamay de Beaujolais est le cépage du Centre, le plus riche en matière sucrée. La *Petite Sirah*, de l'Hermitage, la *Sérine*, qui en est une sous-variété, la *Marsanne*, la *Roussane* et le *Vioguier* appartiennent, à cause de leur maturité de deuxième saison, plutôt à la région du midi qu'à la région bourguignonne. Sur les côtes du Rhône, ces variétés de vigne sont généralement plantées sur un sol granitique, sauf à l'Hermitage, où une moitié du vignoble se trouve dans le calcaire. Pour obtenir un vin supérieur, un vin complet, les propriétaires de ces vignobles sont dans l'usage de mélanger, lorsqu'ils le peuvent, le raisin provenant du sol granitique avec le raisin récolté sur le sol calcaire.

Le Jura a ses cépages propres, qui ne sont peu ou point répandus dans les vignobles qui l'avoisinent. Beaucoup de viticulteurs prétendent qu'ils ne réussissent bien que dans leur sol natal. Les expériences de M. Pulliat ne lui ont pas justifié cette assertion. Le *Baclan*, le *Trousseau*, l'*Enfariné*, le *Gueuche*, le *Melon*, les *Savagnins noir, blanc* et *vert* se sont tout aussi bien comportés chez lui dans un sol granitique que dans les terrains calcaires ou argilo-calcaires du Jura. Le *Poulsard noir* seul a été à peu près improductif, malgré sa belle végétation, malgré les précautions à lui donner la taille appliquée à Arbois et à Poligny. Toutes les variétés de vigne du Jura, quoiqu'un peu plus tardives que le petit Gamay, mûrissent complétement dans le Beaujolais. Parmi les noirs, le *Petit Baclan* paraît être le plus fin et le plus facile à acclimater. Le *Melon* (blanc) n'est-il pas synonyme de l'*Épinette* de la Champagne? Il mûrit très-bien dans le Rhône, et serait préférable *aux Pineaux blancs* et aux *Savaynins blancs et verts*, ses compatriotes, attendu qu'ils sont un peu plus tardifs. Le *Melon* et les *Savagnins* produisent le fameux vin de Château-Châlon et autres grands curs champenois.

Les vignerons du Jura évitent la coulure par le pinçage du sommet de la grappe en fleur, comme M. le professeur Forney le pratique sur le poirier.

Il est regrettable que le *Malingre* soit si sujet à la pourriture, car il pourrait être avantageusement cultivé dans nos vignobles du Nord-Est. Planté à une altitude où l'on n'avait jamais osé planter de la vigne, il a donné, en 1864, 65 et 67, un vin très-délicat, léger, ayant par son parfum beaucoup d'analogie avec les vins du Rhin. Le *Madeleine impérial* rivalisera avec lui par la fertilité, la finesse et la précocité.

Le *Joannenc charnu* ou *Précoce de Kientsheim* ou *Lignan du Jura*, synonymes d'après l'exposant, puis le *Vert de Madère*, sont moins sujets à la pourriture que le *Malingre* et le *Madeleine*, mais ils ne paraissent pas propres à faire du vin.

Nous encourageons donc M. Gaillard, de Brignais (Rhône), à continuer l'amélioration du *Malingre* par la voie du semis. Il en avait exhibé quelques spécimens au milieu d'une importante collection mixte vinicole et jardinière.

Le Comité de Beaune et la Société de Dijon avaient, celui-là par des plants couchés en caisses, celle-ci par des grappes cueillies, réuni les variétés et sous-variétés de *Gamay*, *Pineau*, *Aligoté*, *Melon*, à fruit noir, blanc ou gris, répandues dans le vignoble bourguignon, telles que les *Pineau de Pernant*, *Pineau gris*, *Pineau noir*, *Gamay des Gamays*, *Gamay Bévy*, *Gamay d'Evelles*, *Aligoté blanc*, *Melon blanc*.

La Société de Montauban indique par son lot les progrès qu'elle compte réaliser avec l'aide de la vigne-école qu'elle dirige, et la Société des Bouches-du-Rhône apporte une collection très-remarquée et très-instructive.

MM. Viguial, à Bordeaux, Ducarpe junior, à Saint-Émilion, présentent les *Cabernet*, *Malbec*, *Merlot* et *Soumillon*, répandus dans la Gironde, avec les indications de taille, de palissage et de combinaison pour arriver à un travail simplifié et à une production de vin abondante et bonne.

L'Ile-de-Ré représentait assidûment, par l'intermédiaire de M. Phelippot, de la Bénatière, ses plants de *Folle-noire*, *Folle-verte*, *Négrier*, *Clairet*, *Colombier*, remplaçant les anciens *Plaud Balzac*, *Gris forin*, en souches taillées bas, munies de longs rameaux arqués et piqués en terre, et chargés de fruits. Ce système de culture, appliqué sur les 4,000 hectares vignobles de l'Ile-de-Ré, donne communément 500,000 hectolitres de vin par an, dans tout le territoire.

Du même département, M. le docteur Menudier, à Plaud-Chermignac, exhibait quatre ceps en pots, soumis à la taille courte, portant à la base du sarment les raisins avec lesquels M. Menudier fabrique son cognac renommé.

De Nantes, M. Van Iseghem envoie les cépages qu'il aurait importés dans une contrée jusqu'ici peu favorable à la vigne, et y joint des échantillons de vin blanc.

La Société vigneronne d'Issoudun, MM. Massé à Bourges, Pélissier à Champigny (Indre-et-Loire), apportent les raisins de leur contrée, les *Genoillet, Sauvignon, Mélier, Gouche, Franc moreau* , *Noir tendre*; ces lots sont examinés avec intérêt.

La région de la vigne est assez étendue en France pour que nous ayons pu voir, dès la fin d'août, le raisin *Terret-bourret noir* et son jeune frère le *Terret-bourret gris rosé* de M. Julien Alfra, à Narbonne ; le fin *Pineau noir* de M. Raymond, à Pont-Saint-Esprit (Gard) ; puis, six semaines après, les *Pineaux* en maturité de M. Boinette, de Bar-le-Duc, les diverses variétés de M. Amblard jeune, à Lorry (Moselle), les fameux *Gamays* d'Argenteuil, par M. Louis Lhérault, le beau lot à M. Pommier, à Brioude (Haute-Loire), et les plants de la Société horticole, vigneronne et forestière de Troyes, dus en partie à M. Dupont-Poulet, qui étudie dans son clos de Sainte-Sophie les différents cépages et les meilleures méthodes de viticulture et de vinification.

A la clôture de l'Exposition, les gourmets ont admiré le lot parfaitement agencé de M. Édouard Ladé, à Geisenheim (Prusse), qui mène de front, avec le plus grand succès, la viticulture, l'arboriculture et la pomologie.

Il n'y avait que quatre ou cinq variétés; mais quels cépages ! les premiers crus du Rhin, la fleur du Rheingau : le *Riesling*, qui produit le Johannisberg, le Geisenheim, le Steinberg, le Marcobrunn ; l'*Asmannhausen*, le grand vin rouge du Rhin, assez rapproché de nos fins pineaux de Bourgogne ; l'*Autrichien ;* l'*Orleander*, localisé sur le coteau de Rudesheim, importé là, dit la tradition, par Charlemagne. Ce souverain résidant en face, à Ingelheim, de l'autre côté du fleuve, aurait remarqué que la neige fondait immédiatement sur le mont Rudesheim, et en conclut que la température serait favorable à la culture de la vigne. Il y implanta l'*Orleander* ou *Orleaner*, qui produit, dans les années chaudes, le vin blanc du Rhin le plus exquis. Au début, quelques années pluvieuses ayant nui à sa maturation, on y suppléa par le *Riesling*, plus petit, mais plus précoce.

Le Riesling s'est propagé sur les bords du Rhin ; nous l'avons retrouvé en Alsace accolé à des perches hautes de 2^m,50 (*fig.* 9 et 10, *pl.* 138), dans la propriété remarquable de M. Ostermeyer, à Rouffach, plus vigoureux, à notre avis, que sur les mamelons nassoviens, où il est soumis à une culture parfaitement entendue, d'après nos observations personnelles. Le public a pu s'en convaincre auprès des ceps envoyés par M. le consul général Édouard Ladé; ils ont paru mieux réussis que ceux de la Société d'horticulture de Trèves, représentant la culture traditionnelle de la Prusse rhénane.

Importance du vignoble. — Dans cette exposition viticole, la France a brillé par le nombre des exposants et la variété des cépages. Il faut dire aussi que notre pays est celui où la vigne est étudiée avec le plus de succès, tant pour le mode de culture que pour la nomenclature des cépages. Nous généralisons, car les vignes qui bordent le Rhin en Prusse et le lac de Genève en Suisse, sont tenues d'une façon irréprochable.

En France, la vigne prend une extension considérable. Elle occupait, en 1788,

1,386,000 hectares; en 1829, 1,990,000; en 1849, 2,193,000; en 1852, 2,300,000. Aujourd'hui elle occupe près de 2,500,000 hectares ! la vingt-unième partie du territoire français, et la seizième partie de son sol cultivable. Son produit brut direct s'élève à plus de 1 milliard 500 millions; elle entretient 6 millions de cultivateurs et près de 2 millions d'industriels auxiliaires, représentant ensemble la production et la consommation de 2 milliards au moins.

La vigne est cultivée dans 79 départements, depuis la Gironde qui compte 150 mille hectares jusqu'à l'Ile-et-Vilaine qui n'en possède que 104. Dans 48 départements, la vigne ne produit pas moins du quart du produit total agricole, et nourrit plus du cinquième de la population : partout où elle entre pour un cinquième dans la superficie, elle double les revenus des propriétés, petites ou grandes; partout elle donne de trois à six fois plus de revenus que les autres grandes cultures agricoles.

Le vin étant la boisson la plus précieuse, la plus énergique, aimée de tout le monde, et l'objet d'un commerce immense, on peut dire que la vigne, arbrisseau colonisateur, fournit notre principal produit d'échange, notre plus grande richesse commerciale.

La culture de la vigne est des plus faciles et des plus rémunératrices; elle peut donner ses produits rémunérateurs dès la troisième année; elle s'accommode de toutes les formations géologiques; elle prospère dans les terrains les plus arides et les moins propres aux céréales, aux racines et aux fourrages; elle est donc ainsi le complément de toute bonne agriculture, tandis qu'elle en est le commanditaire, par l'argent qu'elle produit, la force et la ressource par les bouches et les bras qu'elle entretient.

Jusqu'ici, à peine admise dans les grandes Expositions, sa place dans le cycle cultural n'était pas même précisée, et la juridiction de laquelle elle devait ressortir demeurait également incertaine. Désormais, elle est rangée sous la même bannière que l'horticulture, et c'est justice. Nous devons en savoir gré à M. le docteur Jules Guyot, secrétaire du Jury et auteur du programme. Malgré les souffrances qui lui enlèvent l'espoir de continuer ses pérégrinations dans les vignobles, il n'a pas déserté un instant son poste de juré permanent. Chacun a applaudi à sa promotion d'officier de la Légion d'honneur, pendant l'Exposition.

La viticulture lui devra également son plus splendide monument; notre éminent compatriote résume dans un grand ouvrage (*Études des vignobles de France*) les rapports sur les missions que lui a confiées le Ministère de l'agriculture, depuis 1861, dans le but d'établir la statistique de la viticulture française et d'enseigner les améliorations dont elle est susceptible. Cette œuvre fera époque dans les annales de l'agriculture; et il serait à désirer que les autres branches de la même souche, l'arboriculture fruitière par exemple, eussent leurs tablettes aussi complètes, aussi savamment rédigées.

Commerce des fruits.

Nous vivons à une époque où l'on doit savoir calculer et tirer parti de son bien. Par suite des voies rapides de communication qui permettent de transporter promptement des objets fragiles, susceptibles de se décomposer; par suite de l'accroissement du bien-être et du progrès de la civilisation, qui forcent l'homme à rechercher une nourriture plus agréable et plus variée, la production des fruits nous semble appelée à devenir une branche importante de la fortune rurale et à augmenter les ressources de l'alimentation publique.

Déjà plusieurs administrations communales et un certain nombre de propriétaires ont compris l'importance de la culture fruitière et s'y sont livrés sur une assez grande échelle pour être cités en exemple à ceux qui désireraient voir accroître leurs revenus par les produits de la terre ; — produits exigeant peu de frais d'entretien, et d'une vente assurée.

Dans cet ordre d'idées, les faits que nous signalerons sont rigoureusement exacts : nous en garantissons l'authenticité.

La commune de Saint-Bris (Yonne) a converti environ 100 hectares de friches en cerisaies, et en a tiré ces dernières années, 80, 100 et 120 mille francs. L'espèce cultivée est la *Royale d'Angleterre hâtive* (*May duke*), en sujets greffés sur mahaleb, non taillés, et maintenus en buisson pour simplifier l'opération de la récolte. Au moment de la maturation du fruit, des courtiers viennent s'installer dans le village, achètent, pèsent et payent les cerises qu'on leur apporte, puis les expédient aussitôt à Paris et à Londres.

Sur les *mergers* de l'Aube, à Balnot, le cerisier se propage de la même façon, et les premières ventes ont déjà produit un chiffre d'une dizaine de mille francs.

En haute tige, le cerisier enrichit plusieurs communes de la Picardie ; et vers Plombières et Fougerolles (Haute-Saône), il fournit la cerise à kirsch abondamment, et néanmoins en quantité tellement insuffisante que les négociants vont à 50 lieues à la ronde chercher les trois-six de betterave.

Nous retrouvons la cerise à Balzac, près d'Angoulême, produisant, avec les petits pois, 30,000 francs dans une saison ; à Couchey, à Marsannay (Côte-d'Or), entrant pour une bonne part dans les 30 ou 40,000 francs de vente annuelle de fruits à noyaux et à pépin.

Un agent voyer du Haut-Rhin nous disait avoir fait planter et greffer des merisiers sur un chemin vicinal ; dès la quatrième année, le fruit était assez abondant pour être mis en vente, et ce premier revenu a suffi pour payer la dépense totale. L'avenir serait donc tout bénéfice, répété tous les ans.

Le raisin est un fruit non moins recherché que la cerise, à ce point que la consommation du raisin de table empiète sur la fabrication du vin. Nous voyons abonder sur les marchés le raisin *Saint-Jacques*, de la lisière pyrénéenne, le chasselas dit *Muscadet*, du vignoble de Bar-sur-Aube, et celui de Pouilly (Nièvre), où le chiffre total de la vente a atteint un million et demi. La bourse des vignerons s'est enrichie de 50 p. 0/0.

Certains vignobles qui s'entêtent à conserver leurs cépages à cuve, tant médiocres soient-ils, ne feraient-ils pas mieux de changer leurs plants avec des raisins de table, ou des espèces à deux fins ?

De ce gouffre appelé Paris, un marchand va chaque année dans le Gard accaparer la récolte d'une vigne de deux hectares en chasselas, moyennant 10,000 francs, prix tarifé à l'avance avec le propriétaire. Combien de gens se contenteraient de ce seul revenu !

Auprès d'Agen, il y a des cultivateurs qui vendent pour 10,000 francs de prunes par récolte. Une commune de notre département, Baroville, a expédié aux Parisiens pour 50,000 francs de Reine-Claude dans une seule année. Saint-Prix, dans le Morvan, tire 60,000 francs de ses châtaignes ; et de la vallée d'Hyères, où se trouvent des vergers de pêchers rapportant 20,000 francs, comme les orangers qui les ont précédés, les fraises sont entrées à Marseille, en 1864, au nombre de 318,696 vases représentant une somme de 160,000 francs. La fraise des bois n'est pas étrangère à la spéculation ; nous la voyons figurer pour une somme de 10,000 francs dans la vente opérée par les habitants d'un village de la Haute-Marne, bénéfice net ; il a suffi de la récolter dans les bois, sans débourser ni frais de culture, ni impôt.

Dans la Brie, où l'arbre à cidre tient une bonne place sur la limite des chemins, on cite, près de Meaux, un poirier d'été, dit *Carrière*, qui rapporte bon an, mal an, 150 francs de fruits; et le village de Presles, où des poiriers, dits de *Rigault* (sorte de poire de *Fauce* ou de *Vallée*, introduite dans le pays, il y a cinquante ans, par un nommé Rigault), produisent 100,000 francs dans une campagne.

M. le Dr Jules Guyot a remarqué à Publier, en Savoie, un poirier qui porte jusqu'à 120,000 poires. M. Ed. André en cite un autre dans le Cher qui fournit annuellement 80,000 fruits (petite poire précoce, dite *de Cogné*). Un de nos correspondants, M. Roux, à la Baumette, par Aspres-les-Veynes (Hautes-Alpes), possède deux poiriers *Royale d'hiver* en plein vent, sans doute abrités des vents froids, sur lesquels il a vendu pour 800 francs de fruits, d'une seule récolte, sans compter ce qu'il a gardé ou donné.

La Touraine et l'Anjou, appelés classiquement le Jardin de la France, démontrent quelle ramification d'affaires est née de la culture fruitière ou potagère. A lui seul, le département de Maine-et-Loire a expédié sur Paris 5 millions de kilogrammes de pommes, représentant une valeur de 500,000 francs. La gare d'Angers a reçu, dans une journée, jusqu'à 40,000 kilogrammes de pommes et 10,000 kilogrammes de poires ; le prix de transport recueilli par les chemins de fer et les bateaux n'est pas moins extraordinaire. Les poires de choix, dites poires de luxe, telles que *William, Bonne-Louise d'Avranches, Duchesse d'Angoulême, Beurré Diel, Beurré d'Hardenpont, Doyenné d'hiver*, ont pris la route du Havre par la grande vitesse pour être dirigées ensuite vers l'Angleterre ou la Russie.

Nous ne commettrons pas un hors-d'œuvre en affirmant que cette localité a vendu aux Parisiens, pendant deux mois, 785,226 kilogrammes de choux-fleurs, et 300,000 kilogrammes de pissenlits, rapportant près de 200,000 francs aux vendeurs, et 100,000 francs à la compagnie d'Orléans. Le bénéfice est d'autant plus net, que le pissenlit est ramassé par des familles pauvres dans les prairies et sur les terrains négligés autour des ardoisières.

Tout à l'heure, nous parlions de la richesse et de la réputation de Montreuil pour les pêches, de Thomery et Conflans pour les raisins, d'Argenteuil pour les figues, du Midi pour les pavies et les citrons, de Saint-Bris pour les cerises. Nous y ajouterons les noyers de l'Isère, qui produisent jusqu'à 2,000 francs à leur propriétaire; les pruniers de *Sainte-Catherine*, à Tours, de *Mirabelle* et de *Quetche*, en Lorraine; les abricotiers de Triel, près Meulan, en partie francs de pied, protégés des givres au moyen de fanes de pois accrochées dans le branchage, et rapportant parfois chacun un millier de fruits; ceux de l'Auvergne, renommés pour la confection des pâtes d'abricots et végétant à côté de pommiers *Reinette* plantureux et féconds; les bigarreautiers et guigniers de la Provence et du Languedoc. Et les cassis de Dijon? Et les groseilles de Bar-le-Duc? les olives de Provence, les fraises de Fontenay-aux-Roses...?

Partout où la culture fruitière s'implante, la fortune ne se fait pas attendre. Un beau rôle des Sociétés d'horticulture et des professeurs d'arboriculture, assez nombreux au dix-neuvième siècle, serait de pousser vigoureusement à la plantation d'arbres fruitiers et au commerce des fruits.

Rappelons-nous que la France est le verger de l'Europe , et que la production des fruits, à la fois utile et agréable, doit contribuer à améliorer la propriété et à atténuer, dans une certaine mesure, l'émigration de la campagne vers les villes, où l'attirent le travail moins pénible, la nourriture meilleure, le gain plus facile, sans parler d'autres séductions étrangères à notre sujet.

N'est-il pas vivement à désirer que les terrains négligés ou mal occupés, les friches, les montagnes, les plaines incultes, se transforment en vergers, en même temps que les plantations antérieures s'améliorent quant au mode de culture et à l'espèce cultivée ?

Les routes ne devraient-elles pas être bordées d'essences fruitières, dont le produit annuel ne supporte pas la comparaison avec les arbres forestiers qui ne rapportent rien dans le cours de leur existence, si ce n'est la nourriture des hannetons, des chenilles, de la galéruque ou des mouches cantharides ? Ne serait-il pas préférable d'offrir des fruits aux voyageurs ? Ceci soit dit pour répondre aux objections des gens qui craignent de voir le maraudage s'exercer aux dépens du fermier de l'Administration.

Les routes, les chemins vicinaux, les rivières, les chemins de fer, sont autant de fonds communs appelés à coopérer aux bienfaits de la production des fruits. Puissions-nous avoir convaincu les indifférents et réchauffé les tièdes !

L'Exposition par elle-même aurait suffi à un but semblable. Les principaux établissements ont pris part à ce grand tournoi ; des pomologues, des arboriculteurs distingués s'y sont montrés. Le public a pu voir et apprendre la manière d'élever les arbres, de les dresser, de les amener à fruit ; et assister ensuite au défilé des légions de fruits étrangers et nationaux, anciens et modernes, rangés avec ordre, choisis avec soin.

Aussi, devant cette richesse agricole, est-il permis d'exprimer un regret : c'est que des cinq grands prix réservés au groupe de l'horticulture, il n'en ait pas été attribué un seul à la section la plus importante, à l'arboriculture fruitière, si brillamment représentée.

Charles BALTET,
Horticulteur.

NOTE COMPLÉMENTAIRE.

Dans le compte rendu d'une Exposition encyclopédique, il convient de rendre hommage aux auteurs qui se sont occupés du sujet. Nous publions le nom des auteurs décédés qui ont traité de l'arboriculture fruitière, depuis la Renaissance, avec la date de leur œuvre, publiée ou traduite en langue française.

De Crescens (1486) ; Champier (1533) ; Ruell (1536) ; Étienne et Liébaut (1565) ; Jehan Bauhin (1598) ; Olivier de Serres (1600) ; Lelectier (1628) ; B. de la Barauderie (1640) ; de Bonnefonds (1651) ; abbé Legendre (1652) ; A. d'Andilly (1652) ; Claude Mollet (1652) ; Triquel (1653) ; Dom Claude Saint-Étienne (1660) ; père Rapin (1666) ; Merlet (1667) ; Gontier (1668) ; Morin (1674) ; Laurent (1675) ; abbé Gobelin (1677) ; Venette (1678) ; Dom Claude Saint-Étienne (1680) ; La Quintynie (1690) ; abbé de la Châtaigneraie (1692) ; Garnier (1692) ; Tschiffet (1696) ; René Dahuron (1696) ; Crottendorf (1700) ; Liger (1703) ; P. Lorain (1703) ; Dom Gentil (1704) ; Vanière (1707) ; Chomel (1709) ; Rosni (1709) ; Besnier (1710) ; de Rueneuve (1712) ; Duvivier (1714) ; Le Maistre (1719) ; Pluche (1720) ; Saussay (1722) ; Miller (1731) ; frères Chartreux (1736), de la Rivière (1738) ; de Combes (1745) ; Lacourt (1750) ; abbé Nollin (1755) ; Bradley (1756) ; Thierriat (1760) ; Alletz (1760) ; Mandizola (1765) ; de Chambray (1765) ; Roger Schabol (1767) ; Duhamel (1768) ; Knoop (1771) ; Pelletier de Frepillon (1773) ; La Brousse (1774) ; abbé le Berriay (1775) ; Mayer (1776) ; Mustel (1781) ; de la Bretonnerie (1784) ; Hirschfeld (1785) ; abbé Rozier (1786) ; Filassier (1791) ; Tatin (1792) ; Butret (1793) ; A. Thouin (1801) ; Lemoine (1801) ; Forsyth (1802) ; Calvel (1803) ; abbé Poinsot (1804) ; Dubois (1804) ; Sieulle (1806) ; Cadet-Devaux (1807) ; Fanon (1807) ; Mordant de Launay (1808) ; Bosc (1809) ; Noisette (1813) ; Mozard (1814) ; Loiseleur-Deslongchamps (1815) ; du Petit-Thouars (1817) ; comte Lelieur (1817) ; Renault (1817) ; Beaunier (1821) ; Prévost (1827) ; Dalbret (1829) ; Odolant-Desnos (1829) ; Oscar Leclerc (1829) ; Sageret (1830) ; Bengy-Puivallée (1831) ; Colinet (1834) ; Choppin (1835) ; van Mons (1835) ; Poiteau (1846) ; Gaudry (1849) ; Puvis (1851) ; Couverchel (1852) ; Thuillier-Alloux (1855) ; abbé Raoul (1858) ; Brémond (1860) ; de Bavay (1861) ; Verrier (1864).

LÉGENDE

DU PLAN DE LA PÉPINIÈRE (*pl.* 201) CONSACRÉE A L'ÉLEVAGE D'ARBRES FRUITIERS, DE VIGNES,
DE PLANTS FORESTIERS ET D'ARBRES D'ORNEMENT.

A. Habitation.
B. Hangar aux emballages.
C. Bureau.
D. Remise aux outils.
E. Fruiterie.

F. Serre à multiplication.
G. Bassin au sulfatage des tuteurs, coffres, toiles et paillassons.
H. Bâches et châssis.
I. Puisarts d'arrosement.

1   Plantes bulbeuses.
2   Parterre.
3   Plantes ornementales.
4   Plantes annuelles.
5   Conifères nouvelles.
6   Dahlias.
7   Conifères.
8   Ecole fruitière.
9   Conifères.
10 Ecole fruitière.
11 Arbrisseaux toujours verts.
12 Ecole fruitière.
13 Poiriers cordons et fuseaux sur franc.
14 Pêchers nains sur amandier.
15 Poiriers cordons et fuseaux sur cognassier.
16 Pêchers nains sur prunier.
17 Pommiers cordons sur paradis.
18 Cerisiers basse tige.
20 Ombrelles ; terre de bruyère.
21 Poiriers, nouveautés.
22 Parterre.
23 Poiriers palmettes sur franc.
24 Plantes fleuries.
25 Poiriers palmettes sur cognassier.
26 Plantes vivaces.
27 Pommiers pyramides et palmettes.
28 Arbustes nains.
30 Arbrisseaux panachés.
31 Poiriers inédits, jeunes semis.
32 Wellingtonias.

33 Poiriers pyramides sur franc.
34 Pêchers-Brugnons.
35 Poiriers pyramides sur cognassier.
36 Pêchers tige sur prunier.
37 Pommiers haute tige.
38 Cerisiers haute tige.
40 Serre à multiplication.
41 Poiriers inédits, semis anciens.
42 Bâches et Châssis.
43 Poiriers haute tige sur franc.
44 Arbustes nouveaux.
45 Poiriers à cidre.
46 Arbustes greffés.
47 Pommiers à cidre.
48 Arbustes élevés.
50 Arbrisseaux demi-tige.
52 Ifs et Thuyas.
54 Pêchers tige sur amandier.
56 Abricotiers tige.
58 Cerisiers formés.
60 Vigne en treille.
62 Chasselas en treille.
64 Plants de vignes.
66 Arbustes sarmenteux.
68 Arbustes verts.
70 Repiquage de conifères.
72 Pins.
74 Pêchers francs et Amandiers.
76 Abricotiers basse tige.
78 Plants semis d'arbres fruitiers.
80 Abris dirigés de l'est à l'ouest.
82 Ombrelles pour les arbustes délicats.

84   Cépées d'arbustes.
86   Semis d'arbustes.
88   Bouturage d'arbustes.
90   Semis de Conifères.
92   Sapins.
94   Pêchers formés, espaliers du sud au nord.
96   Abricotiers formés, espaliers du sud au nord.
117 Pommiers sur doucin.
118 Pruniers formés.
119 Rosiers tiges, collection.
120 Rosiers tiges, nouveautés.
121 Rosiers nains, francs.
122 Rosiers nains, greffés.
124 Groseilliers.
127 Arbres, d'ornement francs.
129 Arbres d'ornement, greffés.
131 Framboisiers.
137 Arbres de route.
138 Pruniers haute tige.
139 Arbres forestiers.
140 Poiriers formés sur franc.
142 Arbres fruitiers d'ornement.
144 Arbrisseaux fruitiers.
147 Noyers ; Châtaigniers.
158 Pruniers basse tige.
160 Poiriers formés sur cognassier.
162 Pommiers formés.
164 Cépées d'arbres fruitiers.
178 Bouturage d'arbres fruitiers.
180 Plants repiqués d'arbres fruitiers.
182 Semis d'arbres forestiers.
184 Semis d'asperges.

LX

LES

INSTRUMENTS DE PRÉCISION

DE PHYSIQUE ET DE NAVIGATION

PAR E. GARNAULT.

ANCIEN ÉLÈVE DE L'ÉCOLE NORMALE SUPÉRIEURE
PROFESSEUR D'HYDROGRAPHIE, CHARGÉ DU COURS DE PHYSIQUE A L'ÉCOLE NAVALE IMPÉRIALE

Pl. 109, 171, 172, 173, 174, 175, 176, 177, 178, 179, 180.

V. — ACOUSTIQUE (Pl. 109).

Les dieux, dit-on, enseignèrent aux hommes l'art de combiner les sons d'une manière agréable. Mercure passe pour l'inventeur de la lyre, Pan apprit aux bergers à réunir des roseaux et à en former des flûtes. D'après d'autres, Mercure serait l'Égyptien *Hermès*, à l'école duquel *Pythagore* aurait puisé ses connaissances musicales. Nous n'avons pas à parler ici du système musical des Grecs, qui a soulevé tant de discussions et au sujet duquel la clarté n'est pas complétement faite ; pourtant, il est impossible de ne pas prononcer leur nom quand on s'occupe des principes de l'acoustique. *Nicomaque* rapporte que *Pythagore* (584 av. J.-C.), en passant devant la boutique d'un forgeron, fut frappé des sons que rendaient les marteaux en tombant sur l'enclume. Trois des marteaux produisaient des sons à distance de tierce, de quinte et d'octave du premier. Le philosophe de Samos pesa les marteaux, et, rentré chez lui, tendit des cordes avec des poids égaux à ceux qu'il avait trouvés. Ces cordes rendaient des sons dont les intervalles étaient précisément ceux qui avaient frappé l'oreille de *Pythagore*. *Théon* de Smyrne dit que *Lasus*, pour calculer les rapports des consonnances, s'était servi de deux vases semblables résonnant à l'unisson. Laissant l'un vide, il versa de l'eau dans le second, puis les frappa tous les deux ; les sons rendus variaient avec le volume de l'eau ; il en conclut ainsi le rapport des nombres de vibrations correspondant aux intervalles consonnants. Jusqu'au dix-septième siècle, l'acoustique ne fait pas de progrès ; mais lorsqu'apparaît la machine pneumatique, *Otto de Guericke* constate le rôle de l'air dans la propagation du son. Le père *Marin Mersenne* (1648) analyse la production des harmoniques qui accompagnent le son fondamental, fait reconnu par *Aristote*. *Rameau* (1749) popularise ce fait dans ses ouvrages et le prend pour fondement d'une théorie musicale qui obtient une grande faveur. Un peu auparavant *Sauveur* (1716) avait reconnu et étudié les battements que font entendre deux sons voisins, et avait pensé à en tirer parti pour obtenir le nombre absolu de vibrations correspondant à deux sons dont on connaît l'intervalle musical. Lorsque ces battements sont très-nombreux, ils constituent un son qu'on appelle son résultant. *Tartini* s'en servit pour constituer sa théorie musicale. A la fin du dix-huitième siècle, l'acoustique entre dans la voie expérimentale et méthodique, avec *Chladni* qui étudie les vibrations des plaques, et surtout avec *Savart* (1791-1841) qui fonde véritablement l'acoustique comme ensemble, et élucide une foule de questions de détails. Vers la même époque, *Cagniard de Latour* invente la sirène. Pendant assez longtemps l'acoustique semble faire peu de progrès ; mais les travaux de *Seebeck* et surtout de *Helmholtz*, en Allemagne, de *Lissajous*, en France, ramènent l'attention sur cette branche de la physique. Il est facile de se rendre compte du petit nombre de travaux relativement accomplis en acoustique. L'étude des sons exige une éducation de l'oreille que peu de gens ont faite d'une manière soignée. D'un autre côté, les constructeurs d'instruments n'ont pas toujours pu donner à cette partie du matériel scientifique le développement et l'importance qu'elle comporte, faute de moyens de contrôle et par suite de l'insuffisance des ouvriers.

Du temps de *Savart*, la maison *Deleuil* construisait, grâce à ses conseils, des instruments d'acoustique qui avaient quelque valeur ; mais ce ne fut que lorsque M. *Marloye* entreprit ce genre de fabrication, que cette branche de la physique fut dotée d'instruments véritablement soignés et nombreux. Cet habile fabricant modifia les appareils existants, leur donna des formes mieux appropriées aux démonstrations, mais abandonna trop tôt la fabrication. Un constructeur allemand, M. *Rudolph Kœnig*, est venu se fixer à Paris et combler le vide qu'avait causé la retraite de M. *Marloye*. Bien plus, il a introduit en France les appareils inventés en Allemagne, et a imaginé lui-même des appareils fort ingénieux. M. *Kœnig* était dans la classe 12 le seul constructeur qui exposât des instruments d'acoustique. En Allemagne même, où l'acoustique est très-étudiée, on ne trouvait aucun appareil de cette catégorie, car l'appareil exposé par *Wesselhoft* et imaginé par M. *Tœpler*, professeur à l'École polytechnique de Riga, appartient plutôt à la mécanique qu'à l'acoustique proprement dite.

L'exposition de M. *Kœnig* était un véritable musée d'acoustique, ses instruments ; déjà en partie exposés en 1862, sont perfectionnés, les supports de bois ont fait place à la fonte vernie, les diapasons sont plus grands, susceptibles de rectifications. M. *Kœnig* a entrepris et mené à bonne fin un travail considérable, c'est la confection de diapasons ou de verges d'acier donnant depuis 32 vibrations simples jusqu'à 65536. Depuis 32 jusqu'à 4096, c'est-à-dire depuis ut_{-2} jusqu'à ut_8, les diapasons peuvent servir, mais au delà, il faut employer des tiges d'acier que l'on fait vibrer longitudinalement en les fixant par le milieu. M. *Kœnig* a ainsi préparé et accordé plus de 330 diapasons et 96 tiges d'acier qui lui permettent en réalité d'accorder entre ut_{-2} et ut_9, ce qui ne peut se faire avec les cordes ; car, lorsque le nombre de vibrations est considérable, la corde devient si courte, que l'observation est très-difficile. La sirène présente de son côté des inconvénients réels par suite de l'usure des axes causée par une vitesse aussi considérable que celle qu'exigent des sons fort aigus. Ces diapasons diffèrent suivant les octaves considérées de 4, 2, 1 vibrations par seconde, ce qui amène des battements, et c'est au moyen de ces battements que l'on peut accorder facilement et sans indécision. *Scheibler* avait perfectionné le moyen indiqué par *Mersenne* pour accorder les instruments à sons fixes, comme l'orgue par exemple. Il avait donné une méthode pratique pour accorder l'orgue au moyen d'un métronome et de 56 diapasons qui pourtant peuvent être réduits à 12, si l'on veut accorder à un diapason déterminé. Le tonomètre *Scheibler* se trouve ici considérablement étendu et perfectionné.

Outre ce tonomètre, qui représente un travail si considérable, M. *Kœnig* exposait encore un grand nombre d'appareils. Nous citerons un appareil pour la synthèse du son, dû à M. *Helmholtz*, le comparateur optique de M. *Lissajous*, une grande sirène à mouvement d'horlogerie de *Seebeck*, un stéthoscope à capsule (système Kœnig), pouvant servir à une ou à plusieurs personnes à la fois, cinq diapasons à voyelles, construits de telle sorte que chacun d'eux résonne quand on fait entendre la voyelle correspondante, des plaques de bois et de métal pour la théorie donnée par *Wheatstone* des figures observées par *Chladni*, l'appareil de *Melde*, à diapasons, pour montrer les vibrations des cordes, l'appareil de *Wheatstone* pour montrer la composition des mouvements vibratoires, des tuyaux à capsules et à becs de gaz imaginés par *Kœnig*, pour montrer par la méthode des flammes la distribution des mouvements et des densités dans une colonne d'air en vibration, enfin, un analyseur des sons avec 8 résonnateurs, 8 becs et un grand miroir tournant. Ces tuyaux et ces résonnateurs sont représentés Pl. 109, *fig.* 17, 19, 20.

Nous ne pouvons pas insister sur la construction de chacun de ces appareils, dont plusieurs sont dus à M. *Kœnig* et qui révèlent tous une grande habileté de construction et une entente profonde des phénomènes acoustiques. Nous nous bornerons à appeler l'attention de nos lecteurs sur les principaux perfectionnements apportés dans ces derniers temps à ces appareils. Les miroirs dont l'emploi introduit en acoustique a marqué un perfectionnement si notable sont platinés d'après le procédé *Dodé*, ils sont fixés au diapason, de manière que la surface réfléchissante soit parallèle à la tranche de la branche vibrante. Pour faire vibrer les plaques, M. *Kœnig* emploie des supports en fonte à branches qui permettent de former des nœuds en tel ou tel point de la plaque au moyen de bras qui viennent s'y appuyer. La sirène de *Seebeck* a ses disques verticaux conduits par un mouvement d'horlogerie. Pour ne pas faire entendre de bruit, ce mouvement est placé dans une double boîte, des tuyaux de caoutchouc mobiles amènent le vent d'une soufflerie devant les trous pratiqués sur le disque en expérience, ce qui détermine la production de différents sons.

Le mouvement régulier et si rapide du diapason devait être mis à profit pour la construction des appareils chronographiques. Nous avons vu que M. *Schultz* l'avait employé comme élément de son chronographe balistique. M. *Kœnig* a disposé deux appareils chronographiques à diapason. Le premier se compose d'un diapason interrupteur à électro-aimant. Un second diapason à l'unisson du premier trace sur un cylindre tournant une courbe dentelée, tandis que de l'autre côté s'inscrit le phénomène.

Le second chronographe ne fait pas appel à l'électricité, il est plus complétement acoustique. Deux diapasons sont montés sur le même pied de fonte et placés l'un au-dessus de l'autre. On fait fortement vibrer celui d'en haut, le second qui est à l'unisson vibre par résonnance, et, comme il n'obéit qu'à l'élasticité, il ne dépasse pas les limites entre lesquelles ses oscillations sont bien isochrones. En excitant de temps à autre le diapason auxiliaire, on entretient le mouvement Pour connaître le nombre de vibrations de ce diapason, on en emploie un autre qui écrit sur le même cylindre et qui, au moyen d'une vis d'accord, est amené à faire 8 vibrations simples de plus ou de moins par seconde. S'ils parlent ensemble, l'observation des battements permettra d'obtenir la vitesse.

Il est assez difficile de se faire une idée nette des mouvements vibratoires et des phases par lesquelles passe une molécule. M. *Crova* a imaginé un appareil que construit M. *Kœnig*. Sur un disque de glace, on ne laisse de transparence qu'à une portion sinueuse destinée à représenter la courbe du mouvement qu'on veut peindre, le reste du disque est noirci. Derrière ce disque est un écran avec une fente étroite par laquelle on fait arriver un faisceau lumineux. Ce faisceau traverse la partie transparente du disque et vient donner une image sur un écran ; mais comme le disque est animé d'un mouvement de rotation, la trace lumineuse se déplace et exécute des mouvements qui peignent aux yeux les diverses phases par lesquelles passent les molécules qui transmettent le son. En choisissant convenablement les disques, on peut varier les démonstrations. Pour les interférences sonores, on peut employer un écran à deux fentes, ou les lentilles vibrantes de M.*B illet.*

Nous terminerons ici cette esquisse rapide des instruments construits ou imaginés par M. *Kœnig.* Ses appareils ingénieux permettent de pousser l'analyse des phénomènes acoustiques bien plus loin qu'on ne l'avait pu faire avant lui.

On peut rattacher à l'acoustique un appareil compris dans l'exposition russe, dû à M. *Tœpler* de Riga et construit par M. *Wesselhœft.* C'est le vibroscope universel. Si l'on observe un corps vibrant au moyen d'un disque stroboscopique, c'est-à-dire percé d'orifices près de son bord et animé d'un mouvement de rotation rapide, l'œil perd quelques phases de la vibration pendant le passage des pleins du disque, mais, à cause de la persistance des impressions lumineuses, les mouvements vibratoires se superposent dans l'œil. On peut alors, en réglant la vitesse du disque, faire paraître les mouvements de manière à pouvoir les observer. Pour cela, on emploie un mécanisme d'horlogerie qui entraîne les disques, et, pour en modifier la vitesse entre certaines limites, on se sert de petits poids échancrés qu'on met sur le poids moteur ou qu'on enlève à volonté. On estime la vitesse de rotation par la hauteur du son produit par l'air qui traverse les trous du disque et qui est amené par un tube de caoutchouc. Au moyen de deux disques concentriques et mobiles, l'un par rapport à l'autre, on peut agrandir ou diminuer les trous. Une lunette placée en regard permet d'observer au travers de ces orifices. Le disque stroboscopique doit être très-léger, en carton par exemple. Celui qui était monté sur l'appareil exposé était en aluminium noirci, cependant M. *Tœpler* emploie ordinairement des disques de carton. On peut nommer cet instrument vibroscope universel, car il permet d'étudier les mouvements de toute espèce, tiges, cordes, membranes, flammes, etc. Le principe n'est pas nouveau, *Plateau* l'avait indiqué depuis longtemps ; toutefois, la réalisation pratique ne s'était pas encore produite d'une manière si heureuse.

VI. — OPTIQUE (Pl. 172, 175, 178, 179, 109).

Cette branche de la physique presque inconnue des anciens, auxquels pourtant les jeux de la lumière n'avaient pu échapper, a reçu peu à peu, à diverses époques, des perfectionnements notables qui en ont étendu les horizons. Laissant de côté l'optique géométrique, qui n'exige que des notions peu spéciales, on peut dire que l'optique physique date de *Newton. Descartes* donne les lois de la réfraction, *Newton* étudie la dispersion, *Dollond* découvre l'achromatisme, voilà des progrès notables pour le dix-septième siècle. Si l'on remonte maintenant au commencement du dix-neuvième, on voit une branche toute nouvelle de l'optique se créer entre les mains des *Malus, Fresnel, Arago,* etc. Avec ces progrès se multiplient les appareils. Les modifications si diverses imprimées au rayon lumineux par la matière entraînent la construction d'instruments nouveaux et multipliés ; aussi, comme pour l'acoustique, les constructeurs se spécialisent et donnent tous leurs soins à une fabrication qui va tous les jours en s'étendant. Ajoutons même que les diverses branches de l'optique ne se travaillent pas chez le même construc-teur, et que si le microscope se fait chez *Nachet*, chez *Hartnack*, on ira de préférence chez *Bardou* pour trouver une lunette, chez *Hoffmann* pour avoir un prisme, et chez *Duboscq* pour ces appareils de cours et de démonstration qui ont tant ré-pandu son nom. En même temps que cette spécialisation est un inconvénient, elle a pourtant des avantages ; comme toute division du travail, elle en assure la bonne exécution. L'exposition offrait un très-grand nombre d'instruments d'optique de tout genre d'un excellent travail.

1. — Sources de lumière.

Les sources artificielles de lumière sont nombreuses assurément, et pourtant, quand il s'agit de répéter beaucoup d'expériences d'optique, en l'absence du so-leil, on éprouve de grandes difficultés. M. *Duboscq* a déjà rendu, à ce point de vue, un service signalé en imaginant la lanterne photogénique qui porte son nom. Cette lanterne peut recevoir, soit une lampe à modérateur, soit sa lampe électrique, soit enfin un chalumeau à gaz qui donne au cylindre de chaux un éclat si éblouissant. Une nouvelle source de lumière s'est produite dans ces der-niers temps, c'est la lampe au magnésium. M. *Salomon*, de Londres, exposait une lampe au magnésium qui permet de brûler le métal, soit en fil, soit en poudre. Dans le premier cas, le fil se déroule au moyen d'un mécanisme d'hor-logerie, une lampe à alcool, placée par-dessous, l'empêche de s'éteindre. Veut-on brûler le magnésium en poudre, on le mélange avec les deux tiers de son poids de sable fin, et on fait écouler le tout lentement sur la flamme d'une lampe à alcool. M. *Mathey* exposait aussi une lampe à magnésium. Cette source de lumière est très-vive certainement, mais elle convient moins bien que les autres pour les expériences qui demandent de la fixité dans la lumière. Malgré les changements de position continuels du soleil, c'est encore la source qui donne les résultats les plus satisfaisants, lorsqu'on parvient à immobiliser le rayon lumineux. On y arrive aisément avec les héliostats. M. *Duboscq* exposait l'héliostat de *Silbermann*, modifié par M. *Foucault*.

2. — Photomètres.

La comparaison des intensités de deux sources lumineuses offre des difficultés de plus d'un genre, aussi bien des photomètres ont été proposés. M. *Deleuil* exposait, dans un des pavillons du parc, celui qui est employé par la ville de Paris pour la vérification du pouvoir éclairant du gaz light, et qui a été construit sur les indications de MM. *Regnault* et *Dumas*. L'appareil est placé dans une chambre noire, le bec de gaz est en porcelaine, il reçoit le gaz d'un compteur dont on peut faire varier le débit. La lampe type est une lampe à modérateur, qui est bien moins sujette à se déranger que la lampe Carcel et dont la répara-tion est d'ailleurs bien plus facile. Elle est placée sur une balance automatique qui fait connaître la quantité d'huile brûlée. Les deux lumières viennent éclai-rer deux plaques de verre dépoli placées à la grande base d'un cône tronqué dont la petite base reçoit l'œil. On règle la consommation du gaz de telle sorte que l'œil ne perçoive pas de différence dans l'éclairage des deux lames de verre, et l'on a, par suite, le pouvoir éclairant du gaz comparé à l'huile.

C'est encore à une lampe que M. *Zœllner* rapporte l'intensité lumineuse des étoiles. Son astrophotomètre était exposé par M. *Hermann Ausfeld*, de Gotha. Il se compose d'une lunette droite qui porte, à l'extrémité opposée à l'œil, un colo-rimètre, disposition qui permet de faire varier la couleur de l'étoile pour la ra-mener à être la même que celle de la source type. Entre le colorimètre et l'objectif est un prisme analyseur dont la rotation, que l'on mesure sur un cercle gradué, permet d'affaiblir la lumière qui s'est polarisée en traversant le colorimètre. Sur le côté de la lunette, et perpendiculairement à sa direction, s'en trouve une seconde dont l'objectif est tourné vers une lampe alimentée par de l'huile de pétrole. La lumière, qui a traversé cet objectif, vient tomber sur un petit miroir incliné à 45° sur chacun des axes optiques des deux lunettes dont il bissecte l'angle. Il renvoie vers l'oculaire de la lunette droite la lumière de la lampe de pétrole, de telle sorte que l'œil voit à la fois l'image réfléchie de la lampe et l'image directe de l'étoile. Un écran, placé devant la lampe, permet de donner, à l'image qu'elle fournit, une grandeur correspondante à celle de l'étoile. En faisant tourner le prisme analyseur, on parvient à obtenir l'égalité d'intensité lumineuse et, par suite, à obtenir le rapport des intensités en appliquant la loi du cosinus carré de l'angle des sections principales.

De même que l'appareil précédent, le photomètre de M. *E. Becquerel* est fondé sur la double réfraction. On sait que les rayons lumineux qui ont traversé un prisme de *Nicol*, et qui tombent sur un second prisme, peuvent être plus ou moins éteints, en faisant faire aux sections principales des deux prismes des angles plus ou moins grands. De la sorte, on peut faire varier l'intensité d'une source de lumière type, et l'amener à être égale à celle de la lumière que l'on étudie. L'instrument se compose de deux lunettes (Pl. 178, *fig.* 5) APO, BPO, ayant une partie commune PO ; leur longueur est de 40 centimètres et leur diamètre de 4 centimètres, leurs axes sont rectangulaires vers le milieu de leur longueur. L'oculaire O sert pour les deux lunettes, les objectifs sont en A et en B. En P est un prisme à réflexion totale, qui ramène vers O les rayons transmis par l'objectif B. Comme ce prisme n'occupe qu'une moitié du diamètre du tube, l'observateur aperçoit deux images placées l'une à côté de l'autre. La lumière type pouvant être à droite ou à gauche, le tube oculaire B peut se visser soit d'un côté, soit de l'autre de la lunette OA. Dans le tube latéral B, sont placés deux prismes de *Nicol* qui permettent de donner à la lumière type l'intensité que l'on veut, l'un d'eux pouvant recevoir un mouvement dans sa monture au moyen de la vis E. Deux autres prismes de *Nicol* sont placés dans le tube droit A, et l'un d'eux se meut de manière à décrire sur un cercle divisé un angle que l'on mesure au moyen de l'alidade *a*. Les tubes A et B peuvent recevoir des bonnettes portant des verres colorés ; de la sorte, on ramène les deux lumières à avoir la même nuance, condition indispensable à une bonne comparaison. Comme les deux lunettes A et B n'absorbent pas la même fraction de lumière, il y a une petite erreur, mais on peut la faire disparaître en renversant le sens de l'opération, c'est-à-dire en visant, dans le second cas à lumière type, avec la lunette de côté, si tout d'abord on l'avait visée avec la lunette droite. La lampe est une lampe Carcel, dont l'intensité peut varier d'un jour à l'autre ; aussi les mesures absolues sont-elles assez difficiles. On a soin de placer devant la lampe un écran qui donne aux rayons lumineux une apparence identique à celle qu'affectent les rayons émanés du corps, afin que les deux images lumineuses, vues dans la lunette, soient de même forme et de même grandeur.

3. — Réflexion, réfraction.

Le goniomètre de M. *Babinet* a été le point de départ de beaucoup d'instruments similaires. On en remarquait trois à la classe 12. L'un d'eux, dans la section française, avait été construit par M. *Brunner* pour M. *Jamin*. Il peut servir à un grand nombre d'expériences et permet la détermination des angles des prismes, l'observation des spectres, des angles ou azimuts de polarisation, selon les pièces que la plate-forme centrale reçoit. Le cercle horizontal, supporté par le trépied, a 35 centimètres de diamètre, les divisions sont de cinq en cinq minutes et donnent les trois secondes par quatre verniers. La lunette a un objectif de 40 centimètres de distance focale, et l'oculaire porte une vis micrométrique. Elle peut d'ailleurs se remplacer par des analyseurs pour certaines expériences de polarisation. Le collimateur est formé, lui aussi, par un objectif de 40 centimètres de distance focale. C'est un fort bel appareil.

M. *Breithaupt*, de Cassel, exposait un instrument tout à fait analogue ; enfin, on en trouvait un aussi à l'exposition de la *Société Genevoise*.

Ces appareils sont destinés, en général, à étudier les propriétés optiques de milieux transparents, taillés en lames ou en prismes. S'il s'agit de verres à faces parallèles, il faut voir l'exposition de M. *Radiguet*. Ses verres parallèles ont une grande réputation, et les constructeurs des instruments à réflexion, sextants, cercles, ont recours à des verres exactement parallèles. M. *Radiguet* exposait des verres blancs ou colorés d'épaisseur uniforme, circulaires et carrés, dont la surface varie de 1 centimètre carré à 33 centimètres carrés. Leur prix croît de 1 fr. 50 à 300 francs.

Quant aux prismes, M. *Bertrand* exposait une fort belle collection de 35 prismes de même grandeur, mais de verres différents, qui ont servi aux recherches de M. *Baille* sur les indices de réfraction. Cette collection précieuse a été achetée pour l'École polytechnique.

M. *Hoffmann* avait, à son exposition, de beaux prismes rectangles en crown de 1 à 100 millimètres de côté, et des prismes en flint de 5 à 100 millimètres de côté, des prismes achromatiques et des prismes creux en verre à cinq faces.

Dans la section de Bavière, on voyait, à l'exposition de M. *Steinheil*, de Munich, de fort beaux prismes à bords tranchants, ce qui est fort difficile à obtenir, et des prismes à liquides sans graissage, c'est-à-dire dont les faces sont maintenues adhérentes par suite de leur poli.

MM. *Delabre, Muneaux, Videpied et C*[ie] exposaient de fort beaux verres pour l'optique, surtout des lentilles cylindriques. Un certain nombre de ces lentilles, alternativement plan convexe et plan concave, étaient superposées et formaient finalement un solide à faces parallèles. Il eût été avantageux de disposer ces lentilles de manière à montrer qu'elles n'imprimaient aucune déviation aux rayons lumineux, ce qui eût été une démonstration de l'excellence du travail dû, croyons-nous, à un ouvrier tout spécial pour ce genre de fabrication. Les verres cylindriques ont pris, depuis quelque temps, une grande importance, tant par leur introduction dans certains instruments d'optique, que par leur emploi pour corriger un défaut bien fréquent de l'œil, l'astigmatisme ; aussi l'on ne saurait donner trop de soin à leur fabrication.

Il n'y avait à la classe 12 que bien peu d'appareils fondés sur la réflexion de la lumière. Nous excepterons les miroirs concaves exposés par M. *Secretan* et mentionnés à propos de la chaleur, ainsi que le télescope à miroir argenté, système *Foucault*. Nous mentionnerons pourtant les appareils d'éclairage exposés par le ministère de la guerre d'Autriche.

L'un d'eux (*fig.* 1) est imaginé par le colonel de génie *baron d'Ebner* ; il a pour but d'illuminer pendant la nuit les travaux de l'ennemi d'une manière suffisante pour qu'ils puissent être entravés par le feu de la place. Il est évident qu'on ne peut placer cet appareil très-près de l'ennemi, mais, par un temps clair, sa lumière est peu affaiblie et l'on peut l'installer à six mille pas du point d'attaque.

L'appareil se compose d'un miroir parabolique de 1^m,25 d'ouverture sur 0^m,60 de profondeur, au foyer duquel peut se placer soit la lumière de *Drummond*, soit la lampe électrique. Le faisceau parallèle réfléchi vient s'augmenter

d'un faisceau fourni par des lentilles prismatiques. L'axe du miroir peut être
dirigé vers un point donné que l'on vise à l'aide de la lunette. Pour cela, le miroir est monté sur un châssis en fer mobile autour d'un axe vertical; des galets
roulant sur un chemin de fer permettent de le tourner vers le côté de l'horizon que l'on veut éclairer. Un contrepoids sert en même temps à le diriger.
Une manivelle, un secteur denté, un arc de cercle adaptés à la lunette
servent à régler l'inclinaison de l'axe. On place le miroir à 6,000 pas du point

Fig. 1.

que l'on veut éclairer; l'expérience a prouvé qu'avec la lumière *Drummond* et
dans des circonstances favorables, les objets ainsi éclairés sont parfaitement visibles jusqu'à 3,000 pas. D'après le calcul de *Petzwald*, ce miroir éclaire à
3,800 mètres une étendue de 8 mètres. Des tirs à la cible illuminée ont donné
presque la même quantité de coups atteignant le but que s'ils eussent été exécutés en plein jour.

Le second appareil d'éclairage exposé par le ministère de la guerre d'Autriche se composait de lampes à réflecteur disposées d'après le *Comité du génie*
pour éclairer les galeries de mines dans toute leur longueur.

4. — Dispersion.

La lumière qui émane des corps emprunte à la source qui la fournit un caractère spécial qui se manifeste de la manière la plus curieuse dans la production des raies noires du spectre. *Wollaston*, en 1802, les avait déjà signalées, mais c'est en 1815 que *Fraunhofer* les étudia avec soin et les désigna par les lettres de l'alphabet. A est à la limite du rouge, B au milieu du rouge, C entre le rouge et l'orangé, D dans l'orangé, E dans le jaune, F dans le vert, G dans le bleu et H dans le violet. Avec les autres lumières naturelles, les raies ne présentent plus la disposition qu'elles affectent dans la lumière solaire. La lumière de la lampe à huile offre dans le jaune une raie brillante caractéristique. Dans la lumière électrique, les raies sont brillantes et non obscures. Dans les diverses lumières artificielles, ce ne sont plus, à proprement parler, des raies, mais des bandes noires qui se produisent, indiquant par là l'absence de telle ou telle couleur.

En 1822, *Herschell* faisait remarquer que la vaporisation de certains corps, dans la flamme, permettait de les reconnaître par la coloration qu'ils donnaient aux raies. Cette remarque contenait en germe l'analyse spectrale, mais ce n'est pourtant qu'en 1860 que MM. *Kirchhoff* et *Bunsen* remarquèrent que les sels d'un même corps, introduits dans la flamme, lui communiquaient les mêmes raies, et un spectre constant de couleur et de position, enfin, que des quantités extrêmement petites suffisaient à produire cet effet. La nouvelle méthode d'analyse était trouvée et le spectroscope prenait naissance. On a donné à cet instrument deux formes différentes. Tantôt on lui a conservé la disposition primitive qui dérive du goniomètre *Babinet;* d'autres fois, on a employé une forme nouvelle qui fait que l'instrument ressemble à une lunette. M. *Duboscq* exposait des instruments établis sur le premier modèle ; M. *Hoffmann,* au contraire, présentait des instruments dans lesquels il a adopté l'autre disposition.

L'exposition de M. *Duboscq* comprenait les principaux modèles qu'il construit. Le plus simple, et celui qui engendre les autres, est le spectroscope à un prisme représenté planche 175, figure 9, 10. G G' sont deux becs de *Bunsen* à courant d'air intérieur, le gaz vient par la tige creuse et l'air entre par un orifice latéral qu'on ferme plus ou moins pour régler la chaleur. S'il y a beaucoup d'air, les raies sont peu brillantes ; s'il y en a peu, la flamme, moins éclatante, bleuit et ne donne plus de spectre ; mais si, maintenant, on introduit le sel métallique, le spectre du métal apparaît. Les deux supports SS' portent dans les deux flammes des fils de platine que l'on a trempés dans les dissolutions salines dont on veut comparer les spectres. L'une des deux, F, est observée directement dans l'instrument ; l'autre, A, y est amenée par réflexion totale sur un petit prisme que porte l'ouverture L″ du collimateur, de sorte que l'observateur a dans le champ de la vision les deux spectres placés l'un au-dessus de l'autre. B est un collimateur, c'est-à-dire un tube muni d'une lentille convergente *l (fig.* 10) qui envoie sur le prisme P des rayons parallèles. Ces rayons pénètrent dans le tube B par une fente dont on règle la grandeur au moyen d'une vis à filet très-fin et dont l'une des moitiés est recouverte par le prisme à réflexion totale. Le prisme P est logé dans une boîte T ; il doit être dans la position du minimum de déviation, ce que l'on reconnaîtra à ce que les rayons émanés du collimateur et ceux qui sortent du prisme doivent faire avec ses faces des angles égaux. En sortant du prisme, les rayons lumineux pénètrent dans la lunette L, où ils viennent donner au foyer une image amplifiée du spectre qu'on examine à l'aide de l'oculaire. Une vis V permet de mettre l'oculaire au point, c'est-à-dire d'obtenir une image très-nette du spectre et de ses raies. En même temps que les deux spectres l'observateur voit, dans le champ de la vision, l'image du micromètre M. Ce micromètre, photographié sur verre, a des divisions blanches sur un fond noir, de sorte que ces divisions, traversées par la lumière d'une bougie, viennent se réfléchir sur la face antérieure du prisme après avoir traversé une lentille portée par L et qui fournit de la lumière parallèle. Elles viennent alors se peindre éclairées dans le champ de la vision, et permettent de rapporter à une échelle déterminée la position des raies de chacun des deux spectres.

Le spectroscope à un seul prisme ne donne pas une image très-étalée du spectre, aussi M. *Duboscq* en construit qui en ont quatre et même six disposés circulairement, comme l'indique la figure 11. Chacun de ces prismes est mobile, de manière à permettre de le mettre dans la position du minimum de déviation ; de plus, le collimateur est mobile aussi, de telle sorte que l'on peut l'amener à volonté devant chacun des prismes, suivant qu'on veut les employer tous à l'observation ou bien une partie seulement, tandis que la lunette et le tube du micromètre restent devant le premier. La lunette peut recevoir trois mouvements, un latéral, un second de haut en bas pour le centrage, enfin, un mouvement micrométrique pour passer d'une raie à l'autre. Ces appareils sont très-soignés, mais en même temps fort complexes, aussi leur prix est-il assez élevé.

M. *Duboscq* exposait encore un spectroscope de poche d'*Amici,* dans lequel les rayons, après leur passage dans le prisme, sont ramenés à leur première direction par une réflexion totale sur la face hypoténusale d'un second prisme.

Les spectroscopes se sont très-vite répandus comme appareils d'analyse, mais la forme qu'on leur a donnée tout d'abord et la multiplicité des prismes, tout en fournissant, il est vrai, des spectres plus étalés, en ont fait des instruments de laboratoire peu portatifs. M. *Hoffmann* a construit et exposait un spectroscope à vision directe, ou spectroscope de poche extrêmement simple et commode, qui présente extérieurement l'apparence d'une lunette (Pl. 175, *fig*. 12). L'œil se place en O ; L et L' sont les deux lentilles de l'oculaire, en G est un micromètre sur verre à raies très-fines. Pour pouvoir amener au centre du champ telle ou telle portion du spectre, la lunette est articulée en N et porte un genou qui permet d'incliner le tube NGO sur le reste de l'instrument. La lunette avec laquelle on examine le spectre se termine enfin par deux objectifs A'A''. Au delà de cette lunette A'L se trouvent les cinq prismes crown et flint à sommets opposés qui dispersent énergiquement le faisceau lumineux sans le dévier. Les deux prismes P_2P_4 sont en flint, les trois autres en crown-glass, les prismes $P_2P_3P_4$ ont leur angle au sommet de 90°, les deux prismes extrêmes en crown devront alors avoir pour angle au sommet 69°. Ce nombre cinq, adopté pour les prismes par M. *Hoffmann*, est celui qui convient le mieux dans la pratique ; plus de prismes disperseraient, il est vrai, davantage, mais affaibliraient trop l'intensité lumineuse. Au delà des prismes est une bonnette à fente F, variable au moyen de la vis V ; elle forme collimateur avec la lentille A, qui fournit aux prismes des rayons parallèles. Cette lentille A se trouve en M. Comme on veut comparer au moyen de cet instrument le spectre qu'on étudie à un spectre normal, il faut faire arriver des rayons émanant à la fois des deux sources de lumière. Outre la lumière directe, on reçoit donc de la lumière envoyée par une source placée latéralement et réfléchie vers l'axe de la lunette par un petit prisme à réflexion totale *p*, monté sur une bague C et mobile au moyen du bouton B. On peut de la sorte amener sur le micromètre la portion du spectre que l'on veut étudier. La bague C vient se placer à frottement doux en D. Outre son petit volume, ce spectroscope présente ce grand avantage, d'être d'un prix peu élevé, 80 fr.

M. *Hoffmann* en construit un modèle plus grand à tube latéral, portant un micromètre photographié dont les divisions lumineuses se projettent sur un fond obscur, et que la face antérieure du premier prisme renvoie par réflexion dans l'axe de la lunette. Ce grand modèle est monté sur un pied et muni de plusieurs accessoires qui le complètent ; Un troisième modèle, plus petit, au contraire, que le premier, est le spectroscope de poche. Le premier modèle est très-commode et très-puissant ; c'est lui qui a principalement servi au *P. Secchi* et à M. *Janssen* pour leurs observations astronomiques. En le plaçant entre le foyer et l'oculaire, on obtient très-nettement les spectres des étoiles, auxquels on peut donner encore plus d'éclat si l'on met une lentille cylindrique qui amène au foyer non plus une image ronde de l'étoile, mais une image linéaire.

5. — Chambre noire, chambre claire.

L'optique fournit aux arts du dessin des auxiliaires bien précieux, la chambre noire et la chambre claire. *J.-B. Porta*, en inventant la chambre noire simple, ne pouvait prévoir évidemment le développement énorme que devait prendre cet instrument destiné tout d'abord à donner seulement dans une pièce dont les volets sont fermés une peinture colorée et animée des objets extérieurs. Cette forme de l'instrument de *Porta*, qui doit beaucoup à M. *Chevalier*, est à coup sûr la moins intéressante, tandis que la chambre noire directe, par le secours qu'elle a prêté au daguerréotype et à la photographie, a bien mérité de la science. Ajoutons pourtant que M. *Chevalier* a modifié la chambre noire à réflexion en l'associant à la glace collodionnée, et en a fait un véritable instrument de dessin topographique décrit dans les *Annales du Génie civil, octobre* 1865.

La chambre claire, elle aussi, rend de grands services au dessinateur, et avec les modifications que M. *Laussedat* lui a fait subir, elle permet de prendre des vues qui combinées fournissent les éléments du plan. M. *Bertaud* exposait la chambre claire *Wollaston*, modifiée par M. *Laussedat*, avec une facette concave de 30 centimètres de foyer. Cette chambre, ainsi disposée et placée sur une planchette à l'aide d'un niveau, est un instrument de dessin topographique plus commode et aussi précis que bien d'autres.

6. — Lunettes, télescopes.

L'instrument qui augmente considérablement la puissance de la vision, qui permet à l'homme de porter ses regards loin de lui et de découvrir même dans l'immensité des cieux des astres que l'œil nu ne peut distinguer, n'est pas à coup sûr un instrument inutile au perfectionnement de nos connaissances. *Roger Bacon* (1214) passe pour l'inventeur des lunettes, mais il ne dut pas en construire, et ses indications sont sans doute simplement théoriques. Il faut remonter au dix-septième siècle pour voir la pratique s'emparer de cette idée en apparence oubliée et en tirer parti comme par hasard. Chacun connaît l'histoire des enfants de *Lippershey*, ce lunetier de Middelbourg, qui virent avec étonnement l'image amplifiée du coq de leur clocher en le regardant au travers de deux verres de bésicles qu'ils avaient pris dans l'atelier de leur père. Tandis que *Lippershey* (1608) présentait sa lunette aux États de Hollande, d'autres disent *Zacharias Jansen* (1590), *Galilée*, informé de la découverte, sans en connaître les détails, construisit la lunette qui porte son nom (1609). L'oculaire de la lunette de *Galilée* est concave, ce qui constitue une infériorité notable. *Képler* adopta les oculaires convexes, et en 1655 *Huygens* construisait le premier objectif assez parfait qui lui permit d'observer les satellites de Saturne. Suivant la coutume de son temps, il inscrivit sur la tranche l'anagramme suivant : *Admovere oculis distantia sidera nostris,* 3 février 1655. Le 15 mars suivant, il observait Saturne et ses satellites.

Jusqu'en 1657, la construction des lunettes fit peu de progrès, mais à partir de cette époque un perfectionnement notable fut introduit. *Dollond,* petit-fils d'un Français expatrié après la révocation de l'édit de Nantes, inventait l'achromatisme, ce qui permettait de débarrasser l'image des corps de ces cercles colorés qui l'altèrent. Par une coïncidence des plus heureuses, la combinaison optique qui détruit la dispersion chromatique, fait également disparaître l'aberration de réfrangibilité ou l'altération de la forme des images. Dans le principe, l'objectif achromatique fut composé d'une lentille concave de flint placée entre deux lentilles biconvexes de crown; plus tard, on la réduisit à deux verres, l'un biconvexe de crown placé extérieurement, l'autre sensiblement plan concave en flint. Des diaphragmes, en écartant les rayons qui tombent trop près des bords, permettent de donner à l'image toute la netteté désirable.

Le perfectionnement des lunettes tenait au bon choix et au travail des verres. Lorsque *Fraunhofer,* officier d'artillerie bavarois, eut découvert les raies du spectre, l'étude des verres, au point de vue de leur application aux lunettes, se trouva de beaucoup avancée; il devint donc possible de combiner le flint et le crown avec une précision qui devait donner à la lunette une grande force de pénétration. C'est alors que se fonda à Munich l'Institut optique dont *Reichenbach* et *Utzschneider* firent la gloire, et que l'Institut polytechnique de Vienne ne parvint pas à égaler. En France alors, *Cauchoix* taillait le verre et *Gambey* donnait ses soins à la construction des pièces métalliques qui composent les instruments célèbres auxquels il a attaché son nom. Mais le point capital pour la fabrication des lentilles est l'abondance, la variété et surtout la pureté de la matière que jusqu'à cette époque les Anglais avaient eu seuls le secret de produire. *Guinaud,* de Soleure, parvint pourtant à inventer des procédés qui lui permirent de lutter, et même avec avantage, contre les fabricants anglais; aussi, au moment où l'Institut optique se fondait à Munich, alla-t-il créer à Benedictburn une usine hyalurgique destinée à fournir le verre que *Utzschneider* et *Reichenbach* devaient mettre en œuvre. Avec l'aide de *Fraunhofer,* *Guinaud* père parvint à fabriquer de très-bons flints de 16 à 24 centimètres. Mais, après un séjour de sept ans en Bavière, il revint à Soleure et reprit sa fabrication, dont il emporta les secrets dans la tombe.

Guinaud fils vint s'établir à Clichy et essaya de reconstituer cette industrie d'après des souvenirs imparfaits. *Bontemps* lui succéda. L'Institut optique de Munich s'était dissous, *Merz* avait succédé à *Utzschneider* et *Fraunhofer,* tandis que *Ertel* succédait à *Reichenbach.* Cet établissement avait brillé avec tant d'éclat qu'on devait souhaiter de le voir se relever, aussi M. *Steinheil,* de Munich, a-t-il tenté de le reconstituer.

En France, il y a une dizaine d'années, M. *Porro,* officier supérieur du génie dans l'armée italienne, a essayé de réunir les éléments d'une entreprise analogue : l'Institut technomatique, créé à l'imitation de l'Institut optique, devait s'occuper de la construction d'instruments d'astronomie et d'optique, mais diverses causes sont venues entraver l'essor d'un établissement que l'esprit inventif et ingénieux de son directeur aurait certainement rendu célèbre. Espérons qu'il sera plus heureux en dirigeant la Filotecnica, institution analogue fondée à Milan.

De nos jours la fabrication des grands verres d'optique a fait de notables progrès, et l'Exposition présentait un grand nombre de belles pièces. En Allemagne on admirait les objectifs de *Merz,* de Munich, l'un de 433 millimètres de diamètre, 7^m,8 de distance focale, valant 24 000 francs; l'autre de 255 millimètres de diamètre, 3ᵐ,06 de distance focale, valant seulement 9 000 francs. *Voigtländer*, de Vienne, exposait ses beaux objectifs photographiques si estimés et des jumelles.

La Suisse n'a pas perdu le souvenir de la gloire de *Guinaud*. Son petit-fils, M. *Feil*, exposait de beaux disques de flint, de crown et de verre lourd, parmi lesquels se trouvait un disque de 72 centimètres. M. *Daguet* a réussi à rétablir à Soleure une usine hyalurgique qui donne de très-bons produits, et si ses procédés ne sont pas ceux de *Guinaud*, il n'en a que plus de mérite. Il avait des lentilles et des prismes bruts avec des facettes d'essai.

L'Angleterre a réussi à conserver un rang très-distingué dans la production des verres d'optique. MM. *Chance*, de Birmingham, exposaient une excellente lentille à échelons.

En France, on trouvait, à l'exposition de M. *Secrétan*, trois objectifs de 13, 11 et 9 centimètres de diamètre, formés de verres anglais taillés selon la méthode de M. *Foucault*, et un assortiment de lentilles exposées par M. *Getliffe*, de Ligny, en Barrois. La Compagnie de Saint-Gobain, Chauny et Cirey avait aussi envoyé des verres d'optique. M. *Lemaire*, de Paris, avait une machine à tailler les verres mue par la vapeur.

Plus on veut perfectionner les lunettes, plus les difficultés apparaissent, car il devient nécessaire d'augmenter les dimensions de l'objectif, et le fabricant se trouve en face de problèmes presque contradictoires. Il s'agit de fondre une grande masse de verre en lui conservant une complète homogénéité en même temps qu'une grande transparence, conditions en apparence presque impossibles à réaliser, puisque l'une exige que la masse soit bien brassée, tandis que l'autre demande un certain repos pour éviter ces stries qui, en diffusant les rayons lumineux, nuisent tant à la netteté. Nous ne décrirons pas ici les précautions minutieuses que doit prendre le fabricant, mais nous dirons un mot des essais auxquels doit être soumise sa fonte avant d'être reconnue bonne pour la construction d'un objectif. Les stries, les bulles sont à craindre, et leur recherche doit évidemment précéder tout travail. On étudie ordinairement le disque en polissant sur la tranche des facettes planes opposées, qui permettent à la lumière de le traverser dans différents sens et avec des inclinaisons et des éclairages variés. Souvent les stries ne se révèlent point à la suite de ces recherches, et ce n'est que lorsque le verre est déjà à moitié poli que leur présence se manifeste.

M. *Töpler*, de Riga, a imaginé un appareil construit et exposé par M. *Wesselhoft* pour découvrir dans les lentilles ou les prismes les stries qui peuvent s'y trouver. Ces stries présentent des changements de densité qui en modifient le pouvoir réfringent. Qu'on imagine un point lumineux placé devant une lentille d'une grande ouverture et d'un assez court foyer, tous les rayons qui émanent du point vont après la réfraction aller se concentrer en un point unique placé derrière la lentille, puis continuent leur route. Si l'on met l'œil au delà de ce point et à une distance convenable, il viendra se peindre sur la rétine une image exacte de la lentille considérée ; mais si l'on vient mettre devant le point de réunion de tous les rayons un petit écran opaque, l'image de la lentille s'évanouira aussitôt, en supposant que la lentille soit bien régulièrement homogène. S'il n'en est pas ainsi, les rayons qui ont traversé les stries font leur foyer en un autre point derrière la lentille, et comme l'écran opaque ne les arrête pas, ils viennent dessiner sur la rétine l'image brillante de la strie qui se projette sur un fond noir. Tel est le principe de l'appareil *Töpler*. Il se compose d'une lampe devant laquelle est un disque tournant percé d'ouvertures; il sert à donner des points lumineux, c'est l'illuminateur. Un bon objectif photographique constitue la lentille. L'œil est armé d'une lunette devant laquelle glisse un disque finement découpé, c'est l'analyseur. L'appareil comprend donc l'illuminateur, la lentille et l'analyseur. On place l'objectif que l'on examine assez près de la lentille et du côté où se trouve l'analyseur. Comme l'appareil est très-délicat et qu'il permet de mettre en évidence tous les changements de densité d'un milieu, lorsqu'ils constituent des sortes de stries, *Töpler* s'est servi de cet appareil pour étudier les modifications que la pression ou la température exercent sur les corps transparents, comme les mouvements de diffusion, les flammes, les ondes sonores, etc.

Les lunettes astronomiques et terrestres ne manquaient pas à l'Exposition. Dans la section française on trouvait d'abord la grande lunette de M. *Bardou*, sur son pied de fonte. L'objectif a 27 centimètres d'ouverture et 3 mètres de foyer. M. *Evrard* avait une lunette de 25 centimètres d'ouverture, $3^m,78$ de foyer, qui grossit 400 fois avec un oculaire d'*Huygens*. La vitrine de M. *Bardou* était remplie de lunettes de toutes grandeurs et de toutes formes, en argent, en cuivre, en aluminium, etc. M. *Hoffmann* exposait la lunette biprismatique, modification de la lunette cornet de *Porro*, dont M. *Hoffmann* a été l'un des contre-maîtres. A cela il faudrait ajouter les lunettes appartenant aux instruments d'astronomie et de géodésie dont il a été parlé ailleurs.

Dans la section anglaise, les lunettes de *Dallmeyer*, de *Beck*, de *Ross* et d'*Elliot* se faisaient remarquer par le fini de leur travail, la bonne disposition de leurs pièces et la facilité avec laquelle l'observateur peut les diriger sur un point quelconque du ciel. *Beck* exposait des lunettes binoculaires d'assez grandes dimensions.

Dans la section allemande, M. *Breithaupt*, de Cassel, exposait des lunettes adaptées à des instruments gradués, mais qui se faisaient remarquer par leur bonne construction. Il emploie les micromètres de verre finement divisés de préférence à ceux de métal, qui se dilatent ou dont les fils se cassent. La perte de lumière est insignifiante. Depuis deux cents ans, de temps à autre quelque constructeur recommande cette espèce de micromètre, ainsi que l'ont fait *Zahn*, *Tobie Mayer*, *Fraunhofer*. Aujourd'hui que l'art de diviser avec précision a été poussé si loin, la construction et l'emploi de ces micromètres ne trouvent plus d'obstacles.

Mentionnons pour terminer les lunettes, le télescope de *Newton*, à miroir de verre argenté, monté d'après le procédé *Foucault*. Le miroir parabolique a une ouverture de 16 centimètres et une distance focale de 96 centimètres. Au lieu de loupe pour oculaire, un microscope composé est bien préférable, le grossissement se trouve élevé à 320 fois. L'instrument est disposé comme équatorial. Un réfracteur de même puissance devrait avoir une longueur d'environ 3 mètres.

7. — Microscopes.

C'est vers la fin du seizième siècle que fut inventé le microscope par *Zacharie Jansen* (1590), selon les uns, selon d'autres par *Galilée* (1609). Il fallut encore bien des années avant qu'il commençât à acquérir quelques-unes des qualités qui font aujourd'hui sa valeur. L'achromatisme n'était pas découvert, les procédés de fabrication, de taille et de polissage des objectifs laissaient beaucoup à désirer. A mesure que les arts mécaniques se développèrent, les différentes parties du microscope se modifièrent, le tube primitivement en carton fut remplacé par un tube métallique, la monture de bois fit place à un pied en laiton ; aux verres si mal taillés et qui donnaient des images peu éclairées et irrisées, succédèrent peu à peu, et les oculaires composés, et les objectifs achromatiques. La transformation est si complète qu'on aurait presque de la peine à trouver de la ressemblance entre un bon microscope de *Nachet* ou de tout autre bon constructeur et un instrument du dix-septième siècle.

Les qualités qu'on recherche en première ligne dans un microscope sont la clarté dans les forts grossissements et la pénétration. A mesure que le grossissement augmente, la lumière se répandant sur une image amplifiée donne moins d'intensité lumineuse à chacune de ses parties, et si les pinceaux lumineux sont diffus par suite de la taille défectueuse des verres ou absorbés partiellement par suite de l'imperfection de leur poli, il devient difficile de distinguer l'objet que l'on observe. Les forts grossissements peuvent être atteints par l'objectif ou par l'oculaire, car le grossissement final est le produit des grossissements des deux systèmes optiques. En variant les objectifs et les oculaires qui se trouvent dans les boîtes de microscopes, on obtient diverses valeurs du grossissement.

Si l'on ne pouvait voir absolument que les parties de l'objet qui sont situées sur un même plan, on n'aurait pas d'idée nette de sa forme ; aussi faut-il que, bien qu'une partie du corps qu'on examine soit rigoureusement au foyer, les parties voisines donnent des images assez nettes pour qu'on puisse acquérir des notions suffisantes sur leurs positions relatives. Ce pouvoir de pénétration appartient aux lentilles qui ont un angle d'ouverture moyen ; c'est une qualité fort essentielle, surtout dans les microscopes monoculaires. Lorsqu'on examine des corps ayant des dimensions fort petites, il devient souvent très-difficile de préciser les rapports de position des différentes parties qui les composent, et les jeux de lumière donnent lieu parfois à de singulières illusions. Un des bons moyens consiste évidemment à varier l'éclairage, mais on ne saurait trop conseiller la vision binoculaire qui donne du relief aux corps et permet de mieux juger de leur forme. Si à cela on ajoute une disposition qui permet de transformer la sensation stéréoscopique en une image pseudoscopique, et celle encore par laquelle l'objet éclairé se détache sur un fond noir, on aura à peu près réuni tous les perfectionnements apportés au microscope dans le but de donner des notions exactes sur la forme et les relations de grandeur et de position des corps de très-petites dimensions.

Les microscopes étaient assez nombreux à la classe 12. Dans la section française on peut citer MM. *Nachet, Hartnack, Chevalier, Mirand, Evrard.* Parmi les exposants anglais, MM. *Beck* et *Ross* se placent en première ligne ; enfin, en *Suisse*, la Société genevoise exposait un grand microscope. En étudiant les expositions dans chacun de ces pays, nous donnerons une idée de la manière dont sont appliqués les divers perfectionnements qui se sont introduits dans la construction des microscopes.

L'exposition de M. *Nachet* était fort remarquable et résumait les principales dispositions employées en micrographie. Ses microscopes peuvent se diviser en microscopes d'observation, de préparation et de reproduction. Le microscope d'observation est suspendu sur un axe horizontal de manière à le mettre à volonté vertical, oblique ou horizontal. Pour des observations suivies et systématiques, ce mouvement général de l'instrument est de toute nécessité. Quant à l'ajustement du corps du microscope, outre le mouvement rapide qu'on peut donner à la main, une crémaillère cachée dans une boîte carrée montée sur la platine permet d'arriver très-près du foyer. Le mouvement lent se donne soit au moyen d'une vis micrométrique placée sur le côté du corps dans le grand modèle perfectionné, soit par la vis V (*fig.* 2). Dans le microscope perfectionné, les objectifs sont portés par un tube central qui remonte lorsqu'ils viennent à toucher l'objet. Le tube porte-oculaire peut tourner dans le tube porte-objectif, une petite vis v' maintient leur distance constante et permet de les séparer quand on la dévisse. Ce mouvement est nécessaire pour amener en coïncidence, avec telle ou telle partie de l'image, le micromètre oculaire que l'on introduit par l'ouverture o. Ce micromètre finement divisé sur verre doit être placé de telle sorte que l'œil l'aperçoive distinctement au moyen de la lentille oculaire qui termine le microscope et qui joue le rôle de loupe, une vis latérale v permet de le soulever ou de l'abaisser selon le besoin. Ce n'est qu'après cet ajustement qu'on fait mouvoir le corps pour amener l'image de l'objet en coïncidence avec les divisions du micromètre oculaire. Quand on ne veut pas s'en servir, on ferme l'ouverture latérale de l'oculaire au moyen d'une petite lame de laiton formant volet. Ce micromètre oculaire est très-précieux, en ce qu'il fait connaître de suite les dimensions de l'objet. Si, en effet, l'objet se trouve compris entre deux traits déterminés, il n'y a plus qu'à le remplacer par 1 millimètre divisé en 100 parties, et voir combien de centièmes de millimètres occupent le même espace. Cette détermination a pu d'ailleurs se faire une fois pour toutes avec les différents

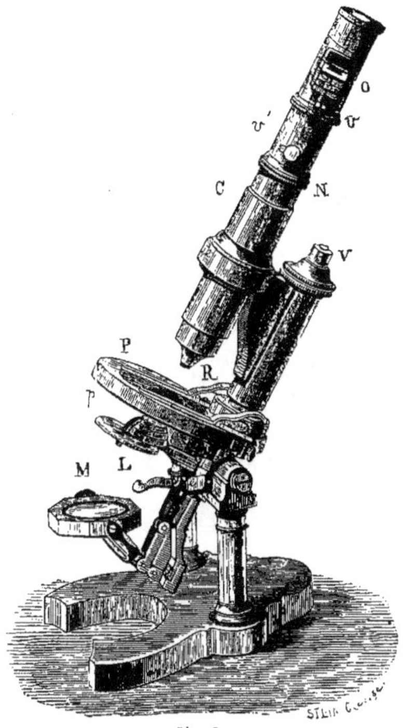

Fig. 2.

objectifs, et d'après les numéros de ceux qu'on emploie, on peut de suite connaître les dimensions cherchées. La platine P du microscope perfectionné est montée à rotation de manière à pouvoir présenter l'objet aux incidences variées de la lumière ; elle est munie d'une double platine mobile à vis de rappel pour faire déplacer les objets sans y toucher ; des pinces à ressort maintiennent les lames de verre en place. Le plan supérieur de la platine est en glace pour résister à l'action destructive des réactifs. Le modèle ci-dessus a une platine simple. L'éclairage, cette partie si importante de l'observation, se fait au moyen d'un miroir concave M à articulation double, un disque p à ouvertures variables peut être plus ou moins rapproché de la platine au moyen du levier L.

Ce modèle se simplifie, et, sous sa forme la moins compliquée bien qu'encore suffisante (*fig.* 3), peut atteindre un grossissement de 30 à 380 diamètres. Il est représenté ci-dessous.

L'observation est bien plus complète, avons-nous dit, quand la vision est binoculaire. Outre le microscope spécial à deux corps parallèles que construit M. *Nachet*, il a combiné une disposition qui permet d'utiliser les anciens instruments comme microscopes binoculaires (Pl. 179, *fig.* 8). Les prismes sont contenus dans une boîte attenante au corps B, qui peut à volonté se séparer du corps A. Celui-ci forme le corps ordinaire du microscope. L'ajustement à l'écartement des yeux s'opère au moyen de la vis v'' placée sur le côté de la boîte, elle déplace l'un des deux corps. La symétrie extérieure de l'appareil n'est plus conservée, mais l'effet de la vision stéréoscopique est le même, et cette disposition est très-convenable pour un instrument qui doit servir tantôt comme microscope monoculaire, tantôt comme microscope binoculaire (*fig.* 4).

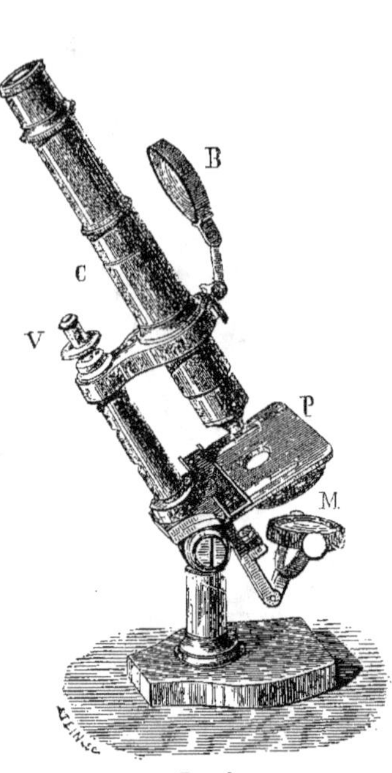

Fig. 3.

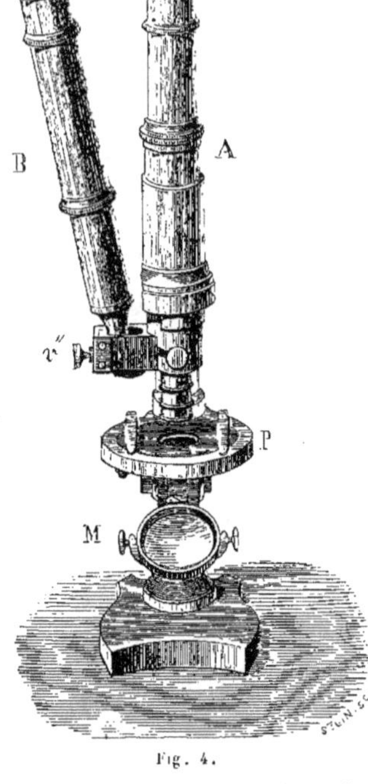

Fig. 4.

Bien des phénomènes microscopiques sont fugitifs, et leur constatation a besoin d'être faite sans retard ; c'est alors que les microscopes à plusieurs corps sont

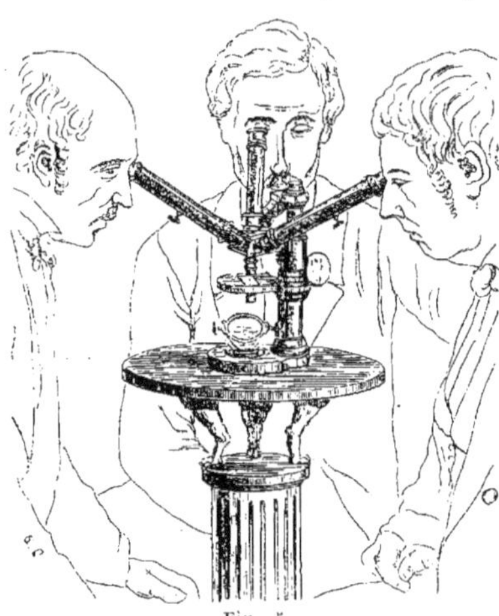

Fig. 5.

précieux. Un prisme à trois facettes (*fig.* 5) renvoie les rayons qui sortent de l'objectif dans trois corps distincts qui permettent à trois observateurs de constater les mêmes phases du phénomène. Chacun d'eux peut mettre son instrument au point et changer le grossissement en changeant l'oculaire. Les anciens microscopes peuvent se changer en microscopes à deux corps, à l'aide d'une petite modification analogue à celle qui les transforme en microscopes binoculaires.

Pour les études de chimie, M. *Nachet* a disposé un microscope brisé qui permet d'observer par-dessous pour éviter les vapeurs. Les liquides sont renfermés dans des auges à fond mince que l'on place sur une plateforme en cuivre doré. Au-dessous sont les objectifs et un prisme qui renvoie la lumière suivant une direction inclinée dans un tube qui porte l'oculaire. La boîte du prisme qui supporte le tube à objectifs et le tube des oculaires peuvent glisser dans une coulisse et sortir pour chauffer, s'il y a lieu, les liquides. L'ajustement se fait par la platine dont la monture supporte le miroir et le diaphragme.

M. *Nachet* construit plusieurs microscopes de dissection. Le plus simple est le microscope à doublets, appelé souvent en France microscope *Raspail*, et en Angleterre microscope de *Darwin*. Celui-ci est perfectionné par l'addition d'ailes qui sont adaptées à la platine et qui permettent d'appuyer les deux mains pour les dissections minutieuses. Avec deux doublets spéciaux, l'appareil devient binoculaire, ce qui, en donnant du relief aux objets que l'on dissèque, permet d'opérer avec une grande sûreté de main. L'instrument peut se compléter par l'addition d'un microscope composé, alors il est formé d'une longue platine à trois pieds. L'un d'eux supporte inférieurement le miroir concave et les diaphragmes, le second sert à porter le bras des doublets pour les faibles grossissements et les dissections, enfin le troisième donne appui à un microscope composé qu'on peut amener au-dessus de la préparation.

La troisième catégorie comprend les microscopes reproducteurs ou photographiques. Celui de M. *Nachet* se compose d'une chambre noire à soufflet dont la couche sensibilisée est horizontale, l'objectif de la chambre est remplacé par les objectifs achromatiques du microscope, qui viennent peindre l'image réelle de l'objet sur la couche collodionnée. Une lunette placée à la partie supérieure de la boîte permet de s'assurer de la mise au point, qui s'effectue au moyen d'une vis de rappel. L'objet est supporté au-dessus de l'objectif par deux bras de verre, un miroir concave de *Lieberkühn* renvoie par-dessous sur l'objet la lumière verticale, et l'on peut éclairer l'objet soit par la lumière des nuées, soit par celle du soleil. Pour les corps opaques, le miroir de *Lieberkühn* suffit, tandis que pour les corps transparents, on peut adapter par-dessus un condensateur lenticulaire. Du reste, tous les microscopes qui se ramènent à la position horizontale peuvent être rendus photographiques en enlevant l'oculaire et en adaptant le tube à l'ouverture d'une chambre noire disposée exprès.

En 1855, *Amici* a fait connaître le principe de l'immersion que M. *Nachet* a appliqué le premier. Il consiste à supprimer la couche d'air qui existe entre le verre mince et la lentille frontale d'un objectif. Pour cela, à la suite des objectifs achromatiques, on place une lentille plan convexe, dont la face plane plonge dans une goutte d'eau placée sur la lamelle mince qui recouvre l'objet. Cette lentille sert à augmenter le champ et la netteté ; aussi, grâce à cette disposition, les test-objets difficiles se voient bien, les Pleurosigma angulata s'aperçoivent même dans la lumière directe, les plus fines stries du Navicula Amicii se résolvent avec facilité.

Signalons pour terminer les perfectionnements apportés aux accessoires, d'abord la chambre claire (*fig.* 6) disposée par M. *Nachet* pour dessiner avec le microscope vertical. Elle se compose d'un prisme *abcd* (Pl. 109, *fig.* 18), dont la section est un parallélogramme, les angles aigus ont 45°. Sur la face *cd* un petit prisme de verre *o* est collé au moyen de mastic en larmes. Il laisse passer sans les dévier les rayons qui viennent de l'oculaire. Ceux qui émanent du papier placé à côté sur la table à une distance de l'œil égale à la distance de la vision distincte, sont reçus d'abord sur *ab*, renvoyés

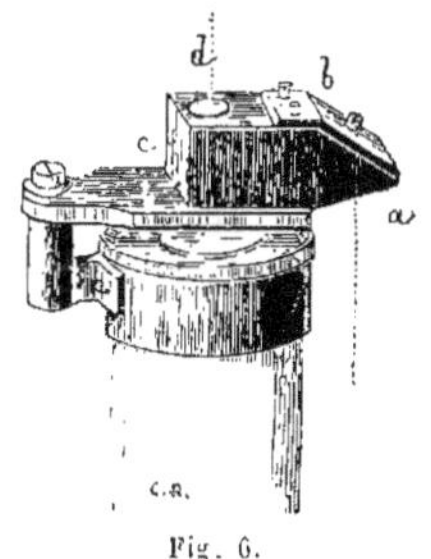

Fig. 6.

sur *cd*, qui les réfléchit vers l'œil. De la sorte, l'observateur voit à la fois la pointe du crayon et l'objet. Les microscopes de dissection peuvent recevoir un prisme redresseur perfectionné (*fig.* 7), qui, combiné avec un oculaire, donne un

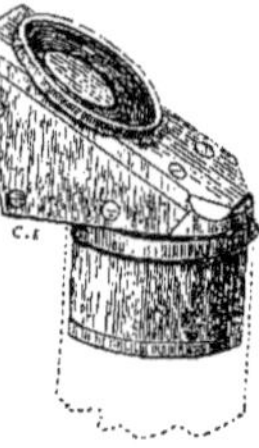

plus grand champ, tout en permettant d'opérer plus facilement. Quant aux objectifs, il est commode de les changer rapidement, lorsqu'on veut modifier le grossissement, et pour cela il faut éviter la nécessité d'enlever le corps et d'avoir à les dévisser et à les revisser. Une disposition ingénieuse, employée par M. *Nachet* (*fig.* 8), permet de passer de suite d'un objectif à un autre. L'axe de rotation étant oblique, l'objectif qui ne sert pas se trouve relevé de manière à ne pas gêner les manipulations sur la platine. Terminons enfin en disant un mot de l'éclairage. Dans les microscopes de M. *Nachet*, on emploie les condensateurs directs, les condensateurs obliques et l'éclairage à fond noir, au moyen

Fig. 7.

duquel les objets demi-transparents paraissent brillamment illuminés sur un champ noir.

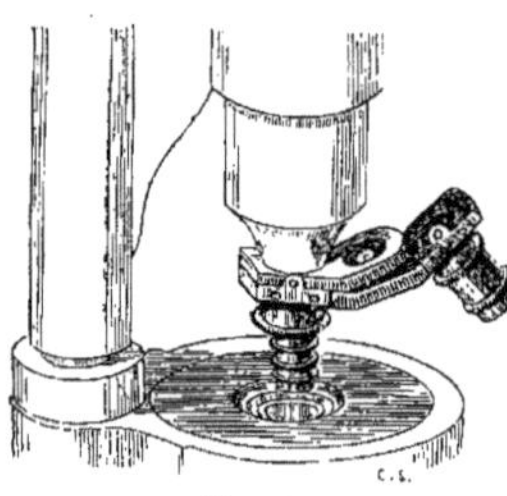

Le microscope exposé par la Société genevoise peut s'employer dans trois positions différentes, verticale, horizontale ou oblique. La position oblique est celle qui convient le mieux pour travailler longtemps, la position verticale permet d'observer les liquides et de dessiner avec la chambre claire à deux prismes. Quant à la position horizontale, on peut s'en servir pour dessiner avec la chambre claire de *Wollaston*, pour

Fig. 8.

faire servir le microscope comme instrument de projection, ou pour l'adapter à la chambre noire. Dans ces deux derniers cas on enlève une partie du tube. L'éclairage est obtenu au moyen d'un miroir concave maintenu à l'aide d'un système de tiges articulées, qui fait décrire au centre du miroir une ligne courbe très-voisine d'un arc de cercle dont le centre est l'objet que l'on observe. On obtient très-vite de la sorte le meilleur éclairage possible, car il n'y a pas à régler la distance focale du miroir. Le concentrateur se meut à l'aide d'une crémaillère qui sert également à régler la position des diaphragmes. La platine est tournante. La mise au point s'effectue pour les mouvements rapides, avec le secours d'une crémaillère, et pour l'ajustement focal au moyen d'une vis à tête moletée, agissant sur le tube porte-objectif par l'intermédiaire d'un levier qui diminue l'amplitude du mouvement. Le tube objectif rentre dans le corps de l'instrument en faisant fléchir un ressort lorsque la lentille objectif vient au contact du verre qui recouvre l'objet. L'objectif n'est pas vissé sur le tube, il est fortement pressé par un ressort contre une portée tournée avec soin. Pour l'enlever, il suffit de le tirer transversalement après l'avoir abaissé un peu. Il se met en place aussi facilement qu'il s'enlève. Il résulte de cette disposition une grande économie de temps pour l'observateur, car le changement de grossissement par l'objectif peut se faire presque instantanément. Le centrage mécanique de l'objectif se fait mieux qu'avec le pas de vis, enfin on peut choisir le côté de l'objectif qui donne les meilleures images dans la lumière oblique. On voit que ce système présente une certaine analogie avec le révolver, porte-objectif de M. *Nachet*.

Les microscopes anglais jouissent d'une réputation très-bien établie ; ils le doivent en grande partie à leur prix fort élevé, qui permet de ne rien épargner pour arriver à construire des instruments très-soignés. Ceux de M. *Beck* nous offrent un excellent spécimen de la construction anglaise. Son microscope perfectionné coûte 3 125 francs, il supporte des grossissements compris entre 12 et

3000 fois, au moyen de 9 objectifs et de 3 oculaires. Le support à deux colonnes, comme celui de M. *Nachet*, permet de donner au corps une position quelconque entre la verticale et l'horizontale : l'instrument est binoculaire ou monoculaire, à volonté ; le second tube est placé obliquement par rapport au premier qui peut servir seul, un petit prisme introduit latéralement près de l'objectif renvoie la lumière dans le second tube. La mise au point se fait par un mouvement rapide donné au corps à l'aide d'une crémaillère et d'un pignon, et par un mouvement lent communiqué au tube porte-objectif par une vis micrométrique ; elle se fait aussi par les oculaires au moyen de crémaillères et d'une tige à pignon qui les commande tous les deux à la fois. Les objets transparents sont éclairés par un condenseur lenticulaire achromatique d'*Amici*, qui reçoit la lumière du miroir, la concentre et la transmet par un orifice pratiqué dans un disque tournant, en fournissant des faisceaux lumineux depuis 25 jusqu'à 85 degrés d'ouverture. Au lieu de faire réfléchir la lumière sur le miroir, on peut aussi employer un prisme rectangle à réflexion totale, qui, comme on sait, occasionne moins de perte de lumière. Pour l'éclairage oblique, on trouve le prisme d'*Amici*, à faces convexes, et le prisme plan convexe de *Nachet*. Il est quelquefois avantageux d'observer les contrastes, en faisant projeter l'objet éclairé sur un fond noir. On obtient facilement ce résultat avec le miroir parabolique de *Wenham* (*fig.* 9). L'axe du

paraboloïde est vertical et son sommet est enlevé. La lumière *r*, qui arrive verticalement et de bas en haut sur le paraboloïde argenté AB, est concentrée au foyer F où doit se trouver l'objet. Au-dessous est un disque métallique opaque S, qui laisse passer obliquement les rayons réfléchis par le paraboloïde et qui forme le fond noir sur lequel se projette l'objet éclairé. Les corps opaques s'éclairent à l'aide de miroirs argentés de *Lieberkühn* ; adaptés aux objectifs, ils renvoient vers la partie supérieure de l'objet la lumière qu'ils reçoivent de bas en haut. On ajoute aussi une grande lentille montée sur pied articulé et qui joue le rôle de condensateur, et un miroir concave monté sur pied. On le place latéralement, de

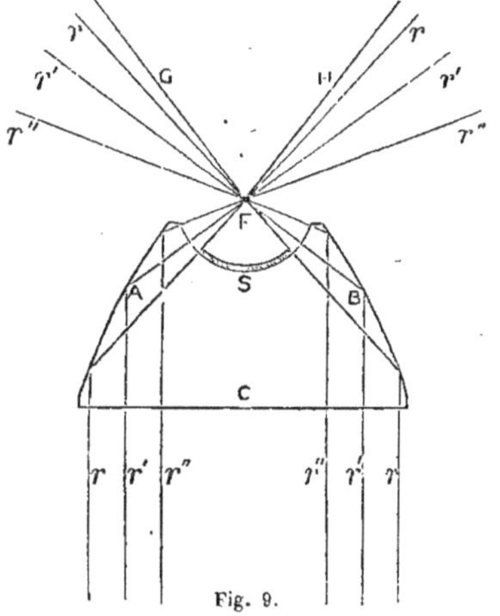

Fig. 9.

manière que le corps que l'on examine soit à son foyer. M. *Beck* a adopté la disposition de *Brooke* pour changer rapidement les objectifs. Quatre objectifs sont portés sur quatre bras mobiles autour d'un centre et peuvent venir, par suite du mouvement de rotation, s'appliquer successivement à l'extrémité du corps de l'instrument. La chambre claire employée par M. *Beck* est la chambre de *Wollaston*, qui n'est pas extrêmement commode : d'abord elle ne peut servir que pour le microscope horizontal ; puis, à moins d'employer le perfectionnement apporté par M. *Laussedat*, elle est souvent d'un emploi gênant. Ajoutons en terminant la description de ce microscope (nous laissons de côté tous les accessoires qui tiennent à la préparation de l'objet) que M. *Beck* a imaginé un mode particulier d'éclairage pour les corps opaques. Il se compose d'une petite lame de verre mince placée à l'intérieur d'une bague et fixée à une tige à bouton qui la traverse. Cette bague se visse sur le corps vers son milieu ; elle porte une ouverture latérale par laquelle on introduit des rayons lumineux. Après être tombés sur la lame de verre, ils sont réfléchis vers les objectifs et viennent donner sur l'objet une image de la flamme de la lampe d'où ils émanent, si elle est placée à bonne distance. Tout le champ de la vision est éclairé. Cette méthode d'éclairage des corps opaques convient très-bien pour les forts grossissements ; en faisant tourner un peu la lame de verre, on porte le maximum de lumière sur tel ou tel point de l'objet qu'on voudra.

M. *Beck* désigne sous le nom de microscopes de seconde classe des microscopes binoculaires un peu moins soignés et moins complets, dont le prix s'élève encore à 1150 francs ou des microscopes monoculaires de 1000 francs, au plus et de 500 francs au moins. On peut juger par là de l'élévation des prix des microscopes anglais, si l'on réfléchit que le microscope grand modèle perfectionné de M. *Nachet* ne dépasse pas 1300 francs.

La troisième classe des microscopes de M. *Beck* comprend les microscopes populaires, le microscope binoculaire universel, de 375 francs, et le microscope monoculaire d'éducation plus simple, universel aussi et ne coûtant que 250 francs. Le microscope universel de M. *Beck* offre une disposition assez originale. A la partie supérieure du corps sont trois oculaires et à la partie inférieure trois objectifs. Des mouvements de rotation permettent d'amener à volonté chacun de ces systèmes optiques dans l'axe de l'instrument ; on peut donc de la sorte varier le grossissement de la manière la plus rapide et en obtenir très-vite neuf valeurs différentes. L'instrument doit laisser sans doute à désirer pour le centrage des verres, mais son prix est peu élevé.

La disposition donnée par M. *Beck* aux doublets de dissection est assez solide. Le microscope perfectionné de *Darwin*, c'est le nom qu'il reçoit (*fig.* 10 et 11), se compose

Fig. 10.

d'une platine circulaire supportée par quatre pieds solides qui la réunissent au socle. Au milieu de ce socle est le miroir L qui peut recevoir toutes les inclinaisons possibles : il renvoie la lumière au centre de la platine. L'une des colonnes B est creuse et supporte les doublets ; mais, au lieu de mettre l'œil au-dessus du centre O de la platine, on vise dans un prisme à réflexion totale P, qui ramène à la verticale les rayons lumineux rendus horizontaux par un second prisme. Les rayons renvoyés sur le prisme O qui recouvre le doublet cheminent donc horizontalement jusqu'au second prisme P qui est au-dessus du bord de la platine ; il en résulte que le travail de dissection est facilité ; de plus on peut, en allongeant le tube, faire projeter le prisme rectangle sur la table et l'employer à dessiner la préparation. Un se-

Fig. 11.

cond pied de la platine est creux aussi et reçoit la tige qui supporte le condenseur lenticulaire. C'est une grande lentille montée sur une tige articulée et qu'on dispose de manière que l'objet que l'on étudie soit à son foyer.

8. — Polarisation.

Les phénomènes de la haute optique se produisent presque tous dans les milieux cristallisés, aussi la préparation et le choix des cristaux présentent-ils une importance considérable. A ce point de vue, M. *Hoffmann* occupe un rang fort distingué, et sa collection de lames cristallines taillées est très-remarquable. Ses tourmalines sont fort belles, et sa collection est si nombreuse et si variée qu'il peut les assembler de manière que la lumière qui les traverse soit presque blanche, par suite de leurs teintes complémentaires. On remarquait à son exposition des spaths d'Islande, des prismes de Nicol à angles droits, les polariscopes de *Savart*, de *Biot*, de *Babinet*, etc., des verres trempés très-nombreux, qui produisent dans la lumière polarisée des étoiles ou d'autres figures.

On voyait aussi à l'exposition *Bertaud* de beaux prismes de Nicol et l'appareil qui a servi à M. *Cornu* dans ses recherches sur les azimuts de polarisation. Enfin les noms de MM. *Duboscq* et *Soleil* se présentent tout naturellement, et des premiers, quand on veut citer les constructeurs les plus habiles d'instruments de cette branche de la physique. M. *Soleil* exposait le saccharimètre bien connu qui porte son nom.

M. *Rohrbeck*, de Berlin, exposait aussi un saccharimètre, celui de *Mitscherlich* et de *Wentzke*. Il avait en outre l'appareil de polarisation de *Dove* et son prisme biréfringent.

A l'exposition de M. *Hoffmann* on voyait aussi un appareil destiné à mesurer la rotation imprimée au plan de polarisation par les liquides actifs. Imaginé par M. *Wild*, de Berne, modifié par M. *Hoffmann*, il a pris le nom de Polaristrobomètre *Wild-Hoffmann*. L'appareil se compose d'un polariseur formé d'un gros prisme de Nicol, d'un polariscope de *Savart* modifié par *Wild*, qui sert d'analyseur, et du tube contenant le liquide à étudier. Devant l'analyseur est une lunette au foyer de laquelle est un réticule. On dirige l'instrument vers une lumière blanche, un nuage par exemple. Quand le tube est vide, on dispose le polariseur de manière à amener sur le réticule une bande blanche placée entre deux bandes colorées. Si maintenant on remplit le tube, la bande blanche fait place à un système de franges horizontales ; il faut alors tourner le polariseur jusqu'à ce que la bande blanche reparaisse. Le nombre de degrés dont il a fallu tourner le prisme de Nicol donne la rotation du plan de polarisation, et par suite la quantité de sucre contenu dans la dissolution. L'appareil peut aussi bien servir dans la lumière homogène. Son exactitude est très-grande, il se manie très-commodément, car on peut le tenir à la main, et ses indications sont indépendantes de la couleur propre des liquides mis en expérience. M. *Hoffmann* construit plusieurs modèles, le plus grand coûte 380 francs.

A côté du Palaristrobomètre se trouvait à l'exposition de M. *Hoffmann* un très-beau microscope polarisant d'un prix relativement peu élevé, 380 francs. Il est destiné à étudier les courbes lumineuses que la lumière polarisée développe quand elle traverse les lames minces cristallisées. *Amici* en 1844 et *Norremberg* en 1834 ont imaginé des instruments analogues, mais celui-ci mérite la préférence. *Amici* employait comme analyseur une pile de glaces et *Norremberg* un prisme de Nicol ; tous deux se servaient d'un miroir pour réfléchir la lumière sur un miroir de verre noir qui la polarisait et la renvoyait dans le microscope. *Hoffmann* emploie une tourmaline achromatisée, qui transmet de la lumière sensiblement blanche, évite l'emploi de miroirs et permet d'observer en un lieu quelconque. La lumière est envoyée dans le corps du microscope par un miroir concave de verre platiné d'après le procédé *Dodé*. Devant l'oculaire on peut placer des verres rouges ou monochromatiques, pour rendre les anneaux plus visibles. L'appareil permet la mesure de l'angle des axes ; on peut même aller au delà de 135°, en employant une petite cuve contenant de l'huile d'olive blanchie au soleil ou du sulfure de carbone. On place cette cuve entre le polariseur et l'analyseur, et l'on y plonge le cristal à examiner au moyen d'une petite pince d'acier ou de platine. On peut de la sorte étudier l'influence de la température, comme l'a indiqué M. *Descloiseaux*.

VII. — CHALEUR (Pl. 178).

Cette partie de la physique était comparativement assez peu représentée à l'Exposition universelle, et cela est tout naturel. D'abord les appareils producteurs ou transformateurs qui, dans les autres parties de la physique, sont assez nombreux, machines électriques, électromoteurs, etc., manquent ici ou plutôt constituent déjà une branche séparée et spéciale de la physique industrielle. D'un autre côté, les instruments de mesure sont peu variés, occupent peu de place ; restent donc les appareils spéciaux construits pour certaines recherches ou destinés à la démonstration. Toutefois, nous passerons en revue les principaux appareils relatifs à cette partie si importante de la physique.

1. — Thermométrie.

La thermométrie nous présente les instruments si soignés de MM. *Baudin, Revérend, Richard Danger*, de Paris ; *Beck*, de Londres. Le premier avait exposé une série de 10 thermomètres renfermant de l'alcool coloré des diverses couleurs du spectre, afin de permettre d'observer les modifications qu'apporte à la température le pouvoir absorbant du liquide employé. M. *Beck* exposait des thermomè-

tres destinés aux observations physiologiques : le réservoir est formé d'un tube
en spirale, ce qui fait que les indications sont bien plus rapides.

Les thermomètres métalliques avaient reçu une disposition ingénieuse de la
part de M. *Léopoldser*, qui nomme thermo-indicateur l'appareil qu'il avait exposé.
Son but est d'indiquer si la ventilation est ou non bien établie à l'Opéra de
Vienne. On sait que si la ventilation est insuffisante, la température s'élève ; il
s'agit donc de mesurer ou plutôt de juger si la température dépasse un certain
degré. Pour cela on place à la partie supérieure, dans les corridors, des lames
bimétalliques qui, à un moment donné, viennent par leur déformation établir un
contact et faire passer un courant qui agit sur une sonnerie placée dans le cabinet d'un inspecteur.

Quant aux instruments destinés à la mesure des hautes températures, on voyait
à la classe 12, à l'exposition de M. *Ruhmkorff*, le pyromètre thermo-électrique de
M. *Becquerel*.

La détermination des hautes températures est une question pleine de difficultés, et pourtant une solution simple et pratique de ce problème serait fort utile
dans beaucoup d'industries. *Muschenbroeck* paraît être le premier qui ait songé
à la dilatation des métaux comme moyen de mesure des températures élevées.
En 1780, *Achard* proposa un thermomètre dont l'enveloppe était en porcelaine
transparente, et dont le corps dilatable était un alliage fusible. Deux ans plus
tard, *Wedgwood* imaginait le pyromètre qui porte son nom et qui n'est, comme
on sait, un véritable pyroscope, qu'à cause de la nature et des propriétés si diverses de l'argile. *Prinsep*, essayeur de la monnaie de *Benarès*, faisait connaître
en 1827 une méthode fondée sur la dilatation de l'air contenu dans un thermomètre à air formé d'un réservoir en or. En 1836, M. *Pouillet* reprenait cette
question avec un appareil analogue dont le réservoir était en platine ; mais si
l'or se volatilise aux hautes températures, le platine se laisse traverser par les
gaz ou bien exerce une action modificatrice sur le volume gazeux, de telle sorte
que l'emploi des réservoirs métalliques doit être rejeté. D'autres physiciens s'en
sont pourtant servis, et M. *Regnault*, dans ses remarquables travaux sur la mesure
des températures, a indiqué des méthodes qui permettent de se mettre à l'abri
des changements qui peuvent survenir dans la masse totale du gaz confiné dans
le pyromètre. Cette méthode présente une certaine incertitude, car on n'arrive
à déterminer de la sorte que le binôme de la température $1 + aT$, et pour en
conclure T, il faut supposer que le coefficient de dilatation des gaz conserve encore la même valeur aux températures élevées auxquelles on opère.

On a cherché à se mettre à l'abri de cette hypothèse en ayant recours à d'autres procédés ; nous ne ferons que signaler ici la méthode des mélanges, la coloration des oxydes métalliques appliqués sur la porcelaine, et les courants thermo-électriques proposés par M. *Becquerel* père et étudiés depuis par M. *Pouillet*
et par M. *Regnault*.

M. *Edmond Becquerel* a repris cette question, et l'on voyait à l'exposition de
M. *Ruhmkorff* un pyromètre électrique qui a fourni à M. *Becquerel* les résultats
consignés dans un mémoire étendu qu'il a publié sur cette question dans les
Annales du Conservatoire (1).

Il était important de pouvoir comparer la méthode du pyromètre à air et celle
du pyromètre électrique, aussi M. *Becquerel* a-t-il commencé par modifier le premier appareil en substituant aux réservoirs métalliques un réservoir de porcelaine, et en opérant par une méthode qui n'admet que pendant un temps assez
court la constance de la masse du gaz confiné.

(1) *Annales du Conservatoire*, Tome IV, page 597. [*Éditeur*, Eug. Lacroix.]

Le pyromètre à air est représenté Pl. 178, *fig.* 1. Le réservoir V est en porcelaine vernie à l'intérieur ou à l'extérieur, soudé à un tube de porcelaine *mn* de 30 à 40 centimètres de longueur. Son diamètre est de 1 millimètre, et pour le réduire encore, on y introduit un fil de platine ou d'or. Ce tube se mastique dans un tube de cuivre qui le fait communiquer à un robinet à trois voies *r*, dont l'une des branches est soudée au tube supérieur d'un manomètre barométrique. Les deux tubes de ce manomètre sont dans une cuve AB remplie d'eau pour en maintenir la température constante, et communiquent l'un avec l'autre au moyen d'un robinet à trois voies R, qui permet de faire écouler le mercure de l'un ou l'autre des deux tubes, ou bien des deux à la fois, ou bien enfin de les mettre simplement en communication. A l'aide de l'entonnoir D, on peut introduire du mercure. Comme il importe que l'air de l'appareil soit parfaitement sec, en *d* se trouve un petit godet qui contient un petit morceau de chlorure fondu de calcium. Grâce à ces dispositions, on peut faire varier le volume ou la pression du gaz confiné, et cela à tout instant de l'expérience. Un écran MN sépare le manomètre barométrique, dont la température *t* doit rester constante, du reste de l'appareil porté à la température T. Pour la partie du tube comprise entre l'écran et le robinet à trois voies *r*, on peut adopter une température moyenne $\dfrac{T+t}{2}$; comme le volume de l'air qu'il renferme est fort petit, il n'en résulte pas d'erreur sensible. Si l'on était bien sûr que la masse d'air confiné fût constante, on pourrait porter le réservoir dans la glace, puis dans l'enceinte dont on veut avoir la température ; la loi de *Mariotte* modifiée par *Gay-Lussac* donnerait de suite la solution ; mais à cause de l'incertitude où l'on est relativement à la porosité de l'enveloppe pour le gaz, on ne peut opérer ainsi avec certitude. M. *Becquerel* agissait de la manière suivante. Il amenait le mercure de la branche fermée du manomètre devant un trait tracé sur le verre, puis, en faisant écouler du mercure, il augmentait le volume du gaz jusqu'à ce que le niveau arrivât à un second trait, tel que le volume connu du tube compris entre les deux traits fût de 10 à 15 centimètres cubes, par exemple. Si, dans chacune des deux expériences faites à la même température et à très-peu d'intervalle l'une de l'autre, on mesure la pression du gaz à la température de la caisse AB, on pourra écrire que les poids du gaz sont égaux. On aura de la sorte une équation dans laquelle entre $1 + a$T, le volume et le coefficient de dilatation connus du réservoir de porcelaine, le volume du gaz compris depuis l'écran jusqu'au robinet, volume qu'on aura jaugé préalablement, et le coefficient de dilatation du verre. A l'aide de ces données, on déduira aT, d'où T, en prenant $a = 0,003665$.

Comme épreuve de l'exactitude de sa méthode, M. *Becquerel* a déterminé la température de la fusion du zinc avec des réservoirs en porcelaine et en fer. Le zinc était contenu dans une bouteille à mercure en fer (*fig.* 2) de la contenance de 2 à 3 litres. Un tube en fer CD, entrant par le côté, servait de moufle. Le pyromètre y était introduit de manière à occuper la partie centrale du tube et de la bouteille, il était entouré de kaolin ou de limaille de fer, une plaque de fer, lutée avec de l'argile, fermait le tube D. La vapeur de zinc distillait par le tube E et venait se condenser dans un vase placé à côté. Dix observations ont donné pour la température d'ébullition du zinc des nombres compris entre 877°,6 et 898°,0. La moyenne 891° de ces expériences présente assez d'exactitude, tandis qu'en comparant le volume ou la pression du gaz confiné à 0° et à la température d'ébullition du zinc, on obtient des résultats irréguliers. Les gaz employés ici étaient l'azote et l'air.

Ces expériences préliminaires étant faites, M. E. *Becquerel* a étudié le couple platine et palladium proposé en 1835 par M. *Becquerel* père, et cherché la loi de la variation de sa force électromotrice avec la température. Ce couple construit avec beaucoup de soin par M. *Ruhmkorff* se compose (*fig.* 3) d'un fil de palladium *m*, placé dans l'axe d'un petit tube de porcelaine *ab*. Il a une longueur de 2 mètres avec un diamètre de 1 millimètre environ. En *a*, il s'applique sur une longueur de 1 centimètre sur un fil de platine et est lié avec lui au moyen d'un fil de platine plus fin qui les entoure en les pressant fortement l'un contre l'autre. Le fil de platine *n* a à peu près le même diamètre et la même longueur que le fil de palladium. Il est placé, ainsi que le tube de porcelaine *ab*, qui les sépare, dans un tube AB également en porcelaine fermé à l'une de ses extrémités et d'un diamètre plus grand. Il est commode de remplir ces tubes de sable fin. Ce couple platine et palladium présente des avantages notables sur le couple platine et fer proposé par M. *Pouillet* et étudié avec soin par M. *Regnault*; sa force électro-motrice est assez grande pour qu'on puisse employer un magnétomètre pour mesurer les courants produits, elle croît assez régulièrement avec la température, et les métaux sont inaltérables par l'air et la chaleur.

Le magnétomètre employé par M. *Becquerel*, et construit par M. *Ruhmkorff*, était celui de *Weber*, qui donne avec une grande exactitude, au moyen de la déviation d'un barreau aimanté creux et portant un miroir, l'intensité des courants qui circulent autour de la bobine de fils métalliques du galvanomètre enroulés sur un cylindre de cuivre pour diminuer les oscillations.

Pour prendre la température d'une enceinte ou d'une vapeur, on y introduit le tube de porcelaine, car il ne faut pas que les métaux aient le contact de la vapeur. Les points de jonction des fils de platine et palladium PQ (*fig.* 4) avec les fils du magnétomètre P'Q' se trouvent dans des tubes en *v* placés dans la glace fondante en V. Ici le tube extérieur de porcelaine formant moufle AB est ouvert à ses deux bouts et traverse le fourneau.

M. *Becquerel* a cherché une relation entre la température et l'intensité du courant développé; il a reconnu que l'intensité augmente plus vite que la température, mais il a pu, au moyen de points fixes, obtenus par l'étude comparative du pyromètre à air et du pyromètre électrique placés dans le même milieu, construire pour le couple qu'il employait une table qui donne de 10° en 10° la température.

L'instrument étant destiné à obtenir la température de fusion des métaux, M. *Becquerel* emploie la disposition indiquée dans la fig. 4. Un anneau en fer DE supporte trois petits crochets en platine *a*, *a'*, *a''* auxquels on adapte des fils métalliques qui se trouvent ainsi suspendus librement. A côté d'eux, on amène le point de jonction du couple platine et palladium. Le tube AB est fermé par des disques de verre; FF' est un écran en bois percé en O d'une ouverture circulaire munie d'une lame de verre, qui permet à l'observateur de saisir le moment où les lames métalliques viennent à fondre.

Cette étude très-complète du couple platine et palladium et de ses avantages, montre le parti qu'on en peut tirer comme instrument de mesure des hautes températures; mais, malheureusement, si la question théorique peut sembler résolue, la question pratique est loin de l'être, car un instrument qui emploie des dispositions aussi minutieuses est loin de répondre aux besoins de l'industrie, qui attend encore un appareil simple et précis.

2. — Propagation de la chaleur.

L'étude de la propagation de la chaleur était représentée à l'Exposition par l'appareil de *Melloni*, complété par M. *Desains*, et construit par M. *Ruhmkorff*.

Dans le même ordre de phénomènes, M. *Secrétan* avait exposé deux miroirs concaves de verre argenté de 50 centimètres d'ouverture et de 45 centimètres de distance focale, destinés à l'École polytechnique. Tous ceux qui ont répété l'expérience de la réflexion de la chaleur à l'aide de miroirs de cuivre savent combien ces miroirs se ternissent et combien par suite l'intensité de la réflexion s'affaiblit. Ici pareil inconvénient n'est pas à craindre, le poli si complet de l'argent doit permettre de donner à l'expérience un succès plus éclatant. M. *Bertaud* exposait de belles plaques cristallines à l'aide desquelles on peut étudier la conductibilité de la chaleur.

3. — Changements de volume et d'état.

Les changements de volume des corps gazeux et liquides ont été, comme on sait, étudiés par M. *Regnault* à l'aide de nombreux appareils. M. *Golaz* exposait les principaux d'entre eux, et M. *Silbermann*, le préparateur si habile et si connu du Collége de France, présentait une série de dessins dans lesquels ces appareils sont coordonnés de manière à ne pas multiplier inutilement les détails et à ne coûter environ qu'un cinquième environ du prix des appareils séparés. M. *Soleil* exposait l'appareil avec lequel M. *Fizeau* est parvenu à déterminer le coefficient de dilatation des cristaux en se servant des lois des anneaux colorés produits par les lames minces.

Relativement aux changements d'état des corps et à l'étude des vapeurs, ainsi que pour la calorimétrie, on retrouvait M. *Golaz* exposant les appareils de M. *Regnault*. Pour le passage de l'état gazeux à l'état liquide obtenu par compression, on trouvait à la classe 12 deux appareils de *Natterer* exposés l'un par M. *Lenoir* de Vienne, l'autre par M. *Deleuil*. Le premier est à deux soupapes, celui de M. *Deleuil* beaucoup plus grand est armé de deux réservoirs en tôle avec armatures en fer forgé. Le réservoir qui fonctionne et le corps de pompe sont constamment entourés d'un mélange réfrigérant. Le liquide sort du vase au moyen d'un tube effilé qui plonge jusqu'au fond. M. *Deleuil* a aussi l'appareil de *Thilorier* pour la solidification de l'acide carbonique. Le réservoir dans lequel il recueille le gaz liquéfié présente une solidité à toute épreuve, aussi peut-il l'envoyer impunément en province.

VIII. — MAGNÉTISME.

Le magnétisme proprement dit joue un rôle bien restreint relativement à celui que développe le passage des courants dans le voisinage des masses de fer doux, aussi l'Exposition contenait-elle fort peu de choses à ce sujet. Le domaine des phénomènes magnétiques s'est fort peu étendu en dehors des courants.

Les anciens connaissaient cette pierre qui attire le fer et dont les propriétés tirent leur nom soit du berger Magnès, soit de la province où on l'aurait trouvée jadis. C'est *Gilbert*, médecin de la reine *Élisabeth* (1600), qui étudia le premier dans un ouvrage remarquable les propriétés de l'aimant. Peu de faits se groupent autour du phénomène fondamental, aussi les recherches des physiciens portent-elles dans la suite sur les procédés d'aimantation et la mesure des forces magnétiques. Pendant longtemps les aimants soit naturels, soit artificiels, paraissent destinés uniquement à supporter des poids, et la forme de fer à cheval leur est presque exclusivement donnée.

L'Allemagne, et surtout Nuremberg, avait le privilége de fournir les barreaux et

surtout les fers à cheval aimantés. La Hollande, depuis quelque temps, a donné
à ces produits un certain soin, et *Van Wetteren* frères, de Haarlem, exposaient un
aimant formé de trois fers à cheval réunis, construits d'après le système *Élias*.
Ce fer à cheval porte un poids de 50 kilogrammes. Dans l'exposition italienne se
trouve indiquée une nouvelle méthode d'aimantation, au sujet de laquelle nous
ne pouvons rien dire de plus.

Les éléments magnétiques de la terre en un point donné doivent être mesurés
avec soin, ainsi que leurs variations. *Gambey* a construit dans ce but des boussoles
destinées à la mesure de la déclinaison, de l'inclinaison, de l'intensité et des variations diurnes de la déclinaison. Ces instruments portatifs, construits avec intelligence et avec le plus grand soin, laissent pourtant beaucoup à désirer, aussi
sous l'impulsion de *Gauss* a-t-on inauguré en Allemagne un système d'observations et d'instruments tout différents. M. *Lamont*, ce physicien célèbre qui s'est
tant occupé de magnétisme terrestre, a donné à ces instruments une forme
simple et commode. Un seul instrument peut fournir les trois éléments du magnétisme terrestre en un lieu donné, c'est le magnétomètre de voyage ; d'autres
sont nécessaires pour obtenir la variation de ces éléments. L'établissement du
docteur *Carl*, de Munich, avait envoyé de beaux instruments d'après le système
Lamont pour l'observation des variations des éléments du magnétisme terrestre.
Les échelles sont gravées sur verre, les trois barreaux sont semblables, et les
cages de verre dans lesquelles ils sont placés permettent d'observer les variations extrêmes. *Elliott*, de Londres, exposait un déclinomètre à miroir de *Gauss*
destiné à l'Observatoire de Kew.

IX. — ÉLECTRICITÉ (Pl. 179, 180, 109).

1. — Électricité statique.

L'électricité qui débute à *Thalès*, de Milet (600 av. J.-C.), est pourtant, à proprement parler, née d'hier. Il est bien vrai que le philosophe de l'Ionie savait
que l'ambre frotté attire les corps légers. *Pline* même avait reconnu que le jayet
possède aussi cette propriété, mais qu'il y a loin de la connaissance de ce fait
élémentaire aux développements si considérables qu'a pris aujourd'hui cette
branche des sciences physiques. L'ambre et le jayet étaient assez rares dans
l'antiquité, il paraissait donc naturel que des substances spéciales eussent des
propriétés toutes particulières. Il faut remonter jusqu'à la fin du seizième siècle
pour que la science électrique fasse vraiment des progrès.

Gilbert, de Colchester, médecin de la reine *Elisabeth* (1600), fait faire à l'électricité comme au magnétisme un pas énorme en y introduisant la méthode
expérimentale. Il reconnaît qu'un grand nombre de corps sont électriques à la
manière du jayet et de l'ambre, et indique la première machine électrique.
C'était simplement un tube de verre frotté. Avec un semblable électro-moteur,
la science ne pouvait aller bien loin.

Otto de Guéricke, bourgmestre de *Magdebourg* (1650), dont on retrouve la trace
lumineuse dans presque toutes les branches de la physique, lui donna un instrument bien imparfait encore, mais supérieur pourtant au tube de *Gilbert*. Il
se composait d'un globe de soufre (Pl. 179, *fig.* 1) traversé par un axe muni d'une
manivelle. En même temps que l'on tournait d'une main, il fallait de l'autre
appuyer avec un morceau de drap sur le globe qui se chargeait d'électricité

négative. Une telle machine se prêtait encore bien mal aux expériences, le soufre est si fragile et l'électricité développée est si faible et si fugitive. Il fallait opérer dans l'obscurité, car les étincelles étaient à peine visibles.

Hawksbée (1709), physicien anglais, imagina de remplacer le globe de soufre par un cylindre de verre (Pl. 179, *fig.* 2). Le mouvement de rotation était accéléré parce qu'il employait deux roues inégales reliées par un cordon, mais il fallait encore frotter avec la main, ce qui rendait la production de l'électricité difficile et incertaine. Les seuls effets qu'on pût observer commodément se bornaient aux manifestations de la lumière électrique. Un deuxième cylindre entrait dans le premier et pouvait tourner seul ou concurremment avec l'autre; de plus, on pouvait y faire le vide. Le cylindre d'*Hawksbée* ne fut pas universellement adopté, et quelques physiciens d'alors s'en tinrent au tube de *Gilbert*; mais l'Allemagne, cette terre du progrès, devait perfectionner la machine anglaise.

Sgravesande (1707) adopta un globe de verre monté sur deux douilles de cuivre, et *Boze*, professeur à Wittemberg (1733), quoiqu'en revenant au globe de verre dont *Hawksbée* avait fait usage, apporta à la machine électrique un perfectionnement notable, l'emploi du conducteur. Sa machine se composait d'un globe de verre traversé par un axe auquel on donnait un mouvement de rotation au moyen d'une manivelle. La main bien sèche, appuyée sur le globe, déterminait par le frottement la production de l'électricité. Un homme, monté sur un gâteau de résine, tenait dans ses mains un conducteur de fer-blanc qu'il approchait du globe. Peu après on eut l'idée de suspendre le conducteur au moyen de supports isolants (*fig.* 3).

L'emploi de la main comme frottoir présentait plus d'un inconvénient, ce fut *Winckler* (1741) qui proposa d'employer un coussin et de se servir d'un archet métallique pour donner au globe de verre un mouvement de rotation très-rapide. A l'aide de cette disposition, on pouvait faire faire au globe 180 tours par minute.

Chose assez bizarre, l'emploi du coussin ne fut pas généralement goûté. On lui reprocha de ne pas se prêter aux inégalités du mouvement du globe, ce qui était vrai, et l'abbé *Nollet*, doué d'une main large et nerveuse, bien propre à exercer des frictions électriques, proclama la supériorité de ce moyen pour développer l'électrité. La machine de l'abbé *Nollet* (1747) exigeait l'emploi d'un tourneur spécial (Pl. 179, *fig.* 4), tandis que l'expérimentateur appuyait la main sur le globe, opération qui n'était pas sans danger. Quelquefois, en effet, le globe volait en éclats, et ces accidents furent une des causes de la substitution du plateau au globe de verre.

A. MACHINES A FROTTEMENT. — C'est *Ramsden*, le premier, qui, en 1768, construisit une machine à plateau de verre frotté par quatre coussins fixés aux montants (Pl. 179, *fig.* 5). Pendant longtemps le conducteur fut simple, se courbant en arc pour se terminer par les peignes, mais plus tard on reconnut l'avantage du conducteur double.

Jusque vers 1850, la machine électrique reçut peu de perfectionnements, et c'est sur ce plan que furent construites la célèbre machine de Haarlem et les grandes machines modernes. Vers cette époque, un constructeur allemand, M. *Steiner*, proposa quelques modifications importantes (Pl. 179, *fig.* 6). Les coussins de peau, jusqu'alors bourrés de crin et frottés d'or massif, sont formés d'une planchette appliquée contre le plateau par un ressort. Sur cette planche sont fixées des lames de flanelle et d'étain, recouvertes d'une bande de soie que l'on frotte avec un amalgame d'étain, de zinc et de bismuth. La nature des coussins ne constitue pas le seul perfectionnement apporté par *Steiner*, une meilleure communication des quatre coussins avec le sol et la régularité de la rotation du plateau dans un plan

fixe au moyen de manchons assurent aux machines de cette espèce une supériorité assez marquée sur les machines de l'ancien système.

Nous ne parlerons ici que pour mémoire de la machine électrique à vapeur
d'*Armstrong*, elle s'éloigne trop des machines à rotation qui, bien qu'inférieures
en puissance, l'emportent par la facilité de leur manœuvre et de leur entretien.

L'exposition allemande présentait des modèles curieux de machines électriques à frottement et à coussins. Bien que *Steiner*, en Allemagne, ait perfectionné la machine à quatre coussins de *Ramsden*, un modèle différent a prévalu. On
reproche à la machine de *Ramsden*, adoptée en France, son axe de rotation en
métal, qui offre à l'électricité un écoulement si facile et occasionne des secousses
électriques dans la main de celui qui tourne le plateau, quand le dégagement
électrique est abondant. De plus, le grand nombre de supports des conducteurs
détermine des pertes par le sol, s'ils ne sont pas parfaitement séchés ; enfin, avant
le perfectionnement *Steiner*, les coussins communiquaient mal entre eux et
avec la terre. Pour éviter ces divers inconvénients, les Allemands ont adopté
une disposition notablement différente de la machine électrique de Ramsden,
et d'après M. *Pisko*, depuis trente ans, l'un des exposants de la section d'Autriche, M. *Carl Winter*, construit des machines électriques semblables à celle
qui figurait à la classe 12. C'est à M. *Winter* qu'on devrait, toujours suivant le
même auteur, l'introduction des garnitures de taffetas destinées à garantir le
plateau du contact conducteur de l'air.

La machine de *Winter* se compose d'un disque de verre de 955 millimètres
(Pl. 180, *fig.* 8), monté sur un axe également en verre. Ce disque est frotté par
un coussin isolé C qui communique par un fil de cuivre enfermé dans un tube
en caoutchouc avec des boules de bois B portées par un pied en verre vert *v*.
Deux anneaux de bois *a*, placés de chaque côté du disque et à une distance de
3 centimètres, sont garnis de clinquant découpé de manière à présenter des pointes
qui remettent le plateau à l'état naturel. Ils sont portés par un pied en verre
vert *v'*. Un troisième pied *v''*, placé en arrière de l'axe, soutient un grand anneau
en bois qui peut être mis en communication avec les boules B ou la boule *b* au
moyen de deux tiges de bois *tt'*. Des crochets *c c'* permettent au contraire de faire
communiquer les boules avec le sol. L'isolement est très-bon à cause du verre
vert employé. Les tiges de bois et l'anneau sont garnis intérieurement de fils
de cuivre et à leur surface d'un vernis conducteur ou d'une feuille d'étain.
Cette machine a été essayée par M. *Pisko* avant d'être envoyée à Paris ; elle donnait des étincelles de 525 millimètres de longueur.

Dans la section française M. *Hempel* exposait une machine du même genre,
mais de dimensions moins gigantesques et qui montre encore une fois comment
une idée et un instrument se modifient en traversant le Rhin.

La machine *Hempel* (Pl. 180, *fig.* 9) se compose d'un grand plateau de verre P
qui passe entre deux coussins C placés dans la moitié inférieure et sur le côté
gauche. Ils sont frottés avec un amalgame particulier doué d'une grande action
électrique et communiquent à une grosse boule de cuivre isolée sur un pied de
verre A que l'on peut ou bien mettre en communication avec le sol, ou bien employer pour recueillir l'électricité négative. Une garniture de taffetas T, soutenue par une tige de fer recourbée, empêche la déperdition de l'électricité par
l'air. Une autre cause de perte a été évitée par l'emploi d'un axe en verre *r*. Tous
ceux qui ont tourné la manivelle d'une machine de *Ramsden* un peu forte ont
pu sentir que l'axe de cuivre laisse écouler dans le sol une assez grande quantité d'électricité. La partie électrisée du plateau vient passer entre deux anneaux
de bois *a* garnis de clinquant découpé, qui présente par conséquent de nombreuses pointes au moyen desquelles le plateau est remis à l'état naturel. Au

contraire, les boules de cuivre B, b,b' se chargent d'électricité positive. Un seul pied les isole ; mais si l'on veut recueillir l'électricité négative accumulée sur la boule A, on met alors la boule B en communication avec le sol. Cette machine paraît réaliser sur la machine *Ramsden* modifiée par *Steiner* quelques perfectionnements. Le plus sensible, à notre avis, doit être la substitution du verre au laiton pour l'axe de rotation ; les coussins qui communiquent ici très-bien avec le sol avaient déjà été perfectionnés par *Steiner*, mais leur disposition dans la machine *Hempel* permet bien mieux de recueillir l'électricité négative. Peut-être la quantité d'électricité produite ici est-elle inférieure, car la surface du conducteur est peu étendue, mais la tension est très-forte, car les étincelles peuvent acquérir une longueur de 50 centimètres.

Dans l'exposition collective du ministère de la guerre d'Autriche, on voyait des machines électriques destinées à allumer les mines et les torpilles (1). Il y a quatorze ans qu'on a commencé en Autriche à substituer la machine électrique aux anciens procédés, pour mettre le feu aux mines. Avec certains circuits et lorsqu'on emploie des amorces qui offrent assez de résistance, ou enfin quand on veut enflammer simultanément un grand nombre de mines, il est nécessaire que l'électricité possède une tension que les machines à frottement donnent de la manière la plus convenable, au moins quand on opère dans des circonstances favorables. L'électricité dynamique, comme on sait, possède une tension bien plus faible, et à moins de prendre certaines précautions et d'employer des amorces extrêmement inflammables, il n'est pas toujours possible de compter sur l'inflammation d'un certain nombre d'amorces. Le Génie a donc conservé les deux modes d'inflammation, aussi les machines électriques à frottement font-elles partie du matériel de défense des places fortes et de l'armement des compagnies du génie. Chaque compagnie est pourvue d'une caisse qui contient, outre la machine électrique, un rouleau muni d'un fil enduit de gutta-percha d'une longueur de mille pas, deux cents amorces électriques avec tous les outils nécessaires pour l'entretien de la machine et pour l'établissement des conducteurs électriques.

Les avantages de ces machines consistent en ce qu'elles sont très-portatives, que le développement de l'électricité est dû à une action purement mécanique, que la longueur des conducteurs est de peu d'influence sur l'effet produit et qu'il est très-facile, grâce à la haute tension de leurs courants, de mettre le feu simultanément à un grand nombre de mines placées dans le même circuit électrique. Malheureusement ces machines exigent des opérateurs exercés, quand on veut obtenir leur maximum d'action. Dans des conditions très-défavorables, il pourrait même être impossible de les faire marcher. Pour cette raison, les compagnies du génie en Autriche continuent à avoir à leur disposition les moyens ordinaires de mettre le feu aux mines. L'appareil électrique ne forme qu'un accessoire dont on se sert quand les circonstances sont favorables.

L'exposition du ministère de la guerre présentait deux modèles bien différents : l'un destiné à servir à la défense des places et à être employé par conséquent dans un endroit abrité ; l'autre portatif, facilement maniable et pouvant servir par tous les temps, même lorsque la pluie tombe sur lui en abondance. On pourrait dire pourtant que la machine portative peut revêtir deux formes bien différentes, car la pièce mobile peut être ou bien un plateau ou bien un cylindre. L'appareil destiné à la défense des places, ou tout au moins à opérer dans un lieu abrité, est représenté Pl. 109, *fig.* 1. Il se compose d'un bâtis en fonte B qui porte un axe coudé et un volant. Sur cet axe à manivelle M sont montés deux

---

(1) Un article très-complet sur les mines et les torpilles (par **M**. le capitaine Rous) a paru dans les *Annales du Génie civil*, livraison d'août 1868.

plateaux de verre vert de 63 centimètres de diamètre P P', qui tournent chacun entre deux coussins C pressés contre eux par des ressorts et maintenus sur le bâtis. L'extrémité de l'axe opposée à celle qui porte la manivelle se termine par une roue d'angle verticale A, qui permet de mettre les deux plateaux en mouvement sans se servir de la manivelle. Au-dessous de cette roue d'angle est une tige verticale t, mobile de bas en haut et terminée, elle aussi, par deux roues d'angle. Quand on élève la tige et qu'on la maintient en place par une clavette, la roue supérieure conduit la roue d'angle verticale, et par suite fait tourner les plateaux de verre. La roue d'angle supérieure, la tige et la roue d'angle inférieure A' sont commandées par un roue d'angle verticale, calée sur l'arbre coudé du volant V. Une pédale avec bielle b s'attache au vilebrequin, de sorte que le mouvement du pied donne aux deux plateaux de verre et au volant un mouvement de rotation. Cette machine n'a pas de peignes comme la machine de *Ramsden*. Elle est destinée à agir immédiatement sur une jarre de très-grande dimension terminée par une pointe.

Cette énorme bouteille de Leyde (*fig.* 2) a environ un mètre de haut et 30 centimètres de diamètre. Elle est formée d'un cylindre de verre ouvert à la partie supérieure et fermé par en bas. Ce cylindre est revêtu extérieurement d'une lame métallique vernie et intérieurement d'une feuille d'étain. Un couvercle en gutta-percha sert à la fermer et porte une tige métallique qu'une chaîne met en communication avec la feuille d'étain. Au bouton b, qui termine la chaîne métallique, se visse une tige horizontale t terminée par une pointe. Cette pointe vient entre les deux plateaux de verre, et la bouteille de Leyde, dont la garniture extérieure communique avec le sol, se charge comme avec une machine de *Ramsden*.

Pour obtenir l'étincelle de décharge, il suffit de tirer vivement un cordon. La garniture extérieure porte une tige à bouton c que l'on peut élever plus ou moins à l'aide d'un pas de vis ; d'un autre côté, le bord du couvercle de gutta-percha porte aussi une tige à bouton d, qui se termine du côté de la garniture métallique centrale par une petite tige f qu'un ressort tient soulevée. Un coup sec donné au cordon abaisse cette tige f, et lorsqu'elle arrive assez près du bouton central b, il se produit deux étincelles, l'une entre le bouton central et la tige, l'autre entre les deux boutons latéraux c, d. Si l'on a mis ces boutons en communication avec l'amorce électrique, on comprend qu'elle s'enflammera. Cette machine fonctionne très-bien et sans préparation. Quelques tours de roue ont suffi pour obtenir avec la grande jarre une forte étincelle, et pourtant la galerie des machines ne semblait pas un lieu bien choisi pour y faire des expériences d'électricité.

Les appareils portatifs sont construits d'après deux modèles différents. Le premier (*fig.* 3) se porte sur le dos, la boîte est munie de bretelles, et bien qu'on le pose ordinairement sur un trépied T, il pourrait fonctionner sur le dos de l'homme qui le porte. La boîte est en cuir, au travers passe la manivelle M qui sert à faire tourner deux plateaux en caoutchouc durci de 32 centimètres de diamètre, qui s'électrisent par leur frottement sur des coussins. Le condensateur, au lieu d'être comme précédemment une bouteille de Leyde, se compose d'une longue bande de caoutchouc de chaque côté de laquelle se placent des lames d'étain. Une seconde feuille sert à séparer les lames quand on enroule l'appareil de manière à lui donner la forme d'un cylindre (*fig.* 4). L'une des extrémités du cylindre porte une plaque qui doit être l'armure négative ; l'autre extrémité, qui doit être positive, se termine par un bouton B.

Dans le second appareil portatif dû au colonel du génie baron d'*Ebner*, la disposition est différente. L'appareil (*fig.* 5) se porte à la main au moyen d'une poignée en cuir p. Il se compose d'un cylindre en caoutchouc durci, qui frotte d'un côté sur des coussins en fourrure et va, par suite du mouvement de rotation, agir sur le condensateur placé au-dessus. La manivelle M est à l'un des bouts de la boîte cylindrique. Le condensateur est semblable à celui de l'appareil précédent : sa surface est de 10 décimètres carrés environ. Quant au mécanisme qui sert à produire l'étincelle, il a beaucoup d'analogie avec celui de l'appareil fixe. En appuyant sur le bouton *b*, une tige métallique horizontale *t*, qui communique avec la garniture extérieure du condensateur, se relève et vient toucher le bouton *c* de la garniture intérieure. Deux crochets métalliques faisant saillie en dehors de l'appareil servent à accrocher les deux fils qui vont à l'amorce électrique. L'absence de conducteurs métalliques dans ces machines comme dans celle qui est destinée à la défense des places, fait qu'elles se prêteraient peut-être moins bien que celle de *Ramsden* à certaines expériences d'électricité, mais comme électromoteurs, elles semblent présenter d'assez grands avantages. Toutefois les machines à cylindre de caoutchouc ne sont pas aussi puissantes que la machine fixe.

B. Machines fondées sur l'induction électrostatique.— Jusqu'en 1864 les machines à coussins étaient seules employées pour produire l'électricité. L'électrophore, il est vrai, servait quelquefois, mais on n'avait pas encore songé à l'employer comme machine électrique énergique, et quoique l'induction électrostatique joue un rôle dans la machine de *Ramsden*, on n'avait pas encore vu tout le parti que l'on en peut tirer. En 1864, *Holtz* fait connaître en Allemagne une machine extrêmement ingénieuse et nouvelle, qui paraît appelée à remplacer la machine de *Ramsden*. C'est en avril 1865 que les *Annalen von Poggendorf* donnent la description de cette machine, et quelques mois après, en août 1865, le même recueil fait connaître un appareil analogue imaginé par *Töpler*, de Riga.

Aussitôt qu'une invention se produit on a coutume de rechercher dans le passé les appareils plus ou moins semblables et les auteurs dont l'idée nouvelle a pu s'inspirer. Ici on trouve *Bennett*, qui en 1786 propose un appareil à deux plateaux ; *Darwin*, qui en 1787, fait connaître un Revolving doubler à 4 plateaux qui n'en est qu'une modification. En 1788 *Nicholson* le réduit à 3 plateaux, et *Cavallo* invente le condensateur multiple ou doubleur d'électricité. Enfin *Read*, en 1796, propose un doubleur qui est encore une transformation de celui de *Bennett*. Il est destiné à accumuler l'électricité qui est dans l'air de manière à rendre ses manifestations plus évidentes. Il est impossible de voir dans tous ces électroscopes plus ou moins sensibles des appareils qui aient pu inspirer les inventeurs des nouvelles machines électriques, nous aimons mieux chercher l'idée qui les a guidés dans la corrélation des forces physiques et dans la pensée de transformer l'électricité statique en électricité dynamique. L'instrument proposé vers 1846 par *Goodman*, de Birmingham, doit-il être plutôt considéré comme ayant devancé ceux de *Holtz*, de *Töpler* et de *Bertsch* : l'oubli qu'il n'a pas su conjurer ferait croire qu'il ne méritait guère mieux. Ces trois instruments allemand, russe et français, ont au contraire fortement excité l'attention, et un grand nombre de constructeurs se sont empressés d'en fabriquer. L'Exposition en présentait de nombreux modèles. Comme ils sont encore peu connus et qu'ils offrent un grand intérêt, nous en donnerons la description et l'usage.

La machine de *Holtz* (Pl. 179, *fig.* 7) est une espèce d'électrophore à rotation. Elle se compose de deux disques de verre, l'un fixe en verre à vitres de 45 centimètres de diamètre, supporté verticalement par quatre roulettes en caoutchouc tenues par des tiges de verre *v* ; l'autre mobile au moyen d'un axe d'acier, de poulies commandées par des cordons et d'une manivelle M. Celui-ci est en verre à glaces très-mince et éloigné du disque fixe de 3 millimètres environ. Il peut faire 12 à 15 tours par seconde, et comme il y a fort peu de frottement, il suffit de la moindre force pour mettre la roue en mouvement. Lors même qu'on ne tient plus la manivelle, elle tourne encore pendant 8 à 10 secondes. Le plateau de verre fixe porte à son centre un trou circulaire qui donne passage à l'axe de rotation, et sur les bords, aux extrémités d'un même diamètre, deux ouvertures ou fenêtres de 1 décimètre de large sur un décimètre de profondeur. L'un des bords de chacune de ces fenêtres F F', porte une armure de papier a, a' munie de deux pointes saillantes en carton. L'armure s'applique sur les deux faces du verre, mais avec des largeurs différentes, 5 centimètres à l'extérieur et la moitié seulement à l'intérieur. Devant les deux armures viennent aboutir deux conducteurs métalliques C C' isolés dans la monture de bois qui les porte et terminés devant le plateau par des peignes analogues à ceux des machines ordinaires.

Pour se servir de l'appareil, il faut d'abord l'amorcer, c'est-à-dire donner à l'une des armures une petite quantité d'électricité. Pour cela on frotte avec une fourrure une plaque de caoutchouc durci et on la met en contact avec l'armure a; par exemple, après avoir fait communiquer les conducteurs c, c' entre eux ou avec le sol. On tourne alors le plateau mobile. L'autre armure se charge bientôt de l'électricité de nom contraire à celle de la première, et il s'établit dans le circuit des conducteurs un courant continu, chacun des conducteurs se chargeant de l'électricité de même nom que celle de l'armure voisine.

L'explication donnée par *Holtz* n'est pas de tout point satisfaisante et claire. Il admet que l'armure a, électrisée négativement par le contact d'un corps frotté, induit la partie voisine du disque mobile qui devient positive, tandis que son électricité positive passe dans le conducteur C. Cette électricité négative passe à l'état dissimulé par l'influence du plateau fixe; mais lorsque, par suite de la rotation du disque, elle arrive devant la fenêtre F', elle devient libre et se décharge en partie sur l'armure a' et en partie sur le conducteur C', qui deviennent l'un et l'autre positifs. Le plateau mobile retombé à l'état naturel trouve dans l'électricité positive de l'armure a' une nouvelle excitation qui détermine la séparation des électricités, renvoie dans le conducteur C' une seconde charge d'électricité positive et dissimule sur le plateau mobile de l'électricité négative qui viendra agir sur la fenêtre F, quand on aura fait faire à l'appareil une demi-révolution. Il circule donc dans chaque conducteur deux courants nommés par *Holtz*, courant primaire et courant secondaire. Le premier est dû à l'action primitive de la portion électrisée du plateau, le second provient de la décomposition produite par l'autre armure sur la même partie du plateau un instant auparavant, cette électricité se conservant pendant la demi-révolution par l'influence du disque fixe. Le courant primaire l'emporte en quantité, car, malgré la rapidité de la rotation, une partie de l'électricité développée devant une armure se perd avant d'être arrivée devant l'autre, mais la tension du courant secondaire est bien plus forte.

Holtz appelle élément tout ce qui est nécessaire pour produire la décomposition de l'électricité, c'est-à-dire la fenêtre, l'armure et le conducteur; aussi la machine décrite ci-dessus est à 2 éléments. On en fait à 4 éléments, c'est-à-dire présentant 4 fenêtres à 90 degrés de distances, 4 armures et 4 conducteurs. On fait communiquer les 4 conducteurs, puis on amorce l'une des armure et l'on tourne. Les deux conducteurs horizontaux réunis reçoivent l'un des courants, et les deux conducteurs verticaux reçoivent l'autre. La quantité d'électricité mise en mouvement est sensiblement proportionnelle au nombre des éléments, mais la distance explosive est moindre avec la machine à 4 éléments. Avec une machine à 4 éléments on charge en une seconde une bouteille de Leyde ayant une surface de 10 décimètres carrés.

Pour étudier les effets de l'électricité développée par la machine, *Holtz* emploie une sorte d'excitateur universel, qui a l'avantage de permettre d'introduire un corps dans le circuit, tout en ménageant sur un autre point une solution de continuité. Il se compose de 3 colonnes de verre (Pl. 180, *fig.* 1) avec des garnitures métalliques traversées par des tiges mobiles. Si l'on fait communiquer les bornes *m* et *p*, l'une avec le conducteur C, l'autre avec C', il se produit entre les boules *b b'* une série d'étincelles dont on peut augmenter l'éclat en écartant les boules. Si on les éloigne de manière à faire cesser la communication électrique, la machine se décharge d'elle-même. On ne voit pas très-bien pourquoi la machine ne donne rien si l'on n'amène préalablement les deux boules au contact, ou bien si on les écarte trop l'une de l'autre, et pourquoi cela n'a plus lieu quand la machine est munie d'un condensateur.

Cette machine produit des effets électriques remarquables bien qu'un peu énigmatiques ; elle peut remplacer une machine d'induction. Son courant enflamme le phosphore, le coton-poudre, mais non la poudre. Il décompose l'eau quand on emploie l'appareil *Wollaston*, et exerce des actions physiologiques assez intenses, même lorsqu'on se borne à mettre les deux mains en communication l'une avec la boule *b*, l'autre avec *b'*. Toutefois, si l'on veut des secousses plus énergiques, il faut employer la disposition représentée dans la figure 2. La bouteille de Leyde peut n'avoir que 28 à 30 centimètres carrés de surface couverte, et l'on éprouve déjà des commotions assez vives si l'on remplace les boules *b b'* par des pointes très-rapprochées. L'effet augmente avec la distance explosive.

Les avantages de cette machine sont le peu de volume qu'elle occupe, son prix peu élevé et la grande quantité d'électricité qu'elle fournit. A ce point de vue, elle est supérieure aux machines électriques ordinaires les plus puissantes ; de plus, son maniement n'exige presque aucune force. Elle charge une bouteille de Leyde avec une rapidité extrême, et si ses étincelles sont moins longues, la quantité d'électricité qu'elle fait circuler est bien plus grande. Du reste, *Holtz* n'a pas cessé de perfectionner la construction de cette machine si ingénieuse, et il paraît être parvenu à obtenir des étincelles très-longues avec une machine à deux éléments dont le plateau a 31 centimètres de diamètre. Il a aussi essayé de combiner une petite machine comme celle qui vient d'être décrite avec une machine bien plus grande dont le plateau a 80 centimètres. Les étincelles tirées avaient 24 centimètres de longueur, mais l'isolement dans l'appareil d'essai était loin d'être satisfaisant.

Dans la section française de l'exposition on voyait une machine de *Holtz* construite par *Ruhmkorff* (Pl. 180, *fig.* 3). Naturellement le principe est le même que celui de la machine indiquée plus haut, mais la construction en diffère, et c'est là une occasion de comparer la construction allemande avec la construction française. Ici les montants sont en verre comme les supports du plateau, les conducteurs sont faciles à régler, et de plus la machine reçoit un condensateur qui en augmente notablement les effets. Ce condensateur est composé de deux petites bouteilles de Leyde *a a'*, dont les boutons s'accrochent aux conducteurs et dont les garnitures extérieures communiquent entre elles. Elles sont formées de deux éprouvettes de verre épais, garnies intérieurement d'une feuille d'étain au contact de laquelle arrive l'extrémité du crochet, et recouvertes à l'extérieur d'une feuille d'étain qui ne s'étend environ qu'au cinquième de leur hauteur. Une tige métallique réunit les garnitures extérieures. Ces deux bouteilles communiquant aux conducteurs se chargent comme eux d'électricités de noms contraires, et se déchargent quand les boutons des conducteurs viennent à distance suffisante. Cette décharge s'ajoute à celle de la machine en la renforçant. Les conducteurs *b b'* dans la machine de *Ruhmkorff* peuvent être abaissés de manière à toucher les bornes *e e'*, alors on recueille le courant dans les fils *f f*. On les manœuvre commodément au moyen des poignées isolantes *m m'*. Le disque mobile de la machine de *Ruhmkorff* a 55 centimètres, il est monté sur un axe de verre et le plateau fixe a 60 centimètres ; ils sont à 3 millimètres de distance et vernis à la gomme laque, ainsi que les armures de carton. On donne au disque une vitesse de rotation de 12 à 15 tours par seconde. Pour combattre les mauvais effets de l'humidité qui diminue fort notablement le dégagement de l'électricité dans la machine, on peut verser sur la table de l'huile de pétrole dont la vapeur, en se condensant sur les pièces de la machine, empêche l'influence de la vapeur d'eau.

Dans la section prussienne on voyait aussi des machines de *Holtz*, l'une d'elles a un plateau horizontal. Elles appartenaient à l'exposition de M. *Schultz*, de Berlin, qui fabrique pour le prix élevé de 240 francs les machines de *Holtz* dont le plateau fixe a 52 centmètres.

M. *Borchardt* exposait aussi deux machines analogues, mais à 4 éléments, et une troisième d'une construction assez singulière. Elle se compose de deux plateaux de verre horizontaux sans ouvertures, placés très-près l'un de l'autre et tournant en sens contraire. Quatre peignes sont disposés à 90° l'un de l'autre, trois servent pour le disque supérieur, un pour le disque inférieur. Deux peignes voisins sont réunis pour former un pôle, les deux autres peignes forment l'autre pôle. On amorce cette machine comme celle de *Holtz*, mais son action est plus faible et assez énigmatique. M. *Borchardt* exposait enfin une quatrième machine en caoutchouc durci de forme cylindrique, fondée aussi sur le principe de l'influence. Les deux plateaux de la machine de *Holtz* sont remplacés par deux cylindres de caoutchouc, dont l'un porte deux orifices et deux armatures. On électrise le petit cylindre avec un morceau de caoutchouc frotté et on le met en place dans le grand. Le cylindre extérieur a 2 décimètres de longueur et à peu près 15 centimètres de diamètre. Deux peignes recueillent l'électricité comme dans la machine à plateaux de verre, mais ici le dégagement est assez faible.

M. *Rohrbeck*, de Berlin, exposait l'appareil imaginé par *Holtz* pour percer une plaque de verre épais.

Dans les machines précédentes on soumet à l'induction électrostatique un corps mauvais conducteur, parce que l'action se localise, mais on peut aussi construire des machines dans lesquelles le corps soumis à l'influence soit bon conducteur ; c'est ce qu'a fait M. *Töpler*, professeur à l'École polytechnique de Riga.

La machine électrique de *Töpler* est basée sur l'induction électrique, comme celle de *Holtz*, mais, plus qu'elle encore, elle rend manifeste la transformation du mouvement en électricité ; car, bien qu'on puisse, comme dans la machine de *Holtz*, amorcer avec une faible source électrique, on verra plus loin que cette opération n'est pas nécessaire. Son principe est, comme celui de l'appareil précédent, l'augmentation progressive de l'électricité. Qu'on imagine un disque métallique verni et isolé D (Pl. 180, *fg.* 4) chargé d'électricité négative. Si l'on en approche un plateau métallique *p*, mis pour un instant en communication avec ce sol, il se chargera d'électricité positive, tandis que son électricité négative se rendra dans le sol comme avec l'électrophore. La communication avec la terre étant rompue, on peut lui faire toucher le disque métallique verni et isolé D', sur lequel il développera de l'électricité négative, tandis que l'électricité positive se rendra dans le sol à l'aide du conducteur C'. Si alors on fait communiquer D' avec D, l'électricité négative du premier plateau s'ajoute à celle du second, qui peut alors recommencer à agir, mais plus énergiquement sur *p*. On voit que de la sorte l'intensité de l'action inductrice va en croissant.

Le mouvement de rotation est bien plus favorable à la production de ces influences électriques, aussi la machine de *Töpler* se compose-t-elle d'un disque de verre PQ (*fig.* 5) porté par un axe de verre R'R auquel on peut donner une vitesse de 15 à 18 tours par seconde au moyen de poulies de différents diamètres et de cordons. Sur la face postérieure de ce disque sont collées deux feuilles d'étain formant deux grands segments P, Q. Elles se replient et se collent sur la face antérieure, où elles forment deux bandes semi-circulaires *p*, *q*, sur lesquelles peuvent frotter deux ressorts légers *r*, *r'* portés par des conducteurs isolés C, C'. Derrière ce disque est un plateau métallique fixe qui a la même forme et les mêmes dimensions que les segments d'étain. Trois supports *s*, *s'*, *s''* le soutiennent et permettent de l'approcher autant qu'on veut du disque mobile ; la distance habituelle est de 5 millimètres environ. Les conducteurs isolés C, C' peuvent être mis en communication soit par les deux fils *f* et *f'* que l'on peut rapprocher autant qu'on veut, soit par les tiges *b b'* terminées en pointe dont on règle à volonté la distance.

Pour se servir de la machine, on l'amorce non-seulement un instant comme celle de *Holtz*, mais par le contact prolongé du bouton *h* avec une source d'électricité, comme par exemple le pôle négatif d'une pile sèche de *Zamboni*.

Tandis que le bouton de la pile est en contact avec *h*, on fait communiquer le conducteur C avec le sol ; alors la tension négative de P' induit positivement le segment P, dont l'électricité négative s'écoule dans le sol par le ressort *r* et le conducteur C. La rotation du disque amène P en contact avec C' qui se charge à chaque fois d'une nouvelle quantité d'électricité positive. Il résulte du mouvement circulaire des secteurs que, chargés positivement lorsqu'ils sont devant P', ils se déchargent sur le conducteur C', sont remis à l'état naturel en communiquant au sol par C et se chargent encore au tour suivant. La tension positive de C ne peut croître indéfiniment, car son électricité et celle du segment P se déchargeraient sur P' en tirant une étincelle.

Pour éviter cet inconvénient, *Töpler* remplace le plateau métallique P' par un plateau de verre garni d'une feuille d'étain sur sa face postérieure, et la face postérieure du disque mobile est vernie. Malgré tout, il se produirait une pluie d'étincelles entre le disque et le plateau, si l'on ne s'opposait à ce que la tension de l'électricité n'augmentât sur P au delà d'une certaine limite ; c'est à cela que servent les deux pointes *b*, *b'*. On gradue leur distance ; de la sorte la tension de P est limitée, et aucune décharge ne peut alors avoir lieu entre P et P'. Si, au lieu de communiquer avec le sol, le conducteur C était isolé, il se chargerait d'électricité négative et la tension du conducteur C' diminuerait de moitié.

Dans l'appareil qui vient d'être décrit, il est nécessaire de maintenir en contact avec *h* une source d'électricité dont l'appareil emmagasine pour ainsi dire les charges successives. Pour éviter cet inconvénient, *Töpler* a imaginé de réunir sur le même axe deux appareils dont l'un doit fournir à l'autre les quantités d'électricité qu'il s'agit d'accumuler. L'axe RR' (*fig.* 6) entraîne dans son mouvement de rotation le disque PQ avec ses garnitures métalliques d'argent verni et le disque ST, dont les garnitures sont en étain également verni. Derrière chacun d'eux est le plateau correspondant P', T', en verre recouvert d'une feuille d'étain sur la face qui ne regarde pas le disque mobile. Les conducteurs isolés C C' pressent sur les bandes semi-circulaires *p q* de PQ et les conducteurs *t t'* sur celles de ST. Le conducteur C' communique avec le plateau T' par le fil *f*, et le conducteur *t* est relié au plateau P' par le fil *h*.

Si P' reçoit une petite charge d'électricité négative, il induit positivement le segment P dont l'électricité passe bientôt par le conducteur C' et le fil *f* dans le plateau T' qui induit négativement T. Le mouvement de rotation amène son électricité dans le conducteur t qui la ramène à P', puis le conducteur A ramène T à l'état naturel. La tension du segment T' augmente donc à chaque tour, mais, comme il y a des pertes, il ne tarde pas à se produire un état d'équilibre. L'ensemble de ces deux appareils constitue le régénérateur; comme dans l'appareil simple, il est nécessaire que les deux pointes bb' soient mises à une certaine distance l'une de l'autre. Il se produit entre elles un courant d'étincelles, mais cela n'empêche pas l'action du régénérateur, car elles ne sont dues qu'à l'électricité libre.

Ce régénérateur sert à charger un appareil simple que l'on place par exemple sur le même axe. Le conducteur C' fournit de l'électricité positive d'une manière permanente et, chose assez remarquable, il n'est pas nécessaire d'amorcer l'appareil. Quand on a tourné pendant cinq à six minutes, le plateau P' prend de lui-même de l'électricité négative, et les choses se passent comme si l'on avait employé une source d'électricité. *Töpler* pense qu'on peut attribuer cette électrisation au frottement soit de l'air ou des ressorts, peut-être à la différence d'action électrique des deux métaux argent et étain qui entrent dans la construction de l'appareil.

Cette machine fournit des étincelles moins longues que celle de *Holtz*, mais la quantité d'électricité mise en mouvement est à peu près la même. Avec un appareil double dont les disques tournants avaient 36 centimètres et 24 centimètres, qui étaient à 6 millimètres des plateaux et faisaient de 15 à 18 tours par minute, on chargeait en une demi-seconde une bouteille de Leyde dont la garniture avait une surface de 10 décimètres carrés. Avec un plus grand nombre de disques tournants, *Töpler* pense que les effets seront notablement augmentés.

M. *Wesselhoft*, de Riga, a exposé dans la section russe une machine de *Töpler*, présentant une douzaine de disques. Elle se compose d'une boîte à parois de verre d'environ 1 mètre de long sur 60 centimètres de hauteur et de largeur. Un axe horizontal long d'un mètre porte les disques mobiles et fait saillie au dehors de la boîte pour recevoir une manivelle. Les plateaux et les communications sont disposés à l'intérieur de la boîte au moyen de tiges parallèles à l'axe et de fils métalliques. Le bâti de la boîte est en bois, mais les quatre faces latérales sont en verre pour permettre de voir ce qui se passe à l'intérieur. Il ne nous a pas été possible d'obtenir de renseignements sur les résultats que donne cette machine.

A côté de ces machines s'en présente une autre due à un physicien français, M. *Bertsch*, membre du conseil de perfectionnement des lignes télégraphiques, et photographe distingué. C'est un perfectionnement et une simplification des machines précédentes après lesquelles elle a paru. Elle est représentée Pl. 180, fig. 7.

Elle se compose d'un disque D d'ébonite ou caoutchouc durci d'environ 50 centimètres de diamètre monté sur un axe de verre A qui peut recevoir un mouvement de rotation à l'aide de roues R et de cordons. D'un côté de ce disque on place à une très-petite distance un secteur de caoutchouc durci S que l'on a électrisé par le frottement. De l'autre côté du disque passif sont deux rateaux ou peignes P P' analogues à ceux des machines électriques ordinaires et destinés à jouer à peu près le même rôle. Le rateau inférieur P' communique avec le sol au moyen d'une chaîne, et le rateau supérieur P avec un cylindre E isolé sur deux colonnes de verre vv. Le manche isolant T permet d'approcher la boule B qui communique avec le rateau supérieur et avec le cylindre, de la boule fixe B' qui communique avec le rateau inférieur et le sol. Les étincelles doivent jaillir entre B et B', elles sont augmentées par l'addition du condensateur cloisonné C, qui se compose de deux éprouvettes en verre épais, mastiquées l'une à l'autre par leurs extrémités fermées. On les a préalablement garnies à l'intérieur d'une feuille d'étain ; une feuille d'étain les recouvre et en fait un tube dont les deux bouchons sont traversés par des tiges métalliques qui viennent au contact de la garniture intérieure. Ce sont, comme on le voit, deux petites bouteilles de Leyde communiquant entre elles par leurs garnitures extérieures et ayant leurs garnitures intérieures en communication, l'une avec le conducteur du râteau supérieur l'autre avec le sol par l'intermédiaire de la chaîne.

Le jeu de cette machine est facile à comprendre si l'on se reporte à la théorie de l'électrophore. Concevons un électrophore ordinaire placé sur son gâteau de résine négatif. On sait que le disque induit a de l'électricité négative à la partie supérieure (*fig.* 10). Si l'on avance le doigt, on tire une première étincelle, ou bien, si l'on approche une pointe isolée, elle laisse échapper une aigrette positive, tandis que sa boule N se charge négativement. Si maintenant on soulève le disque et qu'on approche le doigt, on tirera la seconde étincelle, la seule dont on s'occupe ordinairement quand on emploie l'électrophore ; mais si l'on approche une seconde pointe isolée (*fig.* 11), elle dégagera une aigrette négative, tandis que la boule P se chargera positivement. Lors donc qu'on réunira les deux boules P et N, on aura une étincelle qui se renouvellera à chaque mouvement du disque de l'électrophore. La machine *Bertsch* n'est pas autre chose qu'un électrophore tournant et continu fondé sur l'induction électrostatique. Le secteur négatif induisant S agit sur le peigne inférieur P' dont l'aigrette positive se décharge sur le plateau de caoutchouc. Une demi-révolution amène la partie électrisée localement devant le peigne supérieur P qu'elle induit et qui lui fournit une aigrette négative, tandis que l'électricité positive se rend dans le cylindre E et dans la boule supérieure B. Les deux boules se trouvent donc par suite électrisées de sens contraires, et si leur distance est suffisamment faible, elles donnent un flot d'étincelles.

On peut faire fonctionner la machine soit en mettant le conducteur B' en communication avec le sol, et alors les étincelles ont leur plus grande longueur, soit en rompant cette communication. De même on peut employer un ou plusieurs secteurs induisants S placés l'un à côté de l'autre et frottés préalablement avec la main pour les électriser. Si l'on emploie deux secteurs, la quantité d'électricité devient double. Avec un disque de 50 centimètres auquel on donne une vitesse de 12 à 15 tours par seconde et deux secteurs, on a 5 à 10 étincelles de 10 à 15 centimètres de longueur par seconde. Leur tension est suffisante pour percer une glace de 10 millimètres d'épaisseur, pour éclairer 1 mètre de tubes *Geissler*, et pour enflammer les mines à de grandes distances. Une batterie de 2 mètres carrés de surface intérieure se charge en 30 à 40 secondes.

On peut sur le même axe assembler deux plateaux, alors les étincelles ont jusqu'à 25 centimètres de longueur, et en moins d'une minute on charge une batterie de 4 jarres de 100 litres chacune. Avec cette batterie on volatilise jusqu'à 2 mètres du fil de fer employé dans les parafoudres des télégraphes.

Cette ingénieuse machine permet de produire des effets énergiques que l'on n'obtient des courants induits qu'au moyen d'appareils fort coûteux. La force employée pour la faire tourner est insignifiante puisqu'il n'y a pas de frottement. Elle présente plusieurs avantages sur la machine de *Holtz*. Elle est beaucoup plus simple, moins hygrométrique par suite de la substitution du caoutchouc durci au verre, et moins fragile. Elle donne le même courant, quel que soit le sens du mouvement et fournit les électricités dans le sens qu'on désire, car si on frotte les secteurs avec la main ou avec un morceau de maroquin, le sens de la distribution électrique change. Lors même qu'on cesse de tourner, la machine est encore amorcée, ce qui n'a pas lieu avec la machine de *Holtz*. La machine de *Holtz* toutefois paraît être un peu plus énergique que la machine de *Bertsch*.

2. — Électricité dynamique.

Jusqu'à *Galvani*, l'électricité développée par le frottement avait seule occupé les esprits, la découverte mémorable du médecin de Bologne, et sa longue discussion avec *Volta*, ouvrirent une voie nouvelle à la science électrique et firent connaître cette électricité, déjà si mystérieuse, à un point de vue nouveau et avec des propriétés plus singulières encore.

Volta, en 1800, découvrit la pile, et les premières années de ce siècle se passèrent à perfectionner cet instrument si précieux et à imaginer des formes nouvelles ou plus commodes. L'électricité des machines est à haute tension, elle tend à s'échapper sans cesse des conducteurs sur lesquels on la développe; celle de la pile au contraire s'y maintient sans que le contact de la main, l'humidité de l'atmosphère la détournent de sa route. Tandis que la première se répand à la surface des corps où elle semble rester en repos, la seconde pénètre leur masse et paraît se manifester à l'état de mouvement. La première pour ces raisons a été appelée électricité statique, tandis que la seconde a reçu le nom d'électricité dynamique.

Les effets de la pile étudiés par les physiciens du commencement de ce siècle les amenèrent à essayer de la faire agir sur l'aiguille aimantée. *OErsted* (1819), savant danois, ouvrit à l'électricité dynamique une voie nouvelle qui devait être brillamment parcourue par les savants français. Il découvrit que le courant de la pile dévie l'aiguille aimantée. *Ampère* (1820), s'emparant de cette découverte, inventa l'aimant électrique ou solénoïde, courant hélicoïdal, qui a toutes les propriétés des aimants, et fit connaître tout un nouveau chapitre de la mécanique électrique, l'électrodynamique, qui comprend l'action des courants sur les courants.

L'analogie entre les courants et les aimants, aperçue par *Ampère*, ne devait pas être stérile, *Arago* découvrit bientôt que les courants aimantent l'acier d'une manière permanente, tandis qu'ils ne communiquent au fer que des propriétés magnétiques temporaires. L'électro-aimant et toutes les machines qui en dérivent étaient créés, et cette simple remarque, en donnant à la mécanique l'électro-aimant, ouvrait la voie à une foule d'applications plus merveilleuses les unes que les autres, les télégraphes électriques, les moteurs électriques, etc.

Le génie si puissant d'*Ampère* n'avait pas achevé son œuvre créatrice, le galvanomètre a été donné par lui à la science des courants, et s'il n'a pas su, en 1822, faire naître l'induction d'une expérience heureusement conçue, du moins a-t-il le premier reconnu qu'un courant en développe un autre dans un circuit voisin.

C'est en 1832, que *Faraday*, employant le galvanomètre d'*Ampère*, découvre l'induction qui vient si brillamment prendre sa place à côté de l'électro-magnétisme et donner naissance à une foule d'applications scientifiques et industrielles.

Les applications de l'électricité dynamique étaient en bien grand nombre à l'exposition, on peut dire que c'est dans cette voie que se lance tout particulièrement l'esprit des inventeurs. C'est à l'électricité, cet agent si docile et si merveilleux, que tout homme embarrassé dans ses conceptions a recours. A-t-il besoin de transmettre la force à distance, veut-il des mouvements rapides ou réguliers, c'est l'électricité qu'il invoque et toujours cette action occulte finit par produire des merveilles.

A. PILES. — S'il est intéressant d'étudier les manifestations industrielles et scientifiques de cette puissance, il ne sera pas sans intérêt de jeter un coup d'œil sur les appareils qui les produisent. Les piles ont reçu depuis *Volta* bien des dispositions, et le chemin qu'a fait la question est tel qu'il est parfois assez peu facile de trouver de la ressemblance entre la colonne du physicien de Pavie, et telle ou telle pile moderne. La pile *Bunsen* si connue présente tant d'inconvénients malgré sa force, que son usage tend peu à peu à disparaître ; on a compris que la constance et la facilité d'entretien ne s'obtiennent qu'avec des piles assez peu énergiques, et l'on se résigne à assembler un certain nombre d'éléments, qui répondent bien à la question si l'on peut ne pas avoir à s'en occuper pendant assez longtemps.

L'Exposition offrait plusieurs piles qui, sans être bien nouvelles, sont des modifications assez heureuses des modèles connus. La pile de *Smée* est à un seul liquide, un mélange d'eau et d'acide sulfurique dans lequel plongent un cylindre de zinc et une lame de platine. Le colonel du génie, baron d'*Ebner*, a imaginé une modification qui est employée par le génie autrichien dans les stations télégraphiques et pour quelques autres usages. Le platine a été remplacé par du plomb platiné qui paraît être d'un bien meilleur usage ; quant au zinc, au lieu d'employer un cylindre qui nécessite un travail spécial, on met dans la pile les rognures, les morceaux de zinc, quelle qu'en soit la forme. La pile (Pl. 109, *fig.* 6) se compose d'un bocal cylindrique B, de 50 centimètres de hauteur sur 12 de diamètre. Le volume assez considérable de liquide qui s'y trouve contenu est avantageux, en ce sens que sa saturation est bien plus lente à se produire, et que, par suite, l'attaque du zinc n'est pas rapidement arrêtée. Sur les bords de ce vase vient s'appuyer un cylindre de plomb platiné *p*, bien moins coûteux comme électrode que l'argent platiné. Ce cylindre n'occupe guère que le quart supérieur du vase ; il porte une tige verticale *t*, qui fait saillie en dehors de la pile et constitue l'un des électrodes. Le vase est fermé par une plaque en porcelaine *a* percée de trois orifices : l'un d'eux laisse passer la tige de plomb ; le second *b* est fermé par un bouchon de porcelaine et sert à introduire dans le vase un mélange de 10 volumes d'eau pour un volume d'acide sulfurique. Quant au troisième orifice, il est au centre et de forme rectangulaire. Il sert à laisser passer la tige *t'* de la corbeille, qui, une fois sortie, est tournée de 90 degrés et vient se loger dans un encastrement que porte le couvercle. Cette corbeille en porcelaine vernie se trouve alors suspendue dans le quart supérieur du vase et est entourée par la lame de plomb. Ses parois portent des fenêtres, qui permettent la libre introduction du liquide qui vient ainsi au contact des lames de zinc qu'elle contient. Pour diminuer l'attaque du métal quand la pile est ouverte, on l'amalgame et l'on place du mercure M au fond de la corbeille. Le zinc et le mercure constituant un des électrodes sont mis en communication avec l'extérieur, par un fil de cuivre qui traverse le tube creux *t'* de la corbeille et dont l'extrémité vient plonger dans le mercure. L'inconvénient de cette pile, et c'est pourtant aussi un mérite, consiste dans son grand volume ; ses avantages sont nombreux, on peut y employer des morceaux de zinc de toute forme, l'attaque est presque nulle quand la pile est ouverte, enfin on peut laisser cette pile dix-huit mois en activité sans avoir besoin d'y toucher.

La pile de *Daniell* est le point de départ d'un grand nombre de modèles de piles. Depuis longtemps l'inconvénient du diaphragme a été reconnu, et la plupart des modèles récemment proposés l'ont rejeté. Une bonne disposition a été indiquée par M. *Callaud,* de Nantes. Dans un bocal de verre (*fig.* 7), on dispose une couche de sulfate de cuivre dans laquelle on a placé un disque de cuivre soudé à un fil du même métal, qui vient se prolonger au dehors du vase et est recouvert de gutta-percha. Le couvercle du vase supporte un cylindre de zinc qui plonge jusqu'à la moitié de la hauteur. On verse dans la moitié inférieure une dissolution saturée de sulfate de cuivre et de l'eau pure par-dessus. La différence de densité des deux liquides suffisant à rendre leur mélange très-lent, il en résulte qu'on a pour ainsi dire une pile à deux liquides séparés par une cloison horizontale, idéale, créée simplement par la difficulté qu'ils éprouvent à se mêler l'un à l'autre.

M. *Minotto* a modifié quelque peu ces dispositions, la couche d'eau pure est remplacée par du sable mouillé, et le sulfate de cuivre, au lieu d'être en cristaux, est en poudre (*fig.* 8).

C'est encore une modification analogue qu'emploie le père *Secchi*. Sa pile se compose d'un bocal au fond duquel est du sulfate de cuivre en fragments. On y introduit un cylindre formé d'une lame de cuivre (*fig.* 9) recourbée et dont on relève les dents paires que l'on amène à être horizontales, tandis que les dents impaires sont verticales. Au-dessus de la couche de cristaux de sulfate de cuivre (*fig.* 10), on met quelques rondelles de papier buvard et une couche de sable. Un cylindre de zinc s'appuie sur ce sable et entoure le cylindre de cuivre. On verse alors du sulfate de cuivre en poudre à l'intérieur du cylindre de cuivre et l'on remplit le vase de sable. L'action de cette pile n'est pas très-forte, mais sa constance est remarquable et, pendant un an, on n'a pas besoin de démonter les éléments ; il suffit d'y ajouter chaque mois un peu d'eau et de sulfate de cuivre en poudre.

La variété présentée par les piles proposées est considérable. Sans prétendre faire une énumération complète, il convient de citer encore ici la pile *Marié-Davy*. Cette pile, comme on sait, se monte comme un élément *Bunsen*, seulement, au lieu d'acide azotique, on met dans le vase poreux du bisulfate de mercure en pâte blanche. Cette pile est actuellement employée sur un grand nombre de lignes télégraphiques ; sa force électro-motrice est inférieure à celle de *Bunsen*, mais supérieure à celle de *Daniell*; sa dépense est très-faible, car le bisulfate de mercure décomposé par l'hydrogène dépose du mercure métallique, qui peut à peu de frais être ramené à l'état de bisulfate. La dépense première est donc seule un peu notable. M. *Leclanché* a cherché à diminuer encore les frais d'entretien de la pile : il remplace le bisulfate de mercure par une pâte de charbon en poudre et de peroxyde de manganèse, et l'eau acidulée par une dissolution de chlorhydrate d'ammoniaque. Au lieu d'un cylindre de zinc, il emploie une petite tige de zinc amalgamé. Le sel ammoniac décomposé attaque le zinc, qui se chlorure, tandis que l'ammoniaque et l'hydrogène se rendent au pôle positif et enlèvent de l'oxygène au peroxyde de manganèse. M. *De la Rive* avait depuis longtemps proposé d'employer le peroxyde de manganèse à la place de l'acide azotique comme source d'oxygène dans la pile. La pile de M. *Leclanché* est excellente, elle évite l'endosmose des piles à deux liquides, les actions chimiques intérieures défavorables à la production du courant. Les matériaux qu'elle emploie sont à fort bas prix, le zinc se conserve sans altération dans la solution ammoniacale, quand le circuit n'est pas fermé. La force électro-motrice est telle que trois éléments de cette nouvelle pile valent à peu près quatre éléments *Daniell*.

M. *Wild*, de Berne, emploie une pile très-simple et très-économique. Elle se compose d'un bocal dans lequel plonge un cylindre de charbon de 40 centimètres de haut et de 10 centimètres de diamètre. A l'intérieur est une forte plaque de zinc amalgamé supportée par une planchette goudronnée, qui est placée en travers sur le bord du cylindre. On remplit le vase d'une solution presque saturée d'alun et de sel marin. Les éléments doivent être placés dans une caisse, afin que l'espace se sature de vapeur et que les dépôts de sels ne puissent se produire. Au bout de six mois, on démonte la pile et on la remplace par une nouvelle ; on lave les cylindres à l'eau courante pendant une dizaine de jours, on renouvelle l'amalgame du zinc et l'on décape les cuivres, de manière à remonter le tout un peu plus tard. Cette pile, comme on voit, ne demande donc que bien peu d'entretien.

Les modèles que nous avons cités sont loin d'offrir des types de tous les genres, mais toutefois il fallait se borner, et les piles que nous avons rappelées ou fait connaître ont certainement des avantages marqués sur un grand nombre d'autres dispositions.

A côté de ces piles dérivant toutes plus ou moins de celle de *Volta*, ou plutôt empruntant leur principe à l'action chimique indiquée par *Fabroni*, comme source électrique, on peut signaler un genre tout particulier, celui des piles à polarisation. En 1864, le professeur *Thomsen*, de Copenhague, a imaginé et fait construire par M. *Rasmussen*, une batterie de polarisation, qui se compose de deux séries de lames de platine qui plongent dans de l'acide sulfurique étendu contenu dans deux auges. Les deux pôles d'un élément *Daniell* viennent successivement, par un mouvement de rotation, en contact avec chacune des lames de platine. Il en résulte que, d'un côté, chaque lame de platine se recouvre d'oxygène et de l'autre côté d'hydrogène. La polarisation, qui se produit alors, développe un courant assez fort d'intensité presque constante, quand les piles ont pris une vitesse à peu près régulière et suffisante sous l'action d'un moteur électro-magnétique. D'après le professeur *Thomsen*, un élément de *Daniell* développe dans 52 lames de platine plongées dans deux auges, qui forment 50 cellules, un courant aussi fort que celui que fournissent 73 éléments *Daniell*.

Les courants se produisent non-seulement par suite des actions chimiques, mais aussi par le passage de la chaleur dans des corps inégalement conducteurs. Les piles thermo-électriques dérivent de ce second principe. M. *Marcus*, de Vienne, exposait la pile qu'il a fait connaître il y a trois ans. Le métal positif est un alliage formé de 10 parties de cuivre, 6 de zinc et 6 de nickel, tandis que l'alliage négatif contient 12 parties d'antimoine, 5 de zinc et 1 de bismuth. Les barreaux métalliques sont assemblés à la manière d'un W, dont les traits épais seraient formés de l'alliage négatif, tandis que l'alliage positif formerait les jambages déliés. Les barreaux ainsi assemblés sont placés à cheval, sur une barre de fer, dont ils sont séparés par du mica. Une longue lampe à alcool réchauffe par sa flamme le sommet de tous ces W, tandis que les soudures inférieures baignent dans l'eau froide. Un couvercle d'argile empêche les soudures chauffées de se refroidir en rayonnant dans l'air. Dans des expériences faites à Vienne, 125 couples de ces éléments ont donné en une minute 25 centimètres cubes de gaz détonant, et 65 couples ont fait porter à un électro-aimant un poids de 25 à 50 kilogrammes.

M. *Ruhmkorff* exposait aussi une pile thermo-électrique due à M. *Becquerel*. Les éléments sont formés de sulfure de cuivre et de maillechort. Les barreaux sont rangés en deux séries parallèles, et sont chauffés aux soudures par du gaz d'éclairage qui sort des nombreux trous d'un tuyau de fer. Les autres soudures sont plongées dans l'eau froide. Avec cette disposition la chaleur ne se conserve pas aussi bien que dans la pile de *Marcus*, mais le transport de l'instrument est bien plus commode.

Il y avait, dans la galerie des machines de la section américaine, deux piles thermo-électriques formées d'alliages, dont la composition n'était pas indiquée ; les éléments sont rangés en cercle, et les soudures placées près du centre sont chauffées par une lampe comme dans la pile de *Marcus*.

Parmi les effets produits par les piles employées seules, aucun ne surpasse, en beauté comme en importance, le phénomène lumineux de l'arc voltaïque. Mais on sait qu'il est nécessaire de lui donner de la régularité, pour empêcher qu'il ne s'affaiblisse et ne disparaisse aussitôt. Un grand nombre d'appareils ont été proposés dans ce but. Ceux de MM. *Duboscq, Foucault, Serrin* sont les plus répandus ; le dernier paraît réaliser, au plus haut point, tout ce que l'on peut demander à un appareil au point de vue de la solidité, de la facilité de la manœuvre et de la régularité de son fonctionnement.

Le régulateur *Serrin* est automatique, c'est-à-dire que les charbons s'éloignent à la distance voulue, aussitôt qu'on fait passer le courant, et s'y maintiennent, tandis que, dans les autres appareils, il faut d'abord écarter les charbons à la main. La lampe *Serrin* s'allume par la simple fermeture, s'éteint par la simple interruption du courant. M. *Serrin* a donné à ses régulateurs toutes les formes possibles pour les plier aux exigences des applications industrielles et, partout où on les a employés, ils ont donné les résultats les plus satisfaisants. Son exposition à la classe 12 comprenait des régulateurs, droits, renversés, inclinés à 45°, destinés à produire la lumière électrique dans l'air, dans l'eau, avec réflecteurs hyperboliques, paraboliques, elliptiques, avec globes diffusants, jaunes, blancs, bleus. Le choix que l'administration des phares, après un grand nombre d'expériences, a fait du régulateur *Serrin* pour éclairer le phare du cap de la Hève, est une preuve de l'excellence de cet appareil. Deux lampes sont montées sur des rails, qui permettent de les mettre en place l'une après l'autre, de manière à ce qu'elles saisissent immédiatement le courant, qui leur est envoyé par une machine magnéto-électrique. Le régulateur *Serrin* fonctionne aussi bien avec le courant de la pile, qu'avec celui des machines magnéto-électriques à courants induits alternatifs. Partout, malgré la délicatesse de ses organes, il a présenté le caractère d'un appareil remplissant bien toutes les conditions nécessaires pour un bon fonctionnement.

M. *Duboscq* exposait sa lampe électrique et le régulateur de M. *Foucault*.

B. Électro-magnétisme. — Cette partie de la physique est née en 1819 de la découverte d'*Œrsted*, qui reconnut que le courant de la pile dévie les aiguilles aimantées. De là découlait un moyen de mesurer l'intensité des courants, aussi *Ampère* en eut-il bientôt l'idée. Peu de temps après, *Schweigger* et *Poggendorff* imaginaient en même temps le galvanomètre ou rhéomètre multiplicateur. L'instrument manquait de sensibilité ; mais, lorsque *Nobili* eut remplacé l'aiguille unique par le système astatique de deux aiguilles, le galvanomètre était amené en principe au degré de perfection sous lequel nous le trouvons aujourd'hui. Le cercle de cuivre pour tranquilliser l'aiguille, le mode de suspension de l'aiguille, la rotation du châssis, tous ces petits détails de construction augmentent la commodité de l'instrument sans en modifier l'essence.

Le galvanomètre est un instrument délicat dont les indications sont souvent peu étendues ; son observation exige des précautions spéciales, et il est très-difficile de rendre tout un auditoire témoin de la marche de l'aiguille sur son cadran. M. *Becquerel*, frappé de cet inconvénient, a proposé de monter le système astatique sur un axe horizontal qui repose alors sur deux plans d'agate, mais la nécessité de ramener les aiguilles à la verticale par un déplacement convenable du centre de gravité, le frottement toujours trop grand sur les supports enlèvent à l'instrument une grande partie de sa sensibilité.

Il faut à toute force revenir au fil de soie comme moyen de suspension, quand on veut manifester des courants un peu faibles, et alors la difficulté de produire le phénomène devant un nombreux auditoire revient tout entière. M. *Ruhmkorff* l'a levée en construisant un galvanomètre de projection qui se trouvait à son exposition. L'instrument (Pl. 109, *fig.* 13) est à la fois un appareil de recherche et de démonstration, car sa sensibilité est très-grande et les pièces qui servent à projeter le phénomène peuvent s'enlever à volonté. L'aiguille supérieure du système astatique porte un style qui vient marcher sur un cadran de verre gradué transparent, tandis que la partie centrale est opaque. Le galvanomètre est placé dans la partie moyenne de la boîte qui renferme l'appareil. Trois vis calantes servent à le mettre de niveau ; une ouverture O, que l'on peut fermer à l'aide du couvercle F', sert à introduire un faisceau lumineux horizontal. Il rencontre dans la partie inférieure de la boîte une glace inclinée de 45°, qui le renvoie dans la direction verticale. La partie centrale du disque de verre gradué, étant opaque, arrête une partie du faisceau lumineux, tandis que l'anneau gradué transparent laisse passer le reste. Une lentille convexe achromatique C, portée par un tube mobile à l'aide d'une crémaillère et d'un bouton à pignon, fait converger le faisceau lumineux qu'une glace M renvoie horizontalement sur un écran vertical. Selon la distance de l'écran, on règle la position de la lentille de manière à obtenir une image nette du cercle divisé et de la pointe du style qui le parcourt et qui se projette en noir, ainsi que les divisions, sur l'anneau lumineux. Le cercle gradué se meut au moyen d'un bouton extérieur de manière à ramener toujours le zéro de la division au-dessous de l'aiguille. Cet appareil est appelé à rendre de grands services dans les cours, où il arrive si souvent que les courants produits ont une très-faible intensité et où il est par conséquent impossible d'en démontrer la présence.

M. *Lenoir*, de Vienne, exposait un galvanomètre à miroir que l'on peut graduer selon la force des courants.

La méthode qui consiste à associer les mouvements d'une aiguille aimantée aux déplacements d'un rayon lumineux a fourni bien des résultats précieux entre les mains de *Gauss* et de *Weber*. Sans doute, la disposition imaginée par M. *Ruhmkorff* pour le galvanomètre de projection permet de conserver à l'instrument un peu plus de sensibilité, mais, au point de vue de la simplicité de l'appareil, on pourrait peut-être tirer un bon parti du galvanomètre ordinaire en fixant au support des deux aiguilles un très-petit miroir qui renverrait sur un écran l'image d'une fente lumineuse. Le déplacement de l'image accuserait la production d'un courant et en manifesterait le sens d'une manière perceptible pour tout l'auditoire. M. *Carl*, de Munich, exposait un galvanomètre à miroir dans lequel il a combiné la boussole *Wiedemann* avec le procédé de lecture du galvanomètre dû à *Lamont*. Le petit miroir d'acier aimanté est remplacé par un miroir d'argent au-dessous duquel sont de petits barreaux aimantés prismatiques. MM. *Elliott* frères, de Londres, exposaient le galvanomètre de *Thomson*.

Les indications du galvanomètre ne sont pas exactement proportionnelles à l'intensité des courants, et, plutôt que de recourir à une table, il est bien préférable d'employer une boussole des tangentes. M. *Ruhmkorff* avait à son exposition la boussole telle que l'a modifiée M. *Gaugain*. Les fils, au lieu d'être montés sur un châssis rectangulaire, sont disposés sur une surface conique dont le milieu de l'aiguille occupe le sommet. L'instrument exposé offre des fils sur deux nappes coniques, de telle sorte qu'il est différentiel, car deux courants égaux, circulant dans les deux bobines coniques, devraient laisser l'aiguille au repos.

M. le professeur *Hämar*, de Pesth, exposait un electro-aimant dans lequel des disques de cuivre remplacent les tours de fils fins. M. *Ruhmkorff* avait aussi exposé un gros électro-aimant, disposé pour les études sur le diamagnétisme. Le noyau de fer pèse 400 kilogrammes et en porte 15000. Le courant imprime au plan de polarisation des rayons lumineux une rotation qui peut atteindre 40°. L'étincelle de rupture de l'extra-courant est si considérable, que l'on croirait voir la flamme produite par une parcelle de cuivre brûlant dans l'air.

A l'électro-magnétisme on peut encore rattacher l'interrupteur à mercure de M. *Foucault*, que l'on voyait à l'exposition de M. *Ruhmkorff*.

Les moteurs électro-magnétiques étaient assez nombreux ; on en voyait aux expositions de MM. *Dumoulin-Froment, Gaiffe*, etc. Dans la section autrichienne, M. *Kravogl*, d'Innsbruck, avait un moteur à mouvement direct, d'une construction nouvelle, à ce qu'il paraît, mais que nous n'avons pas pu étudier.

C. INDUCTION. — Le vaste champ que *Faraday* a ouvert aux recherches des inventeurs en découvrant l'induction, est parcouru avec une ardeur toujours croissante, et des appareils extrêmement curieux se sont produits depuis peu de temps. Quant à l'induction volta-électrique, le dernier mot semble dit aujourd'hui avec la bobine de *Ruhmkorff*, que l'on modifie en la reproduisant sans en changer les éléments essentiels. En 1840, MM. *Masson* et *Bréguet* avaient reconnu que, si deux hélices sont placées l'une dans l'autre, et que l'on fasse passer un courant dans l'une d'elles, il en induit un dans la seconde. Ils avaient vu que l'on peut, en interrompant le courant inducteur, obtenir des secousses, et M. *Masson* avait imaginé à cet effet une roue qui porte son nom et qui constitue un interrupteur très-commode, lorsque l'on veut graduer la vitesse d'induction. C'est là l'origine de la bobine devenue si célèbre, depuis que M. *Ruhmkorff* y a attaché son nom. Une disposition plus commode, une augmentation considérable dans la puissance et l'intensité des effets, l'emploi des tiges de fer pour augmenter l'induction, d'après l'indication de *Dove*, la substitution de l'interrupteur automatique de *Neef* à la roue de *Masson*, l'addition d'un commutateur, l'emploi du condensateur proposé par M. *Fizeau* : telles sont les modifications qui ont suffi à faire passer dans la pratique et à donner un relief considérable à un appareil qui, au début, n'avait pas excité si vivement l'attention. La notoriété des deux savants qui l'ont introduit n'aurait sans doute pu seule lui assurer un semblable succès.

M. *Ruhmkorff* exposait une bobine à laquelle il avait donné des dimensions énormes. Sa longueur est de 75 centimètres. Le fil du circuit inducteur a 2 $^8/_4$ millimètres de diamètre et 50 mètres de longueur ; il forme deux couches parfaitement isolées. Le circuit induit a 150 kilomètres de long, son diamètre est de $^1/_9$ de millimètre ; il forme 85 couches sur le noyau central. Dans l'air, l'étincelle d'induction que l'on obtient en employant l'interrupteur à mercure de M. *Foucault* a une longueur de 50 centimètres. Cette bobine peut éclairer 10 mètres de tubes de *Geissler*, elle charge en un instant une batterie de 4 mètres carrés de surface. A côté de cette énorme bobine s'en trouvait une autre qui n'avait que 20 centimètres de long, et qui ne coûtait que 50 francs. On pouvait voir à la classe 12 un grand nombre de bobines toutes plus ou moins semblables à celles de *Ruhmkorff* ; elles se trouvaient aux expositions de MM. *Gaiffe, Trouvé*, etc. Quelques-unes sont disposées pour éclairer les tubes de *Geissler*. Aux expositions de MM. *Ruhmkorff, Gaiffe, Alvergniat, Seguy*, on voyait de fort beaux tubes : ces deux derniers sont des souffleurs de verre fort habiles. M. *Geissler* étant arrivé trop tard n'avait pu exposer.

C'est au même ordre de phénomènes qu'il faut rattacher l'appareil exposé par la société genevoise, et inventé par M. *de la Rive*, pour étudier les apparences lumineuses qui se manifestent aux pôles et qui paraissent avoir une origine électrique.

La production des aurores polaires est un des phénomènes atmosphériques les plus remarquables ; la magnificence des couleurs qui illuminent l'arc de l'aurore, la mobilité continuelle de ses rayons, qui éclairent la longue nuit du pôle, contrastent vivement avec le calme que présente la nature dans ces régions désolées. Ce phénomène, si fréquent dans les hautes latitudes, a été l'objet de nombreuses études. La commission scientifique, envoyée sur la corvette *la Recherche*, pour explorer la Scandinavie, la Laponie, le Spitzberg, a passé deux cents nuits dans ces régions, et a observé plus de 150 aurores boréales. On peut donc dire que ce phénomène y est en permanence et remplace par son illumination la clarté du soleil.

Toutefois, pendant longtemps, son origine a paru un mystère. *Franklin*, après avoir arraché la foudre du ciel, selon l'expression du poëte, aperçut un lien entre les aurores et les phénomènes lumineux du tonnerre. Il pensa que les aurores étaient dues à des décharges électriques entre la terre et l'atmosphère.

M. *de la Rive* est parvenu, par une suite de recherches nombreuses, dont les premières datent de 1849, à établir sur des fondements solides la théorie de l'aurore polaire. On a reconnu depuis longtemps que l'aurore exerce une influence notable sur l'aiguille aimantée, ce qui rattache son origine à l'électricité.

M. *de la Rive* a réussi à démontrer que les aurores polaires doivent être attribuées à des décharges qui s'opèrent dans le voisinage des deux pôles terrestres, entre l'électricité négative de la terre et l'électricité positive de l'atmosphère. Il a imaginé un appareil qui donne la représentation complète et exacte des apparences lumineuses de l'aurore et de son action sur l'aiguille aimantée. Cet appareil est fondé sur les effets lumineux des décharges électriques à travers les gaz très-raréfiés, soit secs, soit chargés de vapeur d'eau à différentes températures, et sur l'action exercée par les électro-aimants puissants sur ces décharges lumineuses.

L'appareil se compose essentiellement d'une sphère creuse en bois S, de 35 centimètres de diamètre, fixée sur un pied et représentant (Pl. 109, *fig.* 11) le globe terrestre. L'axe horizontal de la sphère est occupé par un électro-aimant rectiligne, dont les deux pôles PP′ viennent aboutir au centre de deux cloches en verre CC′ fixées à la sphère de bois, aux deux régions opposées. Ces cloches ont des robinets *a*, *b* qui permettent de les mettre en communication avec la machine pneumatique, ou d'y introduire les vapeurs ou les gaz sur lesquels on veut opérer. Elles portent chacune un étrier métallique *e*, recouvert d'un vernis isolant et qui se termine par un anneau de laiton doré A. L'électricité arrive par l'étrier et se porte de l'anneau vers le pôle P de l'électro-aimant, qui est situé à son centre, en traversant la vapeur ou le gaz raréfié. De la sorte, on peut étudier la transmission des jets électriques à travers différents fluides élastiques, amenés à divers degrés de raréfaction, et observer l'influence que produit sur ces jets l'action de l'électro-aimant qu'on peut aimanter et désaimanter à volonté. Le pied de l'appareil porte un commutateur qui reçoit les conducteurs de la pile destinée à aimanter l'électro-aimant. Cette pile se compose de quinze couples de Bunsen. Autour du globe, et pour figurer l'équateur, on a placé une bande métallique qui porte en B un bouton. De l'un des pôles à l'autre, on a fixé, de manière à former un demi-méridien, une bande formée d'une pâte demi-conductrice : mélange de graphite et de soufre. Elle coupe la bande équatoriale et se relie avec les deux cercles de métal *ff′*, qui portent les cloches de verre CC′, au moyen de deux lames élastiques en cuivre, qu'on manœuvre à l'aide de poignées d'ivoire *m*, *n*. Dans la partie inférieure du globe, est une autre bande méridienne, faite d'un carton épais, qu'on humecte d'eau salée pour la rendre conductrice, quand on veut en faire usage. On peut fermer le circuit voltaïque, ou bien par la bande méridienne supérieure, ou bien par la bande inférieure. La tige de fer qui forme l'électro-aimant s'arrête près des cercles *ff′*, et les deux tiges PP′ qui la terminent en sont séparées par une couche isolante très-mince, qui empêche la communication électrique, sans empêcher l'aimantation. Les extrémités de ces tiges, qui sont vernies sur toute leur longueur, sont protégées par une mince calotte en platine contre l'oxydation que produit la présence des vapeurs. Chacune de ces tiges communique métalliquement avec le cercle qui ferme la cloche de verre dans laquelle il se trouve. Les vis métalliques v, v, qui sont sur la bande méridienne, servent à fixer les deux extrémités du fil d'un galvanomètre, placé à 10 ou 12 mètres de distance pour que son aiguille ne soit pas influencée par l'électro-aimant. Avec cet instrument, on fait trois séries d'expériences.

I. *Production de l'arc auroral.* On fait communiquer l'électrode négative de la bobine *Ruhmkorff* avec le bouton B (*fig.* 11) et l'électrode positive avec un conducteur qui se bifurque et se rend en a et b. Les boutons pp sont mis en communication avec les pôles d'une pile de seize couples Grove ou Bunsen, tandis que quatre à six couples servent à exciter la bobine de *Ruhmkorff*, qui doit avoir le trembleur de *Neef*, et non pas l'interrupteur à mercure de M. *Foucault*. On fait le vide dans les deux cloches ; alors le jet lumineux se produit comme l'indiquent les flèches, également si le vide est fait de la même manière dans les cloches. Le plus souvent, le jet passe tantôt dans l'une, tantôt dans l'autre, selon que l'un des deux milieux est plus conducteur que l'autre. En interrompant les communications m ou n, on peut le faire passer alternativement dans l'une ou dans l'autre cloche. Aussitôt qu'on vient à aimanter l'électro-aimant, le jet lumineux s'épanouit et prend la forme d'une nappe lumineuse, si le gaz est très-raréfié. On peut changer le sens du passage de l'électricité au moyen du commutateur de la bobine *Ruhmkorff*, ainsi que le sens de l'aimantation au moyen du commutateur fixé au pied de l'appareil.

II. *Influence des vapeurs.* Les communications électriques sont disposées comme l'indique la figure 12. L'électricité de la bobine Ruhmkorff passe d'une cloche à l'autre. On a fait le vide dans les deux cloches aussi également que possible, mais pas très-fortement, 3 ou 4 millimètres. Aussitôt qu'on aimante les tiges PP', on voit le jet lumineux prendre un mouvement de rotation continu, dans un sens ou dans l'autre, suivant la direction du courant électrique ou le sens de l'aimantation. Quelquefois le jet se subdivise en plusieurs filets lumineux, qui prennent aussi un mouvement de rotation. Sans arrêter l'expérience, on introduit dans l'une des deux cloches, au moyen d'un robinet à goutte, un peu d'eau qui se répand en vapeur. Il se produit alors des rayons ou une étoile qui prend un mouvement de rotation. Pour tourner le robinet à goutte, il est bon de le prendre en se servant d'un morceau de caoutchouc, pour éviter la commotion. En opérant ainsi, on a deux phénomènes très-distincts, l'un qui se passe dans l'air, et l'autre dans la vapeur d'eau au milieu de l'air raréfié. Ces conditions sont évidemment celles qui se réalisent dans la nature, aussi le phénomène affecte-t-il des formes qui se présentent dans les hautes latitudes.

III. *Courants dérivés et secondaires.* On sait que les aurores polaires affectent l'aiguille aimantée ; il est très-facile de reproduire ce mode d'action. Ayant disposé l'appareil comme l'indique la figure 11, on fait communiquer les fils d'un galvanomètre sensible et éloigné à deux des vis vv d'un même hémisphère. On voit se produire un courant qui est la représentation de ceux qui, dans la nature, accompagnent l'apparition de l'aurore polaire et se produisent dans le sol dont la conductibilité est imparfaite. Pour constater les courants secondaires, on se sert de la bande inférieure de carton, qu'on humecte avec de l'eau salée. On tourne les manivelles méridiennes m et n, et l'on supprime la communication supérieure des deux cloches, après avoir amené les deux fils du galvanomètre en communication avec deux points de la bande inférieure.

L'induction magnéto-électrique a produit des machines non moins importantes et curieuses que la bobine volta-électrique. On trouvait à l'exposition collective du ministère de la guerre d'Autriche, les appareils de M. *Marcus*. On a vu que les machines électriques à frottement étaient employées pour l'inflammation des mines ; toutefois le Génie autrichien n'est pas toujours très-satisfait de leur usage, et il se sert également des appareils magnéto-électriques. Ceux de M. *Marcus* sont de diverses grandeurs, on en voyait cinq modèles différents. Deux de ces machines ont des bobines d'induction animées d'un mouvement de rotation.

Les trois autres sont construites différemment. Dans les machines magnéto-électriques, le mouvement est si rapide, que le noyau de fer doux des électro-aimants n'a souvent pas le temps de prendre son état de saturation, et, par suite, l'effet produit n'est pas maximum. Ici, l'inconvénient est évité. Dans une petite boîte parallélipipédique sont placés deux barreaux fortement aimantés. Horizontalement, devant eux, est un fer doux qui peut en être rapproché vivement par un ressort très-fort, dont un verrou suspend l'action. Ce fer doux porte un électro-aimant dans lequel ce mouvement peut développer un courant bien plus puissant que dans les machines magnéto-électriques ordinaires. M. *Marcus* emploie une disposition spéciale qu'il tient secrète, pour augmenter l'intensité du courant produit. Au moyen d'une poignée et d'un échappement, on met en place l'électro-aimant, ou bien on l'abandonne à l'action du ressort. Le courant développé par cette machine est destiné à enflammer de petites fusées formées essentiellement de une partie de chlorate de potasse, une partie de sufure d'antimoine et d'un corps de conductibilité secondaire, comme du sulfure de plomb ou du sulfure de cuivre qui entre pour un cinquième ou même moins dans la composition détonante. On pulvérise finement et on mélange ces substances. La fusée est entourée de gutta-percha ; on y a précédemment introduit un fil métallique recuit, dont les deux morceaux laissent entre eux un petit intervalle où doit éclater l'étincelle.

A côté de ces machines qui donnent un courant rapide, instantané, très-intense, on peut ranger celles qui fournissent une suite de courants alternatifs ou redressés. Comme la précédente, elles dérivent toutes de la machine que *Pixii* construisit peu de temps après que *Faraday* eut fait connaître les principes de l'induction, et qui, avec des modifications de détail en général peu importantes, se retrouve sous les noms de *Clarke, Saxton,* etc. *Ampère* avait fait connaître le commutateur ; ici, il devait revêtir naturellement une nouvelle forme ; celui de *Stöhrer* est un des plus simples.

L'Exposition offrait un certain nombre de machines électro-magnétiques intéressantes. Nous parlerons d'abord de celles de la Compagnie *l'Alliance*, qui sont destinées à produire la lumière électrique pour éclairer les phares. Ces machines ont été imaginées en 1850 par M. *Nollet*, descendant de l'abbé *Nollet*, si célèbre à la fin du dix-huitième siècle par ses travaux sur l'électricité statique, et perfectionnées par M. *J. Van Malderen*. Elles sont très-puissantes, économiques et ont une marche extrêmement régulière. Elles se construisent sur différents modèles, d'après l'intensité lumineuse que l'on désire. Le plus considérable se compose de six roues semblables tournant ensemble autour du même axe horizontal. Près de la circonférence et perpendiculairement au plan de chaque roue, sont fixés 16 électro-aimants qui sont également espacés, et qui forment de chaque côté de la roue 16 surfaces polaires. Ces électro-aimants diffèrent de ceux de la machine de *Clarke*, en ce que leurs noyaux, au lieu d'être formés d'un cylindre plein en fer, se composent de deux tubes de fer creux fendus suivant une génératrice, afin de permettre les changements rapides de polarité. Les garnitures de cuivre des deux bouts sont deux plaques circulaires fendues, suivant un rayon, pour empêcher l'établissement des courants induits ; enfin le fil de la bobine n'est pas simple, il se compose de douze fils ayant chacun dix mètres. Enroulés sur la bobine, ils sont séparés les uns des autres par du bitume de Judée dissous dans l'essence de térébenthine. Il se développera des courants dans les douze fils, ce qui augmentera la quantité d'électricité produite, tout en diminuant la tension. Des aimants en fer à cheval, fixés invariablement devant ces surfaces, leur présentent alternativement des pôles de noms opposés. Il en résulte que par suite du mouvement de la roue, chaque surface polaire passe successivement devant un pôle austral et un pôle boréal, et développe en s'approchant et en s'éloignant de chacun de ces pôles deux courants de sens contraires. Les 16 électro-aimants de chaque roue passant ensemble par les mêmes phases, envoient dans les mêmes fils 16 courants simultanés, et, comme il y a 6 roues, il en résulte 96 courants qui s'ajoutent et se renouvellent 16 fois par tour. Les bobines communiquent toutes entre elles ; les 12 fils de la première se réunissent en un seul qui va à la seconde, et ainsi de suite, de sorte que les 96 bobines se suivent comme les éléments d'une pile montée en série et donnent de l'électricité de tension ; une des extrémités de la chaîne se rend à un des tourillons de l'axe et l'autre extrémité à l'autre tourillon. La moitié de ces courants va dans un sens et l'autre moitié dans l'autre. On pourrait, au moyen d'un commutateur, n'employer que les courants de même sens, mais, pour produire la lumière électrique, il vaut mieux ne pas les séparer. Le courant induit prenant naissance pendant la période de rapprochement ou d'éloignement de l'électro-aimant, comme dans la machine de *Clarke* ou *Saxton*, il y a avantage à renouveler rapidement ces périodes, mais pourtant il faut que le courant puisse s'établir et atteindre sa valeur maximum. L'expérience a montré qu'il était avantageux de ne pas dépasser 300 à 400 tours par minute ; pour cela, on emploie une machine à vapeur de 3 chevaux. Les courants d'induction sont tous recueillis par deux fils qui les conduisent à un régulateur *Serrin*, dans lequel ils développent une lumière équivalant à 200 ou 230 lampes Carcel. L'emploi de l'appareil lenticulaire porte l'intensité lumineuse à 5 000 lampes, et avec 2 machines, l'intensité qui est égale à celle de 10 000 lampes, permet de rendre la lumière visible à 64 kilomètres. Le modèle de phare français exposé dans le parc était éclairé par une machine de la Compagnie l'*Alliance* destinée à Boulogne. Le phare du cap de la Hève est éclairé de la même manière, et lorsque le brouillard, que la lumière électrique perce d'une manière spéciale, est assez fort pour qu'on ne distingue pas le feu, on est néanmoins averti de sa direction par une lueur intense qu'il projette dans le ciel au-dessus de lui.

Plusieurs autres machines magnéto-électriques figuraient à la classe 12 : l'une dans l'exposition de M. *Ruhmkorff*, d'après le système *Nollet*; l'autre en Danemark, exposée par M. *Hjorth*; une troisième en Russie, par M. *Pyk*, mais nous manquons de renseignements à leur égard.

Jusque dans ces derniers temps, on avait toujours donné à l'électro-aimant la forme de fer à cheval. M. *Siemens*, de Berlin, a imaginé une bobine longitudinale à hélice qui se prête à un mouvement de rotation extrêmement rapide. Cette bobine, représentée Pl. 109, figures 14, 15, 16, se compose d'un noyau en fer doux de 50 centimètres à 1m,50 de longueur. Dans le sens de la longueur on enroule sur le fer doux un fil de cuivre recouvert de soie, dont les deux extrémités arrivent à l'une des extrémités du cylindre qui porte deux pièces d'acier isolées. Ces pièces constituent les deux pôles du courant qui doit circuler dans le fil. La bobine se termine par deux tourillons, et près de l'un d'eux est une poulie destinée à recevoir une courroie sans fin, qui doit faire faire à la bobine de 1 500 à 1 800 tours par minute, entre les jambes d'un électro-aimant. Les noyaux cylindriques de cet électro-aimant sont remplacés par des plaques de fer, et à chaque révolution de la bobine de *Siemens* entre les jambes de l'électro-aimant, elle est parcourue par des courants instantanés, mais dont la direction change. Un commutateur les redresse si l'on veut ; mais pour la production de la lumière électrique, il vaut mieux les employer tels que les donne la bobine.

M. *Siemens* avait exposé une machine de ce genre ; toutefois, la cause première du développement de l'électricité est le magnétisme que produit l'action de la terre dans les masses de fer doux verticales. Cette aimantation, quelque faible qu'elle soit, suffit pour qu'il y ait production d'un courant induit qui à son tour développe une polarité plus intense, qui réagit alors sur le courant en déterminant un nouvel accroissement de force. Il finit par se produire un état maximum, lorsque les masses de fer ont atteint la saturation magnétique.

M. *Henry Wilde*, de Manchester, a fait connaître une machine très-puissante qui a excité une grande curiosité et qui a été appliquée de suite en Angleterre à la production de la lumière électrique et à l'éclairage des phares du Nord. Elle n'a cessé d'être l'objet de perfectionnements de la part de l'inventeur. Elle repose sur ce principe : employer le mouvement à produire la rotation rapide d'une bobine *Siemens* qui, entre les pôles d'une rangée d'aimants naturels énergiques, sera parcourue par des courants d'induction : faire passer ces courants dans un très-grand électro-aimant dont les noyaux cylindriques sont remplacés par des lames de fer entre lesquelles tourne une seconde bobine *Siemens*, plus grosse que la première, et qui devient le siége de courants induits énergiques : les diriger, après les avoir redressés à l'aide d'un commutateur, sur la lampe électrique, le télégraphe ou un autre appareil dans lequel on veut faire circuler un courant. Voilà le principe appliqué au début par M. *Wilde*.

L'appareil se compose alors de deux machines superposées ; l'une beaucoup plus petite que l'autre, c'est la machine magnéto-électrique. Seize aimants énergiques en fer à cheval la composent, ils sont placés verticalement, leurs jambes (Pl. 109, *fig.* 15) s'appuient sur deux pièces de fer doux F, séparées par une pièce de laiton L. Chacun de ces aimants pèse 1 360 grammes et peut soutenir environ 9 kilogrammes. Les pièces de fer F et de laiton L forment une chambre cylindrique dans laquelle s'introduit la bobine *Siemens* dont on voit la coupe (*fig.* 15) et le commutateur (*fig.* 16). Le diamètre de la bobine est de 6 centimètres environ, elle porte 17 mètres de fil de 3 millimètres de diamètre, dont les deux bouts arrivent aux plaques d'acier du commutateur dans le modèle primitif. A chacune des extrémités de l'armature des aimants se trouvent des tiges qui soutiennent des traverses horizontales en laiton. Elles sont percées et portent des coussinets dans lesquels peuvent tourner les tourbillons de la bobine. Une courroie sans fin peut leur donner une vitesse de 1 500 à 2 000 tours par minute que lui communique une petite machine à vapeur. Pendant chaque révolution, deux ondes électriques de directions opposées circulent dans l'armature, soit 5 000 ondes par minute qui constituent un courant intermittent. Ce courant passe dans la machine électro-magnétique qui est placée en-dessous. Il y est amené au moyen de deux ressorts qui appuient sur le commutateur de la bobine de la machine magnétro-électrique et qui communiquent avec l'électro-aimant de la machine inférieure.

Celle-ci, destinée à produire la lumière, est montée comme la précédente, si ce n'est que les aimants permanents sont remplacés par un gros électro-aimant de forme particulière. Il est composé de deux lames rectangulaires en fer laminé de 90 centimètres de la largeur sur 66 centimètres de large et 25 millimètres d'épaisseur. Elles sont fixées parallèlement à l'aide de boulons. Au-dessus est un pont de fer auquel elles sont boulonnées ainsi qu'aux deux garnitures de fer de l'armature métallique qui les réunit par en bas. C'est sur ce pont que se trouve fixée la machine magnéto-électrique. Chacune des lames de l'électro-aimant est entourée d'un fil conducteur isolé formé de fil de cuivre n° 10, muni d'une double garniture isolante. Chaque lame est entourée de 489 mètres de fil ; et, comme deux des extrémités des fils sont réunies, on a un circuit de 978 mètres, dont les deux extrémités libres sont en relation avec les fils de la bobine de la machine magnéto-électrique. Les 5 000 courants viennent donc passer alternativement dans ce circuit et donnent un état magnétique intense au fer doux qu'il entoure, ainsi qu'aux deux pièces de fer de son armature. Le trou cylindrique qui y est pratiqué a 88 centimètres de longueur et 178 millimètres de diamètre. Il reçoit une seconde bobine *Siemens* de 175 millimètres de diamètre ; le fil qui la compose a 6 millimètres de diamètre et 107 mètres de longueur. Elle est le siége de courants alternatifs induits, déterminés par le changement de polarité de son noyau sous l'influence du mouvement de rotation et des variations de polarité des lames de l'électro-aimant. Ces courants sont destinés à engendrer la lumière électrique, ils sont pris au commutateur de la grosse bobine par deux ressorts qui communiquent à deux bornes. On pourrait les envoyer dans l'électro-aimant d'une troisième machine plus grande, et l'on obtiendrait un courant assez intense pour fondre 30 centimètres de fil de fer de 6 millimètres de diamètre, ce qui est un très-grand effet calorifique ou 2 mètres de fil de 1 millimètre de diamètre. L'effet lumineux produit à un mètre de distance est égal à celui du soleil de midi en mars. La vitesse qu'on donne à la machine atteint alors 2 200 à 2 500 tours par minute ; pour cela on emploie une machine à vapeur de trois chevaux. Le poids total de la machine est d'environ 1 500 kilogrammes.

Cette disposition de la machine de *Wilde* est celle qui est représentée dans la planche XXI des *Annales du Génie civil* 1866, sauf toutefois la forme du commutateur sur lequel nous reviendrons ; M. *Wilde* lui a aussi donné une autre forme. La machine électro-magnétique avec la bobine *Siemens* se trouve encore placée à la partie supérieure et envoie ses courants dans la machine électro-magnétique qui est ici tout autrement disposée. Elle se compose de 32 électro-aimants fixes, boulonnés sur les deux bases d'un grand cylindre et à l'intérieur. Chaque base en reçoit 16 également espacés, on a donc ainsi 32 faces polaires placées en regard deux à deux et recevant de la machine magnéto-électrique des polarités inverses. Entre ces rangées d'électro-aimants tourne une double roue montée sur un axe qui traverse les deux bases du cylindre et se termine extérieurement par deux poulies dont l'une reçoit le mouvement d'une machine à vapeur voisine, tandis que l'autre le communique à l'aide d'une courroie sans fin à la bobine de *Siemens*, placée au-dessus. Le pourtour de l'espace compris entre les deux roues est occupé par 16 électro-aimants qui vont se trouver tous ensemble entre les électro-aimants fixes, et qui prendront à leurs faces opposées des polarités de noms contraires. A chaque seizième de révolution, ces polarités changeront, et il en résultera dans les fils des électro-aimants mobiles des courants induits que l'on peut recueillir sur l'axe de rotation. Pour assurer la continuité des courants dans la machine, M. *Wilde* termine les bobines mobiles par des disques de fer d'un diamètre plus considérable que celui de la bobine. Ces disques sont presque au contact les uns des autres.

Les courants ainsi produits peuvent être redressés, et le commutateur que M. *Wilde* indique diffère du précédent. Au lieu de segments placés sur l'axe et mis en contact avec des ressorts, il emploie une roue dentée, calée sur l'axe de rotation. Elle mène un pignon que porte l'axe du commutateur, et les nombres des dents sont calculés de telle sorte que le sens du courant soit changé autant de fois que change le sens des courants dans les bobines pendant une révolution de l'axe. Toutefois, le commutateur que préfère M. *Wilde* est construit autrement. Il se compose d'un commutateur à segments alternatifs de bois et de métal dont l'axe porte aussi sur son prolongement un disque à segments; quatre ressorts appuient sur ces disques et sont mis en communication par des bandelettes de cuivre.

La partie la plus curieuse de l'invention de M. *Wilde* consiste dans l'idée de supprimer les aimants permanents et d'employer le magnétisme rémanent pour exciter des courants induits qui, à leur tour, passant dans les électro-aimants, augmentent l'intensité des courants d'induction. On sait en effet que, lorsque le courant cesse de circuler dans un électro-aimant, le fer doux du noyau conserve pendant quelque temps une polarité qui suffit pour engendrer un courant dans une bobine voisine en mouvement. Si maintenant on fait passer ce courant dans l'électro-aimant, il augmentera la polarité du noyau de fer, qui, à son tour, réagira sur la bobine pour y augmenter le courant. Celui-ci n'augmentera pas indéfiniment, car il se produira un maximum qui répond à l'état de saturation du fer doux. Quoi qu'il en soit, on voit qu'une excitation primitive produite par une pile qui cessera bientôt d'agir déterminera la production de courants intenses, sous l'influence du mouvement de rotation qui se trouve ainsi transformé. C'est un nouvel exemple de transformation causée par une excitation primitive, tout à fait analogue à celui que présentent la machine de *Holtz* ou celle de *Töpler*. Voici comment M. *Wilde* applique ici ce principe.

Les courants alternatifs d'une ou de deux des bobines du cylindre sont redressés par le commutateur et conduits dans les fils des électro-aimants fixes, tandis que les courants d'inductoin énergiques développés dans les autres bobines tournantes sont employés pour la production de la lumière électrique. De la sorte on supprime les aimants fixes qui surmontent la machine. Les extrémités du fil de deux des bobines sont en communication avec le commutateur, et les extrémités du fil des autres bobines vont aux extrémités de l'axe de rotation. Les armatures et le fil du courant qui excite les électro-aimants fixes sont distincts des armatures et du fil qui produisent les courants induits. On peut encore séparer autrement ce circuit excitateur et le circuit induit. Pour cela, sur les bobines tournantes sont deux fils : dans l'un circulera le courant excitateur produit par le magnétisme rémanent, et qui passera ensuite dans les électro-aimants après avoir été redressé; dans l'autre circuleront les courants induits qui se rendront aux deux extrémités de l'axe de rotation où l'on pourra les recueillir.

M. *Wilde* a imaginé encore une autre manière d'employer le magnétisme rémanent. Entre les deux jambes de l'électro-aimant longitudinal sont placées deux bobines *Siemens* superposées. Leurs axes sont parallèles, et leurs armatures fixes de fer doux sont réunies, de telle sorte qu'elles prendront autant de magnétisme rémanent l'une que l'autre. L'électro-aimant longitudinal fournit le magnétisme rémanent nécessaire pour exciter la petite bobine, et les courants qui s'y développent, après avoir été redressés par le commutateur, passent sur l'électro-aimant qui agit alors sur l'autre bobine, dont le magnétisme se trouve notablement augmenté et dont les courants sont recueillis pour produire la lumière électrique, par exemple.

Dans la section anglaise, on trouvait une machine magnéto-électrique nouvelle aussi, la machine de *Ladd*, qui fournit des courants très-énergiques, sans employer d'aimants permanents. Elle est fondée tout à fait sur le même principe que celle de M. *Siemens*. Elle se compose de deux parties destinées l'une à fournir les courants nécessaires pour produire l'aimantation, l'autre à engendrer les courants induits applicables ici à l'éclairage électrique. Ces deux parties de la machine sont en tout semblables et rappellent la disposition indiquée plus haut par M. *Wilde*. Deux lames de fer entourées de fil de cuivre garni de soie sont placées horizontalement et remplacent l'électro-aimant qui, dans la machine de *Wilde*, est vertical. Ici, les deux lames ne sont point réunies pour former un seul électro-aimant, c'est en réaltié un électro-aimant à 4 pôles. A l'un des bouts et entre les deux premiers pôles tourne une petite bobine de *Siemens* ; entre les deux autres est une seconde bobine parallèle à la première, beaucoup plus grosse et tournant dans le même sens et avec la même vitesse. On fait passer momentanément un courant dans les fils des lames électro-magnétiques qui prennent alors un état polaire et agissent sur le fer doux de la petite bobine en la polarisant et engendrant des courants induits. Ces courants sont redressés par un commutateur et vont de la petite bobine dans les fils des électro-aimants où ils renforcent le courant de la pile et s'y substituent quand on l'a enlevée. La grosse bobine induite par les courants des lames électro-magnétiques devient alors le siége de courants induits énergiques qui produisent la lumière électrique. La machine exposée par M. *Ladd* avait deux plaques électro-magnétiques de 60 centimètres de large sur 30 centimètres de longueur, et le courant final équivalait à celui que développent 25 à 30 éléments de *Bunsen*. Les machines de ce genre présentent le grand inconvénient d'exiger une vitesse de rotation considérable, il en résulte un échauffement notable qui diminue le maximum d'action magnétique et empêche au bout de quelques heures d'obtenir des effets intenses. Peut-être, en augmentant le nombre des bobines *Siemens* et réduisant la vitesse, obtiendrait-on des effets plus satisfaisants. Évidemment ces machines ont de l'avenir, et la transformation du mouvement en chaleur et en électricité constituera un perfectionnement notable dont il importe d'assurer la réalisation pratique.

E. GARNAULT.

LVIII

HISTOIRE DU TRAVAIL

Par M. Hector DUFRENÉ, ingénieur civil.

L'intérêt qui accompagne le recit des événements politiques et le charme qui s'attache à l'histoire des progrès des lettres et des beaux-arts ont fait longtemps négliger l'étude rétrospective des faits relatifs au développement de l'industrie dans les siècles qui ont précédé le nôtre. La raison en est principalement dans le mépris qui entourait naguère encore l'exercice de professions aujourd'hui considérées comme honorables, mais regardées jadis comme serviles. Aussi le souvenir des procédés d'autrefois n'a-t-il pas été conservé, par les écrivains anciens, avec le soin qu'ils ont mis à sauver de l'oubli les hauts faits militaires. Nous allons essayer cependant de tracer, aussi complétement qu'il est possible de le faire en quelques pages, le tableau des phases successives qu'a traversées l'industrie pour arriver jusqu'à notre époque. L'accueil fait par le public au musée rétrospectif réuni dans la galerie de l'*Histoire du travail* nous impose l'obligation de ne point passer sous silence cette partie de l'Exposition, et, si le caractère plutôt artistique qu'industriel des produits qui la composent échappe à notre appréciation, nous tenterons au moins de présenter à nos lecteurs l'ensemble des conditions dans lesquelles s'en est effectuée la fabrication.

1. — L'âge de pierre.

Des recherches relativement récentes ont fait surgir des couches superficielles du sol un monde dont les derniers phénomènes géologiques avaient recouvert les débris, et que la nature, en le frappant d'un double anéantissement, celui de l'existence et celui du souvenir, semblait avoir voulu ensevelir pour toujours. On a retrouvé ainsi des vestiges du travail humain remontant à une époque qu'atteignent à peine les limites de l'histoire écrite, et au moyen desquels on peut aujourd'hui reconstruire la situation industrielle des populations qui nous les ont légués.

Aux temps les plus reculés on les trouve, en Europe, vivant sous des huttes de bois, soit dans les clairières des forêts de la Gaule, de la Germanie, de la Bretagne et de la Scandinavie, soit sur les lacs de ces contrées, et formant alors des hameaux bâtis sur d'innombrables pilotis. Leurs premiers outils empruntent la matière qui les compose aux pierres, aux branches des arbres, aux os des animaux tués à la chasse, et les ouvriers taillent ces matériaux et surtout le silex avec une habileté qui est remarquable même aujourd'hui. Les scies, les forets, les pointes de flèches, les couteaux, les haches, sont fabriqués au moyen d'outils en pierre et laissés bruts ou polis sur un grès, suivant l'époque ou le goût de l'ouvrier. Des os de rennes, d'ours, d'hyènes, de cerfs, d'aurochs, nous sont parvenus taillés, polis et gravés avec une patience et un succès qui étonnent, quand on connaît leurs moyens d'action ; on a découvert des dessins extrêmement curieux tracés sur l'os et sur l'ivoire, des bas-reliefs et même des statuettes représentant généralement des animaux de la faune contemporaine, dont quelques-uns ne vivent plus aujourd'hui à la même latitude.

2. — L'âge des métaux.

A mesure que les besoins augmentent, les progrès se manifestent et la fabrication se développe. Un grand fait, la découverte des métaux et surtout celle du bronze, ouvre une période où l'industrie s'accentue davantage et se perfectionne. Les poteries, jusqu'ici informes, s'ornent et s'arrondissent ; à la hache de pierre s'ajoute l'épée de bronze ; les épingles, les bracelets, les bagues s'introduisent dans la toilette.

On trouvait déjà, dans la période précédente, des ateliers organisés pour la fabrication des haches de silex : pendant l'âge du bronze, les ouvriers se spécialisent davantage. Le chasseur de la première époque pouvait fabriquer lui-même ses instruments et ses vêtements ; devenu cultivateur, il est forcé de s'adresser à ceux qui se sont rendus habiles à travailler les métaux. En même temps la filature et le tissage prennent naissance : on a trouvé dans des sépultures d'une haute antiquité des débris de vêtements et même des vêtements entiers et des bonnets de laine assez bien conservés. Enfin, à une époque relativement récente, le fer apparaît, et, au moins en ce qui concerne l'Europe, l'histoire commence.

Ces perfectionnements industriels ne se sont pas opérés à la même époque et n'ont pas eu la même valeur chez les différents peuples. La civilisation, toujours inégalement répartie, a laissé en dehors de son action bienfaisante tantôt une contrée, tantôt une autre ; et, soit que la ruine les ait fait disparaître, soit que la lumière ne les ait pas encore éclairées, il y a toujours eu et il y a encore des nations barbares restées à l'écart des progrès contemporains, il y a toujours eu et il y a encore simultanément un âge de pierre, un âge de bronze et un âge de fer.

En voici un exemple : dix-sept siècles avant Jésus-Christ, les immenses forêts de la Gaule, il ne paraîtra pas téméraire de l'affirmer, renfermaient un peuple encore sauvage, ignorant peut-être l'usage des métaux et dont nous avons vu à l'Exposition les armes et les outils de pierre ; n'avons-nous pas tous admiré aussi à cette même Exposition les splendides bijoux de la reine Aah-Hotep, la mère de cet Ahmès, qui, dix-sept siècles avant Jésus-Christ, chassa les Chananéens du Delta et rétablit en Égypte l'unité nationale ?

La différence qu'on remarque aujourd'hui entre les sauvages de l'Océanie et nos bijoutiers parisiens existait alors entre les habitants des lacs ou des forêts de la Gaule et les orfévres thébains.

3. — L'Égypte.

C'est en effet l'Égypte qui fut le berceau de l'industrie. La connaissance des métaux y remonte à une époque tellement reculée qu'elle confond l'imagination : quatre mille ans avant notre ère, il y avait dans ce pays des ouvriers sachant sculpter et polir la pierre, transporter et élever les matériaux, souffler le verre, extraire les métaux, etc. C'est en effet sous le règne de Koufou, qui vivait à cette époque, que fut construite la grande pyramide. C'est lui qui fit sculpter sur les rochers du Sinaï le souvenir de son expédition contre les peuplades qui avaient attaqué les mineurs exploitant les filons de cuivre de la montagne. C'est dans leshypogées de Gisch, remontant à la cinquième dynastie, qu'on a trouvé des peintures représentant des ouvriers soufflant le verre, des potiers tournant la roue, des corroyeurs coupant le cuir, etc., etc.

Si l'on réfléchit à la masse de connaissances que suppose un état industriel aussi avancé, on aura la plus haute idée de la civilisation de l'Égypte il y a soixante siècles.

Pendant cette longue période qui commence au roi Menès et qui finit à la conquête grecque, les Égyptiens et les Sidoniens, dont nous parlerons plus loin, restèrent à la tête de l'industrie du monde entier, et, à l'exception des machines qu'ils ne connaissaient pas, on retrouve chez eux presque tous nos procédés.

La filature et le tissage du coton, de la laine et surtout du lin y étaient extrêmement développés : on a trouvé dans les sépultures et autour des momies des toiles de coton d'une extrême finesse, que ne désavoueraient pas nos grandes fabriques. Le métier à tisser dont les Égyptiens se servaient n'a changé que depuis un temps relativement peu considérable, et c'est à eux que les écrivains anciens attribuent l'invention du métier horizontal sur lequel on peut travailler assis. Les femmes et surtout les femmes de Thèbes étaient chargées de cette branche de l'industrie. Pour donner une idée de la perfection de leur tissage, nous dirons qu'on a trouvé une pièce d'étoffe brochée à la manière des Gobelins dont le dessin représentait le nom d'un Pharaon tracé en caractères hiéroglyphiques.

L'art du potier, celui de l'émailleur, du verrier, du doreur et du bijoutier, à en juger par les spécimens de nos musées, étaient arrivés à un point qui n'a pas été dépassé dans l'antiquité, sauf peut-être en ce qui concerne le verre par les ouvriers de Sarepta. C'était à Thèbes qu'on fabriquait des imitations en verre de ces vases murrhins en spath-fluor que les Romains du premier siècle payaient d'une fortune.

Les instruments d'agriculture étaient assez grossiers, mais il faut dire que le sol de l'Égypte est si fertile qu'après l'inondation le labourage y est à peine nécessaire.

Les procédés à l'aide desquels ils élevèrent leurs prodigieux monuments ne nous sont pas encore entièrement connus, mais on ne peut douter qu'en l'absence de machines les architectes et les ingénieurs égyptiens n'aient facilement trouvé des ressources dans les conditions particulières d'un pays où la main-d'œuvre des esclaves étrangers était à vil prix, et où l'eau pouvait, en se retirant, après la crue annuelle, laisser déposer des matériaux en un point quelconque.

Les statues égyptiennes en pierres dures, surtout celles de la XIIe dynastie, 2300 ans avant Jésus-Christ, à l'époque où Amenembée III construisit le Labyrinthe et le lac Mœris, sont d'une exécution irréprochable et d'une merveilleuse exactitude. Nous ne les aurions pas mentionnées s'il n'y avait dans cette exécution si parfaite plus d'industrie que d'art. Les règles hiératiques imposaient au sculpteur des limites tracées à l'avance dont l'art grec a su s'affranchir en animant ses productions, et en remplaçant, par le sentiment vrai des attitudes, cette empreinte d'immutabilité trop en harmonie avec la nature des choses en Égypte pour que l'artiste ait pu s'en débarrasser.

Le climat sec et constant de la vallée du Nil ne nous a pas moins bien conservé les peintures des monuments que ces monuments eux-mêmes. On trouve là encore une industrie très-avancée, celle de la production des couleurs minérales, la plus grande partie desquelles a subi les atteintes de cinquante ou soixante siècles sans altération.

L'art de la navigation et toute l'industrie qui s'y rattache n'étaient en faveur qu'en ce qui concernait le parcours du Nil et de ses innombrables canaux. Tout ce qui dépendait de la mer était odieux aux Égyptiens, et ce furent les Sidoniens, leurs alliés ou plutôt leurs vassaux, qui entreprirent leur commerce et peut-être même leurs guerres maritimes.

4. — La vallée du Tigre et de l'Euphrate.

Point de départ de la dispersion du genre humain, plus vieille que l'Égypte elle-même, la Mésopotamie n'eut cependant une industrie florissante que beaucoup plus tard. Les fouilles récentes ont mis à jour les œuvres des ouvriers du vieil empire assyro-chaldéen remontant environ à l'époque où Joseph entrait en Égypte. Le fer était alors connu, mais, à cause sans doute de sa rareté et de son prix, on l'employait surtout en bijoux. Les armes de bronze et de pierre se rencontrent simultanément dans les sépultures. Les briques crues ou cuites avec ou sans bitume étaient les matériaux employés pour les constructions, tandis que l'albâtre gypseux sculpté et les briques émaillées servaient de revêtements extérieurs. On peut voir, au musée du Louvre, les débris du palais de Nimroud, bâti par Assournasirpal, huit ou neuf siècles avant Jésus-Christ, et de celui de Khorsabad, construit en 711 par Sargin.

Les plus anciens bas-reliefs ninivites montrent que les Assyriens connaissaient le bélier et quelques autres machines de guerre. Les étoffes brodées et à fleurs, l'orfévrerie, les objets en métal repoussé, les pierres gravées, les terres émaillées, tributs que l'Assyrie payait à l'Égypte dès la XVIIIe dynastie, s'exportaient fort loin, jusqu'en Étrurie, au moyen des caravanes et à l'aide des navires sidoniens.

Babylone était surtout un grand centre commercial alimentant l'Égypte, la Syrie et plus tard la Grèce des matières premières provenant des pays lointains, telles que les productions de l'Inde, les métaux et surtout l'étain du Caucase, le fer et l'acier des Chalybs, la chaudronnerie arménienne, etc. Tous ces produits remontaient l'Euphrate et atteignaient la Méditerranée par Carchemis, Palmyre, Damas et Sidon.

L'industrie babylonienne consistait principalement en tissus de lin et de laine et surtout en magnifiques tapis.

5. — La Phénicie.

Occupant un territoire très-étroit entre le Liban et la mer, les Sidoniens s'adonnèrent de bonne heure au commerce, dont ils gardèrent le monopole pendant une longue série de siècles. Quand le chemin de l'Inde et du Caucase par la Mésopotamie leur fut fermé à la suite de l'établissement de l'empire assyrien, ils se lancèrent sur la Méditerranée et couvrirent de leurs colonies et de leurs comptoirs les côtes et les îles de la Grèce. Ils ouvrirent alors les mines d'argent de Siphnos, les mines d'or du Pangée, puis, franchissant le Bosphore, allèrent chercher directement l'or de la Colchide avant les Argonautes, le cuivre et l'étain du Caucase, l'acier et le fer du Pont en concurrence avec les Assyriens.

Au seizième siècle, on les trouve en possession de la marine commerciale et militaire des Égyptiens, construisant et montant leurs vaisseaux sur la Méditerranée et sur la mer Rouge. Vassale ou tributaire de l'Égypte jusqu'au douzième siècle, Sidon vit diminuer sa prospérité industrielle quand l'Égypte vint à s'affaiblir elle-même. En même temps, c'est-à-dire au milieu du quinzième siè-

cle avant notre ère, les Grecs commencèrent à s'occuper de leur marine et
chassèrent les Sidoniens de la mer Égée par leur piraterie.

Après la ruine de Sidon en 1209, Tyr, héritant de sa puissance, colonisa la côte
septentrionale de l'Afrique et le sud de l'Espagne où Gadès, aujourd'hui Cadix,
fut fondée en 1150. L'Espagne méridionale fournissait alors le plomb, l'étain, le
fer et le cinabre. Les vaisseaux phéniciens, remontant vers le nord, parvinrent
à l'embouchure de la Loire, puis dans les Sorlingues, où ils trouvèrent de l'é-
tain en abondance. La recherche de ce métal, indispensable à la fabrication du
bronze et qu'on ne trouvait qu'en quelques contrées, tandis que le cuivre se rencontrait à peu près partout, fut un des plus puissants mobiles du commerce
de l'antiquité, avant l'emploi usuel du fer.

L'industrie des Phéniciens était fort active et la métallurgie en constituait
la branche la plus importante. Ils se firent les propagateurs du bronze, et ce
sont leurs vaisseaux qui fournirent à nos ancêtres, avant que ceux-ci parvins-
sent à les fabriquer eux-mêmes, les instruments et les armes que les fouilles
nous révèlent aujourd'hui. L'identité de la forme et de la composition chimique
des armes de bronze d'un grand nombre de contrées éloignées les unes des autres semble au moins le faire croire.

Les verreries de Sidon et surtout celles de Sarepta, qui employaient le sable du
Bélus et le natron des lacs d'Égypte, fournissaient des produits qui ne le cèdent
en rien à ceux de fabrication plus moderne.

Le succès des Tyriens dans la teinture en pourpre des fines laines de la Syrie
est légendaire ; les bijoux, les ivoires sculptés, les vases peints s'exportaient au
loin et étaient fort recherchés.

Tyr vit sa prospérité tomber après son occupation par Nabuchodonosor, en
574, et Carthage qu'elle avait fondée en 869 lui succéda dans le commerce de
l'Occident.

6. — La Judée.

Campés pendant plusieurs siècles en Égypte, entre Héliopolis et la mer Rouge,
les Hébreux, plutôt pasteurs qu'industriels, vivaient de leurs troupeaux quand
Rhamsès, les arrachant à leur tranquillité, les força à exécuter, comme esclaves,
les travaux les plus pénibles et provoqua leur fuite.

La construction du tabernacle, qui exigeait la connaissance de l'art du tissage
et de la teinture, de la métallurgie, de la sculpture, de l'orfévrerie, de la taille
des pierres dures, etc., fut sans doute exécutée par ceux d'entre eux qui avaient
été chez les Égyptiens employés à ces travaux, ou plutôt par les nombreux étrangers qui les avaient suivis à leur sortie d'Égypte.

Un des faits les plus remarquables de cette époque de l'histoire hébraïque,
c'est la conquête par les Hébreux des mines et fonderies de cuivre du massif
du Sinaï (à l'endroit appelé aujourd'hui Ouady-Magarah), appartenant aux Égyptiens et exploitées par eux. Ils en chassèrent les ouvriers ou les réduisirent en
esclavage et s'y installèrent. On a trouvé tout récemment les restes de l'exploitation minière et les ruines des ateliers où l'on fondait le cuivre. Les nombreuses
inscriptions hiéroglyphiques qu'on y a lues sont de toutes les époques et présentent, à la date de l'occupation hébraïque, une lacune dont la coïncidence
singulière confirme d'une manière éclatante ce point du récit de Moïse.

Depuis cette époque jusqu'au règne de Salomon, les pérégrinations et les
guerres des Israélites leur firent oublier la pratique des arts industriels ; aussi,
quand Salomon voulut construire le temple, fit-il venir de Tyr des ouvriers

phéniciens. Leur chef, le célèbre Hiram, avait pour mère une femme de la tribu de Nephthali, mais son père était Tyrien.

Le roi de Tyr et Salomon s'associèrent ensemble pour faire le commerce de la mer Rouge : on construisit à Aziongaber, aux frais de Salomon, une flotte que montèrent des matelots phéniciens, et qui, doublant l'Arabie, abordait l'Inde aux environs de la province actuelle de Guzahrate, pays que la Bible nomme Ophir. Il fallait trois ans pour faire le voyage aller et retour et en rapporter les gemmes, les métaux précieux, l'étain, l'ivoire, etc. — Josaphat voulut plus tard reprendre, mais sans succès, les entreprises de Salomon : les vaisseaux mal construits ou mal dirigés sombrèrent à leur sortie du port. On ne peut pas regarder le peuple hébreu comme un peuple d'industrie; ses productions ne sont nulle part mentionnées. On sait seulement que ses armuriers et ses forgerons étaient des nationaux. Ils furent emmenés en captivité par les Philistins, puis plus tard par les Assyriens.

7. — La Grèce.

Nous venons d'examiner rapidement l'histoire de l'industrie dans la haute antiquité, et nous avons constaté que toute l'activité était alors concentrée à l'orient de la Méditerranée. La Grèce et Rome allaient avoir leur temps de prospérité industrielle pour la perdre à leur tour.

Les pirates grecs, en chassant les Sidoniens de la mer Égée, s'étaient isolés du monde commercial et avaient sans doute retardé ainsi la marche de leur propre civilisation. Cet isolement ne permit pas à l'industrie égyptienne ou phénicienne de s'implanter de bonne heure en Grèce. D'ailleurs une sorte de prohibition frappait les produits de ces pays. Lycurgue, qui avait visité l'Égypte et qui connaissait le développement de son industrie, se garda bien d'en favoriser l'introduction dans le Péloponnèse; il fit tout, au contraire, pour dissuader les Lacédémoniens de se livrer à la pratique des arts industriels. Les citoyens restèrent donc dans la plus complète oisiveté, laissant aux esclaves le soin de fabriquer les objets absolument indispensables, et de cultiver le sol dont l'étendue suffisait amplement aux besoins de la population sans qu'il fût nécessaire d'avoir recours à l'importation des produits étrangers.

Il n'en fut pas de même à Athènes : sa position sur la mer et l'exiguïté de son territoire forcèrent de bonne heure ses habitants à demander au commerce maritime les denrées que le sol ne leur fournissait pas assez abondamment.

Solon avait établi dans l'Attique une sorte d'équilibre entre les pouvoirs, mais l'introduction dans les tribus des industriels enrichis fit pencher la balance du côté de la démocratie et assura, dans la confection des lois, une plus grande protection à l'industrie. Les ouvriers athéniens étaient des hommes libres, et, loin d'être en opprobre comme à Sparte, le travail y était en honneur.

Thémistocle avait attiré les étrangers dans l'Attique en les affranchissant du tribut ; les *métèques*, ceux qui venaient s'établir à Athènes ou au Pirée, soit pour y faire du commerce, soit pour y fonder des manufactures, y jouissaient de presque tous les droits des citoyens, et payaient seulement une capitation de 12 drachmes.

Les artisans libres étaient réunis en corps de métier, chaque collége avait ses règlements, ses coutumes, ses fêtes, sa divinité protectrice et son chant de ralliement. Malgré cette liberté, la classe ouvrière était malheureuse à cause de la concurrence que lui faisait le travail des esclaves. Ainsi, du temps de Démosthènes, où le blé valait à l'agora 5 drachmes le médimne (9 francs l'hectolitre), le prix de la journée d'un homme de peine, d'un matelot, d'un mineur ne s'élevait qu'à 3 oboles (0ʳ,45) (1). Aussi l'État venait-il à leur secours au moyen de distributions de blé quand la misère était trop grande, ce qui arrivait souvent.

Le cinquième siècle avant notre ère, qui vit le suprême développement des arts en Grèce, fut aussi le témoin de l'avilissement du travail et de l'envahissement du luxe de l'Égypte dont Alcibiade avait été l'introducteur. Le nombre des esclaves augmenta prodigieusement, et, en 318, on comptait dans l'Attique 21,000 citoyens, 10,000 métèques et 400,000 esclaves. Le travail libre avait alors presque disparu, les riches citoyens possesseurs d'esclaves les faisaient conduire au marché et on y louait à la journée ou à la tâche les forgerons, les armuriers, les tisserands, les foulons dont on avait besoin. Le bénéfice était considérable ; ainsi les 30 esclaves armuriers du père de Démosthènes, qui valaient chacun environ 270 francs de notre monnaie, donnaient un produit annuel de 2,800 fr., c'est-à-dire 30 pour 100.

L'industrie métallurgique était assez développée en Grèce ; les mines d'argent du mont Laurium employaient plus de 20,000 esclaves, mais chacun d'eux rapportait à peine 1/6 de drachme par jour (0ʳ,30); la fameuse mine d'or du Pangée, en Thrace, donnait par an à Alexandre plus de cinq millions de francs. Les tissus, les bijoux, les armes de la Grèce se fabriquaient principalement à Athènes et à Corinthe. Cette dernière ville, favorisée par sa position, entretenait une population d'esclaves encore plus nombreuse qu'Athènes et possédait le monopole du transit entre la mer Ionienne et la mer Égée. Dans l'Asie Mineure, Milet avait alors acquis depuis deux siècles une importance considérable par son industrie et surtout par son commerce. Enfin Délos, où un grand nombre de Tyriens s'étaient retirés après la prise de leur ville, devait hériter du commerce de Carthage et même de celui de Corinthe pour devenir maîtresse de tout l'orient de la Méditerranée jusqu'à sa destruction par Mithridate.

<h3 align="center">8. — Rome.</h3>

Comme dans toutes les sociétés à leur début, les premiers Romains furent à la fois artisans, guerriers et cultivateurs. Néanmoins, dès les premiers temps, Numa réunit les ouvriers en corporations analogues à celles que nous avons vues s'établir en Grèce. L'industrie, à Rome, resta longtemps tout à fait barbare, et le commerce nul. Trouvant dans des conquêtes successives une large compensation à ce manque de production, ainsi que les moyens de satisfaire pleinement à des besoins très-bornés, les grossiers Romains restèrent étrangers, dans leur puissance, aux arts industriels de la Grèce, sachant à peine moudre ou piler leur blé et ignorant l'art de faire le pain à ce point que les Italiotes les appelaient par dérision *mangeurs de bouillie*. La conquête de la Sicile et de l'Espagne, la chute de Carthage, et surtout la réduction en province romaine de la Grèce et de l'Égypte, en éveillant chez eux le désir du luxe, leur donna en même temps l'industrie qui sert à le contenter.

Ce sont en effet les esclaves des pays conquis qui vinrent à Rome constituer la classe ouvrière presque tout entière. Leur nombre était devenu formidable : sur les marchés de Cilicie, on en vendait pour les ergastules d'Italie plus de 10,000 par jour; les riches citoyens en possédaient jusqu'à 20,000. Ceux qui savaient un métier étaient vendus fort cher, et leurs propriétaires, comme on le faisait en Grèce, les louaient aux particuliers pour fabriquer chez eux les tissus, les ar-

____

(1) C'était aussi le salaire d'un juge à l'époque où écrivait Aristophane.

mes, les meubles, les bijoux, etc. Il arrivait même souvent que le maître commanditait un esclave, sorte d'entrepreneur qui louait d'autres esclaves pour en tirer profit : Caton l'Ancien pratiquait cette industrie qui nous paraît aujourd'hui singulière.

Les travaux des mines et des salines affermés à l'État par des particuliers seuls ou associés étaient entièrement exécutés par des esclaves et des condamnés. A Rome même la condition de ces esclaves était affreuse ; enchaînés la nuit dans de véritables cachots souterrains, roués de coups le jour, on les envoyait mourir de faim dans une île du Tibre dès qu'ils cessaient de pouvoir travailler. L'ergastule était leur séjour, le fer rouge leur châtiment, la croix leur supplice.

Si telle était l'existence de l'ouvrier esclave, celle de l'ouvrier libre, d'abord plus heureuse, devint intolérable dans les derniers temps de l'Empire. Constitués en corporations, dont le centre était à Rome, les différents métiers s'étaient répandus dans les provinces et exécutaient pour le compte de l'État ces immenses travaux dont nous admirons encore les restes. Ces colléges avaient un point de réunion dans les cités où ils constituèrent, sous les empereurs, une administration parallèle à celle du municipe. Les ouvriers chargés de l'approvisionnement, des travaux publics, de la fabrication des armes, des objets de luxe, etc., acquirent des biens immenses et parvinrent aux honneurs publics. Cependant, comme ils faisaient en même temps rentrer les impôts payés en nature, ils devinrent responsables de leur perception, et leurs biens personnels, leur liberté même restèrent entre les mains de l'État comme une garantie de leur gestion. Leur sort devint celui des curiales et l'honneur attaché à leur qualité de fonctionnaires se changea en un affreux esclavage auquel ils n'échappèrent qu'à la chute de l'Empire.

A l'époque où Pline écrivait, l'industrie romaine avait atteint son apogée, et bien des choses dont nous croyons l'origine récente étaient alors d'un usage habituel. Dans l'exploitation des mines très-avancée, surtout en Espagne, les Romains avaient déjà recours aux machines pour broyer les roches dures. Ils savaient extraire le mercure du cinabre par la distillation et s'en servir pour extraire l'or des sables par l'amalgamation ; la dorure au moyen de ce métal ou à l'aide d'apprêts agglutinatifs était pratiquée d'une manière usuelle ; les moulins à eau étaient connus ; le minium, le noir de fumée, le vermillon, la céruse servaient pour la peinture. Ils connaissaient l'emploi du nitre dans la fabrication du verre, celui de l'alun dans la teinture, l'essai de ce sel au moyen de la noix de galle, le blanchiment de la laine à l'aide du soufre, la manière de scier la pierre en employant le sable et une scie sans dents, la soudure au cuivre et à l'étain, la coupellation du plomb, l'essai de l'or à la pierre de touche, l'emploi du plâtre, la manière d'imiter les pierres fines et de les tailler, etc., etc.

Ce que nous appelons aujourd'hui le comfortable était alors complétement inconnu, mais en revanche les industries de luxe avaient pris un développement inouï. Nos musées, remplis des produits du goût romain, prouvent suffisamment notre assertion pour que nous n'ayons pas besoin d'insister sur ce sujet. Nous citerons seulement, d'après Pline, un exemple de ce que pouvait faire l'industrie romaine au service des grandes fortunes. Scaurus, pendant son édilité, fit construire un théâtre pouvant contenir quatre-vingt mille spectateurs : le premier étage était de marbre, le second de verre et le troisième de bois doré ; une partie des accessoires transportés à Tusculum ayant brûlé, la perte se monta à 21 millions de francs. Pour rivaliser avec Scaurus, Curion fit établir deux théâtres demi-circulaires en bois adossés et montés sur pivot. Quand les deux représentations étaient terminées, on faisait tourner les théâtres remplis de spectateurs, et, une fois réunis, ils formaient un cirque où combattaient des gladiateurs.

9. — L'industrie nationale. — La Gaule.

A l'époque où César envahit la Gaule l'industrie de ses habitants était déjà remarquable. Marseille la grecque avait atteint l'apogée de sa puissance commerciale, tandis qu'Arles et Montpellier se préparaient au rôle brillant qu'elles devaient jouer sous l'Empire. Au nord de la province romaine les artisans celtes s'étaient fait une réputation qui avait dépassé les frontières. L'extraction des métaux leur était connue et l'on citait, outre l'airain de la Gaule, le fer des Petrocoriens et celui des Bituriges. L'argent se tirait des Cévennes et de l'Aveyron, l'or des alluvions fluviales. Les armes de plaqué d'argent et les métaux incrustés, fabriqués à Alesia, les bijoux émaillés, les épingles ornées, les torques ou colliers d'airain ou d'or portent l'empreinte d'un goût qui est resté national. Nos ancêtres savaient filer et tisser le lin et la laine, brasser la bière, teindre les étoffes de plusieurs couleurs. Les Vénètes, hardis navigateurs, construisaient des bâtiments considérables dont les voiles étaient de peaux et dont les ancres étaient attachées avec des chaînes de fer. Les principales inventions gauloises sont la charrue à roues, les cribles de crin, les cottes de maille, les tonneaux de bois, la machine à moissonner, l'étamage du cuivre, l'emploi de la marne en agriculture, le placage, etc. Un commerce important s'était établi entre Marseille et les Iles Britanniques par le Rhône, la Saône et la Loire sur lesquels Arles, Lyon, Noviodunum (Nevers), Genabum (Orléans) et Corbulo (Saint-Nazaire ou Paimbœuf) étaient les étapes principales. Les Massaliotes venaient ainsi chercher à Corbulo l'étain, les peaux et les esclaves apportés par les navires vénètes qui faisaient la traversée des Iles Britanniques, portant aux Bretons le cuivre (1) et les produits du midi.

La conquête de la Gaule par les Romains communiqua à son industrie une impulsion immense et la régénéra en l'organisant. Ils lui apportèrent leur administration, leurs municipes, leurs corporations dont la splendeur s'élevant avec la puissance impériale devait aussi tomber avec elle.

Avant la fin du premier siècle l'organisation des ouvriers gaulois était terminée, mais elle ne fut vraiment complète que sous Alexandre Sévère. A cette époque, l'impôt sur le commerce (chrysargyre), qui n'était rien pour les gros négociants, ruinait les petits artisans; comme il n'était perçu que tous les quatre ans, la somme à payer était forte et l'ouvrier souvent obligé de vendre ses enfants comme esclaves pour l'acquitter. Dans les manufactures impériales, à Strasbourg, à Macon, à Reims et à Amiens où l'on fabriquait des flèches, à Autun, Soissons et Tribur où l'on faisait des boucliers et des cuirasses, à Arles, à Lyon et à Trèves où l'on frappait la monnaie, les ouvriers étaient divisés en hommes libres et en esclaves. La liberté des premiers était dérisoire : ils ne pouvaient ni quitter leur métier, ni même se marier à leur volonté ; leur sort était à peu près celui des esclaves. Dans les villes, nous avons vu plus haut quelle était leur condition ; la corporation y formait une administration analogue à celle du municipe : son prieur, le chef du collége, remplissait des fonctions semblables à celles des duumvirs, les artisans établis représentaient les décurions ; comme la curie elle avait son défenseur.

Les procédés des ouvriers gallo-romains sont, on le conçoit, encore bien primitifs ; le métier n'a pas encore remplacé l'outil, le fil se fait au fuseau, le

____

(1) Alors inconnu dans ce pays.

cardage à la main, le tissage n'a pas changé depuis des siècles, la meule est encore tournée par l'esclave. On cite cependant, même à Rome, les toiles de Cahors, les draps de Saintes, les manteaux à capuchons de Langres, les étoffes d'Arras, et surtout les draps rouges dont on faisait des uniformes militaires.

Les industries d'une utilité immédiate ont fait peu de progrès, mais la fabrication des objets de luxe est au contraire arrivée à un point qu'elle a à peine dépassé depuis. En effet, si la population n'avait que des besoins bornés et faciles à satisfaire, les désirs des classes riches étaient sans limites, et l'imagination des artistes orfèvres, bijoutiers, sculpteurs, ébénistes, ciseleurs, etc., constamment tendue et servie par des mains habiles avait peine à les contenter.

10. — Les Mérovingiens.

Des trois peuples d'origine germanique qui s'établirent dans les Gaules, les Burgundes, les Wisigoths et les Franks, les deux premiers furent ceux qui agirent avec le moins de barbarie et qui eurent pour les restes de la puissance romaine le plus de ménagements. Les Burgundes surtout, pour la plupart ouvriers en bois, charpentiers, menuisiers et ébénistes, n'avaient aucune raison pour entraver l'essor de l'industrie nationale : ni Toulouse ni Lyon n'eurent à envier le sort de Soissons.

Quand les Franks eurent décidément établi leur domination sur le sol de la Gaule, des institutions romaines concernant l'industrie rien n'était resté debout. Les liens qui réunissaient toutes les parties de cet immense empire ayant été rompus, l'organisation d'Alexandre Sévère s'était écroulée. La force, la nécessité et l'intérêt avaient placé les ouvriers et les artisans gaulois dans trois positions différentes et amené leur déplacement.

Les uns, empressés de rompre les liens oppressifs qui les unissaient aux corporations, moitié par contrainte et moitié par bonne volonté, allèrent s'établir dans les *villæ* des conquérants du sol ; d'autres, plus heureux ou plus habiles, se réfugièrent dans les monastères ou au moins se groupèrent autour d'eux à l'abri de la protection du clergé, la seule qui fût efficace alors ; les autres enfin, restant dans les villes, gardèrent d'une façon traditionnelle le principe d'association qu'avait imprimé dans leur esprit l'habitude de la domination romaine. Comme la curie, la corporation restait à l'état latent dans les cités, et les maîtrises du treizième siècle comme les communes du onzième étaient en germe dans les débris du monde romain au sixième siècle.

C'est ainsi que se conservèrent, sans perte comme sans progrès, les procédés de l'industrie pendant la première partie du moyen âge. Les monastères dans lesquels les religieux eux-mêmes travaillaient non-seulement pour leur propre consommation, mais encore pour la vente au dehors, en attirant autour d'eux des artisans laïques, constituèrent par cela même des centres de fabrication où se maintinrent intacts les bons procédés industriels. De leur côté, les rois et les chefs barbares, tant qu'ils habitèrent la campagne dont le souvenir des forêts de la Germanie leur faisait préférer le séjour à celui des villes, conservèrent dans leurs immenses fermes une population d'ouvriers de toutes les professions plutôt esclaves que libres.

On ne peut apercevoir dans les villes qu'une trace du lien qui unit la corporation romaine à la corporation française, et cela seulement en ce qui concerne quelques corps d'état, comme les boulangers qui prennent successivement les noms de pistores, pestors, talmeliers, panetiers, boulens (*bolengarii*), comme les bouchers, comme les foulons qui ont pu se grouper d'une manière plus compacte ou dont l'organisation bien qu'imparfaite a laissé plus de traces. Un passage du livre rouge du Châtelet montre que du temps de Charles Martel quelques métiers étaient réunis en corps et jouissaient de certains priviléges : « les mortelliers, y est-il dit, sont quite du gueit très le tan Charles Martel si come li preudome l'en oui dire de père à fils. »

Si l'on en excepte peut-être les œuvres de saint Éloi, les monuments qui nous restent de l'état industriel de la Gaule au temps des Mérovingiens extrêmement rares et vagues témoignent d'une incroyable barbarie. Nul ne s'est inquiété à cette époque de déchirements intérieurs des procédés suivis par cette partie de la population dont l'état social se rapprochait beaucoup de l'esclavage ou au moins du servage. Du reste, la Gaule centrale était loin de représenter alors une contrée industrielle : l'Orient, où la puissance romaine jetait encore quelques lueurs ; l'Italie, où l'occupation des barbares avait été moins brutale, et surtout l'Espagne méridionale sous la domination des califes Omniades constituaient à la fin du huitième siècle non-seulement des centres intellectuels, mais aussi des contrées où l'industrie était relativement prospère.

11. — Charlemagne.

Au neuvième siècle, qui représente en même temps que l'apogée de la domination germanique la réaction de l'élément gaulois et l'influence naissante des hommes de métier, l'esclavage a disparu presque complétement et le servage l'a remplacé. L'ouvrier est encore opprimé, mais son existence n'est plus à la merci du caprice d'un maître. Cependant le travail conserve encore son caractère domestique ; les personnes riches et puissantes font tisser et confectionner leurs vêtements, fabriquer leurs armes, leurs meubles, etc., par des artisans à leurs gages. Nul perfectionnement ne se fait remarquer ni dans les méthodes industrielles ni dans les instruments de travail, et les monastères, qui continueront encore au moins pendant deux siècles à être à la fois des ateliers et des pépinières d'artisans, se contentent de maintenir et non d'élever le niveau de l'industrie.

Dans les villæ de Charlemagne les femmes filaient, tissaient, confectionnaient les habits, battaient le lin, cardaient la laine, tondaient les brebis, et les hommes étaient armuriers, cultivateurs, maçons, forgerons, menuisiers, charpentiers, etc. La consommation locale absorbait complétement la production et l'exportation même d'une ville à une autre était à peu près inconnue. Cette localisation de l'industrie donnait une grande importance aux foires annuelles, les seules occasions où pouvait se faire l'achat des marchandises étrangères. Le haut commerce, tout entier aux mains des Juifs, ne s'exerçait réellement que là : deux d'entre elles sont restées assez célèbres pour que nous les mentionnions. L'une avait été fondée par Charlemagne et se tenait à Aix-la-Chapelle ; la seconde, demeurée populaire pendant le moyen âge, avait lieu dans la plaine Saint-Denis, c'était la foire du Landit ou de l'indict (*forum indictum*) dont on fait, mais à tort, remonter l'origine à Dagobert.

Au midi de la Loire les artisans n'avaient jamais été aussi molestés qu'au nord ; la tradition romaine s'y maintenait plus vivace, la liberté industrielle s'y conservait plus entière. Cependant la splendeur de la cour de Charlemagne était plutôt alimentée par l'importation des produits arabes ou byzantins que soutenue par les œuvres nationales, et si les capitulaires du grand empereur témoignent de ses dispositions favorables pour l'industrie et pour le commerce, ses bonnes intentions furent à peu près perdues par suite des déchirements qui suivirent sa mort. Nous allons voir cependant les artisans dans les siècles suivants tirer parti des dissensions féodales, s'unir entre eux en profitant, dans le Nord, des coutumes germaniques, dans le Midi des traditions romaines, et créer les communes soit à l'aide de leurs propres forces, soit avec l'appui du pouvoir central.

12. — Les croisades.

A la fin du onzième siècle commencèrent ces immenses migrations militaires en Orient auxquelles on a donné le nom de croisades et dont l'influence sur l'industrie française fut considérable. L'exemple de la civilisation orientale, le séjour des croisés dans les riches villes de l'Asie, leurs étapes en Sicile, à Chypre, à Constantinople en les mettant en contact avec des industries florissantes, éveillèrent dans l'esprit des artisans et des ouvriers qui accompagnaient l'armée des idées de progrès dont les conséquences furent immenses. D'un autre côté, les grandes villes commerçantes de l'Italie, Pise, Gênes, Venise, acquirent de grandes richesses en transportant les armées chrétiennes, et leurs vaisseaux, qui faisaient depuis déjà longtemps le transit de la Méditerranée, apprirent le chemin des ports du nord de la France et celui des bouches de l'Escaut.

Au douzième siècle, c'est-à-dire à l'époque de l'épanouissement de la révolution communale, les artisans sûrs de leur indépendance se rassemblent en corporations dont les statuts librement consentis n'ont pas encore, en général, la sanction du pouvoir politique. Cependant l'industrie se développe en France : les tapisseries d'Arras, de Montpellier, de Paris et de Poitiers s'exportent même en Italie. Les riches étoffes jusqu'alors tirées de l'Orient commencent à se fabriquer dans nos grandes villes ; l'art de filer et de tisser la soie, importé d'abord en Sicile, gagne Nîmes, Montpellier, Carcassonne et Beaucaire, amené par les marchands lombards qui, à l'époque dont nous parlons, avaient succédé aux Juifs dans le haut commerce. La fabrication du papier de chiffons (1), les moulins à vent (2), les tapisseries de haute lisse, inventions orientales, s'introduisent en France au retour des croisés. La réputation des émaux de Limoges commence et la peinture sur verre a atteint son maximum de splendeur. La France se couvre d'églises et les corporations de maçons et de tailleurs de pierre organisées suivants les statuts de la franc-maçonnerie vont fournir des artistes et des ouvriers pour la construction des cathédrales de l'Allemagne et de l'Angleterre

13. — Les corporations.

Le treizième siècle et en particulier le règne de saint Louis fut au moyen âge l'époque de la plus grande prospérité industrielle de la France. C'est de 1258 que date pour Paris l'organisation officielle des métiers : Étienne Boileau, ou Boiliaue, comme on écrivait alors, après avoir réuni les marchands et les ouvriers de Paris fit rédiger leurs coutumes d'après leurs propres dépositions. Ces règlements, qui nous ont été conservés, donnent des détails extrêmement précieux sur l'histoire du travail pendant le treizième siècle. Déjà, du reste, avant cette époque le prévôt du Châtelet avait la haute main sur les hommes de métiers : on avait même vu, pendant la minorité de Louis IX, deux marchands s'associer pour acheter cette charge. Une autre autorité s'était en outre établie : le grand chambellan, le grand panetier, le grand échanson, etc., avaient pris sous leur protection, ou plutôt avaient placé sous leur dépendance les boulangers, les dra-

---

(1) Inventé par Joseph Amru, à la Mecque, en 706.

(2) On a nié que le moulin à vent fût une invention orientale : le plus ancien qu'on puisse citer en France fut établi en 1105.

piers, les merciers, les pelletiers, etc., dont les professions semblaient ressortir de leurs charges. Par un accord tacite résultant du besoin de sécurité des uns et du désir de domination des autres, ces offices étaient devenus de véritables fiefs *sine gleba*, et cet état de choses se prolongea pour quelques-uns des officiers de la couronne au delà du quatorzième siècle.

Quand Étienne Boileau fit rédiger les statuts des corporations, une partie des maîtrises s'achetaient, les autres étaient libres ; il maintint cet usage, mais il voulut établir dans chaque industrie une discipline sévère afin qu'il ne se vendît « aucunes choses qui n'estoient pas si bones ne si loiaus qu'eles deussent » .

Parmi les priviléges accordés à certains métiers, il en est dont l'existence peint bien l'époque dont nous parlons ; ainsi le guet, cet effroi des bourgeois de Paris jusqu'à la Ligue, n'est point exigé des artisans qui travaillent pour la noblesse : les « haubergiers ne doivent point le guait... quar li mestier est pour servir « chivaliers ; » les barilliers, qui confectionnaient seulement les petits tonneaux où se conservaient les vins fins, « pueent ovrer de nuiz et au foiries (*feriæ*) se besoing leur est. » Le travail de nuit, en effet, est généralement défendu au moins pour les industries délicates ; il faut travailler « seur rue à fenestre ouverte ou à huis entr'ouvert... la clartéz de la chandoile ne souffist mie à leur mestier. » Les « fillaresses de soye » ne pouvaient filer qu'à façon, on n'admettait pas qu'elles pussent posséder de la soie dont le prix était alors énorme (1). Les Juifs qui prêtaient sur gages recevaient souvent de la soie en dépôt, mais il leur était interdit de la vendre pour une raison analogue. Nous voyons encore dans les statuts des « teisserandes de queuvrechiers (couvre-chefs) de soye, » les modistes du moyen âge, la défense d'acheter « soye de Juis, de fillaresse, l'or de marcheanz tan seulemen. »

Malgré toutes ces restrictions, on sent que les mœurs s'adoucissent : dans une des corporations les statuts exigent que le tiers des amendes soit destiné à soutenir les «povres vielles gens du dit mestier qui seront decheuz par fait de marchandises ou de vieilleuce. »

Dans le midi de la France, la liberté industrielle est beaucoup plus grande qu'au nord de la Loire : Lyon, Toulouse, Montpellier, Arles n'ont pas ces entraves qui, après l'avoir facilité pendant quelque temps, restreindront le développement de l'industrie.

En réalité, les corporations ne furent pas fondées par Étienne Boileau ; nous avons vu plus haut que leur origine se relie à l'existence des colléges gallo-romains. On dirait aujourd'hui que Louis IX les a reconnues d'utilité publique et leur a donné une existence légale. En obéissant au principe d'association qui les faisait se réunir entre elles, en groupant leurs intérêts, leurs personnes, leurs procédés mêmes autour d'un centre commun placé sous la protection de l'autorité royale, les classes ouvrières du treizième siècle assuraient leur indépendance. A l'époque dont nous parlons, cet état de choses était aussi profitable au pays qu'aux particuliers, et l'organisation des métiers fut alors regardée comme un bienfait. Cependant, en échappant ainsi aux exactions féodales et au dépérissement de l'industrie, les artisans immobilisèrent leurs procédés et fermèrent la porte à l'esprit d'invention et à l'action progressive des années. L'ordonnance de 1358 se plaint déjà que les règlements sont faits « plus en faveur et prouffit des personnes de chacun mestier que pour le bien commun. » Ils ne devaient être abolis d'une manière définitive qu'en 1789 (2).

Ainsi, peu de perfectionnements ; jusqu'au seizième siècle, le commerce peut

____

(1) La soie se vendait à peu près au poids de l'or.

(2) L'édit de Turgot, en 1776, fut en partie abrogé.

progresser, mais l'industrie ne gagne guère qu'au point de vue de la quantité des produits qu'elle fabrique. Les draps fins viennent tous de Flandre : mais on fabrique des draps grossiers à Beauvais, Paris, Lagny, Tours, Arras, Saint-Quentin, Étampes ; des camelins à Cambrai ; des galebruns (étoffe commune) à Montoire. Les toiles de lin se font à Laval, Lille et Cambrai ; le chanvre est encore peu employé. Grégoire X fait planter des mûriers dans le Comtat Venaissin, et Avignon commence à fabriquer des soieries qui rivalisent avec celles de Sicile, de Lucques et de Naples. Les teinturiers de Caen et de Toulouse font accepter leurs produits même à l'étranger : l'Italie achète l'écarlate de Caen au même prix que celui de Gand. On voit dans les rôles du péage de Montlhéry que le pastel, la gaude et la garance étaient employés en quantités considérables, à Paris, dont l'influence sur l'industrie des objets de luxe est déjà très-développée. La métallurgie n'existe pas ou tout au moins sa production est insignifiante : l'Allemagne, l'Angleterre et l'Espagne fournissent les métaux nécessaires. A l'étranger, la puissance industrielle a passé en Italie de Pise à Gènes et à Venise, elle a quitté Cordoue pour Grenade en Espagne où Barcelone qui s'élève va devenir la rivale de Marseille sur la Méditerranée.

Si nous avons insisté sur l'histoire du treizième siècle, c'est que les règnes de Philippe Auguste, de saint Louis et de Philippe le Bel représentent au moyen âge une époque de prospérité relative et de sécurité pour l'industrie de la France. Le siècle suivant désolé par la guerre de Cent ans est, au contraire, une période de complète décadence : l'établissement d'un droit d'exportation sur les marchandises en 1322, les guerres populaires de Flandre, la Jacquerie, l'altération des monnaies constituaient des causes générales d'affaissement, tandis qu'à Paris en particulier, la suppression des corporations, l'insurrection des maillotins, celle des cabochiens ruinaient les métiers. Les maisons et les ateliers étaient déserts à tel point que l'acquéreur d'une maison se contentait d'en enlever, pour les vendre, les matériaux transportables et abandonnait le reste. La misère était arrivée à son comble, et au retour du roi Jean la presque impossibilité où l'on était de se procurer de l'argent fit porter le taux légal de l'intérêt à 2 1/2 p. cent par semaine.

L'industrie normande alors si prospère succomba à son tour lors de l'invasion anglaise : Barfleur, Saint-Lo, Louviers où, dit Froissard « on faisoit la plus grand'plente de draperies » furent pillés, et l'industrie du tissage ruinée pour longtemps dans ces villes.

14. — Le quinzième siècle.

Il faut attendre l'expulsion des étrangers et le règne de Louis XI pour qu'un peu de calme puisse permettre aux artisans de fermer les blessures causées par cent cinquante ans de guerres et de troubles. Nous voyons alors le compagnonnage et les confréries religieuses des métiers complétement organisés : les ouvriers en voyage trouvent de l'ouvrage partout où ils veulent séjourner ou reçoivent des secours pour continuer leur route. La mise en pratique de l'idée d'association constitue pour eux une force opposée à l'action jusqu'alors prépondérante de l'organisation presque féodale des maîtrises. D'un autre côté, les prescriptions des statuts deviennent de plus en plus rigoureuses et achèvent d'enlacer l'industrie tout entière dans un réseau inextricable de règlements minutieux, source incessante de querelles de métiers à métiers.

Le génie prévoyant de Louis XI comprenait de quelle importance était l'industrie pour ce pays auquel il voulait donner la force et l'unité :

Devançant l'œuvre de Colbert, il fait venir de Venise et de Gènes des ouvriers habiles dans la fabrication des métaux, dans la filature et le tissage de la soie, dans l'art de la teinture. On plante des mûriers près de Tours et l'industrie de cette ville prend dès lors le rang important qu'elle gardera jusqu'à la révocation de l'édit de Nantes. Grâce aux ordonnances protectrices dont la première est due à Charles V, l'industrie métallurgique se développe, et, bien qu'on fasse encore venir beaucoup de fer de l'étranger, le Roussillon, le Forez et le Dauphiné commencent à en produire en quantités considérables. Les étoffes de Normandie et de Champagne, les soieries de Lyon, les toiles de Reims, les serges d'Arras et de Caen, l'étamine d'Auvergne sont en grande réputation. L'adoption des armes à feu détermine la création d'une branche d'industrie de plus ; enfin, la découverte de l'imprimerie, « invention, disait Louis XII, plus divine qu'humaine », en mettant l'instruction à la portée de tous inaugure une ère nouvelle.

Le commerce maritime français a déjà quelque importance : Dieppe envoie ses marins dans toutes les parties du monde ; Jacques Cœur qui, de fils d'un pelletier de Bourges, devint le trésorier de Charles VII, couvre la Méditerranée de ses vaisseaux et acquiert une fortune immense. Les foires sont plus nombreuses, plus suivies et les produits des ateliers de nos villes d'industrie se répandent dans un rayon plus étendu.

A l'extérieur, un déplacement remarquable se fait sentir dans la position des centres manufacturiers : les Anglais filent déjà le coton que les Génois leur apportent, et commencent à exporter en Flandre les draps que les Flamands leur ont appris à tisser. Ypres, Gand et Bruges voient leur prospérité diminuer, la ligue hanséatique se démembre et l'influence industrielle des républiques italiennes pendant les quatre siècles précédents s'efface devant la puissance du Portugal dans les Indes, que vient de lui donner la découverte de la route du Cap et que va lui ravir la Hollande.

15. — La Renaissance.

Les expéditions de la France en Italie à la fin du quinzième siècle et pendant une partie du seizième eurent pour conséquence la réaction sur les tendances françaises des idées italiennes à l'égard de l'industrie et des beaux-arts. L'influence ainsi exercée sur l'architecture et sur les arts en général fut infiniment moins marquée sur l'industrie. En fait, ce qu'on a appelé la renaissance n'existe que d'une manière très-secondaire au point de vue qui nous occupe, ou plutôt l'influence italienne s'était déjà fait sentir au siècle précédent à l'arrivée des ouvriers vénitiens et florentins attirés en France par Louis XI, et elle était bien plus sensible en ce qui concerne l'apparence des objets fabriqués qu'en ce qui regarde les procédés suivis dans les ateliers. Néanmoins, dès le règne de Louis XII, un progrès notable se manifeste, et la prospérité de l'industrie est attestée par les écrivains du temps : « on ne faict guières, dit Claude de Seyssel, maison sur rüe qui n'ait boutique pour marchandise ou pour art mécanique. »

Malgré les efforts de François Ier, ce n'est en réalité que du règne de Henri III que date l'établissement dans nos grandes villes de manufactures vraiment dignes de ce nom : cependant déjà, vers le milieu du seizième siècle le pouvoir royal avait accordé quelques priviléges importants à de nouvelles découvertes, malgré la résistance des corporations : « l'invention, dit un contemporain, s'est mise dedans les testes des hommes. »

Le luxe inouï déployé à la cour avait depuis longtemps gagné les classes inférieures, et cet état de choses ayant attiré l'attention de l'autorité royale ; il s'en-

suivit un assez grand nombre d'ordonnances somptuaires qui, bien qu'inexécu-
tées pour la plupart, renferment des prescriptions qu'on ne comprendrait guère
aujourd'hui. Ainsi, une déclaration de 1563 défend de faire payer la façon d'un
habit plus de trois livres, et de porter des boutons comme ornements; celle de
1567 prescrit de n'employer dans la confection ni velours ni chenilles; en 1577
défense de dorer ou d'argenter quoi que ce soit, à l'exception de la tranche des
livres d'église, etc.

Pendant les guerres de la Ligue, l'industrie fut en souffrance et les ateliers
chômèrent : en 1578, dans la seule ville d'Arras, on comptait six mille personnes
sans ouvrage. A Paris, l'ouvrier travaillait, sa pertuisane près de lui, prêt à descendre dans la rue au premier signal pour une procession ou pour un combat.
Malgré la misère qui en résultait, cette intervention des classes laborieuses dans
la vie politique, déjà en germe dans l'organisation toute militaire que Louis XI
avait donnée aux métiers de Paris, ne pouvait que contribuer à mêler ensemble
les couches différentes de la société, et à donner aux plus inférieures le sentiment de leur force, et le désir de leur indépendance.

A côté du malaise général, résultat des luttes politiques, venait se placer l'affaiblissement intérieur, conséquence des discordes des métiers; la cause en était
dans les règlements des corporations, qui constituaient dès cette époque à un état
d'hostilité permanente les différentes branches de l'industrie voisines les unes
des autres. Faute d'une ligne de démarcation bien tranchée, impossible à établir
entre les attributions des maîtrises, les compagnons et les maîtres, tantôt d'accord et tantôt brouillés, se réunissaient toujours pour défendre leurs priviléges
contre ceux des industries analogues sans renoncer pour cela à leurs propres
désirs d'envahissement. Une autre perturbation avait pour cause la rupture de
l'équilibre séculaire établi entre la valeur d'échange de la monnaie et celle des
objets de consommation. La découverte de l'Amérique, en donnant à l'Espagne,
dans l'Occident, une puissance rivale de celle que possédait le Portugal en
Orient, avait amené entre autres conséquences une augmentation énorme dans la
production des métaux précieux. Il en était résulté que l'Espagne, cédant à
l'entraînement causé par l'abondance des biens facilement acquis, avait délaissé
son industrie naguère si florissante. Oubliant que la richesse d'une nation ne
consiste pas dans le numéraire qu'elle possède, mais dans les produits qu'elle
récolte ou qu'elle fabrique, elle faisait à ses dépens profiter les autres pays de sa
fortune. La France hérita, en grande partie, de son industrie perdue, et l'or de
l'Amérique servit à payer nos ouvriers. Aussi, le prix de la journée avait-il énor-
mément augmenté depuis un siècle : en 1500, un maçon gagnait trois sous par
jour; en 1550, cinq sous; en 1572, douze sous. Le prix de la mouture du blé,
qui n'avait varié de 1200 à 1440 que de douze à seize deniers le boisseau, était
en 1574 de sept sous et six deniers, c'est-à-dire presque six fois plus : cette augmentation donne la mesure de l'avilissement dans la valeur des métaux précieux.

16. — Le dix-septième siècle. — Colbert.

Au commencement du dix-septième siècle, Henri IV fit beaucoup pour l'industrie, malgré la résistance de Sully. Il établit des magnaneries dans plusieurs
châteaux royaux : aux Tuileries, à Madrid, aux Tournelles. Il protégea la fabrication du verre et des glaces à Paris, celle des toiles de Hollande à Rouen, et
fonda, en 1603, la manufacture des Gobelins et celle de la Savonnerie. L'apprêt
des tissus, la cémentation du fer, la fabrication du blanc de plomb, celle des

tuyaux étirés, les métiers à bas furent inventés ou perfectionnés vers la même époque.

Richelieu et Mazarin laissèrent à peu près de côté la question qui nous occupe : notre industrie naissante, entravée dans son développement par les guerres de religion et par la Fronde, avait besoin de la main de Colbert pour se relever.

Un grand principe semble dominer tous les faits de l'administration de ce ministre : le désir de voir la France se suffire à elle-même. Trouver sur son territoire les matières premières nécessaires à son industrie, et former des ouvriers capables de les transformer de manière à pouvoir se passer des États voisins : telle est son ambition. Tous ses actes sont manifestement dirigés vers ce but, et si ses moyens d'exécution se ressentent des idées de compression qui avaient cours à cette époque, le tort en est plus au temps qu'à l'homme.

Ainsi l'industrie fut enrégimentée et les artisans menés militairement ; les règlements des métiers, précisant les moindres détails de la fabrication, dépassèrent le but qu'ils devaient atteindre. Les ouvriers français qui voulaient s'expatrier, et les artisans étrangers qui désiraient retourner dans leur pays, étaient retenus même par la force. Se trouvant en face de monopoles constitués et ne voulant pas les abolir, il dut, pour faire prévaloir les découvertes récentes et assurer l'existence des nouvelles manufactures, créer des priviléges de plus, et amena ainsi un état de choses qui causa, au dix-huitième siècle, la décadence de l'industrie. Cette réserve faite, il faut admirer ce génie persévérant, ce travail incessant qui suffit à tout et qui, prenant l'industrie nationale dans une situation peu brillante, la laissa dans un état prospère.

Les ouvriers en glace venus de Venise en France s'établirent à Paris. Une société par actions fonda des fabriques de dentelles à Alençon, Auxerre et Argentan en 1669, puis, plus tard, d'autres fabriques s'installèrent à Aurillac et dans la Haute-Loire ; l'importation du point de Venise fut alors interdite. Colbert fit à grand'peine venir de Saxe des ouvriers ferblantiers et établir à Beaumont-la-Ferrière une manufacture royale qui n'eut, il est vrai, qu'une existence éphémère. Il installa à Clermont et à Blesle des fabriques de tricot, à Meaux des ateliers pour la moquette et le bouracan, à Amiens et à Beauvais des fabriques de draps fins. A Abbeville van Robais, le célèbre manufacturier, faisait des draps dont la finesse rivalisait avec celle des meilleurs produits anglais : ils se vendaient 15 livres l'aune.

En 1670, Lille produit 300,000 pièces d'étoffes par an ; Vienne, Allevard, Saint-Gervais, Saint-Hugon, Royans, renferment des forges et des fonderies très-importantes ; les papiers se fabriquent à Thiers, à Ambert ; à Angoulême il y a soixante moulins à papiers ; en Provence on compte cinquante-cinq papeteries. On cite comme étant en réputation : les toiles de Cambrai, de Bapeaume, d'Alençon, de Laval et de Château-du-Loir, les fils du Perche, les faïences de Nevers, les verreries du Maine et du Nivernais, la batiste de Saint-Quentin, les draps et les dentelles de Sédan.

Profitant de la vigoureuse initiative de Colbert, le commerce maritime renaît : Marseille au midi, Dunkerque au nord, sont déclarés ports francs, Rouen a atteint le maximum de son importance commerciale. Lyon, la ville où après Paris l'industrie s'est le plus développée, emploie dans ses fabriques et dans celles de ses environs plus de trois mille balles de soie par an : ses futaines, ses taffetas lustrés, ses étoffes d'or et d'argent n'ont pas de rivales ; le seul travail de l'or filé y donne de l'ouvrage à plus de trois mille personnes. Tours est presque aussi florissante : on y met en œuvre annuellement plus de 2400 balles de soie.

17. — Révocation de l'édit de Nantes. — Le dix-huitième siècle.

Toute cette activité allait s'évanouir : la fatale révocation de l'édit de Nantes enleva en 1685 presque tout ce qui se trouvait en France d'ouvriers habiles. Saint-Étienne perdit 16,000 personnes, Lyon 20,000, Laval 14,000, la Normandie 184,000, Tours et Alençon furent complétement ruinées. Les drapiers, les ouvriers en velours et en peluche émigrèrent pour la plupart en Hollande, l'Angleterre recueillit surtout les fabricants de papiers et de tapis ainsi que les ouvriers en soie qui fondèrent à Londres le quartier de Spitalfield où l'on trouve encore aujourd'hui leurs descendants réduits, pour la plupart, à une profonde misère.

A l'extérieur, pendant que la France s'affaiblissait, la Hollande et l'Angleterre gagnaient en prospérité industrielle, et cette dernière puissance, déjà maîtresse de la mer, allait bientôt recueillir aux Indes le pouvoir que la rivalité de Dupleix et de la Bourdonnaye devait nous faire perdre.

La première moitié du dix-huitième siècle, époque de transition, ne nous offre rien de bien remarquable ; les manufactures établies par Colbert se soutenaient difficilement, et l'industrie tout entière périclitait. La paix de 1748 lui permit de se relever un peu, mais la guerre de Sept ans fut fatale au commerce d'exportation que nos fabriques commencèrent à alimenter. Enfin, le traité d'Éden, en ouvrant nos ports à l'importation des produits anglais, inaugura la pratique du libre échange trop tôt pour la prospérité de notre industrie.

Les corporations avaient fait leur temps ; la puissante initiative de Diderot en fixant, pour ainsi dire, dans la grande Encyclopédie la science industrielle d'alors, avait donné aux idées naissantes une forme nouvelle. Sous leur influence les réclamations des états de 1614 se firent entendre de nouveau. S'augmentant de toutes les protestations contre ce qui s'était accumulé depuis lors d'entraves et de vexations, elles amenèrent Turgot à supprimer maîtrises, jurandes, corvées, corporations, tout ce vieil attirail du moyen âge resté debout malgré les luttes et le froissement des intérêts. « Nous devons protection, dit le préambule de l'édit de 1776, à cette classe d'hommes qui, n'ayant de propriété que leu travail ou leur industrie, ont d'autant plus le besoin et le droit d'employer, dans toute son étendue, la seule ressource qu'ils aient pour subsister. »

Ce fut un véritable jour de fête dans Paris ; mais la chute de Turgot ramena une nouvelle organisation à peine moins oppressive, compromis insuffisant entre les tendances du moment et les souvenirs du passé qui devait tomber dans le grand naufrage qu'on pouvait déjà prévoir.

La fin du siècle est témoin d'un grand nombre d'inventions : la filature mécanique du coton s'organise en Angleterre à la machine à filer de Wyat ; et à la carde mécanique de Lewis succède la machine de Arkwright et de Hargreaves qui, en y joignant la Mull-Jenny de Crompton, complète la fabrication du fil. Citons aussi le métier de Vaucanson, la lampe d'Argant, la fabrication de la soude, etc., etc. ; enfin, la machine à vapeur qui, sortant du domaine de la théorie, devenait sous l'impulsion du génie de Watt le plus puissant levier de la civilisation, et la plus grande des innovations depuis la découverte de l'imprimerie.

Dans l'industrie du siècle dernier comme dans celle des temps plus reculés, ce qui nous frappe, c'est la lenteur des progrès et la difficulté qu'éprouvent à se faire jour les inventions qui nous semblent aujourd'hui les plus simples. Il faut dire cependant que le mouvement imprimé par Colbert avait porté ses fruits et que, outre ces grandes découvertes, qui sont comme les étapes du progrès, un grand nombre de perfectionnements de détails avaient accéléré l'allure si lente de l'industrie d'autrefois. C'est dans l'Encyclopédie qu'il faut étudier les procédés du dix-huitième siècle : l'industrie du temps est là tout entière avec ses métiers primitifs, lourds, grossiers, lents à se mouvoir et exigeant pour leur mise en œuvre un travail énorme relativement à leur puissance de production. Dans l'immense majorité des cas le moteur, c'est l'homme; la roue du tourneur, les manéges mal faits, les chutes d'eau peu ou mal utilisées : telles sont les ressources des fabricants d'il y a cent ans. La division du travail est inconnue, l'ouvrier a besoin de tout apprendre, et si un apprentissage de dix ans est une chose très-ordinaire, c'est que, forcé de trouver en lui-même tous les éléments d'une fabrication donnée, l'ouvrier doit non-seulement savoir son métier proprement dit, mais encore connaître les ressources de tous ceux qui s'y rattachent.

18. — Le dix-neuvième siècle.

Au commencement de notre siècle, l'industrie entre dans une nouvelle phase : on venait de tout détruire, on sentait le besoin de tout fonder. Le ministère de Chaptal, savant, manufacturier et administrateur, marque le commencement de cette période féconde en progrès dont le caractère le plus significatif réside dans l'alliance de la science et de la pratique.

C'est alors que Jacquart invente cet admirable métier dont nous ne savons pas encore nous passer, malgré ses imperfections. Richard et Lenoir créent en France la filature du coton, Philippe de Girard celle du lin. Les expositions de l'industrie nationale, qui datent de 1798, en entretenant l'émulation parmi les fabricants, exercent une influence bienfaisante sur la rapidité de la marche du progrès. La machine à vapeur, longtemps un objet de curiosité et presque de crainte, s'introduit dans les ateliers, flotte sur les fleuves et sur les mers, court sur les voies ferrées et sur les routes; l'électricité se fait lumière ou parole.

En résumé, l'introduction des moteurs puissants dans les usines, la concentration de l'industrie en général, la division du travail dans les ateliers, l'emploi des machines-outils, l'accroissement dans la vitesse de production des métiers, l'économie du combustible, l'utilisation des résidus : tels sont les points les plus saillants des progrès réalisés récemment, telles sont aussi les différences qui séparent l'industrie du dix-neuvième siècle de celle du dix-huitième, caractérisée par une tout autre allure.

Nous ne voulons pas insister sur le tableau des perfectionnements réalisés de nos jours dont l'Exposition nous a offert le magnifique ensemble : — l'œuvre entière de ces *Études* y est consacrée : nous ne sommes ici que l'écho du passé.

H. DUFRENÉ.

XLIX

INDUSTRIE DU GAZ

Par **M. D'HURCOURT**.

DEUXIÈME ARTICLE [1].

II

Conduites de gaz.

M. *Arson*, ingénieur en chef de la Compagnie parisienne, a publié un mémoire au sujet d'expériences faites par lui sur l'écoulement des gaz dans de longues conduites. Ces expériences ont été entreprises par ordre de M. *de Gayffier*, ingénieur en chef des ponts etchaussées, directeur de la Compagnie, et de M. *Camus*, sous-directeur.

Ce mémoire a remporté la médaille d'or à la Société des ingénieurs civils. Or il n'existe pas, pour un ingénieur, de distinction plus flatteuse ni plus enviable ; il nous est donc imposé, à nous qui voulons parler d'un travail qui a eu cette importance, de l'étudier avec la plus grande attention, bien que nous ne puissions approuver ni les idées de l'auteur, et encore moins ses conclusions. Nous garantissons que nous avons apporté la plus grande conscience à cet examen ; nous avons lu et relu ce mémoire, fait et refait nos calculs.

M. *Arson*, après avoir indiqué les soins minutieux qu'il a pris dans le but de parer d'avance à toute objection (nous en parlerons plus loin), publie le résultat de 36 expériences, sur des tuyaux en fonte, *assemblés par pénétration dans des emboîtures* ; TELS ENFIN QU'ON LES TROUVE DANS LE COMMERCE, et ayant des diamètres de $0^m,25$, $0^m,103$, $0^m,081$ et $0^m,05$. Il a expérimenté avec du gaz d'éclairage et de l'air atmosphérique ; et voici comment il résume lui-même son travail :

« La surface intérieure de la matière du tuyau exerce, dans tous les cas, une influence *incontestable* sur le frottement que le gaz éprouve à son contact, et tout changement dans cet état aura nécessairement une grande influence sur la perte de charge.

« Une expérience spéciale a été faite à ce sujet dans des tuyaux en fer-blanc de 5 centimètres de diamètre ; elle avait, d'ailleurs, aussi pour but de rattacher

---

[1] Voir le 1er article, t. IV, p. 1, et la planche 143.

les expériences faites par *d'Aubuisson* à celles qui venaient d'être exécutées et qui accusaient des résistances plus grandes.

« Ce qui a été trouvé montre l'influence considérable de ces différentes conditions.

« Dans l'exposé qu'il a fait, *d'Aubuisson* ne dit pas comment étaient assemblés les tuyaux qu'il a expérimentés [1]. Pour ne pas introduire de causes d'erreur dans les résultats, on s'est appliqué à réaliser le plus exactement possible le diamètre indiqué, et, pour cette raison, on a réuni les tuyaux en fer-blanc avec des viroles extérieures qui ont permis de maintenir ceux-ci au diamètre exact et continu.

« Des observations, dans des conditions égales de diamètres, de longueurs de tuyaux et de vitesse de fluide, ont été faites sur des conduites en fonte de fabrication ordinaire.

« Ces deux séries d'observations ont reproduit les résultats observés et rapportés par *d'Aubuison*, tout en confirmant ceux qui ressortaient des expériences nouvelles faites sur la fonte.

« L'influence de la surface frottante sur le frottement du gaz est donc établie *d'une manière incontestable.* »

On ne saurait, en moins de lignes ni en termes mieux assurés, renverser d'un coup la théorie des *Dubuat*, des *Bernouilli*, des *Coulomb*, des *Navier*, des *d'Aubuisson*, des *Poncelet*, etc.

Puis M. *Arson* ajoute que les résultats trouvés ont pour conséquence de réduire la perte de charge dans le fer-blanc aux deux tiers de la valeur qu'elle atteint dans la fonte.

Nous tenons à établir, avant tout, où en est la question aujourd'hui, et il nous sera facile, après, de montrer que les expériences de M. *Arson*, étudiées dans leur ensemble, ne sont que la confirmation de l'ancienne théorie; elles devaient, par conséquent, le conduire à des conclusions opposées à celles qu'il a publiées.

Nous ne craignons pas, et nous trouverions, d'ailleurs, notre excuse dans l'importance de la question que nous traitons, de rappeler le plus succinctement possible les faits expérimentaux sur lesquels est établie la théorie admise par les hydrauliciens, d'autant mieux que nous les voyons méconnus ici.

---

[1] D'Aubuisson le dit parfaitement, et voici en quels termes :

« La conduite du ventilateur avait $0^m,10$ de diamètre et était faite de feuilles de fer-blanc de 12 pouces sur 9.

« Ces feuilles avaient été courbées et roulées sur un mandrin pour que les rouleaux eussent tous le même diamètre; mais ce diamètre n'était pas partout de $0^m,10$; à une extrémité il était un peu plus grand, et à l'autre un peu plus petit, afin que les rouleaux pussent s'emboîter un peu l'un sur l'autre. Le ferblantier en avait fait, dans son atelier, des tuyaux d'environ 5 mètres de long; puis, sur le terre-plein existant devant l'entrée de la galerie, il les assemblait de manière à avoir un tuyau de 20 mètres, lequel était porté dans la galerie et posé sur des crochets ou supports en fer destinés à le recevoir, et qui étaient implantés sur la paroi orientale de la galerie à $0^m,40$ environ au-dessous du faîte. Le tuyau était joint à la partie de la conduite, déjà établie à l'aide d'un mastic.

« Dès qu'un tuyau était ainsi fixé, et avant de le faire servir aux expériences, il était essayé sous une forte charge manométrique, afin de se bien assurer que, dans ses nombreuses soudures, il n'y aurait pas quelques petites ouvertures donnant issue à l'air. Des ouvriers, auxquels on donnait une gratification par issue trouvée, les avaient bientôt découvertes, et le ferblantier les bouchait.

« De 40 en 40 mètres on avait établi, sur la paroi supérieure de la conduite, de petites viroles ou tubulures destinées à recevoir le bout : on les bouchait et débouchait à volonté..... On introduisait dans les manomètres habituellement du mercure et quelquefois de l'eau.

D'après le principe de Toricelli, publié en 1643, *la vitesse d'un fluide, à sa sortie d'un orifice pratiqué dans les parois d'un réservoir, est celle qu'aurait acquise un corps grave en tombant librement de la hauteur comprise entre le niveau de la surface fluide dans le réservoir et le centre de cet orifice.*

Ce principe fut annoncé comme fait expérimental. L'explication théorique n'en fut donnée réellement que plus tard par Daniel Bernouilli (car celle de Varignon reste incomplète), au moyen de son admirable principe du parallélisme des tranches, admirable non pas tant parce qu'il expliquait théoriquement un fait reconnu par l'expérience que par la voie nouvelle qu'il découvrait pour résoudre les questions relatives au mouvement des fluides. C'est, en effet, en appliquant ce principe, que l'illustre Borda a pu apprécier d'une manière exacte les pertes de travail que les fluides éprouvent dans les conduites, par suite d'obstructions ou de changements brusques de section.

Au lieu d'un liquide, supposons un fluide gazeux, le principe de Toricelli est encore vrai. Ainsi, par exemple, admettons un gazomètre dont la pression manométrique soit mesurée par une colonne d'eau de $0^m,06$; le poids du mètre cube de gaz étant $0^k,55$, celui du fluide contenu dans le tube manométrique de, 1000^k ; comme celui-ci pèse $\frac{1000}{0,55} = 1818$ fois plus que le gaz, ce dernier sortira, par une orifice pratiquée sur la paroi du gazomètre, avec la vitesse qu'acquerrait un corps grave tombant de la hauteur de $1818 \times 0,06 = 109^m$ mètres.

Les gaz ne peuvent, à cause de leur puissance expansive, être versés dans un réservoir comme un liquide; mais si, par la pensée, on ne tient compte que de la densité du gaz et nullement de cette puissance expansive, on reconnaît, en reprenant l'exemple précédent, qu'il faudrait, pour faire monter le manomètre à eau de $0^m,06$, verser dans le réservoir une hauteur de 109^m d'un semblable gaz, et l'on rentre alors dans les conditions d'un réservoir rempli d'un fluide liquide.

Supposons maintenant qu'on ajuste contre l'orifice du réservoir une conduite de même diamètre intérieur, que l'on maintient horizontale, le débit du fluide diminue successivement à mesure que la longueur de la conduite augmente.

Le fluide parcourant cette conduite est soumis à des résistances qui en altèrent la vitesse et dont il faut tenir compte.

On dit alors que cette résistance provient du frottement que l'eau éprouve de la part des parois de la conduite.

Ce mot frottement, employé ici pour exprimer cette résistance, serait impropre s'il devait amener une confusion dans l'esprit entre les raisonnements qui expliquent le frottement, proprement dit, pour les corps solides, et ceux qu'on doit faire ici pour les fluides. Ce sont des phénomènes entièrement différents, qui ne ne s'expliquent plus de la même manière.

Pour les solides, les causes et les lois du frottement sont parfaitement connues. Lorsqu'un corps solide glisse sur un autre, il y a cohésion, pénétration même des molécules formant les surfaces adhérentes, phénomène dont Poncelet rend l'idée exacte en supposant deux brosses placées l'une contre l'autre, qu'il s'agit d'animer de mouvements relatifs différents. Les molécules des surfaces en contact sont successivement tendues comme le sont les fils de crin formant les brosses; chacun d'eux ne revient à sa position normale qu'après une suite de vibrations constituant une quantité de travail qui se perd ensuite dans la masse. Or, c'est précisément la somme de ces quantités de travail, que le corps en mouvement doit fournir, qui constitue la résistance,

que l'on appelle frottement. On comprend ici l'influence de la surface frottante, et l'on reconnaît que cette résistance est d'autant plus grande que la
pénétration est plus forte, c'est-à-dire que les deux corps ou les deux brosses
pressent plus l'une contre l'autre. La résistance est proportionnelle à cette pression d'après l'expérience, ce qui est d'accord avec l'explication que nous donnons,
et, comme conséquence, elle est indépendante de l'étendue de la partie frottante.

De plus, que le corps en mouvement marche plus ou moins vite, toutes choses
égales d'ailleurs, il faut toujours, pour faire le même chemin, tendre le même
nombre de fils de crin de la même manière, et par conséquent dépenser la
même quantité de travail. Cette résistance est donc indépendante de la vitesse
relative. L'expérience confirme cette déduction.

Or, si l'on passe aux résistances qui se manifestent pour des fluides parcourant des tuyaux de conduite, comme nous l'admettions tout à l'heure, les résultats d'observation sont tout autres.

Que l'on prenne, par exemple, deux réservoirs remplis d'eau et réunis par
une conduite; l'eau s'y écoulera en vertu de la différence de hauteur du liquide dans les deux réservoirs; et, tant que cette différence reste constante,
quelle que soit la hauteur effective de l'eau dans chacun des réservoirs, et
par conséquent la pression de l'eau contre les parois de la conduite, la dépense
reste toujours la même.

Cette indépendance de la pression du fluide contre les parois de la conduite,
pour l'évaluation de la résistance, a été établie par Dubuat au moyen d'une expérience très-ingénieuse que nous ne rappelons pas ici.

Lorsque l'uniformité de mouvement est obtenue dans la conduite, il y a,
d'après les lois mécaniques, équilibre entre la force motrice et la résistance.

Or, cette force motrice est proportionnelle à la différence de niveau dans
les deux conduites, h, et à la section ou au carré du diamètre de la conduite D^2.

L'expérience, d'un autre côté, démontre que la résistance est proportionnelle:
1° à l'étendue de la surface frottante, qui est elle-même proportionnelle à LD, L
étant la longueur de la conduite; 2° à la densité du fluide, que nous désignerons
par Δ ou mieux à la masse $\dfrac{\Delta}{g}$ (g étant égal pour Paris à 9. 81); 3° à une fonction
de la vitesse qui, d'après les calculs de Prony, serait $0,00017\,V + 0,003416\,V^2$; et,
d'après Eytelwein, $0,0002193\,V + 0,0027496\,V^2$ (V représente la vitesse); de sorte
que, pour toutes les conduites, les deux expressions hD^2 et $LD\,\dfrac{\Delta}{g}\,(0,00017\,V +$
$0,0034\,V^2)$ sont dans un rapport constant.

Ainsi, pour les solides, le frottement dépend de la pression et de la nature
des surfaces frottantes; il est indépendant: 1° de l'étendue de la surface
frottante; 2° de la densité des corps frottants; 3° de la vitesse.

Pour les fluides, au contraire, c'est tout l'inverse: la résistance est indépendante de la pression et de la nature de la surface frottante; elle ne dépend que
de l'étendue de la surface frottante, de la densité de fluide et de la vitesse.

Les formules que nous venons de donner pour les fluides peuvent inspirer
d'autant plus de confiance qu'elles s'appliquent également et à l'eau et aux
gaz. Il suffit de changer seulement la valeur de Δ, qui, pour l'eau, est
1000, et de la remplacer, pour l'air et le gaz d'éclairage, par 1,29 et
0,55. Mais comme, pour les gaz, la vitesse est au moins de 3 mètres par
seconde, car on ne se sert guère de ces formules que lorsqu'on établit des
conduites pour lesquelles l'on doit naturellement admettre pour cette vitesse
la valeur maxima, on peut, dans l'expression-fonction de la vitesse qui entre
dans la résistance, supprimer le terme qui contient la première puissance de

V, et se contenter de celui contenant la deuxième. Les expériences de Girard, de d'Aubuisson, de Poncelet, assignent à ce terme la valeur $0,003V^2$, qui est le même, sensiblement, que pour l'eau.

Une telle concordance dans les résultats, pour des fluides de natures aussi diverses, plaide fortement en faveur de la théorie admise.

Si l'on recherche maintenant comment se comportent les différents filets composant la masse totale de fluide se mouvant dans un grand canal, d'une rivière par exemple, les expériences faites, avec le tube de Pitot, avec le moulinet de Woltmann, etc., ne permettent pas de douter, quelles que soient les imperfections reprochées à ces appareils, que la vitesse ne diminue à mesure que l'on s'enfonce de manière à être nulle au fond.

Ces faits et ces considérations ont amené les hydrauliciens à admettre que, pour les fluides en mouvement dans une conduite, la masse peut être considérée comme composée d'une infinité de filets se mouvant dans le sens de la conduite. Le filet central a la plus grande vitesse ; les filets affleurant les parois de la conduite, une vitesse nulle ; tous les autres filets ont des vitesses qui grandissent depuis les parois jusqu'au centre, de sorte que chacun d'eux est sollicité, entraîné par le filet voisin plus rapproché du centre, et retardé, au contraire, par celui plus rapproché des parois. Comme les filets qui touchent les parois de la conduite y sont en repos, la masse totale se meut, quelle que soit la nature de la surface de la conduite, comme si elle se mouvait dans une conduite formée de la même matière qu'elle-même.

Ainsi, la résistance que la présence de la conduite fait éprouver au mouvement du fluide, s'explique par une suite d'actions moléculaires, par une perturbation générale qui se produit dans la masse ; sur les parois il ne s'y produit rien ou presque rien, puisqu'une couche de fluide est adhérente contre cette paroi et que le filet qui affleure cette couche a une vitesse excessivement faible. Or, dans ce cas, on comprend que cette résistance croisse avec la vitesse du fluide en mouvement, avec sa densité et avec l'étendue de la surface de contact, et soit indépendante de la nature de surface du tuyau et de la pression, ce qui n'a nullement lieu pour deux corps solides.

Pour ceux-ci, l'absorption de travail mécanique, constituant la résistance, est le résultat d'une action ayant lieu aux surfaces en contact seulement.

Les premières expériences que nous connaissions sur l'écoulement des gaz sont de *Girard* ; elles furent communiquées à l'Académie des sciences le 12 juillet 1819, et elles furent faites à l'hôpital Saint-Louis sur deux conduites différentes : l'une en canon de fusil d'un diamètre de $0^m,0158$; et l'autre, en fonte, d'un diamètre de $0^m,081$. — M. *Girard* fut conduit à supprimer, dans l'évaluation de la résistance, le terme contenant la première puissance de la vitesse, et à adopter, pour le coefficient de la seconde puissance, la valeur de $0,003219$ pour la conduite en canon de fusil et de $0,005620$ pour la conduite en fonte.

Il chercha, d'abord, à expliquer ce résultat par la différence qui existe entre la vitesse moyenne et la vitesse de la couche en contact avec les parois ; mais, comme cette explication le conduisait à admettre que le coefficient de V^2 devait être d'autant plus grand que la conduite était plus petite, et qu'il trouvait, au contraire, que le coefficient était moindre pour la conduite en canon de fusil d'un diamètre plus petit ($0^m,15779$), il fit ce que M. *Arson* fait aujourd'hui, mais il le fit d'une manière moins affirmative cependant ; il attribua cet excès au degré de poli des parois intérieures de ces tuyaux, lequel est beaucoup moindre dans la grosse conduite en fonte que dans les canons de fusil vissés bout à bout.

Plus tard, en 1829, *Navier*, dans un beau mémoire lu à l'Académie le 1ᵉʳ juin, sur l'écoulement des fluides élastiques dans les vases et les tuyaux de conduite, après avoir discuté les résultats de *Girard*, rejeta cette influence du poli des parois, et admit qu'il devait exister un obstacle dans la canalisation en fonte. Cette influence de l'état de la surface ne pouvait, en effet, s'accorder avec les idées admises par les hydrauliciens pour expliquer la résistance opposée au mouvement des fluides dans ces conditions. Nous l'avons déjà dit, le mot frottement employé ici, pour désigner cette résistance, donne nécessairement lieu à des interprétations erronées du moment que l'on veut faire un rapprochement avec ce qui se passe pour les solides. Le frottement, pour deux corps solides, ne dépend uniquement que de l'état des surfaces en contact, et de la force avec laquelle elles sont pressées l'une contre. Toute l'action se passe à la surface ; le mouvement relatif que l'on fait prendre à l'un des corps produit, par suite de l'adhérence ou de la pénétration des molécules en contact, des mouvements vibratoires absorbant une certain quantité de travail.

Dans la même année où *Navier* lisait son mémoire à l'Institut, M. *Guémard* publiait, dans les *Annales des Mines*, son travail sur l'installation des conduites d'eau à Grenoble. « Il résultait, dit-il, de tous les renseignements que j'avais pris, 1° que les conduites de 6 à 8 pouces de diamètre ne fournissent que les 2/3 des eaux indiquées par les formules de *Prony* ; 2° que les tuyaux plus petits donnent encore des résultats moindres ; 3° que ceux qui ont un diamètre plus grand que 9 pouces commencent à s'approcher du résultat des formules.

Ce sont là les mêmes circonstances qui se sont produites pour le gaz, dans les expériences de M. *Arson*. Ainsi les pertes de charge de la conduite de $0^m,25$ de diamètre sont sensiblement les mêmes que celles que donnent les formules, et, pour les diamètres plus petits, elles en diffèrent sensiblement comme pour l'eau.

M. *Guémard* ne raisonna pas comme le fait M. *Arson* ; il crut, comme *Navier*, à une obstruction, à une cause de perturbation dont il fallait tenir compte, et cette cause il la trouva dans le mode défectueux d'assemblage des joints. Les tuyaux n'ont pas une section régulière ; le bout mâle placé dans son emboîtement, rarement dans le même axe, ne forme plus, dans l'intérieur, une surface unie cylindrique ; et, enfin, il reste un vide entre l'extrémité du bout mâle et le fond de l'emboîtement. Voilà les obstructions dont parle *Navier*, qui, se répétant à chaque tuyau, modifient nécessairement le rendement. Il se produit le même effet que produirait un changement de section ; et l'on se rend facilement compte que plus le diamètre de la conduite est grand, plus le rapport de cette section ainsi réduite à celle de la conduite approche de l'unité, et moins, par conséquent, l'effet de ces étranglements se fait sentir.

Partant de ces idées, M. *Guémard* prit des soins tout particuliers pour l'établissement d'une conduite de 3000 mètres de longueur et de $0^m,275$ de diamètre, et il constata, après, des rendements s'accordant exactement avec ceux des formules.

Il est à regretter que M. *Guémard* n'ait pas eu les mêmes attentions pour les conduites d'un diamètre plus petit. Ce diamètre de $0^m,275$ est déjà fort et, d'après ce qu'il dit lui-même, il donne dans la pratique, sans avoir toutes ces attentions, presque les résultats des formules.

Il nous reste à rappeler les belles expériences de *d'Aubuisson*, aux mines de Rancié ; elles sont rapportées dans les *Annales des Mines* (1828), et celles non moins remarquables, quoique moins étendues, de *Poncelet*, imprimées dans les comptes rendus de l'Académie des sciences (21 juillet 1845).

D'Aubuisson n'a fait ses expériences que sur des vitesses de 3 à 50 mètres, et par conséquent il se trouvait autorisé à supprimer, dans l'expression-fonction de la vitesse à introduire dans l'évaluation de la résistance, le terme contenant la première puissance. Ces expériences ne peuvent laisser aucun doute par leur concordance remarquable. Il avait à sa disposition une conduite en fer-blanc de $0^m,10$ de diamètre, dont il a fait varier la longueur depuis 100 mètres jusqu'à 387 mètres, et avec des buses de sortie de $0^m,05$ et de $0^m,03$ de diamètre. Il conclut, d'après plus de mille expériences, que la résistance est bien proportionnelle : 1° à l'étendue de la surface frottante; 2° à la densité ou plutôt à la masse, c'est-à-dire à la densité divisée par la vitesse que prennent les corps graves abandonnés à eux-mêmes, après une seconde, au lieu où est mesurée la densité; 3° à une fonction de la vitesse qui est $0,003\ V^2$, soit absolument la même valeur qu'avait trouvée *Girard* dix ans auparavant avec une conduite en canon de fusil de $0^m,0157$.

D'Aubuisson n'avait d'abord eu à sa disposition qu'une conduite de $0^m,10$, qui avait été établie pour un service spécial de ces mines; mais il comprenait très-bien que l'hypothèse d'après laquelle étaient établies les formules avait besoin d'être vérifiée sur d'autres diamètres : « Nous n'avions plus, dit-il dans « son mémoire, les mêmes facilités pour déterminer le rapport de la résistance « au diamètre; il nous eût fallu des conduites de différents diamètres, et le « ventilateur n'en avait et ne pouvait en avoir qu'un. Toutefois le préfet du « département de l'Ariége, M. le baron de *Morturieu*, ordonnateur des fonds des « mines de Rancié, a bien voulu qu'on portât, dans le projet de budget des « dépenses de ces mines, la modique somme nécessaire pour avoir deux con- « duites de 55 mètres de long et dont le diamètre était de moitié et du quart de « celui de la grosse conduite. »

Ainsi, pour deux méchantes conduites en fer-blanc de $0^m,05$ et de $0^m,0235$ de diamètre sur 50 mètres de longueur chacune, il a fallu qu'un préfet s'en mêlât. Il est, au reste, à remarquer que nos plus belles expériences sur cette matière, qui ont servi à établir des travaux d'une importance de plusieurs centaines de millions, ont coûté beaucoup moins encore : *Girard* a trouvé une canalisation toute faite ; *Poncelet* s'est servi de ce qui existait dans les ateliers de M. *Pecqueur*; *Guémard*, chargé par la ville de Grenoble d'y établir les conduites d'eau qui devaient l'alimenter, fit ses expériences sur une canalisation qui avait un but pratique déterminé; il apporta, seulement, un soin tout particulier à l'établissement de cette conduite. Aucun n'a eu cette chance exceptionnelle, dont eût pu profiter M. *Arson*, d'avoir une Compagnie puissante et riche comme la Compagnie parisienne qui supporte toutes les dépenses.

Quand *d'Aubuisson* eut ses deux conduites de $0,05$ et de $0,0235$ (cette dernière devait être de $0,025$, mais l'ouvrier s'était trompé de mesure), il reprit ses expériences, et constata que les formules établies d'après la conduite de $0^m,10$ s'appliquaient également à celles de $0^m,0235$ et de $0^m,05$ sur des longueurs qui ont varié de 9 mètres à 50 mètres.

Quant à la valeur du coefficient de V^2, trouvée par *Girard* avec la conduite en fonte de $0^m,081$, *d'Aubuisson* pense, comme *Navier*, qu'il faut en chercher la cause dans un obstacle au mouvement qui aura diminué le produit obtenu.

Il ne nous reste plus qu'à mentionner les expériences de *Poncelet* chez M. *Pecqueur*; nous le faisons d'autant plus volontiers qu'elles nous donnent occasion de décrire un mode d'expérimentation parfait pour de semblables recherches ; et bien qu'il s'agisse de pressions de plusieurs atmosphériques, ce mode n'en est pas moins applicable à des pressions moindres, telles que celles en usage dans les usines à gaz.

« L'appareil dont M. *Pecqueur* s'est servi pour ses expériences, dit M. *Poncelet*, se compose d'un magasin ou grand réservoir dans lequel l'air est comprimé à plusieurs atmosphères; d'un autre réservoir plus petit en tôle mince de cuivre, nommé *grand récipient*, de la contenance de 181 litres, qui communiquait, avec le grand réservoir, par un tube de $0^m,80$ de longueur et de $0^m,04$ de diamètre, muni d'un robinet à l'entrée; enfin d'un dernier réservoir de 50 litres qui communiquait avec le précédent, au moyen de tubes en plomb, de divers diamètres et longueurs, dans lesquels on s'était proposé de faire couler l'air sous des différences de pressions plus ou moins grandes. Chacun des trois réservoirs était muni d'un manomètre à mercure et à air libre, servant à mesurer l'excès de la pression intérieure sur celle de l'atmosphère; le petit récipient était, en outre, muni d'un robinet qui, en permettant de lâcher plus ou moins d'air au dehors, servait à maintenir la pression à un état constant pendant la durée d'expériences.

« Après le refoulement de l'air dans le grand réservoir et la fermeture du robinet d'admission de cet air, qui s'y trouvait ainsi condensé à plusieurs atmosphères, l'un des observateurs était occupé à régler l'ouverture du robinet d'écoulement de ce magasin, de manière à maintenir l'air du grand récipient à une pression constante au-dessus de celle que le second observateur tâchait de maintenir parallèlement constante dans le petit récipient. Un troisième observateur était occupé à compter le nombre des oscillations d'un pendule à secondes pendant la durée de l'expérience, dont le commencement correspondait à l'instant précis où la tension décroissante dans le magasin se trouvait de 1/2 atmosphère au-dessus de la tension fixe du grand récipient, tandis que la fin correspondait à l'instant même où le manomère du magasin se trouvait abaissé et au niveau du grand récipient. »

Il suffit de remplacer le magasin par un gazomètre qui déverse le gaz dans le grand récipient, et de placer, à la suite du petit récipient, une tubulure dont on connaisse exactement les dimensions, ce qui permettra d'en conclure la dépense, qui serait, au reste, contrôlée par les indications du gazomètre, et l'on a l'appareil le plus satisfaisant, au point de vue de la logique, pour évaluer les pertes de charges d'un fluide en mouvement, dues à la présence des parois de la conduite.

Les expériences de M. *Pecqueur* ont porté sur des tubes en plomb ayant les diamètres de $0^m,01$, $0^m,02$ et $0^m,03$ et des longueurs qui ont varié depuis 4 mètres jusqu'à 68 mètres, dans des circonstances où la pression effective a varié entre 3 1/2 et 2 atmosphères dans le grand récipient, et entre 3 1/4 et 1 atmosphère dans le petit, sous des différences de pression ou de charges motrices comprises entre 1/4 et 4/4 d'astmosphère. Voici les conclusions posées par *Poncelet* :

1° Les gaz suivent dans leur écoulement au travers des orifices et des tubes, entre des limites étendues de pressions ou de longueurs de ces tubes, les mêmes lois que pour les liquides ou que s'ils étaient parfaitement incompressibles;

2° Ils éprouvent aussi les mêmes contractions et pertes de forces vives d'une manière suffisamment approchée, par les méthodes de l'illustre *Borda* ;

3° Lorsqu'ils s'écoulent, au travers de longs tubes sans obstacles ni rétrécissements intérieurs plus ou moins brusques, et qu'ils débouchent librement dans une capacité extérieure; la dépense et la vitesse peuvent être calculées par les formules ordinaires, dans lesquelles le coefficient du terme contenant le carré de la vitesse est égal à 0,003.

Nous reviendrons tout à l'heure sur la première conclusion qui est importante. Quant à présent nous nous bornons à faire observer l'accord parfait entre les résultats d'expériences obtenus par *Girard* sur une conduite en fer de $0^m,01579$, par *d'Aubuisson*, sur des conduites en fer-blanc de 0,0235, $0^m,05$ et $0^m,10$, et enfin par *Poncelet* sur des conduites en plomb de $0^m,01$, $0^m,02$, $0^m,03$.

Ainsi, avec des conduites en plomb, en fer-blanc, en fer et des diamètres qui ont été de $0^m,01$, $0^m,01579$, $0^m,02$, $0^m,0235$, $0^m,03$, $0^m,05$, $0^m,10$ et dans des conditions très-différentes, puisque les expériences de *Poncelet* ont porté sur plusieurs atmosphères, on retrouve toujours la même formule constatée par trois savants illustres. Il est naturel de penser que cette même formule s'appliquera encore à des diamètres plus forts, avec des conduites de même matière.

Avec la fonte, au contraire, cette constance dans la formule ne s'observe plus, du moins pour les conduites avec emboîtements; mais si l'on raisonne par analogie, d'après ce qui se passe pour les conduites d'eau, les mêmes formules, qui ne sont plus applicables aux petits diamètres, le sont, au contraire, pour les gros. Les expériences de M. *Arson* viennent précisément confirmer cette déduction.

M. *Arson* fait une expérience comparative avec deux conduites de même diamètre et de même longueur, l'une en fonte, l'autre en fer-blanc; il choisit un très-faible diamètre, 0^m,05, et, constatant que la perte de charge pour la fonte est plus élevée que pour le fer-blanc, il en conclut, sans plus d'examen, que l'influence de la surface frottante est incontestable.

Mais s'il avait fait la même comparaison avec des conduites de 0^m,25 et mieux de 0^m,30 ou 0^m,40, il eût trouvé que, pour des écoulements opérés dans les mêmes conditions, les pertes de charge étaient sensiblement les mêmes dans l'un et l'autre cas. Nous faisons remarquer que c'est lui-même qui le constate par ses propres expériences. Si *Girard* les avait connues, il n'eût certes pas parlé de l'influence du poli.

M. *Arson* s'est placé, ainsi, dans cette singulière position : s'il fait ses expériences avec des conduites de 0^m,05 de diamètre, l'influence de la surface frottante est incontestable d'après son raisonnement ; s'il prend des diamètres plus forts, par exemple, de 0^m,30 à 0^m,40, l'indépendance de la surface frottante devient, à son tour, également incontestable.

Lequel des deux croire cependant?

Si l'influence de la surface, contrairement à l'opinion des savants qui ont posé les bases de l'hydrodynamique, était réellement incontestable, cette surface n'est-elle pas la même dans un gros tuyau que dans un petit? Il est en outre difficile d'admettre en même temps l'influence de la surface frottante et l'indépendance de la pression. Si, quand M. *Arson* passe d'un diamètre à un autre, il *n'a pas d'autres moyens de rendre compte de la différence qu'il trouve* que de changer les coefficients des formules, c'est que les hypothèses sont inadmissibles. On ne demande pas à celles-ci d'exprimer exactement ce qui se passe; mais on veut qu'elles en rendent au moins un compte exact ; que l'on puisse dire que les choses se passent comme si elles avaient réellement lieu. Sinon, à quoi servent ces hypothèses, à quoi sert cette théorie ? Elle n'explique rien, elle ne rend compte de rien. Et même, abandonnant toute idée de raisonnement, rentrant dans un empirisme absolu, de quelle utilité peut être une formule qui, pour poser des conduites ayant dix diamètres différents, par exemple, force à connaître les valeurs de vingt quantités variables différentes ?

Dans l'expérience comparative que M. *Arson* fait avec des tuyaux en fonte et en fer-blanc, faute de connaître la description qu'en donne *d'Aubuisson*, il prend des soins minutieux, inutiles même, pour la conduite en fer-blanc, et, quant à la conduite en fonte : « elle est, dit-il, telle qu'on la trouve dans le commerce. » C'est-à-dire que, par suite des défectuosités provenant, tant de la fabrication que de la pose, il peut exister, intérieurement, à chaque point, des saillies qui soient de plus d'un centimètre; et, malgré cela, il ne songe à occuper des différences qu'il trouve, que la nature de la surface frottante qui n'y est pour rien.

Il n'est pas douteux que pour l'eau, d'après les expériences de *Dubuat*, l'influence de la surface frottante ne soit nulle; mais M. *Arson*, s'appuyant sur l'opinion de *Peclet*, songe à la contester pour le gaz. Personne n'a plus de considération que nous pour les travaux de *Peclet* comme physicien, mais il ne fait pas autorité en semblable matière. Que ne consultait-il *Poncelet*, qui vivait alors ? c'était et c'est encore, sans contredit, le premier hydraaulicien de notre temps ; la question en méritait la peine.

Ce qui est certain, c'est que, pour des vitesses de 3 mètres et au-dessus, la formule qui donne la résistance des tuyaux à l'écoulement de l'eau est la même que celle dont on se sert pour le gaz. Cette formule contient, on le sait, la densité du fluide : il suffit, lorsqu'on passe de l'eau au gaz, de changer la valeur du terme qui exprime cette densité ; et l'on a la formule que *Girard*, *d'Aubuisson* et *Poncelet* ont établie pour le gaz.

Quand on distribue l'eau avec des tuyaux en fonte avec emboîtement, les formules cessent d'être applicables aux petits diamètres : la résistance augmente à mesure que le diamètre des conduits diminue. La cause en est, ainsi que l'a constaté M. *Guemard*, aux obstructions qui se produisent à chaque joint. En faisant disparaître ces causes d'altération, les formules peuvent alors être employées.

Pour les gaz circulant dans des conduites dont la surface intérieure ne présente aucune aspérité ni saillie brusque, les mêmes formules sont applicables pour des conduites dont les diamètres ont varié depuis 1 centimètre jusqu'à 10 centimètres, d'après *Girard*, *d'Aubuisson* et *Poncelet*.

Mais avec des conduites en fonte, d'après les expériences de *Girard* sur la conduite en fonte de $0^m,081$ à l'hôpital Saint-Louis, de M. *Arson*, sur des conduites en fonte de $0^m,05$, $0^m,081$, $0^m,103$ et $0^m,25$, les formules cessent d'être applicables pour le gaz, absolument comme cela a lieu pour l'eau, et la résistance est également plus forte pour les petits diamètres que pour les gros.

Ce résultat était prévu d'après l'analogie parfaite qui existe entre les phénomènes concernant l'écoulement soit des liquides, soit des gaz. Il n'est donc que la confirmation de la théorie, et il s'explique par les mêmes raisonnements.

Cette présomption en faveur de la théorie, toute motivée qu'elle est, ne rend pas moins désirable une expérience. M. *Arson* avait tous les moyens de la faire : à côté de la conduite en fer-blanc de $0^m,05$ de diamètre, il eut dû, prenant modèle sur M. *Guemard*, établir celle en fonte de même diamètre, en suivant en tous points les prescriptions de cet habile ingénieur. Ainsi, il devait rebuter les tuyaux qui avaient quelques bavures dans l'intérieur, qui n'avaient pas une section circulaire, un égal diamètre, ou un diamètre plus grand ou plus petit. Il eût dû surtout s'attacher à ce que l'emboîtement ne présentât ni saillie ni vide, et à ce que les deux extrémités réunies formassent intérieurement une surface parfaitement unie et cylindrique ; il eût fallu, probablement, tourner ces extrémités, afin de satisfaire sûrement à cette condition, ce qui n'eût pas été un grand travail pour des tuyaux d'un aussi petit diamètre et d'une aussi faible longueur. On eût eu, alors, un résultat concluant, sauf, ensuite, à reprendre les conduites usuelles pour découvrir, s'il y avait lieu, la véritable valeur du nouveau terme à introduire dans l'expression de la résistance. La rectification à introduire dans la formule ne pourrait dépendre de la nature de la surface frottante, mais des obstacles, des obstructions, produits par les joints.

De plus, comme il ressort des expériences connues, que la formule théorique s'applique pour le fer, le fer-blanc, le plomb, à des diamètres qui ont varié depuis $0^m,01$ jusqu'à $0^m,10$, il eût été désirable d'aller au delà, de faire établir une conduite d'un diamètre plus fort, de $0^m,30$ par exemple, et de constater si la formule continue toujours d'être applicable. On eût pu, pour cela, se servir des tuyaux *Chameroy*, en prenant cependant des dispositions particulières pour que les joints ne présentassent pas d'obstacles analogues à ceux des tuyaux de fonte, bien que les effets commencent à être négligeables avec de forts diamètres. M. *Arson* n'a rien fait de tout cela : il se contente de faire quatre expériences sur une conduite en fer-blanc de $0^m,05$ pour laquelle il prend des précautions exagérées ; et, comparant ensuite les résultats avec ceux que lui donne une conduite de même diamètre, établie avec des tuyaux en fonte à emboîtement *tels qu'on les trouve dans le commerce,* cela lui suffit pour renverser, d'un seul coup, la théorie et les travaux de nos plus illustres savants.

Il nous est même impossible d'accepter comme exacts les chiffres qu'il donne, au sujet de ces expériences. Nous aurons, du reste, occasion de signaler d'autres erreurs palpables. Ici, il s'agit d'expériences faites d'une part par *d'Aubuisson,* de l'autre par M. *Arson,* sur une conduite en fer-blanc de $0^m,05$. — Les expériences de *d'Aubuisson* ont été faites au nombre de mille, et par un homme ayant sur ces matières une notoriété exceptionnelle ; il a obtenu, pour des vitesses supérieures à 3 mètres, le nombre 0,0031 comme coefficient du carré de la vitesse, dans l'expression exprimant la résistance. Et voici les résultats des quatre expériences publiées par M. *Arson,* à la suite desquelles nous avons mis, pour chaque expérience, la valeur du coefficient du carré de la vitesse, — pour le terme exprimant la résistance, — calculée d'après la théorie, afin d'en faire la comparaison avec les résultats des expériences de *d'Aubuisson* et de *Girard* (conduite en fer) ; nous avons tenu compte de la température et de la pression atmosphérique.

NUMÉROS DES EXPÉRIENCES.	DIAMÈTRE DE LA CONDUITE, $0^m,05$.			LONGUEUR DE LA CONDUITE, 50 M.	
	VITESSES PAR SECONDE.	TEMPÉRATURE MOYENNE.	PRESSION ATMOSPHÉRIQUE.	PERTES de CHARGE OBSERVÉES.	VALEURS CALCULÉES DU COEFFICIENT du carré de la vitesse D'APRÈS LA THÉORIE.
	mètres.				
33	5,165			0,0261	$b = 0,00477$
34	4,085	11°,5	0,7463	0,0176	$b = 0,00514$
35	2,417			0,0096	$b = 0,00801$
36	1,333			0,0053	$b = 0,01454$

Ici, il n'y a pas d'étranglement, comme dans les conduites en fonte, par conséquent les résultats sont parfaitement comparables avec ceux de *Girard* et de *d'Aubuisson,* Or ces deux savants, le premier en expérimentant sur une conduite en canon de fusil de $0^m,01579$, et avec des vitesses de $1^m,60$ et au-dessus ; le second, avec des conduites de $0^m,0235$, $0^m,05$ et $0^m,10$ de diamètre, et avec des vitesses supérieures à 3 mètres, n'ont jamais trouvé, pour la valeur de ce coefficient, des valeurs supérieures à 0,0032. Cependant, puisque M. *Arson* prétend que la valeur de ce coefficient augmente à mesure que le diamètre diminue, ils auraient dû trouver des valeurs plus élevées que celles du tableau ci-dessus, car les expériences de *Girard* ont porté sur un diamètre de $0^m,01579$, et celles de *d'Aubuisson* sur un de $0^m,0245$. Ainsi *Girard,* avec le gaz, trouve, à une vitesse de $1^m,60$, $b = 0,0032$, et M. *Arson,* avec une conduite de $0^m,05$, et à une vitesse de $2^m,417$, $b = 0,00801$; et, à la vitesse de $1^m,338$, il trouve $b = 0,01454$.

Pour *d'Aubuisson*, les vitesses sont plus fortes, elles ont descendu, cependant, à 4 mètres par seconde, et, quoique faites sur un diamètre plus petit (0,0235 au lieu de 0,05), on trouve encore l'énorme différence de 0,0032 à 0,0314.

M. *Arson*, il est vrai, fait une réserve au sujet de ces expériences. « *D'Aubuisson*, dit-il, avait, en 1827, avancé la question en expérimentant sur des tuyaux de dimension plus grande ; mais il n'avait pu apprécier les volumes des gaz écoulés que par le calcul, et la détermination déjà si délicate des pertes de pression par le frottement pouvait être affectée de toutes les incertitudes qui planent sur la détermination des volumes écoulés, et par conséquent des vitesses produites. »

La méthode suivie par cet ingénieur éminent ne donne pas lieu à autant d'incertitudes que le dit M. *Arson*. Nous ferons, en outre, observer que, pour le cas présent, s'il y avait réellement incertitude, cette méthode, ne pouvant faire craindre qu'une dépense plus forte, en réalité, que celle calculée, aurait fait attribuer à *b* une valeur trop forte et, par conséquent, les écarts seraient plus considérables encore si l'on substituait à *b* sa véritable valeur.

D'Aubuisson, en effet, avait fait quelques années auparavant, aux mêmes mines au Rancié, des expériences pour déterminer les coefficients de correction relatifs aux écoulements des gaz à travers des orifices, soit à mince paroi, soit avec ajustages cylindriques et coniques. Les dépenses étaient calculées d'après la pression manométrique prise sur le gazomètre. Dans ses expériences sur l'écoulement des fluides dans les tuyaux de conduite, les dépenses sont calculées d'après un manomètre placé sur la conduite elle-même, à son extrémité, munie d'ajustages coniques, dont on fait varier, à volonté, les dimensions. Or, les indications de ce manomètre, influencées par la vitesse du fluide, ne peuvent être que moindres que celles qui correspondent aux pressions véritables du gaz, à sa sortie, et par suite la dépense pour cette cause ne saurait qu'être en réalité plus forte que celle déduite des indications de ce manomètre.

D'un autre côté, le gaz, dans les conduites, arrive à la tubulure avec une vitesse initiale déjà acquise ; tandis qu'en sortant d'un gazomètre, il a, avant d'entrer dans la tubulure, une vitesse sensiblement nulle. Pour cette raison encore, les dépenses, calculées d'après les manomètres, devraient, toutes choses égales d'ailleurs, être plus grandes que les dépenses réelles.

Ainsi donc, les incertitudes que pourrait faire concevoir la méthode suivie par *d'Aubuisson*, loin d'expliquer des écarts aussi considérables que ceux que nous signalons, ne sauraient, au contraire, que les augmenter encore si elles étaient justifiées.

M. *Arson* publie, à la suite de ses expériences, des tables qui donnent les pertes de charge pour toutes les dépenses dans des tuyaux variant de diamètre depuis 0^m,05 jusqu'à 0^m,50. Ces tables sont déduites de ces mêmes expériences ; et comme, pour chaque diamètre, elles sont en très-petit nombre, on devrait arriver presque à une identité, en comparant les pertes de charge réellement observées, à celles que donnent les tables. Il est loin d'en être ainsi, cependant.

Nous avons choisi les expériences faites sur la conduite de 0^m,25 de diamètre, parce que, pour ce diamètre, nous pouvions, sans craindre une différence trop sensible, comparer ces résultats à ceux que donne la théorie, en ne tenant pas compte des résistances opposées par l'étranglement des joints. En conséquence, nous donnons les pertes de charge, pour ces cinq expériences, en ayant le soin de mettre en regard : 1° les résultats des expériences de M. *Arson* ; 2° ceux que fournissent les tables proposées par cet ingénieur ; 3° ceux que l'on déduit du tableau publié dans notre dernier traité d'éclairage, d'après la théorie admise.

Bien entendu que nous avons tenu compte de la densité du fluide, de la température et de la pression atmosphérique. Mais ces derniers chiffres doivent nécessairement être plus faibles que ceux observés, par la raison que nous n'avons
pas eu égard aux obstacles occasionnés par les joints.

| NUMÉROS DES EXPÉRIENCES. | DIAM., 0m,25 | LONGUEUR DE LA CONDUITE, 268 | | EXPÉRIENCES FAITES AVEC L'AIR | | |
| | VOLUMES ÉCOULÉS EN MÈTRES CUBES Par heure. | PRESSION ATMOSPHÉRIQUE. | TEMPÉRATURE MOYENNE. | | PERTES DE CHARGES | |
				VITESSES.	OBSERVÉES.	CALCULÉES D'APRÈS LES TABLES de M. Arson.	CALCULÉES D'APRÈS LA THÉORIE sans tenir compte de la RÉSISTANCE DES JOINTS
		m.		m.	m.		
8	1200			6,554	0,0616	0,0974	0,080
9	1036			5,626	0,0495	0,07332	0,060
12	656	0,7695	12°,50	3,585	0,0415	0,03112	0,025
10	580			3,168	0,0257	0,02484	0,019
11	352			1,930	0,0096	0,01016	0,007

On chercherait en vain une concordance entre les chiffres observés et ceux
calculés d'après les tables de M. *Arson*. Les chiffres qui correspondent aux n°s 9
et 12 ne sauraient, à la simple inspection, être les véritables : car si, pour un
débit de 1036 mètres cubes, on a une perte de charge de 0m,0495, il est difficile
de croire que, pour 656 mètres cubes, cette perte puisse être de 0m,0415 seulement.
Ces expériences présentent, au reste, d'autres résultats encore plus contradictoires. Ainsi, par exemple, pour celles faites avec de l'air sur une conduite en
fonte de 0m,103, on a obtenu (n° 1), pour une vitesse de 2m,790, une perte de
charge égale à 0m,1096 ; et, quand la vitesse augmente de 18 pour 100 et devient 3m,223 (n° 4), la perte de charge de son côté baisse de 15 pour 100 et
descend à 0m,0924.

En voyant des écarts aussi considérables entre les chiffres d'expériences, et
ceux fournis par les tables formées d'après ces mêmes expériences, on se
trouve loin de ce centième de millimètre dont M. *Arson* craint de ne pas
tenir compte. Quand on est si peu certain du premier chiffre significatif, on
prend peine inutile à s'inquiéter du cinquième. Il eût été désirable que
M. *Arson* n'attachât pas autant d'importance au manomètre *Brunt*, qu'il se com-
plaît à décrire comme si l'exactitude de son travail devait nécessairement en
dépendre, et qu'il prît simplement comme *d'Aubuisson*, pour les faibles pressions, des manomètres à eau, qui, bien qu'accusant des divisions plus petites,
sont néanmoins plus sensibles que le manomètre de M. *Brunt* (1). Il les eût
placés sur ses conduites de 20 en 20 mètres, ou de 40 en 40 mètres, comme l'a

____

(1) Ce manomètre est d'ailleurs connu ; il est, croyons-nous, de Crosley et se trouve décrit dans tous les traités du gaz. M. Brunt l'a modifié, il est vrai, mais pour le gâter. M. Giroud l'a fait breveter également, mais il n'y a rien y changé.

fait *d'Aubuisson*, afin de s'assurer si les pertes de pression étaient effectivement proportionnelles aux longueurs. *D'Aubuisson* a constaté des différences restées inexpliquées, et il importe d'avoir de nouvelles données.

Cette question de la pression paraît avoir beaucoup préoccupé M. *Arson*, il cherche à obtenir la pression de tous les filets en mouvement dans la conduite, afin de s'assurer si réellement elle est la même pour tous. La première chose qu'il devait faire, c'était de dire ce qu'il entend par pression d'un fluide en mouvement, question sur laquelle les hydrauliciens ne sont pas d'accord. Et quant à la mesurer, quelle qu'elle soit, avec un appareil, il n'y faut pas songer, parce que la présence seule de cet appareil change toutes les conditions du mouvement et, par suite, les données du problème. M. *Arson* fait le même reproche au tube de *Dubuat*, et il a raison ; mais il a tort de croire que le petit disque de 5 centimètres, dont il garnit l'extrémité du tube qu'il plonge dans une conduite remplie de fluide en mouvement, pare à tout et que les filets vont continuer à se mouvoir tangentiellement à la surface du petit disque, comme si ce disque n'existait pas.

S'il avait pris modèle sur les hydrauliciens qui nous ont laissé de si beaux travaux, il aurait abandonné cette chasse à la petite bête, qui trahit l'inexpérience, et il serait entré résolûment dans une voie plus large. Tous ces grands maîtres se sont bien gardés de pénétrer, pour ainsi dire, dans chaque molécule, afin d'y surprendre, d'une manière exacte, le secret de leurs réactions. Ils ont eu pour seul but, de rattacher un ensemble de faits à une idée simple, à une hypothèse vraie ou fausse, mais dont les déductions présentent des résultats sensiblement d'accord avec ceux de la pratique. C'est ainsi qu'ont raisonné *Bernouilli* dans son admirable hypothèse du parallélisme des branches, *Borda*, dans son application du choc des corps dépourvus d'élasticité pour évaluer les quantités de travail absorbées par les changements brusques qui se produisent dans la vitesse des fluides, bien qu'il soit évident que les fluides ne se meuvent pas par branches animées d'égales vitesses, comme l'a supposé *Bernouilli*, dans son hydrodynamique (1), et que les fluides gazeux ne soient pas dépourvus d'élasticité.

Il nous reste une dernière observation à faire au sujet de la détente du gaz dont M. *Arson* tient compte dans sa formule et qu'il néglige ensuite pour la construction de ses tables, en faisant observer, pour s'excuser, que l'erreur qu'il commet est très-faible. Les expériences de *Poncelet* chez M. *Pecqueur*, faites avec des différences de pression qui ont atteint une atmosphère (Comptes rendus de l'Académie des sciences, séance du 21 juillet 1845), auraient pu le tranquilliser. Nous avons rappelé plus haut la conclusion principale :

Les gaz suivent, dans leur écoulement au travers des orifices et des tubes, entre des limites étendues de pressions ou de longueurs de ces tubes, les mêmes lois que pour les liquides ou que s'ils étaient parfaitement incompressibles.

De sorte que M. *Arson* rentre dans le vrai, juste au moment où il s'excuse d'en sortir.

Nous nous sommes beaucoup étendu sur ce sujet et nous le devions ; il s'agit de principes nouveaux, complétement erronés, mis en avant par un

---

(1) Poncelet, au lieu de considérer la masse totale de fluide comme le fait Bernouilli, l'a décomposé en une infinité de petits filets, et, raisonnant sur l'un d'eux seulement, il évite ainsi ce que l'hypothèse de Bernouilli présente de trop absolu. Ces masses de filets se forment, en réalité, d'après les idées des hydrauliciens ; mais chacun d'eux est animé de vitesse différente, de sorte que, lorsqu'on étudie un seul d'entre eux, il faudrait, pour être rigoureux jusqu'au bout, tenir compte des perturbations amenées par les filets voisins, animés de vitesses différentes, et ce sont précisément ces perturbations qui constituent ce que l'on appelle frottement dans le mouvement des fluides.

ingénieur placé dans une position très-élevée. M. *Arson* est ingénieur en chef
de la compagnie d'éclairage la plus importante du monde entier ; ses travaux
sont patronnés par M. *de Gayffier*, ingénieur en chef des ponts et chaussées et
directeur de cette compagnie ; et enfin la société des ingénieurs civils lui a
décerné la plus haute récompense dont elle puisse disposer.

De pareils titres auraient dû nous faire hésiter ; mais, plus nous étudions les
travaux que nous ont laissés les savants éminents dont nous avons cité les noms,
plus nous acquérons cette conviction intime qu'ils sont toujours restés nos maîtres, et nous sommes bien résolûment pour eux, tant qu'on n'aura pas du moins
d'autres preuves à nous donner. Nous reconnaissons cependant qu'il reste beaucoup à faire encore ; aussi nous ne pouvons que regretter de voir des moyens
d'expérimentation aussi exceptionnels, dont eussent pu profiter MM. *de Gayffier*
et *Arson*, n'aboutir qu'à propager des erreurs matérielles, qui seront d'autant
mieux acceptées qu'elles sont, on le voit, hautement patronnées.

Des régulateurs.

C'est à *Clegg* que l'on doit la première idée d'un régulateur de gaz, c'est-à-
dire d'un appareil destiné à recevoir le gaz à une pression variable, et à l'envoyer ensuite dans la conduite à une pression constante.

L'appareil imaginé par *Clegg* (1) se compose d'une cuve remplie d'eau dans
laquelle plonge une cloche en tôle renversée, faisant fonction de gazomètre.

Le gaz arrive dans cette cloche au moyen d'un tuyau concentrique, sur lequel
est posée, à la partie supérieure, une plaque percée d'une ouverture que ferme
progressivement un cône en fonte, parfaitement tourné, fixé à la partie supérieure de la cloche.

A côté du tuyau d'entrée, placé au centre de la cuve, se trouve un autre
tuyau par où sort le gaz.

La cloche est maintenue par des guides placés le long de la cuve, ou bien par
une chaîne attachée par une de ses extrémités au centre de la calotte et venant
s'enrouler autour d'une poulie pour porter à l'autre extrémité un contre-poids
que l'on fait varier de manière à ce que le gaz contenu dans la cloche ait une
pression voulue.

Ceci posé, le gaz, arrivant par le tuyau central, soulève la cloche et avec elle
le cône qui vient rétrécir de plus en plus son passage ; il se rend ensuite à la
consommation par le tuyau de sortie. La cloche, en se soulevant, arrive à réduire
le passage d'entrée du gaz, de manière à ce qu'il n'arrive que précisément la
quantité de gaz qui sort pour la consommation ; et la pression est toujours
évidemment celle que donne la cloche.

On a reproché à cet appareil deux causes d'erreur :

1° La pression du gaz que donne la cloche varie suivant qu'elle est plus ou
moins plongée dans l'eau ;

2° Le poids de la cloche est augmenté du poids du cône. Or ce cône est soumis, en dessus, à la pression du gaz contenu dans la cloche, cette pression est
constante ; et, en dessous, à la pression du gaz arrivant : or celle-là est variable
d'après même l'énoncé, il en résulte que l'effort qui sollicite la cloche, du fait
du cône, est variable.

Clegg a répondu lui-même à la première objection en combinant le poids de

---

(1) CLEGG, *Traité pratique de la fabrication et de la distribution du gaz d'éclairage et
de chauffage.* Traduit de l'anglais et annoté par M. Servier, 1 vol. in-4°, 303 pages, avec
nombreux bois dans le texte et atlas de 28 planches. — Paris, 1860. — Prix, 40 francs.

la chaîne qui soutient la cloche de manière à ce que son poids, par unité de longueur, soit précisément égal à celui d'un volume d'eau égal à celui du pourtour de la cloche pour la même longueur.

Quant à la seconde objection, un calcul simple démontre que plus le diamètre de la cloche est grand, relativement à celui du clapet, plus l'erreur est négligeable. Ainsi, par exemple, si les écarts de la pression du gaz arrivant sont de 5 centimètres, et que le diamètre de la cloche soit égal à dix fois celui du cône, la pression du gaz à sa sortie pourra varier de $\dfrac{0^m,05}{10 \times 10} = \dfrac{0^m,05}{100}$, soit d'un demi-millimètre, expression complétement négligeable dans la pratique ; mais on n'arrive à ce résultat qu'avec un appareil volumineux, et c'est un inconvénient dans certains cas.

On a cherché à remédier à cet inconvénient : dans le régulateur *Nicolle*, en faisant le diamètre de la cloche égal seulement à cinq fois celui du clapet et la faisant agir en soulevant non pas directement le cône, mais l'extrémité d'un bras de levier, qui porte, à son autre extrémité, un clapet venant fermer l'entrée du gaz. Comme les bras de levier sont dans le rapport de 1 à 5, l'erreur, pour une variation de $0^m,05$, sera de $\dfrac{0^m,05}{125} = 0^m,004$, soit de 4 dixièmes de milimètre.

Un autre avantage de cette disposition est de pouvoir placer le clapet en dehors de la cuve, ce qui permet de le visiter avec facilité sans avoir à supporter les inconvénients d'un démontage d'appareils.

M. *Giroud* a résolu le problème en annulant complétement cette cause d'erreur et voici par quel moyen (1) :

La cuve porte trois fonds de manière à former dans le bas deux compartiments fermes. C'est dans le premier, entre le fond supérieur et celui immédiatement au-dessous qu'entre le gaz ; il trouve, en dessous, une ouverture pratiquée au milieu du fond par lequel il se rend au compartiment inférieur et de là à la consommation.

L'ouverture centrale pratiquée dans le fond intermédiaire est fermée de bas en haut par un clapet, qui est soutenu par une tige creuse, traversant le milieu du fond supérieur pour entrer dans la cuve, à travers un tube raccordé à l'ouverture du fond, et venir se fixer au milieu de la calotte d'une petite cloche, dont la section est précisément égale à celle du clapet.

Lorsque la cuve est remplie d'eau, le gaz arrivant entre les deux fonds exerce, en dessous, une pression sur le clapet du bas, et, en dessus, sur la calotte du petit gazomètre. Comme ces deux pressions sont égales et en sens opposés, elles se neutralisent, et, par conséquent, elles peuvent varier sans produire aucun effet.

Reste à régler l'ouverture du clapet. Pour cela M. *Giroud* fixe à la petite cloche une autre cloche qui la recouvre et qui reçoit le gaz, parvenu dans le compartiment inférieur, au moyen du tube creux, dont nous avons parlé, qui soutient le clapet.

Cette dernière cloche donne la pression du gaz sortant, comme dans le régulateur de *Clegg*, mais sans avoir à craindre aucune variation provenant des différences dans la pression du gaz arrivant.

Cette disposition est ingénieuse, et il est dommage qu'elle ne s'adresse pas à un mal plus réel. Nous venons de dire qu'avec le régulateur si simple de *Clegg*, on avait des résultats certains à un demi-milimètre près, — cette limite nous

(1) Voir, dans *Annales du Génie civil*, 6me année (1867) page 1, des détails très-complets sur le régulateur Giroud avec deux planches.

semble satisfaire à tous les besoins, et la disposition de M. *Giroud*, tout ingé
nicuse qu'elle est, n'apporte pas une amélioration assez grande pour faire oublier cette complication de tuyaux emmanchés les uns dans les autres et affron-
ter les engorgements inévitables qui se produisent toujours après un certain
temps, et que l'on doit redouter pour de semblables appareils.

Pour les usines cette erreur de 1/2 milimètre est illusoire; elles n'ont, par
conséquent, aucun intérêt à compliquer leurs appareils pour un résultat aussi
minime; d'ailleurs elles ne sont pas en position d'avoir à supporter pour la
pression d'arrivée des écarts de 5 centimètres, l'erreur est donc beaucoup moindre pour elles.

Quant aux petits régulateurs à placer chez les particuliers, si nous prenons
celui de dix becs, par exemple, pour lequel le diamètre de la conduite est de
25 millimètres, et celui du clapet moindre, évidemment, n'a-t-on pas à craindre
une obstruction ou un ferraillement avec 3 tubes emmanchés, dont deux mobiles et le plus gros de moins de 25 millimètres de diamètre ; et tout cela pour
ne pas supporter un 1/2 millimètre de différence dans la pression, pour le
cas où la pression extérieure varierait de 5 centimètres.

M. *Giroud*, dans un livre qu'il a publié, à propos de l'Exposition, décrit un
moyen de conserver la pression constante malgré les enfoncements plus ou
moins grands de la cloche; mais, auparavant, il passe en revue les régulateurs,
autres que les siens ; il les trouve tous mauvais naturellement. Il fait, au reste,
tout pour cela; ainsi, il admet que la cloche du régulateur de *Clegg* n'a que
$0^m,80$ de diamètre, pendant que celui du cône est de $0^m,30$; de plus, pour cette
erreur provenant de l'épaisseur du métal, il admet que ses concurrents se
servent de cloches en fonte (nous n'en avons jamais vu) ; puis, quand il passe à
la description de son régulateur, il renonce, pour les appareils au-dessous de
200 becs, à son système de compensation qui augmente le poids de la cloche
suivant son enfoncement, afin de tenir compte de l'allégement provenant de la
poussée de l'eau, et il fait comme les autres : il prend une cloche en tôle, et,
suivant nous , il fait très-bien ; mais il a tort seulement d'adresser un reproche aux autres, à ce sujet, puisqu'il fait absolument comme eux.

L'invention capitale de M. *Giroud* n'est pas, au reste, dans les dispositions
que nous venons de décrire, mais bien dans l'installation d'une conduite, dite
conduite de retour, qui permet de prendre le gaz en un point quelconque de
la conduite principale, et de le ramener dans la cloche dont nous venons de
parler, qui recouvre celle dont la section est égale à celle du clapet. Dans ce
cas, le tube qui est au centre est bouché et les mouvements de la cloche sont
réglés par la pression du gaz arrivant de la conduite de retour, qui s'y maintient
sensiblement la même, vu les faibles mouvements qui se produisent dans cette
conduite, que celle prise au point de la canalisation où elle est branchée.

Il est certain que les autres régulateurs ne donnent une pression constante
qu'au point précisément où ils sont placés. Si cette disposition est acceptable
pour de petits établissements, il n'en saurait en être de même pour les usines
qui doivent envoyer le gaz à une pression d'autant plus forte que la consommation est plus importante, ce qui les oblige à faire varier la pression au départ
de l'usine, pendant la durée d'éclairage, suivant les variations qu'ils connaissent
d'avance. Or l'appareil de M. *Giroud* fait, lui-même, ce travail d'une manière automatique, car il est bien certain que, si la conduite de retour est branchée au point
du réseau le plus chargé et où il est nécessaire d'y maintenir une pression constante, le gaz sortira avec une pression variable de l'usine suivant sa consommation.

Malheureusement cette conduite de retour ne peut fonctionner utilement au
delà d'une longueur de 500 à 600 mètres; car il se produit alors un retard dans

les indications transmises par la conduite de retard qui peut occasionner des oscillations dans la lumière. Dans ces conditions M. *Giroud* a recours à l'électricité.

Quant aux régulateurs à placer chez les abonnés, où la surveillance est généralement nulle, on doit rechercher, avant tout, la simplicité, et, à ce titre, nous ne saurions trop recommander le régulateur à membranes de MM. Scry et Lezars. Il fonctionne on ne peut plus régulièrement, satisfaisant à toutes les exigences, et il coûte très-bon marché, tandis que ceux de M. Giroud, qui sont sujets à plus de dérangements, atteignent des prix vraiment fabuleux.

III. — **Oxygène.**

On s'est beaucoup occupé et préoccupé depuis qelque temps de la question d'éclairage au moyen de l'oxygène. Les expériences publiques de M. *Archereau* ont commencé à éveiller l'opinion publique ; il annonçait qu'il obtenait ce gaz à des prix très-bas, au moyen de la calcination du plâtre (sulfate de chaux), à une haute température ; et, en attendant que la société qu'il projetait fût montée, il faisait des expériences publiques où, mélangeant 2 de gaz avec 1 d'oxygène, il obtenait, disait-il, la même quantité de lumière qu'avec une consommation de 16 mètres cubes de gaz brûlés dans l'air atmosphérique, de sorte que 1 mètre cube d'oxygène remplaçait 14 mètres cubes de gaz d'éclairage qui, à raison de 0 fr. 30 le mètre cube, représentent une valeur de 4 fr. 20. Or, si le gaz oxygène pouvait se vendre de 1 fr. 50 à 2 fr. le mètre cube, en laissant un bénéfice à l'exploitant, on offrait aux consommateurs un avantage marqué. Depuis, tous ceux qui ont proposé des moyens économiques de faire l'oxygène ont admis ce chiffre. Mais il faudrait savoir comment ces expériences ont été conduites. Il ne suffit pas d'obtenir une somme de lumière, il faut encore pouvoir la diriger suivant les besoins. Si, par exemple, les résultats dont il est parlé ci-dessus se réalisent, même avec la consommation réduite de 50 de gaz et de 25 d'oxygène, donnant, par conséquent, la lumière de 400 litres de gaz, comme ces 400 litres, brûlés dans des becs de grandeur exceptionnelle, donneraient encore au moins de 20 à 30 bougies, à cause du grand avantage dont on jouit quand on brûle, à la fois, de grandes masses de gaz dans un même bec, on ne profiterait des avantages annoncés qu'à la condition de ne se servir que de becs d'une intensité de 25 bougies.

Nous ne savons comment M. *Archereau* a obtenu ces résultats ; nous savons, seulement, qu'il se servait d'un bec ayant une large ouverture de près de 1 centimètre de diamètre, par laquelle le gaz s'échappait, à une très-faible pression évidemment, et qu'il lançait, au milieu de ce gros bec, un jet de gaz oxygène sortant par trois petits trous pratiqués dans une plaque recouvrant un petit tube.

Ce bec, effectivement, donne une très-belle lumière, très-fixe, et qui devient telle au moment seulement où l'on projette l'oxygène, car, avant, elle est, au contraire, oscillante et se couche sous le moindre vent. Mais cette lumière que nous avons expérimentée au photomètre n'avait pas l'intensité annoncée, bien s'en fallait. A la vue elle était on ne peut plus satisfaisante ; mais l'œil est un mauvais photomètre ; et, quelque exercé qu'on soit en semblables matières, il faut toujours se défier de son appréciation. Il importerait aussi de savoir comment M. Archereau a fait son expérience ; en attendant, nous doutons que l'on obtienne des résultats aussi beaux tout au moins avec le bec que nous venons de décrire.

Mais le moyen le plus généralement suivi pour obtenir la lumière par la combustion de l'oxygène, est l'emploi de la lumière *Drummont*. On fait arriver le gaz d'éclairage et l'oxygène dans un petit cylindre, d'où ils sortent, après s'être mé-

langés, par un petit jet que l'on allume et que l'on projette par un bâton de chaux.
— C'est le moyen dont se sert, depuis des années, M. *Clémançon* pour les
effets de lumière aux théâtres du Châtelet, de la Gaieté et de la porte Saint-
Martin. Il consomme, par heure, environ 200 litres de gaz d'éclairage, et
100 litres d'oxygène à une pression qui dépasse 12 à 15 centimètres d'eau,
et il arrive, ainsi, à des effets merveilleux ; mais on n'a pas mesuré l'intensité de la lumière. — Dans tous les cas, une semblable lumière peut satisfaire à certains besoins, mais ne saurait être considérée comme industrielle.

Un des graves inconvénients de ce système de brûleur est le peu de durée du
bâton de chaux. Il faut qu'un homme ne quitte pas ce bec, pour remplacer ce
bâton ou plutôt ce cylindre de chaux, en cas de brisure. Cela n'est pas un inconvénient pour l'usage qu'en fait M. *Clémançon*, mais on ne saurait y songer pour
un éclairage particulier.

On a songé à remplacer la chaux, d'abord par un mastic composé de chaux,
terre, graphite, de cornue, éponge de platine, etc. — puis, enfin, par un chlorure de magnésium ou mélange de magnésie, de graphite, etc... C'est le corps
dont se sont servis MM. *Tessié du Motay* et *Maréchal* pour leurs expériences à l'Hôtel
de Ville. Nous n'avons pas à apprécier, ici, la priorité de l'invention de
MM. *Tessié du Motay* et *Maréchal* ; nous établissons cependant ce fait incontesté,
que ce sont les premiers qui aient fait une expérience en grand aussi satisfaisante de ce nouveau mode d'éclairage. Il est certain que cet éclairage était parfait et satisfaisait à toutes les convenances. Si la question de prix de revient, que
nous ne sommes pas à même de résoudre, devenait un obstacle, on ne pourrait
s'empêcher de le regretter.

On parle de plusieurs systèmes différents pour produire l'oxygène à bon marché. On a d'abord la décomposition de l'acide sulfurique, moyen proposé par
M. *Sainte-Clair-Deville*.

MM. *Tessié du Motay* et *Maréchal* retirent leur oxygène en traitant, par la chaleur, les manganates et les permanganates alcalins, qui abandonnent leur oxygène à la température de 450° environ. Lorsqu'on les met ensuite en présence
d'un courant de vapeur d'eau, il se produit du sesquioxyde de manganèse et de
la potasse ou de la soude hydratés.

Le mélange de potasse ou de soude et de sesquioxyde de manganèse, ainsi gé-
néré, se réoxyde lorsqu'on l'expose à l'action d'un courant d'air à la température
du rouge naissant et reproduit des manganates alcalins. ·

Cela étant, pour générer de l'oxygène au moyen du gaz atmosphérique, on
place, dans une ou plusieurs cornues, un mélange à équivalents égaux de
peroxyde de manganèse ou de base alcaline, et on suroxyde ce mélange au
moyen d'un courant d'air aspiré et foulé par une voie mécanique, ou appelé par
une cheminée faisant office d'appareil aspirateur. Le mélange est transformé en
quelques heures, soit en permanganate de potasse, soit en permanganate de soude.

Le permanganate de potasse ou de soude est ensuite desoxydé au moyen d'un
jet de vapeur d'eau soit dans les cornues mêmes où il s'est produit, soit dans
d'autres cornues, disposées à cet effet. L'oxygène et la vapeur, au sortir des
cornues, passent dans un condenseur. La vapeur se liquéfie et l'oxygène se rend
dans un gazomètre où il est recueilli.

Lorsque tout l'oxygène utilisable contenu dans le manganate a été dégagé par
l'action de la vapeur d'eau, l'opération de la suroxydation par le courant d'air
est recommencée, et *vice versâ* la production de l'oxygène se continue ainsi par
voie d'alternance d'une façon indéfinie.

Dans les expériences de laboratoire de l'Exposition universelle, 50 kilogrammes de manganate de soude ont donné de 400 à 450 litres d'oxygène à

l'heure, même après 80 réoxydations successives, et quoiqu'on ne les eût pas débarrassés de l'acide carbonique dont ils s'engorgent peu à peu. Ajoutons que M. *Tessié du Motay* a si bien perfectionné la fabrication en grand du manganate de soude qu'il est presque certain de pouvoir le livrer au commerce et à l'industrie au prix de 39 à 40 centimes le kilogramme. Nous avons emprunté cette description des procédés de MM. *Tessié du Motay* et *Maréchal* à un excellent petit livre sur les éclairages modernes, qui vient d'être publié par M. l'abbé *Moigno*. Personne mieux que lui n'était à même d'être renseigné sur la marche et les résultats de ce procédé.

M. *Gondolo* propose également un nouveau procédé pour la fabrication de l'oxygène à bon marché. Il reprend les expériences connues de M. *Boussingault* sur la baryte, qu'il rend pratiques en substituant aux tubes de porcelaine des tubes en fer ou en fonte garnis d'un enduit réfractaire adhérent, et mélangeant la baryte avec des alcalis ou des terres pour l'empêcher de se fritter.

La baryte ne sort jamais des cornues qui sont placées dans un four que l'on allume et que l'on rechauffe successivement, suivant que l'on distille pour recueillir l'oxygène, ou que l'on revivifie la matière en lui faisant traverser un courant d'air atmosphérique.

M. *Mallet* se sert, pour arriver au même but, d'oxychlorure de cuivre ($Cu\,Cl$, $Cu\,O$), au lieu de baryte. Lorsqu'il est chauffé à 400°, il dégage de l'oxygène et se transforme en protochlorure de cuivre ($Cu^2\,Cl$), lequel a la propriété d'absorber l'oxygène de l'air en se transformant de nouveau en oxychlorure, qui devient propre à une nouvelle opération et ainsi de suite.

.L'oxydation du protochlorure devient plus prompte, en humectant la matière à une température comprise entre 100 et 200°. L'absorption de l'oxygène peut être considérée comme instantanée.

L'oxychlorure de cuivre est mélangé à une substance inerte, telle que le kaolin, pour le défendre de la fusion ignée, et ce mélange est renfermé dans des cornues horizontales animées d'un mouvement de rotation. La distillation et la revivification se font également, comme pour le procédé de M. *Gondolo*, sans sortir la matière des cornues, et l'on obtient, pour chaque distillation, de 2500 à 3000 litres par 100 kilogrammes. C'est plus que les procédés de MM. *Tessié du Motay* et *Maréchal*.

Si, après la distillation, on ajoute, à une température de 100 à 200°, au lieu d'eau, de l'acide chlorhydrique du commerce, goutte à goutte, le protochlorure se transforme en perchlorure qui, par une nouvelle distillation, dégage son chlore de manière à redevenir protochlorure.

On peut aussi avec la même matière et les mêmes appareils produire à volonté, soit de l'oxygène, soit du chlore. Or, les débouchés du chlore sont certains, et cette dernière considération donnerait à ce procédé une valeur exceptionnelle.

IV. — Gaz portatif.

L'idée de transporter le gaz chez les abonnés, au moyen de voitures, et de l'y déverser dans des gazomètres — ou dans des récipients, lorsqu'on se sert de la compression — s'est produite presque en même temps que l'on a songé à s'éclairer par le gaz. Mais tous les essais tentés dans cette voie n'ont pas eu de suite, et, de tous les systèmes en grand nombre que nous pourrions citer, il ne reste debout que celui qu'exploite aujourd'hui la Société de gaz portatif de la rue Charonne.

Il en est résulté une grande appréhension contre ce mode d'exploitation, appréhension injuste selon nous, bien que, depuis que le gaz courant se monte de plus en plus, et avec succès, dans les plus petites localités, la raison d'être du gaz portatif semble diminuer, lorsqu'on ne s'est pas rendu un compte exact de son utilité.

Nous expliquerons les motifs qui nous donnent confiance dans l'avenir de cette industrie. Nous n'oublierons pas que l'emploi du gaz portatif impose des charges, des sujétions que l'abonné n'a pas à supporter avec le gaz courant ; qu'il faut, pour qu'il soit acceptable, qu'il offre des avantages sérieux, et, pour qu'il vive, que son prix de revient permette une juste rémunération aux intéressés. Sans cela il est clair qu'il n'y a pas d'exploitation possible.

Transport par voiture. — Il y a deux moyens de transporter le gaz : en non-compression et en compression.

Le premier consiste à prendre le gaz dans les gazomètres de l'usine, et à l'introduire dans un grand soufflet de forme cylindrique, — d'une capacité totale de 10 mètres cubes environ, — renfermé dans une enveloppe en tôle posée sur une voiture. Tel est le système Houzeau, qu'a exploité longtemps la Compagnie de la rue Charonne.

Au moyen de la manœuvre particulière d'un treuil, dont il est facile de se rendre compte, on produit, à volonté, soit l'aspiration lorsqu'étant à l'usine, on veut prendre le gaz dans les gazomètres, soit, au contraire, la compression, lorsque, la voiture arrivée chez l'abonné, on veut introduire le gaz dans son gazomètre, que l'on a, au préalable, allégé au moyen de contre-poids.

La quantité de gaz que l'on transporte ainsi n'est limitée que par le volume à donner à la voiture. On s'est arrêté à une contenance, pour le soufflet, de 10 mètres cubes, ce qui laisse la possibilité d'en déverser chez l'abonné de 8 à 9 mètres cubes.

Chacune de ces voitures, avec son soufflet et son enveloppe, pèse 1,500 kilogrammes. C'est le poids maximum que peut traîner un cheval en hiver.

Quand on transporte le gaz en employant la compression, on place un ou plusieurs cylindres dans une voiture ; on y introduit le gaz, à l'usine, au moyen de pompes à compression, et on le déverse, après, chez les abonnés, soit dans des gazomètres, soit dans d'autres cylindres où il est comprimé à un degré moindre que dans les voitures.

Il se comprend que l'on puisse, ainsi, transporter un volume de gaz d'autant plus grand que le degré de compression est plus élevé. Si l'on double la pression, on double, en effet, le volume de gaz transporté ; mais il faut doubler l'épaisseur du métal, et par suite le poids des cylindres.

En comprimant le gaz pour en réduire le volume, on ne peut porter avec une voiture à deux chevaux, dans un service régulier, que 50 mètres cubes de gaz en moyenne. A quelque degré que l'on pousse la compression, les cylindres pèseront toujours 1,500 kilogrammes ; de sorte que, lorsque ces 50 mètres cubes seront ramenés à un volume facilement transportable, on n'a plus d'intérêt à pousser plus loin le degré de compression. Cette condition se trouve suffisamment remplie, lorsque ce volume de 50 mètres cubes est ramené à 5. La pression à produire est alors de 11 atmosphères.

On pourrait, cependant, objecter que la voiture pourrait déverser chez l'abonné, à une pression déterminée, d'autant plus de gaz que les 50 mètres cubes de gaz qu'elle transporte seraient, eux-mêmes, comprimés à un plus haut degré, mais on est malheureusement dans l'obligation de limiter cette pression en présence des difficultés pratiques qui se présentent. Plus la compression est poussée loin, plus il est difficile d'éviter les fuites et les pertes de toutes sortes qui grandissent alors rapidement.

Les frais de compression augmentent, et, ce qui est plus grave, le titre du gaz diminue dans de grandes proportions. Il baisse déjà de 10 à 15 pour 100 quand on comprime le gaz à 11 atmosphères; au delà, cette perte deviendrait excessive au point de compromettre le succès de l'entreprise.

La compagnie Ternaux, qui a exploité à Paris un système de compression, allait jusqu'à 32 atmosphères; elle oubliait, sans doute, qu'elle ne gagnait rien, sous le rapport du poids, à pousser si loin le degré de compression, et elle s'est créé des difficultés inouïes pour ne délivrer qu'un gaz très-pauvre. C'était encore du gaz de houille.

Il existe donc, comme on le démontre en effet, pour une forme assignée du réservoir, entre le poids de ce réservoir et le volume de gaz comprimé, ramené à la pression atmosphérique, un rapport constant, indépendant du degré de compression et ne changeant qu'avec la résistance que l'on est dans l'intention de faire supporter au métal.

Lorsque l'on prend de bonnes tôles douces, on fixe ordinairement cette résistance à 6 kilogrammes par millimètre carré; et, dans ce cas, le rapport constant dont on vient de parler est égal à 30. On compte donc, pour les cylindres, sur un poids de 30 kilogrammes par mètre cube de gaz transporté.

La voiture pèse habituellement autant que les cylindres; elle est traînée par deux chevaux; elle peut donc, avec les cylindres, atteindre un poids total de 3,000 kilogrammes. Le poids des cylindres ne saurait, alors, dépasser 1,500 kilogrammes, ce qui, à 30 kilogammes par mètre cube, représente bien un volume de 50 mètres cubes de gaz transporté.

Les voitures de gaz portatif de la rue Charonne pèsent de 3,500 à 3,800 kilogrammes; elles contiennent 65 mètres cubes. Ce poids n'a rien d'exagéré tant que les voitures restent dans Paris; mais il est trop lourd, en hiver, pour certaines campagnes; aussi marchent-elles, dans ces conditions, à trois chevaux.

Si le gaz est déversé dans les cylindres du consommateur à une pression de 4 à 5 atmosphères, la voiture rentre forcément à l'usine avec du gaz en charge. De sorte que de semblables voitures, contenant cependant 50 mètres cubes de gaz, ne délivrent, par voyage, que de 30 à 35 mètres cubes.

Avec la compression, chaque cheval ne porte donc par voyage que de 15 à 17 mètres cubes, tandis qu'avec la non-compression il transporterait de 8 à 9 mètres cubes de gaz. C'est à peine le double. *A priori*, il semble que l'avantage aurait dû être plus considérable; et encore le gaz comprimé nécessite des frais de compression que l'on n'a pas avec la non-compression.

Mais il y a, en faveur de la compression, à faire valoir les considérations très-importantes qui suivent :

Avec la non-compression il fallait trouver chez le consommateur un emplacement convenable pour y installer un gazomètre. C'était d'abord une grande difficulté, et le plus souvent la chose était impossible.

Comme cet éclairage pouvait cesser d'un moment à l'autre pour des raisons non prévues, et que la Compagnie ne pouvait reprendre ce gazomètre qu'avec de trop grandes pertes, elle imposait forcément à l'abonné l'obligation de supporter seul les frais de cette installation.

C'était une lourde charge que bien peu acceptaient.

Enfin, le gaz laissé dans un gazomètre perd de plus en plus de la valeur de son titre.

Avec la compression ces inconvénients disparaissent.

L'emplacement à trouver chez le consommateur est beaucoup moindre. De plus, on peut mettre les cylindres sur les toits, ce qui est généralement possible et n'impose aucune gêne.

Le déplacement d'une pareille installation se fait rapidement et à peu de frais. Les cylindres enlevés de chez un abonné sont placés chez un autre; de sorte que la Compagnie ne court plus les mêmes risques à prendre à sa charge ces installations.

Enfin, le gaz ne perd de son titre que dans les premiers moments qui suivent le déversement chez l'abonné, à cause du froid qui se produit, mais le titre se relève quelques heures après et se maintient ensuite pendant plusieurs mois.

La seule perte de titre qu'ait à supporter le gaz, dans le système de la compression, est celle qui se produit du gazomètre à la voiture, perte d'autant plus grande que le gaz a été fait à une basse température ou dans de trop grandes cornues. Pour le moment, nous nous bornons à avancer que cette perte, toute réelle qu'elle est, n'est pas plus forte que celle observée avec le système de soufflets déversant le gaz dans les gazomètres.

Quand une voiture de gaz comprimé déverse le gaz dans des gazomètres, au lieu de déverser dans des cylindres, elle délivre plus de gaz évidemment par voyage; mais on perd beaucoup sur la valeur du litre, 20 à 25 pour 100 environ. En définitive, on ne fournit pas plus de lumière pour la même dépense de transport, mais on a plus de gaz à fabriquer et à comprimer. C'est donc une perte réelle.

Chaque voiture porte sur le derrière une rampe, qui n'est autre qu'un tube en cuivre fondu, sur lequel sont montés, au-dessus, autant de robinets qu'il y a de cylindres. Chacun des cylindres communique, par un tube de cuivre, à l'un de ces robinets, de sorte qu'en en ouvrant un quelconque, on fait passer le gaz de l'un des cylindres dans la rampe.

Cette rampe porte encore, en dessous, un autre robinet sur lequel on visse la conduite mobile qui mène le gaz à la porte d'introduction de l'abonné ; de là, il se rend à ses réservoirs. Un manomètre placé sur la rampe permet d'y lire, à tout moment, la pression.

La conduite mobile dont on se sert pour introduire le gaz est un tuyau en caoutchouc garni de toiles. Il peut supporter une pression de 15 à 20 atmosphères.

Quand une voiture de gaz comprimé arrive devant la porte d'introduction d'un abonné, qu'elle doit alimenter, le facteur commence par mettre en communication, au moyen d'une ou plusieurs conduites mobiles, suivant la distance, la porte d'introduction de l'abonné avec la rampe de la voiture. Il ouvre ensuite les robinets de la porte et de la rampe; il consulte le manomètre qui lui donne le degré de compression que conservent les réservoirs placés chez l'abonné. Il ouvre, après, un des robinets des cylindres pour introduire le gaz. Il peut, à chaque instant, juger du degré de compression obtenu, en interrompant l'écoulement et en consultant le manomètre.

Il continue l'écoulement jusqu'à ce que le gaz lancé dans les réservoirs de l'abonné soit à 4 ou 5 atmosphères. Pour y arriver, il faut souvent vider plusieurs cylindres de voiture. Le premier pourra n'amener la compression qu'à 3 atmosphères, par exemple, le second à 4 et le troisième à 5.

Quand ensuite le facteur se rend chez un autre consommateur dont il trouve les cylindres vides; il commence par les mettre en communication avec le cylindre de la voiture ayant du gaz à 3 atmosphères, puis avec le suivant, et ainsi de suite.

On comprend aisément qu'au moyen de cette marche, une voiture de gaz comprimé à 11 atmosphères puisse charger plusieurs abonnés jusqu'à 5 atmosphères, sans que, pour cela, tous ses cylindres, rentrant à l'usine, soient forcément à 5 atmosphères. Il n'y en aura que quelques-uns, un seul même, qui soient à ce degré de compression; tous les autres seront à une pression moindre.

Cylindres à placer chez les consommateurs. — Les cylindres à placer chez les consommateurs n'ont pas d'autres conditions à remplir que d'être facilement transportables, et, cependant, capables de contenir le plus de gaz possible; car un grand cylindre contenant 4 mètres cubes est plus économique que 2 de 2 mètres, ne serait-ce qu'à cause des robinets. On a fixé ce poids a 120 kilogrammes, ce qui permet d'y loger 3 mètres cubes; et, afin de pouvoir, dans un moment pressé, faire des cylindres avec les dimensions ordinaires des tôles du commerce, on a adopté pour diamètre celui que donne une feuille de tôle de 2 mètres de longueur roulée en rond avec 3 centimètres de recouvrement. On a fait d'abord des cylindres ayant à la partie cylindrique 2 mètres de long, c'est-à-dire avec deux feuilles; puis on les a augmentés d'un tiers de feuille, sans inconvénient aucun pour les installations dans Paris, comme l'expérience le prouve.

Chacun de ces cylindres a une capacité de 0^{mc},75, ce qui correspond à un volume disponible de 2^{mc},25 ou 3 mètres cubes suivant qu'on les charge à 3 ou à 4 atmosphères.

Pour les cylindres d'abonné, où la considération du poids n'a plus la même importance que pour les voitures, on fait supporter au métal une traction de 4 à 5 kilogrammes seulement par millimètre carré au lieu de 6; et l'on calcule le poids de ces cylindres à raison de 40 kilogrammes par mètre cube mis à la disposition de l'abonné. On prend, dans ce cas, des tôles de moins bonne qualité.

Ce que l'on doit entendre comme tôle de bonne qualité, pour de semblables travaux, n'est pas une tôle ne rompant que sous une forte charge, mais une tôle très-douce pouvant se tordre facilement, et ne rompant pas sous l'effet d'un choc. L'aigreur occasionnerait les plus graves dangers. Il faut, d'après l'expression de M. Poncelet, que ces tôles aient surtout une grande résistance vive de rupture, c'est-à-dire qu'une bande soumise à une traction continue et sans secousse, s'allonge beaucoup avant de rompre.

Pompe à compression. — Imaginons un cylindre vertical d'un mètre carré de section, fermé par le bas, dans lequel se meut un piston.

Quand ce piston est librement, sans exercer d'effort, à un mètre de distance du fond, le cylindre renferme un mètre cube d'air qui est à la pression atmosphérique ordinaire et que, pour cette raison, on dit comprimé à une atmosphère.

Si le piston est à 2 mètres, il renferme 2 mètres cubes d'air; et si, dans cette position, on exerce une pression sur ce piston de manière à réduire les 2 mètres cubes en un seul, on aura un volume d'air que l'on dit être comprimé à 2 atmosphères.

Continuant le même raisonnement, si le piston est à 3, 4, 5..... mètres du fond, et qu'on ramène le volume en un seul mètre cube, on aura de l'air comprimé à 3, 4, 5 atmosphères.

Ce volume étant ainsi réduit, si une issue est donnée au gaz, dans l'air libre, on voit facilement, par exemple, que les 3 mètres cubes réduits en un seul et, par conséquent, comprimés à 3 atmosphères, laisseront échapper seulement 2 mètres cubes.

La voiture comprimée à 11 atmosphères et que l'on vide entièrement laisse donc échapper un volume de gaz égal à dix fois le volume de la voiture, et le cylindre de consommateur chargé à 4 ou à 5 atmosphères permet une consommation égale à 3 ou à 4 fois son volume.

Le travail nécessaire pour opérer cette compression est aidé par la pression atmosphérique qui, pendant tout le temps que le piston descend, exerce sur lui une pression de 10,000 kilogrammes par mètre carré. En ne tenant pas compte de ce travail auxiliaire, il est évident que le travail théorique nécessaire pour réduire, 2, 3, 4... volumes en un seul, est le même que celui qu'exercerait un volume ainsi réduit sur le piston, pendant qu'il reprendrait sa position initiale. C'est un travail de détente que l'on calcule comme pour les machines à vapeur ; et, si l'on en retranche le travail auxiliaire provenant de la pression atmosphérique dont il vient d'être parlé, l'on aurait, ainsi, le travail théorique à produire en réalité.

Voici les chiffres que l'on obtient :

NOMBRE d'atmosphères.	QUANTITÉ DE TRAVAIL pour comprimer un mètre cube.	NOMBRE DE MÈTRES CUBES comprimés par la force de cheval et par heure.
	kilom.	m. cubes.
6	11,833	22,72
11	16,943	15,94
16	20,198	13,37
21	22,650	11,92
26	24,700	10,93
31	26,291	10,27
36	27,717	9,74
40	29,047	9,29

Ce sont là des principes élémentaires que nous ne craignons pas de rappeler.

D'après ce tableau, si la voiture a une capacité de 5 mètres cubes, elle laisserait échapper dans l'air libre, après avoir été chargée à 11 atmosphères, 50 mètres cubes de gaz, et le travail théorique nécessaire pour opérer cette compression serait de 50 × 16,943 kilogrammes métriques.

Le tableau indique qu'avec 1 cheval-vapeur on peut comprimer par heure 15^{mc},94.

Voici ce que donne la pratique, d'après le travail des pompes installées à l'usine de Charonne. On a commencé par installer une machine de 12 chevaux, à détente variable de Frey. Cette machine fut essayée au frein, à la suite d'un débat contradictoire, et l'on constata qu'elle consommait, avec une vitesse moyenne de 51 tours 70 par minute, 5^{k},75 de charbon par force de cheval et par heure, donnant une force totale de 10 chevaux.

La machine devait faire marcher 4 pompes. Plus tard, elle en fit marcher 6, et sa vitesse alors, afin d'augmenter sa force nominale, s'éleva successivement jusqu'à 80 tours par minute. Il est bien évident que, dans ces nouvelles conditions, la machine consommait plus de 5^{k},75 de charbon par heure, mais nous ne saurions assigner un chiffre.

Nous le mettrons au plus bas, soit 6 kilogrammes, et nous ferons remarquer que, dans les premiers temps, la consommation totale de charbon comparée au nombre de mètres cubes comprimés était de 0^{k},60 par mètre cube de gaz ; puis cette dépense s'accrut successivement jusqu'à atteindre 1 kilogramme. La cause en est dans une machine poussée au delà de sa force normale, qui se détraquait chaque jour de plus en plus.

Nous arrêtant au chiffre de 6 kilogrammes par force de cheval et par heure, et à celui de 0^{k},60 de houille par mètre cube de gaz comprimé, on voit qu'avec un seul cheval-vapeur on comprimait, avec les pompes que nous avons établies, 10 mètres cubes par force de cheval et par heure pour une compression de 11 atmosphères ; on obtient donc les deux tiers du travail théorique. Ce résultat est certes très-heureux.

Il faut remarquer que, pour calculer le travail théorique, on a admis l'exactitude parfaite de la loi de Mariotte. Or, d'après les expériences de Sulzer et de

Robinson, la force élastique ne suit pas le rapport de la densité ; elle croît dans un moindre rapport ; par conséquent, le travail réel est moindre que celui calculé plus haut ; le rendement de la pompe, par rapport à ce travail, est donc moins grand.

Comme aujourd'hui on trouve facilement des machines ne dépensant que 2 à 3 kilogrammes par force de cheval et par heure, on en conclut qu'avec les pompes installées rue Charonne, on ne devrait dépenser qu'un kilogramme de charbon par 4 mètres cubes de gaz comprimés, et, largement par 3.

Ce chiffre sert de base pour évaluer la dépense de la compression.

Fabrication du gaz.

Les frais de transport du gaz, par mètre cube, sont évidemment indépendants de la nature du gaz. Que ce gaz soit riche ou pauvre, il faut toujours les mêmes frais pour la compression et pour le transport. Mais ces frais seraient inversement proportionnels à la qualité du gaz, si on les évalue d'après la quantité de lumière, ou mieux d'après la puissance éclairante du gaz transporté. Si, en effet, un éclairage est parfaitement alimenté avec 35 mètres cubes d'un gaz donné, un seul voyage suffirait avec une voiture de gaz comprimé ; tandis qu'il en faudrait deux si l'on altère la nature de ce gaz, de manière à ce qu'il faille, dans le même temps, une consommation de 2 mètres cubes au lieu d'un pour arriver à la même lumière.

Comme on est en droit de vendre le gaz, d'après sa puissance éclairante, il est facile de comprendre que, lorsque l'on monte une usine à gaz portatif, on ait intérêt à produire un gaz ayant le plus haut titre, tant que le prix de revient de ce gaz dans le gazomètre reste sensiblement proportionnel à sa puissance éclairante.

Ainsi, par exemple, le prix de revient du gaz de houille dans le gazomètre, y compris les matières premières, la main-d'œuvre et l'entretien, étant, par exemple, de 0 fr. 10 par mètre cube, on a tout avantage, lorsqu'on distribue le gaz au moyen de voitures, à fabriquer du gaz avec le boghead, dont le prix de revient dans le gazomètre peut s'élever à 0 fr., 40 ; car son titre est quatre fois plus grand que celui du gaz de houille ; et nous ajoutons que l'on doit préférer le mode de fabrication qui permette d'obtenir le plus d'hydrocarbures fixes dans le gaz, afin de se soustraire à un trop grand appauvrissement par la compression, et d'éviter que le gaz ne fume.

D'HURCOURT.

LIX

BLANCHISSAGE

GROUPE VI; CLASSE 59

PAR D. KAEPPELIN

CHIMISTE, MEMBRE CORRESPONDANT DE LA SOCIÉTÉ INDUSTRIELLE DE MULHOUSE

Quelques-uns de nos lecteurs désirant trouver dans cette revue un aperçu de cet important travail de ménage auquel présidaient autrefois toutes les bonnes maîtresses de maison, je me fais un véritable plaisir d'ajouter à mon étude sur le blanchiment des tissus, un exposé succinct des modifications qu'a subies de nos jours le *blanchissage*, abandonné presque partout à la petite industrie.

Cette opération si importante, au point de vue de l'économie domestique, comme le savent toutes les personnes qui habitent la campagne ou les villes de province où le métier de blanchisseur est encore inconnu, peut se diviser en plusieurs parties qui sont : le trempage, le coulage ou lessivage, le savonnage, le rinçage à l'eau courante et le repassage. Tout se fait encore dans quelques maisons comme au temps jadis : le cuvier en bois pouvant contenir le linge est placé dans la buanderie, auprès d'une grande chaudière dans laquelle bout l'eau de lessive; on y place le gros linge d'abord et le plus fin par-dessus, puis, quand le cuvier est rempli, on le recouvre d'une grosse toile ou *cendrier* que l'on retient au moyen d'une corde autour du cuvier. On remplit la partie concave de cette toile avec des cendres de bois que l'on a conservées à cet effet, puis on verse de l'eau bouillante sur le cendrier; cette eau se charge au contact des cendres de leur partie alcaline (potasse) et traverse le linge dont elle saponifie les parties grasses; on continue à verser de l'eau bouillante jusqu'à ce que le cuvier soit plein, puis on ouvre le robinet placé dans le bas de celui-ci, et l'eau alcaline qui s'écoule est rejetée dans la chaudière où elle s'échauffe de nouveau pour être reportée sur le cendrier, dont on a renouvelé les cendres, et la cuve se remplit et se vide ainsi alternativement pendant les quelques heures que dure le lessivage.

On peut remplacer les cendres par de la potasse du commerce; son action est la même et elle se produit d'une manière plus sûre et plus facile à calculer.

Quand le lessivage est terminé, on enlève le cendrier, on retire le linge du cuvier et on le porte à la rivière ou au lavoir; là, on le rince, on le savonne, et les lavandières, armées de leurs battoirs, le frottent, le frappent de manière à le dépouiller entièrement des souillures et des taches qui n'ont pas été enlevées pendant le lessivage. Le linge est ensuite parfaitement rincé, tordu et passé au bleu dans une cuve d'eau dans laquelle on a fait dissoudre de l'indigo, du bleu de Prusse ou de la gomme mêlée à du bleu d'outremer. Ce bleuissage de l'eau se fait en plaçant les boules de bleu dans un chiffon formant sac et en agitant le tout dans l'eau jusqu'à ce qu'elle ait acquis une coloration suffisante. Cette eau est remplacée par de l'empois d'amidon additionné de stéarine ou d'une solution de borax, quand le linge doit être empesé. On le tord ensuite au-dessus de la cuve et on le fait sécher à l'air ou dans des greniers en le suspendant à des cordes soutenues par des pieux. Les personnes qui connaissent les environs de Paris savent de combien de séchoirs semblables sont couverts les coteaux et les vallées de Viroflay, de Sèvres, de Saint-Cloud, de Suresnes, etc... Après le séchage, le gros linge est calandré ou simplement bien plié et serré dans les armoires ; le linge destiné à être repassé est d'abord légèrement humecté au moyen d'un goupillon, puis confié au soin de la repasseuse, dont le travail exige une adresse et une attention des plus grandes.

Ces ouvrières font un métier plus rude qu'on ne le croit généralement, et leurs fatigues sont si grandes qu'un très-petit nombre d'entre elles peut les supporter longtemps.

Telles sont les phases de ce grand travail domestique qui bouleverse deux ou trois fois par an les grands ménages de la province, et grâce auquel nos mères conservaient le linge de leur maison pendant vingt années, tandis qu'aujourd'hui!..... Est-ce à dire que le linge confié aux blanchisseurs de nos grandes villes est soumis à une épreuve trop forte pour que la durée de ses services n'en soit pas nécessairement diminuée, et le travail du blanchissage industriel, est-il réellement inférieur à celui que je viens de décrire dans son ensemble ? Non, certes ; et ce serait méconnaître les services rendus par la mécanique que de dire que les battoirs de nos lavandières et le frottement qu'elles font subir au linge en le savonnant, ne sont pas des causes d'usure plus rapide peut-être, que nos chaudières à circulation et nos roues à laver, qui laissent toujours le linge dans un milieu liquide qui adoucit les frottements et ménage le tissu. Il faut plutôt attribuer le discrédit que l'esprit de quelques bonnes ménagères jette sur le blanchissage mécanique, à l'emploi inconsidéré que font certains blanchisseurs peu soigneux, de sels alcalins trop caustiques ou de chlorure de soude (eau de javelle) et même d'acide. Ces moyens doivent être rejetés par tous les blanchisseurs consciencieux, quoiqu'ils accélèrent le travail et donnent au linge un blanc plus parfait.

Voyons maintenant si l'industrie n'a pas inventé quelques bons moyens pour faciliter l'opération du blanchissage dans les ménages, et tâchons d'apercevoir dans la galerie des machines quelques appareils qui remplissent le but de la bonne ménagère, quelque rebelle qu'elle soit aux inventions nouvelles. Je m'arrête d'abord devant la *washing-machine* de Thomas Bradfort et Cⁱᵉ; et il suffira que j'en fasse au lecteur la description détaillée pour qu'il en comprenne aisément le maniement. Ce mécanien a cherché à réunir dans le plus petit espace possible tous les moyens de lessiver, de laver, de tordre et de calandrer le linge de maison. A cet effet, il a tout simplement réuni la calandre en bois déjà connue à la roue à laver ou *dashwheel*, qui est employée depuis plus de trente ans dans les établissements des indienneurs. La figure 1 de la page suivante donnera une idée exacte de l'appareil.

EK représentent une caisse en bois octogone, traversée par deux palettes intérieures fixes, qui, étant placées vis-à-vis l'une de l'autre, forcent le linge à se retourner pendant le mouvement rotatoire de la caisse.

DP, couvercle que l'on soulève pour introduire le linge dans la caisse.

F', vis servant à maintenir le couvercle fermé.

A, B, cylindres en bois de la calandre qui se trouve placée au-dessus de la caisse à savonner.

l, *l'*, *l"*, *l'''*, bâtis en fonte reposant sur des roulettes.

C, manivelle pour faire tourner la roue motrice de la calandre.

Fig. 1.

h, manivelle pour faire tourner la caisse à savonner.

M, poids servant à donner la pression aux rouleaux de la calandre.

Pour se servir de cette petite machine, on procède de la manière suivante : Supposons que l'on ait une douzaine de chemises à laver, ou une quantité de linge équivalente ; on le fait tremper dans de l'eau, on l'introduit dans la caisse par l'ouverture D, on remplit la caisse d'eau de savon bouillante, on referme le couvercle, on le serre au moyen des vis *f*, *f* ; puis on fait tourner la caisse à raison de 20 à 25 tours à la minute, en s'arrêtant après chaque tour un instant, afin de laisser au linge le temps de se déplacer et de frapper contre les parois de la caisse et les palettes de l'intérieur. Un mouvement trop rapide produirait un effet contraire ; c'est-à-dire que, par l'effet de la force centrifuge, le linge, s'écartant toujours du centre resterait immobile contre les parois de la caisse sans éprouver le changement de position indispensable pour produire le battage et le frottement nécessaires à son nettoyage. On manœuvre ainsi pendant 8 à 10 minutes ; on enlève le linge et on le remplace par d'autre pour lui faire subir la même opération. Quand le linge sale a été ainsi savonné, on laisse écouler l'eau de savon et on la remplace par de l'eau bouillante. On tourne la manivelle pendant 3 ou 4 minutes, ce qui suffit à un bon nettoyage, puis on rince dans le même appareil, mais à l'eau froide.

Au lieu de tordre le linge à la main, on se sert, après chaque savonnage, du petit appareil de rouleaux presseurs qui se trouve placé au-dessus même de la caisse à laver. On entoure le rouleau supérieur d'une flanelle, on place au-dessus de l'ouverture de la caisse maintenant immobile, une petite planche qui part du second rouleau et qui sert à faire retomber dans la caisse l'eau de savon à mesure qu'elle s'écoule du linge. On place le poids M sur le levier de manière à donner aux rouleaux toute la pression voulue (c'est-à-dire jusqu'à la marque la plus rapprochée du châssis), puis on imprime le mouvement à la roue et on fait passer le linge entre les deux rouleaux qui en expriment ainsi tout le liquide. Il faut avoir le soin de ne pas toujours faire passer le linge à la même place, entre les cylindres, dans la crainte de les creuser par endroits et de les rendre en fort peu de temps impropres à l'usage auquel ils sont destinés. Lorsqu'on veut se servir des rouleaux pour calandrer le linge, il faut placer le poids M à la dernière marque du levier pour imprimer la plus grande force de pression possible aux rouleaux de la calandre. On enlève ensuite la planchette de la rainure la plus basse pour la placer à la rainure la plus élevée, on retourne la caisse de manière que le fond revienne dessus et puisse servir de table pour placer le linge à calandrer, le préparer, le déplisser, etc.... On fait ensuite passer les différentes pièces de linge bien dépliées, lentement entre les deux cylindres, et on les saisit de l'autre côté de la calandre pour les faire repasser une seconde fois, et même une troisième si on le juge nécessaire à la perfection de l'opération. Quand le linge n'occupe pas toute la largeur de la calandre, il faut le faire passer tantôt à une place, tantôt à une autre, pour en éviter l'usure inégale, comme je l'ai expliqué plus haut.

L'eau de savon se prépare en faisant dissoudre un peu à l'avance une livre de savon dans 4 litres d'eau, et en ajoutant de cette gelée de savon dans l'eau bouillante au moment de s'en servir. Dans quelques ménages on se sert d'une recette fort connue que j'ai vu employer avec succès il y a une quinzaine d'années en Allemagne et en Russie. On délaye une dissolution de 1 kilogramme de savon avec un savon résineux formé de 12 à 15 centilitres d'essence de térébenthine et de 30 centilitres d'ammoniaque, et on ajoute ce mélange à 50 ou 60 litres d'eau chaude (40° centigrades). On trempe le linge dans cette sorte de lessive pendant quelques heures, on le rince d'abord à l'eau tiède, ensuite à l'eau froide, et on obtient ainsi un résultat vraiment satisfaisant.

On peut voir encore à l'exposition anglaise les machines à laver, à tordre et à calandrer le linge de *J. Briggs*, à Leeds, et les machines à laver le linge de la *Compagnie canadienne de Worcester*. Dans la partie américaine je citerai les appareils à laver et à essorer le linge de la *Compagnie métropolitaine* de New-York ; ceux de *J. Warder et Cie* de New-York, et encore ceux de *Palmer et Cie*, à Auburn (New-York).

Dans la classe française nous distinguons les savonneuses, les lessiveuses de ménage à pression à vapeur et à circulation automatique de *Juquin*, à Paris, 28, rue Charlot ; puis la machine à laver et à dégraisser les étoffes de M. *J. Waszkiewiez*, mécanicien à Paris. La construction de cette dernière petite machine repose sur le même principe que celle de *Bradford et Cie*, et il consiste à faire toucher le linge contre les parois intérieures d'une caisse tournant sur elle-même et dans laquelle on a placé le linge et le liquide dégraisseur. Le dessin de la page suivante représente un de ces appareils.

La caisse A, forme un cube tournant sur lui-même au moyen des tourillons *e, e*, placés à deux de ses angles et se mouvant dans les paliers fixés sur le bâti K, K. Le mouvement rotatoire lui est communiqué au moyen d'un volant et d'une petite roue à engrenage. La caisse n'est pas, comme celle de Bradford, partagée intérieurement en compartiments qui arrêtent le linge dans sa chute sur les parois, elle est entièrement vide, et cette chute se fait d'une paroi sur l'autre à mesure qu'elle est occasionnée par le mouvement de la caisse sur elle-même. Elle est donc plus forte que dans la machine anglaise, puisque la distance à parcourir est plus grande. Il ne faut pas que la vitesse de rotation dépasse celle de 25 tours à la minute ; car, de même que pour tous les appareils de ce genre, une trop grande rapidité de mouvement augmenterait nécessairement la force centrifuge, et le linge resterait collé contre les parois

Fig. 2.

de la caisse comme dans l'hydro-extracteur que je décris plus loin. Or donc, s'il n'existe plus de mouvement dans le liquide, il n'y a plus de frottement et par suite pas de nettoyage.

Quant aux appareils employés dans les grandes blanchisseries, ils sont construits de la même manière que ceux dont on se sert pour le blanchiment des tissus écrus ; et les cuves à lessiver que j'ai décrites dans mes précédents articles, servent également à lessiver le linge. Il faut cependant observer ici que le liquide employé pour le dégraissage des tissus doit être moins riche en matières alcalines ; car la saponification des matières grasses qui souillent le linge de maison se fait plus rapidement et avec plus de facilité que celle des corps gras qui existent dans les fibres des tissus écrus. Il est inutile de se servir d'appareils à haute pression ; et une cuve à circulation ordinaire, munie d'un simple couvercle, remplit parfaitement le but que l'on se propose dans le lessivage du linge. Je renvoie donc le lecteur qui a bien voulu me suivre jusqu'à présent dans cette petite exploration du domaine de la maîtresse de maison, à la description des appareils de M. *Tulpin*, de Rouen, et de MM. *Ducommun et Cie*, de Mulhouse, qu'il trouvera dans les fascicules 24 et 25 de nos *Études sur l'Exposition*.

Il me reste encore à parler des moyens employés pour essorer le linge ou les tissus, après leur lavage complet et avant de les faire sécher soit à l'air libre, soit sur des tambours sécheurs, soit enfin sur de simples rames à sécher dont j'ai déjà eu occasion de parler. Le tordage à la main se fait encore dans mainte et mainte localité. Il a pourtant été remplacé par l'expression du linge mouillé entre deux rouleaux, comme dans la machine Bradfort ; mais le meilleur appareil à extraire le liquide du linge est, sans contredit, celui qui a été inventé par *Penzolt*.

Le principe de cette machine repose sur l'emploi de la force centrifuge, qui force le liquide dont une étoffe est imbibée à s'en séparer avec force, quand on fait tourner avec rapidité celle-ci autour d'un point fixe. Le panier à salade de nos cuisinières a sans doute été le point de départ de cet ingénieux appareil, qui est aujourd'hui généralement employé dans tous les établissements de teinture, de blanchiment, d'extraction de matières colorantes, etc... La puissance de ces hydro-extracteurs (diables, essoreuses) est telle, qu'une pièce entière de calicot mouillé, pesant 38 kilogrammes, perd 18 kilogrammes d'eau, après avoir été placée pendant cinq minutes seulement dans l'appareil. La figure suivante représente l'hydro-extracteur de *Penzoll.*

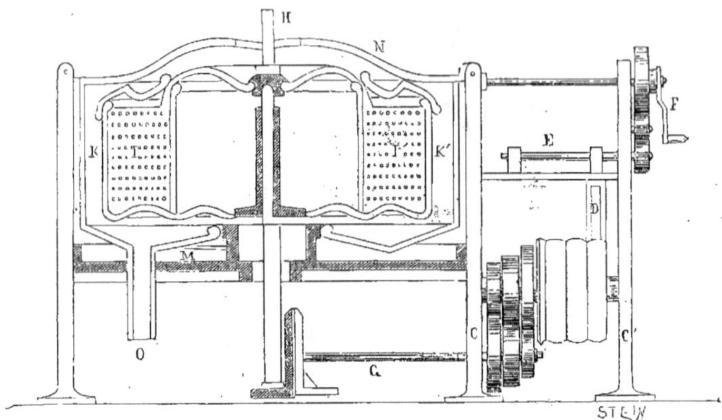

Fig. 3.

.C, C', bâtis en fonte de fer qui servent de supports aux arbres qui transmettent le mouvement à la machine par des poulies et des engrenages à plusieurs vitesses. — D, fourche à guide pour la courroie. — E, vis de rappel pour la fourche à guide D. — F, manivelle du canon d'une roue d'engrenage qui transmet le mouvement à un pignon fixé sur la vis de rappel pour accélérer le déplacement de la courroie d'une poulie sur l'autre. — G, arbre qui transmet le mouvement par une roue d'angle à l'arbre vertical H, qui porte l'hydro-extracteur. — H, arbre vertical pivotant du bas dans une crapaudine enfermée dans une boîte à huile et à son milieu dans un bourrelet. — I, I', hydro-extracteur à double cylindre en cuivre rouge, fixé par des clefs sur l'arbre vertical H, et dont la paroi extérieure est percée d'une multitude de trous à travers lesquels la force centrifuge projette l'eau qu'elle enlève aux tissus. — K, K', bâche ou chemise en cuivre servant à recevoir l'eau rejetée qui s'écoule par le tuyau O. — Dès que le tissu mouillé, ou le linge après le lavage, ont été placés dans les compartiments I, I', on imprime à la machine, au moyen de la manivelle F, un mouvement que l'on accélère par le jeu des poulies et des engrenages à plusieurs vitesses, et qui expulse des tissus, en vertu de la force centrifuge, l'eau qu'ils contiennent ; cette eau, à son tour, s'échappe par les trous innombrables dont sont percées les parois extérieures, tombe dans la bâche K, K', et s'écoule enfin par le tuyau O.

Cette machine primitive présente de grands inconvénients, entre autres : le peu de solidité de l'appareil, et la difficulté qu'il y avait à l'équilibrer convenablement sur son pivot. Aussitôt, en effet, que le poids des pièces confiées à cet appareil était un peu plus considérable d'un côté du cylindre que de l'autre, il se produisait des mouvements d'oscillation si violents, qu'il fallait arrêter immédiatement la rotation et chercher un équilibre plus satisfaisant. Des perfectionnements considérables se sont alors introduits dans la construction de ces appareils, peu de temps même après leur apparition dans l'industrie. C'est ainsi que le couvercle de l'hydro-extracteur fut remplacé par des rebords rentrants à la partie supérieure ; que des disques mobiles placés dans le milieu de l'appareil rétablirent l'équilibre rompu par une inégalité de poids provoquée par une disposition imparfaite des pièces. Au lieu de roues dentelées, on se sert de disques ou roues d'angle sans dents, frottant contre un pignon conique également édenté, et n'agissant qu'en raison de leur diamètre. Ce pignon est entouré de cuir pour donner plus d'adhérence aux points de contact, et son diamètre est 4 fois plus petit que celui des roues. La vitesse imprimée à ces dernières étant de 400 tours par minute, on en communique une de 1,500 à l'hydro-extracteur, et c'est grâce à cette vitesse considérable que la force centrifuge acquiert une puissance plus grande et que l'eau s'échappe avec plus de force du tissu dans les pores duquel elle se trouve retenue.

La disposition nouvelle de l'hydro-extracteur mû par friction peut être représentée par la figure suivante :

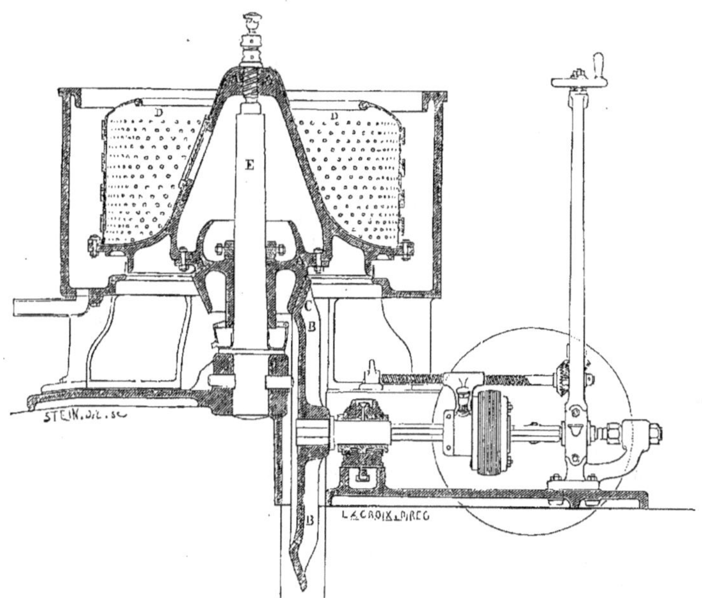

Fig. 4.

A, cône en bois garni de cuir, ou pignon d'angle sans dents.

B, B, disques en fonte ou roues d'angle sans dents fixés solidement sur les arbres par des clavettes.

C, C, poulies en fonte rendues fixes sur le même arbre que les disques.

D, cylindre en cuivre dans lequel on place les tissus à sécher.

E, arbre vertical sur lequel sont fixés le cylindre en cuivre et le cône de friction.

Cette disposition nouvelle de l'appareil est, comme on peut le voir aisément, fort simple ; et c'est d'après ce système que les hydro-extracteurs ont été construits généralement depuis. Les disques B, B sont appuyés contre le cône A au moyen d'une vis de pression qui appuie sur le bout des arbres, et c'est en frottant contre le cône qu'ils lui communiquent le mouvement de rotation dont la vitesse est croissante progressivement.

Plusieurs mécaniciens ont exposé des hydro-extracteurs qui n'offrent rien de particulier ; et il nous suffira d'examiner celui de la maison *Ducommun et Cie*, de Mulhouse, qui est un appareil à double friction et qui est représenté par la figure de la page suivante.

Ces habiles mécaniciens ont donné une disposition toute nouvelle à leur hydro-extracteur. Ce n'est plus l'arbre qui tourne avec le cône; l'arbre E est immobile ; c'est le panier ou cylindre D qui est lui-même garni intérieurement et à sa partie supérieure d'un pivot en acier A, A, A, A, qui repose sur le haut de l'arbre fixe, comme je viens de le dire. L'équilibre, si difficile à préparer et à maintenir dans les autres machines où l'arbre tourne lui-même avec le cylindre, est plus constant dans le nouvel appareil de MM. *Ducommun et Cⁱᵉ*. Cet hydro-extracteur possède en outre deux frictions, dont l'une (celle de l'intérieur) est invariable, et l'autre (celle de l'extérieur) peut varier, car elle est produite par une poulie de friction en cuir que l'on peut éloigner ou rapprocher à volonté du centre du plateau qui la commande.

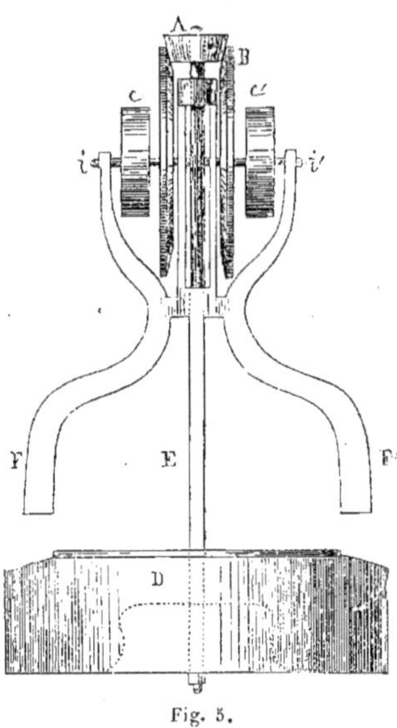

Fig. 5.

J'ai déjà eu l'occasion de citer, dans mes précédentes études, le nom de ces habiles constructeurs-mécaniciens qui ont, de même que M. Tulpin, de Rouen, exposé un grand nombre de machines et d'appareils qui font le plus grand honneur à leur talent bien connu ainsi qu'à leur génie inventif. Dans mon prochain article sur les apprêts, j'aurai à examiner et à expliquer une machine nouvelle sortant de leurs ateliers.

Cet ingénieux appareil, au moyen duquel on élargit les tissus rétrécis par les opérations du blanchiment et de la teinture, est dû à M. *Paul Heilmann*, l'un des associés de la maison *Ducommun ;* et c'est avec un sentiment de juste fierté nationale que je suis heureux de répéter encore combien la partie française de notre exposition est riche en appareils nouveaux destinés aux différentes branches de l'industrie.

L'examen rapide que je viens de faire des diverses méthodes qui tendent chaque jour davantage à remplacer le lessivage domestique de l'ancien temps satisfera, je l'espère, le désir exprimé par nos lecteurs, et leur prouvera que l'on doit encourager autant que possible les inventions qui tendent à alléger le travail des bonnes maîtresses de maison. Celles-ci ne doivent pas s'en tenir aux moyens surannés qu'elles emploient encore, mais elles doivent au contraire (si elles ne peuvent vaincre complétement la méfiance que leur inspirent les *blanchisseurs*) chercher au moins à rendre leur propre tâche plus facile, par l'adoption des nouveaux moyens mécaniques qui leur sont offerts par l'industrie. J'espère donc que cette rapide excursion dans le domaine de la modeste mais utile industrie du blanchissage n'aura pas été tout à fait inutile et sans fruits, et qu'elle suffira à donner la mesure de tous les progrès qui y ont été réalisés jusqu'à ce jour.

Je terminerai par un article sur les apprêts cette série d'études que le lecteur a bien voulu suivre avec une bienveillance qui m'a vivement encouragé dans l'accomplissement de la tâche qui m'a été confiée au début de notre grande Exposition, par notre actif et vaillant directeur.

D. KAEPPELIN.

XXIX

ENGINS ET APPAREILS

DES GRANDS TRAVAUX PUBLICS (1)

(Groupe VI. — Classe 65)

Par M. G. PALAA.

Planches 213, 214, 215, 216.

MONTAGE DES MATÉRIAUX ET MACHINES DIVERSES

(BATTAGE DES PIEUX, TUNNEL DU MONT CENIS).

III

SUITE DES APPAREILS DE LEVAGE. — A la fin de notre 2e article, inséré au 21e fascicule, p. 1 à 23, nous avons présenté quelques considérations préliminaires au sujet de divers systèmes de levage d'une origine antérieure à celle des appareils perfectionnés employés de nos jours. Nous allons maintenant parler des grues et machines élévatoires que l'industrie moderne a le plus utilement appliquées, soit aux constructions des villes, soit aux grands travaux publics, et surtout des modèles qui ont figuré ou fonctionné au concours international du Champ-de-Mars. Notre travail laissera certainement à désirer quant aux détails des prix de revient et à l'appréciation des conditions économiques des moteurs; mais notre but principal est de faire ressortir les avantages pratiques de chaque système, suivant la nature et les dispositions locales des travaux à exécuter, et en signalant, chaque fois que nous en aurons l'occasion, l'idée première de l'appareil, quelquefois perdue ou enfouie dans la forme développée, comme la semence dans le fruit.

Machines élévatoires employées dans les constructions des villes. — A Paris et dans d'autres villes gagnées par la fièvre des transformations, on a dû avoir recours, pour édifier ces nombreux hôtels et monuments qui sont le luxe des cités, à des engins moins simples que les chèvres, grues, échelles et autres machines accessoires suffisantes pour les constructions secondaires. On y emploie surtout les treuils à grande course de chaîne, dont la plupart des spécimens ont pour base l'appareil *Chauvy*, caractérisé par l'application d'une noix en fonte munie d'empreintes et formant pignon conducteur de la chaîne, qu'elle rejette au fur et à mesure de l'élévation du fardeau.

Nous avons représenté à la planche 213, figures 6, 7 et 8, l'un des types les plus répandus de cet appareil, avec les divers perfectionnements dont il a été l'objet

(1) Voir t. II, p. 370; t. V, p. 1re, et les planches 38, 39, 40, 41 et 114, 145, 146, 147, 148.

dans le but de diriger, de modérer et, au besoin, d'arrêter à un moment donné la vitesse, sans aucun dérangement anormal.

La partie essentielle du mécanisme est composée des pièces suivantes :

a, a, manivelles.

b, d, pignons de 14 et de 8 dents.

c, e, roues dentées de 73 et de 78 dents, commandées par les pignons précédents. La roue *e* porte, concentriquement à la partie dentée, une surface cylindrique sur laquelle une lame de tôle *f* agit comme frein.

h, pignon conducteur de la chaîne, monté sur le même axe que les roues dentées *c* et *e.*

i, i, rochets de sûreté; il y en a deux, l'appareil étant susceptible de marcher dans les deux sens.

Les autres pièces sont le levier *g,* dit frein; les valets *kk,* pour arrêter les rochets; les rochets *ll,* pour tenir ces valets levés, et enfin les appareils d'embrayage *m,* levier *n,* contrepoids.

On sait d'ailleurs que, dans les appareils de ce genre, la chaîne sans fin, guidée par le pignon conducteur *h,* et au crochet de laquelle est fixé le fardeau à soulever, passe par une poulie placée au sommet d'un échafaudage formé de quatre montants s'élevant en colonne pyramidale jusqu'à la hauteur de la construction. Ces montants, espacés de 2^m,50, d'axe en axe, sont reliés des trois côtés opposés à la construction par des chapeaux et des traverses horizontales, et consolidés par des croix de saint André.

La hauteur totale du mécanisme de levage et de son support, fixé verticalement sur deux traverses placées à la partie inférieure de l'une des faces latérales de l'échafaudage, est ordinairement d'environ 2^m,165.

Les treuils à noix, envoyés au Champ-de-Mars par les exposants français, n'ont révélé, comme on va le voir, que des modifications de détails.

Systèmes Bernier, George, etc. — Le constructeur *Chauvy,* à qui l'on doit, comme on sait, les premiers treuils à noix, a eu pour successeur et cessionnaire M. *Bernier,* dont le treuil élévatoire, exposé à l'angle nord-ouest du parc du Champ-de-Mars, a été l'objet d'expériences journalières, ayant pour but de justifier les garanties de sécurité que donne à cet appareil l'installation d'une double noix, d'un guide-tendeur de la chaîne et d'un parachute automatique, disposé de façon à retenir, au besoin, cette chaîne en cas d'accident.

Quant à la distinction à faire entre le treuil *Bernier* et l'appareil analogue *George,* que nos lecteurs connaissent déjà (1), nous la trouvons dans l'appréciation suivante, puisée dans un document relatif au débat litigieux survenu entre ces deux industriels concurrents :

« Par sa première invention du treuil à noix-empreintes, aujourd'hui tombé dans le domaine public, Chauvy avait déjà remplacé l'ancien treuil par un appareil supérieur qui, au lieu de n'élever les fardeaux qu'à une hauteur limitée par l'enroulement de la chaîne sur le tambour, de priver la chaîne de la perpendicularité, excepté pour un seul tour, et d'exiger d'autant plus d'efforts que l'homme est plus fatigué, maintient la chaîne dans une position constamment perpendiculaire, en la rejetant lorsqu'il s'en est servi, et a de plus le double avantage d'augmenter indéfiniment la hauteur d'ascension des fardeaux, et d'économiser, à mesure qu'ils montent, les forces de l'ouvrier.

« Toutefois l'appareil, qui était à deux vitesses, ne pouvait ni passer de l'une à l'autre, à cause de la fixité de ses pignons, que par le mouvement longitudinal

____

(1) Voir *Annales du Génie civil,* 1865, p. 794, la description de divers appareils de montage et notamment des systèmes *Chauvy, George, Mégy* et *Dunbar,* etc., etc.

de l'arbre de commande, et après des pertes de temps pour trouver la concordance des dents avec le creux des engrenages, ni changer de vitesse lorsque l'appareil était en charge, ni descendre le fardeau qu'au moyen des manivelles et avec un danger constant, ni opérer la descente de la chaîne à vide qu'en faisant faire à la manivelle autant de tours qu'elle en avait exécutés pour monter.

« C'est pour corriger les défauts de ce mécanisme que *Chauvy*, en 1854, remaniant et perfectionnant son invention, a imaginé son treuil concentré à trois positions, dont la nouveauté consiste dans la mobilité d'un pignon sur un arbre mobile lui-même, et combiné tout à la fois avec un rochet de retenue fixé sur l'arbre de commande, et avec un frein.

« Ces modifications, sans augmenter les porte-à-faux, permettent à la machine de changer à volonté de position.

« Elle peut, au besoin, tantôt embrayer sur la grande vitesse, tantôt embrayer sur la petite, tantôt débrayer complétement, et, par suite, le treuil possède la faculté de passer d'une vitesse à l'autre, étant en charge, de descendre soit en charge, soit à vide, sans le secours des manivelles laissées en repos, et de réaliser simultanément une économie de temps et d'efforts pour la descente en charge ou la descente vide. »

Le document où nous avons trouvé les indications qui précèdent (1) ajoutait que la grue *Lemaître*, à deux pignons mobiles et dont l'arbre des pignons n'a point de rochet de retenue, ne pouvait d'ailleurs être invoquée comme antériorité pour les imitations du nouveau système breveté *Chauvy*, qui est caractérisé en définitive par les avantages suivants :

« Le treuil concentré à trois positions est nouveau dans la combinaison de la mobilité d'un des pignons avec la mobilité longitudinale de l'arbre de commande, le rochet de retenue et le frein, aussi bien pour le frein et le rochet de retenue que pour la mobilité du pignon ; et on doit considérer comme brevetable cette nouvelle combinaison mécanique, qui produit dans l'usage du treuil, comme variation de vitesse, comme force, comme économie de temps et comme sécurité, des résultats dont les avantages ne sauraient être méconnus. »

D'après ces citations, et quel que soit le mérite du nouveau treuil *Bernier*, on ne peut se dispenser d'en attribuer le principal honneur à l'homme ingénieux qui en a fourni les premiers éléments, c'est-à-dire à *Chauvy*.

Autres systèmes de levage employés à Paris. — En dehors des treuils à noix-empreintes dont l'installation est relativement simple, économique et commode, autant que peut le comporter un appareil *fixe*, où les matériaux, arrivés à hauteur, doivent être dirigés dans les divers sens, à l'aide de forts madriers et de rouleaux, on fait également usage, dans les constructions de Paris, d'une grande variété d'autres appareils, dont les principaux sont les suivants :

Treuil à vis. — Nous mentionnons seulement pour mémoire le type du treuil à vis employé aux travaux de l'Opéra, et disposé de façon à éviter les retombées et le déroulement (2). — Dans les travaux de la caserne du Prince-Eugène, on a fait emploi, en s'inspirant à cet égard des engins anglais, d'une vis sans fin tracée sur un arbre horizontal et complétée par un système d'engrenage permettant d'employer des vitesses de chaîne différentes, le tout mis en mouvement par la vapeur. L'appareil est muni d'une sonnette d'avertissement manœuvrée du haut de l'échafaudage pour commander les mouvements de la machine *locomobile*.

(1) Arrêt de la Cour impériale de Paris, 2ᵐᵉ chambre, 1ᵉʳ août 1867.
(2) Voir pour les détails, *Annales du Génie civil*, 1865, p. 791.

Appareil à leviers, du système *Blouin.* — Dans cet appareil, les roues d'engrenage sont suppléées par des leviers coulissés, mis en mouvement par un plateau-manivelle (1). — Le système *Blouin* paraît être distinct d'un autre appareil à levier, dit à mouvement alternatif et discontinu, que nous avons vu employer sur beaucoup de chantiers, et qui est manœuvré à bras. Dans ce dernier appareil le treuil, formé d'un tambour où la chaîne s'enroule, est muni, outre les leviers, d'un frein, d'un rochet, d'un valet à ressort agissant sur le rochet, et d'un ressort horizontal pour tenir le valet séparé du rochet en temps de repos. On ne peut, selon nous, reprocher à ce système qu'une certaine lenteur dans le fonctionnement.

Monte-charges a contre-poids et systèmes divers.—Nous avons enfin à signaler, soit pour les constructions des villes, soit pour tous autres grands travaux ou manœuvres, divers appareils relativement nouveaux et très-importants, qui ont fonctionné ou figuré au Champ-de-Mars, et parmi lesquels on peut classer en première ligne les monte-charges hydrauliques *Edoux,* les grues et monte-charges à vapeur, à action directe, exposés par M. *Chrétien*; la machine élévatoire *Borde,* et les grues, appareils de levage et machines à mâter de l'ingénieur *Neustadt,* auquel on doit de si notables perfectionnements dans l'application des chaînes de *Galle.*

Appareils exposés par l'ingenieur Edoux.— Système a contre-poids hydrauliques. — M. *Léon Édoux* a imaginé, pour le montage des matériaux des constructions de Paris, un appareil qui a déjà reçu des applications nombreuses, et qui consiste en deux tours jumelles formées de six hauts montants en sapin, entre lesquels glissent deux grands réservoirs à eau, en tôle de fer.

L'usage de la pression de l'eau comme force motrice est en grande faveur, comme on sait, en Angleterre, notamment dans les docks commerciaux, dans les établissements maritimes et dans quelques grandes gares de chemins de fer. On connaît, sur ce point, les applications du système hydraulique *Armstrong,* dont l'installation dans un grand établissement consiste, savoir : 1º en une machine produisant la pression d'eau ; 2º en un réseau de conduite partant de la machinerie et aboutissant aux divers appareils à mettre en fonctionnement ; 3º en un certain nombre d'appareils destinés à opérer la plupart des manœuvres que comportent les mouvements des navires, des wagons et des marchandises.

L'appareil hydraulique *Édoux,* dont les principales particularités sont établies d'après des données nouvelles, se distingue du système Armstrong, surtout par cette condition fondamentale, qu'il n'a besoin ni de turbines ni d'autres machines spéciales pour produire la pression.

Cet appareil consiste essentiellement à utiliser l'eau des conduites déjà existantes, animée d'une certaine force ascensionnelle, comme contre-poids des matériaux à élever à des niveaux différents.

Les caissons-réservoirs, alimentés au moyen d'un tuyau de prise d'eau, et munis de robinets de vidange à soupape, supportent un plancher qui reçoit les charges à élever, et peuvent contenir la quantité de liquide nécessaire à faire équilibre au poids à soulever. Ces deux bâches métalliques sont suspendues, par un système de frettes, à une chaîne sans fin. L'appareil est complété par un embrayage servant aux manœuvres secondaires, et par un frein à contre-poids construit de manière à ce que l'on soit maître absolu du mouvement ascensionnel (2).

(1) Voir pour la disposition détaillée, *Annales du Génie civil,* 1865, p. 794.
(2) Pour les détails et les dessins de l'appareil à caissons hydrauliques *Édoux,* voyez le

La seule dépense d'installation du monte-charge hydraulique *Édoux*, qui a été honoré d'une médaille à l'Exposition, et dont les principaux avantages sont l'économie de temps dans les manœuvres, la vitesse d'ascension et la facilité de levage de charges très-fortes montées à volonté en un ou plusieurs blocs, consiste uniquement dans l'établissement des sapines, la prise d'eau, le canal de vidange et la mise en place des plateaux.

Ascenseur Édoux pour les personnes. — Bien qu'au point de vue de l'art industriel, les systèmes de locomotion verticale, ayant pour but de faire arriver ou plutôt de transporter les voyageurs jusqu'aux étages les plus élevés des hôtels, n'aient qu'un intérêt relativement restreint, notre sujet même nous commande de mentionner spécialement l'ascenseur pour les personnes imaginé par M. *Édoux*, et dont les expériences et le fonctionnement dans la grande galerie du Champ-de-Mars ont été l'un des principaux succès de curiosité et d'empressement de l'Exposition.

Malgré l'apparente analogie de l'ascenseur *Édoux* avec le monte charge hydraulique du même ingénieur, il n'y a de commun entre les deux systèmes que l'utilisation de la pression de l'eau dans les conduites : ainsi les deux tours de l'ascenseur qui renfermaient chacune un appareil spécial n'étaient pas solidaires, et les cages, l'une en s'élevant, l'autre en descendant, obéissaient à des moteurs distincts et n'agissaient nullement comme contre-poids respectifs, mais seulement pour la symétrie et la succession facile des voyages. Chacune des tours formait donc un système complet que nous avons représenté à la planche 214, figure 4 à 5, en nous bornant à faire ressortir les principales dispositions du mécanisme. — L'organe essentiel de l'appareil est le piston cylindrique en fonte, plongeant sous terre dans un cuvelage de 20 mètres de profondeur, pour en ressortir et s'élever sous la pression de l'eau à une hauteur de course pareille, en soulevant verticalement le châssis supérieur qui glisse entre les colonnes F de la tour et sur lequel est fixé le kiosque à voyageurs.

Le mouvement de montée et de descente est communiqué au piston par la presssion ou par le retrait de l'eau emmagasinée dans un cylindre inférieur, où est immergé le piston comme dans un bain, et empruntée aux conduites forcées des eaux de la ville, qui dans l'appareil installé au Champ-de-Mars représentaient une pression d'environ trois atmosphères, le réservoir de distribution de ces conduites étant situé à 30 mètres environ au-dessus du niveau du point d'application de l'ascenseur.

Cette force motrice n'aurait pas suffi, bien entendu, pour soulever directement tout le système, mais l'auteur de l'appareil a contrebalancé le propre poids de l'ascenseur par une ingénieuse combinaison de chaînes fixées à chaque angle de la cage, et qui descendent en même temps que le piston s'élève. Dans leur mouvement de descente, ces chaînes s'engagent et se trouvent suspendues dans les quatre colonnes creuses de la tour, en portant à leurs extrémités des disques pleins en fonte qui complètent les contre-poids, de sorte que la force motrice ne

Annales du Génie civil, année 1865, p. 794 et suivantes, où se trouve aussi la description de l'appareil *Delgorge*, composé de chariots verticaux se mouvant sur des rails et basé également ment sur le système des contre-poids, sauf que le panier, en descendant à vide, ne forme qu'un contre-poids insignifiant du panier plein.

Dans le même recueil, année 1867, p. 110, il est fait mention aussi d'un modèle de mécanisme de levage à contre poids, à décrochage ou accrochage automatique, présenté à la Société des Ingénieurs civils par M. *Cheron*. Ce système est applicable à une grue quelconque, lorsqu'il s'agit de soulever et de remettre en place successivement et dans les mêmes conditions, une série d'objets de même poids, en ne dépensant que le travail nécessaire pour vaincre les frottements d'organes de transmission simples.

s'applique en réalité qu'à la charge accidentelle résultant du nombre de voyageurs transportés, et la manœuvre est ainsi très-facilement réglée par le simple fonctionnement du distributeur hydraulique. L'une des principales difficultés à surmonter résultait de l'accroissement successif du poids du piston, qui en s'élevant déplaçait une moins grande quantité d'eau ; mais cet accroissement a été exactement équilibré par la descente correspondante d'une plus grande longueur de chacune des quatre chaînes, dont les dimensions ont été calculées de façon à établir à cet égard une compensation parfaitement proportionnelle.

Les explications qui précèdent seront mieux comprises, nous l'espérons, à la vue du dessin de l'ascenseur représenté à la planche 214, figures 4 à 5, et dont les parties principales sont les suivantes :

C, cylindre avec la garniture étanche et auto-clave, et sa tubulure de communication avec le distributeur.

P, piston (diamètre 0,25).

K, châssis ou plateau boulonné sur la tête du piston et constituant la base du kiosque d'ascension.

A, âme flexible ou câble métallique de sûreté, destiné à relier, en cas de rupture, les tronçons annulaires de la tige, et à maintenir par conséquent les conditions d'équilibre du système.

cc, Chaînes de suspension pour les contre-poids qui équilibrent les poids morts du système dans le creux des colonnes F, et de compensation pour les variations de la pression motrice au fur et à mesure du déplacement du piston dans son cylindre.

D, distributeur, pour l'admission de l'eau motrice à la montée et son expulsion à la descente, avec pistons et contre-pistons annulant l'effet de la pression sur leur surface, et mus par des manœuvres régnant sur toute la hauteur de course.

D'après les données numériques afférentes au cas particulier de l'ascenseur de l'Exposition, dont la hauteur de course était avons-nous dit de 20 mètres, le poids du piston, soit 2 100 kilogrammes dépassait obligatoirement le maximum de pression (1 500 kil.) dû à l'eau motrice, de façon à mettre la tige du piston, qui représente 80 : 1 pour rapport entre sa hauteur et le diamètre de sa section, à l'abri des effets de compression excessive et de flambage. Les autres garanties de sécurité ne sont pas moins absolues ; car, d'une part, il est impossible d'admettre la rupture simultanée des quatre chaînes d'angle, et d'autre part, si le piston, qui est formé de quatre tronçons annulaires très-soigneusement ajustés, venait contre toute attente à éprouver quelque avarie, la dislocation de l'appareil serait prévenue par le câble de sûreté placé à son intérieur.

Le jury de l'Exposition a honoré d'une médaille d'argent l'ascenseur *Éloux*, dont le récent démontage au Champ-de-Mars nous a permis d'apprécier la bonne disposition des parties souterraines et des divers détails, et dont l'installation paraîtrait une hardiesse, si elle n'était un simple jeu pour l'habile ingénieur qui a déjà acquis une juste notoriété dans les arts mécaniques.

Système Laudet et Seyeux. — D'après le catalogue officiel de l'Exposition, un autre appareil pour monter les voyageurs dans les hôtels, appliqué par *Laudet* et *Seyeux*, figurait au Champ-de-Mars à la classe 65 du groupe VI, n° 160 ; mais n'ayant pas vu fonctionner cet ascenseur, nous ne pouvons le mentionner que pour mémoire.

Monté-charges et grues, exposés par M. Chrétien. — Parmi les coopérateurs de la manutention du Champ-de-Mars, était compris aussi M. *Chrétien*, qui a été l'un des exposants les plus sérieux pour ses grues et appareils de levage à vapeur directe, dont le mérite original a déjà été signalé à plusieurs reprises par des ingénieurs compétents (1).

M. *Chrétien* a construit et appliqué d'abord des grues à pivot fixe et à manivelle de la force de 6 000 kilogrammes, où le mécanisme est très-simple et ingénieusement disposé dans une pièce en fonte qui forme la partie inférieure de la flèche, de manière à mettre l'appareil à l'abri des causes d'altération ou d'avarie; il a imaginé ensuite deux systèmes (brevetés) de grues à vapeur, à action directe, fonctionnant ainsi qu'il va être expliqué ci-après.

1er *Système* : Grue à vapeur sans chaudière, à pivot tournant en fonte sur lequel est monté le cylindre à vapeur qui forme lui-même la partie inférieure de la flèche. La vapeur qui arrive d'un générateur quelconque, par la crapaudine, et se rend au bas du cylindre par un tuyau placé dans l'intérieur du pivot, agit directement sur le fardeau à élever en poussant le piston dont la tige porte à son extrémité une poulie qui tire sur la chaîne et forme par conséquent moufle avec l'autre poulie fixée au couvercle du cylindre.

2e *Système* : Grue à vapeur, à pivot fixe, munie d'une chaudière inclinée dans l'axe de la flèche; le cylindre à vapeur est placé à l'intérieur même de la chaudière; son fonctionnement est le même que dans la grue précédente. Cette disposition particulière a pour objet principal d'éviter les condensations de vapeur qui se produisent dans les autres systèmes.

Depuis l'application de ses premiers essais, M. *Chrétien* a réalisé diverses améliorations de détail qui ont fait rechercher ses appareils élévatoires, dont de nombreux comptes rendus ont fait un éloge justement mérité, si nous en jugeons du moins par les modèles que nous avons vu fonctionner et manœuvrer sous nos yeux.

Outre les grues Chrétien, déjà mentionnées, et les autres appareils perfectionnés du même système, où l'on retrouve, comme dans la grue roulante qui a fonctionné à l'Exposition, des conditions très-satisfaisantes de rapidité et de facilité dans les manœuvres, sans avoir recours à une complication inutile de treuils et d'engrenages, le même constructeur a établi pour les chemins de fer, pour les grandes usines et pour divers ouvrages de la marine et des travaux publics, plusieurs systèmes de monte-charges et engins de montage de matériaux dont les spécimens les plus remarqués à l'Exposition ou sur les chantiers ont été les suivants :

Monte-charge du Cercle international. — Nous donnons ci-contre le dessin du monte-charge construit par M. *Chrétien* pour le service du

Fig. 1.

Cercle international de l'Exposition. Cet appareil, qu'il nous a paru suffisant d'indiquer en perspective, représente plus particulièrement un monte-sacs

(1) Voir notamment les *Annales du Génie civil*, année 1863, p. 298.

mais on peut l'appliquer à tout autre fardeau, pierres, mortier, etc. — Au Cercle international du Champ-de-Mars, on l'avait même transformé, pour le service de l'immense restaurant bien connu des visiteurs de l'Exposition, en un modeste système de monte-plats qui a fonctionné sans interruption et sans aucune dépense d'entretien pendant toute la durée de la grande fête industrielle de Paris.

Nous avons appris que les Magasins Généraux de Saint-Denis ont été aussi pourvus de monte-sacs analogues, au nombre de 36; une seule chaudière fournit la vapeur à l'ensemble des appareils au moyen d'une canalisation dont le développement est d'environ 1 800 mètres.

Le fonctionnement de ces monte-charges, qui sont appliqués, comme le montre notre dessin, le long du mur et en dehors, de manière que la chaîne descende à la distance voulue en face des ouvertures de chaque étage, est très-simple, le mouvement étant toujours transmis directement par la vapeur, et l'appareil pouvant être conduit sans aucune fatigue, même par un enfant, à l'aide du levier de manœuvre.

Élévateur pour les matériaux de construction. — Nous avons aussi vu signaler pour l'élévation des matériaux de construction, une nouvelle disposition spéciale de l'appareil Chrétien : « il s'agit d'une charpente semblable à celles actuellement en usage, portant une poulie de renvoi en haut, et le long de laquelle on a fixé le cylindre et les poulies intermédiaires. La chaudière est indépendante du reste de l'appareil, et l'on peut ainsi établir un engin très-simple et très-économique, pouvait produire un travail qui serait préférable à ce qui se fait aujourd'hui.

Cette nouvelle application du montage des matériaux ne peut manquer d'être favorablement accueillie pour les avantages qu'elle semble offrir notamment au point de vue des deux conditions essentielles de la bonne marche des travaux des villes, c'est-à-dire de la facilité et de la rapidité d'exécution.

Il nous paraît surabondant de décrire plus longuement les machines et appareils à action directe du système *Chrétien*, dont les variétés de types peuvent d'ailleurs être proportionnées aux forces que l'on désire obtenir, de manière à en rendre l'emploi aux grands travaux, nous ne dirons pas préférable à d'autres appareils que nous examinerons plus loin, mais au moins fort utile.

On a établi quelquefois un rapprochement entre certains détails des appareils Chrétien fonctionnant, comme on vient de le rappeler, sous la pression directe de la vapeur, et ceux du système *Armstrong*, basé sur l'action également directe de la force hydraulique; mais cette comparaison, en ce qui touche du moins la simplicité des mécanismes et l'économie de l'installation, n'a pas été au désavantage du constructeur français.

Nous ajouterons que, d'après le rapport du Conseil d'administration de l'une des grandes Sociétés industrielles de Paris, la réduction de dépense de manutention résultant de la préférence donnée à l'appareil *Chrétien* sur divers modèles de treuils à manivelles, a été de plus de 80 p. 100. Nous ne pensons pas que le bénéfice ainsi obtenu dans un cas particulier puisse servir de terme général d'estimation; mais, en admettant même que le chiffre indiqué soit considérablement exagéré, le système imaginé par M. *Chrétien* n'en constitue pas moins un sérieux progrès dans l'industrie des appareils de levage.

MACHINE ÉLÉVATOIRE BORDE. — L'appareil appliqué par M. *Borde* au montage des matériaux des grandes constructions, et qui figurait à l'Exposition universelle à côté du modèle des travaux des ports de Marseille, peut être considéré comme une innovation, surtout en France, et constitue tout au moins une machine utile et digne d'attirer l'attention des ingénieurs, des architectes et des constructeurs.

Dans son ensemble, cet appareil très-simple, dont il n'est même pas nécessaire de donner un dessin pour faire comprendre l'agencement, est formé d'une haute bigue rattachée à sa base à une plate-forme roulante ; au sommet de cette bigue est fixée une flèche en forme de fléau de balance, qui peut se mouvoir dans tous les sens, de façon à ce que l'un des bras manœuvré au moyen de la vapeur et faisant levier, l'autre extrémité vient saisir les matériaux jusqu'à terre et les déposer exactement à la hauteur demandée.

La machine élévatoire à vapeur *Borde* comprend deux appareils distincts, mais concourant au même objet, savoir : 1° le chariot roulant, permettant de parcourir l'ouvrage en construction dans le sens de sa plus grande longueur, et sur lequel est installée la machine motrice ; 2° l'élévateur qui, en décrivant des arcs de cercle à rayons différents et variables, peut desservir avec la même facilité tous les points de la construction (1).

L'appareil *Borde*, dont un spécimen est déposé depuis plusieurs années dans l'une des galeries du Conservatoire des Arts et Métiers, a été appliqué en 1857 ou 1858 à la grande entreprise des maisons Mirès à Marseille. Tous les Parisiens ont pu le voir fonctionner récemment à Paris, au nouveau théâtre du Vaudeville, et on vient de l'installer au parc Monceaux, où il rend d'utiles services pour la construction de divers hôtels qui bordent les avenues de ce parc. Les frais d'entretien et d'alimentation de l'appareil à vapeur sont, paraît-il, insignifiants. En résumé, si l'emploi de cette machine élévatoire roulante ne convient pas aussi parfaitement que des engins moins importants à une simple construction isolée, il n'en est pas qui se recommande plus particulièrement pour l'exécution d'un grand édifice, ou d'une série de bâtiments, tels que ceux formant des rues ou des quartiers entièrement nouveaux.

Appareils Neustadt a chaine Galle. — Les grues et appareils élévatoires à chaîne de Galle, appliqués dès 1855 par M. *Camille Neustadt*, ingénieur civil à Paris, et employés surtout dans les établissements industriels, usines, gares de chemins de fer, ateliers, quais et ports de mer, comprennent des types très-variés, parmi lesquels on peut citer, d'abord, les *grues et appareils manœuvrés à bras*, dont les principaux spécimens sont les grues à pivot tournant et à pivot fixe de portées et de hauteurs diverses, les types divers de grues d'atelier, en potence, grues de magasin, range-barils, monte-charges, etc., et enfin les *grues roulantes* à pivot, d'un usage si répandu pour les grands travaux.

La seconde catégorie des produits de M. *Neustadt* comprend les *appareils avec moteur à vapeur*, s'appliquant généralement, mais avec des forces plus considérables, aux mêmes variétés de machines élévatoires, c'est-à-dire aux grues à pivot fixe ou tournant, aux appareils roulants, aux grues d'ateliers ou de magasins, aux treuils employés à la construction des édifices, et de plus aux appareils à mâter, et machines diverses. Tous ces systèmes sont caractérisés comme nous l'avons dit, par l'application des chaînes de Galle, formées par la combinaison d'une double rangée de lames ou tiges de fer articulées et boulonnées transversalement de façon à présenter alternativement des parties pleines et vides, qui engrènent par des poulies ou des pignons dentés, conformément à la disposition générale indiquée à la planche 214, figure 3.

Perfectionnements des chaînes de Galle. — Ces chaînes, qui portent le nom de

(1) Voir pour les détails, *Annales du Génie civil*, année 1865, p. 832.

l'inventeur primitif, mort il y a cinquante ans environ, avaient été établies en principe avec des dispositions et des dimensions un peu arbitraires, — l'homme de génie auquel on en doit la conception, n'ayant fait, comme tant d'autres inventeurs, qu'indiquer le point de départ d'une idée heureuse.

C'est surtout aux efforts de M. *Neustadt*, à ses expériences consciencieuses et à ses calculs sérieux que l'on doit les perfectionnements des chaînes de Galle, qui ont déjà reçu, grâce à lui, une application très-étendue dans les grands travaux, et ici nous ne hasardons pas une opinion purement personnelle, le mérite des produits de cet ingénieur ayant été consacré par une médaille d'honneur qui lui a été décernée à l'Exposition de Londres et par la médaille d'or qu'il vient d'obtenir à l'Exposition du Champ-de-Mars.

M. *Neustadt*, en partant de ce principe qu'il importe de donner au pignon moteur commandant la chaîne de Galle un rayon aussi petit que possible, et après avoir déterminé théoriquement les conditions de résistance de ces chaînes (qui ne doivent travailler d'après ses calculs qu'à 8^k au plus par millimètre carré de section pour les fers d'Audincourt ou de qualité équivalente), est parvenu à établir une nouvelle série rationnelle de chaînes appliquées dans les divers appareils, de telle sorte que, s'engrenant sur le pignon moteur du moindre diamètre, elles présentent, sous le plus petit volume, la plus grande résistance possible (1).

Quel que soit d'ailleurs le numéro de série des chaînes Galle, le tirage a toujours lieu dans l'axe de l'appareil et dans le plan passant par le centre de gravité du fardeau. Les chocs sont supprimés, puisque la chaîne circule parfaitement emboîtée sur le pignon.

Le nombre des engrenages, leur diamètre et leurs parties accessoires étant diminués, la dépense se trouve réduite d'autant. Enfin on peut tirer un bon parti de la poulie mouflée. Les frottements sont moindres et par suite la manœuvre plus aisée (2).

Grues Neustadt employées aux travaux de l'Exposition. — Comme spécimen des appareils à chaîne Galle nous donnons à la planche 214, fig. 1 et 2, le dessin même de la grue fixe à pivot tournant en fer en I, qui a fonctionné pour la manutention de l'Exposition française et qui se compose des pièces suivantes disposées pour une force de 6 000 kilog.

a,a, pivot de grue, formé de deux fers I, juxtaposés et assemblés ; la chaîne s'emmagasine librement dans l'intérieur de ce pivot.

b, tourillon de pivotement de l'appareil.

c, crapaudine avec grain d'acier.

d, cercle de roulement, formé d'un collier de galets fous.

e, plaque en fonte fixée par des boulons de fondation et tenant la poussée des galets au niveau du sol.

f,f, flèche de grue formée de deux fers I entretoisés entre eux.

g,g, tirant de la flèche.

h, pignon Galle moteur de la chaîne.

(1) Pour les chaînes ordinaires à maillons, la force se calcule ordinairement à raison de 10 kilog. par millimètre carré de section, en considérant les deux côtés du chaînon, et de 15 kilog. pour les chaînes étançonnées. La force correspondante des câbles ou cordages varie naturellement suivant diverses conditions (qualité du chanvre, fabrication, préparation, nombre de fils, degré d'usure, roideur, etc., etc). — Dans la pratique, il est prudent de ne pas faire supporter aux meilleures cordes blanches, non goudronnées, une résistance de plus de 2^k,5 à 3 kilog. par millimètre carré de section. Comme *roideur* d'inflexion, une corde blanche neuve de 0^m,0234 de diamètre s'enroulant sur une poulie de 0^m,40 de diamètre et élevant un poids de 500 kilog., produit une résistance maximum de 23^k,23 (V. *Claudel*).

(2) Voir *Annales du Génie civil*, année 1865, p. 794.

i,j,   engrenages de petite et de grande vitesse.

k,   manette réglant le changement de vitesse du treuil.

l,   roue à rochet et cliquet d'arrêt.

m,   frein à levier.

n,   manivelles du treuil (quatre hommes pour la charge nominale).

Grues roulantes. — L'exposition belge a été desservie, de son côté, par une grue roulante à vapeur du système Neustadt, avec mouvements d'orientation et de translation obtenus par le moteur, et munie d'un treuil élévatoire à chaîne de Galle.

Les divers mouvements de l'appareil peuvent s'obtenir dans tous les sens sans arrêter ou ralentir la machine et en maintenant très-stable sous la charge nominale la grue libre sur rails.

Cette grue roulante, comme la grue fixe mentionnée ci-dessus, ne dépassait pas la force de 6000 kil., mais les deux systèmes peuvent être appropriés à des forces plus considérables et être utilement appliqués à de grands travaux.

L'avantage de ce système de grues fixes ou roulantes paraît consister surtout en ce que le mode de construction avec fers en 1 offre toutes les conditions désirables de sécurité, de durée et d'économie.

Nous reviendrons un peu plus loin, à propos de l'*Exposition anglaise,* sur les grues roulantes qui représentent à nos yeux l'une des parties essentielles de l'outillage des grands travaux publics.

Machine à mâter du port de Toulon. — Nous n'avons pas voulu quitter les appareils de M. Neustadt sans dire quelques mots de l'importante machine de transbordement et de mâtage de la force de 50 tonnes, qu'il a installée au port de Toulon et qui est composée de deux couples de bigues formant chevalets et reliés en tête par un pont articulé à ses extrémités ; par suite de l'inclinaison et de la disposition des bigues ce pont, dont les rails sont établis à une hauteur d'environ 41 m. au-dessus du niveau du quai, est dirigé vers la mer et sa portée totale au delà de l'arête du même quai est de $19^m,50$; l'appareil est construit en tôle et cornières, et ses diverses pièces ont été calculées pour un travail maximum de 6 kilog. par millimètre superficiel de section. Le système est retenu à l'arrière par 4 haubans formés de bielles juxtaposées et ancrées dans des massifs en maçonnerie, et transversalement par 2 haubans en fil de fer destinés à mettre l'appareil en état de résister aux coups de vent tendant à le renverser transversalement.

La machine élévatoire du port de Toulon affectée à des manœuvres très-importantes est mue par une machine à vapeur qui actionne, isolément ou simultanément et dans les deux sens, deux treuils à vis sans fin et à chaîne de Galle dont le mouvement, qui peut s'opérer avec deux vitesses suivant l'importance des charges au-dessus ou au-dessous de 25 tonnes, est transmis à la tête des bigues par une chaîne de Galle sans fin.

Après l'établissement d'une plate-forme incompressible voûtée en partie pour servir de magasins d'apparaux, la mise en place a été faite en trois opérations distinctes, savoir :

1° Érection (à l'aide d'un chevalet provisoire, d'une mâture flottante et d'un système de palans, de cartahuts et de 8 cabestans solidement ancrés dans le sol) de la bigue d'arrière portant en tête la partie du pont qui constitue l'articulation. La bigue a été préalablement couchée sur le quai, les sabots à rotules des montants solidement butés au-dessus de leur position définitive.

2° Cette première bigue, pesant environ 160,000 kilog., mise en place, a servi de chevalet pour l'érection de la seconde au moyen du même personnel et du même temps (c'est-à-dire en 4 heures par 600 hommes agissant, savoir :

400 sur les apparaux à terre et 200 sur les apparaux de la mâture flottante).

3° On a soulevé ensuite, par une opération qui a nécessité l'emploi de 200 hommes pendant 5 heures, la partie intermédiaire du pont en la rattachant aux parties déjà fixées aux têtes des bigues.

On ne saurait décrire ici tous les détails de cette installation gigantesque qui surprend surtout par la modicité relative de la dépense dont l'ensemble ne s'est élevé qu'à 500,000 francs, savoir : 400,000 francs pour la partie métallique construite par la société de Fives-Lille, et 100,000 pour les fondations, apparaux et personnel employé à l'érection.

Grues Vivaux, Hamoir, Ricot Patret, Claparède, etc.— D'autres appareils de levage, tels que la grue fixe *Vivaux*, les grues roulantes *Hamoir* et *Patret* et divers spécimens de machines plus spécialement affectées au service des gares de chemins de fer et de la navigation maritime et fluviale, ont fonctionné ou figuré à l'Exposition de 1867. Ces appareils, qui offraient, comme tant d'autres produits du labeur de l'homme, leurs avantages et leurs inconvénients relatifs, ne nous ont paru présenter au point de vue de leur application aux grands travaux aucune particularité notable.

Grue Claparède. — A côté de la machine élévatoire du port de Toulon nous devons mentionner, au moins pour mémoire, l'immense grue *Claparède* installée à l'Exposition de marine sur la berge du quai d'Orsay, et qui a pour principe l'emploi d'un chariot à treuil, roulant sur un pont rectangulaire ou chemin en l'air, de façon à permettre de prendre les fardeaux sur le quai et de les amener à l'aplomb du navire en chargement.

Autant que nous avons pu en juger dans une très-courte visite, cet appareil, dont la force atteint 40,000 kil., ne gagne peut-être pas à être muni de gros cordages au lieu de chaînes ; il comporterait peut-être aussi sous d'autres rapports une installation moins formidable ; mais dans notre pensée, nous faisons ici une sorte d'éloge, l'appareil ayant dans son ensemble un aspect très-rassurant de solidité et de sécurité.

Grues Maldant. — Nous n'avons pas vu figurer au Champ de Mars, parmi les modèles de machines françaises employées sur les quais des ports de mer pour le soulèvement des fardeaux et pour le chargement et le déchargement des marchandises, les grues à vapeur avec mouvement de rotation verticale du système *Maldant*. Nous regrettons cette abstention au sujet d'un appareil qui a déjà attiré l'attention des ingénieurs (1).

Grue du port de Hambourg. — Nous ferons une observation analogue pour la grue à vapeur mobile, à mouvement de palan, du nouveau quai de Hambourg ; cet appareil diffère sur beaucoup de points de ceux en usage dans d'autres grands ports de mer et notamment du système de transbordement de colis au moyen de grues hydrauliques fixes ; la grue du quai de Hambourg, qui a été construite par la maison *Brown, Wilson et Cie, Vauxhals Iron Works, London,* a pour principal mécanisme un palan à 6 poulies au moyen duquel on effectue le soulèvement de la charge. L'appareil à vapeur est agencé de façon à ce que le mécanicien puisse lui-même régler la manœuvre de soulèvement et de vitesse des colis. Les dispositions de cette grue méritent d'être étudiées de près, mais nous ne lui pouvons consacrer de plus longs développements, cette place étant réservée aux autres appareils d'origine anglaise figurant à l'Exposition (2).

(1) Voir, pour la description des grues Maldant, *Annales du Génie civil*, année 1865, p. 688.

(2) Voir, pour la description détaillée de la grue du port de Hambourg, *Annales du Génie civil*, année 1868, 7me année, p. 327 et *pl.* XVIII.

GRUES ROULANTES ANGLAISES. — La fameuse grue de *Padmore*, contemporaine des lourds engins à treuil simple employés au pont de Neuilly, a été la première expression d'un système qui devait recevoir plus tard de si grands développements. Cette grue, que les Anglais ont eu l'honneur de mettre les premiers en œuvre, comme tant d'autres appareils mécaniques, consistait comme on sait « dans l'emploi d'une petite roue que l'on tournait à l'aide d'une manivelle et « dont les dents engrenaient dans celles d'une roue tournant autour de son essieu.»

On est loin aujourd'hui en Angleterre de ce modeste appareil, et en dehors des produits de l'Exposition anglaise dont nous parlerons bientôt, les ingénieurs français connaissent depuis longtemps les grues à volée variable *Henderson*, dont la condition principale consiste en ce que la volée variable peut tourner à sa partie inférieure autour d'un axe faisant corps avec le pied de la grue, passant ensuite sur une poulie placée un peu plus bas pour venir enfin sur un treuil conique mû au moyen de manivelles. Le mécanisme qui met en mouvement ce treuil conique fait tourner en même temps un treuil-cylindre sur lequel vient s'enrouler la chaîne à laquelle est suspendu le fardeau, après avoir passé sur une poulie différente de celle qui reçoit la chaîne de volée.

Nous ne manquerions pas non plus quant aux appareils fixes de mentionner avec quelque détail la grue à pivot étançonnée du système *Barclay*, mise en mouvement par deux petites machines à vapeur conjuguées, si cet appareil, dont la disposition essentielle consiste dans l'installation à l'extrémité supérieure de la flèche d'une volée secondaire, pouvant se mouvoir librement autour d'un point, de façon à s'abaisser et à s'élever à volonté, n'avait été déjà décrit avec tous les détails nécessaires dans un autre recueil (1).

En ce qui concerne spécialement les grues roulantes envoyées par les industriels anglais à l'Exposition du Champ-de-Mars, nous n'avons pu recueillir qu'un nombre restreint d'indications que nous présentons ci-après, en exprimant très-sommairement notre opinion sur le mérite respectif des produits et sur les innovations qu'ils ont fait ressortir.

Appleby frères, à Londres. — Grue roulante à vapeur, force 5000 kilog. Portée totale 4ᵐ,25, n'est pas stable sous sa charge nominale; il faut le secours d'étais ou de griffes pour obtenir la stabilité, ce qui peut à un moment donné offrir un certain inconvénient, les mouvements d'orientation et de translation n'étant pas indépendants. Toute la poussée de la flèche se reporte sur un galet monté en brouette par l'intermédiaire de vis de rattrapage, ce qui ne paraît pas non plus favorable à la sécurité. La grue est mue par une machine à vapeur à 2 cylindres et changement de marche. La chaudière est verticale et à foyer intérieur. Les deux mouvements d'embrayage, d'élevage par manchons à crans et d'orientation par cônes de friction sont indépendants. Les divers mécanismes sont facilement visitables, sauf les pistons; l'ensemble un peu encombrant ne nous a paru présenter aucune particularité saillante.

Georges Russel à Glasgow (Écosse). — Grue roulante à vapeur, analogue à la précédente comme force, portée, poussée de la flèche, conditions de stabilité et de mouvements d'orientation et de translation, etc., etc., mais munie d'un châssis en fer et cornières, simple et solide de construction. Cette grue possède un système d'orientation à vis sans fin, seulement elle n'a pas de mouvement de translation. D'un autre côté les tringles de débrayage n'ont pas d'arrêt, ce qui pourrait causer une avarie si pendant la descente au frein les manchons se rapprochaient. — Pour quelques autres détails la disposition est préfé-

(1) Voir *Annales du Génie civil*, année 1863, p. 55, *pl.* IX.

rable à celle de la grue Appleby ; ainsi, par exemple, dans la grue Russell le mécanicien est bien en vue du colis qu'il manœuvre, ce qui n'a pas lieu dans l'autre.

Bowser et Cameron, à *Glasgow*. — Grue fixe, au sujet de laquelle nous n'avons aucune innovation importante à signaler.

Shank's et fils. — Usine d'*Arbroath*. — Grue roulante à vapeur, à peu près de même force, portée et mode de construction que les grues Appleby et Russel, mais présentant peut-être une certaine supériorité sur elles au point de vue des détails de manœuvre, de visite et de nettoyage, qui paraissent pouvoir se faire dans des conditions plus commodes et plus faciles. — Comme dans la grue Russel le châssis, en tôle et cornières, est solide et simple de construction. L'ensemble de l'appareil serait assez satisfaisant si la grue était stable sous sa charge nominale, ce qui n'a pas lieu. En outre, le manchon d'embrayage à cran étant commun au levage et à l'orientation, ces deux mouvements ne peuvent être obtenus que l'un après l'autre ; il n'existe pas de mécanisme de translation.

James Taylor, à *Birkenhead*. — Grue roulante à vapeur ; force, 5000 kilogrammes ; portée de la flèche, 4^m,25. Comme dans les bonnes grues françaises, le châssis en fonte est creux, pour recevoir le lest nécessaire à la stabilité, et cette grue réunit aussi d'autres avantages notables, qui semblent la placer au premier rang des appareils anglais figurant à l'Exposition. Ainsi, elle porte un collier de galets substitué au galet unique en brouette si défectueux de la plupart des autres grues anglaises. De plus, l'appareil *Taylor* est muni de mouvements de levage, d'orientation et de translation complétement indépendants. Cette grue se recommande aussi par la bonne disposition des détails de la manœuvre, par son entretien facile et par ses conditions essentielles de sécurité.

Aperçu général sur les grues anglaises. — Les visiteurs du Champ-de-Mars ont pu apprécier l'aspect de bonne fabrication et de solidité que présentent, dans leur généralité, les grues roulantes exposées par les constructeurs anglais. Il faut reconnaître aussi que le système de vis sans fin, employé pour l'abaissement de la flèche dans la plupart de ces appareils de levage, constitue un progrès véritable ; mais, comme agencement de détail, on pourrait peut-être reprocher aux grues anglaises d'être généralement montées sur des roues de trop petit diamètre, et de ne pas se prêter ainsi à une translation facile ; les crochets de ces grues, insuffisamment lourds, ne retombent pas d'eux-mêmes à vide, et il faut, pour les faire descendre, les solliciter à bras, ce qui occasionne une perte de temps qu'il convient toujours d'éviter dans un appareil à vapeur ; enfin, dans plusieurs types, la chaîne élévatoire s'enroule plusieurs fois sur le tambour, ce qui doit donner lieu à des chocs prononcés.

La plupart de ces inconvénients ont été évités, par exemple, dans la grue du système français Neustadt, qui a desservi la Compagnie belge de l'Exposition, et qui est combinée de façon à remplir les conditions requises pour constituer une bonne grue roulante à vapeur, savoir : stabilité sous la charge nominale, indépendance complète des divers mouvements, rapidité et sécurité des manœuvres, facilité de bon entretien du matériel. — Ce dernier appareil n'est pourtant pas non plus irréprochable. Ainsi, le système d'abaissement de la flèche, au moyen du croc même de l'appareil et de tirants à tubes, est moins commode et moins sûr que celui à vis sans fin des grues anglaises : un frein pour empêcher la flèche de la grue de tourner lorsque l'appareil est sur une voie inclinée transversalement eût été très-utile pour la manœuvre sur de telles voies ; enfin, cet appareil a paru un peu compliqué dans son ensemble ; mais ce sont là, croyons-nous, des améliorations que le temps et l'esprit de progrès amèneront tout naturellement.

Nous aurions désiré compléter ce compte-rendu succinct par l'aperçu des prix comparatifs des divers appareils qui, en fin de compte, ne doivent guère sensiblement varier entre eux pour le résultat moyen d'un même poids élevé à une hauteur donnée; mais les conditions si variées et si multiples du problème, et l'espèce d'enquête qu'il nous eût fallu faire à cet égard auprès des divers constructeurs français et étrangers, nous ont fait craindre de ne pouvoir présenter ce résumé avec toute la précision désirable.

APPAREILS DE LEVAGE SPÉCIAUX DES GRANDS TRAVAUX. — Dans le cours de cette Notice (voir 1er et 2me articles), nous avons eu déjà occasion de mentionner, au moins d'une manière succincte, divers appareils de levage appliqués à de grands travaux, et notamment à la construction des voûtes de ponts, aux terrassements du canal maritime de Suez, au coulage des blocs des digues de ports de mer, et enfin à la mise en place des grands ponts métalliques. — Nous avons pu étudier, en outre, soit à l'exposition du Champ-de-Mars, soit sur divers chantiers, quelques engins spéciaux que nous croyons devoir signaler comme pouvant recevoir d'utiles applications pour des ouvrages analogues à ceux auxquels ils ont été employés. — Ces appareils sont les suivants :

Machine à barder les matériaux. — On a employé, pour la construction du pont du chemin de fer à Libourne, une grue roulante qui ne diffère pas essentiellement des appareils généralement employés à un usage analogue, mais qui est particulièrement remarquable par sa portée considérable et par la simplicité de sa construction.

Dans le sens de la longueur du pont à construire, la machine se meut tout entière sur deux rails posés sur les poutres du pont de service. Dans le sens perpendiculaire, le chariot du treuil roule sur deux autres rails posés sur des longrines fixées aux cylindres elliptiques en tôle, qui forment la partie essentielle du corps de la grue.

Le chariot qui porte le treuil est mis en mouvement dans le sens transversal à l'aide d'une manivelle qui commande, par un engrenage conique, l'arbre horizontal des pignons, engrenant avec les roues motrices dentées.

La plate-forme du chariot est entourée d'une balustrade.

Le treuil ne présente rien de particulier. Il se compose d'un tambour en fonte, conduit par la roue dentée, que commande un pignon monté sur l'arbre des manivelles. Le manche du frein agit sur la couronne à gorge, venue de fonte, avec la roue dentée.

Appareils du phare de la Croix (Côtes-du-Nord). — Ce phare, construit en pierres de taille de granit, a été représenté, à l'exposition du ministère des travaux publics, par une feuille de dessin à l'échelle de 0^m,04. Voici le résumé des dispositions, déjà employées dans plusieurs circonstances analogues et d'une grande simplicité, adoptées pour le montage des matériaux du phare de la Croix.

Un mât de charge, avec corne oblique, établi sur une saillie de rocher du côté du chenal où accostaient les gabares, prenait les matériaux à bord et les déposait, par un mouvement tournant, sur quelques pointes dressées en plate-forme. Un autre mât semblable était dressé dans l'intérieur de la tour du phare, et fixé à l'aide d'une charpente intérieure, qui s'élevait successivement sur les naissances de la voûte de chaque étage, au fur et à mesure de la construction.

Ce mât était placé, non au centre de la tour principale, mais plus près de l'axe de la tour de l'escalier. De cette manière, les matériaux, repris sur la plate-forme de dépôt, pouvaient être apportés, par la rotation de la corne, sur l'une ou l'autre tour, fort près du lieu de pose. De plus, cette disposition, en laissant libre l'axe central de la tour, a permis d'y installer un appareil de vérification de pose, formé d'un rayon mobile autour du centre, qui était repéré du haut en bas de la construction par un fil à plomb.

Montage des matériaux du viaduc de Morlaix (ouvrage construit en pleine ville, à une hauteur considérable, atteignant de 58 à 60 mètres). — Tous les visiteurs de l'Exposition ont remarqué, dans le pavillon du ministère des travaux publics, le modèle du remarquable viaduc de Morlaix, déjà mentionné dans notre premier article, et dont les matériaux ont été montés sur le pont de service par les procédés ci-après, décrits plus longuement dans une note officielle de M. Fenoux, ingénieur, insérée aux *Annales des Ponts et chaussées*.

1° *Montage à la machine.* — Jusqu'à une hauteur de 25 mètres au-dessus des quais, le montage des matériaux s'est exclusivement effectué à l'aide de machines à vapeur. Dans toute cette période de la construction, c'était au fond de la vallée qu'arrivaient les blocs de pierre de taille et de moellons piqués pour être déposés aux chantiers de taille. Une fois travaillés, ces matériaux étaient successivement conduits à pied-d'œuvre, à l'aide d'un chemin de fer, jusqu'aux chaînes d'attache du monte-charge.

Ce monte-charge se composait de trois parties, savoir :

1° Les locomotives à vapeur produisant le mouvement (de la force de 5 chevaux chacune); 2° les mécanismes destinés à le transmettre et à le régler; 3° Les appareils de réception des matériaux à leur arrivée sur le pont de service. Voir la disposition indiquée pl. 213, fig. 1 à 4 (détails) et 5, (verrin de levage).

Tous ces appareux étaient établis entre les deux piles les plus élevées du viaduc (9 et 10) (voir *pl.* 213, *fig.* 1), lesquelles correspondaient aux deux quais du bassin à flot. Chacun d'eux était double, les mêmes opérations se faisant à l'aval et à l'amont du pont de service, c'est-à-dire qu'il y avait deux machines à vapeur, deux appareils de transmission de mouvement (voir *pl.* 213, *fig.* 3), et deux appareils de réception sur la passerelle.

Par suite de la disposition adoptée, tandis que l'un des brins de la chaîne montait avec le fardeau qu'elle supportait, l'autre brin redescendait pour venir prendre la charge qui l'attendait à terre.

L'appareil de réception sur le pont de service et les poulies de renvoi de la chaîne de levage étaient portés par une travée spéciale de la passerelle en charpente, représentée à la planche 213, figure 2. Au droit de chacune des poulies, le plancher en encorbellement était percé d'une ouverture laissant passer la chaîne de levage; des deux côtés de cette ouverture se trouvaient les deux panneaux d'une trappe à charnière, portant chacun sur leur bord extérieur, à l'écartement de la voie des trucs, un bout de rail qui venait s'appliquer, la trappe fermée, en prolongement de la voie fixe, perpendiculaire à l'axe longitudinal du viaduc, portée par la passerelle. Lorsque le bourriquet de matériaux arrivait au niveau du plancher, on ouvrait la trappe et on faisait les manœuvres nécessaires pour amener un truc sous la charge que l'on décrochait et que l'on envoyait sur la voie de service; puis, en renversant le mouvement, le brin de la chaîne qui venait de monter descendait, et l'autre remontait avec sa charge vers la trappe voisine où se faisait la même opération.

2° *Montage du mortier sur la passerelle.* — Le mortier arrivait au pont de service à l'aide d'un mécanisme spécial, comprenant, comme le monte-charge des pierres, trois parties, savoir : la locomobile (de la force de 2 chevaux), l'appareil de transmission de mouvement, et l'appareil de réception. Au moyen des dispositions adoptées (*pl.* 213, *fig.* 3), le moteur imprimait le mouvement à la vis sans fin a' et à la roue dentée b', communiquant avec un tambour cubique tournant sur un axe. La travée spéciale de la passerelle supportait un second tambour identique. Sur ces deux tambours s'enroulait une chaîne articulée, dont chaque élément était formé d'un cadre pouvant s'appliquer exactement sur l'une des faces des tambours, dont le mouvement de rotation produisait ainsi le mouvement ascensionnel des cadres. Le mortier était placé dans des augets conduits jusqu'à la chaîne de levage ; on accrochait un auget plein à chacune des barres horizontales des cadres de cette chaîne, au fur et à mesure que ces barres passaient sur le tambour inférieur; et le mouvement de la chaîne sans fin les conduisait jusqu'au droit d'un petit appontement porté par la partie inférieure de la travée spéciale. En même temps, les augets vides étaient accrochés à la partie descendante de la chaîne, qui les ramenait à terre.

3° *Service par les plateaux.* — Au-dessus de la hauteur de 25 mètres, on a commencé à employer, dans les maçonneries d'intérieur, une certaine proportion de moellons de grès ou de schiste dur, provenant des plateaux situés aux abords du viaduc. Ces matériaux étaient conduits sur le pont de service à l'aide de plans inclinés, établis à flanc du coteau, avec voies de fer sur lesquelles des trucs à frein transportaient les caisses de matériaux jusqu'à la passerelle de service. Le montage à la machine a d'ailleurs été entièrement supprimé, lorsque les maçonneries ont atteint 40 mètres au-dessus du sol. A partir de cette élévation, le service par le haut devenait très-facile, les pentes des plans inclinés se réduisant beaucoup; et, dès ce moment, c'est sur les plateaux que se sont établis les chantiers de taille, les manéges à mortier et les ateliers de charpentage.

4° *Dépenses.* — La dépense pour échafaudage et appareils de montage du viaduc de Morlaix a été de 2 francs par mètre cube de maçonneries, ou de un vingtième environ de la dépense d'exécution.

Les frais de montage à la machine, indépendamment du bardage, et du service sur la passerelle, a été en moyenne de 0 fr. 55 par mètre cube de matériaux, et spécialement pour le mortier de 0 fr. 30.

Le prix de descente d'un mètre cube de matériaux, par les plateaux à l'aide de wagonnets à frein, descendant sur des plans inclinés dont la pente maximum a atteint 15 p. 100, a été en moyenne de 0 fr. 40.

Monte-charge pneumatique. — En terminant cette revue un peu longue peut-être des appareils de levage, nous mentionnerons, bien que ne rentrant pas directement dans notre sujet, le système de monte-charge pneumatique employé surtout pour les hauts fourneaux. — Ce système consiste dans un puits étanche établi au pied ou à proximité du haut fourneau et dans lequel une cloche en tôle, également étanche, analogue à celle des gazomètres, descend et est soulevée par l'air comprimé emprunté à la soufflerie du haut fourneau, ou pris dans un réservoir spécial, que l'on fait arriver au moyen d'un tuyau entre le dessous de la partie supérieure de la cloche, et la surface de l'eau contenue dans le puits. La plate-forme étant chargée, on ouvre le robinet qui fait communiquer le dessous vide de la cloche avec le réservoir d'air comprimé, et celle-ci s'élève jusqu'au moment où l'on ferme la communication ; le déchargement étant fait, on ouvre une petite soupape placée sur la plate-forme, l'air comprimé dans la cloche s'échappe au dehors, et le système redescend plus ou moins doucement suivant qu'on ouvre plus ou moins la soupape (1).

____

(1) Voir pour les détails, *Annales du Génie civil*, 1864, p. 129.

VI. Machines à battre et à receper les pieux.

L'exposition du Champ-de-Mars n'a pas offert une grande variété de produits au point de vue de l'emploi des machines servant au battage des pieux de fondation des grands ouvrages d'art, machines dont la première application sérieuse paraît remonter, comme beaucoup d'autres opérations de l'art de l'ingénieur, à la fin du dix-huitième siècle.

C'est en effet à l'époque de la construction des ponts de *Poissy* et de *Neuilly*, que l'on a employé pour enfoncer les pilots, concurremment avec les masses à deux ou trois branches, les sonnettes à tiraudes bien connues de nos lecteurs.

Presque en même temps et par suite de cet esprit d'initiative pour l'usage des engins mécaniques qui a de tout temps distingué les Anglais, on appliquait aux travaux du pont de *Westminster* une sonnette munie d'un mécanisme bien connu maintenant en France sous le nom de déclic, et dont la principale particularité est l'ouverture et la fermeture alternative d'une double pince à ressort fixée à la partie supérieure du mouton, et qui s'ouvre ou se ferme suivant que le mouton commence ou achève sa course (v. *fig.* 8, *pl.* 215).

Dans plusieurs applications spéciales de cet appareil à déclic, on a naturellement substitué un treuil aux tiraudes, en remplaçant ainsi par une force uniforme et régulière les forces isolées d'un certain nombre d'hommes dont le maximum individuel de travail de tirage ne pouvait guère dépasser 35 kilogrammes.

Sonnette employée au port de Boulogne. — Le déclic anglais dont il vient d'être parlé avait l'inconvénient de nécessiter la séparation l'appareil en deux parties, l'une inférieure agissant seule sur le mouton, et l'autre supérieure portant le mécanisme de déclic et d'accrochage, ce qui occasionnait une déperdition de force, puisqu'on était obligé d'élever ainsi plus que le poids utile du mouton.

Dans des appareils d'une application plus moderne on s'est contenté de fixer à l'extrémité de la chaîne de manœuvre un simple crochet pour saisir le mouton composé d'un seul bloc de fonte. Lorsque l'appareil est élevé par le travail du treuil à la hauteur voulue, l'extrémité supérieure du crochet rencontre le déclic, et le mouton qui se détache vient s'abattre sur la tête du pieu. On ramène aussitôt la chaîne au moyen d'une corde pour accrocher de nouveau le mouton, et continuer le battage pendant tout le temps nécessaire. Le pieu est préalablement mis en fiche au moyen du crochet, de la chaîne et du treuil qui servent à manœuvrer le mouton (voir pour les détails du treuil, *pl.* 216, *fig.* 7 et 8).

Ce système relativement très-simple a été mis en pratique notamment aux ports de Calais et de Boulogne, et dans d'autres chantiers; il exige l'emploi de dix hommes, savoir : huit au treuil, un gabier, et un contre-maître pour diriger les manœuvres. Le prix de l'appareil (mouton de 650 kilog., et hauteur de chute de 6 mètres) s'est élevé en moyenne à 1500 francs. — Nous n'en avons pas vu de spécimen parmi les machines françaises exposées au Champ-de-Mars.

Sonnette à vapeur Eassie (Exposition d'Angleterre). — Outre un nouveau système de crochet ou cliquet perfectionné, M. Eassie, qui est l'un des grands constructeurs de machines de *Gloucester*, a appliqué à l'appareil qu'il a exposé au Champ-de-Mars (v. *pl.* 215), une machine à vapeur verticale à chaudière tubulaire qui met directement en mouvement la chaîne P servant à la mise en fiche du pieu O, et à la manœuvre du mouton M qui est muni d'un ressort ayant pour objet de produire le coup mort et d'éviter le rebondissement.

La sonnette à vapeur brevetées *Eassie* a été adoptée pour l'exécution des docks de la Reine (travaux du Gouvernement). Nous avons vu manœuvrer cette machine soit en grandeur naturelle, soit en modèle réduit, avec une parfaite précision. Ses pièces principales sont les suivantes (*fig.* 1, 2, 3, 4, 5 et 6, *pl.* 215).

a et B′ sont les appareils de roulement des plates-formes A et B servant à disposer la sonnette dans toutes les positions; les étais latéraux CC et EE, la bride en métal *e*, les guides DD et leurs coulisses RR sont suffisamment indiquées sur le dessin pour qu'il n'y ait pas besoin d'explication.

F (*fig.* 1 *bis*) est le tourillon en fer sur lequel est montée la poulie à rebord G de la chaîne principale, et une autre poulie H, sur laquelle passe la chaîne d'attache des pieux.

Les câbles de retenue JJ, la chaîne de manœuvre à maillons sans fin KK, la petite poulie K qui guide cette chaîne à la sortie du treuil complètent l'appareil dont le mécanisme de décrochage est disposé comme il est indiqué ci-après:

L est un support pouvant se mouvoir dans les guides DD, et garni de *c c* poulies *ll* (*fig.* 3), disposées de manière à ce que la chute du mouton M qui pèse 1000 kilogrammes ait lieu au moment où le crochet *m* se détache sur l'arrêt S, comme l'indiquent en détail les figures 3 et 4. La chaîne vient ensuite reprendre le crochet *m*, et le mouton remonte pour accomplir successivement les mêmes des opérations alternatives.

Q (*fig.* 1) est le cylindre sur lequel s'enroule la corde P pour le fonctionnement des appareils à vapeur T, *t*, *t′* U, W indiqués à la planche.

Dans la machine Eassie, qui peut fonctionner sans interruption, le nombre de coups de mouton varie de 56 à 10 par minute pour des courses de 125 millimètres à 2^m,432. (Extrait d'un rapport anglais.) Les guides et le cliquet de la machine sont disposés de façon à permettre d'enfoncer les pieux à n'importe quelle profondeur au-dessous du niveau de la plate-forme sur laquelle la sonnette est installée. Cet appareil, parfaitement construit, et qui nous a paru n'avoir point, dans son genre, de concurrent sérieux à l'Exposition, est d'un prix relativement restreint, 300 livres, soit 7500 francs rendu à pied-d'œuvre.

Pilon à vapeur Nasmyth. — Aux travaux du viaduc de Tarascon on a employé, par suite de la résistance que présente le terrain, notamment dans les parties peu profondes du Rhône, un pilon à vapeur du système classique *Nasmyth*, acheté en Angleterre au prix d'environ 39,000 francs, transport et droits de douane compris. L'emploi de la sonnette à déclic n'a été admis que pour les travaux accessoires.

Le pilon à vapeur posé sur la tête du pieu est muni d'un mouton du poids de 150 kilogrammes qui se meut dans une boîte en tôle manœuvrée elle-même ainsi que les chaînes et autres parties complémentaires de l'appareil, par une petite machine à vapeur auxiliaire servant aussi à faire avancer sur les rails, dans un sens ou dans l'autre, l'ensemble du mécanisme installé sur un échafaudage ou sur un bateau.

Cette petite machine auxiliaire et le pilon sont alimentés par une même chaudière à vapeur.

Par la disposition adoptée (voir *pl.* 215) le tiroir du pilon est constamment sollicité de bas en haut, comme il le serait par un ressort puissant; le mécanisme de distribution n'a d'autre fonction que de faire agir ou de supprimer l'action de cette force en temps opportun; à cet effet, le corps du mouton, en remontant, avant d'arriver à la limite supérieure de sa course, rencontre le levier indiqué en lignes ponctuées à la planche 215, figure 7, et dont la grande branche, poussée de bas en haut, produit naturellement sur l'extrémité de la petite branche un mouvement de haut en bas qui amène le tiroir dans la position voulue. Pendant ce mouvement un doigt porté par le mécanisme que l'on voit au bas de la boîte en tôle, près de la tête du mouton, et constamment poussé par un ressort qui le presse contre la tige directrice du tiroir, vient s'appuyer contre un talon venu de forge sur cette tige. Ce doigt ou taquet s'oppose au relèvement de la tige du tiroir lui-même ; de sorte que l'échappement de la vapeur a lieu aussi longtemps qu'un nouvel effort ne vient pas changer le mouvement.

Au moment où le cylindre communique avec l'ouverture d'échappement, le mouton retombe par son propre poids en entraînant le piston avec lui et sa chute produit, par suite de la disposition du mécanisme, l'échappement du doigt ou taquet de retenue ; le tiroir se trouve libre alors d'obéir à la pression de la vapeur qui tend à le relever, la lumière d'échappement de vapeur se trouve fermée, et celle d'introduction ouverte de nouveau. Le piston remonte en soutenant le mouton, et la succession de mouvements que l'on vient de décrire peut se produire de nouveau.

On obtient ainsi, avec une chute de 0^m,98, un battage de 80 à 100 coups par minute, et une économie d'environ 33 p. 100 dans la dépense, indépendamment de l'avantage de pouvoir faire pénétrer le pieu dans le terrain, à une profondeur presque double de celle qu'on peut atteindre par les sonnettes à déclic les plus puissantes.

Machines à receper les pieux. — Le premier procédé employé pour receper les pieux et les affleurer régulièrement au niveau qu'ils doivent atteindre a été naturellement la scie à main, à laquelle on a substitué plus tard (voir *fig.* 6, *pl.* 216) un appareil formé d'un châssis mobile en fer forgé *c, d, e, f,* avec branches (K), à mouvement libre. Cet appareil est fixé au pieu au moyen de deux collets portant une scie à lame droite légèrement prismatique dans son épaisseur, et fonctionnant de manière à s'avancer successivement vers le pieu avec une pression égale et uniforme. *nn* sont des cordes fixées sur un treuil, passant en même temps sur les poulies des entretoises retenant le châssis, et sur quatre autres poulies rattachées à un contre-poids qui, par son action, fait presser, d'une manière égale et uniforme, la scie, à mesure qu'elle entre dans le pieu.

Scie à receper à lame circulaire. — Dans les nouveaux appareils perfectionnés, dont nous regrettons de n'avoir pas vu de modèle à l'exposition du Champ-de-Mars, et notamment dans la machine à receper à lame circulaire, employée à la construction du pont de Bouchemaine, et représentée avec lettres de renvoi à la pl. 216, fig. 1 à 5, le mouvement de rotation est transmis à la scie à l'aide de manivelles et de roues d'angle, qui commandent le pignon monté sur l'arbre vertical, qui supporte à sa partie la lame inférieure. Ce pignon denté peut glisser sur l'arbre qui est à huit pans, de sorte que la scie peut agir sous l'eau plus ou moins profondément, sans changer la position du moteur. Le support à roulettes H (*fig.* 1 et 4), sur lequel tourne le système de suspension de la scie, peut être fixé à diverses hauteurs sur l'arbre de la scie, à l'aide d'un boulon que l'on place dans l'un des trous espacés de 0^m,10, que porte cet arbre. Pour atteindre les hauteurs comprises entre deux trous consécutifs, on se sert des deux vis verticales du chariot. Le mouvement d'avancement de la scie est obtenu à l'aide d'une vis horizontale indiquée aux figures 2 et 3 de la planche 216. L'appareil, ainsi disposé, permet de receper avec une grande précision et à une assez grande profondeur sous l'eau.

Machines à arracher les pieux provisoires, etc., etc. — Les anciens procédés d'arrachement des pieux consistaient dans les appareils suivants : 1° cabestan fonctionnant dans une cage de charpente soutenant une vis et son écrou, placé au-dessus du pieu à arracher, pieu dont la tête était munie d'une broche de fer pour l'attache

de la chaîne; 2° immense levier formé d'une poutre, basculant sur un appui
et manœuvré au moyen d'une chèvre; 3° double treuil à leviers manœuvrés par
4 hommes, pendant qu'un 5e ouvrier était occupé à frapper sur la partie saillante du pieu, pour faciliter son arrachement. Ces diverses machines, employées
notamment par Perronet, au pont de Neuilly, ont reçu depuis lors divers perfectionnements résultant de l'emploi de verrins, palans et autres appareils dont
nous avons parlé, lorsqu'il y avait lieu, dans le cours de cette étude, à l'occasion
des produits de l'Exposition universelle.

VII. Engins des travaux du souterrain des Alpes.

Il nous reste trop peu de place pour terminer, comme nous l'aurions désiré,
cette revue des grands appareils de chantiers, par la description détaillée des
puissantes machines qui fonctionnent, sans relâche, au *mont Cenis*, pour la traversée de la ligne de fer destinée à relier la France et l'Italie.

Les galeries du Champ-de-Mars contenaient, comme on le pense bien,
de nombreuses et précieuses indications sur cette entreprise gigantesque, qui
compte, parmi ses dévoués coopérateurs, MM. les ingénieurs *Grandis*, *Gratoni* et
Sommeiller, auxquels on doit principalement l'application des compresseurs et
de la machine perforatrice, dont nous allons nous borner à dire quelques mots,
d'après les intéressants documents qui figuraient à l'Exposition italienne, et en
nous aidant de notes ou de mémoires spéciaux (1).

La longueur totale du tunnel, qui a été projeté en ligne droite, est exactement de 12,220 mètres; le niveau de la plate-forme se trouve à 1617^m,58 en dessous du point culminant de la montagne. Les pentes sont disposées en deux
versants dirigés vers les deux têtes du tunnel; ce système commode, pour l'écoulement des eaux, facilitera aussi l'intersection des directrices des deux attaques et assurera leur point de jonction à quelques mètres près, si, du moins,
on réussit à maintenir le percement dans le même plan vertical. Agir autrement, c'eût été doubler volontairement les chances d'erreur.

La section, ou, si l'on veut, le profil transversal du tunnel dans la roche, c'est-
à dire dans la majeure partie de la traversée, est représentée à la planche 214,
fig. 7.

Une pareille conception, dans une région aussi abrupte et aussi tourmentée
que celle des Alpes, devait inévitablement rencontrer des difficultés immenses
créées par les proportions étranges et la disposition exceptionnelle du terrain;
mais ici, comme on l'a déjà fait remarquer, la nature elle-même, logique jusque
dans les entreprises les plus hardies et les plus imprévues des hommes, a mis
la ressource à côté du besoin. En effet, la présence de puissantes chutes d'eau
dans le voisinage des deux têtes du tunnel a été d'un grand secours aux ingénieurs pour la manœuvre de leurs appareils, dont le travail, comme le rappelle la note de M. *Conte*, se résume en trois actes importants :

« 1° Comprimer de l'air à la pression effective de 5 atmosphères ;

« 2° Le transmettre avec sa pression au fond de la galerie ;

« 3° L'utiliser, suivant les besoins, soit au travail des machines, soit à l'aérage
du tunnel.

La compression de l'air s'opère au moyen de deux appareils distincts : le compresseur à choc, le compresseur à pompe. Cette opération combinée avec le
travail de la perforatrice a permis d'arriver à des résultats que les auteurs des

(1) On peut trouver des renseignements très-détaillés au sujet des travaux du tunnel du
mont Cenis, dans les *Annales du Génie civil*, année 1864, p. 379, 593 et 688, année 1865,
p. 724 et année 1867, p. 329 et 479.

appareils n'espéraient peut-être pas eux-mêmes obtenir d'une manière aussi complète, ou du moins aussi rapide. Les ingénieurs de tous les pays ont généralement suivi assez attentivement les phases de cette immense entreprise, pour qu'il nous suffise de donner seulement une courte description des machines dont nous venons de parler.

Compresseur à choc (V. le croquis théorique ci-contre). — Un tube en forme de siphon renversé communique du côté de la grande branche avec un réservoir d'eau R placé à 26 mètres de hauteur au-dessus de la branche horizontale, et du côté de la petite branche, avec un réservoir d'air R' maintenu à une pression effective de 5 atmosphères.

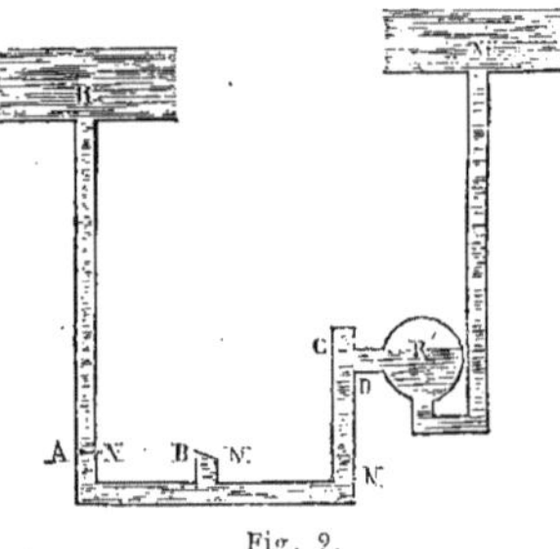

Fig. 2.

En A, se trouve une soupape destinée à fermer la grande branche lorsqu'on veut intercepter la communication qu'elle établit avec le réservoir R.

En B, une seconde soupape s'ouvrant vers l'air libre.

En C, une soupape destinée à établir ou à intercepter la communication de la petite branche avec l'air comprimé renfermé dans le réservoir R'.

Enfin, en D, une quatrième soupape s'ouvrant de manière à laisser pénétrer, jusqu'au niveau N-N-N, l'air atmosphérique dans la petite branche, lorsqu'elle se vide.

Le réservoir R' est maintenu à une pression constante de 5 atmosphères par une colonne d'eau, dite manomètre, alimentée par un petit réservoir M, entretenu à un niveau constant de 50 mètres au-dessus de l'appareil.

En portant à 4 coups par minute la marche du compresseur à choc, on peut obtenir, par 24 heures, pour les 10 compresseurs qui existent de chaque côté du tunnel, 70,445 mètres cubes d'air comprimé sous un volume de 11,740 mètres cubes.

Compresseur à pompe et à action directe (Voir le croquis théorique, figure 8 de la pl. 214). — Un tube recourbé, à deux branches égales, est muni, à la partie supérieure des branches verticales, des soupapes AA', BB', les premières s'ouvrant de l'air extérieur dans le tube, et les secondes du tube dans le réservoir R' d'air comprimé. Dans la branche horizontale du tube se meut un piston qui oscille entre les points D et D'. Des deux côtés, ce piston est baigné par une colonne d'eau, qui remplit à moitié les deux tubes verticaux, lorsqu'il occupe sa position médiane.

Supposons que le piston va vers le point D : le niveau de l'eau, dans la colonne de droite, descendra jusqu'en D'. La soupape A' sera ouverte et remplira le tube d'air atmosphérique jusqu'au niveau D'. La soupape B' sera fermée par la pression du réservoir d'air comprimé. Le piston revenant vers D', la soupape A sera ouverte et la soupape B fermée dans le tube de gauche. Dans le tube de droite, l'air sera comprimé par l'eau, dont le niveau s'exhaussera, la soupape A, sera fermée, et la soupape B' sera ouverte pour donner passage à l'air comprimé qui se rendra dans le réservoir R'.

En un mot, dans son mouvement de haut en bas, la colonne d'eau appelle successivement l'air atmosphérique par les soupapes A et A', et dans son mouvement de bas en haut, elle comprime l'air et le refoule dans le réservoir R', aussitôt que les soupapes B et B' peuvent être soulevées.

Le piston fait huit oscillations par minute. Sa course est de 1^m,20 et le diamètre du corps de pompe de 0^m,57. Comme la machine est à double effet, le volume comprimé par chaque oscillation est de 0^m,64, soit par minute 4^mc,88, et par 24 heures, 7,027, c'est-à-dire à peu près autant que les compresseurs à choc, marchant à quatre coups par minute.

Six compresseurs à pompe peuvent donc comprimer, par 24 heures, 42,162 mètres, sous un volume réduit à 7,027 mètres cubes.

Préférence donnée aux compresseurs à pompe. — On a mis côte à côte à Modane, ou plutôt à Fourneaux, le système des compresseurs à choc, qui n'y a été employé que comme pis aller, et celui des compresseurs à pompe, que sa simplicité et son économie semblent destiner à être exclusivement employé dans des travaux de ce genre.

Transmission de l'air au fond de la galerie. — L'air comprimé est emmagasiné, de chaque côté des attaques, dans dix réservoirs en fer de 17 mètres de capacité chacun, ce qui donne une réserve de 170 mètres cubes à la pression de six atmosphères ou de 1,020 mètres cubes à la pression atmosphérique.

La transmission a lieu au moyen d'une conduite formée de tubes en fonte de 0^m,20 de diamètre, assemblés bout à bout et portés sur des rouleaux également en fonte, qui reposent sur des piliers en maçonnerie. Dans le tunnel, la conduite, au lieu d'être supportée par des piliers, est suspendue sur des consoles en fer.

L'air est ainsi amené jusqu'à peu de distance du front d'attaque. La conduite en fonte s'arrête, se recourbe et vient se loger dans une niche pratiquée sur le côté.

C'est là que s'adaptent les tubes mobiles en caoutchouc qui distribuent l'air dans les divers organes de la machine, et le déversent dans la galerie pour l'aérage et les chasses à pratiquer après les explosions de mines préparées au moyen de la machine perforatrice dont il va être question ci-après.

Machine perforatrice. — Le but atteint dans l'agencement de cette machine est le suivant :

1° Faire donner à un burin, ou barre à mines, des coups très-rapides et très-violents sur la roche ;

2° Communiquer automatiquement à ce burin le mouvement de rotation sur lui-même qui lui est indispensable, pour qu'il ne s'engage pas dans le trou qu'il a creusé ;

3° Le faire avancer, encore automatiquement, au fur et à mesure que le trou s'approfondit, sans rompre la marche.

4° Le faire reculer rapidement pour le changer en cas de besoin.

La partie élémentaire de la perforatrice se compose d'un tube d'amenée d'air comprimé, qui alimente un corps de pompe, dans lequel oscille un piston, qui mène l'outil au moyen d'un porte-outil et lui fait donner le coup.

Ce piston se meut à frottement dans le corps de pompe mis, dans une partie de sa surface annulaire, en communication avec l'air atmosphérique ou avec l'air comprimé, suivant que les ouvertures, disposées à cet effet, coïncident entre elles. Le même piston se meut à fourreau, sur une tige carrée, qui le fait tourner sur lui-même dans son corps de pompe au moment où il y a lieu d'obtenir le mouvement de rotation. Enfin, on effectue le mouvement de recul de l'outil au moyen d'une inversion de manœuvre de la tige directrice et du fonctionnement d'un embrayage et d'autres organes dont la description nécessiterait, ainsi que celle des autres opérations accessoires, de longs développements et des dessins très-détaillés, pour lesquels on doit recourir aux textes que nous avons mentionnés plus haut.

Chaque machine perforatrice, qui a son alimentation spéciale et qui agit avec une complète indépendance, ne fait mouvoir qu'un seul burin ou fleuret, avec lequel on perce ordinairement des trous de $0^m,90$ de profondeur, mais dont on peut aisément faire varier la longueur. — On emploie de chaque côté du tunnel jusqu'à 8 machines à la fois. Ces machines sont installées, pour le travail, sur un solide chariot en fer, auquel le mouvement est imprimé par une machine aéro-mobile et dont les bâtis sont très-lourds. Ce chariot se compose de deux parties: l'affût ou partie antérieure, et le tender ou partie postérieure. Ces deux parties du chariot sont montées chacune sur quatre roues portées sur des rails qu'on pose au fur et à mesure de l'exécution.

Avancement des travaux et conclusion. — Voici quel était, vers la fin de 1867, l'état du percement du tunnel du mont Cenis, entrepris en 1858, et dont la longueur totale doit s'élever, comme nous l'avons vu plus haut, à 12,220 mètres, soit 7,582 mètres de plus que le tunnel de la Nerthe, sur la ligne de Marseille, l'un des plus longs qui existent en Europe:

Ouverture sud (côté de *Bardonnèche*, Italie) — au 1er octobre 1867.. $4,568^m,90$ }

Ouverture nord (côté de *Modane*, France) — à la même époque... $2,963^m,35$ } $7,532^m,25$

Si l'on ajoute à ce chiffre les $516^m,75$ de longueur de galerie percée sur l'ensemble des deux attaques sud et nord, du 1er octobre 1867 au 1er février 1868,

soit... $516^m,75$

on arrive à un chiffre total de... 8,049

et il ne restait donc à percer au 1er février 1868, qu'une longueur de........ $4,171^m$

Contrairement aux appréhensions qui existaient dans une partie du public, les travaux du tunnel, grâce à l'impulsion active et aux soins qui leur sont donnés, deviennent plus rapides à mesure qu'on pénètre dans la profondeur des galeries. La moyenne du travail mensuel a été, en effet, en 1867, de près de 130 mètres, tandis qu'elle ne s'était élevée, en 1866, qu'à $85^m,05$ environ par mois. L'avancement est plus considérable, il est vrai, du côté de Bardonnèche que du côté de Modane, mais les résultats partiels importent peu, lorsqu'on a à signaler un progrès aussi remarquable dans l'ensemble des travaux.

On a assez dit que le souterrain des Alpes serait complétement terminé dans le courant de 1870, presque en même temps que d'autres entreprises sur lesquels est fixée l'attention du monde entier. On devra attribuer, selon nous, cet heureux résultat, aux progrès accomplis dans l'outillage général des chantiers, et surtout aux gigantesques installations dont nous n'avons pu que donner une faible idée dans cette Notice. Le seul regret que nous puissions conserver, c'est d'avoir touché à ces grandes matières qui formaient un sujet trop vaste pour nos forces, et qui s'élèvent même à un certain point de vue au-dessus de l'importance générale de l'Exposition universelle de 1867. Outre la profonde compétence qu'exigeait, en effet, une semblable étude, nous nous sommes trouvé bien souvent arrêté par l'absence d'un renseignement indispensable ou d'un dessin ou par d'autres difficultés qui ont peut-être rendu incomplètes plusieurs parties de ce travail, mais qui, au moins, n'ont pas découragé notre bonne volonté.

Nous ne nous félicitons pas moins d'avoir eu l'occasion d'examiner et d'admirer de près à l'Exposition, l'agencement et la manœuvre de ces puissants appareils au moyen desquels nos ingénieurs peuvent accomplir des prodiges et enfanter des œuvres qui caractériseront l'époque actuelle et qui auront une place des plus glorieuses dans les annales du travail.   G. PALAA.

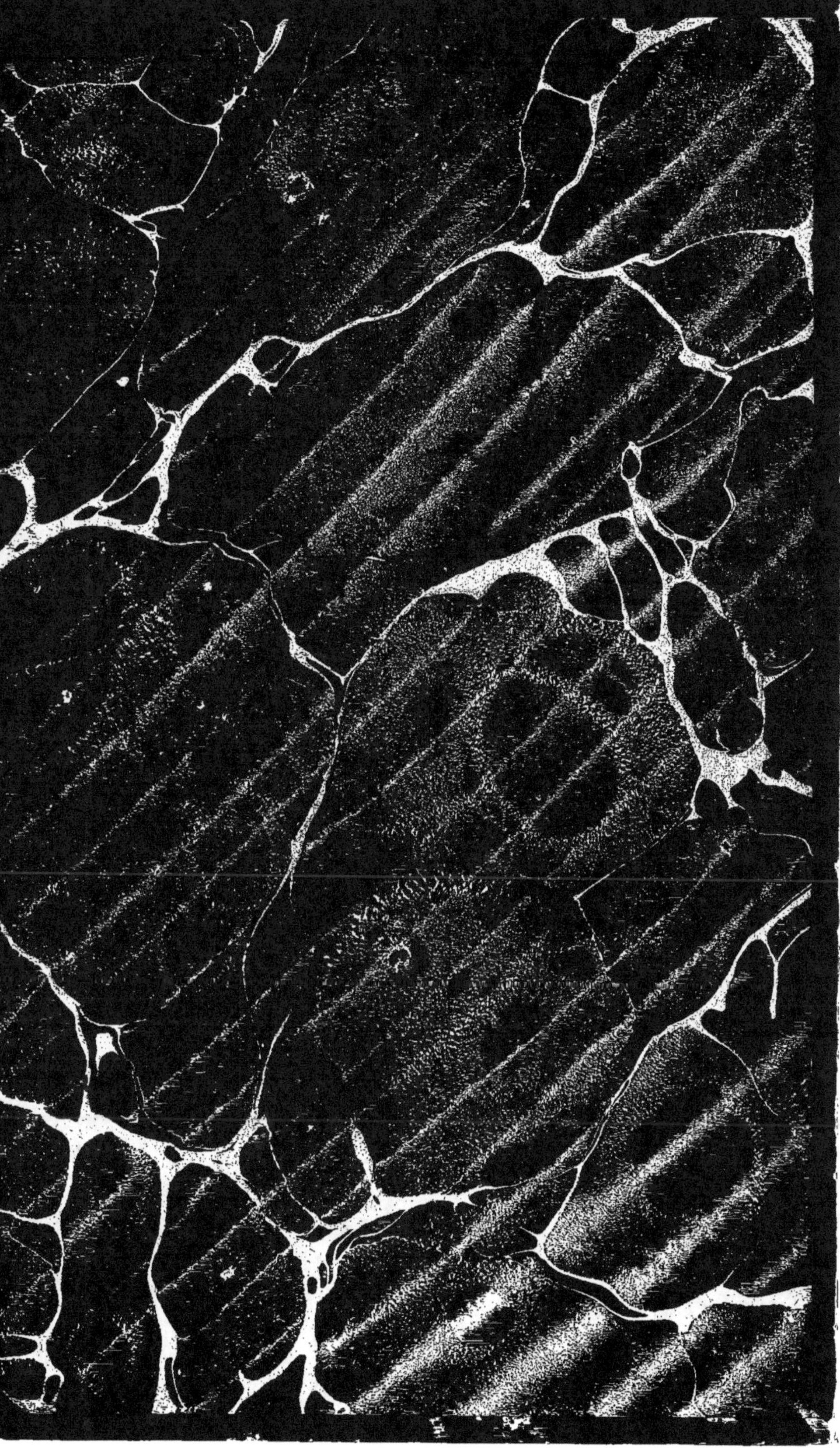

BIBLIOTHEQUE NATIONALE DE FRANCE

www.ingramcontent.com/pod-product-compliance
Lightning Source LLC
LaVergne TN
LVHW021925030726
842523LV00001B/55